Konzern-Treasury

Finanzmanagement in der Industrie

von

Prof. Dr. Rutbert D. Reisch

Oldenbourg Verlag München

Bibliografische Information der Deutschen Nationalbibliothek

Die Deutsche Nationalbibliothek verzeichnet diese Publikation in der Deutschen Nationalbibliografie; detaillierte bibliografische Daten sind im Internet über <http://dnb.d-nb.de> abrufbar.

© 2009 Oldenbourg Wissenschaftsverlag GmbH
Rosenheimer Straße 145, D-81671 München
Telefon: (089) 4 50 51-0
oldenbourg.de

Lektorat: Wirtschafts- und Sozialwissenschaften, wiso@oldenbourg.de
Herstellung: Anna Grosser
Coverentwurf: Kochan & Partner, München
Cover-Illustration: Hyde & Hyde, München
Gedruckt auf säure- und chlorfreiem Papier
Gesamtherstellung: Druckhaus „Thomas Müntzer" GmbH, Bad Langensalza

ISBN 978-3-486-58357-1

VORWORT

Das Finanzmanagement in der Industrie unterscheidet sich in etlichen Belangen grundlegend von dem der Banken, vor allem in der Liquiditätsplanung und -steuerung, dem Bilanzabgleich, und dem Devisenmanagement. Die Liquiditätsvorsorgemaßnahmen werden im Gegensatz zu Banken von dem realwirtschaftlichen Sektor eines Unternehmens bestimmt. Das Devisenmanagement, d.h. die Absicherung gegen Wechselkursrisiken, erfolgt nicht auf der Grundlage von Bilanz-, d.h. Bestandsdaten, sondern vorwiegend auf Basis von Plan-Stromdaten, die bekanntlich nicht verbucht werden.

Das vorliegende Buch ist praxisorientiert und beruht auf den Erfahrungen des Autors während seiner 17-jährigen Tätigkeit als Leiter der Konzern-Treasury des Volkswagen-Konzerns. Seit 1996 werden diese Erfahrungen Studierenden an der Wirtschaftsuniversität Wien in regelmäßigen Vorlesungen vermittelt; sie gehören zum Lehrprogramm des „Instituts für Investmentbanking und Katallaktik", das unter der Leitung von Prof. Dr. Otto Loistl steht. Damit wird u.a. das Ziel verfolgt, den analytischen Ansatz, wie er an Universitäten überwiegt, mit dem Finanzmanagement in der Praxis zu verbinden.

Neben den Grundsatzfragen und einer Einführung in die wichtigsten Finanzinstrumente wird eine Reihe von Fallbeispielen, sogenannte „Case Studies", im Detail behandelt, wie sie in Lehrbüchern und theoretischen Abhandlungen im Allgemeinen nicht zu finden sind. Damit richtet sich dieses Buch besonders an Studierende, die kurz vor Beginn ihrer beruflichen Laufbahn stehen, und darüber hinaus an alle, die an einer praxisbezogenen Beschreibung konkreter Finanzprobleme und ihrer Lösungen interessiert sind.

HINWEIS FÜR DEN LESER

Der Text enthält zahlreiche Querverweise, gekennzeichnet durch „→" für Bezüge auf andere Abschnitte, bzw. „s.o." oder „s.u." für Bezüge auf andere Textstellen im selben Abschnitt. Um dem Leser die mühsamen Querbezüge zu ersparen, ist jeder Abschnitt in sich geschlossen verfasst worden, auch wenn dafür gelegentlich Wiederholungen in Kauf zu nehmen waren. Für das Verständnis eines Sachverhalts sind die Querverweise daher nicht erforderlich; sie wenden sich nur an jene Leser, die durch Vergleiche mit anderen Themenkreisen an einer Vertiefung interessiert sind.

DANK

Zu größtem Dank bin ich Frau Una Kühl und Herrn Kai Otto verpflichtet. Ohne deren unerschöpfliche Geduld und unermüdlichen Einsatz wäre dieses Buch nie entstanden.

Für die Unterstützung, die mir bei der Erstellung dieses Buches zuteil geworden ist, bin ich den folgenden Personen sehr dankbar: 1. Mitarbeiter des Volkswagen-Konzerns, in alphabetischer Reihenfolge: Herrn Peter Balke, Frau Ingrid Bartsch, Herren Björn Bätge, Dieter Benson, Hans-Joachim Brunke, Dr. Uwe Elsner, Dr. Hans-Peter Fischer, Reinhard Gall, Christian Heuer, Wolfgang Hotze, Hans-Albert Jansen, Frau Beata Kämmerer, Herren Eckart Kühl, Dr. Hans-Peter Lützenkirchen, Albrecht Möhle, Frau Anja Oehne, Herren Volker Olschewski, Björn Reinecke, Giuseppe Savoini, Bernd Schmidt-Liermann, Burkhard Schröder, Peter Schupp, Michael Wagner; 2. ABN AMRO: Herrn Peter Salomon; 3. Dresdner Kleinwort: Herren Hermann J. Weber, Jörg Seidel; 4. JPMorgan: Herrn Martin Schütz, Frau Monika Weiler, Herrn Klaus Distler. Sie alle haben mit ihren Fachkenntnissen zu den entsprechenden Kapiteln einen wichtigen Beitrag geleistet bzw. waren bei der Informationsbeschaffung und den technischen Aspekten der Fertigstellung behilflich.

Des Weiteren gilt mein Dank den Institutionen, die mir die Genehmigung zur öffentlichen Verwendung diverser Unterlagen erteilt haben, wie z.B. Reuters Ltd., ohne deren Diagramme eine anschauliche Darstellung nicht möglich gewesen wäre.

Der Autor
Wien, Juli 2008

ÜBER DEN AUTOR

Dr. Rutbert D. Reisch wurde 1941 in Wien geboren. Er promovierte 1970 an der Universität Wien zum Dr. phil. (Theoretische Physik). Von 1971 bis 1974 setzte er seine Studien an der Columbia University in New York fort, die er mit dem Master of Arts (Nationalökonomie) 1972, dem Master of Business Administration (Betriebswirtschaft, Finanzmanagement) 1972, und dem Master of Philosophy (Geldpolitik) 1974 abschloss.

Seine berufliche Laufbahn begann Reisch bei der Federal Reserve Bank of New York im Jahre 1973, wo er bis 1978 für Internationale Volkswirtschaft und als Abteilungsleiter für „Internationale Wirtschaftsbeziehungen" zuständig war. Bis 1981 war er Abteilungsleiter für „Management Fremdwährungskonten" im Bereich „Deviseninterventionen".

In 1981 wechselte Reisch zur Bayerischen Landesbank New York, wo er bis 1987 als Executive Vice President und General Manager für die Bereiche Asset/Liability Management, Devisen- und Geldhandel, Portfolio Management, Produktentwicklung und Marketing, Bilanzpolitik, Finanz- und Betriebswirtschaft sowie Controlling verantwortlich war.

Ab 1987 war Reisch für die VOLKSWAGEN AG in Wolfsburg tätig. Als „Finanzdirektor, Konzern-Treasury" übernahm er die Verantwortung für folgende Bereiche: Liquiditätssteuerung, Devisenmanagement, Kapitalmarktaktivitäten, Steuerwesen, Finanzplanung, Finanzierungsstrategien, Anlagepolitik, Risikomanagement, Zahlungsverkehr, Projekt- und Beteiligungsfinanzierungen, Handelsfinanzierungen sowie Investorenbeziehungen.

Reisch wurde 1994 zum Generalbevollmächtigten der Volkswagen AG und 1995 zum „Chief Financial Officer" ernannt. Sein Aufgabenbereich umfasste die zentrale Steuerung, Planung und Kontrolle sowie die Risikopolitik bzgl. sämtlicher Finanzströme des Volkswagen-Konzerns. Er trat 2005 in den Ruhestand.

Die Wirtschaftsuniversität Wien berief Dr. Reisch im August 2003 zum Honorarprofessor für Betriebswirtschaftslehre, Fachrichtung Finanzmanagement, wo er weiterhin seine Lehrtätigkeit ausübt.

Der Verlag

KONZERN-TREASURY
Finanzmanagement in der Industrie

I. KONZEPTIONELLE GRUNDLAGEN

I.1 DIE FUNKTION DER KONZERN-TREASURY

Der Geschäftsauftrag der KONZERN-TREASURY besteht in der Optimierung aller Finanzströme des Unternehmens und der Eingrenzung der damit verbundenen Risiken.

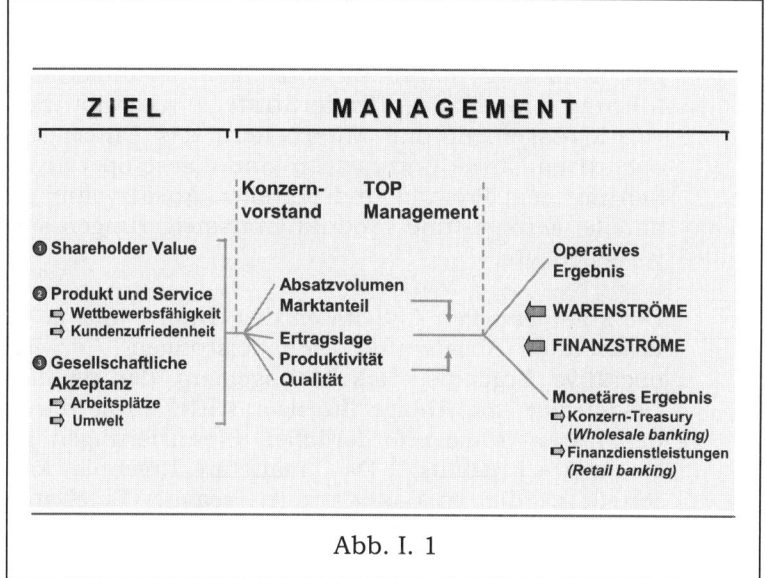

Abb. I. 1

Der langfristige Erfolg eines Unternehmens erfordert die Erfüllung mehrerer Zielsetzungen (Abb. I.1). Obwohl die relative Gewichtung der einzelnen Ziele von Unternehmen zu Unternehmen je nach Managementphilosophie und aktuellen Trends variieren mag, sind doch die folgenden Ansprüche in wechselseitiger Abhängigkeit voneinander gleichzeitig zu erfüllen:

1. Shareholder Value
   Die Anteilseigner (Aktionäre) erwarten für ihr angelegtes Kapital eine angemessene Rendite in Form von Dividenden und/oder Wertsteigerungen ihres Anteils am Unternehmen.

2. Produkt und Service
   Die Marktführerschaft in Produkt, Qualität und Service wird angestrebt, um die Wettbewerbsfähigkeit und die Kundenzufriedenheit zu gewährleisten. Ohne sie kann es keinen dauerhaften Erfolg im Markt und damit keine Steigerung des „Shareholder Value" geben.

3. Gesellschaftliche Akzeptanz
   In der modernen Gesellschaft ist die soziale Akzeptanz eines
   Unternehmens unerläßlich. Dazu gehört eine entsprechende
   Geschäftspolitik bezüglich Umwelt- und Arbeitsplatzsicherung,
   womöglich die Schaffung neuer Arbeitsplätze oder – falls un-
   umgänglich – ein zumindest sozial verträglicher Abbau von
   Arbeitsplätzen.

Während die ersten beiden Zielsetzungen unmittelbar zusammen-
hängen, wird in den Kapitalmärkten die soziale Verantwortung
eher zurückgestellt und vorwiegend dem Staat überlassen.

Zur Erfüllung obiger Zielsetzungen formuliert die Geschäftsführung eine entsprechende Strategie und gibt die Ziele vor, die
von Management und Mitarbeitern des Unternehmens auf der
operativen Ebene umzusetzen sind. Diese operativen Ziele beginnen mit dem Produkt und betreffen Absatzvolumina und Marktanteile, Ertrags- und Produktivitätssteigerungen sowie Qualitäts-
vorgaben, etc.

Die kommerziellen Aktivitäten des Unternehmens – Entwicklung,
Produktion, Absatz und Dienstleistungen – erwirtschaften das
operative Ergebnis. Das Management der damit verbundenen
Geldströme, die Anlage flüssiger Mittel sowie die zur Schaffung
der Warenströme erforderlichen Finanzierungen generieren das
„monetäre Ergebnis"[*]. Das „monetäre Ergebnis" kann weiter unterteilt werden in das Konzern-Treasury-Ergebnis und das Fi-
nanzdienstleistungsergebnis.

Die FINANZDIENSTLEISTUNGEN zählen zu den kommerziellen Aktivitäten und sind kausal mit den Warenströmen verbunden – vorausgesetzt, die Geschäftspolitik begrenzt sie auf kundenbezogene
Finanzierungsaktivitäten, d.h. vorwiegend auf die Absatzfinanzierung. Ihre Konzentration auf Händler und Endkunden entspricht
dem „retail banking" der Banken.

Die KONZERN-TREASURY befaßt sich mit der Finanzierung des Konzerns, der Anlage seiner liquiden Mittel und der Eingrenzung seiner Zins-, Währungs- und Rohstoffrisiken sowie der Optimierung
seiner Steuerposition[**] – also mit allen konzernspezifischen Finanzströmen und deren Risikooptimierung. Ihr Betätigungsfeld

---

[*]   Der Begriff „monetäres Ergebnis" wurde hier gewählt im Unterschied zu dem im Control-
      ling üblichen Begriff „Finanzergebnis", welcher das Ergebnis aus Beteiligungs-
      gesellschaften mit einbezieht.

[**] Ob die Steuerabteilung und die volkswirtschaftliche Abteilung Bestandteil der Konzern-
      Treasury sind oder als eigenständige Einheiten im Konzern geführt werden, ist eine Frage
      der Geschäftspolitik. In einem global operierenden Industrieunternehmen ist ihre organi-
      satorische Zusammenlegung jedenfalls sinnvoll, weil Geldanlagen und -aufnahmen im in-
      ternationalen Bereich mit Steuerthemen oft eng verbunden sind; dasselbe gilt für Devi-
      sensicherungsstrategien und volkswirtschaftliche Analysen.

sind die Geld-, Kapital-, Devisen- und Rohstoffmärkte sowie die steuerlichen Angelegenheiten. Hinzu kommen unterstützende Funktionen wie volkswirtschaftliche Analysen[**]. Die Konzern-Treasury entspricht in ihren Aktivitäten damit dem „wholesale banking" und hat im Gegensatz zu den Finanzdienstleistungen keinen direkten Kontakt zu den Kunden des Konzerns. Sie ist vielmehr selbst Kunde bei Banken und Kapitalgebern und befaßt sich nur mit den Finanzströmen und dem Finanzierungsbedarf des eigenen Konzerns.

Gegenstand dieses Buches ist die Rolle der Konzern-Treasury. Die folgenden Darstellungen konzentrieren sich daher auf das „wholesale banking" im Konzern. Die Finanzdienstleistungen, d.h. das „retail banking" und die Absatzfinanzierung werden nur in ihrem Zusammenhang mit dem Geschäftsauftrag der Konzern-Treasury besprochen.

I.2   Die Wertschöpfungskette und die Konzern-Treasury

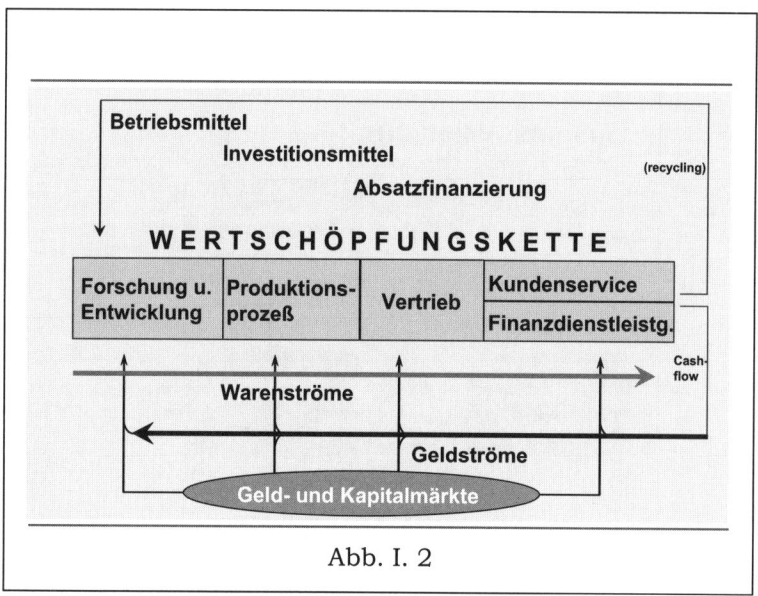

Abb. I. 2

Abb. I.2 zeigt die spiegelbildliche Wechselwirkung von Waren- und Geldströmen. Die Wertschöpfungskette beginnt mit der Forschung und Entwicklung, setzt sich fort mit dem Produktionsprozess und mündet schließlich im Vertrieb. Mit dem Verkauf ist der Prozess allerdings noch nicht abgeschlossen. Für die Lebensdauer des Produkts ist der Kunde mit Dienstleistungen zu versorgen. Falls er seinen Erwerb nicht aus eigenen sondern fremden Mit-

---

[**] s. Fußnote auf S. 2.

teln, d.h. per Kredit oder Leasing, finanzieren möchte, so kann der Konzern ihm die Finanzierungsfazilitäten im Wettbewerb mit Banken und anderen Finanzierungsgesellschaften zur Verfügung stellen. Kundenservice und Finanzdienstleistungen gehören zu den wichtigsten Instrumenten, um den Kunden langfristig an ein Unternehmen zu binden, vorausgesetzt er ist mit dem Produkt und seiner Qualität zufrieden. Insbesondere unter den Bedingungen des Verdrängungswettbewerbs in gesättigten Märkten können diese Service-Leistungen die Kundentreue steigern und damit die Grundlage für künftige Verkäufe schaffen.

Die Wertschöpfungskette ist laufend zu finanzieren. Die Forschung und Entwicklung, die Produktion und der Vertrieb benötigen Mittel für die Produktentwicklung und Produktionsanlagen sowie für die Vertriebskanäle. Die Finanzdienstleistungen benötigen Mittel für die Absatzfinanzierung. Alle Teile des Unternehmens müssen jederzeit über die erforderlichen Betriebsmittel verfügen, um ihre laufenden Ausgaben wie Löhne und Gehälter, Materialeinkäufe, Steuerzahlungen etc. bestreiten zu können.

Der Geschäftsauftrag der Konzern-Treasury

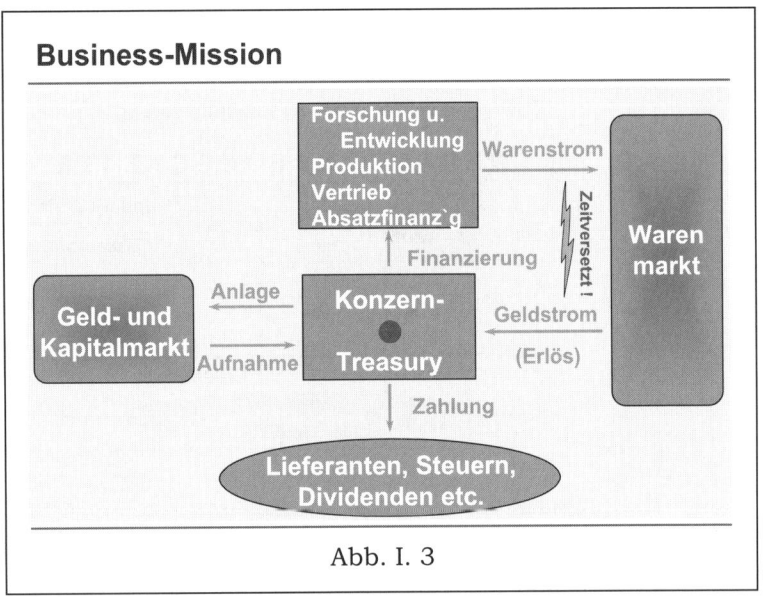

Abb. I. 3

Abb. I.3 stellt den Sachverhalt von Abb. I.2 aus Sicht der Konzern-Treasury dar und verdeutlicht ihre Managementaufgabe: sie sitzt am Schalthebel der Finanzströme, muß den Konzern zu allen Zeiten liquide halten und die fortlaufende Finanzierung der Wertschöpfungskette sichern. Wenn die Wertschöpfungskette gewinnbringend operiert und einen positiven Cashflow generiert, so können die Erlöse zur Finanzierung des nächsten Zyklus und

für die laufenden Ausgaben herangezogen werden. Der Über-
schuß wird in Form liquider Mittel in den Geld- und Kapitalmärkten angelegt und für spätere Finanzierungen vorgehalten. Resultiert die Wertschöpfungskette hingegen in Verlusten – z.B. weil
ein Produkt im Markt nicht ausreichend akzeptiert wird – so
kann das Unternehmen nicht genügend eigene Mittel generieren,
um den nächsten Wertschöpfungszyklus und alle laufenden Ausgaben selbst zu finanzieren. Dann müssen die erforderlichen Mittel in den Finanzmärkten aufgenommen werden, und es wird
Aufgabe der KONZERN-TREASURY sein, diese Mittel so kostengünstig wie möglich zu beschaffen (→ II.).

Jeder Warenstrom generiert einen Geldstrom, aber umgekehrt
nicht jeder Geldstrom einen Warenstrom, wobei die beiden Ströme i.d.R. zeitversetzt fließen. Allein schon ihre Zeitversetzung generiert Risiken, in denen sich Industrieunternehmen grundsätzlich von Banken unterscheiden. Geldströme können außerdem unabhängig von Warenströmen entstehen und beinhalten
zusätzliche, eigene Risiken. Geldanlagen und -aufnahmen können aus Optimierungsgründen sogar zur gleichen Zeit und an
verschiedenen Standorten im Konzern erfolgen, selbst bei zentraler Steuerung (→ III.1).

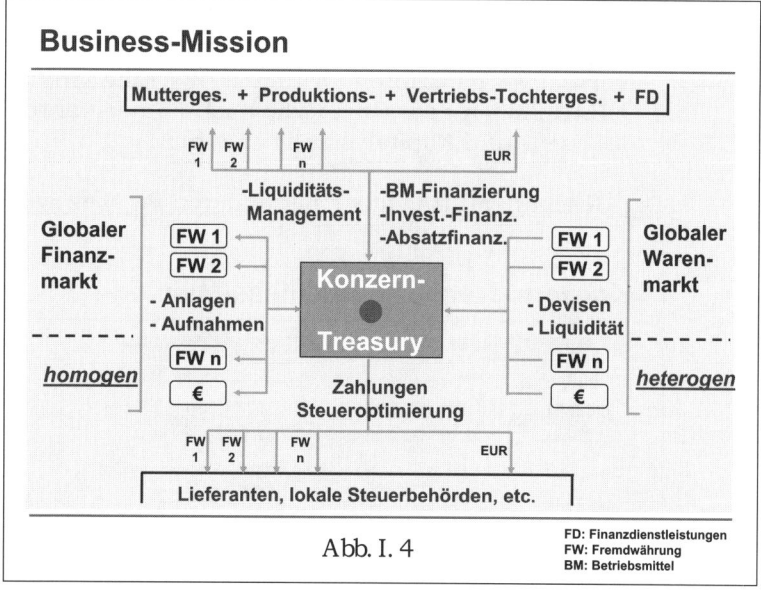

Abb. I. 4

Abb. I.4 fächert die Abb. I.3 auf und verdeutlicht die Rolle der
KONZERN-TREASURY in einem global operierenden Unternehmen:
Der Konzern besteht aus der Muttergesellschaft sowie den Pro-
duktions-, Vertriebs- und Finanzdienstleistungsgesellschaften in
einer Vielzahl von Ländern. Folglich finden alle Geldströme in
entsprechend vielen Währungen statt:

- Jede Tochtergesellschaft muß mit liquiden Mitteln in ihrer eigenen Währung versorgt werden (→ II.).
- Die Warenströme, die in die Weltmärkte fließen, generieren Geldströme in Fremdwährungen, die letztlich in die Landeswährung der Muttergesellschaft zu konvertieren sind. Somit entstehen Devisenrisiken aus der Zeitversetzung Warenströme/Geldströme. Bei den heute üblichen Wechselkursschwankungen können zwischen dem Export einerseits und dem Erlöseingang in der Fremdwährung andererseits erhebliche Mehr- oder Mindererträge bei Umwandlung in die Heimatwährung entstehen. Ihr Ausmaß kann unter Umständen die operativen Gewinnmargen übertreffen und den Verkauf sogar in ein Verlustgeschäft umwandeln (→ IV.).
- Steuerzahlungen sind naturgemäß in der jeweiligen Landeswährung zu leisten (→ VII.).
- Schließlich sei noch auf einen Punkt hingewiesen, der für das Thema „Zentralisierung" später von Wichtigkeit ist: Die Produktmärkte sind global und heterogen – d.h. auf die spezifischen Kundenwünsche der jeweiligen Märkte ausgerichtet –, während die Finanzmärkte zwar auch global, aber homogen sind. Die Geld-, Kapital- und Devisenmärkte kennen heute keine nationalen Grenzen mehr. Die Ware „Geld" kennt keine Kundendifferenzierung und kann in der Abwesenheit von Kapitalkontrollen elektronisch überall ohne Zeitverzögerung disponiert werden. Ausgenommen sind hiervon lediglich einige Länder der so genannten Dritten Welt („Emerging Markets"), wie z.B. Brasilien oder China, die noch immer Kontrollen über den Devisen- und Kapitalverkehr ausüben.

Der Geschäftsauftrag aus einer anderen Perspektive

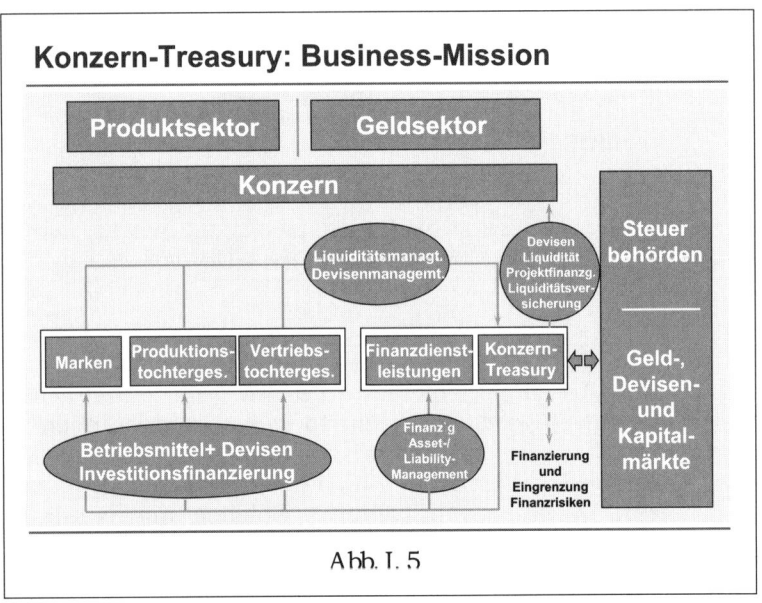

Abb. I. 5

Abb. I.5: Der Konzern besteht aus den Sektoren „Produkt" und „Geld". Die Konzern-Treasury ist verantwortlich für das Management der Geldströme, d.h. für das Liquiditätsmanagement und die Liquiditätsvorsorge, das Devisenmanagement, die Bereitstellung der Betriebsmittel, die Investitions- und Absatzfinanzierung sowie die Optimierung der Steuerposition. Sie agiert nach außen für den Konzern in den Geld-, Devisen- und Kapitalmärkten und gegenüber den Steuerbehörden. Konzern – intern sammelt sie alle Mittel der Tochtergesellschaften und legt sie gebündelt an, bzw. stellt die Versorgung mit den notwendigen Mitteln sicher:

- die Marken, d.h. die großen Tochtergesellschaften, die über eine eigene Wertschöpfungskette im Produktsektor gem. obiger Abb. I.2 verfügen,
- die Produktionstochtergesellschaften, die für eine oder mehrere Marken des Konzerns produzieren und ggf. in ihrer Region auch die Vermarktung vornehmen,
- die reinen Vertriebstochtergesellschaften, die in den einzelnen Märkten operieren,
- die Finanzdienstleistungsgesellschaften, die dem Kunden die Finanzierung zum Erwerb der Konzern-Produkte offerieren.

Das Finanzmanagement für die Marken, Produktions- und Vertriebstochtergesellschaften unterscheidet sich von dem für die Finanzdienstleistungen wie folgt:

Im Produktsektor steht den Mittelaufnahmen keine eindeutig definierte Fälligkeitsstruktur auf der Aktivseite der Bilanz gegenüber, was einen grundlegenden Unterschied zu Banken darstellt. Die Fälligkeitsstruktur der Aktivseite läßt sich allenfalls in lang-, mittel- und kurzfristig unterteilen, während sie bei Banken eindeutig nach Laufzeiten definiert ist. Für den Produktsektor werden in der Industrie Langfristmittel, z.B. für die Finanzierung einer neuen Produktionsanlage aufgenommen, die dann einen Produktstrom erzeugt, der wiederum einen Cashflow generiert, aus dem schließlich die Langfristmittel zurückgezahlt werden. Der zukünftige Cashflow bedient also die zuvor aufgenommen Mittel („Cashflow-based funding"). Somit können Zinsänderungsrisiken auch nur rudimentär gemäß „Langfristmittel für Investitionen, Kurzfristmittel für Betriebsmittelbedarf" eingegrenzt werden (→ III.).

Bei den Finanzdienstleistungen, d.h. den Absatzfinanzierungen, entstehen hingegen mit der Kreditvergabe an den Kunden Forderungen mit genau definierten Fälligkeiten. Die Erträge fließen also nicht aus einem erst noch zu generierenden Cashflow, sondern fallen in Form von Zinserträgen aus den Aktiv-Posten (Kundenforderungen) an, d.h. netto in Höhe der Zinsspanne zwischen Aktiv- und Passivseite der Bilanz („asset-based funding"). Die exakte Fälligkeitsstruktur auf beiden Seiten der Bilanz ermöglicht ein aktives Management der Aktiv-/Passiv-Fälligkeiten (Asset-/Liability-Management) zwecks Erhöhung der Zinsspanne je nach Einschätzung der künftigen Zinsentwicklung. Die Fremdmittelaufnahme wird durch den Finanzierungsbedarf der Kunden vorgegeben, muß aber nicht sofort laufzeitkongruent dargestellt werden. So kann die Finanzierung bei fallenden Zinsen zunächst kurzfristig erfolgen oder bei steigenden Zinsen im Vorgriff auf zukünftigen Mittelbedarf vorzeitig vorgenommen werden (→ III.2).

Die Liquiditätsplanung

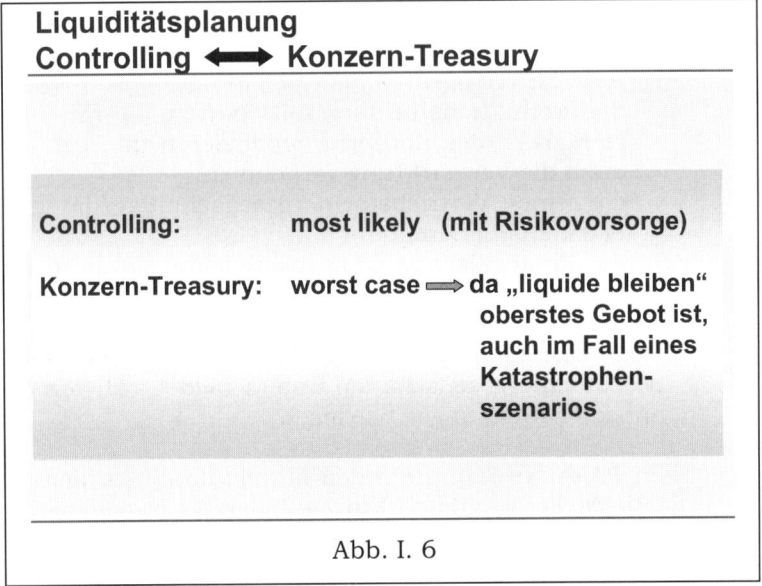

Abb. I. 6

Die Liquiditätsplanung ist in der Industrie ungleich wichtiger als bei Banken. Der kurzfristige Liquiditätsbedarf wird durch eine revolvierende Kassenplanung ermittelt. Längerfristig wird er durch den Geschäftsplan bestimmt, d.h. er folgt aus den erwarteten Umsätzen, den Produktplänen und den voraussichtlichen Kosten. Die Liquidität muß aber auch bei pessimistischster Einschätzung gesichert sein, sodass die Konzern-Treasury in ihren Vorsorgemaßnahmen für den operativen Bereich stets von einem so genannten „worst case"-Szenario ausgehen sollte.

Anders verhält es sich bei den Finanzdienstleistungen. Hier wird der Mittelbedarf durch die Kundennachfrage bestimmt, die sich bis zu einem gewissen Grad durch die angebotenen Konditionen steuern läßt. Finanzdienstleistungen muss daher im Prinzip seinen Finanzierungsbedarf nicht ex ante ermitteln, solange ausreichende Finanzierungsquellen zur Verfügung stehen und die erforderlichen Mittel jederzeit am Markt aufgenommen werden können. Da die Konditionen so angelegt sind, daß der Ertrag aus der Zinsspanne alle Kosten mit abdeckt, ist ein Vorhalten liquider

Mittel als Vorsorgemaßnahme im Gegensatz zu den Gesellschaften des Produktsektors im Grunde nicht erforderlich. Ein unerwarteter Liquiditätsbedarf könnte allenfalls bei größeren Forderungsausfällen entstehen. Vorzeitige Mittelaufnahmen erfolgen nur im Vorgriff auf späteren Finanzierungsbedarf und aus Gründen der Zinsoptimierung.

I.3   DIE ORGANISATIONSPRINZIPIEN DER KONZERN-TREASURY

Organisationsstrukturen müssen den folgenden Faktoren Rechnung tragen:

(1)   Geschäftsauftrag („Business Mission")
(2)   Marktumfeld und Rahmenbedingungen
(3)   Entscheidungsfristen und Umsetzung
(4)   Instrumentarien und ihre Einsatzfähigkeit

Zu (1)   Der Geschäftsauftrag wird von der Geschäftsleitung formuliert. Sie muß entscheiden, ob die Konzern-Treasury als ein eigenständiges Profitcenter oder als Servicecenter geführt werden soll (s.u.). Die beiden Varianten erfordern hinsichtlich der notwendigen Kontrollmechanismen unterschiedliche Organisationsstrukturen. Auch der Grad der Zentralisierung und die Entscheidungsvollmachten sind von der Geschäftsleitung unter Berücksichtigung der Markterfordernisse festzulegen.

Zu (2)   Marktumfeld und Rahmenbedingungen sind extern vorgegeben. Die Finanzmärkte sind heute weltweit einheitliche, homogene Märkte. Hier ist die Globalisierung am weitesten fortgeschritten. Der Marktzugang ist im Prinzip rund um die Uhr gewährleistet. Informationen werden in Echtzeit, d.h. sofort übermittelt und die Infrastrukturen (Telekommunikation, EDV etc.) erlauben die sofortige Umsetzung getroffener Entscheidungen.

Zu (3)   Dementsprechend sind Entscheidungsbefugnisse an die Konzern-Treasury zu delegieren, die diesen Rahmenbedingungen Rechnung tragen und schnelle Entscheidungsprozesse ermöglichen. Ohne hochgradige Zentralisierung und ohne entsprechende Vollmachten können Finanzentscheidungen nicht mit der nötigen Geschwindigkeit umgesetzt werden, um die vorteilhaftesten Konditionen im Markt zu erzielen.

Zu (4)   Alle Instrumente müssen stets einsatzfähig sein, um die gewünschten Mittel so kostengünstig wie möglich aufnehmen zu können, je nachdem welches Marktsegment sich gerade als das günstigste erweist. Die Organisationsstruktur muß so aufgebaut sein, daß diese Einsatzfähigkeit stets gewährleistet ist, von der Auswahl des jeweiligen Instruments bis zum Abschluß der Transaktion.

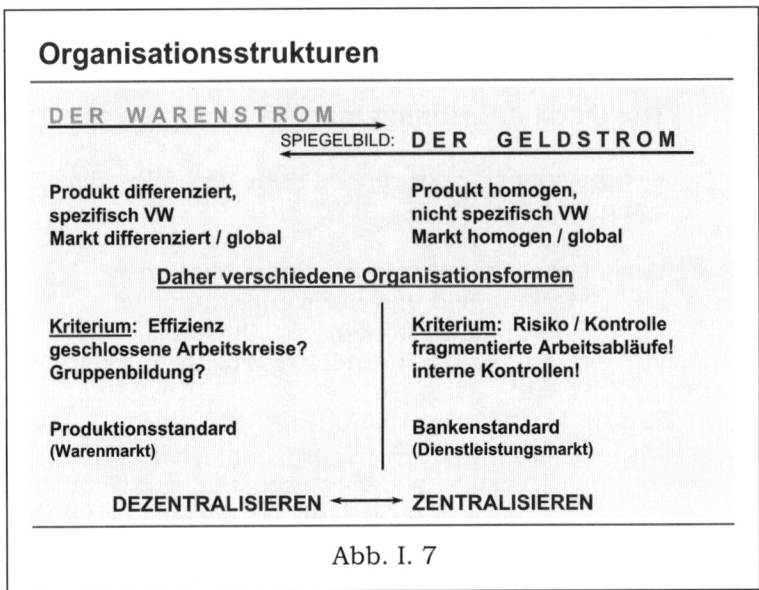

Abb. I. 7

Abb. I.7 spiegelt nochmals den Warenstrom gegen den Geldstrom und vergleicht die verschiedenen Anforderungen an die Organisationsstrukturen, die sich daraus ableiten. Auf der Produktseite stehen Fragen der Effizienz im Vordergrund, während im Geldsektor die Risikokontrolle an erster Stelle steht. Themen wie „Gruppenbildung" oder „geschlossene Arbeitskreise" zur Erhöhung der Effizienz und der Qualität sind die vorrangigen Kriterien, die die Organisationsstrukturen im Produktsektor vorgeben. In der Konzern-Treasury erfordert das Ziel der höchstmöglichen Risikokontrolle die Fragmentierung der Arbeitsabläufe. Der Grund für diese gegensätzlichen Organisationserfordernisse liegt in dem ungleich höheren Risiko eines absichtlichen Mißbrauchs, der nur durch ein System interner „checks and balances" und feinmaschiger Kontrollen weitestgehend ausgeschlossen werden kann. Dies läßt sich am besten anhand eines Beispiels erklären: der Export von 2.500 Automobilen zu je € 20.000,-- stellt einen Wert von € 50 Mio. dar. Die Produktion benötigt dafür mehrere tausend Mitarbeiter. Dem Vorgang liegt aber nur eine Finanztransaktion zugrunde, die von einigen wenigen Mitarbeitern abgewickelt wird. Wenn diese Transaktion zur Gänze nur von einem Mitarbeiter abgewickelt würde, so wäre die Versuchung groß, den Zahlungsstrom zum eigenen Vorteil zu manipulieren. Dem kann durch Fragmentierung der Arbeitsabläufe begegnet werden, d.h. der Zahlungsstrom wird in mehrere Einzelteile zerlegt, von denen jeder von einer anderen Organisationseinheit der Konzern-

Treasury durchgeführt wird, so dass niemand die alleinige Kontrolle über den ganzen Vorgang hat.

Der Prozessablauf

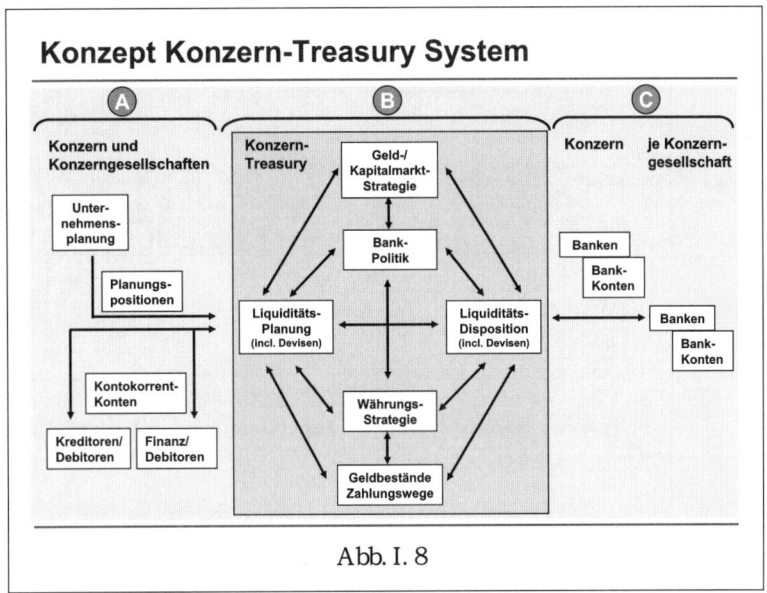

Abb. I. 8

Abb. I.8: Der Prozess beginnt mit der systematischen Erfassung aller finanzbezogenen Ist- und Plandaten der einzelnen Gesellschaften des Konzerns (Block A), die aggregiert werden, um die Gesamtposition zu ermitteln (→ II.1.3). Damit werden alle Geldströme und -bestände in der Heimatwährung und in den Fremdwährungen (Devisen) erfaßt. Ausgehend von der Ist-Position auf Basis der aggregierten Kontokorrentkonten wird zusammen mit den einzelnen Planungspositionen die Liquiditätsplanung für den Konzern erstellt und die Disposition vorgenommen (Block B). Die Konzern-Treasury muss dafür eine entsprechende Geld- und Kapitalmarktstrategie sowie die dazugehörige Bankpolitik entwickeln. Hierzu gehören auch die Währungsstrategien, wie die Devisensicherungspolitik und -disposition, sowie die operative Steuerung der Geldströme und der Zahlungsverkehr. Diese Maßnahmen finden letztlich in den einzelnen Bankkonten des Konzerns ihren Niederschlag (Block C). Der ganze Prozess ist iterativ und der Endstand in Block C ist zugleich die neue Ausgangslage in Block A.

Der Arbeitsablauf

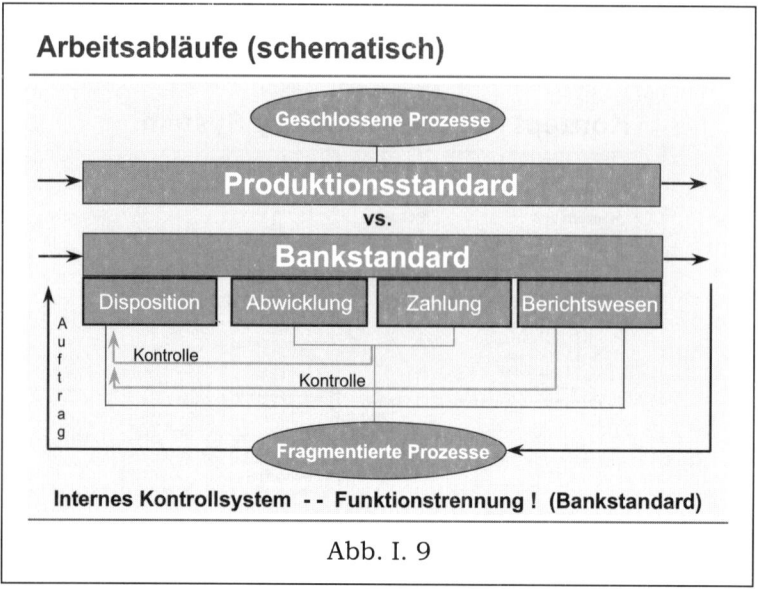

Abb. I. 9

Abb. I.9 beschreibt die Fragmentierung des Arbeitsablaufes gemäß Bankstandard, wie er in der Konzern-Treasury zur Anwendung kommt. Der Ablauf von „Disposition" (Handel) → „Abwicklung" und „Zahlung" (Back Office) → „Berichtswesen" wird wie
folgt in seine Einzelteile zerlegt: Die „Disposition" tätigt mit einer
Bank am Telefon einen Abschluß. Das Gespräch wird auf Ton-
band aufgezeichnet. Mit dem Ende des Gesprächs endet auch die
Tätigkeit der „Disposition", d.h. sie hat bei der nun folgenden Abwicklung der telefonisch vereinbarten Transaktion keinerlei Ein-
griffsmöglichkeit. Insbesondere hat die „Disposition" (Handel) keine Bankvollmachten, keine Verfügung über Konten und keinen
Einfluß auf den Zahlungsverkehr. Dasselbe gilt auch für die
Händler bei der betreffenden Bank. Der getätigte Abschluß wird
weitergereicht an die „Abwicklung", die mit ihren Gesprächspart-
nern in der Bank – ebenfalls unabhängig von deren Handel – die
Transaktion in allen Einzelheiten abstimmt. Treten hier Differenzen auf, so werden sie an dieser Stelle geklärt; bei Übereinstimmung erfolgt die Weiterleitung an die „Zahlung", wo dann die entsprechende Kontendisposition vorgenommen wird. Schließlich
findet der ganze Vorgang im „Berichtswesen" seinen Niederschlag.
„Abwicklung" und „Zahlung" üben eine Kontrollfunktion über die
„Disposition" aus. Dabei werden nicht nur die einzelnen Transaktionen überprüft, sondern auch die Einhaltung aller vorgegebenen Limite. Wichtig ist, daß die Berichtswege jeder dieser Organisationseinheiten voneinander getrennt sind und erst an der Spitze der Konzern-Treasury zusammenlaufen. Sollte ein Fehler bei
der „Disposition", „Abwicklung" oder „Zahlung" trotz dieser Maß-

nahmen nicht erfaßt werden, so stellt das „Berichtswesen" die letzte Auffangmöglichkeit dar. Daß derselbe Fehler in derselben Weise auch beim Bankpartner durchläuft, ist höchst unwahrscheinlich. Wird der Fehler erst nach der Zahlung im „Berichtswesen" aufgefangen, so gilt, daß Korrekturen im allgemeinen umso billiger sind, je früher sie vorgenommen werden.

Gegen kriminelle Energie schützt kein noch so ausgeklügeltes System. Die Fragmentierung des Arbeitsablaufs bedingt aber, daß sowohl bei der Bank als auch in der eigenen Konzern-Treasury mindestens je vier, also insgesamt acht Personen, kollaborieren müßten. Das ist in der Praxis so gut wie unmöglich und kann durch eine entsprechende Auswahl der Mitarbeiter noch zusätzlich erschwert werden. So empfiehlt es sich, die „Disposition" (Handel), „Abwicklung" und „Zahlung" nicht nur funktional, sondern auch räumlich voneinander zu trennen. In der Disposition sollte man geschäftsorientierte Mitarbeiter einsetzen und in der Abwicklung und in der Zahlung verwaltungsorientierte Mitarbeiter, die im besten Sinne des Wortes bürokratisch agieren und keine eigenständigen Entscheidungen treffen. Bei solchen Stellenbesetzungen ist ein gesundes Spannungsverhältnis zwischen der „Disposition" und den anderen Organisationseinheiten vorprogrammiert, was letztlich der Kontrolleffizienz zugute kommt.

Eine Anmerkung: der oben beschriebene Arbeitsablauf wird heute weitgehend elektronisch abgewickelt. Auf dem Gebiet der EDV schreiten Innovationen mit großem Tempo voran. Diese Technologie wird von spezialisierten, zumeist jüngeren Mitarbeitern beherrscht; Geschäftsführung und leitende Mitarbeiter sind nicht immer im erforderlichen Maße damit vertraut. Wenn jemand die EDV-Systeme bewußt manipuliert, ist das Risiko hoch, daß dieser Mißbrauch für längere Zeit unbemerkt bleibt und damit entsprechend hoher Schaden entsteht. Es empfiehlt sich daher, die Zahlungs- und Kontrollsysteme nicht ausschließlich der EDV anzuvertrauen, sondern durch Stichproben einzelner Transaktionen und durch bestimmte manuelle Verfahren zu ergänzen.

Der Arbeitsablauf im organisatorischen Kontext

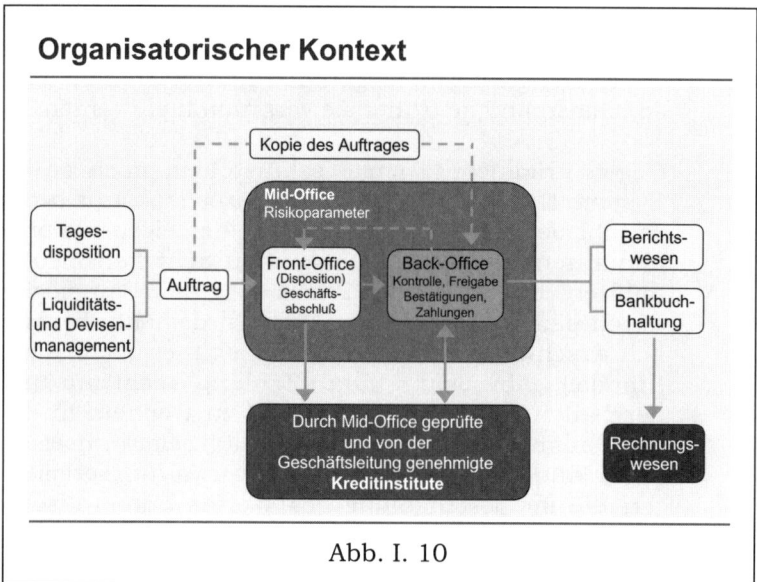

Abb. I. 10

Abb. I.10: Front-Office (Disposition) und Back-Office (Abwicklung und Zahlung) führen die Transaktionen innerhalb bestimmter Limite durch, die vom Mid-Office festgelegt werden. Das Mid-Office prüft die Bonität eines jeden Bankpartners, d.h. dessen Fähigkeit seinen Verpflichtungen nachzukommen (Kredit- und Settlement-Risiko) und legt den zulässigen Bankenkreis fest. Die infrage kommenden Banken unterliegen der Genehmigung durch die Geschäftsleitung, inklusive der jeweiligen Dispositions-Limite innerhalb derer Abschlüsse mit einer Bank getätigt werden dürfen. Diese Limite werden dem Front-Office vorgegeben und vom Back-Office überwacht. Etwaige Limitüberschreitungen sind zur vorherigen Genehmigung der Leitung der Konzern-Treasury vorzulegen; werden sie ohne Vorabgenehmigung überzogen, so hat das Back-Office diese Überziehungen der Leitung der Konzern-Treasury direkt und unabhängig vom Front-Office zu melden.

Fallbeispiel Devisendispositon

Die Ausgangslage
Es werden gemäß Geschäftspolitik nur Devisentransaktionen mit kommerzieller Grundlage getätigt. Das heißt, alle Devisentransaktionen sind originär und kausal mit Waren- und Dienstleistungsströmen verbunden, wie sie im operativen Geschäft mit dem Ausland entstehen. Davon losgelöste eigenständige Transaktionen werden als „spekulativ" klassifiziert und sind nicht zulässig.

Der Arbeitsablauf

Die Devisentransaktionen werden in die Tagesdisposition und die Sicherungsmaßnahmen unterteilt:

a) die Tagesdisposition: Hier handelt es sich um die so genannten „Spot"- oder „Kasse"-Geschäfte, bei denen Fremdwährungserlöse bzw. -zahlungen zum Tageskurs konvertiert werden. Der Auftrag für diese Transaktionen wird von den operativen Geschäftsbereichen des Unternehmens erteilt. Im „Spot"-Segment werden alle kommerziellen Devisenerfordernisse abgewickelt, die im Tagesgeschäft anfallen und die zuvor keinen Sicherungsmaßnahmen unterworfen worden waren. Die strikte Einhaltung der kommerziellen Grundlage wird dadurch kontrolliert, daß die absolute Summe aller Transaktionen, d.h. ohne Berücksichtigung der Vorzeichen, im Front-Office und Back-Office jeden Tag unabhängig voneinander ermittelt wird und der Abgleich auf den Cent genau übereinstimmen muß. Das Front-Office addiert alle seine vorgenommenen Devisentransaktionen auf, und das Back-Office alle von außerhalb der Treasury eingegangenen Anforderungen („Aufträge"). Stimmen die beiden Summen nicht überein, muß die Fehlerquelle ermittelt werden. Dieses Vorgehen stellt sicher, daß wirklich nur kommerziell begründete Devisentransaktionen vorgenommen werden. Bei der Vielzahl der täglichen Transaktionen ist es mit an Sicherheit grenzender Wahrscheinlichkeit ausgeschlossen, daß im Falle eines unauthorisierten Devisengeschäfts die beiden Summen immer noch übereinstimmen würden.

b) die Sicherungsmaßnahmen: Devisensicherungen sollen zukünftige Exporterlöse und andere Fremdwährungseingänge bzw. -zahlungen vor den Volatilitäten der Devisenmärkte schützen. Diesen Risiken sind alle international tätigen Unternehmen ausgesetzt; sie entstehen bereits lange vor ihrer Einbuchung, die erst bei Rechnungslegung vorgenommen wird. Die Einzelheiten – insbesondere der grundlegende Unterschied zwischen Industrieunternehmen und Banken – werden später eingehend behandelt (→ IV, insbesondere IV.8). Hier geht es vorerst nur um den Arbeitsablauf und die Kontrollmechanismen.

Der Prozess beginnt mit der Erfassung der Planströme in Fremdwährungen (FW), wie z.B. der erwarteten $-Eingänge aus Exporten in den Dollar-Raum. Diese Plandaten sollten außerhalb der Konzern-Treasury und ohne ihre Einflußnahme erstellt werden. Sofern nämlich nur kommerziell begründete Devisensicherungen zulässig sind, könnte durch bewußte Manipulation der geplanten Fremdwährungseingänge eine spekulative Devisenposition in kommerzieller Verkleidung, sozusagen „durch die Hintertür", geschaffen werden (→IV.5).

Nach Erfassung der FW-Planströme werden im Rahmen der vorgegebenen Geschäftspolitik und gem. Einschätzung der Entwicklung in den Devisenmärkten Sicherungsmaßnahmen ergriffen. Diese werden von den zuständigen Gremien formuliert und dann in Form einer schriftlichen Anweisung dem Front-Office übergeben. Eine Kopie erhält zeitgleich das Back-Office, das bei Erhalt der Sicherungsabschlüsse aus dem Front-Office unabhängig von diesem die Einhaltung der Anweisungen überprüft. Etwaige Abweichungen wären der Leitung der Konzern-Treasury sofort zu melden.

Nach Abschluß der Devisensicherungen und deren Abwicklung finden die Transaktionen ihren Niederschlag im Berichts- und Rechnungswesen, die auch die Funktion einer letzten Kontrollinstanz erfüllen. Hier werden die Sicherungsabschlüsse bis zu ihrer Endfälligkeit laufend gegen die Marktentwicklung bewertet (→ IV.5).

Die Konzern-Treasury – Profit- oder Service-Center?

Grundsätzlich kann eine Konzern-Treasury als Profit-Center oder als Service-Center geführt werden. Als Profit-Center muss sie eigenständige Geld- und Devisenhandelspositionen eingehen sowie den Wertpapierhandel betreiben dürfen. Dafür wären wesentlich umfangreichere Kontrollmechanismen erforderlich als bei einem reinen Service-Center. So müssten jedem einzelnen Händler Tagesumsatz- und Positionslimite sowie Gewinnziele vorgegeben werden, die ständig zu überwachen wären. Dieser Aufwand erübrigt sich, wenn die Konzern-Treasury als Service-Center fungiert. Wenn nämlich nur kommerziell bedingte Transaktionen vorgenommen werden, genügen die oben beschriebenen Kontrollen und individuelle Händlerlimite sind überflüssig. Der Kontrollaufwand ist entsprechend geringer.

Im Rahmen einer konzernweiten Liquiditätssteuerung würde eine Konzern-Treasury als Profit-Center den Tochtergesellschaften bei der Intercompany-Kreditvergabe i.d.R. Margen berechnen. Eine solche Vorgehensweise käme der Konzern-Treasury aber nur auf Kosten der Tochtergesellschaften zugute, sodass lediglich eine Umverteilung der Gewinne innerhalb des Konzerns zustande käme ohne Schaffung eines Mehrwerts. Als Service-Center wird sie die konzerninterne Kreditvergabe zu den Selbstkosten vornehmen, bzw. die Marge auf das steuerlich erforderliche Mindestmaß beschränken. Der Kostenvorteil fließt damit in die Gewinn- und Verlustrechnung der jeweiligen Tochtergesellschaft ein und unterstützt das operative Geschäft des Konzerns.

In diesem Buch wird die Konzern-Treasury ausschließlich in ihrer Rolle als Service-Center beschrieben. Im Vordergrund stehen daher Risikoeingrenzung und Kostenminimierung. Mit anderen Worten: ausschließliches Ziel ist die optimale Steuerung aller Finanzströme, wie sie mit den Waren- und Dienstleistungsströmen eines international tätigen Konzerns verbunden sind. Die Beschränkung auf kommerziell begründete Finanzströme bedingt, daß die Erzielung von Gewinnen nicht zum Geschäftsauftrag der Konzern-Treasury gehört; dies schließt Gewinnmitnahmen nicht aus, wenn sie im Zuge der Risikoeingrenzung entstehen.

I.4   DIE ORGANISATIONSSTRUKTUR DER KONZERN-TREASURY

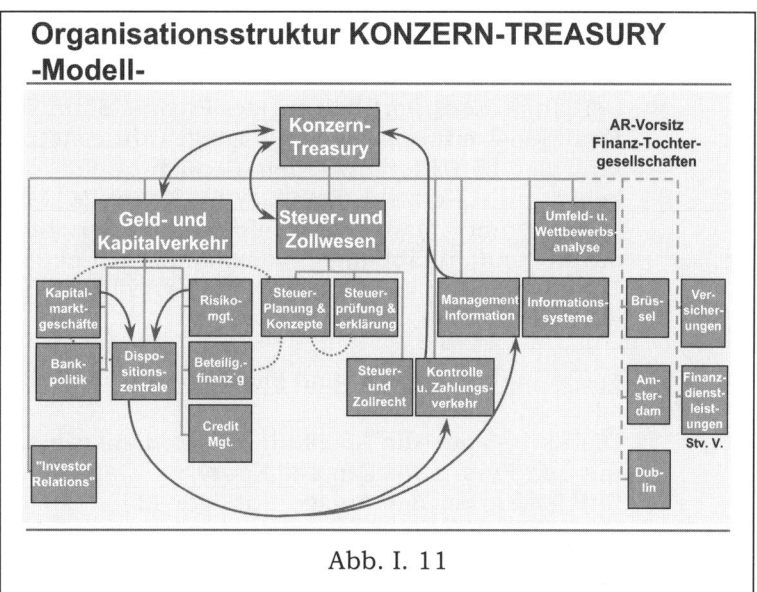

Abb. I. 11

Die in Abb. I.11 wiedergegebene Struktur ist eine Möglichkeit, die oben beschriebenen Organisationsprinzipien in die Praxis umzusetzen. Das Modell nimmt Bezug auf die Konzern-Treasury der Volkswagen AG und dient als Fallbeispiel für die Implementierung der Funktionstrennungen. Um die Kontroll- und Managementeffizienz zu maximieren sind neben der Fragmentierung der Arbeitsabläufe noch weitere Funktionstrennungen vorgenommen worden, d.h. insgesamt:

○ Fragmentierung der Arbeitsabläufe
○ Trennung nach Aktiv- und Passivseite der Bilanz
○ Trennung nach Linien- und Stabsfunktionen
○ Trennung nach Geschäftsorientierung und Administration

○ Fragmentierung der Arbeitsabläufe (➔ I.3 und Abb. I.11)

- Disposition – „Dispositionszentrale"
- Abwicklung – „Kontrolle und Zahlungsverkehr"
- Berichtswesen – „Managementinformation"

„Managementinformation" ist für die Erstellung aller Finanzdaten verantwortlich und stellt die Verbindung zum Controlling und den operativen Bereichen des Konzerns her. Die Geschäftsleitung „Konzern-Treasury" veranlaßt aufgrund dieser
Daten gemäß der geschäftspolitischen Vorgaben des Unternehmens die zu ergreifenden finanzpolitischen Maßnahmen
(Liquiditätsanlagen und Mittelaufnahmen, Devisensicherungs-
maßnahmen etc.). „Dispositionszentrale" setzt diese Maßnahmen operativ um. Die Dispositionsabschlüsse werden an
„Kontrolle und Zahlungsverkehr" (Limitüberwachung, unabhängige Bestätigung, Zahlung, etc.) weitergeleitet und finden
schließlich in „Managementinformation" ihren Niederschlag im
Berichtswesen. Dort beginnt der Prozess dann von Neuem. Die
Funktionstrennung ist wie folgt gewährleistet: „Dispositionszentrale" berichtet über den Bereich „Geld- und Kapitalverkehr" an „Konzern-Treasury"; „Kontrolle und Zahlungsverkehr" und „Managementinformation" berichten unabhängig
davon und unabhängig voneinander direkt an „Konzern-
Treasury". Erst bei „Konzern-Treasury" laufen alle Berichtswege zusammen.

○ Trennung nach Aktiv- und Passivseite der Bilanz

Die Aktiv-Seite: die Abteilung „Risikomanagement" befaßt sich
mit den Finanz-Risiken des Konzerns. Dazu gehören die Boni-
tätsrisiken bei der Anlage flüssiger Mittel. In diesen Bereich
fällt auch „Beteiligungsfinanzierung", die den Finanzierungsbedarf von Tochtergesellschaften ermittelt und die Bewertung
von Länderrisiken vornimmt, letzteres zusammen mit „Umfeld-
und Wettbewerbsanalyse". „Beteiligungsfinanzierung" ermittelt
z.B. den Kapitalbedarf einer Tochtergesellschaft in Übersee
und die damit verbundenen Risiken für den Konzern. Aus
Sicht der Muttergesellschaft ist dies eine Investition, bzw. Erhöhung ihres Beteiligungswertes, steht also auf ihrer Aktivseite, während es sich bei der Tochtergesellschaft als Kapitalauf-
nahme auf der Passiv-Seite niederschlägt. „Creditmanagement" befaßt sich mit den Risiken, die der Konzern bei Lieferungen und
Leistungen eingeht. Ihr obliegt die Sicherung der Zahlungseingänge aus Automobillieferungen im Inland und Ausland sowie
die Sicherstellung von Lieferungen an den Konzern, für die
Anzahlungen geleistet worden sind.

Die Passiv-Seite: die Abteilung „Kapitalmarktgeschäfte" berei-
tet alle Finanzierungsinstrumente für die Mittelaufnahme in
den Geld- und Kapitalmärkten vor, sie deckt damit die gesam-

te Bandbreite ab von Commercial Paper und Medium-Term Notes (0% Eigenkapitalcharakter) über Wandelanleihen (Schuldverschreibung mit Eigenkapitalkomponente) bis hin zur Emission neuer Aktien (100% Eigenkapitalcharakter). Die einzelnen Instrumente werden später näher beschrieben (→ II.3). „Investor Relations" versorgt die Anleger mit Informationen; sie unterstützt damit den Aktienkurs und zukünftige Aktienemissionen und wird daher der Passiv-Seite zugerechnet.

○ Trennung nach Linien- und Stabsfunktionen

Als „Linie" werden vorwiegend jene Einheiten bezeichnet, die Geldströme auslösen. Letzteres bezieht die Verhandlungen mit den Banken, Anlegern und den Steuerbehörden mit ein. Die unmittelbaren Linieneinheiten sind „Dispositionszentrale" und „Kontrolle und Zahlungsverkehr" sowie „Steuerprüfung und -erklärung". Die mittelbaren Linienfunktionen umfassen „Kapitalmarktgeschäfte" und „Risikomanagement" inkl. „Beteiligungsfinanzierung" und „Creditmanagement" sowie „Steuerplanung und -konzepte". Zu den reinen Stabsfunktionen gehören „Bankpolitik", „Investor Relations", „Managementinformation", „Informationssysteme" (EDV), „Steuer- und Zollrecht" sowie „Umfeld- und Wettbewerbsanalyse".

○ Trennung nach Geschäftsorientierung und Administration

Zu den geschäftsorientierten Einheiten sind alle Einheiten im Bereich „Geld- und Kapitalverkehr" sowie „Steuer-Planung und Konzepte" zu zählen. Bei „Steuerprüfung und -erklärung", „Kontrolle und Zahlungsverkehr" und „Management-Information" stehen administrative Aufgaben im Vordergrund.

Die Finanzierungstochtergesellschaften – insbesondere das CCB in Brüssel und die VIF in den Niederlanden – führen Sonderaufgaben durch und werden wie unabhängige Drittgesellschaften („at arm's length") geführt. Sie werden im Rahmen der vorgegebenen Konzernpolitik durch ihren jeweiligen Aufsichts- bzw. Verwaltungsrat beaufsichtigt. Dasselbe gilt für die Volkswagen Versicherungsvermittlung (VWV) und die Volkswagen Financial Services AG (FS AG).

Die Organisationsstruktur in Abb. I.11 ist das Instrumentarium für die Erfüllung des Geschäftsauftrags „konzernweite Optimierung aller Finanzströme und Eingrenzung der damit verbundenen Risiken". Die praktischen Erfahrungen bei der operativen Umsetzung dieses Auftrags sind Gegenstand der nun folgenden Ausführungen.

II.   LIQUIDITÄTSMANAGEMENT UND FINANZIERUNG

II.1   PLANUNG UND STEUERUNG

II.1.1   ZIELSETZUNG

Die Liquiditätssicherung des Unternehmens (Produktsektor) beginnt mit der Bedarfsplanung und der Definition von Zielgrößen.

Das Controlling erstellt im Rahmen der regulären Unternehmensplanung einen Liquiditätsplan. In einem großen Unternehmen wird der Planungshorizont typischerweise revolvierend fünf Jahre betragen. Der Liquiditätsplan ergibt sich zunächst aus der operativen Planung und stellt die wahrscheinlichste Entwicklung der Liquidität dar („most likely scenario"). Davon ausgehend werden Liquiditätsszenarien ermittelt für z.B.

5%	Absatzrückgang und	0%	Preisverfall
10%	Absatzrückgang und	5%	Preisverfall
20%	Absatzrückgang und	10%	Preisverfall
5%	Absatzrückgang und	10%	Preisverfall
20%	Absatzrückgang und	20%	Preisverfall
30%	Absatzrückgang und	25%	Preisverfall usw.

Die KONZERN-TREASURY verwendet von diesen Szenarien das so genannte „worst case scenario" als Berechnungsgrundlage für den zukünftigen Liquiditätsbedarf. Daraus folgt wie lange das Unternehmen mit den vorhandenen Mitteln im schlimmsten Falle liquide bleiben würde, zunächst unter der (unrealistischen) Annahme, dass keine gegensteuernden Maßnahmen im operativen Bereich ergriffen werden. Anders formuliert: „Wenn das Unternehmen z.B. einen 30%igen Absatzeinbruch und einen 25%igen Preisverfall hinnehmen müsste, wie lange reicht dann die Liquidität aus, um die laufenden Ausgaben zu bestreiten und allen Zahlungsverpflichtungen nachzukommen?" Das zugrunde gelegte „worst case"-Szenario leitet sich aus den historischen Erfahrungen ab und wird durch eine angenommene zusätzliche Verschlechterung sicherheitshalber noch überhöht.

Kurz- bis mittelfristig geht ein Unternehmen nicht an (vorübergehenden) Verlusten zugrunde, sondern an Illiquidität. Die oben formulierte Frage „Wie lange reicht die Liquidität im worst case ohne gegensteuernde Maßnahmen?" ist daher gleichbedeutend mit der Frage „Wie viel Zeit hat das Unternehmen, um mit gegensteuernden operativen Maßnahmen wieder in die Gewinnzone zurückzukehren?". Zum Beispiel: der Absatz bricht wegen einer sich verschlechternden Konjunkturlage unerwartet stark ein (Rezessionsszenario), die Ausgaben laufen aber zunächst weiter – Investitionspläne und Zulieferungen können nicht sofort zurückgefahren werden, Löhne und Gehälter sind weiter zu zahlen, und die Produktion kann nur graduell reduziert werden etc. Wenn nun aufgrund des Absatzrückgangs die Erlöse unter die Kosten fallen, wird das Unternehmen zum Liquiditätsverzehr gezwungen.

Da der Absatzeinbruch durch den Markt vorgegeben wird, muss mit internen Maßnahmen wie Kostensenkungen und Produktivitätssteigerungen auf die Erlösminderung reagiert werden. In den USA mit ihren wesentlich flexibleren Arbeitsmärkten sind die ersten Maßnahmen meistens Entlassungen. In Europa kann dies im Allgemeinen nur sozial verträglich vorgenommen werden, was teurer und langwieriger ist. Des Weiteren müssen die Investitionsausgaben zurückgefahren, die Zulieferungen reduziert, die Produktion eingeschränkt und die Lagerstände gesenkt werden. Alle diese Maßnahmen benötigen Zeit, und um diese zu überbrücken, müssen ausreichend liquide Mittel bzw. Liquiditätsquellen verfügbar sein.

Neben den oben angeführten Planungsszenarien sollten bei der Ermittlung des Vorsorge-Liquiditätsbedarfs noch folgende Faktoren berücksichtigt werden:

a) Eine konjunkturzyklisch sensitive Branche wie z.B. die Automobilindustrie wird einen höheren Vorsorgebedarf haben als eine zyklisch nicht sensitive Branche. Außerdem ist der Zyklus einer Branche oft nicht deckungsgleich mit dem gesamtwirtschaftlichen Konjunkturzyklus. Branchenspezifische Zyklen weisen mitunter erhebliche Abweichungen auf. Wenn z.B. das Wirtschaftswachstum sich insgesamt verlangsamt, aber noch immer positiv bleibt, kann die Automobilindustrie durchaus bereits mit fallenden Absatzzahlen konfrontiert sein. Das Konsumverhalten ändert sich primär aufgrund von Erwartungen und weniger aufgrund von Ist-Entwicklungen. Wenn sich das Wirtschaftswachstum verlangsamt, wird der Konsument aus Furcht vor möglichen Einbußen beim Einkommen (weniger Überstunden; Stellenverlust?) seine Ausgaben einschränken und seinen nächsten Autokauf womöglich verschieben; er wird aber seine Tabletten weiter nehmen und das Licht am Abend zu Hause weiter andrehen. Die Pharma- und Energiesparten sind daher von einem Wachstumsrückgang zunächst weniger betroffen. Intuitiv würde man erwarten, dass die Tourismussparte ähnlich wie der Automobilsektor betroffen sein würde. Die Erfahrung lehrt aber, dass dies nicht der Fall ist. Der Konsument verzichtet eher auf ein neues Auto als auf seine Urlaubsreise. Diese Beispiele mögen genügen, um darauf hinzuweisen, dass branchenspezifische Zyklen in der Planung zu berücksichtigen sind und allgemeine Konjunkturprognosen allein nicht ausreichen.

b) Ein weiterer wichtiger Faktor ist der so genannte Break-even eines Unternehmens. Unter Break-even ist jener Prozentsatz der Kapazität (Kapazitätsauslastung) zu verstehen, bei dem das Unternehmen ein neutrales Ergebnis erwirtschaftet; darunter gerät es in die Verlustzone. Wenn also ein Unternehmen z.B. schon ab 95% Kapazitätsauslastung Verluste hinnehmen muss, wird es verwundbarer sein, als wenn dies erst bei einem Absinken der Kapazitätsauslastung auf 70% der Fall wäre. Je niedriger dieser Break-even, desto größer der Freiraum, der zur Verfügung steht, um einen Absatzeinbruch aufzufangen. Die Liquiditätsvorsorge muss also umso höher sein, je höher der Break-even liegt.

c) Es gibt keine mathematisch eindeutig herleitbare Größe für die anzustrebende Liquiditätsvorsorge. Sie hängt u.a. von dem Risikoprofil und der Kosten/Nutzen-Präferenz der Geschäftsleitung ab. Liquiditätsvorsorge verursacht Kosten, echte oder Opportunitätskosten in Form geringerer Zinseinkünfte, da jederzeit verfügbare Mittel im allgemeinen geringere Zinserträge generieren als langfristig angelegte Mittel. Echte Kosten entstehen durch die Provisionsgebühren für jene bestätigte Kreditlinien, die nur zu dem Zweck eingerichtet worden sind, um im Notfall Liquidität bereitzustellen. In diesem Sinne kann die Liquiditätsvorsorge auch als „Liquiditätsversicherung" angesehen werden, analog zur Feuer- oder Transportversicherung. Die Kosten für die Liquiditätsvorsorge stellen quasi die Versicherungsprämie zum Schutz vor Illiquidität dar.

d) Die laufende Aktualisierung der diversen Planungsszenarien ist relativ aufwendig und wird nur in gewissen Zeitabständen vorgenommen. In der Praxis wird daher oft nur auf eine grobe Richtgröße für die Liquiditätsvorsorge geachtet. Eine solche Richtgröße wäre z.B. eine Liquiditätsvorsorge i.H.v. 20% bis 30% des Jahresumsatzes. Zusätzlich empfiehlt es sich, einen absoluten Minimalbetrag von X Mrd. EURO für den Liquiditätsstand festzusetzen, bei dessen Unterschreitung Liquiditätsbeschaffungsmaßnahmen eingeleitet werden.

e) Die Vorsorgeplanung sollte liquiditätsnahe Positionen mit einbeziehen; dazu gehören: nicht gezogene Kreditlinien, kurzfristige Forderungen, beschleunigter Einzug oder Verkauf von Forderungen, Streckung von Verbindlichkeiten, Lagerabverkauf, Investitionsfinanzierung über Leasing (verlagert Investitionsauslagen über die Zeitachse ins operative Ergebnis) und gegebenenfalls der Verkauf von Vermögenswerten.

II.1.2 Operative Liquiditätssteuerung

Die operative Liquiditätssteuerung beginnt mit der Ist-Situation unter Einbeziehung jeder einzelnen Konzerngesellschaft. Die dispositiven Erfordernisse wie Lohn-, Steuer-, Lieferantenzahlungen etc. bestimmen zunächst die Höhe und Laufzeitstruktur der Anlage flüssiger Mittel, bzw. der Mittelaufnahme, wenn die dispositiven Erfordernisse („working capital") nicht mit den vorhandenen Mitteln abgedeckt werden können. Liquide Mittel, die die dispositiven Erfordernisse überschreiten (Überschussliquidität), können ertragsorientiert angelegt werden. (Die Zweckmäßigkeit der Aufnahme von Mitteln bei gleichzeitigem Vorhalten liquider Mittel wird in III.1 diskutiert.)

Bei ungünstigen Entwicklungen sollte zunächst jede einzelne Konzerngesellschaft selbst in der Lage sein, sich mit liquiden Mitteln zu versorgen. Ließe man Länderrisiken und Transferbeschränkungen sowie steuerliche Aspekte außer Acht, so könnte die Liquiditätssteuerung der Tochtergesellschaften allein aus der Zentrale erfolgen, im Prinzip auch über verschiedene Zeitzonen hinweg. Es ist jedoch praktikabler, Rahmenbedingungen für jede Tochtergesellschaft vorzugeben und nur die Liquiditätspolitik zentral zu steuern und mit entsprechenden Kontrollen zeitnah zu überwachen. Die erste „Verteidigungslinie" gegen Illiquidität liegt somit bei jeder Tochtergesellschaft selbst in Abstimmung mit der Konzernzentrale. Die zweite „Verteidigungslinie" bildet die Muttergesellschaft, deren Konzern-Treasury notfalls die betroffene Tochtergesellschaft mit der erforderlichen Liquidität versorgen muss. Dies kann direkt durch den Transfer von Mitteln erfolgen, oder indirekt durch Banken mit Rückendeckung der Muttergesellschaft. Diese Rückendeckung kann verschiedene Formen annehmen und bei guten Bankbeziehungen allein „aufs Wort" erfolgen, insbesondere wenn es sich um eine 100%ige Tochtergesellschaft handelt. Andere Fälle können eine schriftliche Verpflichtung erfordern, von so genannten „schwachen" Patronatserklärungen über „starke" Patronatserklärungen bis hin zu vollen Garantien.

Bei der operativen Liquiditätssteuerung einzelner Tochtergesellschaften ist auf Konzernebene zwischen konzernexternen und konzerninternen Mittelanlagen/-aufnahmen zu unterscheiden. In der Summe saldieren sich alle Intercompany-Anlagen und -Aufnahmen natürlich auf Null. Die Bruttoliquidität einer einzelnen Konzerngesellschaft besteht aus ihren externen Mittelanlagen plus ihren konzerninternen Ausleihungen, während ihre Verschuldung sich aus ihren externen Mittelaufnahmen plus ihren konzerninternen Kreditaufnahmen zusammensetzt. Kann eine Tochtergesellschaft ihren Kreditverpflichtungen nicht nachkommen, müssen konzerninterne Stützungsmaßnahmen vorgenommen werden. Ihre externen Kreditverbindlichkeiten haben Vor-

rang und sind unter allen Umständen zu erfüllen, notfalls durch
die Muttergesellschaft, auch wenn keine formal-juristische Verpflichtung dazu besteht. Ein Fehlverhalten gegenüber externen
Kreditgebern würde nämlich die Kreditwürdigkeit des gesamten
Konzerns in Mitleidenschaft ziehen. Das gilt insbesondere für die
kommerziellen Risiken wie sie mit den Konjunkturzyklen, der Geschäftspolitik, den Produktrisiken etc. verbunden sind. Die politischen Risiken wie Enteignungen, Bürgerkrieg, Transferrisiken
etc. werden oft von den Banken selbst getragen. Im Einzelnen
hängt dies von der Art der Geschäftsverbindung des Unternehmens mit den betreffenden Banken ab und sollte auf jeden Fall
im Vorhinein von beiden Seiten einvernehmlich geklärt werden.
Die Risikoabgrenzung kommerziell/politisch ist nicht eindeutig,
sondern vielmehr fließend. Ein gutes Beispiel dafür war der Absturz der argentinischen Wirtschaft (kommerzielles Risiko) und
die damit verbundene asymmetrische Abwertung des Pesos durch
die argentinische Regierung (politisches Risiko) im Januar 2002.
Die Folge davon war, dass die argentinische Tochtergesellschaft
der Volkswagen AG ihre ausländischen Kreditverbindlichkeiten
womöglich nicht aus eigenen Kräften hätte begleichen können.
Obwohl die Risikoabgrenzung nicht eindeutig war, hat der Volkswagen-Konzern das Risiko als „kommerziell" klassifiziert und der
argentinischen Tochter die erforderlichen Mittel in Form einer
Kapitalerhöhung zur Verfügung gestellt, um ihr die Erfüllung aller ihrer ausländischen Kreditverpflichtungen – die meisten davon
vorzeitig – zu ermöglichen.

Hinweis

Die „operative Liquiditätssteuerung" – inkl. Der Bedarfsplanung und Vorsorge – wie sie in diesen beiden Abschnitten
II.1.1 und II.1.2 beschrieben wurde, bezieht sich auf ein Industrieunternehmen ohne Finanzdienstleistungsaktivitäten.
Anders formuliert: es betrifft in einem Konzern wie Volkswagen nur den operativen Geschäftsbereich, d.h. den „Produktsektor" (→ Abb. I.5 bzw. Abb. III.9 und Abb. III.10) und lässt
den Finanzdienstleistungssektor, der den Gesetzmäßigkeiten
des Bankgeschäfts folgt, außen vor. Das hat seinen Grund
darin, dass Liquiditätsrisiken und -vorsorgemaßnahmen im
operativen Geschäftsbereich ein ungleich höherer Stellenwert
beizumessen ist als im Finanzdienstleistungssektor. Im operativen Bereich ist nämlich ein Liquiditätsrisiko für das Unternehmen eher existenzgefährdend (Thema Zahlungsunfähig-
keit; → II.1.1) als im Finanzdienstleistungsgeschäft, wo dies
allenfalls bei größeren Forderungsausfällen oder exzessiven
Inkongruenzpositionen (→ III.2) zutreffen kann. Im Finanzdienstleistungssektor wird der Finanzierungsbedarf durch die
Aktiv-Seite der Bilanz vorgegeben, d.h. durch den Finanzierungsbedarf der Kunden, und ist somit fremdbestimmt („asset-led"). Bei Finanzierungsengpässen besteht daher grund-

sätzlich die Möglichkeit, keine neuen Kundenforderungen mehr in die Bücher zu nehmen. Im Finanzdienstleistungsgeschäft atmen beide Seiten der Bilanz praktisch simultan mit dem Konjunkturzyklus, während im operativen Bereich erhebliche Vorlaufzeiten erforderlich sind, um Kostenstrukturen, Produktionsvolumina, Lagerstände, Investitionen, Produktentwicklungsprogramme etc. mit den fortlaufenden Zahlungsverpflichtungen in Einklang zu bringen (➔ I.2: Text nach Abb. I.5, inkl. „Die Liquiditätsplanung", und ➔ III., insbesondere III.2: Text zu Abb. III.9 und Abb. III.10).

II.1.3   DATENERFASSUNG UND BERICHTSWESEN

Die oben beschriebene operative Steuerung ist ohne eine verlässliche Datenbasis nicht möglich. Das Berichtswesen erfüllt zwei Funktionen: erstens ist es die Steuerungsgrundlage für jede Finanzentscheidung und zweitens übt es eine Kontrollfunktion aus. Der Prozess der Datenerfassung in einem global operierenden Unternehmen wird als Fallbeispiel anhand der folgenden Abb. II.1 und Abb. II.2 dargestellt. Muster für Berichtsformulare zu den einzelnen Schritten – Struktur des Berichtswesens – werden im Anhang 1 präsentiert.

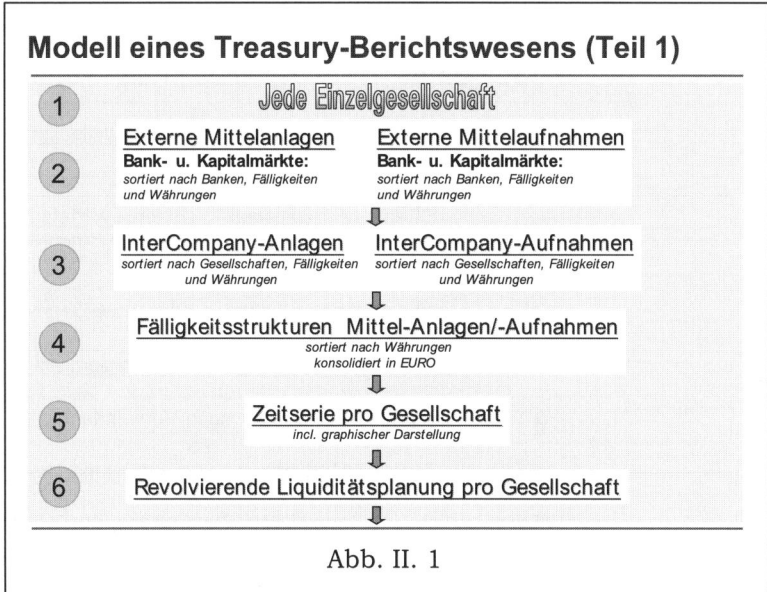

Abb. II. 1

(1)   Jede Einzelgesellschaft des Konzerns wird gesondert erfasst.

(2)   Zunächst werden die externen Mittelanlagen und -aufnahmen festgestellt und nach Banken, nach Kapitalmarktinstrumenten, nach Fälligkeiten und nach Währungen sortiert.

(3)   Dieselbe Datenerfassung wird für die Intercompany-Anlagen und -Aufnahmen vorgenommen.

(4)   Die Konsolidierung der Schritte (2) und (3) liefert die Fälligkeitsstruktur der Mittelanlagen und -aufnahmen pro Währung. Danach erfolgt die Konvertierung aller Währungen in die Landeswährung der jeweiligen Einzelgesellschaft und in die Landeswährung der Konzernzentrale (z.B. €). Letzteres dient nur dem Zweck einer besseren Vergleichbarkeit der einzelnen Gesellschaften auf Konzernebene. Verzerrungen aufgrund von Wechselkursveränderungen können in diesem Zusammenhang vernachlässigt werden.

(5)   Dieser Prozess sollte routinemäßig mindestens einmal pro Monat durchgeführt werden. Die Monatsdaten liefern eine Zeitreihe, aus der die Liquiditätsentwicklung jeder Einzelgesellschaft ersichtlich wird.

(6)   Die Liquiditätssteuerung jeder Einzelgesellschaft soll jedoch nicht nur reaktiv aufgrund von Daten der Vergangenheit erfolgen. Die Steuerung muss vielmehr antizipatorisch stattfinden, um notfalls rechtzeitig korrigierende Maßnahmen ergreifen zu können. Die Ist-Daten sind deshalb durch eine revolvierende Liquiditätsplanung zu ergänzen, die typischerweise die nächsten 6 bis 12 Monate abdeckt.

Abb. II. 2

(7)   Nachdem jede einzelne Gesellschaft datenmäßig erfasst
        worden ist, erfolgt die Konsolidierung auf Konzernebene.

(8)   Die konsolidierten Daten ergeben die externen Mittelanla-
        gen und -aufnahmen des Konzerns, sortiert nach Währun-
        gen (und gegebenenfalls Fälligkeiten).

(9)   Dasselbe wird für die Intercompany-Anlagen und
        -Aufnahmen durchgeführt, deren Saldo im Konzern gleich
        Null sein muss.

(10)   Hier werden alle Beträge in die Landeswährung der Kon-
        zernzentrale (z.B. €) konvertiert; die Summe ergibt die Li-
        quiditätsposition des Konzerns.

(11)   In einem Industrieunternehmen ist an dieser Stelle ein
        Zwischenschritt erforderlich. Um die Liquiditätsdaten auch
        qualitativ zu bewerten, wird eine Aufgliederung nach Ver-
        wendungszwecken, d.h. nach Betriebsmitteln, Projektfinan-
        zierung und Absatzfinanzierung, vorgenommen. Mit dieser
        Aufgliederung werden die wirtschaftlichen Inhalte erfasst,
        die den Mittelanlagen und -aufnahmen zugrunde liegen.
        Daraus folgen grundsätzlich andere Risikoszenarien und
        Liquiditätsmaßnahmen als bei Banken (→ III.).

(12)   Die monatlichen Daten von Punkt (10) bilden als Zeitreihe
        die Liquiditätsentwicklung des Konzerns ab; Ziel ist eine
        Trendanalyse mit Abgleich der tatsächlichen Geschäftsent-
        wicklung gegen den Plan. Diese Analyse ist in einem In-
        dustrieunternehmen vielschichtiger als bei Banken. Ein
        Beispiel: Ein Liquiditätsverzehr wegen operativer Verluste
        oder steigender Lagerstände hat eine andere Bedeutung als
        derselbe Liquiditätsrückgang aufgrund planmäßiger Inves-
        titionen.

(13)   Wie für jede Einzelgesellschaft (s.o. Punkt (6)) werden die
        Ist-Daten mit einer revolvierenden Liquiditätsplanung er-
        gänzt, um den Liquiditätsbedarf für den Konzern ex ante zu
        ermitteln und gegensteuernde Maßnahmen frühzeitig ein-
        leiten zu können.

Nach der für alle Finanzentscheidungen erforderlichen Datenerfassung wird in den folgenden Abschnitten das Liquiditätsmanagement erörtert. Das Liquiditätsmanagement umfasst alle Maßnahmen der Mittelanlage und Mittelaufnahme. Im volkswirtschaftlichen Kontext steht bei den Kapitalsammelstellen (Banken,
Versicherungen, Pensionsfonds etc.) die Mittelanlage im Vordergrund, in einem Industrieunternehmen hingegen die Mittelaufnahme.

Anmerkungen

1. Der Begriff „Liquidität", wie ihn die Konzern-Treasury definiert, ist ausschließlich geldbezogen. Das Berichtswesen ist daher so strukturiert, dass es nur die Mittelanlagen und -aufnahmen erfasst um die Frage zu beantworten „Wie viel Geld hat/braucht das Unternehmen?". Damit kann sich die Definition der Liquidität von der des Rechnungswesens unterscheiden. So macht die Fristigkeit von Wertpapieranlagen – sofern diese zu allen Zeiten liquide sind – für die Konzern-Treasury keinen Unterschied; sie differenziert nicht zwischen „Umlaufvermögen" und „Anlagevermögen" wie das Rechnungswesen. Außerdem bewertet die Konzern-Treasury Wertpapiere stets zu ihrem Marktwert, während im Rechnungswesen andere Bewertungsverfahren zur Anwendung kommen können, wie z.B. das „Niedrigstwertprinzip" nach den deutschen Rechnungslegungsvorschriften gemäß HGB.

2. Das Berichtswesen muss so strukturiert werden, dass vollständige Transparenz gewährleistet ist und die von den einzelnen Gesellschaften übermittelten Daten über alle Konzerneinheiten hinweg in sich konsistent sind. Das wird dadurch erreicht, dass die Konzern-Zentrale ein einheitliches Berichtsformat wie oben beschrieben für alle Gesellschaften vorgibt, und zwar unabhängig von deren jeweiligem Geschäftsfeld. Das heißt, das Berichtsformat ist für den operativen Bereich und für Finanzdienstleistungen dasselbe. Für die Liquiditätsposition des Konzerns werden alle diese Daten aggregiert und folglich die beiden Geschäftsfelder in einer Position zusammengefasst. Dabei wird im Normalfall der operative Bereich die Anlageseite und Finanzdienstleistungen die Aufnahmeseite dominieren, so dass eine direkte Gegenüberstellung von Mittelanlagen und -aufnahmen für sich allein noch nicht aussagefähig ist, weil zwischen ihnen kein direkter wirtschaftlicher Zusammenhang besteht (→ III.3). Bevor Liquiditätsmaßnahmen ergriffen werden, müssen daher die wirtschaftlichen Inhalte der Daten und ihre jeweiligen Gegenposten in der Bilanz hinterfragt werden, wie in III. „Aktiv/Passiv-Bilanzabgleich" beschrieben wird.

II.2 Anlage flüssiger Mittel

II.2.1 Disposition und Bankanlagen

Die Anlage flüssiger Mittel beginnt mit der Ermittlung der dispositiven Erfordernisse, d.h. der laufenden Ausgaben, Investitionen, Steuerzahlungen, saisonalen Faktoren usw. sowie Vorsorgemaßnahmen für den Fall eines unerwarteten Liquiditätsbedarfs. Diese Posten werden in die kurzfristige, revolvierende Kassenplanung eingestellt. Die verbleibende Liquidität, die so genannte Überschussliquidität, die voraussichtlich nicht in Anspruch genommen werden muss, kann ertragsoptimierend angelegt werden und einen Beitrag zum Unternehmensergebnis leisten. Der Begriff „ertragsoptimierend" hängt von dem vorgegebenen Risikoprofil ab. Letzteres ist eine Frage der Geschäftspolitik und von Unternehmen zu Unternehmen verschieden. Die Grenze zwischen „konservativ" und „spekulativ" ist fließend. Offene Devisenpositionen, Edelmetallpositionen oder Anlagen in Aktien gelten als spekulativ. Anlagen in breit gestreuten Fonds hingegen sind „vertretbare" Risiken, da sie tendenziell der allgemeinen Marktentwicklung folgen.

Im folgenden werden drei Strategien zur Diskussion gestellt:

(1) der konservative Ansatz: Anlage bei Banken (Termingelder) und in Staatspapieren

(2) der spekulative Ansatz: Anlagen in Aktien und Fremdwährungen; wird hier ausgeschlossen.

(3) ein Mittelweg: Spezialfonds (→ II.2.2), eine Mischung aus Aktien und Renten

(1) Der konservative Ansatz

Die Überschussliquidität wird nur in Termingeldern angelegt und in Staatspapieren der eigenen Währung, die bis zur Endfälligkeit gehalten werden. Terminanlagen bei Banken erster Bonität gelten als risikofrei, auch wenn grundsätzlich jede Mittelanlage mit einem Restrisiko verbunden ist. Anlagen in Staatspapieren sind de facto ebenfalls risikofrei, wenn sie bis zu ihrer Endfälligkeit gehalten werden; bis dahin unterliegen sie allerdings Kursschwankungen aufgrund von Zinsänderungen. Letzteres bringt Bewertungsrisiken über die Laufzeit mit sich, die jedoch spätestens zur Endfälligkeit verschwinden, wenn der Marktwert in den Nominalwert mündet. (Diese Aussage gilt natürlich nur für Länder, deren Bonität außer Zweifel steht. Ein Gegenbeispiel hierzu wäre der Fall Argentinien, wo der Staat 2001/02 die Bedienung seiner Schulden eingestellt hat.)

Unter diesen Voraussetzungen kann eine Ertragsoptimierung nur durch Ausnutzung der Zinskurve erfolgen („playing the yield curve").

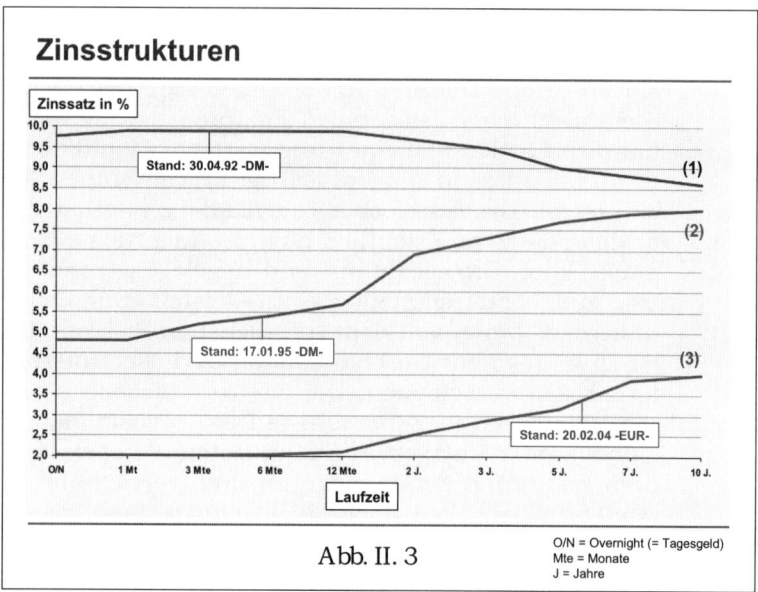

Abb. II. 3

Abb. II.3 zeigt drei Zinskurven: (1) eine fallende von Ende April 92, (2) eine steigende von Januar 95 sowie schließlich (3) eine aktuellere Zinskurve aus dem Februar 2004, die auf niedrigerem Niveau teils flach und teils steigend verläuft.

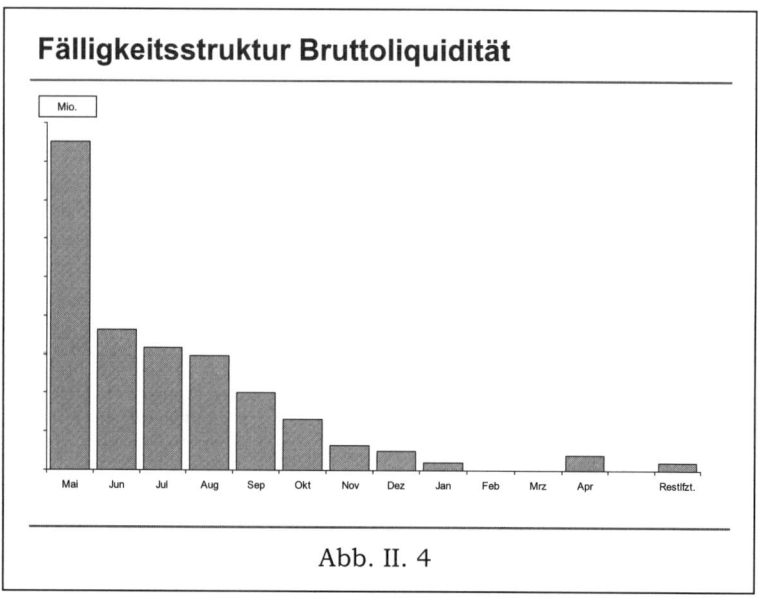

Abb. II. 4

Abb. II.4 zeigt das Anlageprofil bei der fallenden Zinskurve (1): die Zinsen sind am höchsten am kurzen Ende. In diesem Fall erfolgt die Ertragsoptimierung der Überschussliquidität im kurzfristigen Fälligkeitsbereich, sofern man keine Änderungen in der Gestalt der Zinskurve und keine Änderung des Zinsniveaus erwartet. Dispositive Erfordernisse und Ertragsoptimierung fallen zusammen.

Anders liegt der Fall bei der steigenden Zinskurve (2):

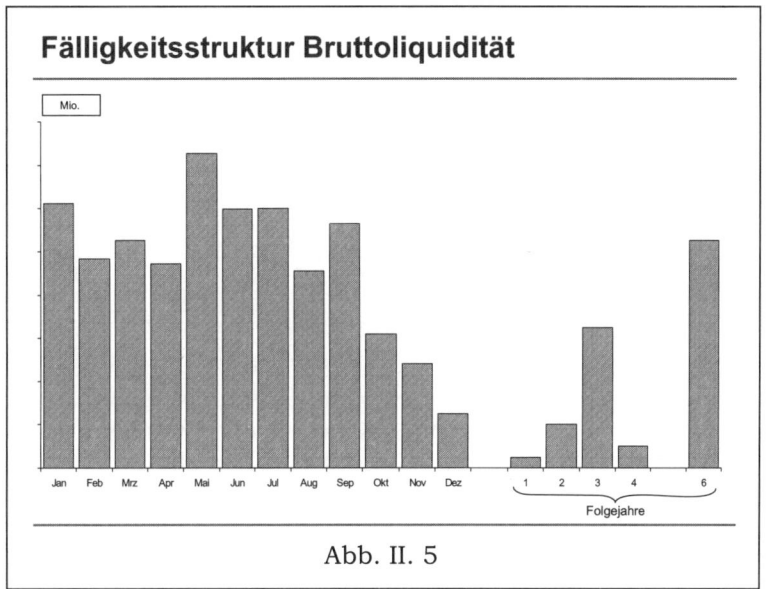

Fälligkeitsstruktur Bruttoliquidität

Mio.

Jan Feb Mrz Apr Mai Jun Jul Aug Sep Okt Nov Dez 1 2 3 4 6

Folgejahre

Abb. II. 5

Das Anlageprofil gem. Abb. II.5 ist nicht spiegelbildlich zu dem in Abb. II.4, weil unabhängig von der Zinskurve die für die Disposition erforderlichen Mittel auf jeden Fall kurzfristig verfügbar bleiben müssen und folglich nur am kurzen Ende angelegt werden können. Die Überschussliquidität wird längerfristig angelegt, um die höheren Zinsen am langen Laufzeitende zu nutzen. Diese Anlage kann zum Teil in Fonds erfolgen, auf die im folgenden Abschnitt eingegangen wird.

Abb. II.3 zeigt eine statische Betrachtung der Zinskurve, d.h. jede der drei Zinskurven vom Tagesgeldsatz bis zum 10-jährigen Zinssatz trifft nur zu einem bestimmten Zeitpunkt zu. Bei den Anlageentscheidungen ist aber die erwartete Zinsentwicklung mit einzubeziehen, sowohl bezüglich des absoluten Zinsniveaus als auch der zukünftigen Gestalt der Zinskurve (dynamische Betrachtungsweise):

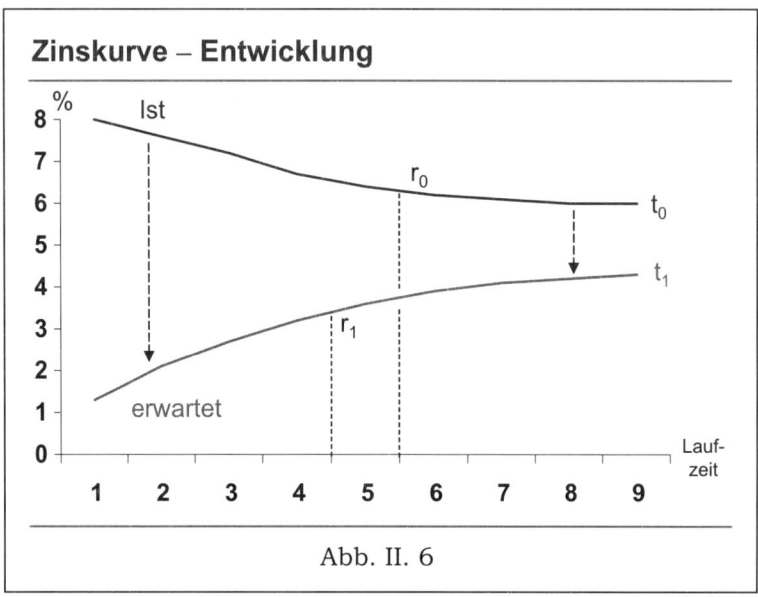

Abb. II. 6

Die Abb. II.6 zeigt als Beispiel die Zinsstruktur zum Zeitpunkt t_0 und ein Jahr später (t_1): Im Laufe eines Jahres wurde aus der inversen eine steigende Zinskurve auf niedrigerem Niveau. Ein solcher Umschwung tritt typischerweise am Ende des Konjunkturzyklusses auf, wenn der Übergang von der Überhitzungsphase zur Rezession stattfindet. Legt man zum Zeitpunkt t_0 alle Mittel kurzfristig an, weil in der inversen Struktur dort die höchsten Zinsen zu erzielen sind, so muss man diese Mittel im Lauf des Jahres revolvierend immer wieder neu anlegen. Über dieselbe Zeitspanne sind aber die Zinsen deutlich gesunken. Es wäre also vernünftig gewesen, bei t_0 einen Teil des Überschusses langfristig anzulegen, obwohl zu diesem Zeitpunkt die Langfristsätze niedriger als die Kurzfristsätze waren. Mit anderen Worten: zum Zeitpunkt t_0 hätte man einen 5-jährigen Zinssatz i.H.v. r_0 „einlocken" können; ein Jahr später hätte man für dieselbe Endfälligkeit (Restlaufzeit 4 Jahre) nur mehr den niedrigeren Zinssatz r_1 erzielen können. Je nach der Zinserwartung kann es also durchaus sinnvoll sein, Gelder längerfristig anzulegen, auch wenn zum Zeitpunkt der Anlage die längerfristigen Zinssätze unter den kurzfristigen liegen. Die Wirtschaftlichkeitsrechnung über die gesamte Laufzeit vergleicht den Zinsertrag aus der 5-jährigen Anlage zu r_0 mit den Zinserträgen aus den revolvierend kurzfristigen Anlagen im ersten Jahr plus dem Zinsertrag aus der 4-jährigen Anlage zu r_1. In der Praxis würde man einer solchen Zinsentwicklung natürlich nicht ein Jahr lang tatenlos zusehen, sondern einen Teil schon früher in längerfristige Laufzeiten umschichten. Die Wirtschaftlichkeitsrechnung bleibt dieselbe.

(2) Der spekulative Ansatz

Anlagen werden in Fremdwährungen und Aktien ohne Restriktionen getätigt, um Währungstrends bzw. Börsentrends zu nutzen. Werden solche Strategien eingeschlagen, muss man sich der Risiken gegenläufiger Entwicklungen bewusst sein. Dafür sind entsprechende Risikolimite („Stop-loss") zwecks eventueller Schadensbegrenzungen einzuziehen. Spekulative Anlagepositionen dieser Art erfordern aufwendige Kontrollmechanismen, eine laufende Bewertung und die ständige Überwachung der Positionslimite.

(3) Ein Mittelweg

Ein Teil der Überschussliquidität wird in Fonds angelegt, die von unabhängigen Fondsmanagern geführt werden. Das Spektrum reicht von der völlig freien Vermögensverwaltung ohne Vorgaben bis hin zu Fonds mit mehr oder weniger restriktiven Anlagerichtlinien, die der Anleger vorgibt. Eine Sonderrolle kommt hierbei den so genannten Spezialfonds zu, die dem konservativ orientierten institutionellen Anleger einen vernünftigen Kompromiss zwischen Risiko und Sicherheit bieten, d.h. zwischen einer aggressiveren Wahrnehmung von Marktchancen und der gewünschten Eingrenzung von Risiken:

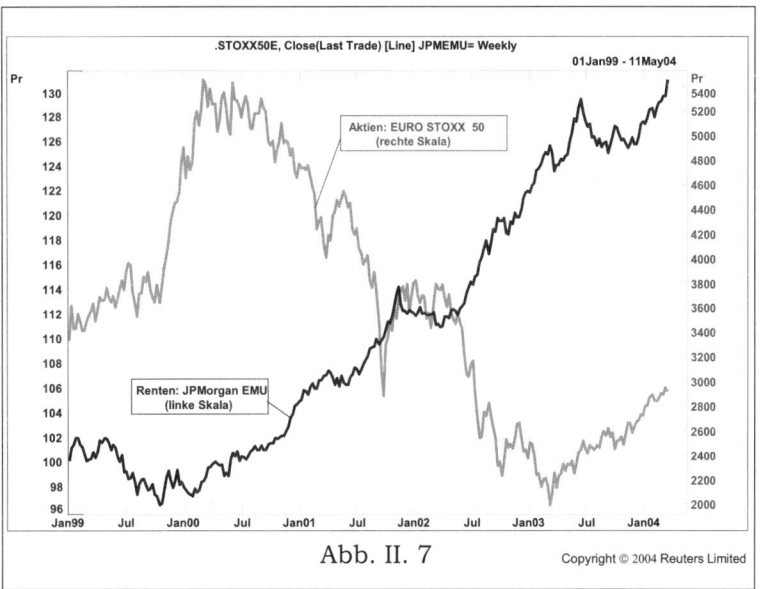

Abb. II. 7

Copyright © 2004 Reuters Limited

Abb. II.7: Über längere Zeiträume hinweg sind Aktien und Renten in ihrer Wertentwicklung tendenziell gegenläufig. Ein vernünftiger Mix ermöglicht daher eine Risikoeingrenzung: Im Wirtschaftsaufschwung steigen die Aktien, in der Abschwungphase die Renten, und umgekehrt (s. dazu auch Hinweis 4 am Ende von II.2.2).

Wie bereits erwähnt ist ein Industrieunternehmen in den Kapitalmärkten vorwiegend auf der Aufnahmeseite tätig, nicht auf der Anlageseite wie die Kapitalsammelstellen. Für eine ausführliche Beschreibung von Anlagestrategien („Portfolio Management" oder „Asset Management") wird auf die Literatur verwiesen. Hier wird im folgenden lediglich auf die Anlageform „Spezialfonds" näher eingegangen.

II.2.2   Spezialfonds

Spezialfonds unterliegen dem Investmentgesetz und der Genehmigung und Aufsicht durch die Bundesanstalt für Finanzdienstleistungsaufsicht (BaFin). Das Fondsmanagement hat das Kreditwesengesetz zu beachten. Im Vergleich zu normalen Geldanlagen bieten Spezialfonds den Vorteil einer höheren Rendite – allerdings in Verbindung mit höheren Risiken –, sind jederzeit liquidierbar und erlauben die steuerfreie Thesaurierung von Gewinnen aus der Veräußerung von Wertpapieren und aus Termingeschäften. Bei Ausschüttung bleiben die Veräußerungsgewinne auf Aktien steuerfrei, auf Renten hingegen sind sie voll steuerpflichtig. (Für Einzelheiten wie z.B. die Besteuerung von Dividenden und Zinserträgen, s. Investmentsteuergesetz.) Spezialfonds unterliegen besonderen gesetzlichen Regelungen:

Investmentgesetz – Risikoaspekte (auszugsweise)

Anrechenbarkeit (Emittenten – Diversifikation):
- nicht mehr als 5% in Wertpapiere u. Schuldscheindarlehen eines Emittenten
  aber: wenn vertraglich festgelegt: <10% unter der Voraussetzung, daß der Gesamtwert aller Wertpapiere u. Schuldscheindarlehen dieser Aussteller < 40%
  wenn vertraglich festgelegt: Schuldverschreibungen (SV) öffentlicher Aussteller: >35% je Emittent unter der Voraussetzung, daß in mind. 6 verschiedene Emissionen und dabei nicht mehr als 30% in eine einzige Emission investiert wird;
  Pfandbriefe und Kommunalschuldverschreibungen, gedeckte Schuldverschreibungen von Kreditinstituten mit Sitz in einem Mitgliedstaat der EU bis zu 25% des Wertes des Sondervermögens; werden mehr als 5% des Wertes des Sondervermögens in Schuldverschreibungen desselben Ausstellers angelegt, darf der Gesamtwert dieser Schuldverschreibungen 80% des Wertes des Sondervermögens nicht übersteigen
- Wertpapierleihe: nicht mehr als 10% mit einem Entleiher

Derivate:
- Das Sondervermögen darf nur in Derivate, die von Wertpapieren, Geldmarktinstrumenten, Investmentanteilen gemäß § 50, Finanzindizes im Sinne des Artikels 9 Abs. 1 der Richtlinie 2007/16/EG, Zinssätzen, Wechselkursen oder Währungen, in die das Sondervermögen nach seinen Vertragsbedingungen investieren darf, abgeleitet sind, zu Investmentzwecken investieren
- Durch den Einsatz von Derivaten (wie z.B. Terminkontrakten / Optionen) darf ein Investitionsgrad (Marktrisikopotential des Sondervermögens) von 200% nicht überschritten werden

Abb. II. 8   Quelle: Investmentgesetz
                                          §§ 51, 54, 60, 62, 64

Abb. II.8: Das Investmentgesetz limitiert die Anlagen in einzelnen Wertpapieren, womit es eine entsprechende Diversifikation erzwingt, und gibt Risikolimite für den Einsatz von Derivaten vor. Weitere, restriktivere Anlagerichtlinien können vom Anleger vorgegeben werden.

Die Struktur umfasst grundsätzlich:
- ⇨ die Kapitalanlagegesellschaft (KAG),
- ⇨ den Fondsmanager,
- ⇨ die Depotbank,
- ⇨ den Anleger selbst.

- Die Kapitalanlagegesellschaft hat für die Einhaltung der gesetzlichen Bestimmungen zu sorgen und ist der BaFin dafür verantwortlich.
- Der Fondsmanager „berät" die Kapitalanlagegesellschaft, d.h. er betreibt das eigentliche Portfoliomanagement und entscheidet welche Wertpapiere in den Fonds aufgenommen werden.
- Die Depotbank verwaltet die Wertpapiere und erstellt die Performance-Berichte an den Anleger.

Grundsätzlich können die KAG, das Fondsmanagement und die Depotbankfunktion bei derselben Bank angesiedelt sein. Wenn man jedoch die Überschussliquidität auf mehrere Fonds verteilt, um das Risiko zu streuen und einen entsprechenden Wettbewerbsanreiz unter den Fondsmanagern zu schaffen, so sollte die Depotbank zu keiner der Kapitalanlagegesellschaften oder Fondsmanager gehören. Damit wird eine unabhängige und in sich konsistente Berichterstattung gewährleistet. Zum Beispiel: die einzelnen Fondsmanager verwenden bei der Bewertung Kurse von verschiedenen Valutatagen oder unterschiedlichen Uhrzeiten desselben Tages. Eine einheitliche Bewertungsmethode eliminiert diese Differenzen und stellt die Vergleichbarkeit der Wertentwicklungen der einzelnen Fonds sicher.

Die Kontrolle durch den Anleger wird durch regelmäßige Berichte sichergestellt und durch Anlageausschusssitzungen, die der Anleger gemeinsam mit den Fondsmanagern mehrmals im Jahr abhält.

Es gibt eine Vielzahl von Strukturen für die Anordnung mehrerer Spezialfonds. Anhand eines Fallbeispiels werden in der Folge zwei Modelle zur Diskussion gestellt.

○ Fallbeispiel

Ein Sondervermögen (Überschussliquidität) i.H.v. € 1.000 Mio. soll in mehreren Spezialfonds angelegt werden; Abb. II.9:

Modell #1

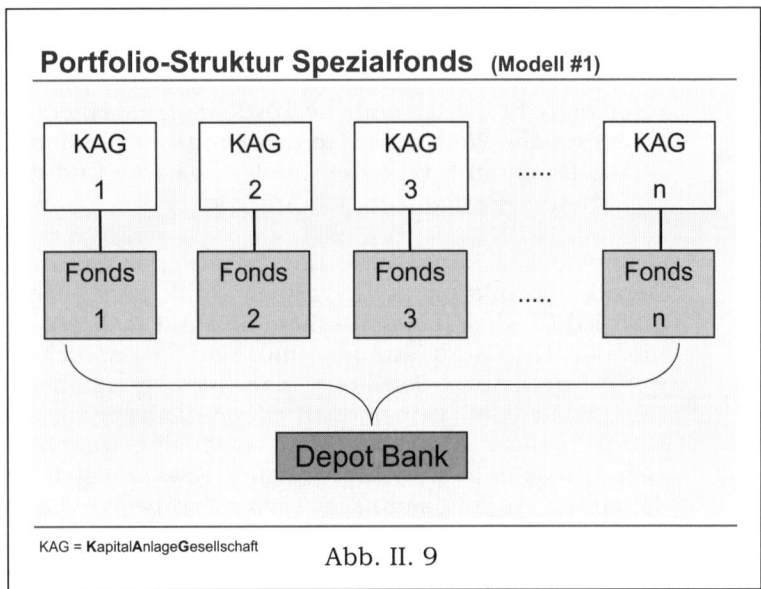

Portfolio-Struktur Spezialfonds (Modell #1)

KAG 1 · KAG 2 · KAG 3 ····· KAG n

Fonds 1 · Fonds 2 · Fonds 3 ····· Fonds n

Depot Bank

KAG = KapitalAnlageGesellschaft   Abb. II. 9

Ausgangslage/Vorgaben

- Es werden mehrere Fonds mit Aktien und Renten eingerichtet.
- Der Aktien-Anteil darf pro Fonds max. 30% betragen. Der Rest wird in verzinslichen Papieren (Renten) und Termingeldern angelegt.
- Die Benchmark zur Performancemessung wird mit 20% Aktien (EURO STOXX 50 Index)/80% Renten (JPMorgan EMU Index, s.u.) festgesetzt.
- Die einzelnen Fondsmanager werden relativ zur Benchmark und relativ zueinander bewertet.

Die Erfahrung zeigt, dass Fondsmanager an der Benchmark „kleben". Daher sollte die Benchmark bei einem Mischfonds nicht in der Nähe des maximal zulässigen Aktienanteils liegen, in diesem Beispiel also nicht bei „30% Aktien/70% Renten", weil dann der Fondsmanager tendenziell 30% Aktien im Portfolio halten wird. Vielmehr sollte bei obiger Anlagerichtlinie die Benchmark z.B. bei „20% Aktien/80% Renten" liegen, d.h. deutlich unter dem maximal zulässigen Aktienanteil. In einem Mischfonds wird nämlich die Wertsteigerung vorwiegend durch die relative Gewichtung Aktien vs. Renten generiert („Asset-Allokation"). Daher muss dem Fondsmanager die Möglichkeit eingeräumt werden, die Aktien-

komponente relativ zur Benchmark sowohl unter- als auch über-
zugewichten. Dieser Spielraum nach beiden Seiten ist nur gegeben, wenn die Aktienkomponente der Benchmark deutlich unter
der maximal zulässigen Aktienquote liegt. Idealerweise sollte der
Fondsmanager bei steigenden Aktienkursen in 30% Aktien/70%
Renten und bei fallenden Aktienkursen in 0% Aktien/100% Renten investieren. Analoges gilt für eine risikoreichere Anlagestrategie; bei „max. 90% Aktien" sollte die Benchmark aus demselben
Grund z.B. mit 60% Aktien/40% Renten vorgegeben werden.

Die Benchmark muss sich auf die zugelassenen Anlageinstru-
mente beziehen, die laut Anlagerichtlinie in das Portfolio aufgenommen werden dürfen. Ein Beispiel: wenn man nur Aktien großer deutscher Firmen zulässt, so wäre der DAX eine sinnvolle
Benchmark, und für deutsche Renten würde sich der REX anbieten. Wählt man den gesamten €-Raum, so bietet sich der EURO-
STOXX 50 oder der EURO-STOXX für Aktien und der JPMorgan
EMU für Renten als Benchmark an (JPMorgan EMU = JPMorgan
European Monetary Union Government Bond Index). In den USA
stünde für Aktien der DJI (Dow Jones Index) oder S&P 500
(Standard & Poor's 500) zur Verfügung. Bei der Vielzahl existie-
render Indizes kann jeder Investor den Index zur relativen Per-
formance-Messung heranziehen, der seinem Risikoprofil und seinen Anlagepräferenzen am besten entspricht.

Die Leistung der Fondsmanager kann nach mehreren Kriterien
bemessen werden, wie z.B.:

1. relativ zur Benchmark und damit relativ zur Marktentwicklung insgesamt,
2. relativ zu anderen Fondsmanagern, die den gleichen Anlagerichtlinien unterliegen („Peer Performance Evaluation"),
3. relativ zu risikofreien Anlageformen wie Termingeldern oder
   Staatspapieren.

Wenn ein Fondsmanager über längere Zeit hinweg hinter der
Benchmark zurückfällt und/oder permanent eine schlechtere
Leistung erbringt als seine Wettbewerber, dann sollte ihm der
Fonds entzogen und einem anderen Manager übertragen werden.
Auch die Gebühren sollten so strukturiert werden, dass sie die
Wertsteigerung relativ zur Benchmark honorieren. Die Gebühren
setzen sich daher im Allgemeinen aus einer Grundgebühr plus
einer leistungsabhängigen Komponente zusammen.

Die Anlagestrategien und Entscheidungsprozesse der einzelnen Fondsmanager können sich erheblich voneinander unterscheiden. Sie stützen sich dabei auf volkswirtschaftliche Analysen, Marktanalysen für die Aktien- und Bondsegmente, Bewertungsmodelle für einzelne Aktien und nicht zuletzt auf ihre professionelle Erfahrung sowie ihren Instinkt, ihr Gefühl für den Markt.

Die praktische Erfahrung mit Modell #1

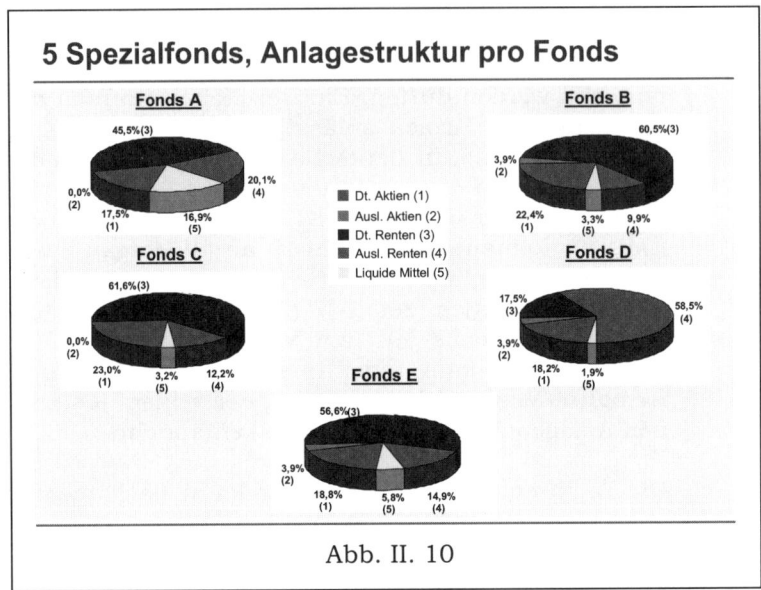

5 Spezialfonds, Anlagestruktur pro Fonds

Abb. II. 10

Abb. II.10 zeigt fünf Fonds gleicher Größe, die alle der Anlagerichtlinie „max. 30% Aktien/Rest in Renten" mit der Benchmark „20% Aktien/80% Renten" unterlagen und ausländische Werte bis zu bestimmten Grenzen zuließen, vor allem aus dem US-Dollar-Raum. Der Aktienanteil reichte von 17,5% in Fonds A bis 26,3% (22,4% + 3,9%) in Fonds B. Der Anteil in Renten von 65,6% (45,5% + 20,1%) in Fonds A bis 76,0% (58,5% + 17,5%) in Fonds D, und der Anteil an liquiden Mitteln (Cash + Bankeinlagen) von 1,9% in Fonds D bis 16,9% in Fonds A. Letzteres ist allerdings insofern atypisch, als hier gerade zum Stichtag flüssige Mittel im Zuge einer Wertpapierumschichtung vorlagen.

In den Anlageausschusssitzungen werden für jeden Fonds die Wertentwicklung und ihre Ergebniskomponenten analysiert, zunächst nach Risikoklassen und Emittentenstruktur:

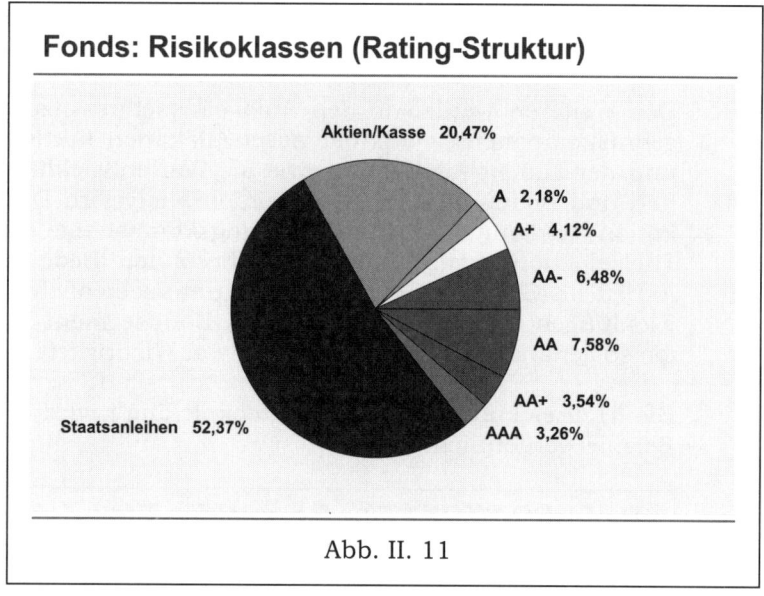

Abb. II. 11

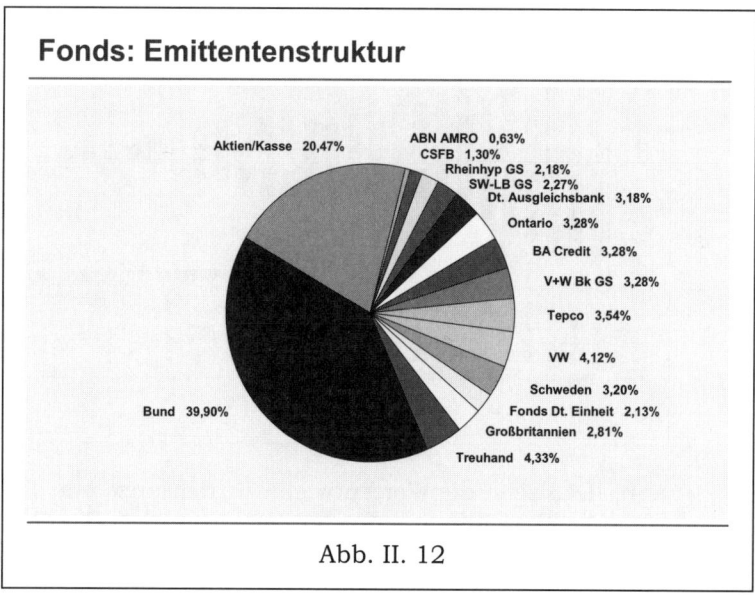

Abb. II. 12

Abb. II.11 und Abb. II.12 zeigen die Strukturen ein und desselben Fonds*). Laut Abb. II.11 sind 20,5% der Mittel in Aktien und „Kasse" angelegt, 52,4% in Staatsanleihen und der Rest ist gestreut über Emittenten von Risikoklassifizierung AAA (beste Risikoklasse nach Standard & Poor's, → II.3.2.2) bis zu A. Klasse A- und darunter sind gemäß Vorgabe nicht zugelassen. Abb. II.12

---

*) Anderes Fallbeispiel, kein Bezug zu den Fonds in Abb. II.10.

zeigt die Aufgliederung nach Aktien und den einzelnen Emittenten des Rentensegments.

Des Weiteren werden in den Anlageausschusssitzungen die Ergebniskomponenten aus der Asset-Allokation (Aktien vs Renten)
und der Länder-Allokation sowie die Wertentwicklungen von Aktien und Bonds und die Titelselektion analysiert. Die Länderallo-
kation wird mit und ohne Währungskomponente bewertet. Der
Titelselektion kommt im Aktienteil besondere Bedeutung zu, weil
Aktien im Gegensatz zu Bonds die unterschiedlichsten Wertentwicklungen verzeichnen können. Im Bondsegment ist auch noch
die so genannte „Duration"-Analyse von Wichtigkeit.

Die Titelselektion für Aktien („Stockpicking") wird an folgendem
Beispiel verdeutlicht:

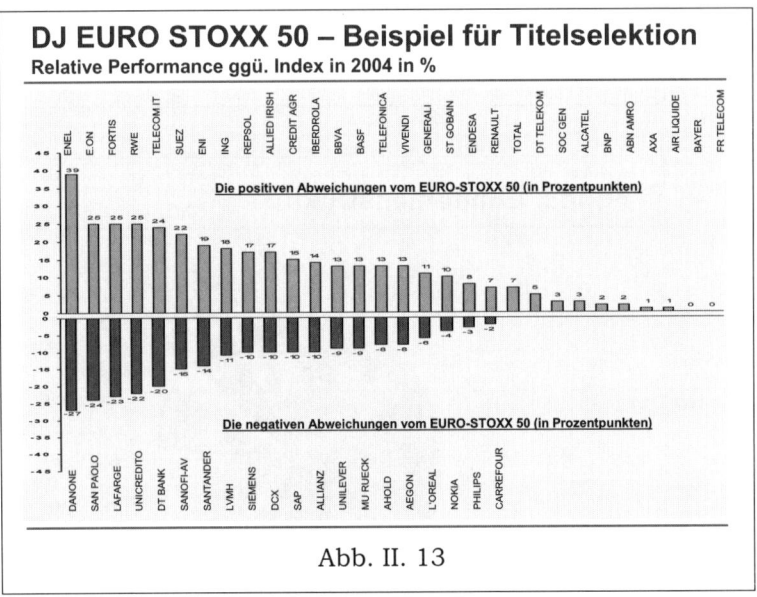

Abb. II. 13

Abb. II.13 zeigt die Wertentwicklung der einzelnen Titel im EURO-
STOXX 50 relativ zur Wertentwicklung des Gesamtindexes, der
im Jahr 2004 um 9,4 % gestiegen war. Eine Übergewichtung der
oberen Titel hätte daher eine höhere Wertsteigerung erzielt als
der EURO-STOXX 50 im Ganzen, d.h. der Index wäre von ihnen
„geschlagen" worden.

Die Wertentwicklung der fünf Fonds in obiger Abb. II.10 relativ zur Benchmark und relativ zueinander von ihrer Auflegung bis Mitte 2000 kann der Abb. II.14 entnommen werden:

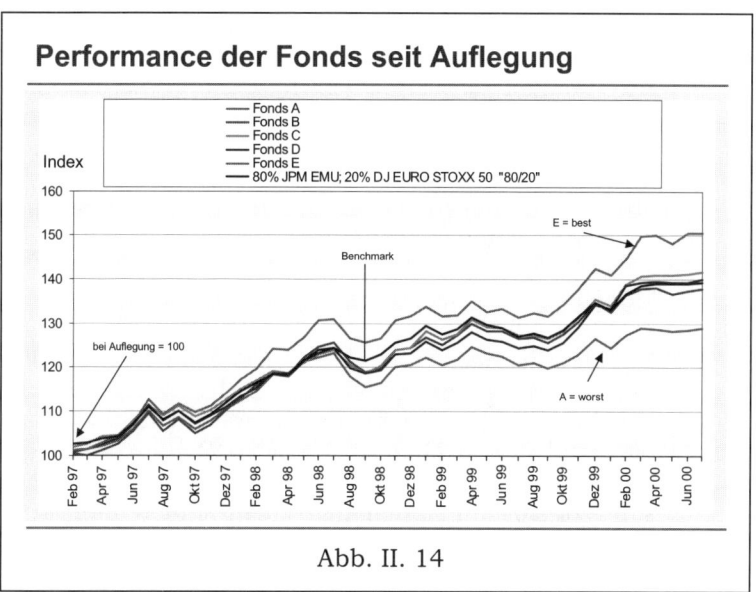

Abb. II. 14

Fonds A ist in der Folge eliminiert worden.

<u>Bewertung des Modells #1</u>

Die praktische Erfahrung hat gezeigt, dass Mischfonds nicht die in sie gesetzte Erwartung erfüllen. Diese Aussage stützt sich auf insgesamt 14 solcher Fonds mit unterschiedlicher Aktien/Renten-Mischung und unterschiedlichen Benchmarks. Sie haben zwar eine deutliche Wertsteigerung gegenüber der Alternative traditioneller Terminanlagen bei Banken erbracht – im Schnitt zwei- bis dreimal so hoch über einen mehrjährigen Zeitraum hinweg – aber sie enttäuschten relativ zur vorgegebenen Benchmark und durch eine zu ausgeprägte Zurückhaltung bei der Allokation Aktien/Renten. Alle 14 Fondsmanager – unabhängig von den vorgegebenen Anlageparametern und Benchmarks – haben sich mit der Aktienkomponente kaum mehr als 5 Prozentpunkte von der Benchmark entfernt, und zwar unabhängig davon, ob die Benchmark nun bei beispielsweise 20% Aktien/80% Renten oder 60% Aktien/40% Renten lag. Mit anderen Worten: die Fondsmanager haben nicht genügend auf die Entwicklung der Aktienmärkte reagiert. Der Grund: Fondsmanager scheuen sich, von der Benchmark zu weit abzuweichen, weil sie der Meinung sind, dass ihre Wettbewerber dies auch nicht tun werden, und sie somit ihr Risiko minimieren, relativ zu den Wettbewerbern als Verlierer dazustehen („safety in numbers").

Die Allokation Aktien/Renten ist wegen der hohen Volatilität der Aktienmärkte die dominierende Performance-Variable. Die Folge davon ist, dass Fondsmanager dazu neigen die Titelselektion zu vernachlässigen, weil sie im Vergleich zur Aktien-/Rentenaufteilung sekundär ist. Die Performance eines Fonds kann deshalb nicht nur gegenüber der Benchmark aufgrund einer falschen Allokation zurückfallen, sondern auch noch innerhalb der Aktien- und/oder Rentensegmente wegen falscher Titelselektionen. Umgekehrt können sogar die Teilindizes „geschlagen" werden, wenn die richtigen Titel ausgewählt werden („Stockpicking", „Bondpicking"), aber die Gesamt-Performance dennoch aufgrund einer falschen Asset-Allokation zurückfallen.

Modell #2

Die Erfahrungen mit der obigen Portfolio-Struktur lassen es zweckmäßiger erscheinen, die € 1.000 Mio. nicht in z.B. zehn Mischfonds zu je € 100 Mio., sondern € 200 Mio. zu 100% in Aktien und € 800 Mio. zu 100% in Renten anzulegen („dedicated funds"). Damit wäre das Anlagevolumen von € 1.000 Mio. insgesamt zu 20% in Aktien und zu 80% in Renten aufgeteilt anstatt pro Fonds, mit gegebenenfalls weiteren Unterteilungen wie folgt:

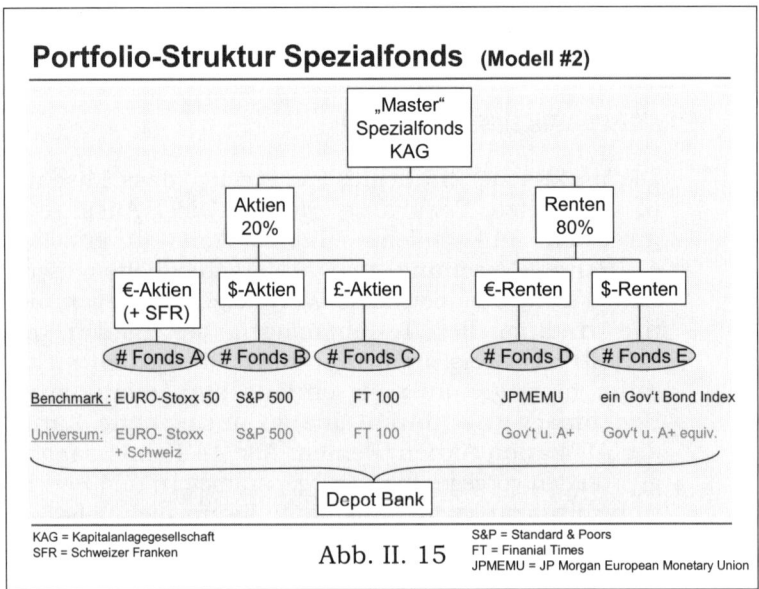

Abb. II.15: In diesem Modell wird die Asset-Allokation für das Gesamtvolumen vom Anleger selbst festgelegt, so dass für die Fondsmanager die Titelselektion als maßgebliche Variable zur Wertsteigerung in den Vordergrund rückt. Zugleich erhält die spezifische Expertise eines jeden einzelnen Fondsmanagers mehr Gewicht, was in dem Modell am deutlichsten anhand der $-Aktien-Komponente erläutert werden kann: wenn man $-Aktien dem Portfolio beimischt, dann wird ein $-Aktienmanager in den USA eine höhere Expertise dazu einbringen als der Manager eines Mischfonds in Frankfurt. Auf die Bondmärkte trifft das weniger zu, weil sie globaler angelegt sind als die Aktienmärkte.

Die Entwicklung der Aktien- oder Bondmärkte scheint für professionelle Fondsmanager ebenso schwer einzuschätzen zu sein wie für andere Marktteilnehmer, insbesondere wenn es gilt, Trendwenden zu erfassen. Das Jahr 2000 ist dafür ein gutes Beispiel: nach einem 7-jährigen Aufschwung begannen die Aktienmärkte (DAX, EURO-STOXX 50) im März 2000 eine Talfahrt bis März 2003, die von keinem der Portfoliomanager der 14 Mischfonds (Modell #1) antizipiert worden war. Das spezifische Know-how der Titelselektion in einzelnen Marktsegmenten hingegen ist wirklich Angelegenheit von Spezialisten. Mit anderen Worten: in dem Modell #2 gem. Abb. II.15 wird „Know-how" gezielter eingekauft als bei Mischfonds.

Des weiteren werden in dem Modell der Abb. II.15 alle Fonds einer einzigen Kapitalanlagegesellschaft (KAG) unterstellt, was zu einer Vereinfachung der Verwaltung führt und dem Anleger eine engere Verfolgung der Wertentwicklungen ermöglicht („performance tracking"). Die Rolle der Depotbank bleibt unverändert. Um Interessenskonflikte zu vermeiden, sollte dieser Master-KAG ebenso wie der Depotbank kein Mandat für ein Fondsmanagement erteilt werden.

Abb. II.16 zeigt ausgewählte Anlagestrategien für die einzelnen Fonds in Abb. II.15:

Anlageparameter zu Modell #2 gem. Abb. II. 15

Limite pro Fonds:

		Benchmark	Anlage Universum
-	Aktienfonds: fragmentierte Märkte		
mind. 75%	€-Aktien	EURO-STOXX 50	EURO-STOXX+Schweiz
max. 20% *)	US$ Aktien	S&P 500	S&P 500
max. 5% *)	£ Aktien	FT 100	FT 100
100%	entspricht **20%** des Gesamt-Portfolios (hier € 200 Mio.)		

-	Rentenfonds: globaler Markt		Gov©Bonds und
mind. 90%	€ Renten (Bonds)	JP EMU	Renten mit mind. A+
max. 10% *)	US$ Renten (Bonds)	ein US Gov©Index	aus €- bzw. $-Raum
100%	entspricht **80%** des Gesamt-Portfolios (hier € 800 Mio.)		

- Einzel-Limite pro Emittent   s. unten Abb. II. 17 und II. 18

*) in €-Gegenwert

KAG = Kapitalanlagegesellschaft	S&P = Standard & Poors
	FT = Financial Times
Abb. II. 16	JP EMU = JP Morgan European Monetary Union

In diesem Beispiel besteht die Aktienkomponente überwiegend aus Aktien des €-Raums, angereichert um eine Schweizer Komponente. $- und £-Aktien können in der Summe bis zu 25% beigemischt werden. Der Bondanteil ist noch €-lastiger und wird mit einer $-Komponente von max. 10% angereichert. Diese Vorgehensweise stellt einen Kompromiss zwischen Chancen und Risiken der Fremdwährungsanteile aus dem $- und £-Raum dar. Einerseits soll zwar das Währungsrisiko eingegrenzt werden, andererseits sind aber die $- und £-Aktienmärkte und die $-Bondmärkte von so großer Bedeutung, dass sie in einem Portfolio dieser Art nicht fehlen sollten. Bezogen auf das gesamte Anlagevolumen von € 1 Mrd. ist das Fremdwährungsrisiko in diesem Modell auf max. 13% begrenzt, davon 12% für den $ und 1% für das £[*)].

Des weiteren sind die beiden Anlagekategorien noch mit Länder- und Emittenten-Limiten zu unterlegen; s.u., Beispiele in Abb. II.17 und Abb. II.18.

Anlagelimite (Bsp.)

I. Aktien

- Die Ländergrenzen:

       - Euroland   mind. 75%   incl. max. 5% Schweiz

       - USA   max. 20%

       - U.K.   max. 5%

  davon Emittentengrenzen:

- Eine Anlage darf ausschließlich in börsennotierten Titeln erfolgen.

- Die im Investmentgesetz angegebene Maximalgrenze pro Aktienwert soll auch auf die Subportfolios angewendet werden.

Abb. II. 17

[*)]   Aktien in $ und £ max. 25% von € 200 Mio. = € 40 Mio. in $ + € 10 Mio. in £.
Bonds in $ max. 10% von € 800 Mio. = € 80 Mio. in $
Summe = € 130 Mio. von € 1.000 Mio. = max. 13% in $ und £
davon: € 120 Mio. von € 1.000 Mio. = max. 12% in $
        € 10 Mio. von € 1.000 Mio. = max. 1% in £

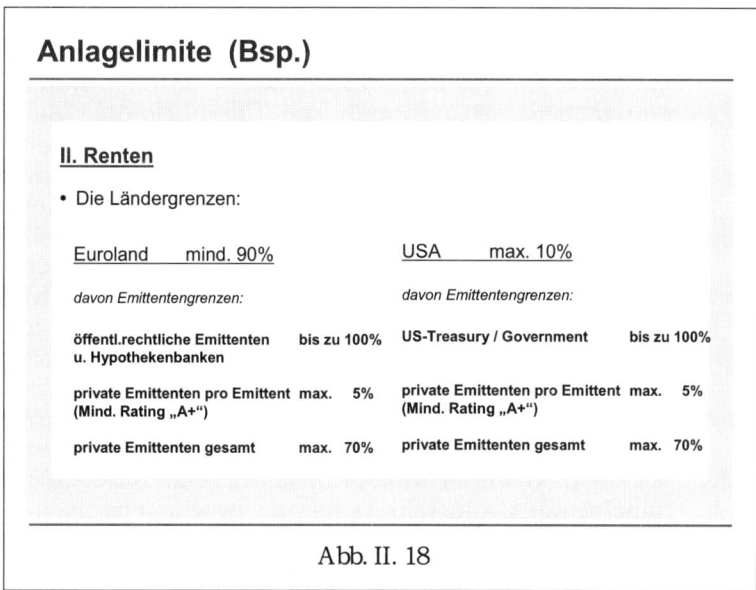

Abb. II. 18

Das Modell #2 mit der Portfoliostruktur gemäß Abb. II.15 ist hinsichtlich seiner Aufteilung Aktien/Renten nicht so starr wie es auf den ersten Blick erscheinen mag. Es besteht immer die Möglichkeit, den Aktienanteil zu reduzieren oder zu erhöhen, indem man Portfolio-Umschichtungen vornimmt. Am zweckmäßigsten kann man dies bewerkstelligen, indem man dem Modell #2 einen so genannten „Overlay Manager" hinzufügt; Abb. II.19:

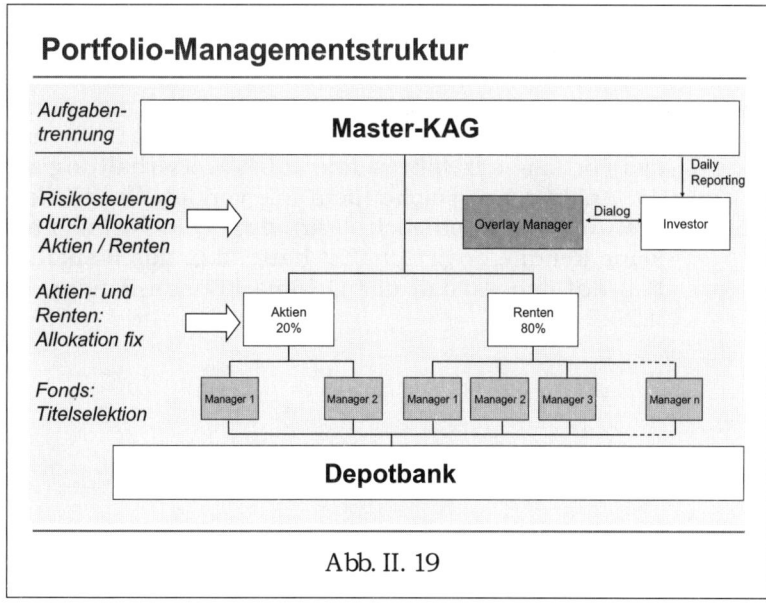

Abb. II. 19

Der „Overlay Manager" verfolgt ständig die Wertentwicklungen
der einzelnen Fonds und ist selbst für einen reinen Geldmarkt-
Fonds verantwortlich, dessen Zweck unten erläutert wird. Er hat
auf täglicher Basis damit den Überblick über die Wertentwicklung des gesamten Anlagevermögens und insbesondere über die
relativen Wertverlagerungen zwischen den Aktien- und Renten-
segmenten. Er kann diese Entwicklungen mit dem Anleger auf
täglicher Basis diskutieren und geeignete Maßnahmen zur Risi-
kobegrenzung oder für eine Veränderung der Asset-Allokation ergreifen. Dieser Prozess läuft wie folgt ab: der Overlay Manager
steuert das Gesamtrisiko mit Derivaten, d.h. er kauft oder verkauft Aktien- bzw. Bond-Futures und erhöht oder vermindert
damit effektiv die Aktien- bzw. Rentenkomponente des gesamten
Anlagevermögens, aber ohne damit in die einzelnen Fonds einzugreifen. Bei Fälligkeit werden die Derivate entweder gerollt oder
aus dem Geldmarktfonds bedient. Letzteres heißt, dass die Verpflichtungen aus den Derivaten gegebenenfalls mit Mitteln aus
den Geldmarktfonds erfüllt werden; z.B.: Aktienverkauf per Futures erfordert bei Fälligkeit die Lieferung dieser Aktien, die dann
mit Mitteln aus dem Geldmarktfonds erworben werden. In der
Praxis wird die Verpflichtung normalerweise durch den Abschluss
einer Gegenposition erfüllt, bzw. ein Cash-Settlement vorgenommen. Darüber hinaus kann der Overlay Manager mit der Devisenkurssicherung beauftragt werden.

Auf der Ebene der Fondsmanager ändert sich nichts; dort bleibt
die Allokation Aktien/Renten konstant. Sie bleiben ausschließlich
für die Titelselektion verantwortlich. Die damit verbundenen Risiken fängt der Overlay Manager nicht ab. Seine Aufgabe besteht
ausschließlich im Management der Chancen und Risiken aus der
Asset-Allokation, die er über die Futures-Märkte steuert. Dieses
System erlaubt eine zeitnahe Risikosteuerung nach Vorgaben des
Anlegers. So kann der Overlay Manager z.B. dafür sorgen, dass
das Portfolio am Jahresende 100% Werterhaltung ausweist, wenn
der Anleger eine solche Richtlinie vorgibt. Das Risiko des Anlegers
bestünde dann lediglich darin, dass sein Portfolio am Jahresende
keine Rendite erwirtschaftet hätte, d.h. das Risiko wäre in diesem
Fall auf den Ausfall der Geldmarktfonds-Rendite begrenzt; Abb.
II.20:

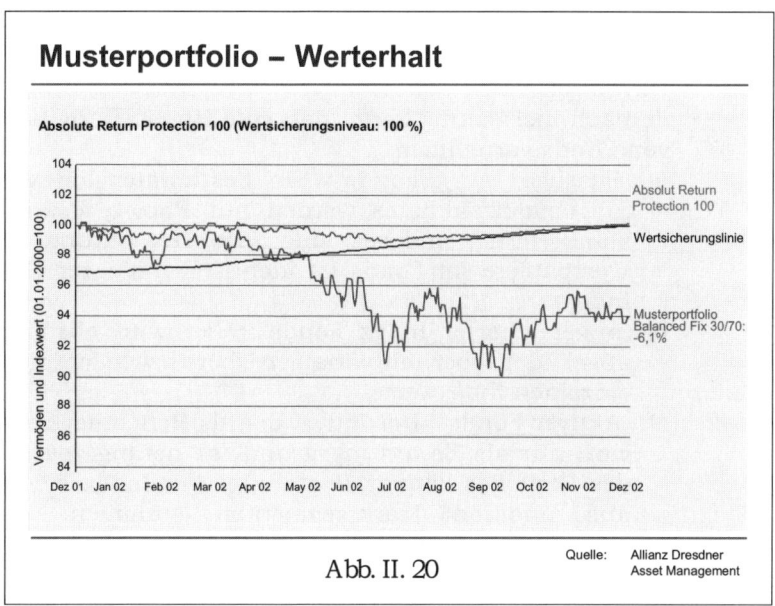

Musterportfolio – Werterhalt

Absolute Return Protection 100 (Wertsicherungsniveau: 100 %)

Abb. II. 20

Quelle: Allianz Dresdner
Asset Management

Abb. II.20 beschreibt die Verfahrensweise: Für das Musterportfolio wird hier statt der obigen 20%/80%-Allokation das vorgegebene Risikolimit 30% Aktien/70% Renten angenommen und die Entwicklung des Jahres 2002 zugrunde gelegt, was für sich allein zu einem Wertverlust von 6,1% geführt hätte. Die Vorgabe des Anlegers ist 100% Werterhaltung, das „Risikobudget" entspricht daher der Rendite des Geldmarktfonds. Daraus folgt eine Wertsicherungslinie, die im Laufe des Jahres nicht unterschritten werden darf. In diesem Fallbeispiel wird die negative Wertentwicklung im Fonds durch den Overlay Manager mittels Futures neutralisiert, so dass die Wertpapierbestände (hier Aktienkomponente) hinsichtlich ihrer Ergebnisauswirkung de facto abgebaut werden. Würde der Anleger z.B. nur 95% Werterhaltung zum Jahresende vorgeben, so würde dies dem Overlay Manager eine aggressivere Nutzung von Chancen ermöglichen. Chancen und Risiken stehen natürlich auch hier in Wechselwirkung; allerdings erlaubt diese Vorgehensweise eine flexiblere Gestaltung, da die Vorgaben je nach Marktentwicklung umgehend geändert werden können. Der Vollständigkeit halber sei noch angemerkt, dass das Verfahren im Detail komplexer ist, als es hier beschrieben werden kann. Der Overlay Manager muss über die erforderlichen EDV-Systeme verfügen, und die Wertsicherungsgrenze beruht auf mathematischen Berechnungen, die laufend aktualisiert werden müssen.

Zum Abschluss dieses Abschnittes noch vier Hinweise:

Hinweis 1
Je nach Zielsetzung kann man eine Unterteilung nach drei Arten von Fonds vornehmen:
a) „Passiver Index Fonds": Ein bestimmter Index wird einfach „abgebildet", d.h. es werden nur Papiere erworben, die Bestandteil des Indexes sind. Die Gewichtung der einzelnen Wertpapiere im Fonds ist identisch mit ihrer Gewichtung im Index.
b) „angereicherter Index Fonds": Hier wird ebenfalls ein Index abgebildet, aber mit variabler Über- bzw. Untergewichtung der einzelnen Indexwerte.
c) „Aktiver Fonds": Der Index, der als Benchmark vorgegeben ist, wird nur als Bewertungsgrundlage herangezogen. Die Papiere des Portfolios können Bestandteil des Indexes sein, aber auch aus anderen Marktsegmenten stammen: das „Anlage-Universum" umfasst mehr Wertpapiere als in der Benchmark enthalten sind.

Die Gebühren sind für jede der drei Varianten unterschiedlich, am geringsten für den Fall a), am höchsten für den Fall c). Im Fall c) sollte ein Teil der Gebühr auf jeden Fall erfolgsabhängig sein.

Im Prinzip bräuchte man für die Variante „Passiver Index Fonds" überhaupt keinen Fondsmanager, weil man sich den Index selbst abbilden könnte, ohne dafür spezifischer Kenntnisse zu bedürfen. Schließlich hat man sich bei einem passiven Fonds dazu entschlossen, einfach dem diesbezüglichen Marktsegment zu folgen. In der Praxis ist es jedoch schwierig, einen solchen passiven Fonds tagtäglich zu managen. Die Zusammensetzung eines Indexes kann sich mit der Zeit sowohl hinsichtlich der darin enthaltenen Titel als auch ihrer Gewichtungen ändern. Dies zu verfolgen und abzuwickeln ist Aufgabe des Fondsmanagers, dem im Vergleich zu einem aktiv gemanagten Fonds hier nur eine Verwaltungsrolle zukommt.

Hinweis 2
Jeder Bewerber um ein Fondsmandat stellt sich natürlich so positiv wie möglich dar. Dies geschieht im allgemeinen unter Hinweis auf vergangene Leistungen. Dabei müssen die Musterportfolios vergleichbar sein und die Basisjahre übereinstimmen:

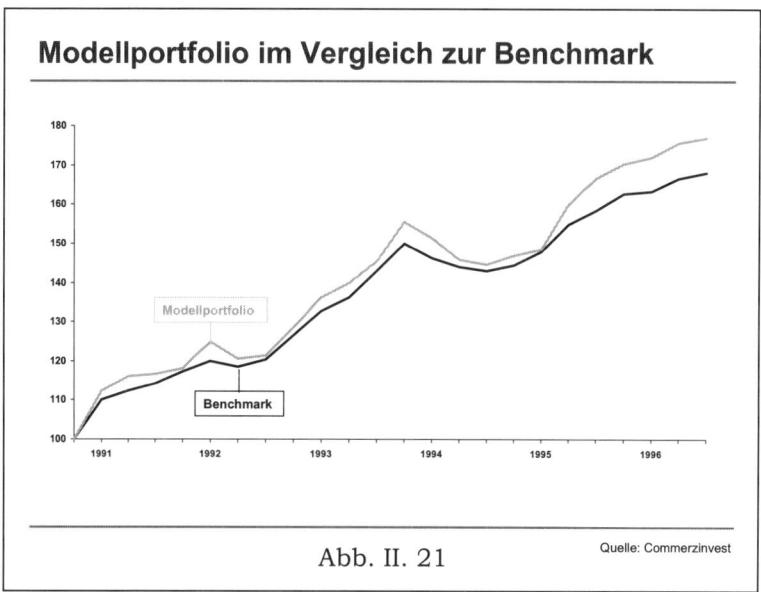

Abb. II. 21

Abb. II.21 zeigt die Relevanz des Basisjahrs. Offensichtlich würde der Vergleich des Modell-Portfolios mit der Benchmark bei einigen anderen Basisjahren deutlich ungünstiger ausfallen.

Ferner ist auf die Rolle der einzelnen Fondsmanager hinzuweisen. Oft hängt die Wertentwicklung eines Fonds von einem bestimmten Manager ab und nicht von dem Institut, für das er tätig ist. Es gibt auf diesem Gebiet Consulting-Firmen, die beobachten, wo die besten Fondsmanager für die jeweiligen Marktsegmente tätig sind. Wechselt einer zu einer anderen Firma, so wird die Consulting-Firma den Anleger informieren. Der Fonds zieht dann oft mit.

Hinweis 3
Fondsmanagement ist ein gebührenträchtiges Geschäft. Dementsprechend groß ist das Interesse der Banken. Ein Unternehmen sollte die Vergabe von Fonds im Rahmen seiner Bankpolitik vornehmen (→ II.3, insbesondere II.3.2.1 und II.3.3) und nicht ausschließlich nach der Qualität einzelner Fondsmanager. So erscheint es nicht ratsam, ein Fonds-Mandat einer Bank zu übertragen, die keine Kreditlinien zur Verfügung stellen will, sei ihr Fondsmanager auch noch so gut. Wie später ausführlich erklärt wird, gilt dies insbesondere für konjunkturzyklisch sensitive Unternehmen, die ihre Bankpartner auch in weniger guten Zeiten an ihrer Seite wissen wollen. Ein vernünftiger Kompromiss kann darin bestehen, die betreffenden Banken mit „passiven Index-Fonds" zu mandatieren, zumal das gesamte Anlagevolumen ohnedies nach Fondsarten diversifiziert werden sollte.

Hinweis 4

Aktien sind 4- bis 5-mal volatiler als Renten. Dementsprechend höher sind ihre kurzfristigen Ergebnisauswirkungen auf die Fondsperformance. Eine ungünstige Lage am Aktienmarkt kann damit das Unternehmensergebnis in einem einzelnen Geschäftsjahr negativ tangieren. Bei größeren Fondsvolumina sollte deshalb die Höhe der Aktienkomponente und das damit einhergehende Risiko in Relation zum erwarteten Unternehmensergebnis festgelegt werden[*]. Die höhere Volatilität der Aktien kann durch die stabileren Renten ausgeglichen bzw. gemildert werden. Eine Übergewichtung an Renten im Gesamtportfolio ist daher zu empfehlen, wenn man das Risiko negativer Ergebniseinflüsse in einzelnen Jahren eingrenzen möchte. Auf Nach-Steuer-Basis ist zu beachten, dass seit dem Steuersenkungsgesetz 2001 bei der Auflösung eines Fonds Kursgewinne und -verluste auf Aktien in Deutschland steuerlich nicht mehr angerechnet werden; Kursgewinne und -verluste auf veräußerte verzinsliche Wertpapiere hingegen werden steuerlich belastet, bzw. können geltend gemacht werden.

Langfristig verzeichnen Aktien einen höheren Wertzuwachs als Renten:

Historische Risikoprämien der Aktienanlage gegenüber Rentenanlagen

Empirisches Ergebnis: Risikoprämien werden	Alle Angaben in % c.p.a.	Aktien-Rendite (MSCI)	Renten-Rendite (REXP)	Risikoprämie (Differenz)
	A. Gesamtzeitraum			
	1970 - 1999	11,4	7,4	4,0
weder prognostizierbar	B. Ohne die besten Aktienjahre			
	1975	10,1	7,4	2,7
	1975, 1997	9,0	7,4	1,6
	1975, 1997, 1985	8,0	7,1	0,9
	1975, 1997, 1985, 1983	6,9	6,9	0,0
noch gleichförmig	C. Jahrzehnte			
	1970 - 1979	6,8	7,1	-0,3
	1980 - 1989	18,3	7,6	10,7
	1990 - 1999	16,1	7,6	8,5
verdient				

Abb. II. 22   Quelle: Allianz Dresdner Asset Management

---

[*] Dieser Faktor ist erst seit Umstellung der Rechnungslegung auf „International Accounting Standards" (IAS) bzw. „International Financial Reporting Standards" (IFRS) relevant, weil damit die aktuelle Marktbewertung („mark to market") unter bestimmten Voraussetzungen vorgeschrieben wurde. Unter der früheren deutschen Rechnungslegung nach HGB konnten Fonds zu ihren Anschaffungswerten in den Büchern geführt werden, sofern sie als Anlagevermögen verbucht worden waren.

Die Daten in Abb. II.22 zeigen, dass Aktien in den 30 Jahren von 1970 bis 1999 um vier Prozentpunkte p.a. mehr an Wertzuwachs erzielt haben als Renten (Punkt A). Erst wenn man die vier Jahre, die für Aktien am besten verliefen, aus der gesamten Periode eliminiert (Punkt B), erhält man über diese 30 Jahre dieselben Wertzuwachsraten für Aktien wie für Renten. Untergliedert nach Dekaden (Punkt C) war die Wertsteigerung der Aktien im Vergleich zu den Renten in der ersten Dekade etwa gleich, während in der zweiten und dritten Dekade die Aktien den Renten deutlich überlegen waren.

Die höhere Wertzuwachsrate von Aktien gegenüber Renten tritt noch deutlicher zutage, wenn man eine sehr lange Zeitspanne betrachtet. Abb. II.23 zeigt den realen Wertzuwachs des US-Aktienmarktes seit 1871:

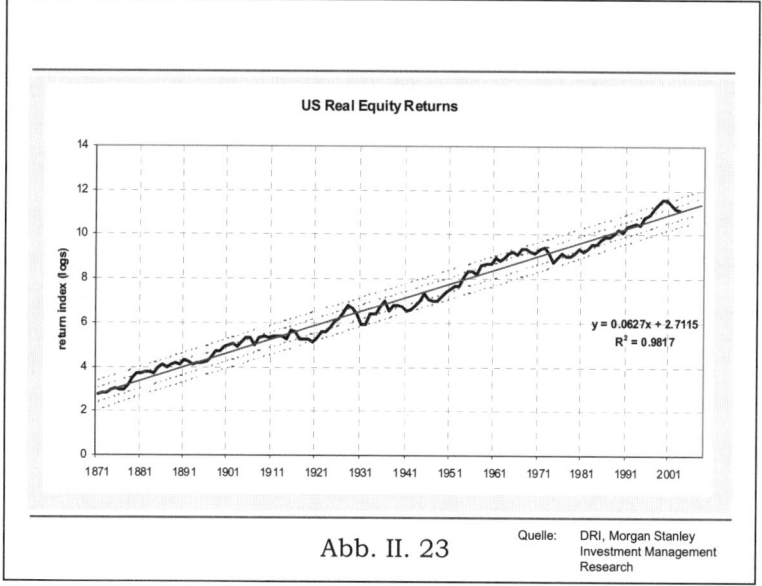

Abb. II. 23   Quelle: DRI, Morgan Stanley
                                     Investment Management
                                     Research

Demnach beträgt die inflationsbereinigte, durchschnittliche Wertsteigerung 6,3% p.a., wobei kurzfristige Wertschwankungen erheblich sein können. Zum Vergleich: über denselben Zeitraum betrug die durchschnittliche Inflationsrate 2,6% p.a., das durchschnittliche Wirtschaftswachstum 3,9% p.a. und der durschnittliche 10-jährige Bondzinssatz 4,6% p.a.

II.3   AUFNAHME VON FREMDMITTELN, FINANZIERUNG

Bei der Fremdmittelaufnahme bestehen grundsätzlich die folgenden Entscheidungsalternativen:

(1) a) Man nimmt Fremdmittel dort auf, wo sie eingesetzt werden sollen, oder

    b) man nimmt sie dort auf, wo sie am billigsten sind und leitet sie weiter an die Stelle des Bedarfs.

(2) a) Man nimmt Fremdmittel zum Zeitpunkt des Bedarfs auf, oder

    b) man nimmt sie dann auf, wenn sich die günstigsten Gelegenheiten bieten und setzt sie erst zu gegebener Zeit an der Stelle des Bedarfs ein.

Im folgenden werden die Alternativen (1) b) und (2) b) bevorzugt.

In Abb. II. 24 ist die Entscheidungsalternative (1) graphisch dargestellt:

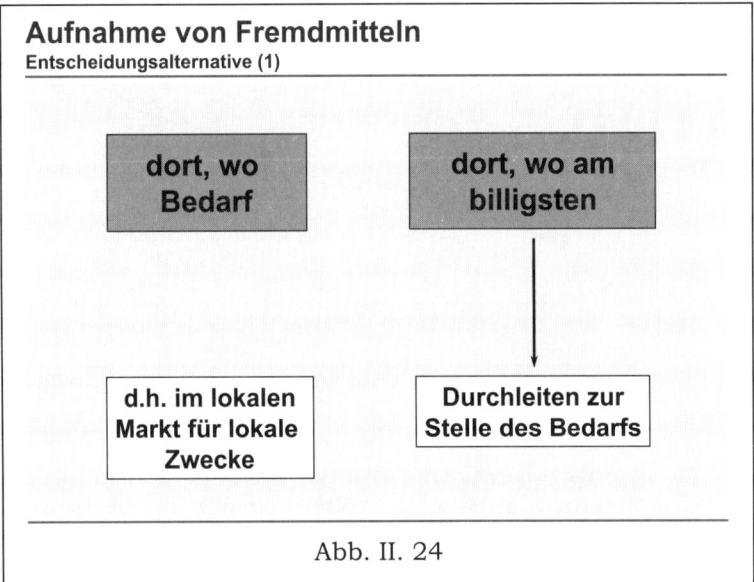

Abb. II.24: Ein global operierendes Unternehmen sollte Fremdmittel nicht nur lokal für lokale Zwecke aufnehmen. Wie eingangs erwähnt, ist der Kapitalmarkt heute ein einziger weltweiter Markt. Einer der Gründe für den hohen Zentralisierungsgrad von Treasury-Operationen liegt in der Zielsetzung, die weltweit günstigsten Finanzierungsquellen zu erschließen. So sollte man z.B. für eine spanische Tochtergesellschaft nicht Fremdmittel in Spanien aufnehmen, wenn sie in Japan – nach Ausschluss des Zinsänderungs- und des Währungsrisikos – zu niedrigeren Zinssätzen erhältlich sind[*)].

In Abb. II. 25 ist die Entscheidungsalternative (2) graphisch dargestellt:

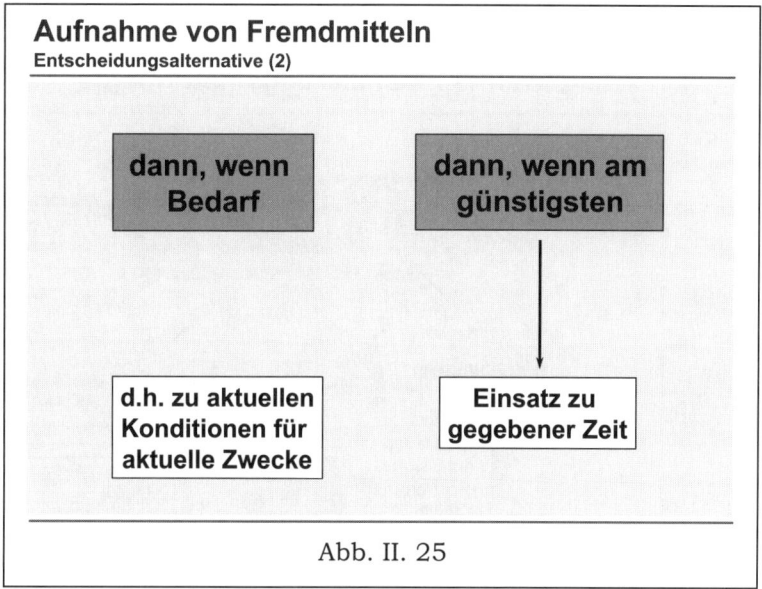

Abb. II. 25

Abb. II.25: Jedes Unternehmen sollte liquiditätsmäßig mittel- bis langfristig vorsorgen. Fremdmittel dann aufzunehmen, wenn sie nicht benötigt werden, bringt zweierlei Vorteile: man kann auf die günstigsten Gelegenheiten warten und man ist in einer besseren Verhandlungsposition. So können Mittel zu Zinssätzen aufgenommen werden, die an die Wiederanlagesätzen heranreichen. Nimmt man hingegen Fremdmittel erst dann auf, wenn sie benötigt werden, so wird dies zu vergleichsweise ungünstigeren Zinskonditionen erfolgen müssen.

[*)] In diesem und den folgenden Abschnitten werden nur währungskongruente Finanzierungen besprochen, d.h. die Aufnahme von Fremdmitteln und ihre Verwendung erfolgen in der gleichen Währung; sind die beiden Währungen nicht identisch, so wird das Währungsrisiko durch eine Sicherungsmaßnahme ausgeschaltet, die die Aufnahmewährung de facto in die Verwendungswährung transformiert. Für währungsinkongruente Finanzierungen, bei denen ein Währungskursrisiko eingegangen wird, wird auf II.3.4.4 verwiesen.

Die Instrumente

Im Folgenden werden die wichtigsten Finanzierungsmethoden besprochen. Das Spektrum reicht von Fremdmittelaufnahmen ohne jeglichen Eigenkapital-Charakter bis hin zu Stammaktien (100% Eigenkapital-Charakter):

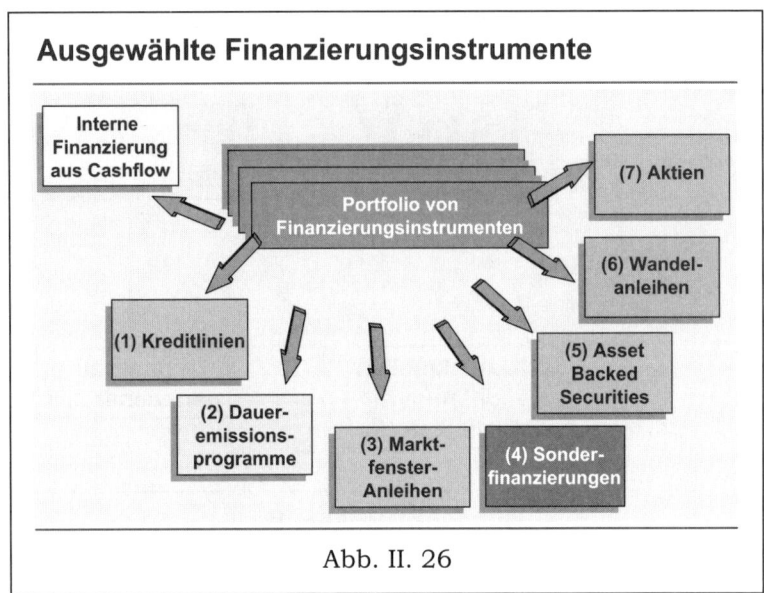

Abb. II. 26

(1)   Kreditlinien – bilateral und syndiziert (→ II.3.1)
(2)   Daueremissionsprogramme (→ II.3.2);
       Commercial Paper (CP) und Medium-Term Notes (MTN)
       (→ II.3.2.3)
(3)   Marktfensteranleihen (→ II.3.3)
(4)   Sonderfinanzierungen (→ II.3.4)
(5)   Asset-backed Securities (ABS) (→ II.3.5)
(6)   Wandelanleihen (→ II.3.6)
(7)   Aktien (→ II.3.7)

Diese Liste erhebt keinen Anspruch auf Vollständigkeit. Für andere Finanzierungsformen, wie Leasing, Genussscheine, Nachrangdarlehen, Privatplatzierungen etc., wird auf die einschlägige Literatur verwiesen. Optionsanleihen sind von Wandelanleihen aus dem Markt verdrängt worden, werden aber in II.3.6.3 in Anbetracht ihrer Wesensverwandtschaft dennoch besprochen.

II.3.1   **BANKKREDITE**

○ Bilaterale Kreditlinien

Bilaterale Kredite können unter bestätigten und unbestätigten Kreditlinien gezogen oder ad hoc aufgenommen werden. Bestätigte bilaterale Kreditlinien werden für eine bestimmte Höhe und einen bestimmten Zeitraum zu bestimmten Konditionen mit einzelnen Banken vertraglich vereinbart. Die Bank stellt für die Bereitstellung der Linie eine Provisionsgebühr in Rechnung, die auch bei Nicht-Ziehung anfällt. Dafür kann sie die Linie während der Laufzeit nicht kündigen, auch nicht wenn sich das Kreditrisiko des Unternehmens wegen Verschlechterung der Geschäftslage erhöht. Im allgemeinen entfällt die Provisionsgebühr, wenn die Linie zu über 50% vom Kreditnehmer in Anspruch genommen wird. Anstelle der Provisionsgebühr kann eine Mindestausnutzung von z.B. 40% über die Laufzeit vereinbart werden, so dass die Provisionsgebühr de facto über die Kreditmarge mit abgedeckt wird.

Zur Vorsicht: bei der vertraglichen Festlegung der Konditionen ist auf bestimmte Klauseln („Covenants") und die „Allgemeinen Geschäftsbedingungen" der Bank zu achten, da diese oft Bestandteil des Vertrages sind; sie können Bedingungen enthalten, unter denen die Bank im Ernstfall doch vom Vertrag zurückzutreten kann. Solche Klauseln sollten entweder wegverhandelt werden oder zu niedrigeren Gebühren führen.

Unbestätigte Linien tragen keine Provisionsgebühr, sondern nur eine Marge im Ziehungsfall, können aber von der Bank jederzeit gekündigt werden. Sie sind daher nicht zur Sicherstellung von Mitteln in schlechten Zeiten geeignet, sondern stellen vielmehr „Schön-Wetter-Linien" dar. Folglich kommen sie primär in guten Zeiten als Quelle zur laufenden Finanzierung zum Einsatz, wenn man auf die Absicherung der Finanzierung zugunsten niedrigerer Kosten verzichten kann. In der Regel wird ein Unternehmen über beide Arten von Kreditlinien verfügen und einen vernünftigen Mix aus bestätigten und unbestätigten Kreditlinien vorhalten.

○ Multilaterale Kreditlinien

Die multilaterale syndizierte Kreditlinie wird im Markt bei einer Vielzahl von Banken platziert. Die Führungskonsorten nehmen einen Teil, der deutlich über den bei anderen Banken platzierten Anteilen liegen sollte, in ihre eigenen Bücher. Im Ziehungsfall wird das Unternehmen über einen der Führungskonsorten die Mittel aus dem gesamten Konsortium aufnehmen. Die Entwicklung dieses Instruments wird anhand der drei folgenden Fallbeispiele (1) bis (3) beschrieben:

(1) Die Volkswagen AG hatte 1995 eine syndizierte Kreditlinie i.H.v. DM 5 Mrd. mit einer Laufzeit von sieben Jahren im Markt platziert. Das Führungskonsortium bestand aus vier Banken, die Anzahl der von ihnen eingeladenen Banken belief sich auf 90. Davon haben 53 Banken gezeichnet und 37 eine Teilnahme abgelehnt. Der ursprünglich avisierte Betrag von DM 4 Mrd. war deutlich überzeichnet, so dass aufgrund der starken Nachfrage seitens der Banken die Höhe der Linie auf DM 5 Mrd. angehoben wurde. Die Tranchen wurden wie folgt zugeteilt; Abb. II.27:

Volkswagen AG / DM 5 Mrd. Syndicated Multi-Currency Credit Facility 1995 – 2002

Senior Lead Managers:		Zuteilung	ursprgl. Quoten
Deutsche Bank Luxembourg S.A.		DM 147 Mio.	
J.P. Morgan Securities Ltd.		DM 147 Mio.	
Credit Suisse (Deutschland) AG		DM 146 Mio.	je 200 Mio.
Dresdner Bank Luxembourg S.A.		DM 146 Mio.	
	=	DM 586 Mio.	
Lead Managers:			
22 Banken à DM 128 Mio.	=	DM 2.816 Mio.	je 150 Mio.
Managers:			
16 Banken à DM 68 Mio.	=	DM 1.088 Mio.	je 80 Mio.
Participants:			
15 Banken à DM 34 Mio.	=	DM 510 Mio.	je 40 Mio.
57 Banken: Gesamtbetrag	=	DM 5.000 Mio.	Σ 5.980 Mio.

Abb. II. 27

Die vier Führungsbanken nahmen als „Senior Lead Managers" je DM 147 Mio. bzw. DM 146 Mio. in ihre Bücher, 22 Banken zeichneten als „Lead Managers" je DM 128 Mio., 16 Banken als „Managers" je DM 68 Mio. und 15 Banken als „Participants" je DM 34 Mio. Dies entspricht im Führungskonsortium pro Bank ca. 73% und für alle anderen Banken ca. 85% ihrer ursprünglichen Quoten.

Die Höhe solcher syndizierten Kreditlinien ist seither stark angestiegen. Für große Unternehmen sind heute syndizierte Kreditlinien im Bereich von € 15 – 20 Mrd. nicht ungewöhnlich. Ihr Zweck ist unverändert: sie dienen als strategische Liquiditätsreserve, als Back-up Fazilität für Commercial Paper Programme (→ II.3.2.3), zur Zwischenfinanzierung bei größeren Akquisitionsvorhaben, oder zur Überbrückung temporär ungünstiger Kapitalmarktbedingungen.

(2) Die Volkswagen AG ersetzte ihre DM 5 Mrd. Kreditfazilität vor Ende ihrer Laufzeit im Dezember 2002 durch eine syndizierte

Kreditlinie i.H.v. € 15 Mrd. mit fünfjähriger Laufzeit. Die neue Fazilität reflektierte den Strukturwandel der Kreditmärkte seit Mitte der 1990er Jahre. Sie war ca. sechsmal größer als die Fazilität von 1995, die Anzahl der partizipierenden Banken jedoch fast 30% geringer. Auch diese Linie war wieder deutlich überzeichnet:

Volkswagen AG / EUR 15 Mrd. Syndicated Multi-Currency Revolving Credit Facility 2002 - 2007

Mandated Lead Arrangers:		Zuteilung			usprgl. Quoten
ABN Amro		EUR	750	Mio.	
Barclays Bank		EUR	750	Mio.	
BNP Paribas		EUR	750	Mio.	
Citibank		EUR	750	Mio.	je 1.000 Mio.
Deutsche Bank		EUR	750	Mio.	
JP Morgan		EUR	750	Mio.	
	=	EUR	4.500	Mio.	
Arrangers:					
10 Banken à EUR 587,5 Mio.	=	EUR	5.875	Mio.	je 600 Mio.
Co-Arrangers:					
5 Banken à EUR 400 Mio.	=	EUR	2.000	Mio.	je 400 Mio.
Senior Lead Managers:					
9 Banken à EUR 200 Mio.	=	EUR	1.800	Mio.	je 200 Mio.
Lead Managers:					
11 Banken à EUR 75 Mio.	=	EUR	825	Mio.	je 75 Mio.
41 Banken Gesamtbetrag	=	EUR	15.000	Mio.	Σ 16.625 Mio.

Abb. II. 28

Abb. II.28: Im Vergleich zur Linie von 1995 (s.o. Abb. II.27) fallen neben Betrag und Laufzeit die folgenden Unterschiede auf:

	2002	1995
Anzahl Führungsbanken	6	4
Einladungen	76	90
Annahmen/Ablehnungen	35/41	53/37
teilnehm. Banken gesamt	41 (35+6)	57 (53+4)
urspr. Führungsquote (Mio.)	€ 1.000	DM 200 (Faktor 10)
„Final Take" (Mio.)	€ 750	DM 147 (Faktor 10)
Anzahl Konsortialebenen	5	4

• Die Reduktion von den ursprünglichen Quoten auf die letztendlich gezeichneten Beträge („final take") entfiel 2002 vor allem auf die oberste Konsortialebene und war laut Vertrag für den Fall einer Überzeichnung auf € 250 Mio. begrenzt. Überzeichnungen darüber hinaus fielen der zweiten Ebene zu. Im Gegensatz zu 1995 fand in den verbleibenden drei Ebenen keine Quotenreduktion statt.

• Die Anzahl der Konsortialebenen („Brackets") und die Höhe der Quoten sind nur eine Frage der Platzierungsstrategie; die unterschiedlichen Bezeichnungen im Vergleich 2002/1995 sind dabei belanglos.

- Aufgrund der Konzentration auf weniger Banken betrugen die Quoten in allen Ebenen ein Vielfaches von 1995.
- Die Konzentration unterstreicht den weltweiten Trend zu oligopolistischen Strukturen. Die Banken bilden hier keine Ausnahme. Derselbe Konzentrationsprozess hat auch in den Sparten Automobile, Chemie, Pharmazie, Stahl, Telekommunikation, Versicherung, Medien u.a. stattgefunden. Für Wirtschaftsexperten kommt dieser Trend nicht überraschend, folgt er doch der Theorie, wonach ein freier Markt sich über längere Zeiträume hinweg vom perfekten Wettbewerb über oligopolistische hin zu monopolistischen Strukturen entwickelt. Letzteres wird von den Kartellbehörden unterbunden, so dass der Prozess in der Oligopolie endet. Diese Entwicklung ist – zumindest in der Bankenwelt – noch nicht abgeschlossen.
- Die Entwicklung eines Sekundärmarktes für Kredite bzw. Linien ermöglicht es Banken, ihre Zeichnungen während der Laufzeit ganz oder teilweise weiterzuverkaufen bzw. sich mittels so genannter Credit Default Swaps (CDS[*]) gegen das Kreditrisiko abzusichern. Im Falle der Volkswagen AG ist ein Verkauf nur mit Zustimmung möglich, die aber nicht vorenthalten wird, sofern die aufnehmenden Banken eine gute Bonität ausweisen. Damit wird den Konsortialmitgliedern eine bessere Steuerung ihrer Bilanzen ermöglicht, was nicht zuletzt zukünftigen Kreditaufnahmen zugute kommen kann. Die Zustimmung des Kreditnehmers sollte vertraglich verankert sein, damit er stets Kenntnis davon hat, wo seine Kreditfazilitäten liegen. So kann sichergestellt werden, dass im Ernstfall nur leistungsfähige Banken Mitglieder der kreditgebenden Gruppe sind.
- Eine weitere Neuerung war die differenziertere Kapitalunterlegung für Kreditlinien: Banken mussten bis 2007/08 nur Kreditlinien mit Laufzeiten von über einem Jahr mit Eigenkapital unterlegen; Linien mit Laufzeiten von unter einem Jahr (max. 364 Tage) bedurften keiner solchen Kapitalunterlegung. Seit 2007/08 binden auch die kurzfristigen Kreditlinien Eigenkapital. Gemäß „Basel II" sind nun alle Kredite und Kreditlinien je nach Laufzeit und Bonität (Risikoklasse) des Kreditnehmers von den Banken mit Eigenkapital in unterschiedlicher Höhe zu unterlegen (→ II.3.2.1).
- Die Kosten der Kapitalunterlegung werden von den Banken natürlich an den Kreditnehmer weitergereicht. Da langfristige Kreditlinien wegen der Kapitalbindung teurer sind als kurzfristige, wurde die € 15 Mrd. Linie in eine revolvierende € 10 Mrd. Linie mit jeweils einjähriger Laufzeit (364 Tage) und in eine € 5 Mrd. Linie mit fünfjähriger Laufzeit unter-

---

[*] Credit Default Swaps sind im Wesentlichen eine Form der Versicherung gegen Zahlungs- und Kreditausfälle: Transfer des Kreditrisikos an einen Dritten gegen Bezahlung einer Gebühr.

teilt. Die € 10 Mrd.-Komponente diente primär als „Back-up"- oder „Backstop"-Fazilität für die Begebung von Commercial Paper (→ II.3.2.3), wie sie von Ratingagenturen gefordert wird, um die Rückzahlung fälliger CP-Emissionen sicherzustellen. Der € 5 Mrd. Teil war der strategischen Liquiditätsreserve gewidmet. Einjährig revolvierende Kreditlinien wurden im Markt als „evergreen" bezeichnet und waren i.d.R. mit einer so genannten „Term-out Option" versehen (s.u.). Diese „evergreen" Kreditfazilitäten werden seit 2007 von den Banken nicht mehr angeboten.

- Die Aufteilung der € 15 Mrd.-Linie in 2/3 einjährig revolvierend und 1/3 fünfjährig fix bedeutete, dass € 10 Mrd. jedes Jahr neu syndiziert werden mussten. Dabei konnte sich die Zusammensetzung des Konsortiums ändern. Beim ersten Roll-over im Jahr 2003 rückten drei Banken aus der 2. Ebene – Commerzbank, Credit Agricole, Dresdner Kleinwort Wasserstein – in die Führungsebene auf (Roll-over Anteil je € 500 Mio.), während die Deutsche Bank ihre Teilnahme unmittelbar vor Syndizierungsbeginn absagte. Die Kurzfristigkeit dieser Absage stand nicht im Einklang mit den Usancen des Marktes und den üblichen professionellen Normen, stellte für den Syndizierungsprozess aber kein Problem dar (Näheres dazu s. Anhang 2, Bericht aus „EuroWeek" vom 30.05.03). Geringfügige Verschiebungen fanden außerdem in den beiden untersten Konsortialebenen statt.

Die Vertragsverhandlungen für syndizierte Kreditlinien sind ziemlich umfangreich. Neben Betrag und Laufzeit sind die wichtigsten Punkte:
- Aufteilung Langfrist-/Kurzfristkomponente: die Kurzfristkomponente dient zum Teil oder zur Gänze als Back-up-Fazilität. Sie stellt sicher, dass der CP-Investor am Tag der Fälligkeit sein Geld zurückbekommt, falls der Emittent seinen Verpflichtungen nicht nachkommen kann oder der Commercial Paper Markt aus irgendeinem Grund nicht funktionsfähig ist. In diesem Fall wird der Investor mit Mitteln aus dieser Fazilität bedient. Ein Teil davon dient als „Swingline", die im Krisenfall die Back-up-Funktion in verschiedenen Währungen und über verschiedene Zeitzonen hinweg valutengleich erfüllt.
- „Extension Option": betrifft die Prolongation des revolvierenden 364-Tage-Anteils.
- „Term-out-Option": regelt den Anteil in der Kurzfristkomponente (i.d.R. 100%), der bis zum letzten Tag vor Fälligkeit gezogen werden kann mit Laufzeiten bis zu 364 Tagen, falls der Roll-over der Kurzfristlinie verweigert wird.

- Gebühren:
  - „Arrangement Fee": einmalig für die Syndizierung; Verhandlungssache; wird nicht veröffentlicht[*].
  - „Commitment Fee": Bereitstellungsgebühr für die Linie; laufend p.a., höher für den langfristigen Teil der Linie wegen der erforderlichen Unterlegung mit Eigenkapital durch die Banken; Verhandlungssache, marktabhängig je nach Risikoklasse des Kreditnehmers; wird für beide Linienkomponenten veröffentlicht; wird mit „Basel II" für den Kurzfristanteil teurer werden, weil ab 2007/08 eine regulatorische Eigenkapitalunterlegung erforderlich wird, wenn auch in geringerem Umfang als für Kreditlinien mit Laufzeiten über einem Jahr.
  - „Drawdown Margin": Kreditmarge im Fall der Ziehung, höher für den langfristigen Anteil; Verhandlungssache; wird veröffentlicht.
  - „Total Drawdown Margin": „Drawdown Margin" plus „Commitment Fee".
    - -- Europäisches Verfahren: bei Ziehung entfällt die Bereitstellungsprovision („Commitment Fee") anteilig, d.h. letztere wird nur für den nicht in Anspruch genommenen Teil der Linie berechnet.
    - -- Amerikanisches Verfahren: die Bereitstellungsprovision fällt unverändert auch bei Ziehung für die gesamte Linie an.
  - „Utilization Fee": eine zusätzliche Gebühr, die bei Ziehung anfällt; abhängig von der Höhe des Ausnutzungsgrades; wird veröffentlicht.
  - „Roll-over Fee": Prolongationsgebühr, die beim „Rollover" der Kurzfristkomponente anfällt; Verhandlungssache; wird veröffentlicht.
  - „New Money Fee": Einmalige Gebühr für Banken, die beim „Roll-over" der Fazilität neu beitreten oder ihr Commitment aufstocken; Verhandlungssache; wird veröffentlicht.
  - „Term-out Option Fee": Gebühr, die bei Ausübung der „Term-out Option" (s.o.) anfällt; Verhandlungssache; wird nicht veröffentlicht.
  - Weitere Gebühren:
    - -- „Bookrunner Fee": Sondergebühr für die koordinierenden Banken innerhalb der „Mandated Lead Arranger"-Gruppe, die die Bücher führen; einmalig; Verhandlungssache; wird nicht veröffentlicht.
    - -- „Participation/Upfront Fee": einmalig; Verhandlungssache; Anreiz für Banken, in das Konsortium einzutreten; wird veröffentlicht.

---

[*] Der Begriff der Veröffentlichung ist nicht im Sinne einer Bekanntgabe in der Presse zu verstehen, sondern bezieht sich auf die Erfassung in einer zentralen Datenbank, auf die die anderen Marktteilnehmer Zugriff haben.

Diese Liste der Gebühren erhebt keinen Anspruch auf Vollständigkeit. Banken sind in der Gestaltung der Gebührenstruktur ziemlich erfinderisch; Gebühren für dieselben Vorgänge können unterschiedliche Bezeichnungen tragen. Der Begriff „Verhandlungssache" schließt in vielen der oben angeführten Fälle auch „wegverhandeln" mit ein. Ein Zweck der obigen Gebührenliste besteht darin, dem Leser ein Gefühl dafür zu geben, welche Verhandlungsthemen ihm in der Praxis bevorstehen können.

- Weitere wichtige Verhandlungspunkte betreffen den so genannten „Rating Trigger" und die Verwendung der Mittel im Ziehungsfall. Der „Rating Trigger" besagt, dass im Falle einer Herabsetzung der Risikoklassifizierung durch die Ratingagenturen (→ II.3.2.2) die Bereitstellungsprovision und eventuell die Kreditmarge bei Inanspruchnahme automatisch angehoben werden. Die „Rating-Trigger" Klausel sollte auf dem Verhandlungswege möglichst ausgeschaltet werden, was u.a. vom so genannten „Standing" des Unternehmens abhängt. Die Verwendung der Mittel im Ziehungsfall kann für den Kurzfrist-Anteil auf die CP-Back-up Funktion beschränkt werden. Diese Restriktion sollte ebenfalls nach Möglichkeit eliminiert werden, um dem Unternehmen größtmögliche Flexibilität bei der Liquiditätssteuerung zu ermöglichen. Das heißt, die Linie sollte auch für „general corporate purposes" zur Verfügung stehen. Das ist besonders dann wichtig, wenn eine Verschlechterung des Ratings den Zugang zum Commercial Paper Markt erschweren sollte (→II.3.2.3).

(3) In 2005 wurde die syndizierte Linie von 2002 wie folgt modifiziert: Der Betrag wurde zwecks Kostenreduzierung auf € 12,5 Mrd. herabgesetzt und das Führungskonsortium auf Wunsch der Banken wegen deren Bestrebungen bei der „League Tables"-Positionierung (→ II.3.3) auf 10 Mitglieder erweitert. Die Laufzeit wurde auf Verlangen der Rating-Agenturen auf einheitlich 7 Jahre verlängert, wegen deren zunehmender Skepsis bezüglich der „evergreens", die in der Folge ohnedies aus dem Markt verschwanden. Die 7-jährige Laufzeit wurde aus Kostengründen in der „5+1+1"-Struktur dargestellt, d.h. in den ersten beiden Jahren wird die Linie jährlich mit jeweils 5-jähriger Laufzeit gerollt. Folglich waren in den neuen Vertragsverhandlungen vor allem die oben beschriebenen Punkte „Aufteilung Langfrist-/Kurzfrist-Komponente", „Extension Option" und „Term-out-Option" abzuändern. Mit „Basel II" stand die Neustrukturierung der Linie in keinem Zusammenhang.

II.3.2   DAUEREMISSIONSPROGRAMME

II.3.2.1   GELD- UND KAPITALMARKTAUFNAHMEN VS. BANKKREDITE

Die Daueremissionsprogramme – Commercial Paper (CP) und Medium-Term Notes (MTN) – sind für große Unternehmen heute die gebräuchlichsten und flexibelsten Instrumente zur direkten Fremdmittelaufnahme in den Geld- und Kapitalmärkten (→ II.3.2.3). Dies reflektiert einen grundlegenden Wandel in den Kreditmärkten: Banken sind immer weniger bereit, traditionelle Kredite zu vertretbaren Kosten zur Verfügung zu stellen, weil sie damit keine angemessene Kapitalrendite mehr verdienen können. Sind sie es dennoch, dann zumeist nur, weil sich die Gesamtbeziehung zum betreffenden Kunden rechnet. Das heißt, das Gebührengeschäft mit dem Kunden – vom Zahlungsverkehr bis hin zu den Kapitalmarkttransaktionen und dem Beratungsservice – wirft einen Ertrag ab, der die zu geringe Rendite aus der Kreditvergabe kompensiert. In diesem Sinne sind auch die oben beschriebenen syndizierten Kreditfazilitäten im Rahmen der Gesamtbeziehung als „Relationship-Deal" zu sehen. Dessen ungeachtet sind die Banken natürlich bestrebt, die Kreditmargen selbst auf ein höheres Niveau anzuheben, was ihnen im Allgemeinen bei kleineren Unternehmen und bei Unternehmen unterhalb der Kreditklassifizierung A (→ II.3.2.2) auch gelingt. Größere Unternehmen mit Kreditklassifizierung A oder besser hingegen haben uneingeschränkten Zugang zu den Geld- und Kapitalmärkten und können neben Krediten andere, kostengünstigere Finanzierungsquellen erschließen.

Das Problem der Kreditverknappung wird durch die Reform „Basel II" womöglich noch verschärft. Dieses Regelwerk, das nach mehrjährigen Verhandlungen am 26.06.04 von den Zentralbanken und Aufsichtsbehörden der wichtigsten Industrieländer verabschiedet worden ist, war von den US-Behörden angeregt worden und ist über die „Bank for International Settlements" (BIS) in Basel nach Europa gekommen. Es sieht vor, dass Banken ab 2007/08 je nach Kreditlaufzeit und Risikoklasse des Kreditnehmers unterschiedliche Eigenkapitalunterlegungen vornehmen müssen (s.u. Anmerkung zu „Basel II"), was in der Praxis bedeuten wird, dass schwächeren Kreditnehmern entsprechend höhere Margen in Rechnung gestellt werden. Dieses System soll die Stabilität des Bankwesens erhöhen, wird aber vermutlich eine prozyklische Wirkung entfalten. In der rezessiven Phase des Konjunkturzyklusses sinkt im allgemeinen die Bonität der Kreditnehmer, was höhere Kreditmargen nach sich ziehen oder zu einer Einschränkung der Kreditvergabe führen wird. Somit werden höhere Kosten und/oder eine Kreditverknappung den Kreditnehmer voraussichtlich gerade dann treffen, wenn es für seine Geschäftslage am belastendsten ist. Das gilt insbesondere für den Mittelstand, der nicht wie große Unternehmen auf die internationalen Kapitalmärkte oder auf alternative Finanzierungsformen ausweichen kann. Das Problem ist als solches erkannt, wird aber noch kontrovers diskutiert. Möglicherweise wird die EU-Kommission in ihrem Richtlinienerlass, der für die Umsetzung von „Basel II" in nationales Recht erforderlich ist, kleinere Unternehmen stärker berücksichtigen.

<u>Anmerkung zu „Basel II"</u>
Vor 2007 waren Kredite von den Banken pauschal mit mindestens 8% Eigenkapital (= 100% Risikogewichtung) zu unterlegen. Unter „Basel II" hängt die Risikogewichtung und damit die Kapitalunterlegung von der Bonität (Risikoklasse) des Kreditnehmers ab, d.h. sie ist niedriger für Kreditnehmer mit besseren und höher für die mit schlechteren Bonitätseinstufungen. Außerdem sind alle Kreditvergaben und -zusagen in Abhängigkeit von ihren Laufzeiten in unterschiedlicher Höhe mit Eigenkapital zu unterlegen. Die „Basel II"-Regeln inkl. der Einführungsphase sind wesentlich komplexer als sie hier wiedergegeben werden können. Der Vollständigkeit halber: die Mindestkapitalanforderungen an Banken werden in der so genannten Säule 1 des „Basel II"-Akkords geregelt. Darüber hinaus gibt es noch eine Säule 2 (aufsichtliches Überprüfungsverfahren), die die qualitative Kreditüberwachung vor Ort betrifft, und eine Säule 3 (Marktdisziplin), die die Publizitätspflichten (wie Rechnungslegung nach IFRS etc.) regelt. Die Besprechung in diesem Buch nimmt nur Bezug auf die Säule 1; auf Säulen 2 und 3 wird hier nicht eingegangen[*].

II.3.2.2 RATINGS

Die Fremdmittelaufnahme in den Kapitalmärkten mittels der Daueremissionsprogramme – Commercial Paper (CP) und Medium-Term Notes (MTN) – setzt ein so genanntes Rating voraus. Darunter ist eine Kreditklassifizierung zu verstehen, wie sie von den unabhängigen Ratingagenturen erteilt wird. Ratings beziehen sich nur auf verzinsliche Titel, nicht auf Aktien. Die Mitgliedschaft in einem Aktienindex ist in diesem Zusammenhang lediglich ein Zeichen für die Größe und den Bekanntheitsgrad des Emittenten, macht aber keine Aussage über seine Kreditwürdigkeit.

Bis gegen Ende der 1980er Jahren vertrauten die europäischen Märkte vor allem auf den Namen des Emittenten („name driven"), während die US-Märkte schon immer fast ausschließlich vom Rating determiniert waren („rating driven"). Die großen Emittenten – die so genannten „household names" – bedurften in Europa frü-

---

[*] Für Details s. Deutsche Bundesbank, Juni 2004: „Internationale Konvergenz der Kapitalmessung und Eigenkapitalanforderungen, Überarbeitete Rahmenvereinbarung", Baseler Ausschuß für Bankenaufsicht, Übersetzung der Deutschen Bundesbank (272 Seiten) sowie Deutsche Bundesbank, Monatsbericht Dezember 2006.

her keiner Kreditklassifizierung und konnten ihre Papiere allein aufgrund ihres hohen Bekanntheitsgrades im Markt platzieren. Heute sind die Ratings auch in Europa für alle Emittenten unverzichtbar geworden. Andernfalls stünde ihnen nur der Privatplatzierungsmarkt offen, der weitgehend illiquide ist und die heute üblichen Volumina nicht mehr aufnehmen kann.

Die beiden marktbeherrschenden Agenturen sind die amerikanischen Firmen Standard & Poor's (kurz: S&P's) und Moody's Investors Service (kurz: Moody's), die diese Dienstleistung praktisch monopolisiert haben. Europäische Versuche, eigene Ratingagenturen zu gründen, sind bisher nicht von Erfolg gekrönt gewesen, mit Ausnahme von Fitch Ratings (kurz: Fitch), die sich mit der Fusion 1997 mit IBCA Ltd. (London) in Europa positioniert haben und mittlerweile an den Stellenwert von S&P's und Moody's heranreichen, zumindest im Finanzdienstleistungssektor und bei Verbriefungstransaktionen (Einschätzung des Autors). Weitere Ratingagenturen agieren nur regional, wie z.B. die „Rating and Investment Information Inc." (R&I) in Japan oder der „Dominion Bond Rating Service" (DBRS) in Kanada.

Die Ratingagenturen unterscheiden zwischen kurz- und langfristigen Ratings und unterteilen die Langfrist-Ratings weiter in „Investment grade" und „Speculative grade"; Abb. II.29 und Abb. II.30:

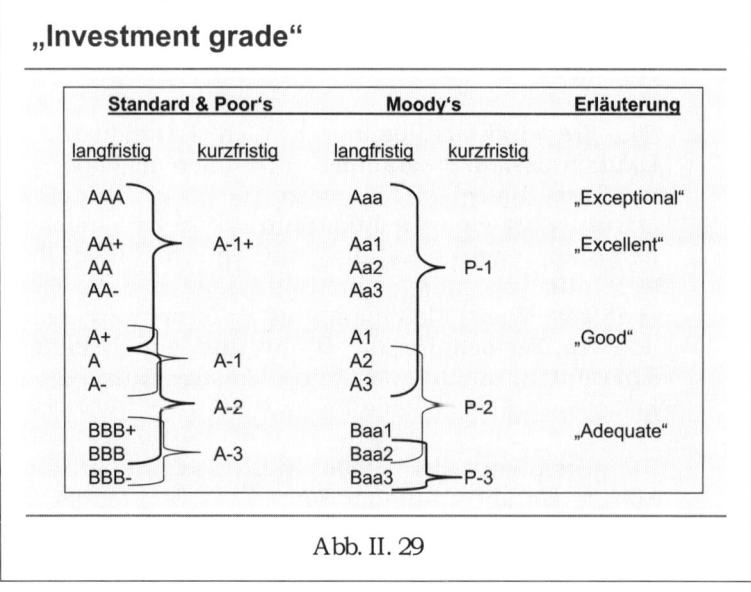

Abb. II. 29

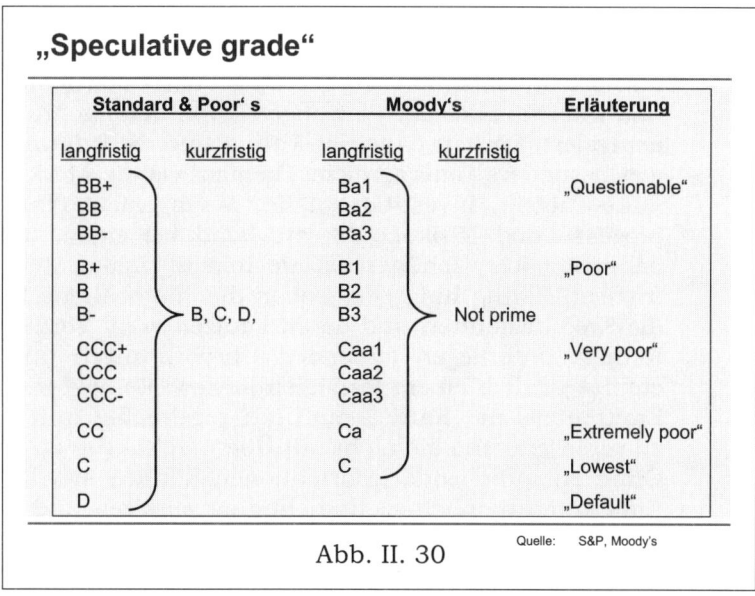

Abb. II. 30   Quelle: S&P, Moody's

Das kurzfristige Rating beurteilt primär die Liquiditätslage des Emittenten, das langfristige seine Bonität. Obwohl unterschiedliche Kriterien im Vordergrund stehen, besteht doch ein Zusammenhang zwischen den kurzfristigen und langfristigen Ratings (s. geschwungene Klammern in Abb. II.29 und Abb. II.30). Die Spitzen-Ratings im kurzfristigen Bereich A-1+, A-1 von S&P's und P-1 von Moody's erfordern i.d.R. ein langfristiges Rating von mindestens A+ bzw. A bei S&P's und A2 bei Moody's; eine Kombination mit A-/A3 ist sehr selten (→ II.3.2.3, Text vor Abb. II.36). Jedes Rating kann noch mit einem Zusatz versehen werden wie „positive outlook", „stable outlook", „negative outlook", „under review" oder „under credit watch", was eine eventuell bevorstehende Ratingänderung signalisiert.

Unterschiedliche Bonitätseinstufungen durch S&P's und Moody's („split ratings") waren früher relativ selten, sind mittlerweile aber nicht mehr ungewöhnlich. So wiesen z.B. Ende 2004 in Deutschland insgesamt 74 Unternehmen ein Langfrist-Rating aus, davon 50 von beiden Agenturen; von diesen 50 waren 23 gleich eingestuft und 27 wurden von S&P's und Moody's mit unterschiedlichen Ratings versehen. Bei den Kurzfrist-Ratings ist die Differenzierung weniger ausgeprägt: von 25 deutschen Unternehmen mit Kurzfrist-Ratings von beiden Agenturen wurden zu dieser Zeit 22 gleich und nur drei unterschiedlich eingestuft. Nimmt eine der beiden Agenturen die Herabstufung eines Unternehmens vor, folgt die andere oft nach kurzer Zeit, aber nicht notwendigerweise auf dieselbe Stufe. Die Investoren orientieren sich in solchen Fällen eher am niedrigeren Rating.

Ratings werden normalerweise von den Unternehmen bei den Agenturen beantragt[*] und nach einem detaillierten Prüfungsprozess erteilt. Dabei werden alle Daten des Unternehmens – externe und interne, inkl. der Planungen – von den Agenturen eingehend analysiert. Für ein Langfrist-Rating sind die Prüfungsanforderungen besonders umfangreich: Themen wie die Marktposition, Produktstrategie, Investitionspläne, Managementeffizienz, Kontrollprozesse und Risikopolitik etc. sind bei einem Industrieunternehmen noch wichtiger als die reinen Finanzdaten. Beim kurzfristigen Rating hingegen stehen die vorgehaltene Liquidität und die Kreditfazilitäten und deren Laufzeiten im Vordergrund. Beide Ratings unterliegen laufenden Überprüfungen und mindestens einmal jährlich einem formellen Review. Es liegt im Interesse des Emittenten, die Ratingagenturen regelmäßig mit Informationen zu versorgen und sie nicht mit Überraschungen zu konfrontieren. Ohne entsprechende Informationen können sie die Bonität des Emittenten nämlich nicht richtig einschätzen und werden daher vorsichtshalber zu einer negativeren Beurteilung tendieren. Ein typischer Fall wäre eine unerwartete Erhöhung der Verschuldung zur Finanzierung einer Akquisition.

Die Kreditklassifizierungen dienen den Investoren – institutionellen Anlegern wie Pensionsfonds, Versicherungsgesellschaften, Investmentfonds etc. – zur Einschätzung der Bonität der Emittenten. Ohne diesen Service müssten die Anleger in jedem einzelnen Fall selbst die Kreditwürdigkeit prüfen, was in Anbetracht der zahlreichen Emittenten, der Häufigkeit neuer Schuldtitelemissionen und der hohen Umsätze in den Sekundärmärkten nicht praktikabel wäre.

Je besser das Rating ist, umso höher ist die Sicherheit, dass die Schuldtitel bedient werden und umso niedriger sind daher die Finanzierungskosten für den Emittenten. „Niedriger" bedeutet hier den Abstand („Spread", Risikoaufschlag, Risikoprämie, Zinsaufschlag) zum Referenzzinssatz, der durch Regierungspapiere oder den EURIBOR-, bzw. LIBOR-Satz definiert wird (EURO-, bzw. London Interbank Offered Rate). Darüber hinaus sind die „Spreads" selbst von den allgemeinen Marktkonditionen abhängig, d.h. von der Konjunkturlage, dem absoluten Zinsniveau, dem Anlegerbedarf etc.

---

[*] Im Prinzip gibt es auch so genannte „unsolicited ratings". Dazu der Stand 2008:
Moody's führt nach eigener Aussage seit Jahren Ratings lediglich auf der Basis einer vorherigen Beauftragung durch die zu ratenden Unternehmen durch. Lediglich in dem Ausnahmefall, dass das Ergebnis eines vertraulichen Ratings den Kapitalmarktteilnehmern bekannt wird, behält sich die Agentur aus Gründen der Informationsgleichheit eine Veröffentlichung vor. Für Einzelheiten wird auf den Verhaltenskodex der Agentur bezüglich „unsolicited ratings" (Absatz 3.12) verwiesen.
Standard & Poor's bestätigt die Aussage, dass im Unternehmensbereich derzeit keine „unsolicited ratings" erteilt werden.

Die Zinsaufschläge im Sekundärmarkt am 16.01.02 können der Abb. II.31 entnommen werden:

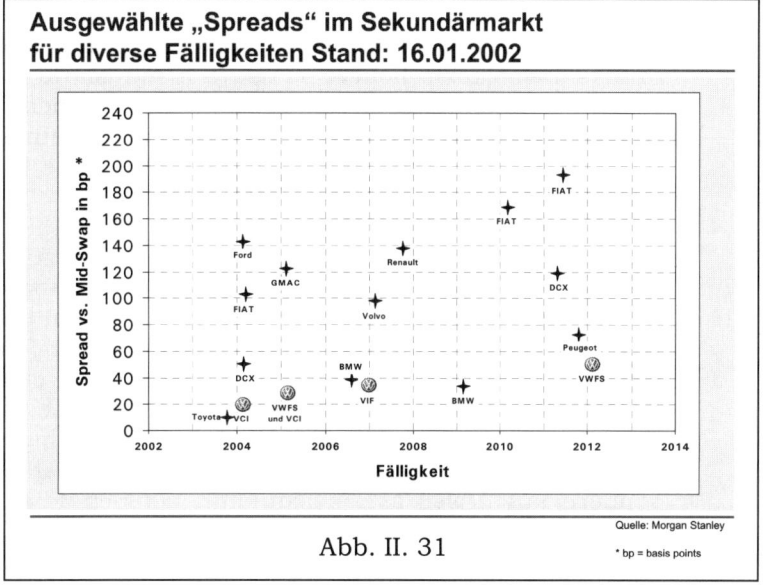

Abb. II. 31

Abb. II.32 zeigt ausgewählte Spreadverläufe über einen Zeitraum von zwei Jahren:

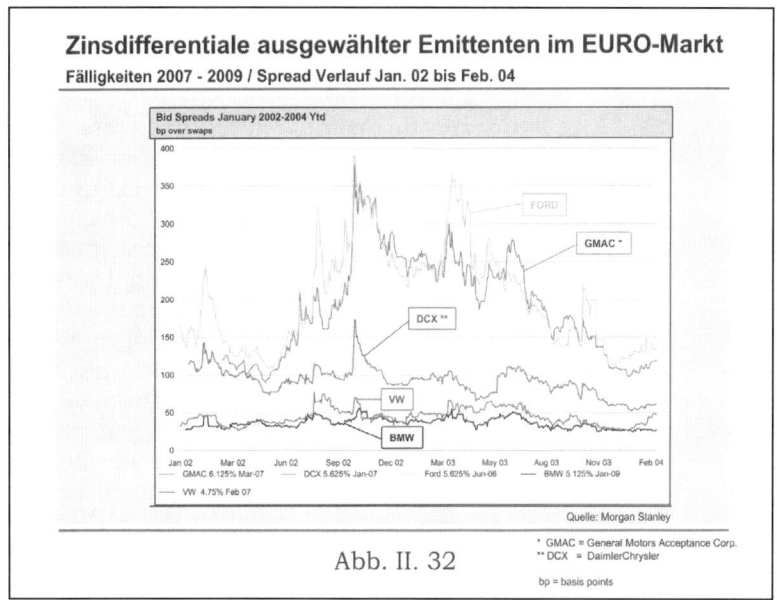

Abb. II. 32

Aus Abb. II.32 ist ersichtlich, dass die „Spreads" sich mit der Zeit ändern und sowohl auf Unternehmensnachrichten als auch auf allgemeine Marktentwicklungen reagieren.

Da die Bonitätseinstufungen die Kosten der Mittelaufnahme beeinflussen, sollte die Unternehmensführung bei ihren Entscheidungen die potentiellen Auswirkungen auf das Rating stets mit ins Kalkül ziehen, denn die Ergebnisauswirkungen können erheblich sein, wenn höhere Zinskosten wegen des Wettbewerbsdrucks nicht über höhere Preise an den Markt weitergereicht werden können. Eine Spreaderhöhung von einem halben Prozentpunkt bedeutet pro € 1 Mrd. Fremdmittelaufnahme schließlich € 5 Mio. an Mehrkosten, die den Ertrag des Unternehmens schmälern.

Die Kosten für ein Rating können im Vergleich zu den Vorteilen bei der Finanzierung vernachlässigt werden. Sie belaufen sich in der Summe für kurz- und langfristige Ratings von beiden Agenturen auf derzeit ca. € 1,0 – 1,5 Mio. p.a. („Issuer-Rating"). Hinzu kommen noch Gebühren für die Etablierung einzelner Geld- und Kapitalmarktprogramme („Program-Rating") sowie für öffentliche Emissionen („Issuing Fees") etc. Ein gutes Rating verbilligt die Fremdmittelkosten nicht nur aufgrund der Bonitätseinschätzung, sondern auch, weil es die Liquidität der Schuldtitel im Sekundärmarkt gewährleistet. Viele institutionelle Anleger lassen Emittenten ohne Rating für ihr Anlagespektrum überhaupt nicht zu, d.h. solche Titel kommen erst gar nicht auf die für Anlagen genehmigte Liste („approved list"). Das Rating verbreitert also die Finanzierungsbasis im Geld- und Kapitalmarkt und erhöht damit die Verfügbarkeit von Fremdmitteln, was bei dem anhaltenden Rückzug der Banken aus dem Kreditgeschäft für die Liquiditätssicherung eines großen Unternehmens unerlässlich geworden ist.

Die Kunden der Ratingagenturen sind in erster Linie die Investoren und nicht die Emittenten, die von ihnen klassifiziert werden. Ihr oberstes Anliegen ist es daher, die Investoren vor Risiken und negativen Überraschungen zu schützen. Folglich ist das Risiko eines „Downgrades" höher, als die Chance eines „Upgrades", weil die Ratingagenturen auf diese Weise den Investoren gegenüber „auf der sicheren Seite" sind (Einschätzung des Autors). Eine Herabstufung der Bonität kann sogar erfolgen, wenn sich das Unternehmen selbst zwar nicht verschlechtert hat, die Branche insgesamt aber durch einen Konjunkturabschwung in Mitleidenschaft gezogen wird. Dies betrifft vor allem konjunkturzyklisch sensitive Emittenten und kann im Laufe der Zeit zu der paradoxen Situation führen, dass ein Unternehmen bei einem niedrigeren Rating bessere Kennziffern ausweist als früher bei höherer Einstufung („Negativer Rating Drift"). Ist ein „Downgrade" erst einmal erfolgt, ist die Rückkehr zu einer besseren Einstufung schwierig, selbst wenn alle Kennziffern wieder das frühere Niveau erreicht haben. Mit anderen Worten: Ratings sind nach unten „slippery" und nach oben „sticky".

Dieser Prozess ist mittlerweile so weit fortgeschritten, dass die Ratingagenturen selbst in die Kritik geraten sind. Einerseits werden die Mittelaufnahmen für den Emittenten damit teurer, andererseits müssen aber auch die Investoren bei „Downgrades" Wertverluste auf ihren Anlagebestand hinnehmen. Letzteres wird durch die Spread-Ausweitung und damit den Zinsanstieg im Sekundärmarkt (→ Wertverlust!) verursacht. Die Investoren scheinen den Ratingagenturen daher in letzter Zeit mit mehr Skepsis zu begegnen. Während sie sich früher bei der Risikobeurteilung von Schuldtiteln anscheinend vorbehaltlos auf die Ratings stützten, suchen sie jetzt in verstärktem Maß den direkten Kontakt mit den Emittenten. So ist die Nachfrage nach „Bond Road Shows" ohne Bezug auf eine bestimmte Emission („non-deal-related road shows") deutlich gestiegen, analog zu den „Road Shows", wie sie für Aktien im Rahmen der normalen „Investor Relations"-Aktivitäten (→ IX.1) seit Jahren üblich sind.

Die Rolle der Ratingagenturen ließ den Ruf nach Regulierung laut werden und führte in den USA im März 2002 im Zusammenhang mit dem ENRON-Skandal sogar zu einem „Congressional Hearing". Dabei wurden Forderungen vorgebracht, die Verfahrensweise von S&P's und Moody's durch die „Securities and Exchange Commission" (SEC) überprüfen und kontrollieren zu lassen. Auch in Deutschland hat die Vorgehensweise der beiden Agenturen Unmut hervorgerufen. Laut „Börsen-Zeitung" vom 15.08.03 hat der Präsident der Bundesanstalt für Finanzdienstleistungsaufsicht (BaFin) die Ratingagenturen als die „größte unkontrollierte Machtstruktur im Weltfinanzsystem" bezeichnet. Eine Regulierung ist allerdings nicht zu erwarten, da sie sich in der Praxis als undurchführbar erweisen dürfte. (Für kritische Anmerkungen in der Presse s. Anhang 3.) Vergleichbare Forderungen und Kommentare wurden nach Ausbruch der „Sub-Prime" Krise im Sommer 2007 erneut vorgebracht (→ II.3.5, Abschnitt: Aktualisierung – „Sub-Prime" Krise), dürften aber ebenso wie 2003/04 ohne Konsequenzen bleiben.

Eine praktische Erfahrung des Autors: der Umgang mit den Ratingagenturen ist für den Emittenten nicht immer einfach. Aufgrund ihrer de facto Monopolstellung sind sie in ihrer Verhaltensweise Regierungsbehörden nicht unähnlich. Qualifiziertes Personal ist schwer zu finden und noch schwerer zu halten, da die guten Analysten von den Investmentbanken mit wesentlich höheren Gehältern immer wieder abgeworben werden. Dies trifft insbesondere in Zeiten eines Wirtschaftsaufschwungs zu. Neue Mitarbeiter müssen den Emittenten erst wieder kennen lernen, was zusätzlichen Aufwand bedeutet. Hier hilft nur ständige Kontaktpflege. Ein „Rating Advisory Service", wie es die Investmentbanken anbieten, kann Unterstützung geben, zumal die Fachleute eines solches Service-Teams oft ehemalige Angestellte einer der beiden Rating-Agenturen sind.

II.3.2.3   <u>COMMERCIAL PAPER (CP) UND MEDIUM-TERM NOTES (MTN)</u>

Commercial Paper (CP) und Medium-Term Notes (MTN) sind reine Schuldtitel. Commercial Paper werden üblicherweise in diskontierter Form begeben, schwerpunktmäßig mit Laufzeiten von 3 bis 6 Monaten; Medium-Term Notes sind zinstragende Schuldverschreibungen, fest oder variabel, schwerpunktmäßig mit Laufzeiten im 3-7-jährigen Bereich. Abb. II.33 fasst die wesentlichen Merkmale beider Instrumente zusammen:

Daueremissionsprogramme

	Commercial Paper (CP)	Medium-Term Notes (MTN)
Begriff	Abgezinste Schuldverschreibungen	Schuldverschreibungen
Rechtsform der Verbriefung	Inhaberschuldverschreibungen	Inhaberschuldverschreibungen
Besicherung	Negativerklärung*) der Muttergesellschaft	Negativerklärung*), Garantie
Emission	Teilemission im Rahmen eines zwischen Emittenten und Plazierungsbanken vereinbarten CP-Progr.	Begebungskonsortium
Handel	Telefonhandel	amtlicher Handel, geregelter Markt oder Freiverkehr
Laufzeit	7 Tage bis 2 Jahre minus 1 Tag	2 bis 15 Jahre**)
Tilgung	gesamtfällig	gesamtfällig
Zinszahlung	abgezinst	vierteljährlich, halbjährlich, jährlich

Abb. II. 33

*) „Negativerklärung" bedeutet, dass der Emittent sich verpflichtet, keinen anderen Gläubiger besser zu stellen als den Erwerber der betreffenden Schuldverschreibung.
**) Mittlerweile sind auch Laufzeiten unter 2 Jahren und über 15 Jahren darstellbar.

Commercial Paper werden im kurzfristigen Geldmarkt platziert, Medium-Term Notes im mittel- und langfristigen Kapitalmarkt. Wie im vorigen Abschnitt bereits ausgeführt, bedürfen beide Instrumente des Ratings – das kurzfristige für CP's, das langfristige für MTN's – von zumindest einer der beiden Agenturen, vorzugsweise aber von beiden. Papiere, die nur ein Rating aufweisen – der Grund hierfür liegt meistens im Bemühen des Emittenten, Kosten zu sparen – werden im Markt mit einem gewissen Vorbehalt aufgenommen, weil vermutet wird, dass die andere Agentur das Papier niedriger eingestuft hätte.

Beide Instrumente zeichnen sich durch ihre hohe Flexibilität aus. Die einzelnen Emissionen können hinsichtlich Betrag, Währung und Laufzeit genau dem Bedarf des Emittenten oder des Investors entsprechend ausgestattet werden. Anhand der Emissionspolitik, die ein Emittent mit diesen Instrumenten verfolgt, lässt sich das in II.3 eingangs empfohlene Prinzip verdeutlichen, Mittel vorzugsweise dann aufzunehmen, wenn sie nicht benötigt werden. Typischerweise nehmen Emittenten Mittel in der gerade erforderlichen Höhe und Laufzeit auf. Dafür ist der dieser Risikoklasse entsprechende Zinssatz zu bezahlen (Interbanksatz + „Spread"; → II.3.2.2, Abb. II.31 und Abb. II.32). Kommt man andererseits den Investoren entgegen indem man die Laufzeit und den Betrag ihren Wünschen anpasst, so kann man im Gegenzug dafür günstigere Zinssätze erzielen. Mit einer solchen Emissionspolitik kann der Emittent eine eigene „Zinskultur", d.h. nachhaltig niedrigere „Spreads" im Markt etablieren. Dieser Zinsvorteil entspricht normalerweise der Differenz zur nächsthöheren Ratingstufe, z.B. von A zu A+.

Die Ratingagenturen bestehen bei CP-Programmen, wie bereits in II.3.1 erwähnt, auf einer so genannten Back-up Linie, d.h. einer bestätigten Kreditfazilität, die die notwendige Liquidität gewährleistet falls der Emittent aus welchem Grund auch immer seinen Verpflichtungen bei Fälligkeit nicht nachkommen kann. In den meisten Fällen sind diese Back-up Linien i.H.v. 1:1 (€ 10 Mrd. Back-up Linie für ein € 10 Mrd. CP-Programm) bereit zu stellen. Für gute Namen kann diese Relation geringer sein, etwa 1:2 oder in Höhe der durchschnittlichen Ausnutzung des Programmrahmens. Die Ratingagenturen haben diese Anforderung in den letzten Jahren verschärft, um die Bedienung der Papiere bei Fälligkeit sicherzustellen – eine Vorsichtsmaßnahme, deren Notwendigkeit durch den ENRON-Skandal im Oktober 2001 bestätigt wurde[*].

Die Banken verlangen für die Back-up Linien natürlich Bereitstellungsprovisionen, die ihrerseits wiederum von den Laufzeiten und der Kreditklassifizierung des Emittenten abhängen. „All-in" führt dies zu einer marginalen Verteuerung der Fremdmittelaufnahme durch CP's, die sich hinsichtlich ihrer Gesamtkosten daher nur lohnen, solange günstige Emissionssätze erzielt werden können. Für Emittenten mit guten Ratings ist dies nach wie vor der Fall, so dass die Gesamtkosten deutlich niedriger sind als für Bankkredite. Abgesehen davon bleiben CP's als Finanzierungsquelle per se unverzichtbar in Anbetracht der generell eingeschränkten Verfügbarkeit von Bankkrediten.

---

[*] Es erscheint bemerkenswert, daß lang anhaltende und überdurchschnittlich starke Wachstumsphasen in den Finanzmärkten (Börsen) oft in Finanzskandalen enden, wie z.B. den Insider-Trading-Skandalen in den 1980er Jahren, den Bilanzskandalen in den Jahren 2001/02 (ENRON, WorldCom, Tyco, Global Crossing etc.) und der „Sub-Prime" Krise 2007/08.

Abb. II.34 und Abb. II.35 zeigen die Entwicklung des Commercial Paper und Medium-Term Note Marktes seit 1993:

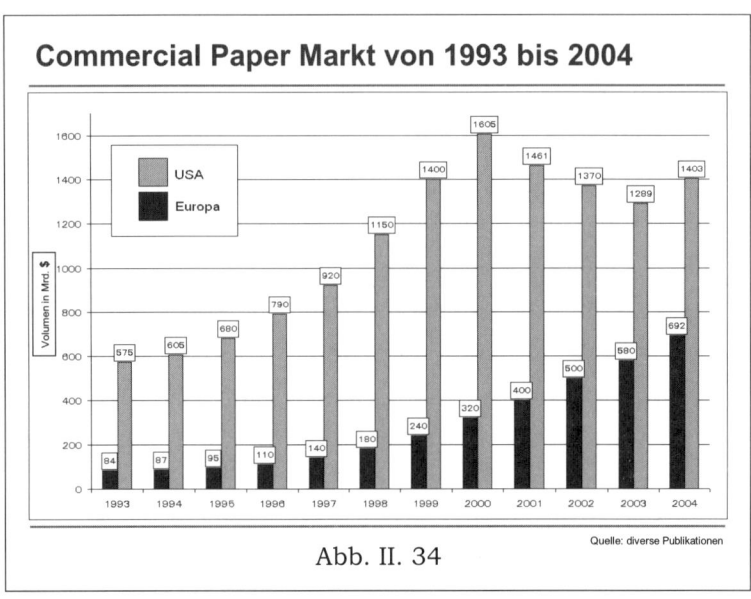

Abb. II. 34

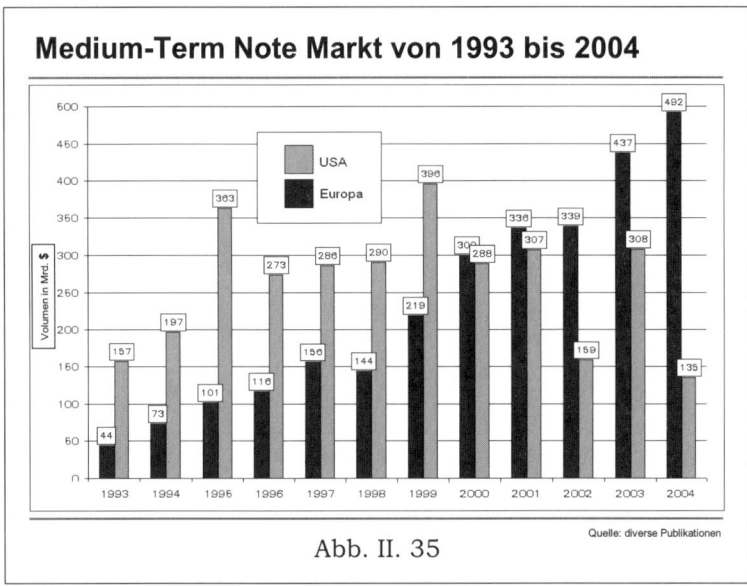

Abb. II. 35

Die beiden Abbildungen zeigen, dass der europäische CP- und MTN-Markt der US-amerikanischen Entwicklung gefolgt ist. Während in den USA der CP-Markt im Lauf der Rezession nach 2000 jedoch zurückgefallen ist, befindet sich der europäische CP-Markt noch in der Wachstumsphase und hat selbst in der Rezession weiter zugelegt, was auf Umschichtungen von Bankkrediten in CP-Finanzierungen zurückzuführen sein dürfte. Ein ähnlicher

Sachverhalt liegt im MTN-Markt vor, dessen Volumen in Europa in den Jahren ab 2001 sogar den US-Markt überflügelt hat.

Rating-Relevanz für Commercial Paper

Nur ca. 4% aller CP-Emittenten kombinieren ein kurzfristiges Spitzen-Rating mit einem langfristigen Rating von A- bzw. A3 (Bezug: Abb. II.29). Sinkt die Bonität eines Emittenten auf die Langfrist-Ratings A-/A3, so verliert er i.d.R. seine Kurzfrist-Ratings A-1+, A-1/P-1.

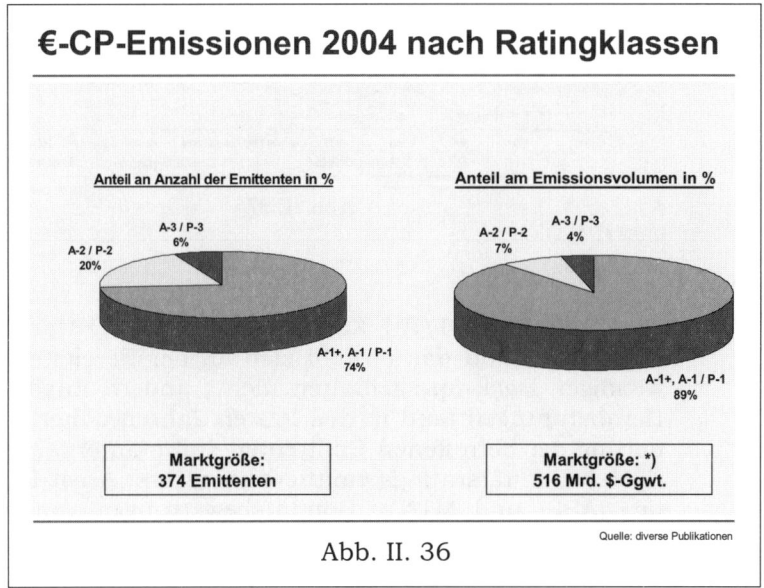

Abb. II. 36

*) Die CP-Daten für Europa in Abb. II.34 beinhalten CP-äquivalente Bestände nationaler Märkte, während Abb. II.36 sich nur auf den reinen €-CP Markt bezieht. Der Unterschied besteht im wesentlichen aus den französischen Billet de Tresorerie (BT). Der französische BT-Markt ist im CP-Segment der einzige lokale Markt von Bedeutung.

Abb. II.36 zeigt, dass ca. drei Viertel aller €-CP Emittenten dem Marktsegment A-1+, A-1/P-1 angehören. Noch aussagekräftiger ist der Anteil am Emissionsvolumen: 89% entfallen auf A-1+, A-1/P-1 und nur 11% weisen ein Rating unterhalb der Spitzenkategorien aus. Das A-2/P-2 Segment bestreitet mit ca. $ 38 Mrd. Gegenwert nur 7% des Gesamtmarktes, dessen Größe sich auf $ 516 Mrd. Gegenwert beläuft (Stand 2004). Die Spreads steigen außerdem für CP's unterhalb A-1/P-1 um 15-20 Basispunkte und weisen eine deutlich höhere Volatilität auf; Abb. II.37:

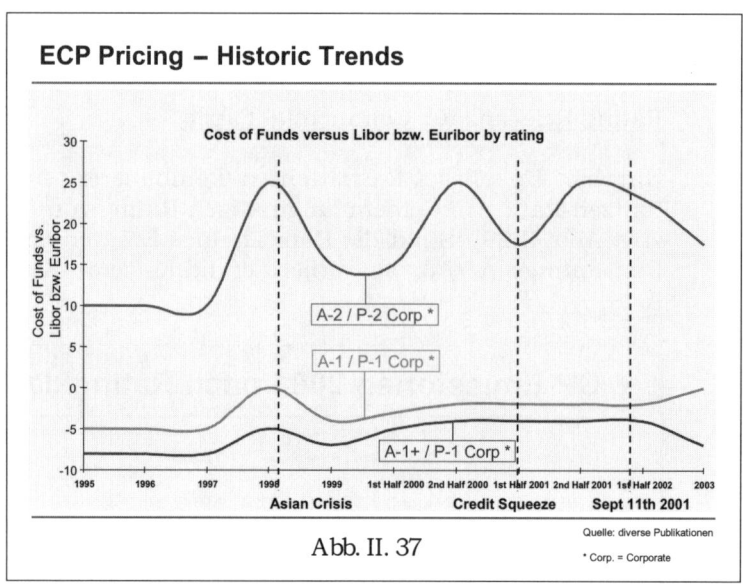

ECP Pricing – Historic Trends

Cost of Funds versus Libor bzw. Euribor by rating

Abb. II. 37

Quelle: diverse Publikationen

* Corp. = Corporate

Fazit

Unterhalb der A-1/P-1 Kategorie ist der €-CP Markt nur schwer zugänglich, und das obwohl sich an der Bereitstellung der notwendigen Back-up-Fazilitäten nichts ändert. Angesichts etlicher Herabstufungen fand in den letzten Jahren daher eine Umorientierung der betroffenen Emittenten statt: Unternehmen mit niedrigeren Bonitätsratings emittieren verstärkt Asset-Backed Securities (ABS) und MTN's. Bonitätsbewertungen von Asset-Backed Securities sind unabhängig vom Emittenten und beruhen nur auf dem zugrunde liegenden Portfolio der verbrieften Aktiva (➔ II.3.5). Der MTN-Markt ist für niedrigere Rating-Kategorien offener als der CP-Markt und erfordert – im Gegensatz zu CP-Emissionen – keine Back-up Fazilitäten. Die Frage stellt sich, ob die Ratingagenturen nicht auch hierfür eines Tages auf Back-up Linien bestehen werden, wie etwa für die Conduit-ABS-Emissionen als Folge der „Sub-Prime" Krise 2007/08 (➔ II.3.5).

○ Fallbeispiel einer € 4,5 Mrd. MTN-Emission

MTN's werden i.d.R. fortlaufend mit den unterschiedlichsten Beträgen, Währungen und Laufzeiten emittiert. Die Beträge bewegen sich typischerweise im zweistelligen und unteren dreistelligen Bereich. Größere Emissionen erscheinen von Zeit zu Zeit; übersteigen sie die € 1 Mrd. Grenze, so spricht man von „Benchmark-Deals". Die Vielseitigkeit der MTN-Programme erlaubt sogar so genannte Jumbo-Emissionen. Früher wären dafür separate Anleihen mit eigener Dokumentation aufgelegt worden.

Fremdmittel können unter folgenden Bedingungen am kostengünstigsten aufgenommen werden:

(1) der Emittent stellt den Bedarf der Investoren in den Vordergrund bezüglich Betrag und Laufzeit und erhält dafür einen günstigeren Zinssatz (→ II.3 und II.3.2.3),
(2) der Emittent nimmt besondere Konstellationen in den Kapitalmärkten wahr (→ II.3.3),
(3) der Emittent nützt eine günstige Phase im Zinszyklus zur vorsorglichen Aufnahme von Fremdmitteln.

Das nun folgende Fallbeispiel einer großen MTN-Emission im Rahmen eines MTN-Programms gehört zur dritten Kategorie.

- Die Rahmenbedingungen

Im 2. Quartal 2003 erreichte der 10-Jahreszins den tiefsten Stand der letzten 50 Jahre; Abb. II.38:

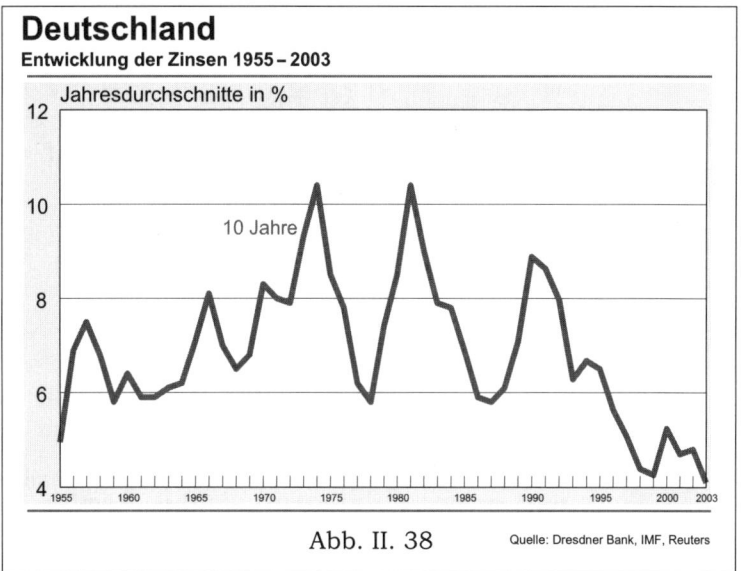

Abb. II. 38 Quelle: Dresdner Bank, IMF, Reuters

Das Zinsniveau war somit besonders attraktiv für Fremdmittelaufnahmen. Zugleich waren die Investoren „hungrig nach Langläufern". Die Rahmenbedingungen für große Emissionen im langfristigen Fälligkeitsbereich waren also außerordentlich günstig. Im Februar 2003 entschied die Volkswagen AG, diese Chance für eine opportunistische MTN-Emission im langfristigen Fälligkeitsbereich zu nutzen, d.h. in diesem Fall Fremdmittel zu günstigen Konditionen aufzunehmen und dann als Liquidität vorzuhalten, ohne zum Zeitpunkt der Emission einen konkreten Verwendungszweck dafür zu haben.

- Die Wahl des Zeitpunkts

Der optimale Zeitpunkt für eine Emission wird sowohl durch externe als auch interne Faktoren bestimmt:

a) extern: der wichtigste externe Faktor betrifft den Zinstrend. Hält die günstige Entwicklung an oder steht eine Trendwende bevor? Idealer Weise würde die Emission gerade am tiefsten Punkt erfolgen. Wendepunkte sind aber nicht vorhersehbar, und bei dem vorliegenden Zinsniveau war der Schluss naheliegend, dass eine weitere Reduktion der Zinsen allenfalls in geringfügigem Ausmaß stattfinden würde:

Abb. II. 39

Abb. II.39 zeigt den Verlauf des 10-jährigen Zinssatzes ab 01.01.02 und den Zeitpunkt der MTN-Emission; daraus ist ersichtlich, dass die Emission vom 12.05.03 bis 14.05.03 bei nur 0,42 Prozentpunkten über dem Tiefpunkt am 13.06.03 stattfand.

b) intern: die Wahl des Zeitpunktes hängt nicht nur von der Zinsentwicklung ab, sondern auch von der Unternehmensentwicklung:

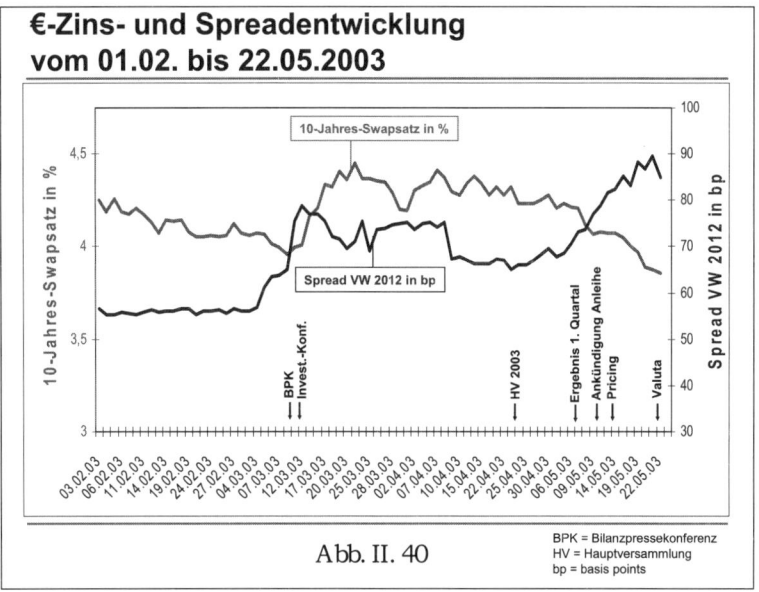

€-Zins- und Spreadentwicklung vom 01.02. bis 22.05.2003

Abb. II. 40

BPK = Bilanzpressekonferenz
HV = Hauptversammlung
bp = basis points

Abb. II.40: Die Entscheidung, das günstige Zinsniveau für eine strategische Mittelaufnahme zu nutzen, fiel Anfang Februar 2003 und sollte bis zur Jahresmitte umgesetzt werden. Die wichtigsten Termine für Unternehmensnachrichten, die in dieser Zeitspanne den „Spread" zum EURIBOR hätten beeinflussen können, betrafen die Bilanzpressekonferenz mit der Veröffentlichung des Jahresergebnisses 2002 und die anschließende Investorenkonferenz sowie die Hauptversammlung und die Bekanntgabe des ersten Quartalsergebnisses 2003. Der Produktzyklus befand sich zu dieser Zeit in der Phase des Übergangs zum neuen Volumenmodell Golf V. Es stand daher zu erwarten, dass die aktuellen Ergebnisse wegen der Umstellungskosten nicht an das Niveau des Vorjahres anschließen würden, mit der Folge negativer Auswirkungen auf die VW-spezifischen „Spreads". Vor einem solchen Hintergrund ist davon abzuraten, eine Emission noch vor Veröffentlichung der relevanten Unternehmensdaten durchzuziehen in der Absicht, sich damit einen marginal günstigeren Zinssatz zu sichern. Erfolgt danach nämlich die zu erwartende Spreadausweitung, so erleidet der Investor eine entsprechende Wertminderung seiner Anlage. Er wird annehmen, dass der Emittent diese Entwicklung antizipiert hat und ihn bewusst übervorteilt hat. Abgesehen davon, dass eine solche Vorgehensweise unseriös ist, muss sich der Emittent stets vergegenwärtigen, dass er in Zukunft wieder an den Markt herantreten wird und dabei auf das Vertrauen der Investoren angewiesen ist. Wird es verspielt, so straft der Markt den Emittenten ab, und künftige Emissionen werden ungünstigere Konditionen in Kauf nehmen müssen.

Im vorliegenden Fall wurde die Emission nach der Veröffentlichung des 1. Quartalsergebnisses 2003 angekündigt, also nachdem die Investorengemeinde alle relevanten Informationen erhalten hatte. Die danach noch folgende Spreadausweitung war nicht Volkswagen-spezifisch, sondern traf auch andere Automobilproduzenten. Selbst wenn sie Volkswagen-spezifisch gewesen wäre, so hätte das Vertrauen darunter nicht gelitten, weil keine ungünstigen Unternehmensnachrichten mehr veröffentlicht wurden, von denen der Investor eine vorherige Kenntnis seitens des Emittenten hätte vermuten können. Glücklicherweise wurde diese Spreadausweitung durch den weiter sinkenden Basiszins zum Teil kompensiert (s. Spread VW vs. 10-Jahres-Swapsatz in Abb. II.40).

Schließlich war der Emissionskalender im EURO-Markt zu berücksichtigen. Für die Woche vom 12.05.03 waren noch keine größeren Emissionen vorgesehen, so dass der 12.05.03 als das günstigste Datum für den Markteintritt angesetzt werden konnte.

• Die Durchführung

Zunächst war eine Emission von € 3 Mrd. in zwei Tranchen mit 6- und 10-jähriger Laufzeit vorgesehen. Die Nachfrage war aber so stark, dass der Betrag auf € 4,5 Mrd. angehoben wurde. Auf Verlangen einiger Investoren wurde außerdem eine Tranche mit 15-jähriger Laufzeit hinzugefügt. Emissionsvehikel war die Volkswagen International Finance N.V. (VIF) in Amsterdam unter der Garantie der Volkswagen AG. Das Mandat wurde fünf Banken erteilt, die aufgrund ihrer Platzierungsstärke und allgemeinen Geschäftsverbindung mit Volkswagen nach einem Rotationsprinzip aus dem Kreis der engsten Bankpartner ausgewählt wurden. Abb. II.41 fasst die Transaktion zusammen:

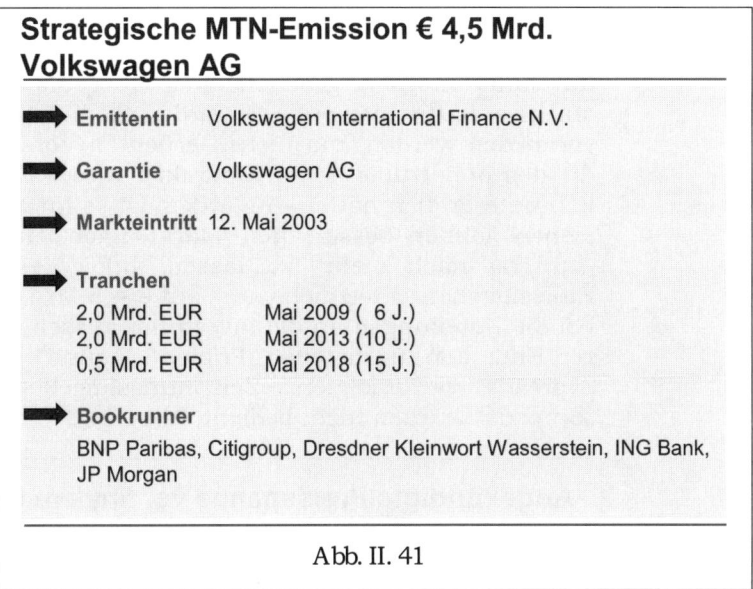

Abb. II. 41

Die Laufzeiten wurden auf Fälligkeiten verteilt, die zuvor mit MTN's von Volkswagen noch nicht belegt worden waren; Abb. II.42:

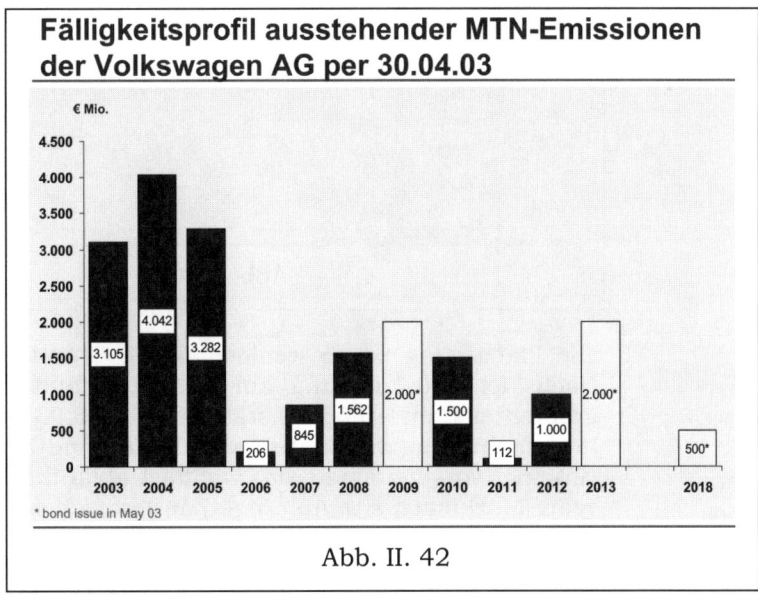

Abb. II. 42

Die Nachfrage seitens der Investoren, die sich im so genannten Orderbuch niederschlägt, stieg in der Spitze auf insgesamt € 7,7 Mrd. Die echte Nachfrage dürfte niedriger gewesen sein, da im Orderbuch immer „etwas Luft drin ist". Das heißt, einige Investoren ordern mehr als sie tatsächlich in ihre Bücher nehmen wollen, weil sie eine Überzeichnung erwarten und mit

einer quotalen Reduktion rechnen. Aufgrund der hohen Nachfrage wäre eine Anhebung des Emissionsvolumens auf € 5 Mrd.
durchaus möglich gewesen, was aber als Ausreizung des
Marktes hätte interpretiert werden können. Letzteres sollte
vermieden werden, um nicht Gerüchten Vorschub zu leisten,
die den opportunistischen Charakter dieser Emission womöglich untergraben hätten. Außerdem ist es für zukünftige Emissionen immer besser, den Markt nach einer Transaktion
„hungrig nach mehr" zu lassen. Infolgedessen wurde der
Emissionsbetrag letztlich „nur" auf € 4,5 Mrd. angehoben, wobei die Zuteilungen an die Investoren ausschließlich am unteren Ende der angebotenen „Pricing"-Spanne*⁾ – ausgedrückt in
„Spreads" – erfolgten. Zeichnungsangebote zu höheren
„Spreads" wurden nicht bedient; Abb. II.43:

Angekündigte Preisspanne vs. finalem Preis

Laufzeit	Pricing-Spanne in bp ü. Mid-Swap	Orderbuch in € Mio.*	Zuteilung in € Mio.	Finales Pricing in bp ü. Mid-Swap
6 Jahre	75 - 80	3.350	2.000	75
10 Jahre	88 - 93	3.450	2.000	88
15 Jahre	98 - 103	900	500	98
Summe		7.700	4.500	

*Stand vom 13.05.03 17:00 Uhr deutsche Zeit

bp = basis points

Abb. II. 43

Die Platzierung nahm weniger als 48 Stunden in Anspruch.
Nach der Ankündigung am 12.05.03 fand die Platzierung
größtenteils am 13.05.03 statt. Am 14.05.03 wurden am frühen Nachmittag die Bücher geschlossen und anschließend das
„Pricing" vorgenommen, das wie folgt abläuft: das Basiszinsni-
veau (Marktsatz; s.u. Abb. II.44) ändert sich während des Plat-
zierungsvorgangs ständig, der „Spread" der MTN-Emission
steht über diesen kurzen Zeitraum hingegen fest; das Angebot
erfolgt daher über den „Spread". Wenn die Platzierung abgeschlossen ist, wird der „Spread" auf den dann vorliegenden
Basiszins aufgeschlagen und so der absolute Zinssatz und

---

*⁾ Zur Klarstellung: Je niedriger der „Spread" ist, d.h. je günstiger das „Pricing" ist, umso
geringer ist der absolute Zinssatz, der durch die Addition von Basiszins + „Spread" ermittelt wird; und je niedriger der absolute Zinssatz ist, desto höher ist der Preis (Emissionskurs) zu dem die Anleihe platziert wird.

damit der Preis der Emission ermittelt. In diesem „Pricing"-Prozess lag noch eine letzte Optimierungschance:

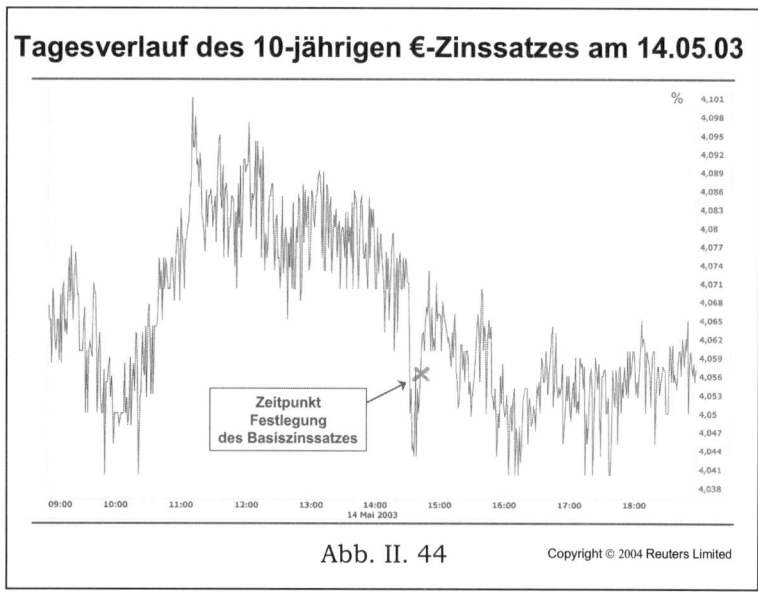

Tagesverlauf des 10-jährigen €-Zinssatzes am 14.05.03

Abb. II. 44

Copyright © 2004 Reuters Limited

Abb. II.44 zeigt den Tagesverlauf des 10-jährigen Basiszinssatzes (genauer: „mid-swap"), auf den der „Spread" addiert wurde, um den finalen, absoluten Zinssatz der Emission zu ermitteln. Die Wahl eines günstigen Zeitpunkts, hier kurz nach 14:30 Uhr, erlaubte eine vorteilhafte Basiszinsermittlung, die zu einem relativ niedrigen Gesamtzinssatz und damit entsprechend hohen Emissionskurs („issue price") führte. Die 6- und die 15-jährige Tranche wurden analog eingepreist. Abb. II.45 fasst das Ergebnis zusammen:

Strategic MTN issue € 4.5 bn. Volkswagen AG

➡ Highlights
- considerably oversubscribed (€ 7 bn. +)
- largest transaction by an auto section issuer in 2003
- very low „new issue premium" (3 basis points)

Maturities	Tranches	Nom. Coupon	Mid-Swap / effective yield	Issue price
May 2009 (6 y.)	€ 2.0 bn.	4 1/8%	(+75bp = 4.1725%)	99.752
May 2013 (10 y.)	€ 2.0 bn.	4 7/8%	(+88bp = 4.9500%)	99.419
May 2018 (15 y.)	€ 0.5 bn.	5 3/8%	(+98bp = 5.4775%)	98.970
(Ø 8.78 y.)	€ 4.5 bn.	Ø 4.60%	Ø 4.66%	

Abb. II. 45

Der gewichtete Durchschnittskupon belief sich auf 4,6% und der effektive Zinssatz auf 4,66%, die durchschnittliche Laufzeit auf 8,78 Jahre.

Abb. II.46 – Abb. II.48 zeigen die Platzierungsstrukturen der einzelnen Tranchen:

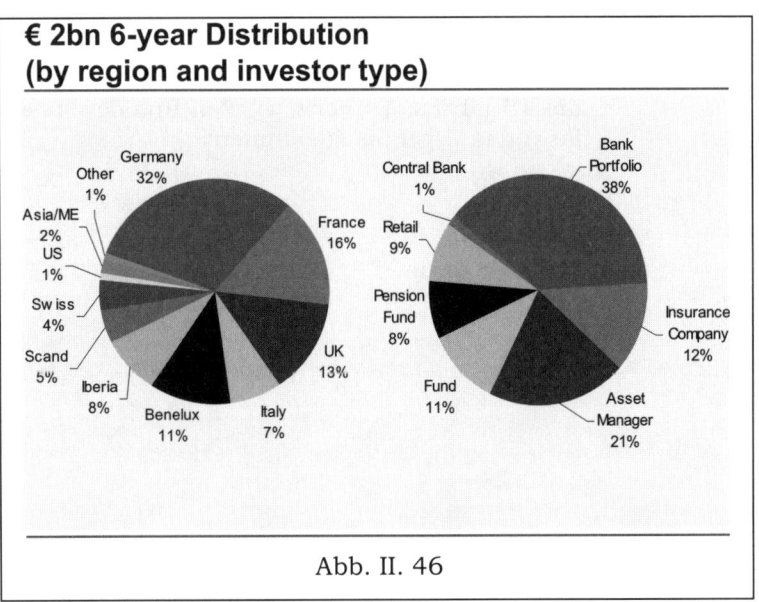

Abb. II. 46

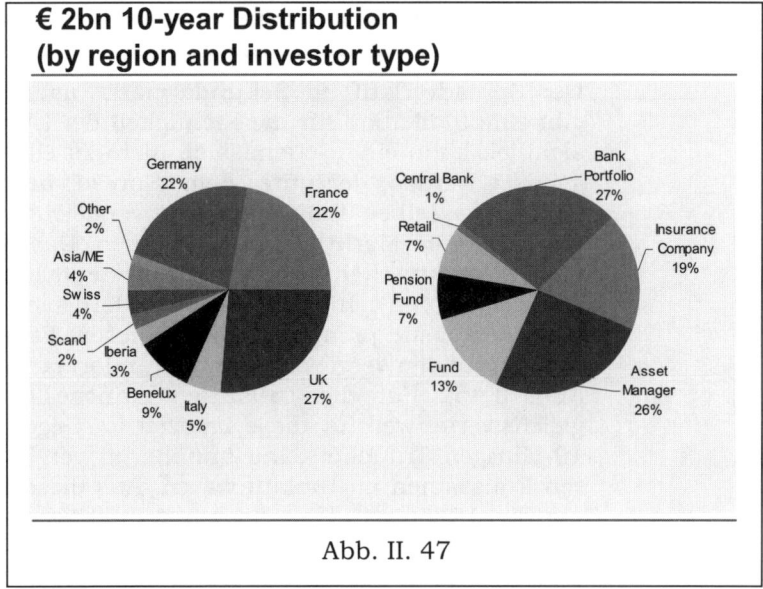

€ 2bn 10-year Distribution
(by region and investor type)

Abb. II. 47

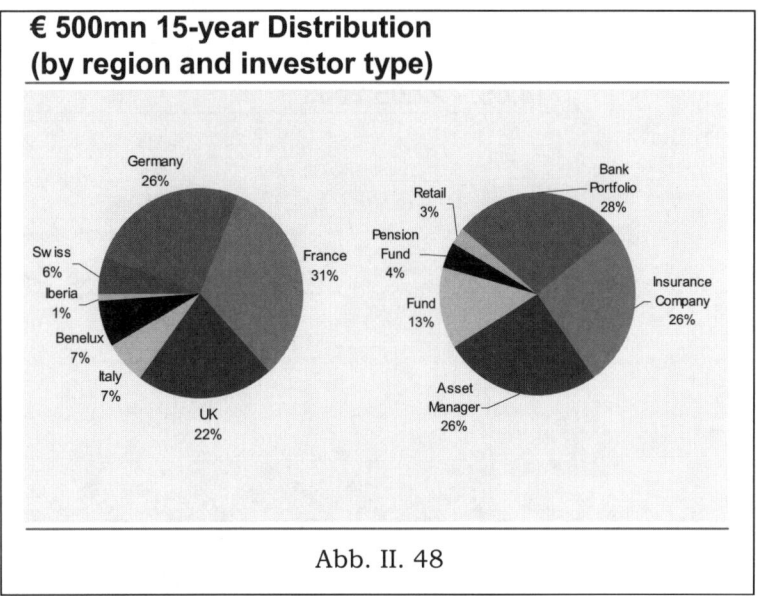

€ 500mn 15-year Distribution
(by region and investor type)

Abb. II. 48

In der geographischen Verteilung fällt auf: die 6-jährige Tranche ist schwerpunktmäßig in Deutschland, die 10-jährige in England und die 15-jährige in Frankreich platziert worden. Die Verteilung nach Investorenkategorien ist weniger eindeutig. Banken dominierten im 6-jährigen Segment und teilten sich in etwa gleichgewichtig mit den Asset Managern den 10- und 15-jährigen Fälligkeitsbereich, während Versicherungen – insbesondere französische – eine relative Bevorzugung der 15-jährigen Fälligkeit zeigten. Dies scheint auf eine Korrelation Deutschland – Banken, Frankreich – Versicherungen hinzuweisen, was aber aus den Verteilungen in Abb. II.46 – Abb. II.48 nur sehr bedingt abgeleitet werden kann.

Der Spreadverlauf im Sekundärmarkt nach der Platzierung gibt eine Indikation für die Richtigkeit der Einpreisung. Offensichtlich kann eine Neuemission nicht zu einem „Spread" eingepreist werden, der unter dem „Spread" liegt, zu dem ältere Papiere desselben Emittenten mit vergleichbaren Restlaufzeiten bereits im Markt gehandelt werden. Das heißt, unter normalen Marktverhältnissen kann bestenfalls „on the curve" gepreist werden[*]. In der Regel erfordern neue Papiere jedoch eine „new issue premium", die in diesem Fall nur drei Basispunkte auf den vergleichbaren Sekundärmarktsatz betrug (s.o. Abb. II.45). Für die 15-jährige Tranche fehlten aber Vergleichswerte, weil für diese Laufzeit im Gegensatz zur 6- und 10-jährigen Tranche keine annähernd vergleichbaren, früheren Emissionen im Umlauf waren. Aus diesem Grunde wurde für die 15-jährige Tranche ein vorsichtiger Ansatz gewählt, d.h. sie wurde mit einem relativ hohen „Spread" ausgestattet. Abb. II.49 zeigt die Spreadverläufe der drei neuen Tranchen in der ersten Woche nach der Emission:

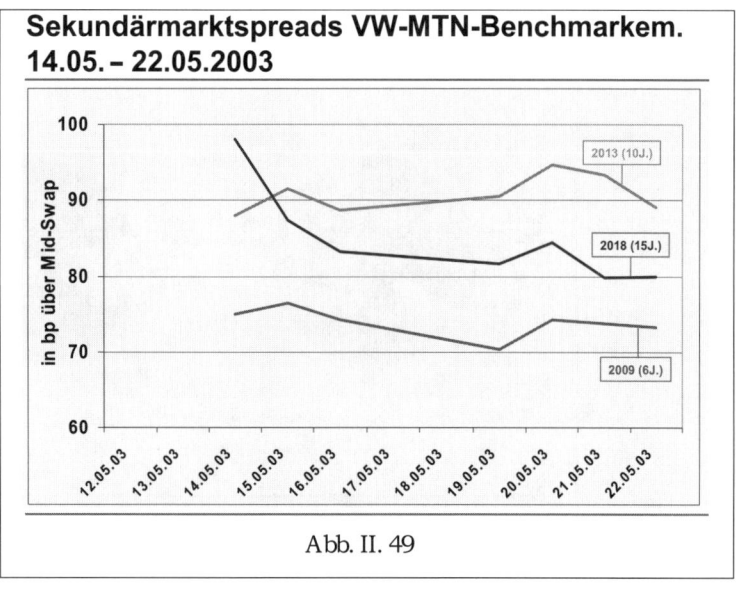

Abb. II. 49

Die Spreadentwicklungen im Sekundärmarkt verliefen für die 6- und 10-jährige Tranche erwartungsgemäß, während die „Spreads" der 15-jährigen Tranche nach der Emission enger

---

[*] „on the curve" bedeutet: die Zinssätze bzw. „Spreads" für die jeweiligen Restlaufzeiten aller ausstehenden Papiere desselben Emittenten bilden eine unternehmensspezifische Zinskurve (yield curve) bzw. Spreadkurve. Eine Neuemission kann in ihrer Fälligkeit nicht unterhalb dieser Kurve eingepreist werden, sondern bestenfalls darauf („on the curve") weil ansonsten der Investor das Papier mit demselben Risikoprofil im Markt zu günstigeren Konditionen erwerben könnte.

wurden („die Spreads sind reingelaufen"). Dies legt den
Schluss nahe, dass die 6- und die 10-jährige Tranche richtig
und die 15-jährige Tranche etwas zu vorsichtig eingepreist
worden war.

Der Emissionserlös diente der allgemeinen Liquiditätsvorsorge
(„for general corporate purposes") und muss daher kurzfristig
verfügbar sein. Gegenüber dem durchschnittlichen langfristigen Aufnahmesatz von 4,66% lag der sechsmonatige Wiederanlagezins bei nur 2,3%. Die Vorhaltekosten („cost of carry")
hätten daher über 2,3% p.a. betragen oder mehr als € 100
Mio. p.a. Sie ließen sich jedoch mittels eines Zinsswaps minimieren, womit die Langfristzinsverpflichtung in eine kurzfristig
variable Zinsverpflichtung transformiert und damit auch das
Zinsänderungsrisiko ausgeschaltet wurde:

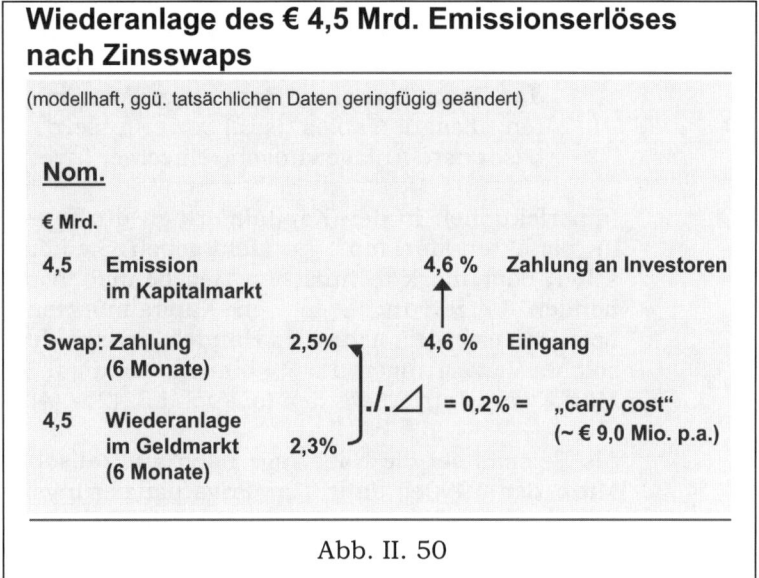

Abb. II. 50

Der Vorgang in Abb. II.50:

- VW zahlt im Schnitt 4,6% Langfristzinsen an die Investoren.
- VW schließt einen Zinsswap[*] für jede der drei Laufzeiten ab,
  aus dem es den jeweiligen Langfristzins erhält und dafür den
  variablen 6-Monate-Zinssatz bezahlt. Der Langfristzinseingang
  wird an die Investoren weitergeleitet.
- VW legt den Emissionserlös im Geldmarkt mit variabler 6-
  Monate-Verzinsung an; der Zinseingang aus dieser Anlage
  deckt die kurzfristige Zahlungsverpflichtung aus dem Zinsswap weitgehend ab. Die verbleibende Differenz von 0,2% entspricht den Nettovorhaltekosten des Emissionserlöses („carry
  cost").

---

[*] Zinsswaps sind ein Standardinstrument zur Ausschaltung von Zinsänderungsrisiken (→
Anhang 4).

II.3.3　　**MARKTFENSTERANLEIHEN UND BANKPOLITIK**

Das Standardinstrument der regulären Anleihen wird hier als bekannt vorausgesetzt. Der prinzipielle Unterschied zu den Daueremissionsprogrammen besteht darin, dass sie in vergleichsweise größeren Beträgen jeweils einmalig unter gesonderter Dokumentation begeben werden, zumeist mit Laufzeiten von fünf Jahren und darüber. Wie im vorigen Abschnitt ausgeführt wurde, ist dies heute im Rahmen eines MTN-Programms einfacher und schneller zu bewerkstelligen.

Im folgenden wird der Sonderfall der so genannten Marktfensteranleihen diskutiert, die von Zeit zu Zeit eine besonders kostengünstige Fremdmittelaufnahme ermöglichen. Sie beruhen auf einem oder mehreren der folgenden Faktoren:

- Imperfektionen in den internationalen Kapitalmärkten,
- eine spezifische Zins-Währungsswap Position[*] einer Bank,
- das Bestreben einer Bank, ihre Position in den so genannten „League Tables" (s.u.) zu verbessern,
- besondere Anlagewünsche einzelner Investoren.

Imperfektionen in den Kapitalmärkten dürfte es theoretisch, d.h. in „perfekten Märkten", gar nicht geben. Sie können in regulatorischen oder markttechnischen Gegebenheiten oder in vorübergehenden Verzerrungen in den Kapitalmärkten begründet sein. Letzteres erfordert schnelles Handeln seitens des Emittenten, weil solche Verzerrungen i.d.R. binnen maximal zwei Stunden im Markt wegarbitriert werden (s. auch I.3, (2) – (4)).

Als Beispiel sei die Nachfrage nach australischen Dollarpapieren Mitte der 1990er Jahre im Privatplatzierungsmarkt bei japanischen Investoren angeführt. Australische Instrumente standen damals nicht in ausreichendem Maß zur Verfügung und der japanische Privatanleger war daher bereit, australische Zinssätze unter dem Niveau der öffentlichen australischen Kapitalmarktsätze zu akzeptieren. Dieser Zinsvorteil wurde dann unter Ausschaltung des Zins- und Währungsänderungsrisikos per Swap an den ausländischen Emittenten in seiner Zielwährung weitergereicht. In jenen Jahren wurde dieses Marktsegment durch das historisch niedrige Zinsniveau (nahe Null!) in Japan belebt, das den Privatanleger dort veranlasste, Währungsrisiken einzugehen, um überhaupt noch akzeptable Zinssätze zu erzielen. Diese so genannten „Uridashi"-Bonds wurden vorwiegend in US- und Australischen Dollar emittiert; sie entsprechen den „Samurai"-Bonds des öffentlichen, institutionellen Marktes in Japan (→ II.3.4.1). Emittenten mit gutem Namen konnten damit unter den

---

[*]　Zins-Währungsswaps sind ein Standardinstrument zur Ausschaltung von Zinsänderungs- und Fremdwährungsrisiken (→ Anhang 4).

damaligen Bedingungen in ihrer Zielwährung Zinssätze von nur ca. 10 Basispunkten (0,1%) über den vergleichbaren Interbanksätzen erreichen.

Abb. II.51 zeigt einige repräsentative Beispiele von Marktfenster-Emissionen mit anschließendem Swap und der Verwendung des Anleiheerlöses:

Marktfensteranleihen
Ausgewählte Beispiele

Mittelaufnahme	getauscht in	eingesetzt bei
(Bondemission)	(per Zins-/Währungsswap)	(zur Absatzfinanzierung)
Austral. (AUD 100)	DM	VW Bank
Italien (ITL 150.000)	DM	VW Bank
Schweiz (SFR 200)	$	VW Credit Inc
Japan (¥ 5.000)	$	VW Credit Inc
Schweden (SEK 300)	$	VW Credit Inc
Voraussetzung:	Bank-Politik: Kernbankprinzip	

Abb. II. 51

Imperfektionen in den Kapitalmärkten sind in den letzten Jahren seltener geworden und die erzielbaren Zinsvorteile geringer. Dies ist eine Konsequenz der immer schneller werdenden Informationsübermittlung. Während in den 1990er Jahren noch Marktfensteranleihen mit einem halben Prozentpunkt (50 Basispunkten) unter LIBOR emittiert und damit positive Zinsspannen bei der Wiederanlage erzielt werden konnten, sind heute Zinsvorteile von 10 Basispunkten unter LIBOR bzw. EURIBOR schon eine Seltenheit. Zumeist bewegen sich die Sätze jetzt um LIBOR bzw. EURIBOR. Dessen ungeachtet bleibt dieses Instrument aber attraktiv, solange damit immer wieder Fremdmittel zu Sätzen aufgenommen werden können, die günstiger sind als alternative Finanzierungsquellen.

Statt aus der Primäremission kann der Zinsvorteil auch aus dem angeschlossenen Swap entstehen. Das kann z.B. der Fall sein, wenn eine Bank in ihrem Swap-Buch eine Position fährt, die sie glattstellen möchte und dafür bereit ist, dem Emittenten bei der Überführung in seine Zielwährung einen Zinsvorteil zukommen zu lassen. Eine andere Sondersituation stellt sich des öfteren ein, wenn Banken versuchen, ihre Position in den so genannten „League Tables" zu verbessern. Die „League Tables" führen öffentlich Buch über Umfang und Anzahl der Transaktionen, die eine Bank im Lauf des Jahres durchführt. Banken streben eine führende Position in diesen „League Tables" an, weil sie damit ihre besonderen Fähigkeiten gegenüber den Kunden unter Beweis stellen wollen und einen Wettbewerbsvorteil in ihren Akquisitionsbemühungen zu erzielen hoffen. Das Streben nach einer Positionsverbesserung führt dann mitunter zu Kampfkonditionen, die in besonders vorteilhaften Zinssätzen für den Emittenten resultieren. Emissionen dieser Art finden gegenwärtig durchwegs im Floating-Rate-Note (FRN) Segment statt, können aber gegebenenfalls natürlich in festverzinslich geswapt werden.

Günstige Fremdmittelaufnahmen sind in letzter Zeit vorwiegend auf die spezifischen Anlagebedürfnisse einzelner Investoren zurückzuführen. Folglich sind die Volumina solcher Marktfenster-Emissionen kleiner geworden. Sie werden nicht mehr in Form einzelner großer Anleihen vorgenommen, sondern im Rahmen eines laufenden Medium-Term-Note-Programms (→ II.3.2.3). Dieser Markt ist vergleichsweise aktiv und erlaubt mittels vieler kleinerer Emissionen größere Beträge zu akkumulieren, die billiger sind als normale Anleihen oder Bankkredite. Auf diese Weise kann der durchschnittliche Zinssatz für die aufgenommenen Mittel insgesamt optimiert werden.

<u>Die Voraussetzungen für Marktfenster-Anleihen</u>

<u>Voraussetzung 1 – Investorenorientierung</u>
Der Emittent muss bereit sein, Marktchancen aggressiv zu nutzen und sich nach den Wünschen des Anlegers zu richten, d.h. er muss den oben empfohlenen Grundsätzen folgen und Fremdmittel dann aufnehmen, wenn er sie nicht benötigt und dort wo sie gerade am billigsten sind; das ist i.d.R. eben nicht an der Stelle des Mittelbedarfs der Fall (→ II.3, Abb.II. 24 u. Abb. II.25). Imperfektionen in den Kapitalmärkten treten im allgemeinen nur zwischen geographisch separierten Marktsegmenten auf. Mit anderen Worten: der Markt bzw. die Wünsche der Anleger bestimmen die Chancen für Marktfensteranleihen, und es liegt am Emittenten dies zu nutzen.

<u>Voraussetzung 2 – Bankpolitik</u>
Der Emittent muss durch eine entsprechende Bankpolitik dafür sorgen, dass ihm die Chancen für Marktfenster-Anleihen möglichst vor anderen Marktteilnehmern zur Kenntnis gebracht werden. Die Banken werden diese Gelegenheiten zuerst natürlich ihren besten Kunden zeigen, mit denen sie auch sonst eine lohnende Geschäftsbeziehung unterhalten. Eine solche Beziehung kann nur auf Gegenseitigkeit beruhen. Diese Art der Bankpolitik kann durch den Begriff „Kernbanken" charakterisiert werden; Abb. II.52:

Bankpolitik

Geschäfts-kategorien	A Kapital-markt	B Finan-zierung	C Liquiditäts-managemt.	D Devisen-managemt.	E Handels-Finanzg.	F Zahlungs-verkehr	G Be-ratung	H Sonst.
Kern Bank A1	●	●	●	●	○	○	●	○
Bank A2	●	●	●	●				
etc.								
Standard Bank A1	○	●	●	○	●	●	●	●
Bank A2	○	●	●	○	●	●	●	●
etc.								
Opportunität Bank A1	●							
Bank A2	●							
etc.								

● Kerngeschäft   ○ Normalgeschäft

Abb. II. 52

Das Kernbankprinzip ist durch Kontinuität gekennzeichnet („Relationship-Banking") und von besonderer Wichtigkeit für prozyklische Unternehmen, die ihre Bankpartner auch in weniger guten Zeiten an ihrer Seite wissen möchten. Die Optimierung der Konditionen kann durch Wettbewerb innerhalb der Gruppe sichergestellt werden: die Kernbankengruppe sollte pro Geschäftskategorie gerade groß genug sein, damit der Wettbewerb die besten Konditionen für das Unternehmen gewährleistet, aber andererseits klein genug, so dass das Unternehmen für jede der Kernbanken ein interessanter und bevorzugter Geschäftspartner ist. Außerdem sollte die Gruppe so zusammengesetzt sein, dass die individuellen Stärken der einzelnen Banken einander ergänzen. Das Kernbankprinzip kann als eine Optimierung angesehen werden zwischen den beiden Extremen „alles mit einer Bank" und „fast nichts mit jeder Bank". Ersteres führt zu Abhängigkeit und ungünstigeren Konditionen, letzteres unterbindet den Aufbau verlässlicher Bankbeziehungen und führt zu einem nachrangigen Stellenwert des Unternehmens bei jeder einzelnen Bank. Es versteht sich, dass ein global aufgestelltes Unternehmen seine Kernbankengruppe auch geographisch diversifizieren sollte. So bestand die Kerngruppe des Volkswagen-Konzerns Mitte 2004 für Kapitalmarkttransaktionen aus drei amerikanischen, zwei deutschen, drei britischen, zwei holländischen und drei französischen Banken. Das Konzept der „Hausbanken", bei dem alle Bankgeschäfte auf ein oder zwei Banken konzentriert wurden, ist für große Unternehmen schon seit Mitte der 1980er Jahre überholt. Dahinter stand das stillschweigende Verständnis, dass die Hausbank(en) das Unternehmen in schlechten Zeiten notfalls „durchfüttern" würde(n), was sich nicht zuletzt darin manifestierte, dass diese Bank(en) im Aufsichtsrat des betreffenden Unternehmens vertreten war(en). Dieses Konzept ist schon deswegen untauglich geworden, weil die Finanzierungsbedürfnisse Dimensionen erreicht haben, die ein oder zwei Banken alleine gar nicht mehr tragen könnten, sowohl aus Gründen der „Risk-Exposure" Größe an sich als auch aus aufsichtsrechtlichen Gründen (Kreditwesengesetz).

„Standardbanken" wickeln das Routinegeschäft ab, das keiner besonderen Kreativität bedarf, sondern aufgrund von Preis/Leistung (Service-Qualität) zugeteilt wird. Eine Bank kann in den beiden Gruppen „Kern" und „Standard" vertreten und in mehreren Geschäftskategorien tätig sein. Solche Kombinationen sind oft sinnvoll und können das Kernbankprinzip untermauern, besonders wenn in der Standardgruppe gebührenträchtiges Geschäft abgewickelt wird. Der betreffende Bankstatus muss laufend verdient werden. Die Praxis zeigt allerdings, dass die Zusammensetzung der Gruppen über mehrere Jahre hinweg stabil ist. Die „Opportunitätsbanken" sind im Vergleich dazu „außen vor". Sie kommen nur zum Zuge, wenn sie Vorschläge bringen oder eine besondere Leistung anbieten, die keine der Kern- oder Standardbanken offeriert. Der Vollständigkeit halber: es gibt noch eine vierte Bankengruppe, die in Abb. II.52 nicht erscheint und die in die Rubrik „Schwarze Liste" fällt. Dazu gehören Banken, die sich unprofessionell verhalten haben und daher von einer Geschäftsbeziehung grundsätzlich ausgeschlossen sind. Zusammenfassend: gegenseitiges Vertrauen und Reziprozität bilden die Basis dieser Bankpolitik. Insofern beruht sie auf denselben Grundsätzen wie jede solide Geschäftsbeziehung.

II.3.4   SONDERFINANZIERUNGEN

II.3.4.1   YANKEE BONDS

„Yankee Bonds" sind Anleihen, die von ausländischen Emittenten im US-Kapitalmarkt begeben werden.[*] Sie sind für den Emittenten weniger kostengünstig und administrativ deutlich aufwendiger als vergleichbare Emissionen im Eurodollar-Markt. Die US-spezifischen Anforderungen wirken wie Barrieren für ausländische Emittenten, nicht unähnlich den Hindernissen, die die japanischen Behörden ausländischen Automobilunternehmen beim Vertrieb in den Weg stellen. Diese Maßnahmen seitens der USA gehen auf die 1930er Jahre zurück, als sich die amerikanischen Behörden politisch genötigt sahen, den Kleinanleger regulatorisch zu schützen.

Warum sollte dann ein ausländischer Emittent überhaupt im US-Markt eine Anleihe platzieren? Die höheren Kosten und der höhere administrative Aufwand werden durch andere Faktoren gerechtfertigt. Dazu gehört, dass ein global agierendes Unternehmen grundsätzlich seine Finanzierungsinstrumente diversifizieren und in allen ausländischen Kapitalmärkten präsent sein sollte, um über eine möglichst breite Finanzierungsbasis zu verfügen und die Abhängigkeit von einzelnen Marktsegmenten zu minimieren.

Um im US-Kapitalmarkt eine Anleihe zu platzieren, standen früher einem ausländischen Emittenten nur zwei Möglichkeiten offen: der öffentliche Markt und der Privatplatzierungsmarkt („public markets", „private placements"). Der öffentliche Markt erfordert eine volle Registrierung bei der „Securities and Exchange Commission" (SEC) mit der kompletten Beachtung aller US-Regularien, von der Überleitung auf die amerikanische Rechnungslegung (US-GAAP) bis hin zur Erfüllung aller rechtlichen Vorschriften. Alternativ konnte sich der Emittent an den Privatplatzierungsmarkt wenden, der aber nur einen beschränkten Sekundärmarkt aufweist. Wegen der mangelnden Liquidität dieses Marktsegments wird die Mittelaufnahme dort etwas teurer. Allerdings gehört seit ein paar Jahren der $-Privatplatzierungsmarkt zu den am schnellsten wachsenden Marktsegmenten mit Volumina von bis zu $ 1 Mrd. pro Transaktion. US-Versicherungsgesellschaften sind an diesen Anlagemöglichkeiten besonders interessiert und halten die Papiere normalerweise bis zu ihrer Endfälligkeit. Ihr Interesse beruht auf dem Zinsaufschlag – wenn auch zur Zeit vergleichsweise gering – den der Emittent dafür entrichten muss. Die Versicherer benötigen diesen Mehrertrag in Anbetracht ihrer Verbindlichkeiten, die bei niedrigem Zinsniveau nur schwer zu erfüllen

---

[*] Analog hierzu: „Samurai Bonds", „Känguruh Bonds", „Kiwi Bonds" etc. sind Anleihen, die von ausländischen Emittenten in Japan, bzw. Australien, Neuseeland etc. platziert werden.

sind. So konnten in den letzten Jahren sogar deutsche Firmen
aus der mittelständischen Industrie dieses Marktsegment in Anspruch nehmen. Wenn die US-Zinsen wieder steigen werden, wird
das Wachstum des Privatplatzierungsmarktes voraussichtlich auf
ein normales Maß zurückgehen.

Seit den frühen 1990er Jahren gibt es einen Mittelweg zwischen
den beiden obigen Alternativen, den so genannten 144A-Markt.
SEC Regelung Nr. 144A erlaubt ausländischen Emittenten, bei
institutionellen Anlegern einer bestimmten Klasse („Qualified Institutional Buyers" – QIB's) Anleihen ohne volle SEC Registrierung zu platzieren. Die SEC hat mit dieser Lockerung der Bestimmungen dem Umstand Rechnung getragen, dass QIB's selbst
in der Lage sind, die Risiken ausländischer Emittenten zu beurteilen und daher nicht wie Kleinanleger eines besonderen Schut-
zes bedürfen. QIB's sind Institutionen, die mehr als $ 100 Mio.
Anlagevermögen verwalten; ihre Anzahl beträgt über 5.000. Damit erschließen sich für ausländische Emittenten ca. 98% des institutionellen Marktes. Dieses „quasi public" Marktsegment reicht
an die Liquidität des öffentlichen Marktes heran, stellt aber deutlich geringere SEC Anforderungen an den Emittenten.

Im Überblick, Abb. II.53:

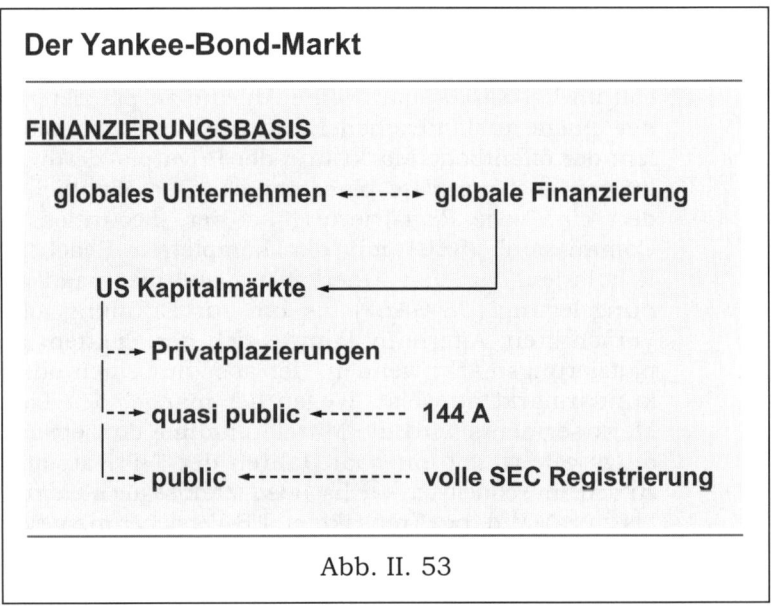

Abb. II. 53

O Fallbsp.: Zwei Yankee-Bond Emissionen der Volkswagen AG

1.)   Nov. 1993: $ 150 Mio., Kupon 5,75%, fällig 1998 und
             $ 100 Mio., Kupon 6,50%, fällig 2003
2.)   Feb. 1994: $ 250 Mio., Kupon 3 Monate Libor + 0,20 %,
                                              fällig 1997.

Die Emissionen erfolgten im Rahmen eines separaten US-MTN Programms unter SEC Regelung Nr. 144A. Es handelte sich dabei um die ersten Yankee-Bond Emissionen eines deutschen Industrieunternehmens unter Regelung Nr. 144A. Mittlerweile haben andere deutsche Firmen dieses Marktsegment ebenfalls in Anspruch genommen.

- Die Vorbereitung

  Für eine Yankee-Bond Emission unter 144A bzw. die Einführung eines diesbezüglichen US-MTN Programms unter 144A ist mit einer Vorlaufzeit von ca. drei Monaten zu rechnen, vorausgesetzt, der Emittent verfügt bereits über ein Langfrist-Rating von Standard & Poor's und/oder Moody's. Diese Ratings müssen für jede Neuemission eigens bestätigt werden, was bei bereits bestehenden Ratings einer Formalität gleichkommt. Ferner muss ein Prospectus (hier „MTN offering memorandum") erstellt und ein so genannter „Comfort Letter" des Wirtschaftsprüfers vorgelegt werden, der wesentliche Finanzdaten auf den US-Rechnungslegungsstandard überleitet. Schließlich sind so genannte „10b-5 Opinions" amerikanischer Anwaltskanzleien einzuholen. Alle diese Anforderungen sind einfacher zu erfüllen wenn das Unternehmen bereits über ein MTN-Programm in Europa verfügt. Auf diese Dokumentation kann nämlich aufgebaut werden indem sie einfach um die US-spezifischen 144A Erfordernisse erweitert wird.

  Der „Comfort Letter" des Wirtschaftsprüfers ist am einfachsten zu erstellen, wenn die Emission zeitlich in die Nähe des Jahresabschlusses fällt, weil dann die Notwendigkeit eines Zwischenabschlusses eigens für die Anleiheemission entfällt. Die Wahl dieses Zeitpunkts ist natürlich nur praktikabel, wenn auch die entsprechenden Marktbedingungen gegeben sind.

  Die „10b-5 Opinions" sind eine US-spezifische Vorschrift: US-Anwaltskanzleien überprüfen die Unternehmensangaben und bestätigen ihren Wahrheitsgehalt („due diligence"), wozu zumindest dem Anwalt des Emittenten Einblick in die Vorstandsprotokolle und andere vertrauliche Unterlagen gewährt werden muss. Dies ist für deutsche Unternehmen aus Gründen der Vertraulichkeit problematisch, wenn die Vorstandsprotokolle als Verlaufsprotokolle und nicht nur als Beschlussprotokolle erstellt werden. Das Problem ist mittlerweile insofern entschärft, als die Form der Beschlussprotokolle gebräuchlich geworden ist. Will man diesen Einblick nicht gewähren, so ist bestenfalls eine „limited 10b-5 Opinion" erhältlich. Das „limited" bezieht sich auf den eingeschränkten „due diligence" Prozess. Ein US-MTN Programm unter 144A mit einer „limited 10b-5 Opinion" wird nur von einigen wenigen US-Banken übernommen und für Fälligkeiten von über zwei Jahren im Markt nicht akzeptiert; die Investorenbasis ist für solche Papiere entsprechend schmäler. Diese Einschränkungen treffen besonders seit den Bilanzskandalen von 2001/02 (ERON etc.) zu.

Die „10b-5 Opinions" werden von den Kanzleien des Emittenten und der/des „Underwriter(s)" ausgestellt und dienen dem Schutz der Investoren und der platzierenden Banken. Im Normalfall werden also zwei Kanzleien solche „Opinions" ausstellen, – eine für den Emittenten und eine für die Platzeure – wobei sich die Banken im Falle eines Syndikats auf eine gemeinsame „10b-5 Opinion" stützen. Bei erstklassiger Bonität können der Emittent und die Banken auch gemeinsam von nur einer „10b-5 Opinion" beider/aller Kanzleien abgedeckt werden. Ohne diese „10b-5 Opinions" könnten die Investoren gegebenenfalls auf Schadenersatz klagen mit der Begründung, die Dokumente wären vor der Platzierung nicht ausreichend auf ihren Wahrheitsgehalt geprüft worden („sufficient due diligence"). Die Anwaltskosten für eine 10b-5 Bescheinigung sind vom Emittenten zu tragen und belaufen sich auf ca. $ 300.000, obwohl diese „Opinion" weitgehend standardisiert ist und nur ein bis zwei Seiten umfasst. Allerdings ist dieses Honorar verhandelbar. Dem Autor ist ein Fall bekannt, in dem auf dem Verhandlungsweg eine Reduktion auf einen mittleren zweistelligen Betrag erreicht werden konnte.

* Die Durchführung

Die Durchführung einer solchen Transaktion beginnt mit der Wahl des/der Lead Manager, die die Platzierung im Markt vornehmen. In der Praxis ist das Institut, das den Emittenten bei den Vorbereitungsarbeiten unterstützt, auch der Lead Manager. Mit ihm wird das Konsortium zusammengestellt, das in diesem Fall aus einigen wenigen Instituten bestehen sollte, mit denen der Emittent auch sonst eine gute Geschäftsverbindung unterhält. Sodann beginnt die Phase der Vermarktung. Je mehr Kaufinteresse generiert wird, umso günstiger sind die Konditionen, die erzielt werden können. Bei einer erstmaligen Begebung in einem Marktsegment, hier im Yankee-Bond Markt in den USA, ist die direkte Teilnahme des Emittenten für den Erfolg der Platzierung besonders wichtig. Dazu gehören Roadshows, bei denen dem Investor die Gelegenheit gegeben wird, sich von der Verfassung und der Strategie des emittierenden Unternehmens in bilateralen Gesprächen ein unmittelbares Bild zu machen. Der Emittent sollte auch mit den Mitgliedern der „sales force" der Konsortialmitglieder eng zusammenarbeiten. Je höher ihre Motivation und ihr Kenntnisstand, umso erfolgreicher wird ihr Einsatz bei den Investoren sein. Ein weiteres Kommunikationsmittel sind Telefonkonferenzen kurz vor der Platzierung. Der Emittent sollte am Tag

der Platzierung im Handelsraum des Lead Managers anwesend
und möglichst an der Einpreisung beteiligt sein. Diese orientiert sich an den Marktkonditionen des Tages, insbesondere
an den Sekundärmarktkonditionen von Papieren derselben Risikoklasse mit etwa gleicher Restlaufzeit. Erstemittenten werden i.d.R. einen kleinen Zinsaufschlag anbieten, um den Erfolg der Anleihe zu gewährleisten. Besonders wichtig ist, dass
die Anleihe nach erfolgreicher Platzierung im Sekundärmarkt
zu attraktiven Konditionen gehandelt wird, wobei es zu den
Aufgaben des Leadmanagers gehört, in den ersten Tagen nach
der Platzierung den Kurs notfalls entsprechend zu stützen und
auch später den Markt zu „machen" („market maker"-Rolle).

Im vorliegenden Fall konnte der Erfolg der Anleihe an der
Entwicklung im Sekundärmarkt abgelesen werden:

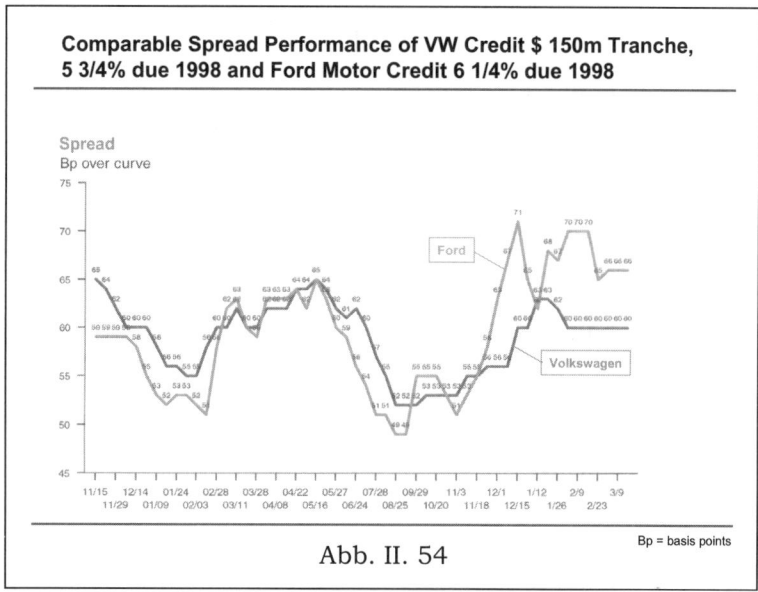

Abb. II. 54

Der Zinssatz der Volkswagen-Emission lag im Sekundärmarkt
zunächst leicht über dem einer vergleichbaren FORD-Anleihe
(d.h. im Preis darunter) und konnte in der Folge unter diesen
Vergleichswert sinken (d.h. im Preis darüber steigen). Die „Performance" der beiden Papiere wird in Abb. II.54 in Basispunkten über vergleichbaren US-Treasury Bonds (amerikanische
Bundesschuldtitel) dargestellt. Die Volkswagen-Emission wurde von dem Umstand begünstigt, dass sie den Diversifizie-
rungswünschen der Investoren entgegenkam. FORD gehörte
damals zu den häufigsten vergleichbaren Emittenten, während
Volkswagen im US-Kapitalmarkt erstmals präsent war und
daher vom so genannten „relative scarcity value" profitierte.
Die gute Entwicklung im Sekundärmarkt ermöglichte wenig
später die zweite Platzierung i.H.v. $ 250 Mio., die wegen der

allgemeinen Erwartung steigender Zinsen mit variabler Verzinsung ausgestattet wurde. Dabei konnte wegen der kurzen Zeitspanne noch dieselbe Dokumentation verwendet und damit der administrative Aufwand in Grenzen gehalten werden.

II.3.4.2   KREDITE VON SUPRANATIONALEN INSTITUTEN

Der Geschäftsauftrag der supranationalen Institute besteht in der Bereitstellung von Krediten, die vorrangig wirtschaftspolitischen Zwecken dienen. Die Betonung liegt dabei auf „politisch". Supranationale Institute stellen Mittel unter bestimmten Kriterien dort zur Verfügung, wo der Privatsektor aus Risikoerwägungen keine Kredite vergibt. So konzentriert sich z.B. die „Weltbank" auf Kredite für Entwicklungsprojekte in der Dritten Welt und der „Internationale Währungsfonds" (IWF) auf allgemeine Zahlungsbilanzkredite bzw. Stützungsoperationen für Länder, die in Zahlungsschwierigkeiten geraten sind. Die „International Finance Corporation" (IFC), ein Mitglied der „Weltbank-Gruppe"[*], zielt darauf ab, mit Krediten die Entwicklung der Privatwirtschaft in Ländern zu fördern, in denen private Kreditgeber ein eigenständiges Engagement scheuen. Das bedeutendste europäische Institut dieser Art ist die „European Bank for Reconstruction and Development" (EBRD). Die EBRD wurde 1991 mit Sitz in London speziell für die wirtschaftliche Entwicklung Osteuropas gegründet. Eine ähnliche Aufgabe erfüllt die „European Investment Bank" (EIB), die sich auf strukturschwache Regionen vorwiegend in Europa konzentriert, allerdings unter deutlich konservativeren Risikorichtlinien als die vorgenannten Institute. Für eine umfassende Beschreibung supranationaler Finanzinstitute wird auf die Literatur[**] verwiesen.

Eine typische Situation für eine IFC/EBRD-Finanzierung lag nach dem Zusammenbruch des Kommunismus in den ehemals planwirtschaftlich gesteuerten Ländern Osteuropas vor. Das alte Wirtschaftssystem war bankrott, die Marktperspektiven auf mittlere und längere Sicht jedoch attraktiv und ein Aufbau des privatwirtschaftlichen Sektors im Osten politisch erwünscht. Dennoch wollten westliche Kreditgeber die zum Aufbau der Ostwirtschaften erforderlichen Mittel nicht bereitstellen, bzw. nicht ohne einen gewissen Schutz durch staatliche Institutionen. Um diesen

---

[*]   Die so genannte „Weltbank-Gruppe" umfaßt die „International Bank for Reconstruction and Development" (IBRD), die IFC (s.o.), die „International Development Association" (IDA) u.a.

[**] Obst/Hintner „Geld-, Bank und Börsenwesen", 39. Aufl. hrsg. von N. Kloten und J.H. von Stein (Schäffer-Poeschel, 1993); 2. Teil: Banksysteme und Supranationale Banken; Dr. W. Rieke, 5. Internationale Finanzinstitute. Dort wird auch eine Reihe anderer supranationaler Institute beschrieben, wie die „Bank für Internationalen Zahlungsausgleich" – BIZ („Bank for International Settlements" – BIS), die „Interamerikanische Entwicklungsbank" – IDB, die „Afrikanische Entwicklungsbank" – AfDB und die „Asiatische Entwicklungsbank" – ADB.

Prozess in Gang zu setzen, engagierten sich aus politischen Gründen zwei internationale Institute: die IFC und die EBRD. Die Rolle dieser beiden Institute lässt sich am besten anhand des Fallbeispiels SKODA beschreiben.

○ Fallbeispiel: SKODA-Finanzierung IFC/EBRD

Die Ausgangslage

Für den Aufbau der Wirtschaft in der ehemaligen Tschechoslowakei fiel der Automobilindustrie eine Schlüsselrolle zu. Dazu musste SKODA – eine Marke mit großer Tradition – auf ein technisches und betriebswirtschaftliches Niveau gebracht werden, das es in die Lage versetzte, mit seinen Produkten in den ausländischen Märkten gegen den Wettbewerb anzutreten. Zielmärkte waren zunächst Ost- und Westeuropa. Zu diesem Zweck waren erhebliche Investitionen erforderlich, aber weder die Regierung der damaligen Tschechoslowakei noch die heimischen Banken verfügten über die erforderlichen finanziellen Mittel, und westliche Kreditgeber waren wegen der vermeintlichen politischen Risiken nicht bereit, sich ohne Unterstützung durch supranationale Institutionen zu engagieren.

Volkswagen war neben einer Reihe anderer Automobilunternehmen an dem Erwerb SKODA's interessiert, da damit eine starke Basis in den Zukunftsmärkten Osteuropas gesichert werden konnte. Darüber hinaus eröffnete sich mit SKODA die Chance, eine kostengünstige Exportbasis für Westeuropa zu schaffen und die Preisposition gegen die japanischen und koreanischen Wettbewerber zu stärken. Von ursprünglich sieben Wettbewerbern blieb zum Schluss als ernsthafter Kandidat neben Volkswagen nur Renault übrig, wobei schließlich Volkswagen von der tschechoslowakischen Regierung den Zuschlag erhielt. Volkswagen stieg zunächst mit 31% ein, hob seinen Anteil in den folgenden vier Jahren auf 70% an und besitzt SKODA heute zu 100%. Bereits im ersten Schritt ging die Management-Verantwortung an Volkswagen über.

Mit dem Kauf war neben dem Preis für den Erwerb auch die Zusage erheblicher Investitionen verbunden. Die dafür notwendigen Mittel bewegten sich allerdings in einer Größenordnung, für die auch Volkswagen unter den damals unsicheren Rahmenbedingungen nicht alleine das volle Risiko übernehmen wollte. Ziel musste also sein, die Fremdmittel für die erforderlichen Investitionen im Rahmen vertretbarer Risiken und zu vertretbaren Kosten aufzunehmen. Privatwirtschaftliche Geldquellen – zumal für längere Laufzeiten – schieden vorerst aus, weil die politische Situation im Osten Anfang der 1990er Jahre alles andere als stabil erschien und der Bürgerkrieg im ehemaligen Jugoslawien aus Sicht westlicher Kreditgeber ein Übergreifen auf andere osteuropäische

Länder befürchten ließ. Hinzu kam, dass die tschechoslowakische Regierung damals für kurzfristige Exportkredite einen Aufschlag von 220 Basispunkten (2,2%) auf die gängigen Interbanksätze bezahlte, eine Marge, die Volkswagen selbst für langfristige Mittel nicht zu akzeptieren bereit gewesen wäre. Wegen der wirtschaftlichen und politischen Bedeutung kam diesem Investitionsvorhaben jedoch eine Vorreiterrolle zu. Somit waren die Voraussetzungen für ein Engagement der IFC und in der Folge auch der EBRD gegeben.

Die Finanzierung

Der Erwerb der Anteile an SKODA erfolgte aus eigenen Mitteln. Für die Finanzierung der Investitionen wurden Verhandlungen mit der IFC und der EBRD aufgenommen. Die Erstellung der erforderlichen Projektstudie mit der IFC beanspruchte ca. 1½ Jahre, was für ein Projekt der vorliegenden Komplexität normal ist. Die Gespräche mit der IFC verliefen von Anfang an sehr konstruktiv; mit der EBRD erwiesen sie sich hinsichtlich der Konditionen und Vertragsmodalitäten zunächst als schwierig, so dass sich ihre Teilnahme an der Projektfinanzierung verzögerte. Unter Führung dieser beiden Institute sollten Fremdmittel i.H.v. DM 1,4 Mrd. aufgenommen werden, was zum damaligen Zeitpunkt im osteuropäischen Raum das mit Abstand größte Einzelprojekt darstellte. Darüber hinaus waren erhebliche Anschlussfinanzierungen erforderlich, die aber nicht Teil dieses Finanzierungsrahmens waren.

Die Sicherstellungen, die die IFC und/oder die EBRD fordern, sind von den jeweiligen Projekten und von den dahinter stehenden Unternehmen abhängig. Das mindeste ist ein so genanntes „Share Retention Agreement" und ein „Project Support Agreement". Ersteres soll sicherstellen, dass die Anteilseignerstruktur sich während der Kreditlaufzeit nicht ändert, letzteres, dass die Anteilseigner hinter dem Investitionsvorhaben stehen und es bis zur vollen operativen Geschäftsaufnahme (Produktion) auch wirklich durchziehen. Beide Verpflichtungen beziehen sich nur auf die kommerziellen Risiken. Das politische Risiko liegt bei den Geldgebern und wäre im Ernstfall nicht auf Volkswagen zurückgefallen. Ferner ist noch ein „Investment Agreement" abzuschließen, das die Modalitäten der Investitionsfinanzierung festlegt. Die Bedingungen, z.B. „Covenants", sind weitgehend Verhandlungssache zwischen IFC/EBRD und dem investierenden Unternehmen. Sie hängen von der jeweiligen Situation ab und variieren von Fall zu Fall.

Der Finanzierungsplan wird anhand der drei folgenden Abbildungen erklärt; Abb. II.55 – Abb. II.57:

Skoda – Finanzierung durch IFC / EBRD
Darlehensstruktur

Tranche A:	IFC (Eigenfinanzierung)	DM	200 Mio.
	EBRD (Eigenfinanzierung)	DM	200 Mio.
	= Gesamt A	DM	400 Mio.
Tranche B:	Bankkredite unter IFC-Schirm	DM	400 Mio.
	Bankkredite unter EBRD-Schirm	DM	200 Mio.
	= Gesamt B	DM	600 Mio.
Tranche C:	Kredite von Geschäftsbanken (im Verhältnis zum Anteil in Tranche B)		
	= Gesamt C	DM	400 Mio.
	= Transaktionsvolumen	DM	1.400 Mio.

Abb. II. 55

Skoda – Finanzierung durch IFC / EBRD
Aus- und Rückzahlung der Darlehen

1. Auszahlung (Mio. DM)

		Kreditbetrag	1994	1995	1996	1997
IFC	A	200	42	54	58	46
EBRD	A	200	42	54	58	46
IFC*)	B	400	85	108	115	92
EBRD*)	B	200	42	54	58	46
Banken	C	400	85	108	115	92
Gesamt		1400	296	378	404	322

2. Rückzahlung (Mio. DM)

		Kreditbetrag	Laufzeit	1998	1999	2000	2001	2002	2003	2004
IFC	A	200	6+5	-	-	25	25	25	63	62
EBRD	A	200	6+4	-	-	40	40	40	80	-
IFC*)	B	400	6+3	-	-	133	133	134	-	-
EBRD*)	B	200	6+3	-	-	67	67	66	-	-
Banken	C	400	4+2	150	250	-	-	-	-	-
Gesamt		1400		150	250	265	265	265	143	62

Projekt Testperiode
komplettierung

*) Bankkredite unter IFC/EBRD-"Schirm"

Abb. II. 56

Skoda – Finanzierung durch IFC / EBRD
Zusammenfassung

Multilaterale Kredite über IFC / EBRD		Kredite Geschäftsbanken
Tranche A	Tranche B	Tranche C
DM 400 Mio.	DM 600 Mio*) (IFC DM 400 Mio. / EBRD DM 200 Mio.)	DM 400 Mio.
IFC (DM 200 Mio.) Inanspruchnahme innerhalb 4 Jahren Fällig nach 11 Jahren Tilgungen nach 6 Jahren EBRD (DM 200 Mio.) Inanspruchnahme innerhalb 4 Jahren Fällig nach 10 Jahren Tilgungen nach 6 Jahren	Inanspruchnahme innerhalb 4 Jahren Fällig nach 9 Jahren Tilgungen nach 6 Jahren Durchschnittliche Laufzeit 7,5 Jahre Marge 1,40% p.a. Bereitstellungsgebühr 0,50%	Inanspruchnahme innerhalb 4 Jahren Fällig nach 6 Jahren Tilgungen nach 4 Jahren Durchschnittliche Laufzeit 5 Jahre Marge 1,40% p.a. Bereitstellungsgebühr 0,50%

*) Bankkredite unter
   IFC/EBRD-"Schirm"

Abb. II. 57

Abb. II.55 – Abb. II.57 zeigen, dass der gesamte Kreditbetrag aus drei Tranchen bestehen sollte: die A-Tranche, die B-Tranche und die Parallel-C-Tranche. Diese Kreditstruktur stellte für die Banken ein deutlich niedrigeres Risiko dar als eine eigenständige direkte Kreditvergabe. Das heißt im Einzelnen:

Die A-Tranche: sie sollte von den beiden supranationalen Instituten IFC und EBRD mit je DM 200 Mio. zur Gänze aus eigenen Mitteln finanziert werden. Der verbleibende Betrag von DM 1.000 Mio. sollte von Banken in den Tranchen B und C unter den folgenden Bedingungen bereitgestellt werden.

Die B-Tranche: unter der B-Tranche sollten von den Banken insgesamt DM 600 Mio. ausgereicht werden, DM 400 Mio. unter dem „Schirm" der IFC und DM 200 Mio. unter dem „Schirm" der EBRD. Der Auszahlungsmodus sollte gemäß Abb. II.56 parallel mit den Krediten der IFC und der EBRD verlaufen, die Rückzahlung der letzten Rate hingegen zwei Jahre vor der Endfälligkeit des IFC-Kredits und ein Jahr vor der des EBRD-Kredits liegen. Die wichtigste Risikoreduzierung aus Sicht der Banken beruhte aber auf der Tatsache, dass die Kredite „unter dem Schirm der IFC/EBRD" bei Nichtbedienung wegen politischer Schwierigkeiten in die Umschuldungsverhandlungen von IFC/EBRD voll mit einbezogen worden wären. Das heißt, die Bankkredite der Tranche B hatten de facto den Status von Staatskrediten, waren also den Krediten der supranationalen Institute gleichgestellt. Damit reduzierte sich das Länderrisiko für die Banken auf ein Minimum, da Staatskredite im Zweifelsfall vorrangig bedient werden.

Die Parallel-C-Tranche: den verbleibenden Kreditbetrag von DM
400 Mio. hätten die einzelnen Banken auf eigenes Risiko proportional zu ihren unter Tranche B gezeichneten Anteilen auslegen
müssen. Allerdings wurde dieses Risiko durch deutlich kürzere
Laufzeiten eingegrenzt. Abb. II.56 zeigt, dass die C-Tranche vollständig zurückgezahlt werden sollte noch bevor die ersten Raten
unter der B-Tranche fällig gewesen wären. Im vorliegenden Fall
lag die Endlaufzeit der C-Tranche drei Jahre vor jener der B-
Tranche und fünf bzw. vier Jahre vor der der A-Tranche. Der Abb.
II.57 ist zu entnehmen, dass unter den beiden Tranchen B und C
die Marge ungeachtet der unterschiedlichen Laufzeiten mit 1,40%
und die Bereitstellungsprovision mit 0,50% angesetzt waren.

Mit diesen Konditionen und Risikoparametern – wirtschaftliches
Risiko Volkswagen, Länderrisiko weitgehend durch IFC und
EBRD abgedeckt – wurde das folgende internationale Konsortium
zusammengestellt; Abb. II.58:

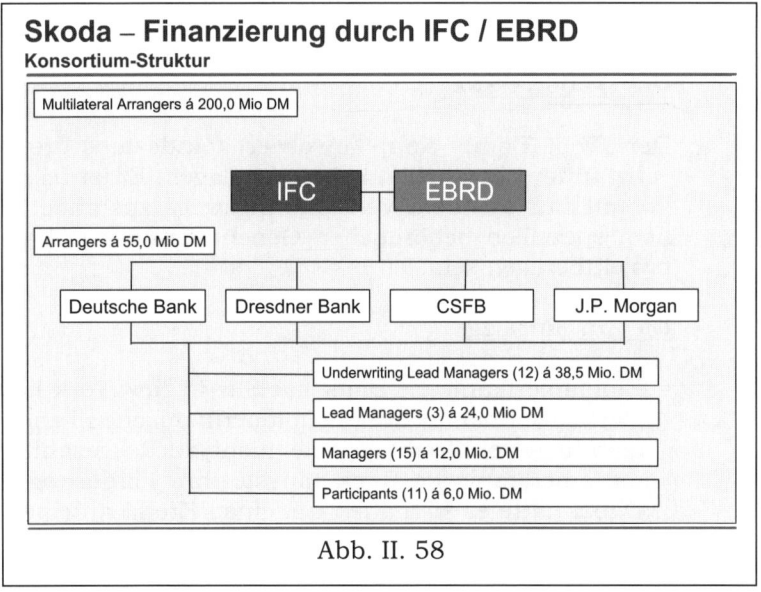

Abb. II. 58

Das Konsortium unter dem Dach der IFC und EBRD bestand zu
etwa jeweils gleichen Anteilen aus deutschen und ausländischen
Instituten, um eine möglichst breite internationale Streuung zu
erreichen. Auch hier, d.h. innerhalb der Arranger-Gruppe, bestanden zunächst unterschiedliche Vorstellungen hinsichtlich der
Konditionen. In solchen Fällen sind getrennte Vorverhandlungen
zu empfehlen, um durch Intensivierung des Wettbewerbs optimale Konditionen zu erzielen. Die jeweils gezeichneten Beträge in
den einzelnen Untergruppen können der Abb. II.58 entnommen
werden.

Erneute Entscheidungsfindung

Die Vorbereitung dieses Finanzierungskonzeptes bis hin zur Unterschriftsreife beanspruchte ca. zwei Jahre. In dieser Zeit fanden sowohl bei Volkswagen als auch bei SKODA Entwicklungen statt, die so positiv verliefen, dass die Notwendigkeit einer Kreditfinanzierung hinfällig wurde. Einerseits brachte die Einführung der Plattformstrategie für die Produktpalette des Volkswagen-Konzerns erhebliche Synergien und Produktivitätsfortschritte, andererseits verbesserte sich die Position von SKODA deutlich schneller als ursprünglich erwartet. Die Folge war eine erhebliche Reduzierung des Kreditbedarfs. In dieser Situation musste das Management entscheiden, die Kreditvereinbarung zu unterzeichnen – wohl wissend, dass sie nicht in Anspruch genommen werden würde – oder sie im letzten Moment noch abzusagen. Um die Glaubwürdigkeit in den Kapitalmärkten nicht zu beschädigen, fiel die Entscheidung zugunsten der Absage, wobei die Bankgebühren in voller Höhe beglichen wurden.

II.3.4.3 DEBT/EQUITY SWAP

Der „Debt/Equity Swap" involviert mindestens drei Parteien mit völlig unterschiedlichen Interessenslagen. Er ist relativ selten und kommt nur auf dem Verhandlungswege zustande, unterliegt einem speziellen behördlichen Genehmigungsverfahren und muss projektbezogen sein.

Die Ausgangslage

- Eine amerikanische Bank mit Sitz in New York hatte einer Regierungseinheit in einem südamerikanischen Land einen Kredit gewährt. Der Kredit konnte nicht zurückgezahlt werden und die amerikanische Bank musste ihre Forderung abschreiben. Dabei hätte es sich auch um einen Kredit an eine lokale Firma handeln können, den die Regierung garantiert oder übernommen hatte.
- Die südamerikanische Regierung möchte einen „Default" vermeiden, um in den internationalen Kapitalmärkten die Kreditwürdigkeit ihres Landes zu erhalten. Sie sucht daher nach einer Lösung, die die amerikanische Bank so weit zufriedenstellt, dass der Zugang zu den internationalen Kapitalmärkten nicht unterbrochen wird.
- Ein Unternehmen mit Sitz in einem der westlichen Industrieländer hat eine expandierende Tochtergesellschaft in dem betreffenden südamerikanischen Land und sieht dort die Notwendigkeit einer Kapitalerhöhung. Diese Kapitalerhöhung muss in Landeswährung vorgenommen werden und soll zu möglichst günstigen Konditionen erfolgen.

Als Beispiel wird eine Kapitalerhöhung i.H.v. $ 200 Mio. Gegenwert in der Landeswährung angenommen; der Kredit der amerikanischen Bank an das betreffende südamerikanische Land beträgt ebenfalls $ 200 Mio. Da der Kredit nicht zurückgezahlt werden konnte, musste die Bank einen Ausfall i.H.v. $ 200 Mio. hinnehmen.

Die Lösung

Die Bank bietet der südamerikanischen Regierung an, auf ihre Forderung von $ 200 Mio. in voller Höhe zu verzichten, wenn sie dafür im Gegenzug der Tochtergesellschaft des ausländischen Unternehmens den Gegenwert von $ 200 Mio. in Landeswährung auszahlt. Das Unternehmen ist nur dann an einer Teilnahme an dieser Transaktion interessiert, wenn es damit die Kapitalerhöhung i.H.v. $ 200 Mio. Gegenwert in Landeswährung mit einem Betrag von deutlich unter $ 200 Mio. Hartwährungsaufwand darstellen kann. Wirtschaftlich läuft die Transaktion darauf hinaus, dass das Unternehmen die (abgeschriebene) Forderung der Bank mit einem Abschlag begleicht und dafür den vollen Betrag im Gegenwert der Landeswährung als Kapitaleinschuss bei der Tochtergesellschaft erhält. Der Abschlag ist Verhandlungssache zwischen der Bank und dem Unternehmen; er bewegt sich bei solchen Transaktionen typischerweise zwischen 25% und 50%. Mit einem Abschlag von beispielsweise einem Drittel lässt sich diese Transaktion wie folgt Schritt für Schritt beschreiben; Abb. II.59:

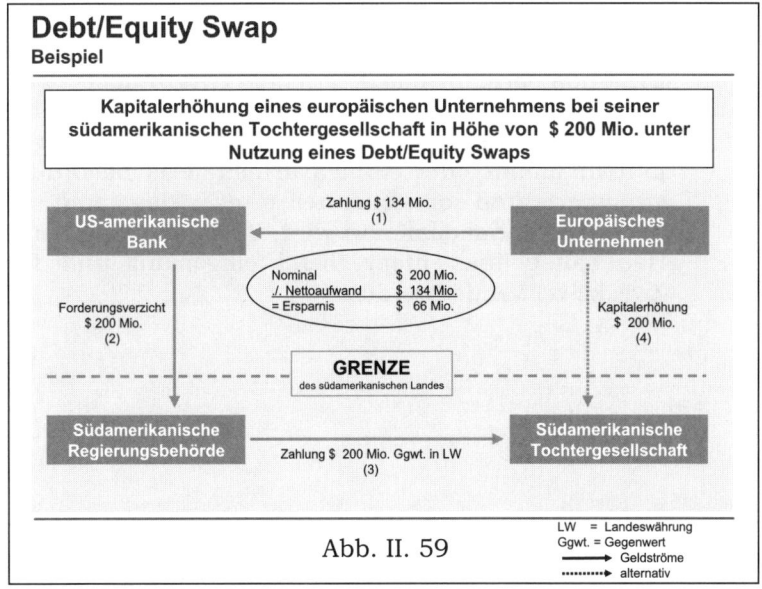

Abb. II. 59

(1) Das Unternehmen bezahlt $ 134 Mio. an die amerikanische Bank.

(2) Die amerikanische Bank verzichtet in voller Höhe auf ihre Forderung i.H.v. $ 200 Mio. an die südamerikanische Regierung.

(3) Die südamerikanische Regierung überweist den Gegenwert von $ 200 Mio. in ihrer Landeswährung an die Tochtergesellschaft des europäischen Unternehmens.

(4) Das europäische Unternehmen führt damit eine Kapitalerhöhung bei seiner Tochtergesellschaft i.H.v. $ 200 Mio. Gegenwert durch, für die es aber nur $ 134 Mio. aufwenden musste (s. (1)).

Die Vorteile für die involvierten Parteien

- Das Unternehmen muss für die Kapitalerhöhung i.H.v. $ 200 Mio. nur $ 134 aufwenden, was eine Ersparnis von $ 66 Mio. bedeutet.
- Die amerikanische Bank erhält zwei Drittel ihrer bereits abgeschriebenen Forderung zurück, d.h. sie erhält $ 134 Mio. und kann somit ihren Verlust von vormals $ 200 Mio. auf $ 66 Mio. reduzieren. (Genauer: da der Kredit bereits voll abgeschrieben war, verbucht die Bank nun einen außerordentlichen Ertrag i.H.v. $ 134 Mio.)
- Die südamerikanische Regierung entschuldet sich um $ 200 Mio. und kann damit ihre Kreditwürdigkeit in den internationalen Kapitalmärkten aufrecht erhalten.

Anmerkung

Die südamerikanische Regierung entschuldet sich letztlich dadurch, dass sie das Geld, das sie der ausländischen Tochtergesellschaft in der eigenen Währung überweist, aus ihren Budgetmitteln nimmt oder einfach druckt. Das behördliche Genehmigungsverfahren soll sicherstellen, dass das damit verbundene Inflationspotential eliminiert wird, indem die Mittel in der Geld- und Haushaltspolitik entsprechend eingeplant und für produktive Zwecke verwendet werden.

II.3.4.4   Währungsinkongruente Finanzierungen

Bei währungsinkongruenten Finanzierungen werden Fremdmittel in einer ausländischen Währung aufgenommen und in die Landeswährung konvertiert; am Ende der Laufzeit müssen die Fremdmittel wieder in ausländischer Währung zurückgezahlt werden. Das damit verbundene Währungsrisiko wird nicht abgesichert. Eine solche Vorgehensweise ist sinnvoll, wenn das Abwertungsrisiko der Landeswährung für geringer gehalten wird als es der Höhe des Zinsdifferentials entspricht und man sich damit die Chance eröffnet, die Kreditkosten zu reduzieren. Die Entscheidung beruht somit auf der Abwägung „Währungsrisiko gegen Zinsvorteil", d.h. auf der Einschätzung, ob eine mögliche Abwertung der Landeswährung bis zum Ende der Laufzeit den Zinsvorteil zunichte machen wird. Diese Situation findet man vor allem bei weichen Währungen mit hohen Zinsen vor, wie dies in Ländern mit vergleichsweise hoher Inflation i.d.R. der Fall ist.

◯ Fallbeispiel: $-Finanzierung Brasilien

Im Juli 2003 standen die brasilianischen Zinsen für ein Jahr bei 26% und die vergleichbaren $-Zinsen bei ca. 5% (Kreditzinsen per Annahme gleich Marktsätzen). Nimmt man einen Jahreskredit in $ auf, konvertiert ihn in Brasilianische Real (BRL), und zahlt den $-Kredit ein Jahr später wieder zurück, wofür man den erforderlichen $-Betrag zum dann vorliegenden Wechselkurs mit BRL kaufen muss, so hat man die Kreditkosten vermindert, wenn über diese einjährige Laufzeit der BRL um weniger als 20% (1,26/1,05) abgewertet hat.

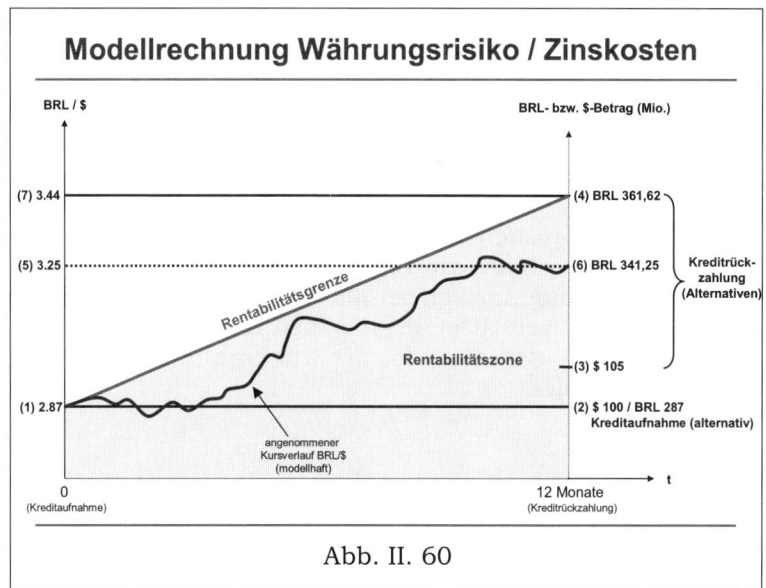

Abb. II. 60

Der Vorgang lässt sich am besten anhand des Modells der Abb. II.60 beschreiben:

(1) Zum Zeitpunkt der Kreditaufnahme steht der Brasilianische Real (BRL) beispielsweise bei 1 $ = 2,87 BRL.

(2) Der Kreditnehmer kann in Brasilien entweder $ 100 Mio. (ohne Devisensicherung!) oder BRL 287 Mio. aufnehmen. Am Ende der Laufzeit ist der Kreditbetrag zzgl. Zinsen zu begleichen.

(3) Nach einem Jahr sind für einen $ 100 Mio. Kredit bei 5% Dollarzinsen $ 105 Mio. zurückzuzahlen.

(4) Nimmt die Gesellschaft stattdessen BRL 287 Mio. auf, so wird sie nach einem Jahr BRL 361,62 Mio. zurückzahlen müssen (BRL 287 Mio. + 26% = BRL 361,62 Mio.).

(5) In Abb. II.60 wurde als Beispiel eine Abwertung des BRL gegen den $ um 13,25% über die 12-monatige Laufzeit des Kredits angenommen, d.h. von 1 $ = 2,87 BRL auf 1 $ = 3,25 BRL.

(6) Hat sich die Gesellschaft bei der Aufnahme für den Kredit in $ entschieden, so muss sie am Ende der Laufzeit $ 105 Mio. im Devisenmarkt gegen BRL erwerben, um den Dollarkredit inkl. Zinsen zurückzuzahlen. Die kritische Frage ist also der Wechselkurs BRL/$ am Ende der Laufzeit. Der Verlauf des Wechselkurses während der Laufzeit ist dabei nicht von Bedeutung. Insofern ist die Rentabilitätsgrenze nur theoretischer Natur (s.u. Text nach Abb. II.62 und Abb. II.63).

Unter dem Wechselkursbeispiel von Punkt (5) müsste die Gesellschaft am Fälligkeitstag $ 105 Mio. zu 1 $ = 3,25 BRL erwerben, d.h. BRL 341,25 Mio. aufwenden. Im Vergleich zur Kreditaufnahme in BRL zu 26% mit dem Rückzahlungsbetrag von BRL 361,62 Mio. (Punkt (4)) würde somit ein Kostenvorteil i.H.v. BRL 20,37 Mio. erzielt werden.

(7) Der Kurs, bei dem der Kostenvorteil auf Null sinkt, ist jener Kurs, bei dem die Rückzahlung des Betrages von $ 105 Mio. denselben BRL-Betrag erfordern würde wie die Rückzahlung des BRL-Kredits, nämlich BRL 361,62 Mio. Dieser Break-even-Kurs läge in dem vorliegenden Beispiel bei BRL 3,4440 (BRL 361,62 Mio./$ 105 Mio. = BRL 3,4440 pro $), was gegenüber dem Zeitpunkt der Kreditaufnahme einer Abwertung von 20% entsprechen würde, von BRL 2,87 auf BRL 3,44. Liegt der Wechselkurs am Ende der Laufzeit unter 1 $ = 3,44 BRL (Abwertung um weniger als 20%), so war die Kreditaufnahme in $ günstiger; liegt er darüber, so war sie ungünstiger. Beim Break-even-Kurs ist der Rückzahlungsbetrag in beiden Fällen derselbe.

Anmerkungen

- Terminauf-/abschläge reflektieren die Zinsdifferentiale, d.h. eine $-Kreditaufnahme mit Währungssicherung wäre äquivalent zu einer BRL-Kreditaufnahme; der hier angegebene Break-even-Kurs entspricht daher einfach dem BRL/$-Terminkurs für den Kauf des $-Betrages zur Fälligkeit. Die Frage, ob man statt eines BRL-Kredites einen $-Kredit ohne Währungssicherung aufnehmen soll, lässt sich daher zum Zeitpunkt der Kreditaufnahme auch wie folgt formulieren: „Wird der BRL/$-Kassekurs am Rückzahlungstermin über oder unter dem BRL/$-Terminkurs zum Rückzahlungstermin liegen?"; oder: „Wird eine etwaige Abwertung des BRL gegen den $ bis zum Rückzahlungstermin größer oder kleiner ausfallen als der BRL/$-Terminaufschlag zum Rückzahlungstermin."

- Zur Definition der Rentabilitätsgrenze: sie erscheint in Abb. II.60 als geradlinige Verbindung vom Kassekurs bei der Kreditaufnahme zum Break-even-Kurs bei Fälligkeit. Genau genommen ist dies nur annähernd richtig:

Der Break-even-Kurs ist wie oben beschrieben nach zwölf Monaten:

$$\text{BRL}/\$ = \frac{\text{BRL Mio. } 287 + 26\%}{\$ \text{ Mio. } 100 + 5\%} = \frac{361{,}62}{105{,}00} = 3{,}4440$$

nach sechs Monaten:

$$\text{BRL}/\$ = \frac{\text{BRL Mio. } 287 + 13\%}{\$ \text{ Mio. } 100 + 2{,}5\%} = \frac{324{,}31}{102{,}50} = 3{,}1640$$

vgl. lineare Interpolation in Abb. II.60 nach sechs Monaten:

$$\text{BRL}/\$ = 2{,}8700 + \tfrac{1}{2} (3{,}4440 - 2{,}8700) = 3{,}1570$$

Die Differenz des exakt berechneten Wertes zum Interpolationswert beträgt lediglich 0,0070 BRL/$. Dabei ist das Zinsdifferential von 21 Prozentpunkten p.a. vergleichsweise hoch. Bei niedrigeren Zinsdifferentialen würde die Differenz noch geringer ausfallen. Da der interpolierte Wert außerdem unterhalb des exakten Wertes liegt, ist man mit der Rentabilitätsgrenze (Break-even-Linie) aufgrund der interpolierten Werte für die Risikobetrachtung der Wechselkursentwicklung während der Laufzeit auf jeden Fall auf der sicheren Seite. Die interpolierten Näherungswerte sind für die Praxis somit hinreichend genau. Nimmt man dieselbe Kalkulation für jeden einzelnen der zwölf Monate vor, so erge-

ben sich die folgenden Vergleichswerte für die dazu gehö-
renden Break-even-Kurse:

Break-even	Monat 0	1	2	3	4	5	6	7	8	9	10	11	12
BRL/$ exakt	2,8700	2,9200	2,9696	3,0188	3,0676	3,1160	3,1640	3,2116	3,2588	3,3057	3,3522	3,3983	3,4440
BRL/$ interpoliert	2,8700	2,9178	2,9657	3,0135	3,0613	3,1092	3,1570	3,2048	3,2527	3,3005	3,3483	3,3962	3,4440
Differenz	0,0000	0,0022	0,0039	0,0053	0,0063	0,0068	0,0070	0,0068	0,0061	0,0052	0,0039	0,0021	0,0000

Abb. II.61 stellt den Vergleich graphisch dar:

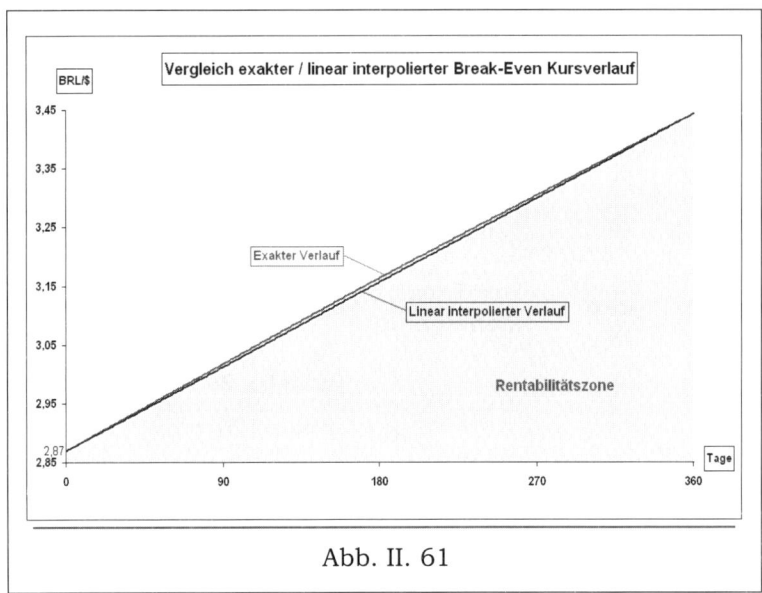

Abb. II. 61

Solange der Wechselkurs unterhalb der Rentabilitätsgrenze
verläuft, wird sich der $-Kredit am Laufzeitende sicher als
günstiger erweisen als der BRL-Kredit. Hinweis: Im Fall einer vorzeitigen Sicherungsmaßnahme unterliegt diese Aussage bestimmten Vorbehalten (s.u. Text nach Abb. II.63).

Die Währungen von Ländern mit hohen Zinsdifferentialen gegenüber Hartwährungen sind i.d.R. sehr volatil und der Wechselkurs
kann natürlich auch ganz anders verlaufen als in Abb. II.60 angenommen. Abb. II.62 zeigt fünf mögliche Kursszenarien:

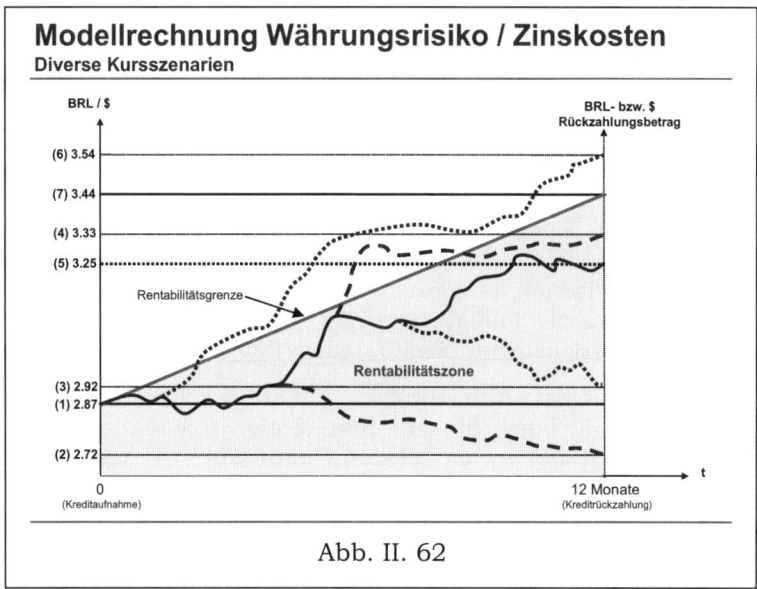

Abb. II. 62

Punkt (1):   die Ausgangslage ist ein angenommener Kurs von 1 $ = 2,87 BRL wie in Abb. II.60.

Punkt (2):   der Wechselkurs liegt am Ende der Laufzeit in dem eher seltenen Fall einer BRL-Aufwertung unterhalb des Ausgangskurses.

Punkte (3), (4), (5): die Landeswährung erfährt Abwertungen unterschiedlichen Ausmaßes, die zu Wechselkursen führen, die am Ende der Laufzeit alle noch unterhalb des Break-even-Kurses von 1 $ = 3,44 BRL liegen. Punkt (5) wiederholt den Kursverlauf von Abb. II.60.

Punkt (6):   die Landeswährung erfährt eine Abwertung, die am Ende der Laufzeit zu einem Wechselkurs über dem Break-even-Kurs führt.

Punkt (7):   dieselben Zinsannahmen wie für Abb. II.60 ergeben auch denselben Break-even-Kurs von 1 $ = 3,44 BRL.

Erfolgte die Kreditaufnahme in $, so bedeutet dies nicht, dass man bis zum Ende der Laufzeit der Wechselkursentwicklung untätig zusehen müsste und keine Eingriffsmöglichkeiten hätte. Bei einem funktionierenden Devisenmarkt besteht während der Laufzeit immer die Möglichkeit, durch ein Devisentermingeschäft das Wechselkursrisiko für die Restlaufzeit zu eliminieren. Das Kursdifferential Kassekurs/Devisenterminkurs reflektiert lediglich das Zinsdifferential von der Hart- zur Weichwährung. Mit anderen Worten: mit einem Devisenterminabschluss während der Laufzeit des Kredits kann man den Hartwährungskredit für die Restlaufzeit de facto in einen Kredit in der Landeswährung überführen und – falls dies bei einem Kassa-Kurs unterhalb der Rentabili-

tätsgrenze erfolgt – den bis dahin erzielten Kostenvorteil festschreiben (Terminkursaufschlag transformiert $-Zinskosten für
die Restlaufzeit in BRL-Zinskosten; ergänzend s.u. Text nach
Abb. II.63).

Hinweis
In Brasilien sind statt Devisenterminabschlüssen die so genannten Non-deliverable Forwards (NDF's) üblich, bei denen
am Ende der Laufzeit nicht die kontrahierten Devisenbeträge
ausgetauscht werden, sondern nur eine Ausgleichszahlung
zwischen dem zuvor vereinbarten Kurs und dem Kassekurs am
Tag der Fälligkeit erfolgt; wirtschaftlich führt dieses Verfahren
zu demselben Ergebnis wie Devisenterminabschlüsse.

Zurück zu Abb. II.62: bei einem Wechselkursverlauf zu Punkten
(2), (3) oder (5) wird man Sicherungsmaßnahmen nicht in Betracht ziehen, es sei denn man will aus irgendwelchen Gründen
einen Gewinn (Kostenvorteil) schon vor Fälligkeit des Kredits festschreiben. Bei den Kursverläufen zu (4) oder (6) sind die Risiken
höher: der Kursverlauf zu (4) bricht aus und kehrt wieder in die
Rentabilitätszone zurück, womit im Vorhinein aber nicht gerechnet werden kann, während der Kursverlauf zu (6) schon früh die
Zone verlassen hat und über der Break-even-Linie verharrte. Zu
Beginn der Laufzeit ist nur der Zinsvorteil bekannt; der Wechselkursverlauf hingegen ist ungewiss. Um zumindest die Erzielung
des Break-even-Kurses zu gewährleisten, sollte der Wechselkurs
während der gesamten Laufzeit sorgfältig beobachtet und die
Kurserwartungen laufend überprüft werden, bzw. gegebenenfalls
Sicherungsmaßnahmen ergriffen werden.

Die Sicherstellung des Break-even-Kurses am Laufzeitende bedarf
noch einer Präzisierung; Abb. II.63:

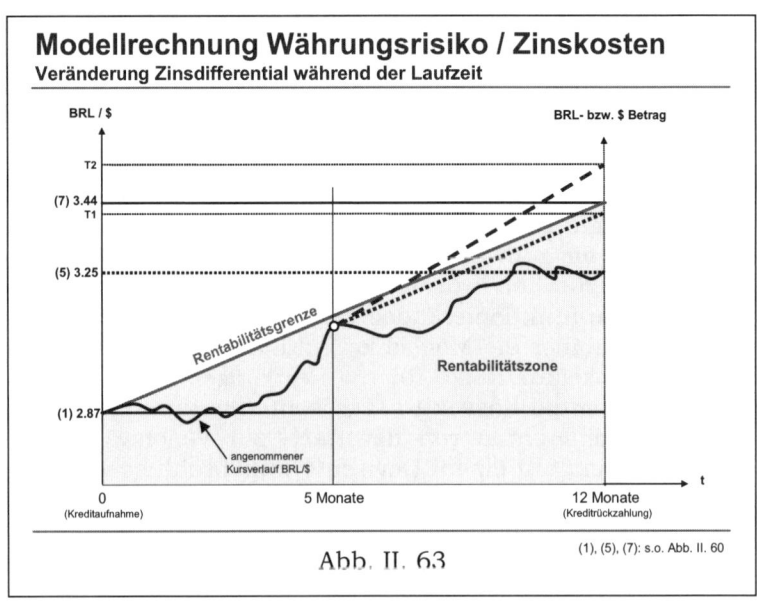

Modellrechnung Währungsrisiko / Zinskosten
Veränderung Zinsdifferential während der Laufzeit

Abb. II. 63

(1), (5), (7): s.o. Abb. II. 60

Der in Abb. II.63 angenommene Kursverlauf ist derselbe wie in Abb. II.60 bzw. Abb. II.62 zum Endpunkt (5); die angenommene Zinskonstellation zum Zeitpunkt der Kreditaufnahme und damit der Break-even-Kurs von 1 $ = 3,44 BRL sind ebenfalls dieselben. Dazu noch folgendes Szenario: nach ca. fünf Monaten droht der Kurs aus der Rentabilitätszone auszubrechen und der Kreditnehmer will das Risiko durch eine Kurssicherung eliminieren. Der Kurs, der zu diesem Zeitpunkt für die Kreditfälligkeit festgeschrieben werden kann, hängt von der dann vorliegenden Zinskonstellation ab: In Abb. II.63 wird zunächst angenommen, dass das BRL-$-Zinsgefüge während der fünf Monate unverändert geblieben ist ($\rightarrow$ Terminkurs T1[*]); wäre das Zinsdifferential während dieser Zeit hingegen größer geworden, so würde der BRL-Sicherungskurs für $ am Ende der Laufzeit entsprechend höher liegen ($\rightarrow$ Terminkurs T2). Falls das Zinsdifferential also eine Ausweitung erfahren hat und der Wechselkurs nach fünf Monaten zu nahe an der Rentabilitätsgrenze verläuft, so kann der Sicherungskurs zum Ende der Laufzeit wegen des höheren Terminaufschlags über den Break-even-Kurs zu liegen kommen, obwohl der Kassekurs noch innerhalb der (ursprünglichen) Rentabilitätszone liegt. Es gilt also nicht nur die Wechselkursentwicklung zu verfolgen, sondern auch die relativen Zinsentwicklungen wegen ihrer Auswirkung auf die Terminsicherungskurse. Abb. II.64 zeigt anhand der 6-monatigen BRL- und $-Zinssätze[**], dass das Zinsdifferential innerhalb relativ kurzer Zeitspannen erheblich variieren kann:

---

[*] Genau genommen impliziert der Terminkurs T1, daß die $- und BRL-Zinskurven äquidistant verlaufen und die Zinsdifferentiale über alle Laufzeiten von 0 bis 12 Monaten konstant geblieben sind; das ursprüngliche Zinsdifferential für 12 Monate wird hier per Annahme dem Zinsdifferential für 7 Monate Restlaufzeit p.a. gleichgesetzt.

[**] In Abb. II.64 wurden wegen der besseren Datenverfügbarkeit die 6-monatigen statt der 1-jährigen Zinssätze herangezogen; am Inhalt der Aussage ändert sich dadurch nichts.

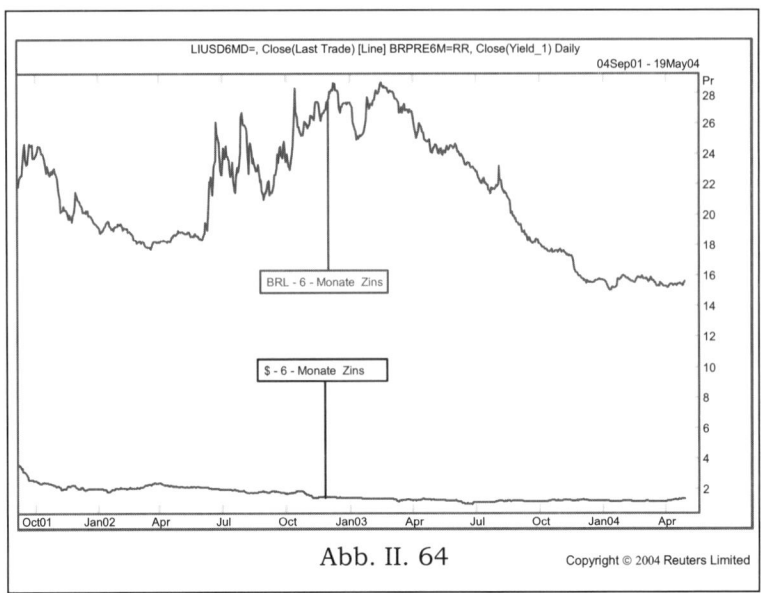

Abb. II. 64

Im folgenden wird eine $-Finanzierung in Brasilien anhand der historischen Daten von Januar 2000 bis Dezember 2003 beschrieben:

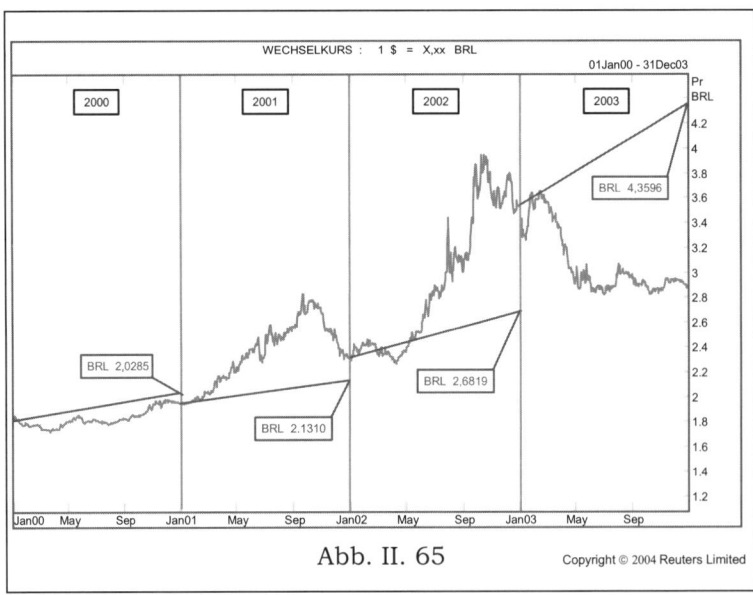

Abb. II. 65

Abb. II.65: Zu Beginn eines jeden Jahres entscheidet die Gesellschaft, ob sie einen $-Kredit oder einen BRL-Kredit für das laufende Jahr aufnehmen will. Der Kreditbetrag beläuft sich auf $ 100 Mio. oder den Gegenwert in BRL zum Wechselkurs am jeweiligen Jahresbeginn. Die Kreditaufnahmen am Jahresanfang und die Rückzahlungen am Jahresende erfolgen unter den jeweils vorliegenden Zins- und Währungskonstellationen:

	2000		2001		2002		2003	
	01.01.00	31.12.00	01.01.01	31.12.01	01.01.02	31.12.02	01.01.03	31.12.03
Jahreszinssatz ohne Kreditmargen								
BRL %	18,7		15,4		19,0		25,0	
$ %	6,5		5,6		2,5		1,5	
Wechselkurs								
BRL/$	1,82	1,95	1,95	2,31	2,31	3,54	3,54	2,88
Alternativ Kreditaufnahmen								
(1) BRL Mio.	182		195		231		354	
(2) $ Mio.	100		100		100		100	
Rückzahlungsbetrag								
(1) BRL Mio.		216,03		225,03		274,89		442,50
(2) $ Mio.		106,50		105,60		102,50		101,50
(2) = BRL Ggwt		207,68		243,94		362,85		292,32
Break-even								
BRL/$		2,0285		2,1310		2,6819		4,3596

Fazit

Im Jahr 2000 wäre die $-Kreditaufnahme günstiger gewesen (Wechselkurs am Jahresende unter Break-even), in den Jahren 2001 und 2002 ungünstiger (Wechselkurse am Jahresende über Break-even) und im Jahr 2003 deutlich günstiger (Wechselkurs am Jahresende weit unter dem Break-even). Im Jahr 2000 erstarkte der BRL sogar zunächst gegen den $ und der Kursverlauf verblieb das ganze Jahr unterhalb der Rentabilitätsgrenze. Im Jahr 2001 verlief die Entwicklung von Anfang an in die entgegengesetzte Richtung – der Wechselkurs bewegte sich bis zum Jahresende nur oberhalb der Rentabilitätsgrenze. Im Jahr 2002 war die $-Kreditaufnahme noch ungünstiger. Allerdings hätte man im Jahr 2002 mit der $-Kreditaufnahme immer noch einen Kostenvorteil erzielen können, wenn man im 2. Quartal eine Kurssicherung zum Jahresende vorgenommen hätte, als der Wechselkurs eine Zeitlang unterhalb der Rentabilitätsgrenze lag. In 2003 hingegen erstarkte der BRL gegen den $ nachhaltig, so dass eine $-Kreditaufnahme deutlich günstiger gewesen wäre.

Zwei Hinweise

(1) Bei mehrjährigen Fremdwährungskrediten wären noch Zinseszinseffekte in der Break-even-Kalkulation zu berücksichtigen; im Gegensatz zum obigen Beispiel des viermal einjährigen Fremdwährungskredites gäbe es dann nur einen Break-even-Kurs am Ende der (mehrjährigen) Laufzeit. In die Erfolgsbe-

messung wären auch noch die BRL-Kosten für die während der Laufzeit zu begleichenden $-Zinsbeträge mit einzubeziehen.

(2) Bei Fremdwährungskrediten mit mehrjähriger Laufzeit tritt an den Bilanzstichtagen ein Bewertungseffekt auf, der in die Gewinn- und Verlustrechnung (GuV) des Unternehmens einfließt. In dem Beispiel einer $-Finanzierung in Brasilien führt eine BRL-Abwertung gegenüber dem $ zu einem Verlust in den Büchern, die ja in der Landeswährung geführt werden, weil die Bewertung des $-Kredits zu einer höheren Verbindlichkeit in BRL führt. Dieses Risiko sollte zur gesamten GuV des Unternehmens in Relation gesetzt werden, d.h. die Alternative „Kreditaufnahmen in $ oder BRL" nicht ausschließlich aufgrund der Wechselkurserwartung gefällt werden. In diesem Zusammenhang ist es auch von Wichtigkeit, ob das Unternehmen export- oder importorientiert ist. Generieren die Exporte in den $-Raum einen Überschuss, so werden im Zuge einer Abwertung die $-Erlöse einen entsprechend höheren BRL-Ertrag erzielen, der den Verlust aus der Kreditbewertung ganz oder teilweise kompensiert. Analytisch ist es sicher nicht einwandfrei, Stromdaten (hier $-Exporterlöse) mit Bestandsdaten (hier $-Kreditverbindlichkeit bzw. deren Bewertung in BRL) miteinander zu verknüpfen. Andererseits ist wirtschaftlich das Argument nicht von der Hand zu weisen, dass höhere BRL-Gewinne aus $-Exporterlösen bilanziellen Bewertungsverlusten entgegenwirken.

Zusammenfassend: bei der Frage einer Kreditaufnahme in Fremdwährung sind neben dem Zinsdifferential und der Wechselkurserwartung auch die Bewertungsrisiken in Relation zur Gesamt-GuV des Unternehmens zu setzen und seine Export-/Importstruktur mit in den Entscheidungsprozess einzubeziehen.

Währungsinkongruente Finanzierungen mittels Hartwährungskrediten werden in erster Linie in $, € und ¥ vorgenommen. $-Finanzierungen sollten vorzugsweise in Ländern des $-Währungsraums (Brasilien, Mexiko etc.) und €-Finanzierungen in €-bezogenen Ländern (vorwiegend Osteuropa) zum Einsatz kommen. Damit lässt sich der Währungstrend etwas besser einschätzen, da Hochzinswährungen tendenziell in einem Bezug zu ihrer jeweiligen Ankerwährung stehen. Eine $-Finanzierung in einem Land mit €-Bezugsbasis würde ein zusätzliches Währungsrisiko mit sich bringen, da das $/€-Kursrisiko noch hinzukäme.

Finanzierungen in € können z.B. in Polen, Slowakei, oder der
Türkei attraktiv sein. Das galt früher auch für Tschechien. Andererseits ist Tschechien ein gutes Beispiel dafür, wie die Zinsentwicklung eine €-Finanzierung im Lauf der Zeit unattraktiv gemacht hat:

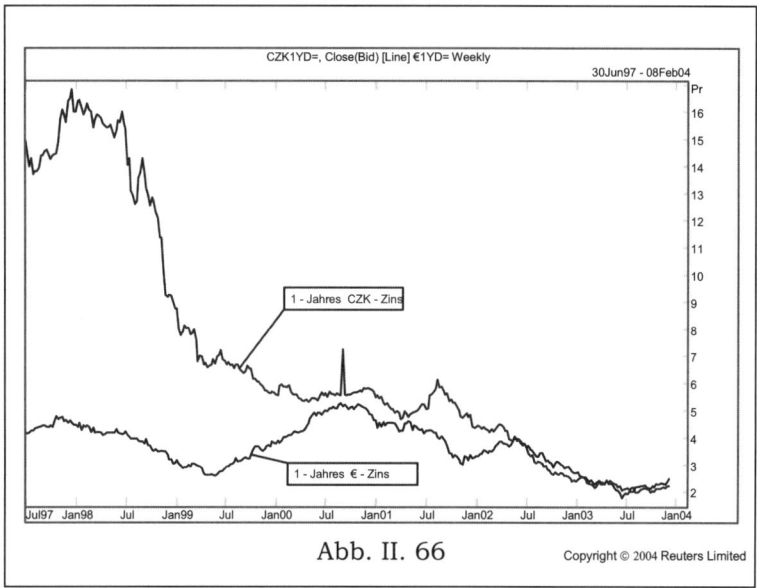

Abb. II. 66

Abb. II.66 zeigt, wie das CZK/€-Zinsdifferential im Laufe von fünf
Jahren weggeschmolzen ist. Während im Jahr 1997 und im ersten Halbjahr 1998 eine €-Finanzierung zu ca. 4% bei tschechi-
schen Zinsen von ca. 16% noch erhebliche Kostenvorteile in Aussicht stellte und damit ein Wechselkursrisiko rechtfertigte, traf
dies im weiteren Verlauf immer weniger zu und bot schließlich ab
Mitte 2002 überhaupt keinen Zinsvorteil mehr. Spätestens dann
wäre eine €-Finanzierung in eine CZK-Finanzierung umzuwan-
deln gewesen – entweder direkt oder per Wechselkurssicherung –,
da sich die Zinssätze in beiden Währungen angeglichen hatten
und dem Wechselkursrisiko kein Zinsvorteil mehr gegenüber-
stand.

II.3.5   Asset-backed Securities (ABS)

O   Einleitung

Asset-backed Securities (ABS) beruhen auf dem Prinzip des Forderungsverkaufs, der hier anhand eines Auto-Leasingvertrags beschrieben wird; Abb. II.67:

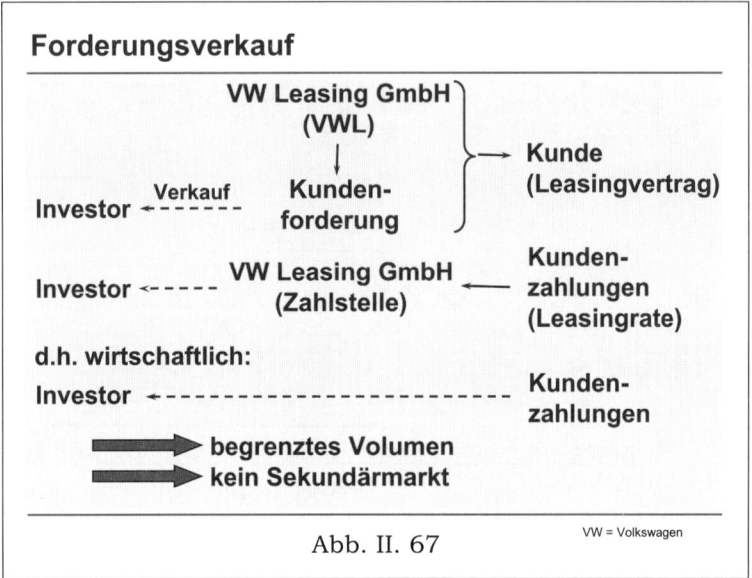

Abb. II. 67

Ein Kunde least ein Fahrzeug von der Volkswagen Leasing GmbH (VWL) und entrichtet dafür eine monatliche Leasingrate[*]. Den Erwerb des Fahrzeugs (Vermietvermögen) finanziert die VWL i.d.R. durch Fremdmittelaufnahme. Die Leasingforderung kann die VWL an einen Investor verkaufen und in Höhe des Erlöses ihre ursprüngliche Fremdmittelaufnahme zurückführen. Für den Kunden ändert sich dadurch nichts; er merkt den Verkauf nicht einmal, da in der Praxis die VWL weiterhin als Zahlstelle fungiert und die eingehenden Leasingraten einfach an den Investor, wirtschaftlich den neuen Inhaber der Kundenforderung, durchleitet. In der Praxis ist diese Refinanzierungsmethode jedoch nur beschränkt einsetzbar, weil das Volumen solcher Forderungsverkäufe begrenzt ist und es dafür so gut wie keinen Sekundärmarkt gibt.

---

[*] Volkswagen-spezifisch läuft dieser Prozeß wie folgt ab: Volkswagen verkauft ein Fahrzeug an einen Händler, der gemäß Händlervertrag Volkswagen in einer bestimmten Region vertritt. Der Händler vermittelt den Kunden an die VW Leasing GmbH (VWL), eine Finanzdienstleistungsgesellschaft des Volkswagen-Konzerns, und erhält dafür eine Provision. Die VWL als Leasinggeber kauft das Fahrzeug vom Händler und schließt mit dem Kunden als Leasingnehmer nach banküblicher Bonitätsprüfung einen Leasingvertrag ab. Während der Vertragslaufzeit bleibt die VWL Eigentümer des Fahrzeugs und trägt das Kreditrisiko.

Mit Asset-backed Securities wurde ein Instrument geschaffen, das Forderungsverkäufe in großen Volumina ermöglicht. Da ABS-Anleihen zu den kompliziertesten Finanzierungsformen des Kapitalmarktes gehören, erscheint es ratsam, den Leser damit schrittweise vertraut zu machen:

- ❍ „Das Instrument" stellt das Prinzip vor,
- ❍ „Die Zielsetzung" stellt den Zweck des Instruments vor,
- ❍ „Das Konzept" beschreibt den Prozessablauf im Überblick,
- ❍ „Fallbeispiele" behandelt schließlich die Strukturierung einiger ABS-Transaktionen im Detail.

Die schrittweise Vertiefung des Themas bedingt gelegentlich die Wiederholung einzelner Punkte zu Gunsten einer verständlicheren, in sich geschlossenen Darstellung.

❍ Das Instrument

Asset-backed Securities bündeln eine Vielzahl gleichartiger Forderungen und transformieren sie in kapitalmarktfähige Wertpapiere (Verbriefung), was große Transaktionsvolumina ermöglicht und einen liquiden Sekundärmarkt erschließt. Asset-backed Securities werden gelegentlich – nicht ganz korrekt – als „kapitalmarktfähige Forfaitierung" beschrieben. Sie sind nichts anderes als mit Vermögenswerten unterlegte Wertpapiere, d.h. hier durch zukünftige Zahlungseingänge in Form fälliger Leasingraten gedeckte Anleihen. Für eine Verbriefung eignen sich grundsätzlich alle Vermögenswerte, die vorhersagbare und regelmäßige Zahlungseingänge generieren. ABS-Anleihen werden daher i.d.R. in amortisierender Form zurückgeführt, d.h. durch regelmäßige Zahlungen, die eine Zins- und Tilgungskomponente beinhalten. Im vorliegenden Fall handelt es sich um die Verbriefung von Leasingforderungen. Ähnliche Beispiele sind die Verbriefungen von Forderungen wie:

- Ratentilgung von Baudarlehen: „Mortgage-backed Securities",
- Ratentilgung von Kreditkartenschulden: „Credit Card Receivables" sowie
- Ratenzahlungen aller Art: „Retail Receivables" etc.

Von Pfandbriefen, die durch Hypotheken besichert sind, oder – im allgemeinsten Sinne – werthaltigen Krediten unterscheiden sich ABS lediglich dadurch, dass die aufgenommenen Mittel laufend aus den verkauften Forderungen bzw. den durch sie generierten Cash-flow direkt bedient werden, und nicht erst bei Insolvenz des Schuldners aus dem Verkauf der Sicherheiten.

ABS-Emissionen gehören heute zu den gebräuchlichsten Finanzierungsformen. Allein in Europa, wo dieses Instrument ca. zehn Jahre nach den USA im Markt eingeführt worden war, erreichte das Neuemissionsvolumen € 439 Mrd. im Jahr 2006, nach € 316 Mrd. im Jahr 2005, € 256 Mrd. im Jahr 2004 und € 209 Mrd. im Jahr 2003 (Quelle: JPMorgan Research, 04.06.2007). Für 2007 s.u.: Aktualisierung – „Sub-Prime" Krise 2007/08.

○ Die Zielsetzung

Neben der Erschließung neuer Finanzierungsquellen besteht das oberste Ziel in der Minimierung der Finanzierungskosten. Das kann nur erreicht werden, wenn eine Anleihe von den Ratingagenturen mit der Spitzenbonität AAA/Aaa (→ III.3.2.2, Abb. II.29) bewertet wird. Dafür sind die folgenden Bedingungen zu erfüllen:

- das Forderungsportfolio, das der ABS-Anleihe zugrunde liegt, muss bestimmte Bonitätskriterien erfüllen (z.B. geringe Ausfallraten),
- die Forderungen müssen vom Unternehmen getrennt werden, damit der Investor keinem Konkursrisiko ausgesetzt ist und die Bonitätseinstufung ausschließlich auf Basis des Forderungsportfolios vorgenommen werden kann; andernfalls würde das Rating der Anleihe auf die (niedrigere) Unternehmensbonität abgestellt werden,
- es müssen zusätzliche Sicherheiten bereitgestellt werden.

Auf diese Weise ermöglichen ABS-Anleihen eine unternehmensunabhängige, kostenoptimierte Finanzierung, wie sie für die meisten Unternehmen direkt nicht darstellbar wäre. Diese Finanzierungsform ist daher besonders attraktiv für alle Unternehmen, die über ABS-taugliche Forderungsportfolios verfügen, selbst aber nicht die Spitzenbonität vorweisen können.

○ Das Konzept – Abb. II.68:

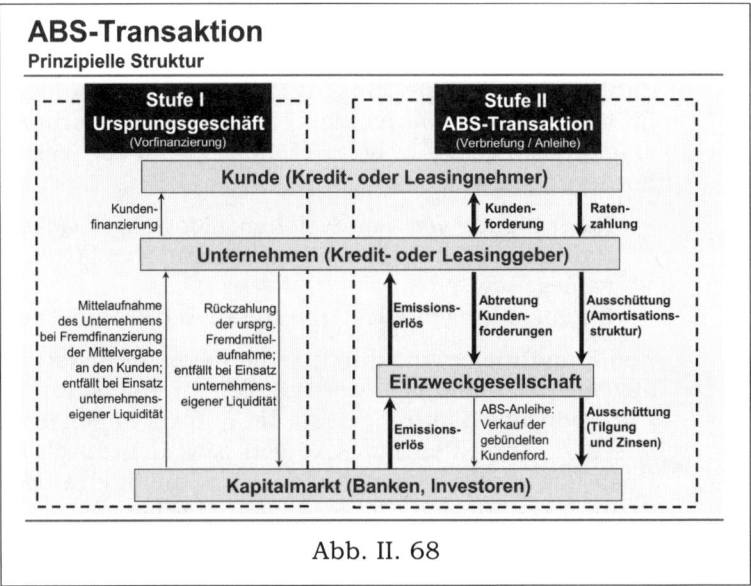

Abb. II. 68

Stufe I: das Ursprungsgeschäft (Vorfinanzierung)
- Ein Unternehmen erwirbt im Rahmen seines laufenden Geschäfts Kundenforderungen (Kreditvergabe, Leasingvergabe), die es zunächst durch Fremdmittelaufnahme oder aus seiner eigenen Liquidität finanziert.

Stufe II: die ABS-Transaktion (Verbriefung/Anleihe)
- Das Unternehmen verkauft seine Forderungen (Abtretung aller Rechte) an eine unabhängige, eigens für diesen Zweck gegründete, so genannte Einzweckgesellschaft.
- Die Einzweckgesellschaft verbrieft diese Forderungen und platziert sie im Kapitalmarkt als eine mit Vermögenswerten unterlegte Anleihe (ABS) mit amortisierender Struktur.
- Die Einzweckgesellschaft leitet den Erlös aus der Anleihe an das Unternehmen weiter, von dem es die Forderungen erworben hatte, und begleicht den Kaufbetrag.
- Das Unternehmen führt damit die Fremdmittelaufnahme zurück, mit der es die Kredit- oder Leasingvergabe an seine Kunden ursprünglich finanziert hatte, bzw. stellt seinen Liquiditätsstand wieder her. Der Emissionserlös entspricht dem Verbriefungsanteil dieser Forderungen. Wird nur ein Teil der Forderungen verbrieft, so kann auch die ursprüngliche Fremdmittelaufnahme nur in diesem Umfang zurückgeführt, bzw. der ursprüngliche Liquiditätsstand wiederhergestellt werden.
- Das Unternehmen zieht weiterhin die Zahlungen von den Kunden ein und leitet sie an die Einweckgesellschaft weiter, die damit die Anleihe bis zu ihrer Endfälligkeit bedient.

Hinweis: Die Abtretung der Forderungen und ihre Verbriefung erfolgt betragsmäßig nicht 1:1, d.h. Abzüge für Gewinnmargen, Verwaltungskosten, Sicherheitsabschläge, Überkollateralisierungen etc. sind in dieser Kurzdarstellung noch nicht enthalten. Sie werden in den nachfolgenden Fallbeispielen berücksichtigt.

Wichtig:
- Die Abtretung der Forderungen des Unternehmens an die Einzweckgesellschaft ist rechtlich und steuerlich ein Verkauf.
- Die Emission der ABS-Anleihe begründet rechtlich und steuerlich ein Schuldnerverhältnis der Einzweckgesellschaft mit den Investoren, die die Anleihe zeichnen.
- Die Zwischenschaltung der Einzweckgesellschaft ist notwendig, um die abgetretenen Forderungen vom Forderungsverkäufer (Unternehmen) rechtlich strikt zu trennen, so dass für die Investoren mit der ABS-Anleihe kein Unternehmensrisiko verbunden ist und die Forderungen im Ernstfall nicht in die Konkursmasse einbezogen werden können. Durch die Einzweckgesellschaft wird die Anleihe für den Investor also konkurssicher. Damit kann das Forderungsportfolio von den Ratingagenturen unabhängig vom Unternehmen bewertet werden.

- Die Anleihe begründet gegenüber den Investoren folglich keine Verpflichtung des Unternehmens, das seine Forderungen an die Einzweckgesellschaft abgetreten hatte.

Der Bestand an Kundenforderungen wird normalerweise graduell aufgebaut, zumal im Konsumgütermarkt; hingegen können ABS-Anleihen nur in jeweils größeren Beträgen emittiert werden. Während der Akkumulation der Kundenforderungen ist daher eine Vorfinanzierung erforderlich (s.o. Abb. II.68, Stufe I: Ursprungsgeschäft) bis das für eine ABS-Anleihe notwendige Volumen erreicht ist. Einerseits bedürfen Anleihen im Kapitalmarkt grundsätzlich einer gewissen Mindestgröße, andererseits sind gerade bei ABS-Transaktionen vergleichsweise hohe Volumina erforderlich, um den Aufwand der Verbriefung zu rechtfertigen. Das Ursprungsgeschäft wird an dieser Stelle nicht weiter behandelt. Das Thema dieses Abschnitts ist die Strukturierung von ABS-Transaktionen (s.o. Abb. II.68, Stufe II).

Hinweis
Die folgende Darstellung bezieht sich schwerpunktmäßig auf ABS-Emissionen im deutschen Kapitalmarkt. ABS-Transaktionen sind in ihren Grundzügen zwar überall gleich, unterliegen aber strukturellen Differenzierungen sowie steuerlichen und (aufsichts-)rechtlichen Rahmenbedingungen, die von Land zu Land variieren. Gute Beispiele dafür sind die rechtliche Definition eines „echten Verkaufs" und die in Deutschland normalerweise anfallende Gewerbesteuerbelastung auf Dauerschulden. Die folgenden Ausführungen sind daher nicht ohne weiteres auf andere Länder übertragbar.

◯ Fallbeispiele

Die Struktur von ABS-Transaktionen und ihre Entwicklung seit 1996 – primär im deutschen Kapitalmarkt – wird anhand der folgenden Fallbeispiele beschrieben:

Bezeichnung	Emissionsdatum
Die ABS-Emission der „VCL No. 1"	Feb. 1996
Die ABS-Emission der „VCL No. 2"	Nov. 1996
Die ABS-Emission der „VCL No. 3"	Mai 1999
Die ABS-Emission der „VCL No. 4"	Jan. 2001
Die ABS-Emission der „VCL No. 5"	Feb. 2002
Die ABS-Emission der „VCL No. 6"	Nov. 2003
Die ABS-Emission der „VCL No. 7"	Okt. 2004
Die ABS-Emission der „Driver One"	Nov. 2004
Die ABS-Emission der „Driver Two"	Sep. 2005
Sonderfall: ABS Europcar	Sep. 2004

Nachfolgende Emissionen, s.u.: Aktualisierung – „Sub-Prime" Krise 2007/08.

Im Einzelnen

Die ABS-Emission der „VCL No. 1"

Die Struktur der ersten ABS-Transaktion eines Industrieunternehmens im deutschen Kapitalmarkt; DM 500 Mio., Feb. 1996:

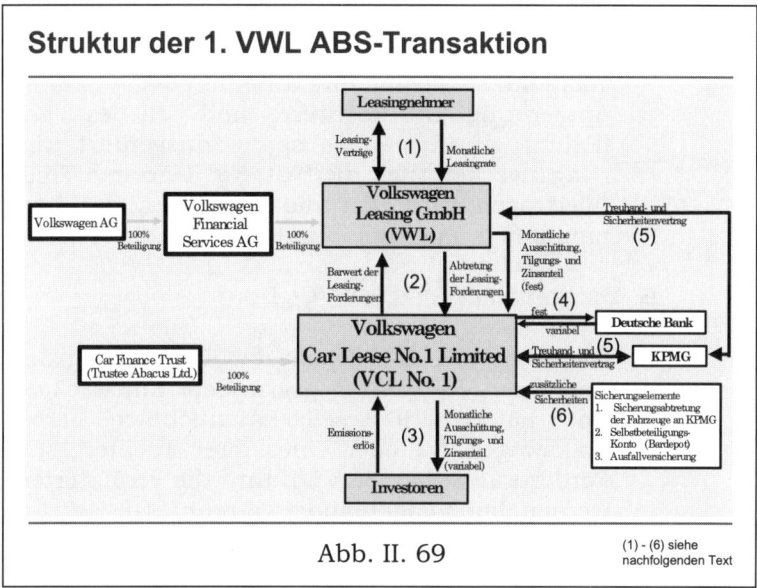

Abb. II. 69

Abb. II.69 beschreibt Schritt für Schritt, s.u. Punkte (1)-(6), die Verbriefung von Leasingforderungen. Die unterlegten Felder zeigen jene Einheiten, die im Finanzstrom involviert sind (s.o. Abb. II.68, Stufe II), die linke Seite betrifft lediglich gesellschaftsrechtliche Strukturen (Besitzverhältnisse), die rechte die Funktionen und unterlegten Sicherheiten, die für die Gestaltung der Transaktion erforderlich sind:

(1) Der Kunde least ein Auto von der Volkswagen Leasing GmbH (VWL) und entrichtet gemäß Leasingvertrag ein monatliches Nutzungsentgelt (Leasingrate) an die VWL. Die VWL ist eine 100%ige Tochter der Volkswagen Financial Services AG (VW FS AG), die ihrerseits eine 100%ige Tochter der Volkswagen AG ist.

(2) Die VWL verkauft alle Rechte aus den Leasingforderungen an eine neu gegründete, von Volkswagen unabhängige so genannte Einzweckgesellschaft, auch „Special Purpose Company" (SPC) oder „Special Purpose Vehicle" (SPV) genannt, hier „Volkswagen Car Lease No. 1 Limited" (VCL No. 1). Die VCL No. 1 finanziert den Kauf, indem sie die Leasingforderungen verbrieft und als ABS-Anleihe, hier als „Leasinginkasso-Schuldverschreibung", im Kapitalmarkt platziert. Die VCL No. 1 steht damit im Zentrum der Transaktion.

A. Gegenstand der Verbriefung

- Die Summe der monatlichen Leasingraten über die Laufzeit des Leasingvertrags entspricht der Differenz zwischen den Anschaffungskosten des Fahrzeugs (Vermietvermögen) und seinem erwarteten Wert zum Vertragsende (Restwert[*]). Sie beträgt ca. 40%-50% des Vermietvermögens und bildet dessen Cashflow Anteil. Nur dieser Anteil wird verbrieft[**]. Etwaige Anzahlungen der Kunden werden nicht in die VCL No. 1 eingebracht; sie fließen direkt in die VWL.
  Anmerkung: Die Restwerte sind Teil des Vermietvermögens (Fahrzeuge), das – wie später ausgeführt wird – zu Sicherungszwecken über die VCL No. 1 an den Treuhänder KPMG übertragen wird, der die Interessen der Investoren wahrnimmt (s.u. Punkte (5) und (6)).

B. Die Positionierung der VCL No. 1

- Die eigens für den Zweck der Einbringung der Forderungen und ihrer Verbriefung gegründete Einzweckgesellschaft VCL No. 1 hat keinerlei gesellschaftsrechtliche Verbindung mit der Volkswagen AG oder einer ihrer Tochtergesellschaften. Der Forderungsverkäufer VWL und die veräußerten Forderungen werden damit voneinander getrennt. Die Schuldverschreibung der VCL No. 1, d.h. die ABS-Anleihe, begründet daher auch keine Verpflichtung der VWL oder sonst einer Gesellschaft des Volkswagen-Konzerns gegenüber den Zeichnern der Anleihe. Für die Schuldverschreibung haftet allein die VCL No. 1. Gesellschaftsrechtlich gehört die VCL No. 1 zu 100% dem „Car Finance Trust" (s.u.), so dass im Konkursfall der Volkswagen AG, der VW FS AG oder der VWL die abgetretenen und in die VCL No. 1 eingebrachten Forderungen von der Konkursmasse ausgenommen wären. Das heißt, die VCL No. 1 ist „bankruptcy-remote".
- Der „Car Finance Trust" ist eine nach dem Gesetz von Jersey gegründete gemeinnützige Einrichtung und – wie VCL No. 1 – vom Volkswagen-Konzern völlig unabhängig. Der Trust und die VCL No. 1 haben beide ihren Sitz in Jersey auf den Channel Islands; an ihren Gründungen ist Volkswagen nicht beteiligt. Der Trust kann beispielsweise von einer in Jersey ansässigen Wohltätigkeitsorganisation gegründet werden. Die VCL No. 1 wird von Anwälten gegründet und dann an den Trust

---

[*] Das Restwertrisiko – die Differenz zwischen dem prognostizierten Restwert des Fahrzeugs und dessen tatsächlichem Erlös bei Verkauf im Gebrauchtwagenmarkt oder an die Leasingnehmer am Ende der Vertragslaufzeit – trägt je nach Vertragsgestaltung der Leasinggeber (VWL) oder der Händler. Im Ausland, insbesondere in den USA, liegt dieses Risiko i.d.R. beim Leasinggeber, in Deutschland – zumindest im Falle Volkswagen – beim Händler.

[**] Für Fallbeispiele, bei denen die Restwerte mitverbrieft werden, s.u. „Driver One" und „Driver Two".

übertragen. Der Trust ist gemäß seiner Statuten nur de jure
Eigentümer der VCL No. 1; er hat kein wirtschaftliches Verfü-
gungsrecht über die eingebrachten Forderungen und darf
auch die VCL No. 1 nicht veräußern. Als Trustee wurde Abacus Asset Management Ltd. bestellt und mit der Verwaltung
der VCL No. 1 beauftragt. Die Gesellschaft Abacus, damals
noch Mitglied der Wirtschaftsprüferfirma Cooper's & Lybrand
International (heute PwC), hat ihren Sitz ebenfalls in Jersey.

C. DIE TRANSAKTIONSVERTRÄGE

- VCL No. 1 schließt zum Erwerb der Forderungen mit VWL einen „Kaufvertrag" ab. Mit den Forderungen geht auch das Sicherungseigentum an die VCL No. 1 über, die es an den Sicherheitentreuhänder – hier den Wirtschaftsprüfer KPMG –
  weiterleitet (s.u. Punkte (5) und (6)).
- KPMG hält als Treuhänder die Sicherheiten für die Investoren. Das Portfolio der übertragenen Forderungen unterliegt
  dem „Treuhand- und Sicherheitenvertrag" der VCL No. 1 mit
  der Wirtschaftsprüferfirma KPMG und der VWL. Bezüglich
  der Zugriffs- und Verwertungsrechte durch den „Sicherheitentreuhänder" KPMG s.u. Punkte (5) und (6).
- VCL No. 1 schließt mit VWL und KPMG einen „Inkassostellen-
  und Verwaltungsvertrag" ab, wonach die VWL die Inkassofunktion fortführt und die Forderungen verwaltet, die in die
  VCL No. 1 eingebracht worden waren, so dass sich für den
  Kunden durch die Abtretung der Forderungen nichts ändert.
  Darüber hinaus nimmt VWL als „Service Provider" noch andere administrative Aufgaben für VCL No. 1 und den Treuhänder wahr.
- Die VCL No. 1 schließt mit Abacus Asset Management Ltd.,
  einen „Verwaltungsvertrag" ab, der die Dienstleistungen von
  Abacus regelt. Dazu gehören die Geschäftsführung, allgemeine Verwaltung und insbesondere die Buchführung. Abacus
  stellt die Direktoren und sorgt für die Erfüllung aller Verpflichtungen der VCL No. 1. Der Vertrag bezieht KPMG mit
  ein.
- Der Name „Volkswagen" scheint in der Einzweckgesellschaft
  VCL No. 1 nur auf, um dem Markt zu signalisieren, dass es
  sich ursprünglich um Forderungen des Volkswagen-Konzerns
  handelte, und damit die Vermarktung der Papiere unter einem bekannten Namen zu erleichtern. Aus der Verwendung
  des Namens entsteht keine gesellschaftsrechtliche Verpflichtung; der Name „Volkswagen" wird der Einzweckgesellschaft
  VCL No. 1 im Rahmen eines „Namensführungsvertrages" zur
  Verfügung gestellt.

Zusammenfassung:

- VWL tritt die Leasingforderungen an VCL No. 1 ab
  → „Kaufvertrag" zwischen VCL No. 1 und VWL,
- KPMG ist als Treuhänder für die Sicherheiten verantwortlich
  → „Treuhand- und Sicherheitenvertrag" zwischen VCL No. 1,
  KPMG und VWL,
- VWL verwaltet die abgetretenen Leasingforderungen für VCL
  No. 1 → „Inkassostellen- und Verwaltungsvertrag" zwischen
  VCL No. 1, VWL und KPMG,
- Abacus verwaltet die VCL No. 1 → „Verwaltungsvertrag" zwi-
  schen VCL No. 1, Abacus und KPMG,
- VCL No. 1 verwendet den Namen „Volkswagen" bei der Emissi-
  on der ABS-Anleihe → „Namensführungsvertrag".

Hinzu kommt noch eine Reihe weiterer Verträge, die administrative Abläufe regeln, aber für die Beschreibung der Transaktion
hier unerheblich sind.

D. Die Durchführung

- Die VWL bringt eine Vielzahl gleichartiger Verträge in die VCL
  No. 1 ein – im Fall der ersten ABS-Emission waren es fast
  32.000 Stück mit Restlaufzeiten von max. 36 Monaten –, die
  mittels eines geeigneten EDV-Programms aus dem gesamten
  Forderungsbestand der VWL herausgelöst wurden. Die VCL
  No. 1 bündelt diese Forderungen und unterlegt damit die
  ABS-Anleihe, die sie im Kapitalmarkt platziert.
- Da die VCL No. 1 als Eigentümer dieser Forderungen keine
  rechtliche Verbindung zu Volkswagen hat, beruht die Bonität
  der ABS-Anleihe einzig und allein auf den zugrunde liegenden
  Forderungen und den dahinter stehenden Sicherheiten (s.u.
  Punkt (6)). Diese Bewertung des Forderungsportfolios auf
  „stand-alone" Basis, d.h. unabhängig von der Bonität des
  Forderungsverkäufers, führt bei der entsprechenden Portfo-
  lioqualität und Sicherheitenstellung zur Spitzenklassifizie-
  rung AAA/Aaa durch die Ratingagenturen und damit zu optimalen Finanzierungskosten – dem Zweck der ganzen Strukturierung.

Anmerkung zur Gewerbesteuerbelastung, Deutschland-spezifisch:

- Bei der ABS-Emission entsteht kein Dauerschuldverhältnis
  im Sinne des deutschen Gewerbesteuerrechts und folglich
  keine Gewerbesteuerbelastung[*], weil die VCL No. 1 ihren Sitz

---

[*]   Musterkalkulation für die Gewerbesteuerbelastung des Schuldners bei einem Dauer-
      schuldverhältnis innerhalb Deutschlands: s. Anhang 5.
      Werden die Fremdmittel von einer ausländischen Gesellschaft aufgenommen und im Aus-
      land eingesetzt, so fällt diese steuerliche Belastung nicht an. Sie würde aber bei einer Ge-
      sellschaft in Deutschland anfallen, wenn diese Mittel aus dem Ausland in Form eines
      Darlehens an sie weitergereicht würden. Siehe dazu auch unten „VCL No. 6" und „Driver
      One".

außerhalb Deutschlands hat und von dem VW-unabhängigen „Car Finance Trust" gegründet wurde.

- Eine Gewerbesteuerbelastung entsteht auch bei der VWL nicht, weil die Abtretung der Forderungen an die VCL No. 1 von den deutschen Steuerbehörden als „echter Verkauf" anerkannt worden ist („true sale concept") und somit kein Dauerschuldverhältnis der VWL mit der VCL No. 1 begründet. VCL No. 1 entrichtet lediglich den Kaufpreis bzw. VWL vereinnahmt nur den Verkaufserlös. Der Verkauf ist „echt", wenn die Chancen und Risiken auf den Käufer übergehen. Andernfalls ist der Verkauf „unecht" und wird als Darlehensfinanzierung klassifiziert und damit als Dauerschuld der Gewerbesteuer unterworfen.

(3)   Die VCL No. 1 begründet mit der Emission der ABS-Anleihe ein Schuldnerverhältnis mit den Investoren. Die Anleihe wird an der Frankfurter Börse gelistet und unterliegt deutschem Recht, ohne dass damit – wie oben ausgeführt – eine Gewerbesteuerbelastung entsteht. Die VCL No. 1 leitet den Emissionserlös, der dem Barwert der gebündelten Leasingforderungen entspricht, an die VWL weiter und bezahlt damit ihren Forderungskauf. Die VWL kann mit diesen Mitteln nun ihre ursprüngliche Fremdmittelaufnahme in Höhe des Emissionserlöses zurückführen. Bei der Ermittlung des Barwertes der abgetretenen Leasingforderungen wird ein kapitalmarktnaher Abzinsungsfaktor angesetzt. Der Gewinn, den die VWL aus ihrem Leasinggeschäft erzielt, wird durch die Differenz zwischen diesem kapitalmarktnahen Abzinsungssatz und den Zinssätzen generiert, die die VWL den Leasingnehmern in Rechnung stellt. Mit anderen Worten: bei der Abtretung der Leasingforderungen an die VCL erfolgt die Abzinsung auf den Barwert zu einem um die Gewinnmarge der VWL bereinigten Zinssatz.

Die VWL leitet im Auftrag der VCL No. 1 und des Treuhänders KPMG als „Inkassoagent" die Zahlungen der Leasingnehmer an die VCL No. 1 zur monatlichen Ausschüttung an die Investoren in Höhe der Amortisationsrate der Anleihe weiter. Die Beträge, die die VWL vereinnahmt, sind marginal höher als die Beträge, die an die VCL zur Weiterleitung an die Investoren durchgereicht werden. Die Differenz deckt die Verwaltungskosten ab. Die VCL No. 1 bleibt bestehen, bis die letzte Zahlung an die Investoren geleistet und die ABS-Anleihe abgewickelt ist. Danach wird sie aufgelöst.

(4)   Die Leasingforderungen haben einen festen Zinssatz, weil die VWL mit den Leasingnehmern auf Festsatzbasis abschließt, d.h. die Kunden zahlen gleich bleibende Leasingraten, die den Tilgungs- und Zinsanteil abdecken. Die Investoren verlangen bei ABS Transaktionen aber üblicherweise variable Verzinsung mit einem „Pricing", d.h. „Spread" (→ II.3.2.2) über 1-Monats-EURIBOR. Diesem Erfordernis muss die VCL No. 1 als Emittent

Rechnung tragen und daher die Anleihe mit variabler Verzinsung ausstatten und einen Zinsswap[*] abschließen, um das Zinsänderungsrisiko gegenüber der Festverzinsung seiner vorgegebenen Leasingforderungen auszuschalten. Die einzelnen Abschlüsse der Zinsswap-Vereinbarung erfolgen laufzeitkongruent mit den prognostizierten Zahlungsströmen gemäß der Amortisationsstruktur der ABS Anleihe.

Abwicklungstechnisch läuft der Vorgang wie folgt ab: Die Zahlungen an die Investoren werden am festgelegten Zahlungstermin eines jeden Monats, dem „Ausschüttungstermin", geleistet. Dafür werden die Leasingraten herangezogen, die von der VWL im vorangegangenen Monat akkumuliert worden sind; sie leitet den entsprechenden Betrag zum Ausschüttungstermin an die VCL No. 1 zur Bedienung der Anleihe weiter. Der Ausschüttungstermin liegt eine gewisse Zeitspanne nach dem Ende der Akkumulation der Leasingrateneingänge. Im Fallbeispiel VCL No. 1: die Ausschüttungen an die Investoren waren am 17. eines jeden Monats fällig, wofür die Leasingratenzahlungen des jeweils vorherigen Kalendermonats herangezogen wurden. Die Zahlung an die Investoren zum 17. Juni beispielsweise wurden mit den im Mai erhaltenen Leasingraten geleistet. Nebenbei bemerkt entsteht durch diesen Abwicklungsmodus ein Zinsvorteil, weil der VWL die Leasingrateneingänge vor Weiterleitung im Schnitt ca. vier Wochen zinsfrei zur Verfügung stehen. Dieser Zinsvorteil sollte aus Sicht des Unternehmens in die Kalkulation der Finanzierungskosten mit einbezogen werden.

Die Ausschüttungen an die Investoren werden aus den im Laufe des Monats akkumulierten Leasingraten bestritten. In der Praxis weichen die tatsächlichen Zahlungsströme von den prognostizierten ab, wenn auch nur in geringem Ausmaß. Die Zinsswap-Vereinbarung zwischen der VCL No. 1 und der Bank sieht daher vor, dass der jeweilige Nominalbetrag des Swaps an den noch ausstehenden Anleihebetrag angepasst wird. Wie im folgenden ausgeführt wird, kann es in der Praxis wegen der Kündigungsmöglichkeit laufender Leasingverträge einerseits und der Sicherungsmaßnahmen gegen Zahlungsausfälle bzw. -verzögerungen an die Investoren andererseits nur zu vorzeitigen Rückzahlungen von Teilbeträgen der Anleihe kommen, nicht aber zu Zahlungsverzögerungen. Die Anpassung der ursprünglichen Swapvereinbarung bedeutet daher stets eine teilweise vorzeitige Auflösung der noch bestehenden Swaps, d.h. eine Reduzierung ihrer verbleibenden Nominalbeträge. Dafür muss der Swappartner, i.d.R. eine Bank, kompensiert werden. Stattdessen kann dieses Risiko auch durch Abschluss eines back-to-back Swaps mit dem Forderungsverkäufer (VWL) an diesen durchgeleitet werden. Die Erfüllung der Zinsswap-Abschlüsse rangiert noch vor den Aus-

---

[*] Funktionsweise eines Zinsswaps: s. Anhang 4.

schüttungen an die Investoren, die – falls die eingehenden Mittel nicht ausreichen würden – durch die Sicherheiten gedeckt wären.

Abweichungen der tatsächlichen von den prognostizierten Zahlungsströmen können aus folgenden Gründen entstehen:

a) Das Risiko verspäteter Zahlungseingänge
Leasingnehmer können mit ihren Zahlungen in Verzug geraten. Ungeachtet solcher Zahlungsverzögerungen ist die Verpflichtung gegenüber den Investoren jeden Monat pünktlich zu erfüllen. Sollten die für einen bestimmten Ausschüttungstermin angesammelten Eingänge aus dem Vormonat wegen Zahlungsausfällen oder -verzögerungen nicht ausreichen, so werden die im Monat des Ausschüttungstermins bis zu einem bestimmten Zeitpunkt bereits erhaltenen Leasingraten im erforderlichen Umfang zur Abdeckung des Fehlbetrags herangezogen. Reicht dies nicht aus, so wird die Differenz aus dem Selbsbeteiligungskonto und gegebenenfalls anderen Sicherungselementen beglichen (s.u. Punkt (6)). Sofern überfällige Leasingraten später eingezogen werden können, wird das Selbstbeteiligungskonto mit diesen Zahlungseingängen wieder aufgefüllt. Die Erfahrung zeigt, dass ca. zwei Drittel aller Verträge, denen eine Kündigung angedroht wurde, nachträglich erfüllt, d.h. Zahlungsrückstände beglichen werden und die betreffenden Leasingverträge fortgesetzt werden können.

b) Das Risiko vorzeitiger Zahlungseingänge
Die VWL kann einen Leasingvertrag fristlos kündigen, wenn der Leasingnehmer mit zwei Ratenzahlungen im Rückstand ist bzw. ganz ausfällt (Kreditrisiko). Eine Kündigung kann auch aufgrund anderer schwerwiegender Vertragsverletzungen erfolgen, ohne dass notwendiger Weise ein Zahlungsverzug vorliegt. In solchen Fällen nimmt die VWL gemäß Dienstleistungsvertrag mit der VCL No. 1 und dem Treuhänder KPMG (s.u. Punkt (5)) das Fahrzeug vorzeitig zurück und verkauft es als Gebrauchtwagen. Ist das Fahrzeug nicht verwertbar, so wird dieser Schaden durch die Fahrzeugversicherung beglichen. Der Verkaufserlös fließt am nächsten Ausschüttungstermin an die Investoren in Höhe ihres Anspruchs, d.h. anteilige Rückzahlung des investierten Kapitals plus aufgelaufene Zinsen. Liegt der Erlös über der Verbindlichkeit aus der Schuldverschreibung, so fließt der Überschuss an die VWL; liegt er darunter, so wird die Differenz aus dem Selbstbeteiligungskonto (s.u. Punkt (6)) beglichen.

Andererseits räumt die VWL ihren Leasingkunden auch die Möglichkeit ein, sechs Monate nach Vertragsbeginn einen Leasingvertrag jederzeit zu kündigen. Ein Leasingnehmer macht von diesem Recht im allgemeinen nur Gebrauch, wenn er schon vor Vertragsende ein neues Fahrzeug übernehmen möchte, was durchaus im Interesse der VWL liegt. Auch hier wird das Fahrzeug im Gebrauchtwagenmarkt verkauft und der Erlös an den Investor anteilig weitergeleitet. Der Vorgang wird nach denselben Regeln abgewickelt wie bei der Vertragskündigung durch die VWL.

Die Kündigung eines laufenden Leasingvertrages – sei es durch die VWL oder durch den Leasingnehmer – hat aus Sicht des ABS-Investors auf jeden Fall die vorzeitige Rückzahlung eines Teilbetrages der ABS-Anleihe zur Folge. Die nachfolgenden Rückzahlungen fallen dann natürlich entsprechend geringer aus.

Zusammenfassend kann für die Risikoarten a) und b) festgehalten werden, dass die Investoren aufgrund der Sicherungselemente praktisch kein Verlustrisiko tragen (s. auch unten, Punkt (6) bezüglich Sicherheiten). Andernfalls wäre die Bonität der Anleihe von den Ratingagenturen schließlich nicht mit den Spitzenratings versehen worden. Die Investoren tragen de facto nur ein „Risiko" vorzeitiger Rückzahlungen. Ein Zinsänderungsrisiko bei der Wiederanlage dieser Mittel wird durch die monatlich variable Verzinsung von ABS-Emissionen vermieden. Bei einer Emission mit festem Zinssatz müssten ansonsten entweder die Investoren bei der Wiederanlage ein Zinsänderungsrisiko in Kauf nehmen oder es würden Zinsausgleichszahlungen durch den Emittenten erforderlich.

Hinweis: Alternativ könnten die Mittel aus vorzeitigen Tilgungen im Selbstbeteiligungskonto (s.u. Punkt (6), b) oder in einem eigens dafür eingerichteten Sonderkonto vorübergehend angelegt werden, und später im Einklang mit der Fälligkeitsstruktur der Zinsswap-Abschlüsse und den prognostizierten Rückzahlungsströmen weitergeleitet werden (s.u. „pass-through" und „pay-through").

(5)   Die Wirtschaftsprüferfirma KPMG agiert als Treuhänder für die Investoren und ist verantwortlich für die Sicherheiten. Die Sicherheiten bestehen aus den abgetretenen Leasingforderungen und zusätzlichen Sicherungselementen (s.u. Punkt (6)). Das Forderungsportfolio in der VCL No. 1 unterliegt dem „Treuhand- und Sicherheitenvertrag" (s.o. Punkt (2) C.). KPMG hat als Treuhänder einen unmittelbaren und selbständigen Anspruch auf die Forderungen und die zusätzlichen Sicherheiten.

Wie in Punkt (2) bereits erwähnt, verwaltet die VWL als „Service Provider" gemäß „Inkassostellen- und Verwaltungsvertrag" (s.o. Punkt (2) C.) die an die VCL No. 1 abgetretenen Forderungen und führt die Inkassofunktion fort. Die KPMG überwacht die ordnungsgemäße Durchführung der Inkassofunktion und die Weiterleitung der Zahlungen an die VCL No. 1, die damit die Anleihe bedient; sie kann jederzeit einen Audit bei der VWL vornehmen. Als Sicherheitentreuhänder würde KPMG bei Zahlungsausfällen notfalls die Verwertung der Fahrzeuge veranlassen und die VWL gemäß Dienstleistungsvertrag mit der Durchführung beauftragen. Der Zugriff auf die Fahrzeuge wird durch Einbehaltung der Fahrzeugbriefe gewährleistet. Im Fall eines Konkurses der VWL selbst würden die Fahrzeuge für die Investoren verwertet werden, ohne dass Volkswagen einen Anspruch darauf hätte (Konkursschutz). Praktisch träte KPMG direkt nur in Aktion, wenn im Falle eines VWL-Konkurses die zugrunde liegenden Verträge von der Konkursmasse zu separieren wären, d.h. der rechtlich bereits gegebene Sachverhalt zu exekutieren wäre. Die VWL müsste dann durch einen neuen „Service Provider" ersetzt werden.

(6) Die zusätzlichen Sicherheiten („Credit Enhancements") hinter den verbrieften Forderungen, umfassen drei Elemente, die bei Eintritt des Ausfallrisikos in Anspruch genommen würden:

a) Das Sicherungseigentum an den Fahrzeugen wird von der VWL an die VCL No.1 übertragen; diese überträgt es weiter an den Sicherheitentreuhänder KPMG, der es notfalls für die Investoren verwertet, wie oben in Punkt (5) beschrieben.

b) Das Selbstbeteiligungskonto ist ein Konto bei einer Bank, in das Mittel eingezahlt werden (Bardepot, verzinslich), die etwaige Ausfälle bei den Kundenforderungen abdecken und so die Investoren vor Rückzahlungsrisiken schützen (s.o. Punkt (4)). In dieses Selbstbeteiligungskonto kann direkt eingezahlt werden; in der Praxis wird es aus einem Teil des Emissionserlöses gedeckt. Wird es nicht in Anspruch genommen, so fällt es am Ende der Laufzeit an die VWL zurück, bzw. der davon nicht in Anspruch genommene Anteil. Die Höhe des darauf einzuzahlenden Betrages richtet sich nach der historischen Ausfallrate bei den Leasingforderungen, und entsprach bei der ersten ABS-Emission einer mehrfachen Übersicherung (Hinweis: behördliche Vorgabe ab der 6. ABS-Emission, s.u. „VCL No. 6").

c) Das Instrument ABS kam in Deutschland erstmals im Februar 1996 zum Einsatz und die Kapitalmärkte mussten im Vorfeld von der Bonität dieses neuen Wertpapiers überzeugt werden. Ebenso galt es, die Ratingagenturen von der Bonität zu überzeugen. Erst das AAA/Aaa-Rating gewährleistet jene optimalen Finanzierungskonditionen, die dieses Instrument attraktiv machen und den ganzen Aufwand rechtfertigen. Um die Spitzenratings AAA/Aaa zu erlangen, mussten noch weitere Sicherheiten beigebracht werden. Dies wurde durch die Einbindung der „Zürich" Versicherungsgesellschaft erreicht, die selbst über die Spitzenbonität verfügte. Gegen eine Gebühr war dieses Institut bereit, die Emission i.H.v. DM 500 Mio. gegen Ausfälle bis zu DM 50 Mio. zu versichern. Diese Versicherung wäre erst nach voller Ausschöpfung der ersten beiden Sicherungselemente – Verwertung der Fahrzeuge und Selbstbeteiligungskonto – in Anspruch genommen worden. Die Versicherung deckte also gewissermaßen nur den „worst-worst-case" ab, dessen Eintritt in Anbetracht der historisch sehr niedrigen Ausfallrate höchst unwahrscheinlich war. Dennoch hätte die ABS-Emission keine bessere Bonitätsklassifizierung erreichen können als sie die betreffende Versicherungsgesellschaft auswies. Im Prinzip hätte dieses Risiko auch durch eine Bankgarantie abgedeckt werden können, wie es früher in den USA öfters üblich war. Die Bankgarantie wäre aber nicht kostengünstig gewesen.

Letztlich war die erste ABS-Transaktion alles in allem um einen Faktor im mittleren zweistelligen Bereich (!) über die historische Ausfallrate hinaus übersichert. Eine solch massive Übersicherung war allerdings nur beim ersten Mal erforderlich. Die Übersicherung ist mit den nachfolgenden ABS-Emissionen stetig niedriger geworden; außerdem erübrigte sich nach der ersten ABS-Emission die Teilnahme einer Versicherungsgesellschaft aufgrund einer Strukturmodifikation.

Die ABS-Emission der „VCL No. 2"

In der zweiten ABS-Anleihe i.H.v. ebenfalls DM 500 Mio im Nov. 1996 wurde die Struktur wie folgt modifiziert; Abb. II.70:

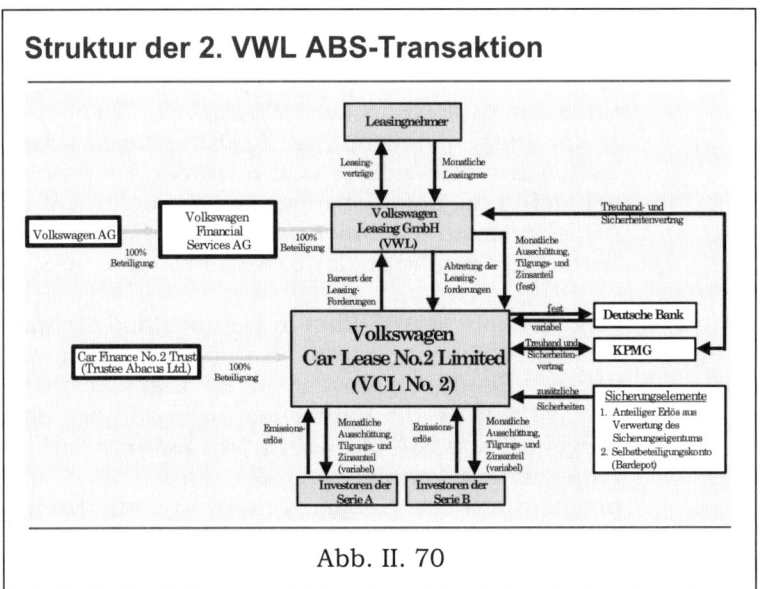

Abb. II. 70

Der Vergleich mit der ersten ABS-Transaktion (s.o. Abb. II.69) zeigt, dass die Versicherungsgesellschaft nicht mehr aufscheint. Stattdessen ist die Emission in zwei Tranchen – Serie A und Serie

B – unterteilt. Die Serie A ist vergleichbar mit der Emission der VCL No. 1 und hat wie diese die Bonität AAA/Aaa. Der abgespaltene Teil Serie B ist nachrangig und wird meistens mit A+/A1 eingestuft (→ II.3.2.2, Abb. II.29). Die Nachrangigkeit bedeutet, dass die Rückzahlungen zuerst die Serie A bedienen und etwaige Forderungsausfälle auf die Serie B durchschlagen würden, allerdings nur in dem unwahrscheinlichen Fall, dass die beiden Sicherungselemente „Sicherungsabtretung der Fahrzeuge", bzw. deren anteiliger Erlös aus der Verwertung, und „Selbstbeteiligungskonto" keine ausreichende Deckung böten. Dieses Risiko bedingt die niedrigere Bonitätseinstufung der Serie B und wird durch eine höhere Zinsmarge kompensiert. Dafür spart der Emittent die Versicherungsgebühr und vereinfacht außerdem den ganzen Prozess, weil ein Vertragspartner entfällt. Die effektive Marge der gesamten Emission ist der gewichtete Durchschnitt der Margen der Serien A und B. Diese Emissionsstruktur mit der Aufspaltung in eine Haupt- und Nachrangtranche kam in allen nachfolgenden ABS-Anleihen zum Einsatz.

Die ABS-Emission der „VCL No. 3"

Ab der dritten ABS-Anleihe – der ersten in €, € 500 Mio., Mai 1999 – kam noch die Volkswagen Bank GmbH als Vertragselement hinzu. Außerdem konnten aufgrund einer gesetzlichen Änderung in Jersey die VCL No. 3 und alle weiteren VCL-Gesellschaften an die „Car Finance No. 2 Trust" angebunden werden, die bereits im Zusammenhang mit der VCL No. 2 gegründet worden war. Ansonsten erfolgte keine Strukturänderung; Abb. II.71:

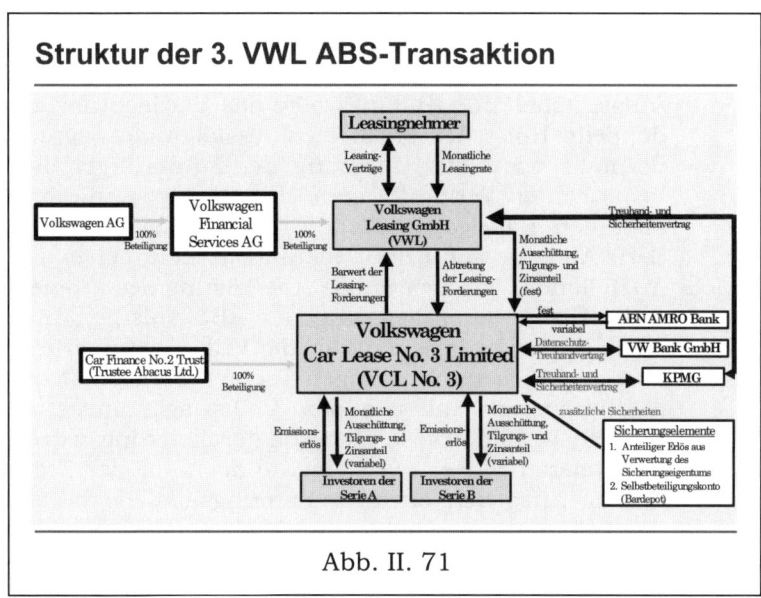

Struktur der 3. VWL ABS-Transaktion

Abb. II. 71

Nach dem Zusammenschluss aller Finanzdienstleistungsaktivitäten der Volkswagen AG in einer Holding wurde auch die VWL der Bankenaufsichtsbehörde unterstellt. Damit wurde die Weitergabe von Personendaten an Dritte, hier an die VCL No.3, unzulässig. Nur die Vertragsnummern und die Beträge dürfen weitergegeben werden. Die verbrieften Forderungen werden nur mehr intern im EDV-System der VWL ausgesondert und in Form einer versiegelten „Datenliste" an die Volkswagen Bank als „Datenschutz-Treuhänderin" übergeben. Erst im Konkursfall der VWL würde die KPMG als „Sicherheiten-Treuhänderin" Zugang zu dem gesamten Datenpool zwecks Vollstreckung der Sicherheiten erhalten. Die Einzelheiten regelt der „Datenschutz-Treuhandvertrag" zwischen der VWL, der VCL No. 3, der KPMG und der Volkswagen Bank. Dieser Zusatz ändert nichts am Ablauf der Transaktion.

Die ABS-Emissionen der „VCL No. 4" und „VCL No. 5"

Diese beiden Anleihen i.H.v. € 750 Mio. im Januar 2001 bzw. € 1.000 Mio. im Februar 2002 waren in ihrer Struktur identisch mit der VCL No. 3 Transaktion. Die Einzelheiten können der nachfolgenden Abb. II.72 entnommen werden.

Die ABS-Emission der „VCL No. 6"

In der sechsten ABS-Anleihe im November 2003 wurde erstmals ein Nachrangdarlehen an die VCL No. 6 als weiteres Sicherungselement eingeführt. Mit dem Nachrangdarlehen i.H.v. € 35 Mio. erwarb die VCL No. 6 von der VWL zusätzliche Leasingforderungen, die zur Überkollateralisierung der ABS-Anleihe verwendet wurden. In der Summe hat die VWL damit Leasingforderungen i.H. v. € 1.000 Mio. verkauft, wovon € 965 als ABS-Anleihe emittiert wurden. Der Grund für dieses neue Sicherungselement: die Aufsichtsbehörde (BaFin) wollte das Bardepot fortan auf die max. doppelte Höhe der erwarteten Ausfallquote begrenzt sehen, andernfalls wäre die Abtretung der Forderungen in ihren Augen kein „echter Verkauf" mehr. Ein Bardepot dieser Höhe genügt aber den Ratingagenturen für die Klassifizierung AAA/Aaa der Serie A nicht, wofür die Deckung ein Mehrfaches der historischen Ausfallquote betragen muss. Die Lösung des Problems bestand in einer Überkollateralisierung der ABS-Anleihe, finanziert mittels eines Nachrangdarlehens an die VCL No. 6 von einer 100%igen, aber rechtlich unabhängigen Tochtergesellschaft der Volkswagen AG, in diesem Fall von der „Volkswagen Investments Limited" (VIL) in Dublin. Diese Überkollateralisierung würde notfalls wie die anderen Sicherungselemente noch vor der Emissionstranche B zum Ausgleich etwaiger Zahlungsausfälle herangezogen werden, die dann zu Lasten des Nachrangdarlehens und damit der VIL gingen.

In der sechsten ABS-Emission wurden auch am Bardepot Modifikationen vorgenommen. Die Bardepotquote war mit 1,5% deutlich niedriger als die 2,9% für die VCL No. 2 bis No. 5 und lag sogar noch unter der o.a. Vorgabe der BaFin. Zum Ausgleich wurde die Emission durch die Abtretung bzw. Einbringung weiterer Leasingforderungen i.H.v. € 11 Mio. noch zusätzlich überkollateralisiert. Diese Vorgehensweise gestattet es, das Bardepot zu verkleinern und Kosten zu sparen. Außerdem wurde in der VCL No. 6 im Bardepot Vorsorge für ein möglicherweise aufkommendes Gewerbesteuerrisiko getroffen. Bislang konnten die Finanzbehörden im Rahmen der Beantragung von verbindlichen Auskünften davon überzeugt werden, die VWL wegen der Forderungsverwaltung und der Inkassotätigkeit nicht als steuerliche Betriebsstätte[*] der VCL No. 6 in Deutschland zu klassifizieren. Die Zuordnung der gegenüber den Investoren bestehenden Anleiheschulden der VCL No. 6 zu einer deutschen Betriebsstätte und den sich daraus ergebenden gewerbesteuerlichen Dauerschuldnachteilen konnte insoweit mit Rechtssicherheit vermieden werden. Inzwischen lehnen die Finanzbehörden bundesweit die Erteilung derartiger verbindlicher Auskünfte mit folgender Begründung ab: Die Finanzverwaltung ist neuerdings der Auffassung, dass die Verwaltung der Forderungen und die Inkassotätigkeit der VWL zu den wesentlichen Aufgaben eines Wertpapieremittenten gehörten; dadurch würde die VWL zu einer „Betriebsstätte" der VCL, zumal die Forderungen ursprünglich von derselben inländischen Gesellschaft, nämlich der VWL, an die VCL verkauft worden waren. Daher wäre die ABS-Anleihe als Dauerschuld zu qualifizieren und der Gewerbesteuer zu unterwerfen. Die Folge dieser Haltung der Finanzbehörden ist, dass die formale Rechtssicherheit bezüglich der Freistellung von der Gewerbesteuer nicht mehr zu erlangen ist. Unter Steuerexperten ist diese Auffassung der Finanzverwaltung umstritten. Jedenfalls ist damit keine negative Vorentscheidung in der Sache verbunden. Für das verbleibende steuerliche Restrisiko wurde für alle Fälle durch eine erhöhte Einlage im Bardepot Vorsorge getroffen.

---

[*] „Betriebsstätte" in diesem Sinne ist jede als unselbständiger Bestandteil eines Gesamtunternehmens geführte Geschäftseinrichtung oder Anlage, die der Tätigkeit eines Unternehmens dient; sie wird unabhängig von ihrer geographischen Ansiedlung als Steuersubjekt betrachtet.

Die Entwicklung von „VCL No. 1" bis „VCL No. 6"

Der Vergleich der wesentlichen Merkmale der ABS-Emissionen VCL No. 1 bis No. 6 zeigt die Entwicklung auf, die dieses Instrument mit zunehmender Reife erfahren hat; Abb. II.72:

VW-ABS Transaktionen
Volkswagen Leasing GmbH / Volkswagen Car Lease No. 1 - 6 Ltd.
Verbriefung Lease Receivables
(Stand September 2004)

Transaktion - Bezeichnung	VCL 1	VCL 2	VCL 3	VCL 4	VCL 5	VCL 6 [1]
Emissionsdatum	02/1996	11/1996	05/1999	01/2001	02/2002	11/2003
Endfälligkeit	01/1999	02/2000	08/2002	04/2004	05/2005	01/2009
Währung	DM Mio.	DM Mio.	€ Mio.	€ Mio.	€ Mio.	€ Mio.
ABS Emissionsvolumen	500	500	500	750	1.000	965
Class A Notes	500	465	472,5	712,5	950	935
Class B Notes	./.	35	27,5	37,5	50	30
Nachrangdarlehen	./.	./.	./.	./.	./.	35
Überkollateralisierung	Insurance	./.	./.	./.	./.	11
Bardepot (% Ges.-forderungen) [2] (Selbstbeteiligungskonto)	1,75%	2,90%	2,90%	2,90%	2,90%	1,50%
Rating Class A Notes [3]	AAA / Aaa	AAA / Aaa	AAA / Aaa	AAA / Aaa	AAA / Aaa	AAA / Aaa
Rating Class B Notes [3]	./.	A+ / A2	A+ / A2	A+ / A1	A+ / A1	A+ / A1
Marge Class A Notes [4]	1-M-L+0,10	1-M-L+0,07	1-M-E+0,10	1-M-E+0,14	1-M-E+0,125	1-M-E+0,11
Marge Class B Notes [4]	./.	1-M-L+0,30	1-M-E+0,37	1-M-E+0,47	1-M-E+0,45	1-M-E+0,35
Art der Transaktion	True Sale	True Sale	True Sale	True Sale	True Sale	True Sale
Single/ Revolving [5]	Single	Single	Single	Single	Single	Single
Gebühr/Transaktion	0,xx% (1)	75% of (1)	38,6% of (1)	38,5% of (1)	28,4% of (1)	31.0% of (1)
Anzahl eingebr. Verträge	31.833	29.260	48.768	82.325	93.856	80.231
Lead Manager [6]	CSFB/DMG	CSFB/DMG	ABN/DB	CSFB/DB	ABN	West/ LB

[1] VCL No 6 wegen strukturellen Änderungen nur eingeschränkt mit VCL No 1-5 vergleichbar (s.o. Text zu VCL No. 6)
[2] für VCL No. 1 - 5 = % Emission; für VCL No. 6 = % (Emission + Subordinated Loan + Overcollateralisation)
[3] Ratings: S&P / Moody's
[4] 1-M-L+ = 1-Monats-DM-Libor+ ; 1-M-E+ = 1-Monats-Euribor+
[5] dazu s.u. ABS-Emission der "Driver Two GmbH"
[6] DMG = Deutsche Morgan Grenfell; CSFB = Credit Suisse First Boston; ABN = ABN Amro Bank; DB = Deutsche Bank;
West/LB = Westdeutsche Landesbank

Abb. II. 72

- Wie in den Kapitalmärkten generell zu beobachten, stiegen die Transaktionsvolumina stark an, in diesem Fall um das 4-fache in sechs Jahren, von DM 500 Mio. in der VCL No. 1 und No. 2 auf ca. € 1.000 Mio. in der VCL No. 5 und No. 6 (vgl. syndizierte Kreditlinien 1995 und 2002, → II.3.1, Abb. II.27 und Abb. II.28).

- Der Anteil der Nachrangtranche B (Serie B) an der Gesamtemission ist seit der zweiten ABS-Emission stetig gesunken, von 7% im November 1996 für die VCL No. 2 auf 5% ab der VCL No. 4 im Januar 2001. In der VCL No. 6 im November 2003 sank der Anteil der Tranche B sogar auf ca. 3%. Allerdings geht diese Entwicklung bei der VCL No. 6 auf die strukturellen Änderungen zurück, die oben beschrieben wurden. Ein Vergleich mit den vorangegangenen Emissionen ist daher nur eingeschränkt zulässig.

- Die Ratings sind konstant geblieben, was nicht überrascht, da jede ABS-Emission den Ratingagenturen im Vorfeld zur Begutachtung vorgelegt und so strukturiert wird, dass die jeweilige Serie A das AAA/Aaa Rating erzielt. Bei den Begutachtungen führen die Ratingagenturen ihre eigene „due diligence" durch, inkl. eines Besuchs bei der VWL.

- Die Margen reflektieren nur die jeweiligen allgemeinen Marktbedingungen, da die Ratings konstant geblieben sind (→ II.3.2.2, Abb. II.32: „Spread"-Entwicklungen).

- Die Höhe des Bardepots (Selbstbeteiligungskonto) wird von den Ratingagenturen für jede ABS-Emission nach ihren eigenen Bewertungsverfahren festgesetzt und im Verkaufsprospekt bekanntgegeben. Sie betrug 2,9% der Gesamtforderungen für die Emission der VCL No. 2 bis No. 5; für die VCL No. 1 und No. 6 sowie die nachfolgende No. 7 war sie deutlich niedriger, weil noch andere Sicherungsmaßnahmen hinzukamen.
- Die Gebühren sind mit der steigenden Akzeptanz des ABS-Instruments gesunken. Ihre Höhe ist Verhandlungssache und unterliegt dem Betriebsgeheimnis. Ihre Entwicklung wird deshalb nur als Prozentanteil von der Gebühr für die erste Transaktion angegeben. Sie sank mit der Reifung des ABS-Instruments im Laufe der Zeit auf ca. 30% ihres Ausgangswertes.
- Die Anzahl der eingebrachten Leasingverträge pro Transaktion hat sich seit 1996 fast verdreifacht.

Die ABS-Emission der „VCL No. 7"

Eine siebente ABS-Anleihe i.H.v. € 969,9 Mio. erfolgte im Oktober 2004 unter der Konsortialführung von Citigroup und Société Générale: Struktur identisch mit VCL No. 6, Endlaufzeit Dezember 2009, Ratingkategorien wie in vorangegangenen Transaktionen, 76.599 eingebrachte Verträge, Marge auf 1-Monats-EURIBOR: + 0,08% für Serie A und + 0,26% für Serie B.

Vergleich ABS-Emissionen VCL No. 6 und VCL No. 7:

ABS-Anleihe	VCL No. 6 € Mio.	VCL No. 7 € Mio.
Serie A	935,00	940,00
Serie B	30,00	29,90
Summe Emission	965,00	969,90
Nachrangdarlehen	35,00	28,85
„Funding"	1.000,00	998,75
Überkollateralisierung	11,00	12,25
„Gesamtforderungen"	1.011,00	1.011,00
Bardepot		
% Gesamtforderungen	1,5%	1,2%
entspr. Betrag	15,165	12,132

Der Vergleich dieser beiden Transaktionen ist ein gutes Beispiel dafür, wie bei demselben Betrag „Gesamtforderungen" und identischen Strukturen die einzelnen Komponenten – insbesondere das Bardepot – von Emission zu Emission variieren können.

Die ABS-Emission der „Driver One GmbH"

Mit dem Kleinunternehmerförderungsgesetz vom 31.07.03 wurde das gewerbesteuerliche Bankenprivileg – Banken sind in ihrem operativen Geschäft von der Gewerbesteuerbelastung bei Dauerschulden per gesetzlicher Regelung befreit – auf inländische Einzweckgesellschaften ausgedehnt, die Forderungen aus Bankkrediten erwerben. Dies kommt einer Befreiung von gewerbesteuerlichen Dauerschuldnachteilen gleich, so dass die Ansiedlung der Emissionsplattform im Ausland bei der Verbriefung von Bankkrediten diesbezüglich überflüssig wird; ansonsten unterliegt sie als deutsche Gesellschaft den allgemeinen Besteuerungsregeln. Damit ist allerdings noch nicht das oben beschriebene Gewerbesteuerproblem für die VWL gelöst, da dort keine Bankforderungen sondern Leasingforderungen übertragen worden sind.

Den Anstoß zu der neuen Regelung gab die Kreditanstalt für Wiederaufbau (KfW Bank) im Frühjahr 2003 als sie zusammen mit zwölf weiteren Banken die „True Sale Initiative" ins Leben rief, die schließlich zur Gründung der „True Sale International GmbH" (TSI) in Deutschland führte. An der TSI sind die 13 Banken beteiligt. Die TSI stellt einer ABS-Emission aufgrund bestimmter Beurteilungskriterien ein Zertifikat aus, das u.a. für gute Investoreninformationen steht (Dokumentationsstandard, Berichtswesen, Antrag auf Börsenzulassung u. dgl.).

Die Volkswagen Bank machte im November 2004 als erste Gesellschaft von der neuen Regelung Gebrauch, indem sie 111.399 Konsumentenkredite („Retail Receivables", Ratenkredite für Fahrzeugkäufe) mit einem Volumen von € 1.200 Mio. verbriefte: Konsortialführer war ABN AMRO Bank, Endlaufzeit 05/2010, Ratingkategorien wie bei den VCL-Emissionen, Margen s.u. Die für die Verbriefung der Kreditforderungen gegründete Einzweckgesellschaft trägt die Bezeichnung „Driver One GmbH", was bei den Leasing-basierten ABS-Emissionen der jeweiligen VCL No. X entspricht. Die „Driver One GmbH" gehört zu gleichen Teilen drei Stiftungen, die von der TSI gegründet wurden: „Stiftung Kapitalmarktrecht", „Stiftung Kapitalmarktforschung" und Stiftung „Unternehmensfinanzierung" (Bezeichnungen abgekürzt). Die Aufspaltung in drei Stiftungen hat ihren Grund in Bilanzierungsvorschriften (Thema Konsolidierung). In ihrer Gesamtheit entsprechen die drei Stiftungen der „Car Finance Trust" bei den VCL Transaktionen. Die VW Bank übernahm die Rolle des „Service Providers" wie zuvor die VWL für die VCL-Gesellschaften.

Die Befreiung der Bankkreditverbriefung von der Gewerbesteuer ermöglichte die Ansiedlung der „Driver One GmbH" in Deutschland, ohne damit steuerliche Nachteile in Kauf nehmen zu müssen. An den oben anhand von Leasingforderungen beschriebenen Verbriefungsmechanismen ändert sich bei „Driver One" nichts.

Die Anleihe besteht wie seit der VCL No. 2 Emission aus zwei Klassen von Schuldverschreibungen, einer Haupttranche mit den Ratings Aaa/AAA und einer kleinen Nachrang-Tranche mit den Ratings A1/A+[*], diesmal klassifiziert von den Agenturen Moody's/Fitch.

Die „Driver One"-Anleihe ist ein gutes Fallbeispiel für die Anpassung einer Emissionsstruktur an die zugrunde liegenden Forderungen und an unterschiedliche Investorenpräferenzen. Im vorliegenden Fall wurden zwei Arten von „Retail Receivables" verbrieft: Ratenverkäufe von Fahrzeugen können in amortisierender Form mit gleich bleibenden monatlichen Ratenzahlungen („Classic Credit") erfolgen, oder in Form von geringeren monatlichen Ratenzahlungen und einem höheren einmaligen Rückzahlungsbetrag am Laufzeitende („Auto Credit"). Entsprechend unterschiedlich fallen die gewichteten mittleren Laufzeiten der beiden Kreditarten aus, natürlich deutlich kürzer beim „Classic Credit". In der „Driver One" Anleihe wurden beide Arten von Ratenverkäufen in ein und derselben Emission verbrieft. Die Haupttranche (s.o. „Serie A") wurde in zwei Senior-Tranchen aufgespalten, um unterschiedlichen Investorenpräferenzen hinsichtlich der Fälligkeitsstrukturen Rechnung zu tragen:

	Emissions-volumen (€ Mio.)	Ratings Moody's/Fitch	Mittlere Laufzeit[**] (Jahre)
Senior-Tranche I	400	Aaa/AAA	0,58
Senior-Tranche II	760	Aaa/AAA	2,30
Nachrang-Tranche	40	A1/A+[*]	2,07
Summe	1.200		

Die Aufspaltung in zwei Senior-Tranchen mit unterschiedlichen mittleren Laufzeiten – die Endlaufzeit war in beiden Fällen gleich – wäre auch durch eine entsprechende Auswahl der Restlaufzeiten der zu verbriefenden Forderungen möglich gewesen, wenn nur eine Art von Forderungen verbrieft worden wäre. Die hier vorgenommene Verbriefung zweier Forderungsarten – „Classic Credit" und „Auto Credit" – kam den unterschiedlichen Investorenpräferenzen jedoch entgegen.

Bei den Zahlungen an die Investoren rangieren die Senior-Tranchen pari passu bezüglich der Zinszahlungen, die zuerst bedient werden, gefolgt von den Zinszahlungen an die Investoren der Nachrang-Tranche. Die Rückzahlung der Nominalbeträge rangiert niedriger als alle Zinszahlungen, wobei die Tranche I noch vor der Tranche II liegt, beide selbstverständlich vor der

---

[*] Das Rating der B-Tranche wurde im Mai 2005 auf Aa3/AA- angehoben. Diese Korrektur wurde aufgrund eines nachträglich festgestellten Berechnungsfehlers erforderlich, was zu einer Wertsteigerung der B-Tranche entsprechend der höheren Bonitätseinstufung führte.

[**] Unter Annahme einer vorzeitigen Rückzahlungsrate von 10% der Kreditforderungen.

Nachrang-Tranche (s.u. „Waterfall"). Diese Differenzierung im Rangverhältnis zwischen Tranche I und Tranche II kann als eine juristische Feinheit betrachtet werden, da die Sicherungsmaßnahmen so stark sind, dass die sequentielle Bedienung der Tranchen I und II praktisch irrelevant ist. Daher tragen auch beide Senior-Tranchen dieselben Spitzenratings, obwohl die längere mittlere Laufzeit der Senior-Tranche II ein marginal höheres Risiko darstellt. Dem wurde mit einer Margendifferenzierung Rechnung getragen: die Senior-Tranche I wurde mit 1-Monats-EURIBOR + 0,06% verzinst, die Senior-Tranche II mit + 0,09%. Der Aufschlag bei der Nachrang-Tranche betrug +0,23%.

Der Vergleich der „Driver One" mit den VCL No. 6 und No. 7 Emissionen zeigt, dass die Emissionsstrukturen ansonsten identisch sind. Die Senior-Tranchen I und II entsprechen der Serie A in den VCL-Emissionen. Die Funktion der Nachrang-Tranche ist dieselbe wie die der Serie B in den VCL-Transaktionen. Die Sicherungsmaßnahmen sind ebenfalls dieselben, d.h. auch hier wurde ein Nachrangdarlehen (€ 50,7 Mio.) ausgereicht zum zusätzlichen Forderungsankauf zwecks Überkollateralisierung und darüber hinaus eine weitere Überkollateralisierung (€ 15,8 Mio.) vorgenommen sowie ein Bardepot eingerichtet, diesmal wieder i.H.v. 1,5% der „Gesamtforderungen". Wie in den VCL-Emissionen würden auch hier diese Sicherungselemente notfalls zur Deckung von Zahlungslücken herangezogen bevor die Nachrang-Tranche der Anleihe in Anspruch genommen würde.

Die ABS-Emission der „Driver Two GmbH"

Fallbeispiel „Revolving Structure"

Im September 2005 folgte die Volkswagen Bank mit einer zweiten ABS-Emission auf Basis von Ratenkrediten: Anleihevolumen € 956 Mio., davon Serie A mit € 917,5 Mio. und Serie B mit € 38,5 Mio., unterlegt mit 94.842 Ratenkreditforderungen; Endfälligkeit August 2014; Nachrangdarlehen € 31,5 Mio.; Überkollateralisierung € 12,5 Mio., daher „Gesamtforderungen" € 1.000 Mio.; Bardepot 1,5% bzw. € 15,0 Mio.; Ratings wie bei „Driver One" von Moody's/Fitch Aaa/AAA bzw. A1/A+; Marge auf 1-Monats-EURIBOR: + 0,09 % für Serie A und + 0,21 % für Serie B; Konsortialführer WestLB und BNP PARIBAS.

Die zwei Senior-Tranchen der „Driver One" wurden hier wieder durch eine Haupttranche „Serie A" ersetzt. Die Struktur inkl. der Sicherungselemente war dieselbe wie seit der VCL No. 6 Emission – mit einem wesentlichen Unterschied: In den bisherigen Transaktionen wurde ein Paket von Forderungen verbrieft und dann die ABS-Anleihe gemäß ihrer Amortisationsstruktur in Raten zurückgezahlt, die die Zinszahlungen und Tilgungsanteile des Nominalbetrages beinhalteten. ABS-Anleihen dieser Art, bei denen es sich um die einmalige Verbriefung eines bestimmten Forderungsportfolios handelt, werden durch den Begriff „Single Structure" charakterisiert (s.o. Abb. II.72). Bei der „Driver Two" Transaktion hingegen kam eine revolvierende Struktur – „Revolving Structure" – zur Anwendung: In dieser Struktur werden dem Investor für eine bestimmte Periode ab Beginn der Laufzeit – „Revolving Period" – nur die Zinsen ausbezahlt, während die Tilgungsanteile des Nominalbetrages von der Einzweckgesellschaft einbehalten werden, um damit während der „Revolving Period" laufend neue Forderungen anzukaufen. Im Falle der „Driver Two" Transaktion beträgt diese Periode drei Jahre. Erst danach setzt die ratierliche Rückzahlung der Anleihe ein. Daraus erklärt sich auch die auf den ersten Blick für eine ABS-Anleihe sehr lange Laufzeit von neun Jahren, während die Amortisationsperiode, die bei „Driver Two" im September 2008 einsetzt, mit den vorherigen ABS-Emissionen vergleichbar ist. Für den Forderungsverkäufer bietet diese Struktur den Vorteil, dass durch das ständige Nachliefern von neuen Forderungen während der „Revolving Period" insgesamt ein deutlich höheres Refinanzierungsvolumen erzielt werden kann.

Sonderfall ABS-Transaktion Europcar

Europcar kauft laufend Fahrzeuge von diversen Automobilproduzenten, die ihrerseits die Fahrzeuge im Rahmen von Rückkaufverpflichtungen nach vier bis sechs Monaten wieder zurücknehmen. Europcar möchte einen Teil der Flottenkäufe zwecks Diversifizierung seiner Finanzierungsbasis verbriefen. Die Transaktion war die erste paneuropäische und stellt einen Sonderfall dar, weil sie indirekt durch die Verbriefung von Forderungen an (!) Europcar erfolgte. Sie war sehr komplex, weil Forderungen aus vier Ländern – Deutschland, Frankreich, Italien, Spanien – mit unterschiedlichen gesetzlichen Rahmenbedingungen zu verbriefen waren. Arrangierende Bank war Crédit Agricole Indosuez (CAI, später „Calyon"), Betrag € 500 Mio., Laufzeit 5 Jahre, Emission 09/2004. Im Gegensatz zu den VCL und „Driver ..x.." Emissionen, die öffentliche Anleihen waren, handelte es sich hier um eine Privatplatzierung.

Die Transaktion im Überblick:

- Zur Finanzierung der laufenden Autokäufe von Europcar wird in jedem der vier Länder eine Einzweckgesellschaft „Securitifleet" gegründet.
- „Securitifleet" kauft die Fahrzeuge von den Herstellern und verleast sie im Rahmen einer „Master Operating Lease" an Europcar.
- Europcar bezahlt die Leasingraten an „Securitifleet" aus den Vermieteinkünften seiner Fahrzeuge.
- CAI stellt „Securitifleet" eine Kreditfazilität zur fortlaufenden Finanzierung der Fahrzeugkäufe bereit.

- CAI tritt seine revolvierenden Forderungen an „Securitifleet" an eine französische Einzweckgesellschaft „FCC" ab, die sie in Form einer ABS-Privatplatzierung zu ca. 80% an eine Investmentgesellschaft „Hexagon" verkauft. Der Rest wird durch nachrangige Darlehen von VIL und Europcar selbst finanziert.
- „Hexagon" refinanziert sich seinerseits durch die Emission von Commercial Paper.

Letztlich werden damit die Europcar-Flottenkäufe durch die Verbriefung der CAI-Forderungen an „Securitifleet" finanziert, die die Autokäufe tätigt und in Leasingforderungen an Europcar umwandelt. Eine Beschreibung der Transaktionsstrukturen in jedem einzelnen Land würde an dieser Stelle zu weit führen; der Überblick sollte ausreichen, um dem Leser einen Eindruck von den vielfältigen Gestaltungsmöglichkeiten bei ABS-Transaktionen zu vermitteln.

Einige technische Details:

- „Funding", anhand des Fallbeispiels VCL No.6: VWL hat insgesamt Forderungen i.H.v. € 1.000 Mio. veräußert. VCL No. 6 hat davon € 965 Mio. als ABS-Anleihe – € 935 Mio. Serie A, € 30 Mio. Serie B – im Markt platziert und den Ankauf der restlichen € 35 Mio. mittels eines Nachrangdarlehens von VIL finanziert. Der Gesamterlös, der an die VWL geflossen ist, hier i.H.v. € 1.000 Mio., wird in den Prospekten („Offering Circulars") generell als „Funding" bezeichnet.

- „Gesamtforderungen": bei der VCL No. 6 bestand eines der neuen Sicherungselemente aus einer Überkollateralisierung durch Verpfändung zusätzlicher Forderungen i.H.v. € 11 Mio. (s.o. Text zu „VCL No. 6" und Abb. II.72). Die insgesamt abgetretenen Forderungen belaufen sich damit auf € 1.011 Mio.; sie werden hier als „Gesamtforderungen" bezeichnet. Analoges gilt für die VCL No. 7 (s.o. Vgl. VCL No. 6/No. 7) und die „Driver ..x.."-Emissionen.

- Bardepot, auch Selbstbeteiligungskonto oder „Cash Collateral Account": die Höhe des Bardepots wird als Prozentsatz der „Gesamtforderungen" festgesetzt, entspricht z.B. bei der VCL No. 6 mit 1,5% einem Betrag von € 15,165 Mio. Analoges gilt für VCL No. 7 und „Driver ..x..".

- „Credit Enhancements": dieser Begriff umfasst üblicherweise alle Sicherungselemente einer Transaktion, die über die Forderungsverbriefung hinausgehen: Sicherungsübereignung der Fahrzeuge, Bardepot, Überkollateralisierung durch Forderungsankauf mittels Nachrangdarlehen und eventuelle weitere Überkollateralisierungen.

- „Waterfall" („Wasserfall", „Order of Priority of Distribution") legt die Rangverhältnisse fest, nach denen die Zahlungsverpflichtungen bedient werden. Bei den VCL No. 6 und No. 7 sowie den „Driver ..x.." Emissionen bestand der „Wasserfall" aus 17 Stufen, die weitgehend juristische Feinheiten reflektieren und inhaltlich im wesentlichen in drei Gruppen unterteilt werden können: die Zahlungen an die Akteure der Transaktion wie den Zinsswap-Partner, den Treuhänder, den Verwalter der Einzweckgesellschaft VCL No. X und dergleichen, dann die Zinszahlungen an die Investoren der Haupttranche, gefolgt von den Zinszahlungen an die Investoren der Nachrangtranche. Danach kommen die Rückzahlungen der Nominalbeträge, zuerst an die Investoren der Haupttranche und dann an die der Nachrangtranche. Schließlich folgt die Bedienung des Nachrangdarlehens von VIL und etwaige Zahlungen an die VWL. Normalerweise besteht ein Risiko höchstens für die Investoren der B-Tranche, und das nur falls die „Credit Enhancements" nicht ausreichten, was sehr unwahrscheinlich ist. Andernfalls würde die Haupttranche nicht mit den Spitzenratings versehen werden und die Nachrangtranche nicht mit der immerhin besten Bewertung innerhalb der A-Kategorie.

- Die Ratings der beteiligten Akteure müssen bestimmte Mindestanforderungen erfüllen, um Abwicklungsrisiken zu minimieren: Das Bardepot muss normalerweise bei einer Bank eingerichtet werden, die über ein Kurzfristrating der Kategorien A-1/P-1 verfügt (→ II.3.2.2, Abb. II.29). Die Bank, mit der der Zinsswap Festsatz/1-Monat variabel (s.o. Abb. II.69) abgeschlossen wird, muss über ein Langfristrating von mindestens A+/A1 und ein Kurzfristrating von A-1/P-1 verfügen. Des weiteren bietet Moody's ein „Servicer Quality (SQ) Rating" und Fitch ein „Servicer Report Rating" an, die beide die Qualität der Dienstleistungen des „Service Providers" einstufen. (Nachrichtlich: VWL bzw. VW Bank haben solche Ratings nicht beantragt. Fitch erteilt sie jedoch von sich aus, d.h. ohne Beantragung seitens des Emittenten; die VCL- und Driver-Emissionen wurden mit dem höchsten „Servicer Report Rating" versehen.).

- „Clean-up Call" – auch „Optional Redemption of Notes", „Early Settlement" oder „Vorzeitige Abwicklung" – kam bei einer Volkswagen-Emission erstmals bei der VCL No. 3 zur Anwendung. Diese Klausel berechtigte die VWL die verbleibenden Leasingforderungen von der Einzweckgesellschaft zurückzukaufen, sobald der diskontierte Restbestand der ausstehenden Forderungen auf einen bestimmten Prozentsatz ihres ursprünglichen Volumens gesunken ist. Damit wird die Möglichkeit geschaffen, die Anleihe, d.h. ihren Restbestand, abzuwickeln, wenn der Forderungsstand auf ein Niveau abgesunken ist, das den Verwaltungsaufwand nicht mehr rechtfertigt. Bedingung ist, dass der Erlös aus diesem Forderungsrückkauf von der Einzweckgesellschaft an die Investoren weitergeleitet wird, was aus deren Sicht einer vorzeitigen Rückzahlung gleichkommt. Der „Clean-up Call" sollte gemäß BaFin unter dem Schwellenwert von max. 10% des ursprünglichen Forderungsvolumens liegen, weil andernfalls die Anerkennung der Transaktion als „echter Verkauf" gefährdet würde und damit die eigenkapitalentlastende Wirkung verloren ginge. Bei den Emissionen der VCL No. 3 bis No. 5 lag dieser Wert bei 3%, bei den ABS-Anleihen der VCL No. 6 und No. 7 sowie den „Driver One" und „Driver Two" Emissionen bei 9%.

<u>„Pass-through" und „pay-through"</u>

Grundsätzlich können ABS-Emissionen als „<u>pass-through</u>" oder als „pay-through" strukturiert werden. Alle oben beschriebenen ABS-Emissionen waren „pass-through" Strukturen, wie sie im Markt am gebräuchlichsten sind. Bei ihnen ist die SPC (hier VCL No. X, bzw. „Driver ..x..") eine rein passive Gesellschaft, d.h. sie leitet die Zahlungen an die Investoren einfach durch, ohne in den Zahlungsstrom einzugreifen. Die mittlere Laufzeit einer ABS-Anleihe errechnet sich aus der Durchschnittsfälligkeit des Forderungsportfolios und einer Schätzung vorzeitiger Rückzahlungen. Der tatsächliche Tilgungsstrom wird von den erwarteten Zahlungsströmen jedoch etwas abweichen.

Anders liegt der Fall bei der komplexeren „<u>pay-through</u>" Struktur. Hier werden vorzeitige Rückzahlungen von der SPC zwischenzeitlich angelegt; sie verhält sich somit nicht nur passiv, sondern nimmt ein aktives Cash-flow Management vor, um die Zahlungsströme an die Investoren zu glätten. Dies kann mittels eines „Guaranteed Investment Contracts" (GIC) bewerkstelligt werden. Bei diesem Verfahren werden vorzeitig erhaltene Rückzahlungen der Leasingnehmer zwischenzeitlich angelegt und später an die Investoren wie ursprünglich geplant weitergeleitet. Eine andere Methode, den Investoren Stabilität im zeitlichen Ablauf der Schuldentilgung zu gewährleisten, besteht in der Überkollateralisierung einer Emission, die zu den Überkollateralisierungen in den Strukturen obiger VCL No. 6 und No. 7 und „Driver ..x.." noch hinzukäme. Die beiden Arten von Überkollateralisierung stehen in keinem kausalen Zusammenhang: die eine dient der Stabilisierung des Tilgungsverlaufs der Anleihe, die andere der Absicherung gegen Zahlungsausfälle und -verzögerungen. Während die „pass-through" Variante zu 100% mit Forderungen unterlegt ist, beträgt die Unterlegung in der „pay-through" Variante über 100%. Hier werden vorzeitige Rückzahlungen an den ursprünglichen Forderungsverkäufer (VWL) zurückgeleitet, und die Zahlungen an die Investoren in ihrer ursprünglich vorgesehenen Höhe aus der Überkollateralisierung getätigt. Aufgrund dieser höheren Sicherheit im Tilgungsverlauf sind die Zinssätze

(„Spreads" über Bezugsbasis) im Vergleich zu „pass-through"-Strukturen marginal niedriger, was gegen die höheren Transaktionskosten aufgrund der komplexeren Struktur abzuwägen ist. Der Begriff „Sicherheit" bezieht sich hier ausschließlich auf den zeitlichen Ablauf der Rückzahlungen und nicht auf die Bonität der verbrieften Forderungen.

Die „Conduit"- Variante

Eine einfachere und schnellere, aber teurere Alternative zu den obigen ABS-Transaktionen bietet die „Conduit"-Struktur, die in den USA oft bevorzugt wird. Hier werden die Forderungen in eine Einzweckgesellschaft („Conduit" SPC) eingebracht, die von einer Bank gegründet wird, wodurch ein Großteil der Komplexität obiger Emissionen entfällt. In dieser „Conduit" SPC werden die Forderungen hinterlegt; die SPC begibt dann auf dieser Basis im eigenen Namen Commercial Paper, das auf diese Weise „asset-backed" ist. Diese Version ist teurer als die direkte Verbriefung von Forderungen, weil Commercial Paper gemäß der Anforderungen der Rating-Agenturen nicht ohne Back-up Linie (➜ II.3.2.3) begeben werden kann, wofür der Kunde die zusätzlichen Kosten von ca. zehn Basispunkten zu tragen hat. Ein Vorteil für die Bank liegt darin, dass sie die Forderungen von mehreren Klienten in diese SPC einbringen kann. Solche SPC's können Pools aus Forderungen verschiedener Unternehmen oder sogar Industriekategorien bilden und damit unterlegte Commercial Paper (CP) im eigenen Namen emittieren. Der Investor verlässt sich auf das Conduit-Rating und die Back-up Linie. Diese Methode kommt wegen der erforderlichen Markttiefe praktisch nur im EURO- sowie im US-/kanadischen Markt zum Einsatz.

Anmerkungen und Ergänzungen

1. Die Transaktionsstruktur ist seit der ersten ABS-Anleihe im Wesentlichen unverändert geblieben. Änderungen betrafen lediglich:
   - den Ersatz der Versicherungsgesellschaft durch eine Nachrangtranche ab der zweiten Emission,
   - die Möglichkeit mehrere Einzweckgesellschaften am selben Trust anzubinden, wie z.B. alle der VCL No. 2 nachfolgenden VCL-Gesellschaften an die „Car Finance No. 2 Trust",
   - die aufsichtsrechtlich bedingte Einbindung der Volkswagen Bank ab der dritten Emission,
   - die ergänzenden Sicherungsmechanismen ab der VCL No. 6 Emission, inkl. Nachrangdarlehen von VIL und
   - die Einführung einer revolvierenden Struktur in der „Driver Two" ABS-Emission.

Diese strukturelle Kontinuität erhöht die steuerliche Argumentationsqualität von Volkswagen sofern die Finanzverwaltung die ohne verbindliche Auskunft emittierten ABS-Anleihen der VCL No. 6 und No. 7 angreifen sollte. Schließlich waren alle vorhergehenden ABS-Transaktionen steuerlich anerkannt worden. Die neue gesetzliche Regelung für die oben beschriebene TSI-Emissionsplattform für Bankkreditforderungen dürfte eine weitere Stütze sein, zumal Bestrebungen allgemeiner Art bestehen, für die Verbriefung von Leasingforderungen dieselben steuerlichen Regelungen einzuführen.

2. Die Aufteilung der Tranchen A/B wird ebenso wie die Mindesthöhe des Bardepots von den Ratingagenturen vorgegeben. Sie unterwerfen das eingebrachte Forderungsportfolio ihrer eigenen Analyse und leiten daraus den Anteil an der Gesamtemission ab, der als Nachrangdarlehen (Serie B) zu begeben ist. Hierbei besteht so gut wie kein Verhandlungsspielraum, obschon der Anteil der Serie B mit der Reifung des Instruments gesunken ist. Das Bardepot unterliegt seit 2003 außerdem noch der von der BaFin vorgegebenen Höchstgrenze, so dass weitere Sicherungselemente erforderlich geworden sind (s.o. „VCL No.6" ff.).

3. Das Forderungsportfolio unterliegt für eine ABS-Anleihe einer Reihe von Einschränkungen, insbesondere darf es nur eine relativ kleine Anzahl von Leasing-Verträgen mit demselben Leasingnehmer enthalten, umso genannte Klumpenrisiken zu vermeiden. Leasing-Forderungen an verbundene Unternehmen (Tochtergesellschaften) sind ausgeschlossen. Weitere Einschränkungen können auferlegt werden, wie z.B. hinsichtlich des regionalen Ursprungs der einzelnen Leasingverträge, ihres Mindestalters und ihrer maximalen Restlaufzeit u.a.m.

4. In der VCL No. 7 Transaktion wurden ausnahmsweise Ratings von allen drei Agenturen – S&P, Moody's und Fitch – eingeholt. Das war ungewöhnlich und stand in keinerlei Zusammenhang mit der Emission an sich oder den zugrunde liegenden Forderungen. Es handelte sich vielmehr um ein „geschäftspolitisches" oder „übergeordnetes" Interesse – Begriffe, die oft verwendet werden, wenn einer beteiligten Partei Unannehmlichkeiten erspart bleiben sollen. Dabei geht es sowohl um die Gebühren, die für die Ratings bei jeder Transaktion anfallen als auch um das Erscheinungsbild im Markt. Gegen einen solchen Kompromiss ist nichts einzuwenden, wenn dem Emittenten dadurch keine Mehrkosten entstehen.

5. Das unternehmenseigene Rating, d.h. das Rating des Forderungsverkäufers, kann dem Volumen der Verbriefbarkeit Grenzen setzen. Wenn der Forderungsverkäufer in seinem Portfolio Forderungen unterschiedlicher Bonität hält und die besten davon verbrieft, so wird die Bonität des verbleibenden Forderungenportfolios zwangsläufig reduziert. Wenn sie auf

eine kritische Größe absinkt, werden die Rating-Agenturen darauf mit einer Herabstufung des Unternehmens reagieren, was zu einer Verteuerung seiner sonstigen Fremdmittelaufnahmen führen wird. Die potentielle Auswirkung von Forderungsverkäufen auf das unternehmenseigene Rating impliziert daher einen Maximalwert für das Verbriefungsvolumen.

6. Der Wirtschaftsprüfer, der mit der Treuhandfunktion betraut wird, darf nicht derselbe sein, der den Jahresabschluss des Unternehmens testiert oder die Direktoren der Einzweckgesellschaften VCL No. X/„Driver ..x.." stellt. Er würde sich sonst nämlich in diesem Punkt selbst prüfen; das wäre ein Interessenskonflikt.

7. Das „Bundesaufsichtsamt für das Kreditwesen"[*] erteilte 1997 auch Banken die Genehmigung ABS-Anleihen zu emittieren, die nun auf Basis der oben beschriebenen TSI-Emissionsplattform sogar im Inland ohne gewerbesteuerliche Belastung begeben werden können. Banken dürfen aber nicht selbst Garantien oder Avalkredite bereitstellen, um ihre eigenen ABS-Emissionen gegen Forderungsausfälle abzusichern.

8. Die bilanzielle Behandlung von ABS-Transaktionen hat in den letzten Jahren wiederholt Änderungen erfahren und kann hier nicht im Detail behandelt werden. Die deutsche Rechnungslegung nach HGB[**], die internationale nach IAS[**], bzw. IFRS[**] und die amerikanische nach US-GAAP[**] verfolgen z.T. unterschiedliche Ansätze hinsichtlich der Behandlung von „on-balance/off-balance". So kann ein ABS unter deutscher Rechnungslegung (HGB) „off-balance" sein, unter IAS bzw. IFRS oder US-GAAP aber „on-balance". Unterschiede können außerdem zwischen der Verbuchung bei der forderungsveräußernden Gesellschaft und dem Konzernabschluss auftreten. Das kann dazu führen, dass eine ABS Transaktion bei einer Tochtergesellschaft „off-balance" ist, in der Konzern-Konsolidierung aber „on-balance", oder umgekehrt. Je nach Zielsetzung sollte daher die Rechnungslegung für jede einzelne ABS-Transaktion im Vorhinein untersucht werden, möglichst unter Einbeziehung des Wirtschaftsprüfers. Vor dem ENRON-Skandal war es jedenfalls leichter als heute, ABS-Transaktionen „off-balance" zu gestalten. Auch die Ratingagenturen legen immer strengere Kriterien hinsichtlich der bilanziellen Behandlung zugrunde.

---

[*] Vorläufer der „Bundesanstalt für Finanzdienstleistungsaufsicht" (BaFin).
[**] HGB: Handelsgesetzbuch
      IAS: International Accounting Standards (Vorläufer von IFRS)
      IFRS: International Financial Reporting Standards
      US-GAAP: United States – Generally Accepted Accounting Principles

An dieser Stelle ist der außergewöhnliche Fall einer ABS-Emission eines namhaften japanischen Automobilproduzenten vor einigen Jahren in den USA zu erwähnen. In den USA werden im Gegensatz zu den oben geschilderten ABS-Anleihen deutscher Emittenten die Restwerte normalerweise in die Verbriefung mit einbezogen, so dass am Laufzeitende noch ein so genanntes „balloon payment" erfolgt. Trotz ex ante ausreichender Sicherung gegen Ausfallrisiken entstand die Situation einer unzureichenden Deckung der Anleihe aufgrund eines unerwartet hohen Verfalls der Restwerte (Preisverfall im Gebrauchtwagenmarkt). Da der Emittent im Hinblick auf künftige Emissionen im Kapitalmarkt seinen guten Namen schützen wollte und die fragliche ABS-Emission außerdem noch den Firmennamen trug, entschloss sich diese Firma die erforderlichen Mittel nachzuschießen. Obwohl dazu keine rechtliche Verpflichtung bestanden hätte, sah sich das Unternehmen also de facto wie bei einer Kreditverbindlichkeit im Obligo und stand für die Forderungsausfälle gerade. Die Folge davon war, dass die Ratingagenturen danach rigorosere Maßstäbe hinsichtlich der „on-balance/off-balance" Kriterien anlegten und ABS-Anleihen der Verschuldung eines Unternehmens in den meisten Fällen hinzurechneten.

9. Die Übereignung der Fahrzeuge an die Einzweckgesellschaft und ihre Weiterleitung an den Treuhänder ist eines der Sicherungselemente bei allen hier besprochenen ABS-Emissionen. Sie kann nur vollständig erfolgen, weil die Fahrzeuge (Sicherungsgut) schließlich unteilbar sind. Bei den „Driver ..x.."-Emissionen entspricht die Summe der verbrieften Forderungen – Ratenzahlungen decken den Verkaufspreis voll ab – in etwa dem Wert der Fahrzeuge. In den USA ist dies i.d.R. auch bei leasing-basierten ABS-Anleihen der Fall, weil die Restwerte mit verbrieft werden. In diesen Fällen ist die Sicherungsdeckung Fahrzeuge/Anleihen daher in etwa 1:1. Anders liegt der Fall bei den leasing-basierten ABS-Anleihen der VCL No. 1 bis No. 7. Hier beträgt der Verbriefungsanteil nur 40%-50% des Vermietvermögens (s.o. „VCL No. 1"). Die vollständige Übereignung der Fahrzeuge bedeutet daher, dass die verbrieften Forderungen allein schon mit diesem Sicherungselement um ca. das Doppelte übersichert werden, obwohl im Verwertungsfall die Investoren nur in der Höhe ihres Anspruches zu bedienen wären und die Überschüsse ohnedies an die VWL zurückfließen würden. Die Konsequenz daraus ist, dass ca. die Hälfte des Vermietvermögens – die Restwerte – für die Belehnung anderer Fremdmittelaufnahmen blockiert ist und damit potentielle Kreditkapazitäten gebunden werden. Im Falle Volkswagen ist dieser Punkt nur theoretischer Natur, weil Volkswagen ebenso wie andere erste Adressen für seine sonstigen Fremdmittelaufnahmen keine dinglichen Sicherheiten zu stellen braucht. Grundsätzlich sollte jedoch die Besicherungshöhe in

einer vernünftigen Relation zu den aufgenommenen Mitteln stehen und Kreditkapazitäten im Sinne einer Liquiditätsvorsorgemaßnahme möglichst freigehalten werden. Das Problem wurde durch eine rechtliche Regelung gelöst, die der VWL einen Herausgabeanspruch auf den Besicherungsüberschuss (prognostizierte Restwerte) zugestand, wovon aber nie Gebrauch gemacht werden musste. Eine Lösungsmöglichkeit besteht auch darin, dass das Sicherungsgut nicht über die Einzweckgesellschaft, sondern direkt an den Treuhänder übertragen wird, der den Erlös im Verwertungsfall pro rata an die Investoren und die VWL leiten würde. Die Position der Investoren würde sich dadurch nicht verschlechtern.

10. Ursprünglich stand die Bilanzverkürzung im Vordergrund („true sale concept"), weil damit das Eigenkapital entlastet und die bilanziellen Kennziffern verbessert werden konnten. In den USA ist dies i.d.R. nur mehr möglich, wenn die Einzweckgesellschaft den Investoren selbst oder der arrangierenden Bank gehört. Allerdings steht heute die Bilanzierungsthematik weniger im Vordergrund als vielmehr die Frage der Finanzierungskosten. Mit der Verschlechterung der Bonitätseinstufungen und der Spreadausweitung sind direkte Anleihen am Kapitalmarkt für viele Unternehmen zu teuer geworden. Bei ABS-Emissionen hingegen wird die Bonität nicht vom Unternehmen, sondern von der Qualität der unterlegten Forderungen bestimmt. Damit steht mit ABS ein Instrument zur Verfügung, das selbst bei sich verschlechternder Unternehmensbonität eine kostengünstige Refinanzierung ermöglicht (Beispiele: FORD, General Motors, Fiat, → II.3.2.2, Abb. II.31 und Abb. II.32). Der Nachteil des Instruments besteht lediglich darin, dass es komplexer EDV-Programme bedarf und aus Gründen der Kosteneffizienz nur in relativ großen Beträgen emittiert werden kann. Letzteres impliziert, dass Forderungen erst akkumuliert und vorfinanziert werden müssen, ehe sie zu einer ABS-Emission geschnürt werden können. Die Kosten der Vorfinanzierung hängen wiederum von der Unternehmensbonität ab (s.o. Abb. II.68, Stufe I: Ursprungsgeschäft).

Auch ein on-balance ABS entlastet das Eigenkapital, weil damit eine Reduktion der Risikoaktiva nach KWG (Kreditwesengesetz) einhergeht, wie folgende Modellrechnung verdeutlicht:

Modellrechnung (vereinfacht)	Vor ABS Mio €	ABS Mio €	nach ABS Mio €
Bilanzsumme[*]	37.500	- 970[**]	37.500
davon Risikoaktiva[*]	37.500	- 970[**]	36.530
Haftendes EK nach KWG Grundsatz I (Kern- u. Ergänzungskapital)	3.300		3.300
EK-Unterlegung (Quote)	8,8%		9,0%
EK-Reserve für Wachstum (Diff. zu 8% Mindestanforderung)	0,8%		1,0%
Max. zulässige Summe Risikoaktiva bei 8% EK (3.300/0,08 = 41.250)	41.250		41.250
./. tatsächl. Summe der Risikoaktiva	37.500		36.530
Differenz = Erhöhung der Wachstumsreserve	3.750		4.720

+ 970

Wenn auch bei „on-balance" die Bilanz selbst nicht verkürzt wird, so reduziert sich doch die mit Kapital zu unterlegende Summe der Risikoaktiva. Diese Kapitalentlastung erlaubt dann eine weitere Geschäftsexpansion ohne dafür neues Kapital beschaffen zu müssen.

11. Die Investorenbasis reflektiert auch hier die individuellen Platzierungsstärken einzelner Banken und variiert von Emission zu Emission. Als Beispiele dienen die Platzierungen der 3. und 4. ABS-Emission (VCL No. 3 und No. 4) für die Serie A nach Investoren und Ländern; Abb. II.73 und II.74:

---

[*] Die Bilanzsumme ist per Definition die algebraische Summe aller bilanziellen Einzelposten, während die Summe der Risikoaktiva eine nach bestimmten Risikokriterien und -gewichtungen berechnete Größe ist. Die Summe der einzelnen risikogewichteten Aktivposten (→ II.3.1, II.3.2.1) bestimmt die erforderliche Unterlegung der Bilanz mit Eigenkapital.

[**] ABS hier „on balance"; ABS-Erlös nach Abzug des Bardepots, Überkollateralisierung u.ä.

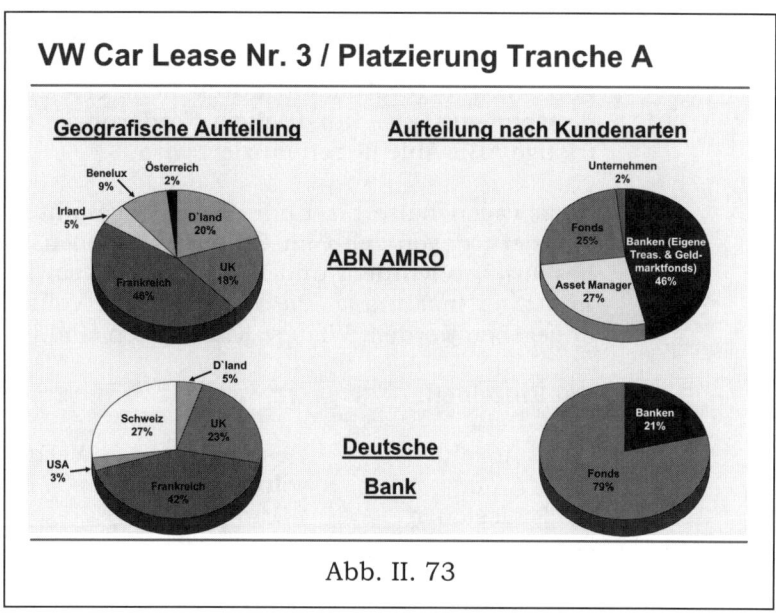

Abb. II. 73

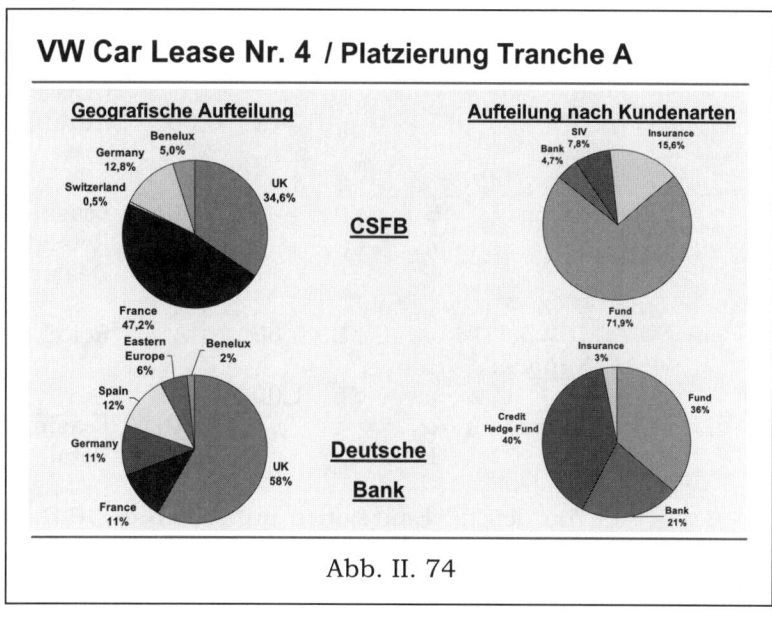

Abb. II. 74

12. Der ABS-Markt weist in den USA vielfältigere Strukturen aus als in Europa. So hat Volkswagen neben der Verbriefung von Forderungen auf Basis von Leasing-Verträgen („Lease Receivables") und Ratenverkäufen („Retail Receivables") in den USA auch ABS-Emissionen auf Basis von Forderungen an Autohändler getätigt. Solche Forderungen entstehen aus der Finanzierung ihrer Lagerbestände („floor plan financing", „Dealer Receivables") und sind kurzfristiger Natur, i.d.R. unter drei Monaten. Wegen dieser kurzen Laufzeiten eignen sich diese Forde-

rungen an sich nicht für ABS-Emissionen. Das Problem konnte durch eine Struktur gelöst werden, in der die fällig werdenden Forderungen revolvierend durch neue ersetzt werden, so dass de facto eine Serie kurzfristiger Forderungen durch eine mittelfristige ABS-Anleihe refinanziert wird.

13. Volkswagen hatte bis Ende 2005 insgesamt 30 ABS-Anleihen emittiert, davon zehn im €-Raum, die oben alle im Einzelnen beschrieben wurden, und 17 in den USA sowie eine in England und zwei in Kanada, die hier nur der Vollständigkeit halber angegeben werden. Weitere Emissionen sind in Vorbereitung.

Im Einzelnen:

Anzahl der Emissionen		Gesamt- volumen (Mio.)		Verbriefungs- basis
€-Raum:				
10		€ 7,36		
davon	7		€ 4,70	Leasingforderungen („VCL No. 1 – 7")
	2		€ 2,16	Bankkreditforderungen („Driver One/Two")
	1		€ 0,50	Europcar-Forderungen
USA:				
17		$ 13,64		
davon	6		$ 4,90	Leasing Receivables
	7		$ 6,40	Retail Receivables
	4		$ 2,34	Dealer Receivables
UK:				
1		£ 0,68		Retail Receivables
Kanada:				
2		c.$ 1,00		
davon	1		c.$ 0,50	Leasing Receivables
	1		c.$ 0,50	Retail Receivables

Von den 20 Emissionen außerhalb des €-Raums waren zehn revolvierender Natur, d.h. der Programmrahmen wurde immer wieder mit neuen Verbriefungen aufgefüllt. Dasselbe gilt für die „Driver Two"- und die Europcar-Transaktion. Für die revolvierenden Strukturen wurde in obiger Tabelle der jeweilige Programmrahmen eingetragen, so dass das tatsächlich begebene Volumen eigentlich höher anzusetzen wäre. Von den 19 ABS-Emissionen in Nordamerika wurde für zehn die Conduit-Struktur verwendet.

Aktualisierung – „Sub-Prime" Krise 2007/08

Auf die oben beschriebenen ABS-Transaktionen folgten noch sechs weitere Emissionen der VW Financial Services AG – „VCL No.8/9/10", basierend auf Leasingraten, und „Driver Three/ Four/Five", basierend auf Kreditraten (Stand Feb. 08):

	Betrag € Mio.	Emissions-datum	Laufzeit, durchschnittl. Jahre, ca.	Struktur
„VCL No. 8"	970,00	29.06.06	4	revolv'd
„VCL No. 9"	970,55	26.02.07	1,6	amortis'd
„VCL No. 10"	970,55	29.11.07	1,6	amortis'd
„Driver Three"	959,50	27.10.06	4	revolv'd
„Driver Four"	963,00	27.04.07	2	amortis'd
„Driver Five"	1.254,50	27.02.08	2	amortis'd

Dazu kam noch eine Privatplatzierung „Private Driver 2007" i.H.v. € 250 Mio., emittiert am 28.11.07 mit durchschnittlicher Laufzeit ca. 2 Jahre in amortisierender Struktur. Außerdem brachte die Volkswagen Credit Inc. (VCI) in Nordamerika weitere Emissionen auf den Markt.

Die Strukturen dieser Emissionen brachten keine wesentlichen Neuerungen mehr gegenüber den vorangegangenen, so dass sich eine nähere Beschreibung erübrigt. Der Marktentwicklung infolge der „Sub-Prime" Krise, die im Sommer 2007 in den USA ausbrach und in der Folge Europa erfasste, konnte sich jedoch auch Volkswagen nicht entziehen. Für die beiden letzten Emissionen – „VCL No. 10" und „Driver Five" – mussten trotz unveränderter Spitzenratings deutlich höhere Zinsaufschläge („Spreads", Risiko-aufschläge, Risikoprämien) akzeptiert werden.

Es liegt im Wesen der Kapitalmärkte, dass eine ganze Klasse von Instrumenten – in diesem Fall die „Asset-backed Securities" – von den Marktteilnehmern pauschal gemieden werden, wenn ein ein-zelnes Segment davon in Misskredit gerät. In diesem Fall lag die Ursache für diese „Sippenhaftung" bei den „Collateralized Debt Obligations" (CDOs), die hohe Forderungsausfälle hinnehmen mussten[*] und den Investoren erhebliche Verluste zufügten. Im dritten und vierten Quartal 2007 mussten allein in den USA von

---

[*] Bei den „Asset-backed Securities" (ABS) wird i.d.R. nur eine Klasse von Forderungen ver-brieft, auf deren Grundlage eine „Special Purpose Company" (SPC) oder ein „Special Pur-pose Vehicle" (SPV) – also eine Einzweckgesellschaft – Wertpapiere emittiert; die Emission kann auch über einen so genannten „Conduit-SPC" (s.o.) erfolgen. Bei den „Collateralized Debt Obligations" (CDO's) werden verschiedene Klassen von Forderungen – u.a. auch ABS – gepoolt und auf deren Grundlage Wertpapiere emittiert. In diesem Sinne können CDO's als Überbegriff für alle Wertpapiere angesehen werden, die mit Kreditforderungen (inkl. Anleihen) unterlegt, d.h. besichert sind.

den führenden Kreditinstituten rd. \$ 75 Mrd. an Wertberichtigungen auf „Sub-Prime" Kredite vorgenommen werden, wobei Citibank und Merrill Lynch ca. zwei Drittel davon zu tragen hatten, gefolgt von Bear Stearns und Morgan Stanley. In Deutschland entfielen Abschreibungen auf US-Immobilienkredite i.H.v. rund € 20 Mrd.-Gegenwert allein auf die Sachsen-LB und die IKB. Wertberichtigungen dieser Größenordnung mussten auch von der Schweizer UBS (ca. \$ 18 Mrd.) und von englischen Banken vorgenommen werden. Für die G7-Länder wird der Abschreibungsbedarf auf insgesamt deutlich über \$ 500 Mrd. veranschlagt.

Während in allen in diesem Abschnitt beschriebenen ABS-Emissionen der Volkswagen Financial Services AG die mit AAA eingestuften Haupttranchen 93%-97% der Emissionen abdeckten, die Nachrangtranchen nie unterhalb der Ratingstufe A+ lagen und noch weitere Sicherungsmechanismen die Investoren vor Ausfällen schützten, wurden bei den US-Hypotheken „Sub-Prime" Verbriefungen bis hinunter in die BBB-Kategorie vorgenommen. Im Grunde handelte es sich dabei sogar um Risiken mit Klassifizierung B, die nur durch hohe Überkollateralisierung auf die Stufe BBB angehoben und durch eine Bondversicherung gegebenenfalls noch weiter verbessert werden konnten, u.U. bis auf AAA. Die Über- bzw. Versicherungen wurden jedoch gegenstandslos, als sie von den Kreditausfällen weit übertroffen wurden und die Bondversicherer selbst in Schwierigkeiten gerieten. Hinzu kam, dass die Papiere aktiv gehandelt und dabei die rechtlichen Absicherungen oft nicht mit übertragen wurden, was die Eintreibung der zugrunde liegenden Forderungen so gut wie unmöglich machte.

Damit endete wieder einmal ein lang anhaltender Börsenaufschwung – ein so genannter „Bull Run" – in einer Finanzkrise, wie dies bereits in den 1980er Jahren mit den „Insider Trading"-Skandalen und zu Beginn dieses Jahrzehnts mit den Bilanzskandalen der Fall war (→ II.3.2.2 und II.3.2.3, ENRON etc.). Der eigentliche Skandal in der gegenwärtigen „Sub-Prime" Krise besteht in der zu laxen Vergabe von Hypothekenkrediten in den USA, wo Hauskäufe bis zu 100% und teilweise sogar darüber hinaus (!) finanziert wurden, und das ohne eine entsprechende Prüfung der Kreditnehmer und ihrer Einkommens- und Vermögensverhältnisse (→ „ninja-Kredite"; „ninja" für „no income, no job, no assets"). Wie bereits in den Bilanzskandalen gerieten auch hier wieder die Ratingagenturen in die Kritik (→ III.3.2.2), die anscheinend – ebenso wie die Banken und Investoren – die Ausfallrisiken bei (zweitklassigen) Hypothekenforderungen unterschätzt oder zu oberflächlich überprüft hatten. Das kann daher rühren, dass Ausfallrisiken neben den verbrieften Aktiva selbst u.a. aufgrund historischer Erfahrungswerte beurteilt werden, was aber voraussetzt, dass sich die Rahmenbedingungen nicht wesentlich ändern. Diese Rahmenbedingungen betreffen in erster Linie das konjunkturelle Umfeld und die Zinskonditionen. Im Fall der

„Sub-Prime" Krise waren es die steigenden Zinsen, die die Kreditausfälle in die Höhe trieben, so dass die wirtschaftlich schwächeren Kreditnehmer ihre zuvor zu niedrigen Zinssätzen vereinbarten Hypothekenkredite nicht mehr bedienen konnten. Dabei wurde die Krise durch zwei Faktoren noch überhöht:
1. Die den Kreditnehmern ursprünglich angebotenen Zinssätze waren von Vornherein zu niedrig bemessen, d.h. vor allem nicht risikoadäquat („teaser rates"), so dass die später steigenden Kapitalmarktzinsen umso stärker ins Gewicht fielen;
2. Die steigenden Zinsbelastungen konnten zunächst durch die Aufnahme neuer Darlehen bedient werden, d.h. so lange die Immobilienpreise (Beleihungswerte) stiegen, wodurch der Ausbruch der Kreditkrise verzögert wurde.
Als diese Entwicklung an ihre Grenzen stieß und die Blase platzte, brach die Krise mit umso höherer Wucht über den Markt herein. In den Kapitalmärkten führte dies dazu, dass schon zuvor in Antizipation von Kursverlusten Kursabschläge auf diesbezügliche Wertpapiere vorgenommen wurden, als noch gar keine nennenswerten Ausfälle zu verzeichnen waren. In der Folge führte die Krise zu sehr illiquiden und intransparenten Märkten und die „mark-to-market" Bewertung damit zu Kursabschlägen, die fundamental im Grunde nicht nachvollziehbar waren.

Von den drei oben erwähnten Finanzmarktkrisen ist die „Sub-Prime" Krise die gravierendste. Die beiden vorangegangenen Krisen betrafen individuelle Marktteilnehmer und blieben vergleichsweise begrenzt, während die aktuelle Krise strukturell ist und den Markt in voller Breite trifft. Sie droht auf den Realsektor der Wirtschaft überzugreifen, zumal sie sich anscheinend erst in ihrem Anfangsstadium befindet und noch höhere Kreditausfälle im Jahr 2008 zu erwarten sind (Sachstand Jan. 2008). Es besteht die Gefahr, dass die Hypothekenkrise auf den Konsumgütermarkt (→ „Credit Card Receivables") und damit den wichtigsten Sektor der amerikanischen Wirtschaft übergreift und so eine Rezession oder zumindest einen Wachstumsrückgang auslöst. Dazu kommt, dass diese Krise die Banken in Bedrängnis gebracht hat, so dass sie sich mit der Kreditvergabe an Unternehmen zurückhalten und die Kreditkonditionen verschärfen mussten. Wie weit die Zentralbanken durch Zinssenkungen und massive Liquiditätsstützen dem entgegenwirken können – oder andere Maßnahmen seitens der staatlichen Organe die Auswirkungen der Krise abfedern können – bleibt aus der jetzigen Sicht des Januar 2008 abzuwarten. Hingegen kann man davon ausgehen, dass sich der ABS-Markt nach einiger Zeit von dem Schock wieder erholen wird, weil dieses Instrument als Mittel der Finanzierung so oder so unverzichtbar geworden ist.

Hinweis
Für eine gute und umfassende Beschreibung der Techniken, der Vielfalt von verbriefbaren Vermögenswerten und der Be-

sonderheiten einzelner Länder wird auf die Literatur[*] verwiesen. Das ABS-Instrument entwickelt sich allerdings rasch weiter und auch die rechtlichen und steuerlichen Rahmenbedingungen für ABS-Anleihen sind im Fluss. Dazu kann dem Leser an dieser Stelle nur das Studium eines Prospekts einer der letzten ABS-Emissionen empfohlen werden, wie er von ausgewählten Banken erhältlich ist. Selbstverständlich behandelt so ein Prospekt immer nur eine spezielle Emission und vermittelt keinen kompletten Überblick über den letzten Stand der Dinge.

Historie

Asset-Backed Securities wurden ursprünglich in den USA entwickelt. Die Pionierarbeit wurde von der „First Boston Corp." (später „Credit Suisse First Boston" – CSFB) geleistet, die Anfang 1985 die erste Emission auf Basis von Computer-Leasingforderungen auf den Markt brachte. Ihre Entwicklung fußte auf den „Mortgage-backed Securities" (MBS), die bereits in den 1970er Jahren in den USA erschienen. Die ABS-Einführung im deutschen Kapitalmarkt benötigte sieben Jahre Vorbereitungszeit, von 1989 bis 1996, u.a. wegen der erforderlichen Anpassungen an die spezifisch deutschen steuerlichen und rechtlichen Rahmenbindungen (s. dazu auch Anhang 6, Bericht aus der „Börsen-Zeitung" vom 03.02.96). Die Entwicklungsarbeiten wurden von Volkswagen, Deutsche Bank und CSFB geleistet. Volkswagen gab den Anstoß und war dann 1996 das erste deutsche Industrieunternehmen, das eine ABS-Anleihe emittierte. Neu daran war aus deutscher Sicht die erstmalige Verbriefung inländischer Forderungen und ihre (teilweise) Platzierung im deutschen Kapitalmarkt. Ohne enge Zusammenarbeit mit Deutsche Bank und CSFB wäre dies nicht möglich gewesen. Beide Institute leisteten hervorragende Arbeit. Bei Deutsche Bank ist insbesondere der Beitrag in rechtlichen Belangen und bei der erforderlichen Anpassung der Zahlungsmodalitäten im „Kassenverein"[**] zu erwähnen. CSFB brachte die Erfahrung aus den USA ein und leistete einen wesentlichen Beitrag bei der Schaffung der EDV-technischen Voraussetzungen. Und schließlich war die Platzierungsstärke beider Institute von größter Bedeutung, als es galt, die deutschen Investoren von dem Wert des neuen Instruments zu überzeugen.

---

[*]   z.B. 1.) John Deacon of UBS Warburg: „Securitisation: Principles, Markets and Terms" 2nd edition, Publisher: Asia Law & Practice, Hongkong, Euromoney Publications (Jersey) Ltd. 2000, ISBN: 962-936-080-2; 2.) John Deacon: „Global Securitisation and CDOs", Wiley Finance; 3.) Euromoney: „Global Securitisation Review 2007/08".

[**]   „Kassenverein" ist die gängige Bezeichnung für eine Wertpapiersammelbank, die die Girosammelverwaltung vornimmt. Aufgabe dieses Spezialinstituts ist die Wertpapierverwahrung und -verwaltung sowie der Effektengiroverkehr zwischen Kreditinstituten. Ende 1989 wurden alle Kassenvereine in der „Deutscher Kassenverein AG" zusammengefasst (Quelle: Obst/Hintner „Geld-, Bank- und Börsenwesen", 39. Auflage, herausgegeben v. N. Kloten und J.H. von Stein (Schaffer-Poeschal, 1993); 3. Teil: Marktleistungen und Eigengeschäfte der Kreditinstitute).

Die wichtigsten regulatorischen und gesetzlichen Voraussetzungen für die ABS-Einführung im deutschen Markt waren die folgenden:

- Das <u>Bürgerliche Gesetzbuch § 795</u> schrieb vor, dass im Inland ausgestellte Schuldverschreibungen nur mit staatlicher Genehmigung emittiert werden durften (BGB § 795 (1)) und dass „eine ohne die erforderliche staatliche Genehmigung in den Verkehr gelangte Schuldverschreibung nichtig ist" (Zitat BGB § 795 (2)). Die Deutsche Bundesbank bestand aus Kontrollgründen für alle Anleihen auf einer inländischen Zahlstelle, um die „Verankerung" der Anleihen innerhalb Deutschlands sicherzustellen. Beide Themen wurden hinfällig als der § 795 am 17.12.90 aufgehoben wurde.
- Die <u>Quellensteuer</u> erübrigte sich durch entsprechende Standortwahl für ausländische Einzweckgesellschaften, bzw. wegen fehlender Kreditinstituteigenschaft inländischer Einzweckgesellschaften.
- Die <u>Börsenumsatzsteuer</u> wurde hinfällig, da sie zum 01.01.91 abgeschafft wurde.
- Die <u>Mehrwertsteuer</u> greift nicht auf ABS als Wertpapiere. Die damit zusammenhängenden Inkasso-Tätigkeiten der VWL konnten als mehrwertsteuerbefreite Leistung, die Bankdienstleistungen ähnlich ist, qualifiziert werden. Die aktuelle Position des Bundesministeriums für Finanzen erlaubt die Auslegung, dass ABS-Transaktionen nicht nachteilig betroffen sind.
- Die <u>Gewerbesteuer</u> auf Fremdmittelaufnahmen (Dauerschuldthema) hätte das Instrument unattraktiv gemacht. Die Gewerbesteuer fiel nicht an, weil die Emissionsstelle ins Ausland verlagert wurde und die Abtretung der Kundenforderungen von der VWL an die VCL als Verkauf von Vermögenswerten anerkannt wurde. Damit entsprach der Anleiheerlös, der bei der VCL einging und an die VWL weitergeleitet wurde, der Entrichtung eines Kaufpreises und nicht einer Fremdmittelaufnahme im üblichen Sinne. Diese Klassifizierung erforderte die Zustimmung des niedersächsischen Landesfinanzministeriums, das das ABS-Projekt wohlwollend begleitete. Eine solche Zustimmung kann aber grundsätzlich nur nach Abstimmung mit allen anderen Bundesländern erteilt werden. Die zuständigen Länderreferenten treffen sich jedoch nur zweimal pro Jahr. Entsprechend zeitintensiv war der damalige Abstimmungsprozess. Nach der ersten ABS-Emission erfolgte bis inkl. VCL No. 5 die Abstimmung im Rahmen von verbindlichen Auskünften mit der zuständigen Landesfinanzverwaltung. Für den aktuellen Sachstand wird auf „VCL No. 6" zurückverwiesen.
- Der <u>Forderungsverkauf</u> musste als „echter Verkauf" anerkannt werden, da die betreffenden Forderungen ansonsten in einem „worst-case"-Szenario in die Konkursmasse mit einbezogen worden wären. Das Oberlandesgericht Düsseldorf hatte jedoch einen ähnlichen Verkauf als „nicht echt" beurteilt – ein Urteil,

das eineinhalb Jahre später wieder aufgehoben wurde. Ohne Anerkennung als „echter Verkauf" wären die Papiere von den Ratingagenturen nicht eigenständig, sondern mit der Bonitätsstufe des Emittenten bewertet worden. Ihr Kostenvorteil beruht aber darauf, dass ABS-Anleihen unabhängig vom Emittenten aufgrund ihrer Werthaltigkeit das Spitzenrating erhalten, was nur bei einem echten Verkauf möglich ist.

- Der Kassenverein war bis dato auf monatliche Ausschüttungen, wie sie bei ABS-Anleihen üblich sind, nicht eingestellt. Es mussten also neue Zahlungsmodalitäten eingerichtet werden.

- Ratings waren als der kostenoptimierende Faktor für die Anleihe und zur Erweiterung der Investorenbasis unerlässlich, so dass Standard & Poor's und Moody's einzubeziehen waren. Der Ratingprozess (→ II.3.2.2) war langwieriger als erwartet, da das ABS-Instrument im deutschen Markt auch für die beiden Ratingagenturen Neuland war. In der ersten ABS-Transaktion 1996 war für die beste Ratingskategorie die Teilnahme einer Versicherungsgesellschaft erforderlich, die über ein AAA/Aaa-Rating verfügen musste. Zum damaligen Zeitpunkt hatte noch keine Versicherung in Deutschland überhaupt ein Rating. Die „Zürich" Versicherung war freundlicherweise bereit, mit ihrem Spitzen-Rating die Volkswagen AG bei dem ABS-Vorhaben zu unterstützen.

- Die Vertragsgestaltung erwies sich ebenfalls als langwierig, insbesondere deren Abstimmung mit den Ratingagenturen.

- Die Verbriefung von Kundenforderungen der Volkswagen Bank, wie sie aus der Finanzierung von Ratenkäufen entstehen, wäre technisch einfacher durchzuführen gewesen als ABS-Transaktionen auf Basis von Leasingforderungen. Dennoch wurde für den deutschen Markt das Instrument zuerst anhand von Leasingforderungen entwickelt. Der Grund lag in den langwierigen Abstimmungsprozessen bei der Entwicklung des ABS-Instruments. Hätte man Bankforderungen zugrunde gelegt, wären zusätzlich noch Abstimmungen mit der Bankenaufsichtsbehörde vorzunehmen gewesen, was das Projekt womöglich noch weiter verzögert hätte. Die Bankenaufsicht stand dem ABS-Instrument damals skeptisch gegenüber. Ihre Befürchtung war, dass die bonitätsmäßig besten Forderungen in die ABS-Anleihen einfließen würden, die schlechteren hingegen auf der Bilanz der Bank verbleiben würden und sich deren Kreditportfolio folglich insgesamt bonitätsmäßig verschlechtern würde.

Diese Beispiele mögen genügen, um dem Leser einen Eindruck zu vermitteln, welche Hürden zu überwinden waren, um dieses Instrument im deutschen Markt einzuführen. Andererseits ist das ein gutes Lehrbeispiel dafür, dass man ein neues, vom Grundsatz her schlüssiges Konzept mit dem nötigen Beharrungsvermögen im Markt durchaus etablieren kann.

II 3.6   WANDELANLEIHEN

Wandelanleihen („Convertibles") sind in ihrer Standardversion[*] Anleihen, die den Investor berechtigen, die Anleihe zu einem bei der Emission festgelegten Kurs (Wandlungspreis) in Aktien zu tauschen. Übt der Investor sein Wandlungsrecht aus, so bezieht er die Aktie zu diesem Kurs vom Emittenten und die Anleihe wird im Gegenzug getilgt. Der Investor ändert damit seinen Status von dem eines Gläubigers zu dem eines Anteilseigners, während der Emittent sein Fremdkapital reduziert und sein Eigenkapital erhöht. Der Wandlungspreis liegt normalerweise zum Zeitpunkt der Anleiheemission über dem Marktkurs der Aktie. Steigt die Aktie über den Wandlungspreis, so kann der Anleger damit einen Kursgewinn erzielen. Für diese Chance ist er bereit, bei der Anleihe einen Zinssatz unter Marktniveau zu akzeptieren. Falls der Wandlungspreis nicht erreicht wird und der Investor nicht wandelt, bleibt die Anleihe bis zu ihrer Endfälligkeit bestehen; außerdem kann er sie jederzeit über die Börse verkaufen.

Im Prinzip würde der Investor sein Wandlungsrecht erst ausüben, wenn der Aktienkurs den Wandlungspreis erreicht hat, weil eine Wandlung davor wirtschaftlich nicht sinnvoll wäre. In der Praxis hingegen bleibt die Anleihe normalerweise sogar dann bestehen, wenn der Wandlungspreis erreicht und überschritten wird, weil die Anleihe mit steigendem Aktienkurs selbst auch an Wert gewinnt, und weil das Recht zum Bezug der zugrunde liegenden Aktien, das der Investor mit dem Kauf der Anleihe erwirbt, einen Zeitwert besitzt, den er mit der Wandlung aufgeben würde. Am Wandlungsrecht ändert sich dadurch ja nichts; der Anleger bleibt in der Wahl des Wandlungszeitpunktes frei und kann bis dahin weiter die Anleihezinsen beziehen. Wandlungen vor Laufzeitende sind selbst bei Aktienkursen über dem Wandlungspreis somit selten und kommen nur in Ausnahmefällen vor, z.B. wenn der Aktienkurs extrem gestiegen ist und die Dividendenrendite den Zinssatz der Anleihe übersteigt. Ein anderer Ausnahmefall kann z.B. im Zusammenhang mit Firmenübernahmen auftreten, wenn ein Investor sich unter bestimmten Umständen zur Wandlung veranlasst sieht, um die damit verbundenen Stimmrechte zu erwerben, was er aber sicherlich auch nur bei Aktienkursen über dem Wandlungspreis täte.

Im Wandlungsfall geht die Anleihe unter und das Unternehmen führt eine Kapitalerhöhung per Aktienemission zu dem bereits früher festgelegten Kurs, d.h. dem Wandlungspreis, durch. Insofern kann eine Wandelanleihe als eine „potentielle Kapitalerhöhung auf Zeit" beschrieben werden. Zum Zeitpunkt der Begebung wird die Anleihe mit „bedingtem Kapital" unterlegt, wofür zuvor die Genehmigung der Hauptversammlung (HV) einzuholen ist.

---

[*]   Für andere Versionen s.u. „Gestaltungsmöglichkeiten".

Die erforderliche Mehrheit beträgt in Deutschland 75% des bei der HV vertretenen Grundkapitals, falls die Unternehmenssatzung kein anderes Mehrheitsverhältnis vorschreibt. Damit wird das Unternehmen ermächtigt, neue Aktien zu emittieren wenn die Investoren die Wandlung verlangen. Die Kapitalerhöhung ist „bedingt", weil sie nur dann stattfindet, wenn der Investor sein Wandlungsrecht ausübt. Wandelanleihen werden in der Praxis meistens unter Ausschluss des Bezugsrechts begeben. Wandelanleihen mit Bezugsrecht müssten zuerst den Altaktionären angeboten werden, wie dies früher der Fall war; das ist zwar darstellbar, aber nicht praktikabel und im Markt heute weitgehend unüblich.

Die Anzahl der Aktien, die in Deutschland ein Unternehmen unter Ausschluss des Bezugsrechts maximal begeben kann, ist gesetzlich auf 10% des Grundkapitals – ausstehende Stamm- und Vorzugsaktien – limitiert. Diese Begrenzung gilt auch für ihren Einsatz als bedingtes Kapital zur Unterlegung einer Wandelanleihe mit Ausschluss des Bezugsrechts. Die Regelung „max. 10% des Grundkapitals" hat sich historisch entwickelt und erscheint in sich nicht ganz schlüssig. Stamm- und Vorzugsaktien sind zwei Aktienkategorien mit unterschiedlichen Stimm- und Dividendenberechtigungen und adressieren unterschiedliche Aktionärsinteressen. Dennoch bezieht sich die max.-10%-Regelung nur auf die Summe beider Aktiengattungen. Zum Beispiel: ein Unternehmen mit 300 Mio. Stamm- und 100 Mio. Vorzugsaktien mit gleichem Nominalwert pro Aktie könnte bis zu 40 Mio. Stamm- oder Vorzugsaktien unter Ausschluss des Bezugsrechts emittieren, d.h. bis zu 13,33% des Stammaktien- und bis zu 40% des Vorzugsaktienbestands. Das Thema „Aktienemissionen mit/ohne Bezugsrecht" wird in II.3.7 anhand eines Fallbeispiels vertieft.

Anstatt neue Aktien zu emittieren, könnte das Unternehmen auch eigene Aktien einsetzen, die es zuvor im Markt zurückgekauft hat. Eine solche Rückkaufaktion sowie die Verwendung der zurückgekauften Aktien zur Unterlegung einer Wandelanleihe bedarf ebenfalls der Genehmigung durch die Hauptversammlung und darf per Gesetz 10% des Grundkapitals nicht überschreiten. Bei dieser Vorgehensweise würde der Aktienbestand bei Wandlung unverändert bleiben und der Aktionär auch im Wandlungsfall keine Verwässerung erleiden.

Das Konzept

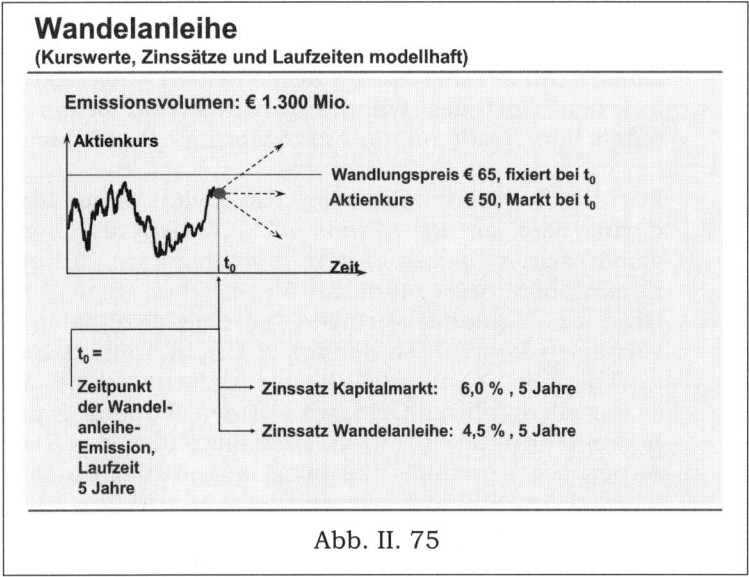

Wandelanleihe
(Kurswerte, Zinssätze und Laufzeiten modellhaft)

Emissionsvolumen: € 1.300 Mio.

Aktienkurs

Wandlungspreis € 65, fixiert bei t_0
Aktienkurs   € 50, Markt bei t_0

t_0 Zeit

$t_0 =$
Zeitpunkt
der Wandel-   Zinssatz Kapitalmarkt: 6,0 % , 5 Jahre
anleihe-
Emission,   Zinssatz Wandelanleihe: 4,5 % , 5 Jahre
Laufzeit
5 Jahre

Abb. II. 75

Abb. II.75: Der Börsenkurs liegt zum Zeitpunkt der Anleiheemission bei € 50 und der 5-jährige Kapitalmarktzins bei 6%. Statt einer normalen Anleihe zu 6% emittiert das Unternehmen zu 4,5%, bietet dafür aber dem Investor die Chance, die Anleihe zum Kurswert € 65 in Aktien zu tauschen und bei weiter steigenden Aktienkursen entsprechende Gewinne zu erzielen. Die Anleihe i.H.v. € 1.300 Mio. würde im Wandlungsfall dann durch die Ausgabe von 20 Mio. neuen Aktien ersetzt werden. Das Wandlungsverhältnis kann als 1 Aktie pro € 65 Nominalwert der Anleihe oder als Anzahl der Aktien pro Nominalwertstückelung, z.B. 15,385 Aktien pro € 1.000, formuliert werden.

Die Variablen zum Zeitpunkt der Anleihebegebung

Je höher der Wandlungspreis, d.h. je höher die Differenz des Wandlungspreises zum Aktienkurs am Emissionszeitpunkt (Prämienaufschlag, Wandlungsprämie), desto geringer wird der Wert des Wandlungsrechts, das der Investor erwirbt, was einen direkten Einfluss auf die Verzinsung der Wandelanleihe hat. Anders formuliert: je geringer die Wahrscheinlichkeit der Wandlung, desto geringer der erzielbare Zinsabschlag. Ähnliches gilt für die Laufzeit: je länger die Zeitspanne, in der gewandelt werden kann, umso höher die Wahrscheinlichkeit, dass der Wandlungsfall eintritt, und umso höher der Zinsabschlag, den der Investor zu akzeptieren bereit ist. Die Wandlung wird auch umso wahrscheinlicher, je niedriger der Kurs der Aktie bzw. je höher ihr Kurssteigerungspotential zum Zeitpunkt der Anleiheemission ist. Hierbei spielt sowohl die allgemeine Lage am Aktienmarkt eine Rolle als auch die Geschäftsperspektive des emittierenden Unternehmens. Diese Faktoren bestimmen die Wandlungswahrscheinlichkeit und spiegeln sich in der Volatilität wider: je volatiler die Aktie, umso höher die Wahrscheinlichkeit, dass der Wandlungsfall eintritt. Die Volatilität einer Aktie hat also einen entscheidenden Einfluss auf den Wert des Wandlungsrechts und bestimmt damit den möglichen „Trade-off" Wandlungsprämie/Emissionszinssatz.

Für den Emittenten liegt die Attraktivität dieses Instruments u.a. darin, dass er den „Trade-off" Prämienaufschlag/Zinsabschlag gemäß seiner eigenen Präferenz wählen kann; für optimale Konditionen sollte seine Aktie im Markt über einen genügend hohen Grad an Liquidität verfügen, er eine akzeptable Kreditqualität vorweisen können, so genannte Credit Default Swaps zur Kreditrisikoabsicherung (→ II.3.1) im Markt verfügbar sein etc. Will er vor allem billiges Geld, wird er den Wandlungspreis relativ nahe am Marktkurs ansetzen, läuft dann aber das Risiko, die neuen Aktien gegebenenfalls „zu billig hergeben" zu müssen, wenn der Kurs steigt. Will er hingegen die neuen Aktien im Wandlungsfall zu einem möglichst hohen Kurs emittieren, wird er einen Zinssatz näher am Marktniveau anbieten. Setzt der Emittent einen sehr hohen Kursaufschlag an, so kann dies im Markt dahingehend interpretiert werden, dass das Unternehmen selbst seine Aktie für unterbewertet hält, was zu einer Kursstützung führen kann.

Der Markt

Der amerikanische Kapitalmarkt hat die Entwicklung dieses Marktsegments angeführt, wie die Emissionsvolumina in Abb. II.76 zeigen:

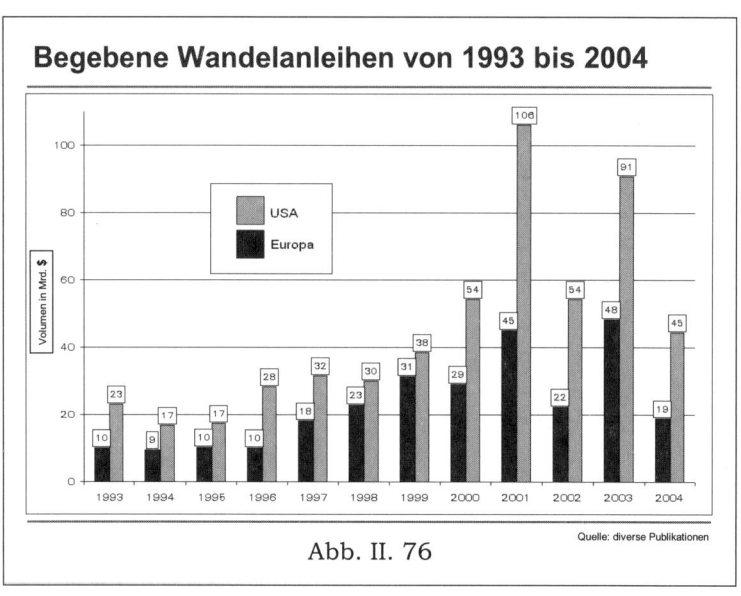

Abb. II. 76

Das Emissionsvolumen hängt u.a. von der Lage in den Aktien-märkten ab. Befindet sich der Markt im Aufwärtstrend, werden Unternehmen mit der Emission von Wandelanleihen – ebenso wie mit direkten Aktienemissionen – eher zurückhaltend sein, da sie erwarten, zu einem späteren Zeitpunkt neue Aktien zu günstige-ren Kursen emittieren zu können. Umgekehrt werden in einem fallenden Umfeld die meisten Investoren Zinsabschläge weniger bereitwillig akzeptieren, weil die Chancen auf Wandlungen und Kursgewinne geringer erscheinen. Ausgenommen hiervon sind die so genannten „Hedge Fonds", die das Aktienkursrisiko per Leer-verkauf der Aktie eliminieren und die Anleihe aufgrund ihrer Vo-latilität handeln. Für die Emission von Wandelanleihen sind prinzipiell volatile Märkte am günstigsten, weil dann die Chancen und Risiken ausgewogener sind. In einem solchen Umfeld ist das Instrument der Wandelanleihe einer direkten Kapitalerhöhung vorzuziehen – vorausgesetzt, das Rating wird durch den damit steigenden Verschuldungsgrad nicht gefährdet –, weil im Wand-lungsfall die neuen Aktien dank der Wandlungsprämie einen hö-heren Emissionskurs erzielen werden als bei einer direkten Kapi-talerhöhung. Außerdem sind volatile Märkte an sich schon Gift für eine Kapitalerhöhung per direkter Aktienemission, wie unten in II.3.7 näher ausgeführt wird.

Abb. II.77 und Abb. II.78 spiegeln die Aktienmärkte gegen Wandelanleihe-Emissionen:

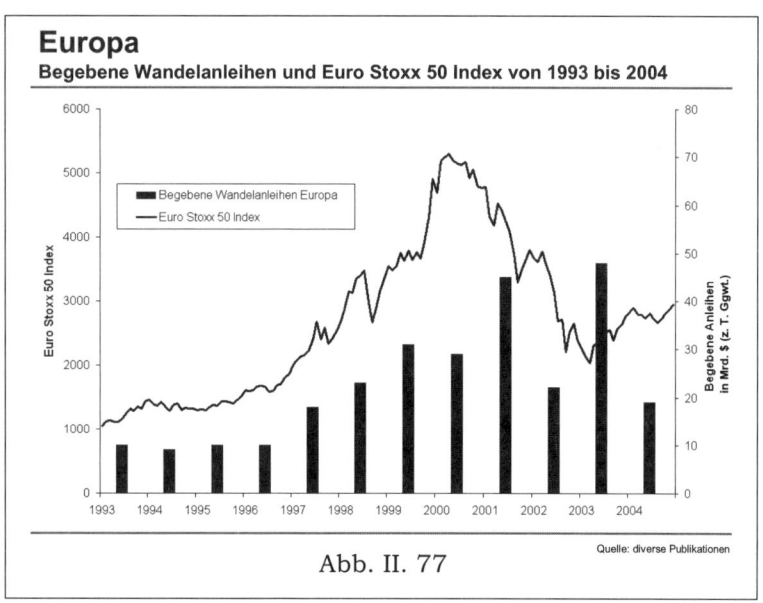

Abb. II. 77

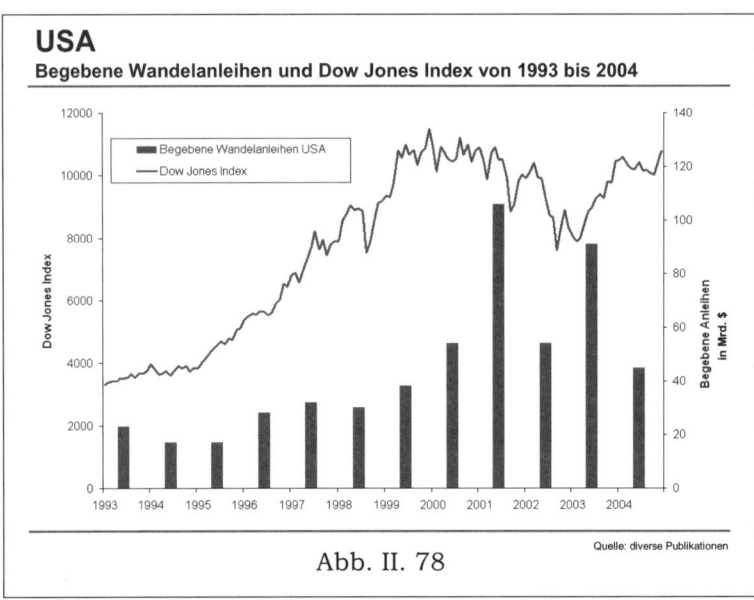

USA
Begebene Wandelanleihen und Dow Jones Index von 1993 bis 2004

Abb. II. 78

Neben der Aktienmarktlage wird das Emissionsvolumen von einer Reihe anderer Faktoren beeinflusst:

- Emittenten, die eine opportunistische Finanzierungsstrategie verfolgen (→ II.3), können unabhängig von der Aktienmarktlage agieren, da sie sich vorwiegend an den Marktchancen orientieren und nicht bedarfsgetrieben handeln müssen.

- Emittenten, die Fremdmittel erst bei Bedarf aufnehmen, können sich auch bei ungünstigen Marktbedingungen veranlasst sehen, eine Wandelanleihe zu emittieren. Wenn die Genehmigung für den Ausschluss des Bezugsrechts vorliegt, ist – abgesehen von einer 10%-Kapitalerhöhung ohne Bezugsrecht – eine Wandelanleihe schneller und einfacher zu emittieren als eine Bezugsrechtsemission nach deutschem Recht. Emittenten, die über kein Rating verfügen, würden eine Wandelanleihe auch einer reinen Bondemission vorziehen, um das langwierige Ratingverfahren und/oder aufwendige Roadshows zu vermeiden; beides ist für Wandelanleihen nicht erforderlich. Für Unternehmen mit Ratings und guter Bonität hingegen sind Bondemissionen, zumal im Rahmen eines laufenden MTN-Programms, am einfachsten zu bewerkstelligen.

- Der Verschuldungsgrad des Emittenten, insbesondere die Relation von Fremdkapital zu Eigenkapital, darf nicht zu hoch sein, denn zunächst wird eine Wandelanleihe zum Zeitpunkt der Emission das Fremdkapital erhöhen und damit womöglich das Rating unter Druck setzen, es sei denn, der Erlös der Wandelanleihe fließt in die Tilgung von Fremdverbindlichkeiten.

- Das Emissionsvolumen ist in Deutschland durch die gesetzliche „max. 10%"-Beschränkung für die Ausgabe neuer Aktien unter Ausschluss des Bezugsrechts limitiert. Gesetzliche Vorgaben dieser Art sind länderspezifisch.

- Die Konjunkturlage beeinflusst den Fremdmittelbedarf und damit auch die Emission von Wandelanleihen, ungeachtet der gerade vorherrschenden Kapitalmarktbedingungen. In Zeiten des allgemeinen Aufschwungs werden Investitionspläne hochgefahren (Expansionen, Akquisitionen etc.), in der rezessiven Phase zurückgenommen; ebenso schwankt die Nachfrage nach Absatzfinanzierungen. Dementsprechend „atmet" das Emissionsvolumen mit dem Konjunkturzyklus.

- Das Emissionsvolumen steigt tendenziell an, wenn nach einer längeren Rezession ein neuer Aufschwung einsetzt und die Marktlage für direkte Aktienemissionen noch ungünstig ist, zumal mit Abschlägen wie sie in Deutschland bei einer traditionellen Bezugsrechtsemission erforderlich wären. Dann können Wandelanleihen besonders attraktiv sein, da der Zinsabschlag von dem ohnedies schon niedrigen Zinsniveau am Ende einer Rezession „einmalige" Konditionen für die Fremdmittelaufnahme ermöglicht und die unterbewerteten Aktienkurse zugleich ungewöhnlich hohe Wandlungsprämien zulassen. Im Wandlungsfall würden dann zumindest vertretbare Aktienkurse erzielt werden.

- In den USA wurden ab 2001 verstärkt Wandelanleihen emittiert, um mit dem Erlös eigene Aktien zurückzukaufen. Der Rückkauf eigener Aktien ist in den USA gesetzlich nicht begrenzt. In Deutschland hingegen dürfen eigene Aktien nur bis max. 10% des Grundkapitals zurückgekauft werden. Aktienrückkäufe können die unterschiedlichsten Ziele verfolgen; die wichtigsten sind:
    - Restrukturierung der Bilanz
    - Änderung der Aktionärsstruktur
    - Einsatz als Akquisitionswährung für Firmenübernahmen
    - Verwendung bei Überkreuzbeteiligungen
    - Verteidigung gegen feindliche Übernahmen
    - Vorbereitung auf eine spätere Wandelanleiheemission
    - Thema Kurspflege, Verbesserung der Kennziffer Gewinn pro Aktie, Anhebung des Aktienkurses im Rahmen der „Investor Relations" (→ IX.1)
    - ausländische Börseneinführungen
    - Einzug
    - Verwendung als Mitarbeiteraktien, Bedienung von Mitarbeiteroptionen

Aufgrund der gesetzlichen Volumensbegrenzung auf max. 10% des Aktienbestandes können Aktienrückkäufe in Deutschland keine so hohe Wirkung entfalten wie in den USA.

Die Wirkungsweise eines Aktienrückkaufs mittels Wandelan-
leiheerlös lässt sich am besten anhand eines Rechenbeispiels
beschreiben: ein Unternehmen will niedrige Kurse nutzen, um
eigene Aktien aus dem Verkehr zu ziehen. Der Aktienkurs
steht bei $ 25,0 und das Unternehmen will 40 Mio. Aktien zu-
rückkaufen, wofür es $ 1,0 Mrd. benötigt[*]; es begibt eine
Wandelanleihe i.H.v. nominal $ 1,0 Mrd. mit einem Wand-
lungskurs von $ 32,5 pro Aktie, d.h. mit einer 30%igen Wand-
lungsprämie, und einem entsprechenden Zinsabschlag. Der
Anleiheerlös wird für den Rückkauf eigener Aktien verwendet.
Tritt der Wandlungsfall nicht ein, so wird das Unternehmen
40 Mio. eigene Aktien vom Markt nehmen und der Zinsaufwand über die Laufzeit der Anleihe den eingesparten Dividenden auf 40 Mio. Aktien gegenüberstehen. Wird nach Beendi-
gung der Rückkaufaktion gewandelt, so muss das Unternehmen 30,77 Mio. neue Aktien ($ 1.000 Mio./$ 32,5) emittieren,
hat also netto noch immer 9,23 Mio. eigene Aktien vom Markt
genommen. Auch hier hat der Emittent während der Laufzeit
den eingesparten Dividenden den Zinsaufwand gegenüberzu-
stellen; zudem reduziert sich der künftige Dividendenaufwand.

Das Risiko einer solchen Aktion besteht darin, dass der Aktienkurs nach der Wandelanleihe-Emission bzw. während der
Rückkaufaktion steigt. In diesem Fall könnten im obigen Beispiel mit dem Emissionserlös von $ 1,0 Mrd. nur entspre-
chend weniger Aktien zurückgekauft werden. Dies könnte unter Umständen sogar zu einer Erhöhung des Aktienbestands
führen, nämlich dann, wenn der Kurs vor dem Rückkauf von
mindestens 30,77 Mio. Aktien über den Wandlungspreis steigt
und gewandelt wird. In einem solchen Fall wäre die ganze Aktion kontraproduktiv verlaufen. Der „worst case" wäre, dass
der Wandlungsfall eintritt bevor die Rückkaufaktion überhaupt begonnen hat.

Eine Rückkaufaktion wirkt tendenziell kursstützend, da die
zusätzliche Nachfrage und die reduzierte Anzahl ausstehender
Aktien höhere Kurse begünstigt. Fallende Kurse sind in einem
solchen Szenario eher unwahrscheinlich, würden die Aktion
aber begünstigen und den Rückkauf von mehr als 40 Mio. Aktien ermöglichen.

In den USA führten im Jahr 2003 die beiden letztgenannten Faktoren – Vorsorgemaßnahmen und Aktienrückkäufe – anscheinend
zu dem unverhältnismäßig hohen Emissionsvolumen von $ 91
Mrd. (s.o. Abb. II.76 und Abb. II.78). Vor dem Hintergrund niedriger Zinssätze und steigender Aktienkurse konnten dabei Prä-
mienaufschläge von bis zu 100% erzielt werden, was mit „norma-

---

[*] Der Einfachheit halber wird in dieser Modellrechnung zunächst die (unrealistische) Annahme getroffen, daß der Aktienkurs während der Rückkaufaktion konstant $ 25 beträgt.

len" Aufschlägen von 15% bis 40% zu vergleichen ist. In Europa hingegen war das hohe Emissionsvolumen von $ 48 Mrd. (s.o. Abb. II.76 und Abb. II.77) vor allem auf Privatisierungen zurückzuführen, für die etliche Regierungen angesichts schwacher Aktienmärkte dem Einsatz von Wandelanleihen den Vorzug vor einem direkten Verkauf gaben. Hinzu kamen noch einige opportunistische Emissionen, um die günstigen Marktkonditionen nicht ungenutzt verstreichen zu lassen.

Chancen und Risiken bei Wandelanleihen

Der Emittent erhält Fremdmittel zu Zinssätzen unter Markt bis zur Wandlung bzw. über die gesamte Laufzeit der Anleihe. Wird gewandelt, erzielt er einen deutlich höheren Kurs für die neuen Aktien als zum Zeitpunkt der Anleiheemission darstellbar gewesen wäre. Hinzu kommt, dass der Emissionsvorgang einfacher und schneller ist und die Gebühren deutlich niedriger sind als bei direkten Aktienemissionen. In einem volatilen Umfeld müsste er bei einer traditionellen Aktienemission mit Bezugsrecht hohe Abschläge für den Bezugspreis gewähren um sicher zu stellen, dass der Aktienkurs während der Bezugsperiode nicht unter den Bezugspreis fällt (→ II.3.7). Bei einer Aktienemission unter Ausschluss des Bezugsrechts ist ein geringer Abschlag zum Börsenkurs die Regel; allerdings ist eine Prämie wie bei der Begebung einer Wandelanleihe nicht zu erzielen. Bei der Wandelanleihe hingegen besteht die Sicherheit, im Fall der Wandlung den vorher festgesetzten Wandlungspreis zu erzielen. Ein gewisses Kursrisiko besteht jedoch bei Platzierung einer Wandelanleihe mittels Bookbuilding-Verfahren (→ II.3.7): fällt der Aktienkurs während der Bookbuilding-Periode, so wird die angestrebte Wandlungsprämie schließlich auf ein niedrigeres Kursniveau Bezug nehmen müssen und damit zu einem niedrigeren Wandlungspreis führen.

Wandelanleihen bringen außerdem indirekte Vorteile für das Unternehmen und seine Aktionäre: der höhere Erlös pro Aktie im Wandlungsfall im Vergleich zu einer direkten Aktienemission impliziert, dass für einen gegebenen Mittelbedarf weniger neue Aktien erforderlich sind. Infolgedessen wird der alte Aktienbestand weniger verwässert und der Aufwand für künftige Dividendenzahlungen (ceteris paribus) geringer ausfallen. Bis zur Wandlung kommen die geringeren Zinskosten der Ertragslage des Unternehmens zugute, was – zumindest in der Theorie – den Aktienkurs stärkt und somit dem Aktionär zum Vorteil gereicht. Wird die Anleihe gar nicht gewandelt, so wird das bedingte Kapital nicht in Anspruch genommen; die diesbezügliche Genehmigung der Hauptversammlung (HV) für die Emission neuer Aktien unter Ausschluss des Bezugsrechts bleibt damit für etwaige weitere Finanzierungsmaßnahmen bestehen, vorausgesetzt sie fällt noch in die ursprüngliche Gültigkeitsdauer des HV-Beschlusses.

Ein Risiko für den Emittenten besteht darin, dass sein Aktienkurs nicht wie erwartet verläuft. Wollte er nur billige Fremdmittel aufnehmen, so kann die Wandelanleihe bei steigendem Aktienkurs ihn zu einer ursprünglich nicht angestrebten Kapitalerhöhung zwingen. War die Kapitalerhöhung sein Ziel, so hätte er bei günstiger Marktentwicklung statt des Wandlungspreises später einen noch höheren Kurs für seine neuen Aktien erzielen können.

Der traditionelle Anleger hofft auf Wandlung und Realisierung eines Gewinns bei weiterem Kursanstieg der Aktie bzw. auf die mit steigendem Aktienkurs verbundene Wertsteigerung der Anleihe. Davon geht er aus, denn sonst würde er die Wandelanleihe mit ihrem niedrigeren Zinssatz nicht zeichnen. Wird diese Chance jedoch nicht realisiert, so erzielt er wenigstens einen Mindestertrag aus der Anleihe und erhält am Laufzeitende den Nominalwert seiner Anlage zurück (vom Insolvenzrisiko wird an dieser Stelle abgesehen). Das Risiko fallender Aktienkurse trifft ihn also nur in Form eines Opportunitätsverlustes und eines Zinsminderertrags. Als Ausnahme sind wieder die „Hedge Fonds" zu erwähnen, die das Aktienkursrisiko durch einen Leerverkauf der Aktie eliminieren und ihre Handelstätigkeit auf die Volatilität abstellen (s.u. Anmerkungen, Punkt 7).

Anmerkungen

1. Erreicht der Aktienkurs die Höhe des Wandlungspreises, so bedeutet das noch nicht, dass der Anleger gleich wandelt. Er wird bei einem steigenden Kurs eher später wandeln, um einen möglichst hohen Kursgewinn zu erzielen, und weil er andernfalls den Zeitwert seines Wandlungsrechts mit der Wandlung aufgeben würde. Den Kursgewinn kann er zwar erzielen, wenn er wandelt und die Aktie hält, trägt dann aber das volle Kursrisiko und geht während dieser Zeit des Zinseinkommens und des Zeitwerts der Wandlungsoption verlustig. Außerdem partizipiert der Investor indirekt ohnedies am Kursgewinn der Aktie, weil die Wandelanleihe bei steigendem Aktienkurs ebenfalls an Wert gewinnt. Die Wertentwicklung – der Wert der Anleihe plus der Wert der Call-Option (Wandlungsrecht) – hängt u.a. von der Differenz zum Wandlungspreis und der Volatilität sowie der Restlaufzeit und der vorliegenden Zinskurve ab; für die genaue Berechnung stehen spezielle Bewertungsverfahren zur Verfügung. Je weiter der Aktienkurs über den Wandlungspreis steigt, umso gewichtiger wird die Aktienkomponente und umso aktienähnlicher die Anleihe. Bei einer erheblichen Steigerung des Aktienkurses kann die Wertentwicklung von Aktie und Wandelanleihe sogar das Verhältnis 1:1 erreichen. Bei einer negativen Entwicklung des Aktienkurses wird die Verbindung zur Aktie umso schwächer, je weiter der Aktienkurs unter den Wandlungspreis sinkt.

2. Wenn der Anleger wandelt, so tauscht er damit auch das stabile Zinseinkommen gegen ein variables Dividendeneinkommen. Insofern besteht eine Relation zwischen Zinssatz bzw. Zinsabschlag und prognostiziertem Dividendenstrom. Eine Erhöhung der Dividende bietet daher dem Investor einen Anreiz zur Wandlung: Vergleich der Dividendenrendite (Dividende/Aktienkurs) mit dem Zinssatz der Anleihe.

3. Bei Wandlung erleiden die Altaktionäre eine Verwässerung ihres Anteils am Unternehmen.

4. Die Wandlung hat keinen unmittelbaren Liquiditätseffekt zur Folge, weil nur ein Wertpapiertausch stattfindet. Der Anleger nimmt lediglich einen Aktivtausch Anleihe/Aktien vor, und der Emittent einen Passivtausch Fremdkapital/Eigenkapital. Ein Liquiditätseffekt tritt nur zum Laufzeitende auf, wenn die Anleihe nicht gewandelt wurde und zu begleichen ist; eine Alternative besteht in der Refinanzierung durch eine neue Anleihe.

5. Ein sekundärer Liquiditätseffekt stellt sich nach Wandlung ein, weil Zins- und Dividendenzahlungen normalerweise nicht von gleicher Höhe sind. Dabei spielt auch die unterschiedliche steuerliche Behandlung von Zinsen und Dividenden eine Rolle. Steuerlich werden Zinsen als abzugsfähiger Aufwand geltend gemacht, während Dividenden aus dem Ergebnis nach Steuern entrichtet werden.

6. Bei Wandlung, sofern sie nicht zufällig an einem Zinszahlungstermin erfolgt, werden aufgelaufene Zinsen sowie anteilige Dividendenansprüche in der Praxis nicht beglichen.

7. Wandelanleihen erfreuen sich bei vielen institutionellen Anlegern besonderer Beliebtheit, weil sie interessante Handelsmöglichkeiten eröffnen. In einer repräsentativen Umfrage von Greenwich Associates[*] benannten 67% der amerikanischen und 70% der europäischen Investoren Hedging als „ihre bestimmende Anlagestrategie bei Wandelanleihen". Der Begriff „Hedging" bezieht sich hier darauf, dass Investoren dieselbe Aktie, zu deren Bezug sie mit der Wandelanleihe berechtigt sind, im Markt leerverkaufen und damit das Aktienkursrisiko eliminieren. Ferner kann mittels so genannter Credit Default Swaps (→ II.3.1) auch noch das Kreditrisiko (Insolvenzrisiko) ausgeschlossen werden. Der Handel mit der Anleihe konzentriert sich dann auf die Volatilität – „trading volatility" – ohne dabei ein Aktienkurs- oder Kreditrisiko in Kauf nehmen zu müssen. Wandelanleihen eignen sich dafür besonders gut, weil sie im Markt in großen Volumina verfügbar sind. Demselben Bericht zufolge haben US-Hedgefonds im Jahr 2003 den

---

[*] Zitiert aus der Tageszeitung „Die Welt" vom 02.08.2003, Bericht gezeichnet „Bloomberg".

kreditfinanzierten Teil ihrer Investments in Wandelanleihen auf $ 210 Kredite pro $ 100 eigene Mittel von $ 310/100 im Vorjahr reduziert; in Europa sank dieselbe Relation auf $ 350/100 von $ 460/100 (Thema „leverage reduction"). Das bedeutet, die Hedge Fonds haben entweder ihr Risiko reduziert oder mehr Mittel direkt in Wandelanleihen investiert.

Ein Beispiel aus der Praxis[*]

Der Kursverlauf der Volkswagen Aktie war 1999/2000 sehr volatil und hatte sich vom DAX abgekoppelt (→ IX.2); Abb. II.79:

Abb. II. 79

Die zukünftige Kursentwicklung war daher besonders schwer einzuschätzen. Hätte Volkswagen bei diesen Marktbedingungen neue Mittel unter Einsatz von Aktien aufnehmen wollen, so wäre für eine Mittelaufnahme in der Bandbreite von € 1,0 Mrd. bis € 5,0 Mrd. unter den folgenden drei Alternativen zu wählen gewesen; Abb. II.80:

---

[*]   Dieses Beispiel ist insofern nur theoretischer Natur, als es nie in die Praxis umgesetzt wurde. Der Begriff „Praxis" bezieht sich hier lediglich auf Überlegungen, die damals in der Konzern-Treasury angestellt wurden.

Mittelaufnahme unter Einsatz von neuen Aktien

Limit Aktienemission unter Ausschluß des Bezugsrechts: 39,06 Mio Aktien

Annahme: Stammaktie – Marktkurs € 50,0

<u>Ziel:</u> Emissionsbetrag, € Mio.	1.000	1.500	2.000	2.500	3.000	4.000	5.000
<u>Alternativen:</u>	Anzahl der erforderlichen Aktien (Mio.)						
# 1. BZR: ./. 20% Kurs € 40,0	25,00	37,50	50,00	62,50	75,00	100,00	125,00
# 2. ohne BZR ./. 2% Kurs € 49,0	20,41	30,61	40,81	51,02	61,22	81,63	102,04
# 3. Wandelanleihe: + 30% Kurs € 65,0	15,38	23,08	30,77	38,46	46,15	61,54	76,92

39,06 Limit*)

Abb. II. 80

BZR = Bezugsrecht

Der Aktienkurs wird in der Ausgangslage mit € 50 angenommen.

Alt. # 1: Eine traditionelle Aktienemission mit Bezugsrecht (BZR); der Bezugspreis wird mit € 40 angesetzt (20% Abschlag).

Alt. # 2: Eine Aktienemission unter Ausschluss des Bezugsrechts; die Emission erfolgt nahe am Marktkurs zu € 49 (Abschlag 2%).

Alt. # 3: Die Emission einer Wandelanleihe unterlegt mit Aktien, die im Wandlungsfall unter Ausschluss des Bezugsrechts begeben würden; der Wandlungspreis wird mit € 65 angesetzt (30% Wandlungsprämie).

Zum damaligen Zeitpunkt standen der Volkswagen AG lt. Gesetz max. 39,06 Mio. Aktien[*] zur Begebung unter Ausschluss des Bezugsrechts zur Verfügung. Eine Mittelaufnahme von beispielsweise € 2,5 Mrd. hätte unter der Alternative #1 die Emission von 62,5 Mio. neuen Aktien erfordert. Die Alternative #2 wäre gar nicht zur Verfügung gestanden, da das Limit von 39,06 Mio. Aktien für eine Emission ohne Bezugsrecht bereits für einen Betrag von max. € 1.914 Mio. ausgeschöpft gewesen wäre (39,06 x 49 = 1.913,94). Hingegen wäre in der dritten Alternative im Wand-

---

[*] Genauer: Nach der Umstellung auf Stückaktien und dem Aktiensplit 1:10 in 1998 umfasste das Grundkapital der Volkswagen AG damals 417,2 Mio. Aktien, davon 312 Mio. in Stammaktien und 105,2 Mio. in Vorzugsaktien. Der vormals gültige Nominalwert einer Aktie von DM 50,00 betrug dann DM 5,00, was mit 1 € = 1,95583 DM einen gerundeten Nominalwert von € 2,56 pro Aktie ergab. 10% des Grundkapitals, d.h. 41,72 Mio. Aktien, entsprach daher genaugenommen einem Betrag von € 106,8 Mio. Es ist aber unüblich, krumme Beträge bei der Hauptversammlung zur Genehmigung vorzulegen. Die € 106,8 Mio. wurden daher auf € 100 Mio. gerundet, was dividiert durch € 2,56 eine Stückzahl von 39,06 Mio. Aktien ergibt, die gemäß HV-Beschluß als bedingtes Kapital zur Emission unter Ausschluß des Bezugsrechts maximal zur Verfügung standen.

lungsfall mit Kurs € 65 der Betrag von € 2,5 Mrd. mit 38,46 Mio. neuen Aktien ohne Bezugsrecht darstellbar gewesen. Im Vergleich zur Alternative #1 wären also 24,04 Mio. neue Aktien weniger zu emittieren gewesen und entsprechend geringer wäre die Verwässerung für die Altaktionäre und bei gleicher Dividende die Dividendenbelastung insgesamt ausgefallen.

Gestaltungsmöglichkeiten

Der Erfolg der Wandelanleihen beruht u.a. auf ihrer großen Vielfalt an Gestaltungsmöglichkeiten, z.B. bezüglich der relativen Gewichtung von Eigen-/Fremdkapital-Charakter sowie anderer spezifischer Zielsetzungen. Neben der Standardversion, in der der Investor ein Wandlungsrecht, aber keine -pflicht hat, sind vor allem die folgenden Alternative und Gestaltungselemente von Interesse:

- Wandelanleihe mit Wandlungspflicht am Laufzeitende („Mandatory Convertibles"); das Wandlungsrecht während der Laufzeit bleibt davon unberührt. Die Version „Soft Mandatory" ermöglicht es dem Emittenten, bei Nichterreichen des Wandlungspreises am Ende der Laufzeit die Anleihe in Aktien zurückzuzahlen und die verbleibende Differenz in bar auszugleichen.
- der Wandlungspreis kann für bestimmte Perioden unterschiedlich angesetzt werden, z.B. bei € 60 für die ersten zwei Jahre der Laufzeit der Anleihe, € 65 für das dritte Jahr, € 70 für das vierte und folgende Jahre bis zur Endfälligkeit.
- Das Wandlungsrecht kann auf bestimmte Perioden eingegrenzt werden; es kann ab sofort gelten, oder erst nach einer bestimmten Zeit; es kann bis zum Laufzeitende bestehen bleiben oder vor dem Laufzeitende erlöschen.
- Der Emittent kann sich das Recht vorbehalten, die Anleihe aus verschiedenen Gründen vorzeitig zu kündigen; dazu kann das Recht auf Rückkauf gehören, das Recht auf vorzeitige Rückzahlung bei einer bestimmten Kursentwicklung der Aktie und/oder das Recht auf Rückzahlung, falls der noch ausstehende Nennbetrag unter einen bestimmten Minimalwert gefallen ist (vgl. „Clean-up Call" bei ABS-Anleihen, → II.3.5).
- Laufzeiten fallen vorwiegend in den drei- bis siebenjährigen Bereich, können aber sehr frei gewählt werden, z.B. 20 Jahre, und mit Put- und/oder Call-Optionen nach drei Jahren, fünf Jahren etc. kombiniert werden.
- Call- und Put-Optionen können so gestaltet werden, dass sie nicht zu einem bestimmten Zeitpunkt in Kraft treten, sondern wenn eine bestimmte Differenz zwischen Aktienkurs und Wandlungspreis erreicht wird.
- Wandlungsrechte können hintereinander geschaltet werden, d.h. mit dem ersten Wandlungsrecht kann nur in ein neues Wandlungsrecht gewandelt werden und erst danach in Aktien.

- Die Währung, in der eine Wandelanleihe begeben wird, muss nicht dieselbe sein wie die der Aktie. In diesem Fall wird der Wechselkurs, der im Wandlungsfall zum Ansatz käme, i.d.R. im Vorhinein festgelegt.
- Wandelanleihen bieten normalerweise Schutz vor Verwässerung durch Anpassung des Wandlungspreises u.a. für den Fall, dass das Unternehmen nach der Emission neue Aktien mit Bezugsrecht und/oder neue Wandelanleihen (bzw. Optionsanleihen) emittiert. Ein anderer Grund für die Anpassung des Wandlungspreises läge vor, wenn nach Emission der Wandelanleihe ein Aktiensplit vorgenommen oder eine Sonderdividende gezahlt wird.
- Wandelanleihen können nachrangig begeben werden.
- Anstelle einer Wandlung kann ein so genanntes „Cash Settlement" vorgenommen werden, d.h. statt neue Aktien zu emittieren wird ihr Marktwert in bar ausbezahlt.
- Wandelanleihen können in diskontierter Form begeben werden.
- Wandelanleihen können im Nominalbetrag ohne Zinszahlungen emittiert werden mit einer entsprechend höheren Rückzahlung am Laufzeitende („Premium Redemption").

Grundsätzlich sind den Gestaltungsmöglichkeiten keine Grenzen gesetzt. Die Banken sind da sehr kreativ und können Wandelanleihen auf die spezifischen Bedürfnisse der Emittenten und Investoren „zuschneidern".

Hinweis: Im Anhang 7 findet der Leser eine Beschreibung der technischen Aspekte von Wandelanleihen, die von Dresdner Kleinwort Wasserstein freundlicherweise zur Verfügung gestellt worden ist.

II.3.6.1 Umtauschanleihen

Umtauschanleihen („Exchangables") funktionieren wie Wandelanleihen, nur dass der Emittent seine Anleihe nicht mit den eigenen Aktien unterlegt, sondern mit denen eines anderen Unternehmens; dessen vorherige Zustimmung ist rechtlich nicht erforderlich. Freundlicherweise sollte man aber dem Unternehmen, dessen Aktien man für eine solche Anleihe heranzieht, dies vorher mitteilen und auf seine etwaigen Emissionspläne Rücksicht nehmen. Im Fall des Umtauschs erleidet der Aktionär keine Verwässerung, weil der Emittent unternehmensfremde Aktien liefert; bis zum Umtausch fließen die Dividenden aus diesen Aktien weiter an den Emittenten.

Der typische Fall: Unternehmen A will auf längere Sicht aus einer strategischen Beteiligung am Unternehmen B aussteigen, aber dabei einen Mindestkurs X für die Aktien von B erzielen, der im Markt vorerst nicht zu erwarten ist. In der Zwischenzeit verwendet das Unternehmen A die Aktien von B zur Aufnahme billiger Fremdmittel mittels einer Umtauschanleihe. Wird Kurs X erzielt und getauscht, so realisiert A den gewünschten Kursgewinn, vergibt aber die Chance auf weitere Kurssteigerungen. Wird nicht getauscht, so kann A zwar seinen angestrebten Ausstiegskurs nicht erzielen, hat aber dafür wenigstens den Vorteil billiger Fremdmittel.

Eine andere Zielsetzung: Unternehmen A hält Aktien des Unternehmens B als Finanzanlage in seinem Portfolio und will im Rahmen seines laufenden Liquiditätsmanagements lediglich billige Fremdmittel aufnehmen, ohne eigene Aktien einzusetzen. Es verwendet deshalb die Aktien des Unternehmens B für die Emission einer Umtauschanleihe in der Erwartung einer Kursentwicklung, bei der kein Umtausch stattfinden wird. Tritt wider Erwarten der Umtauschfall dann doch ein, so wird das Unternehmen A den Zinsvorteil verlieren, aber wenigstens einen höheren Erlös für die Aktien des Unternehmens B erzielen als dies bei einem direkten Verkauf zum Zeitpunkt der Anleihe-Emission der Fall gewesen wäre. Insofern wäre der Transaktionsablauf derselbe wie im vorigen Fall, nur mit dem Unterschied, dass der Umtausch hier nicht der ursprünglichen Intention entsprochen hätte.

II.3.6.2   Synthetische Wandelanleihen

Die Synthetische Wandelanleihe ist eine Wandelanleihe, bei der der Emittent die eigenen Aktien im Wandlungsfall nicht selbst begibt, sondern ein Dritter sie zur Verfügung stellt. Die Volkswagen AG hat eine solche Anleihe im Januar 1997 i.H.v. $ 250 Mio. mit der UBS[*] begeben. Die Anleihe hatte eine Laufzeit von fünf Jahren und war mit einer Call-Option (hier: Kündigungsrecht des Emittenten) ausgestattet, die ab Ende des zweiten Jahres ausgeübt werden konnte; die Wandlungsprämie betrug 22% und der Zinsabschlag 0,21 Prozentpunkte gegenüber LIBOR. Der Zinsvorteil fiel damit im Vergleich zu einer regulären Wandelanleihe bescheiden aus und war zum damaligen Zeitpunkt mit dem einer Marktfensteranleihe (→ II.3.3) vergleichbar.

Hinweis
Der Begriff „Synthetische Wandelanleihe", unter dem die hier beschriebene Anleihe emittiert wurde, ist im Markt nicht eindeutig definiert. Er wird oft im Zusammenhang mit einer Volatilitätsarbitrage-Transaktion verwendet, bei der die Emission einer Umtauschanleihe mit einer bestimmten Volatilität dem Erwerb einer Call-Option mit geringerer Volatilität gegenübergestellt wird. Die Emission der Anleihe erfolgt im „equity-linked market", der Hedge

---

[*] Damals „Union Bank of Switzerland" („Schweizerische Bankgesellschaft"), 1998 Fusion mit „Schweizer Bankverein" zur „United Bank of Switzerland" („UBS Group").

durch Kauf einer Call-Option im „Over-the-Counter (OTC) Market". Solche Transaktionen sind aber eher selten, weil die Volatili-
tätsverhältnisse im Markt in der Regel gerade umgekehrt auftreten und weil die Handelsvolumina in den beiden Marktsegmenten
normalerweise von zu unterschiedlicher Größenordnung sind.

Der Ablauf VW-UBS Transaktion, Abb. II.81:

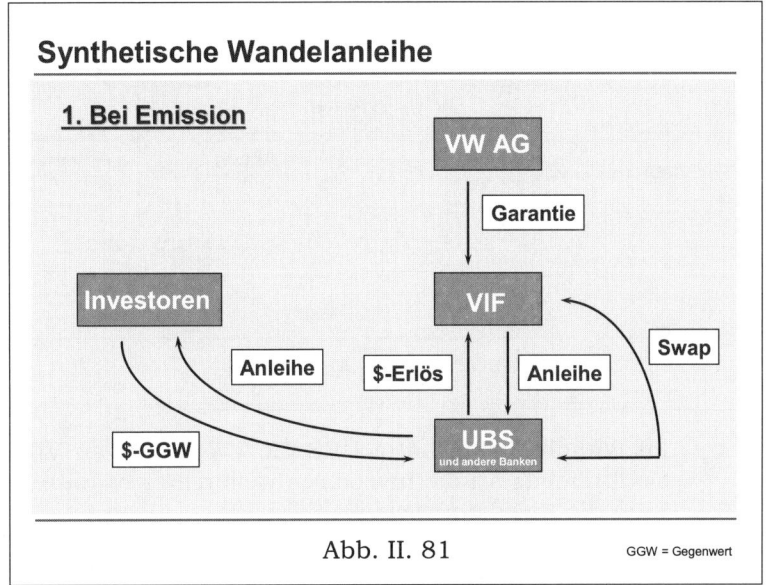

Abb. II. 81

Die Volkswagen International Finance (VIF) begab mit Garantie
der Volkswagen AG eine $-Anleihe unter Führung der UBS, die
diese mit Volkswagen Aktien unterlegte. Die UBS ihrerseits hat
sich vermutlich durch eine Call-Option auf VW-Aktien im OTC-
Markt abgesichert, worauf die Bezeichnung der Transaktion hin-
deutet. Wenn dies zutrifft, dann hätte die UBS eine Marktchance
für eine Arbitragetransaktion wahrgenommen, wie oben beschrieben. Auf Wunsch der Investoren wurde die Anleihe in $
emittiert. Der Anleiheerlös wurde über UBS an VIF durchgestellt
und per Swap in DM getauscht. Der Swapkontrakt beinhaltete
auch die vertragliche Verpflichtung der UBS, im Wandlungsfall
die VW-Aktien der VIF bereitzustellen (s.u. Abb. II.82).

Im Fall der Wandlung, Abb. II.82:

Synthetische Wandelanleihe

2. Bei Wandlung

Ausübung Wandlungsrecht

Investoren   VIF

Aktien

Aktien   Anleihe-GGW

UBS

Abb. II. 82   GGW = Gegenwert

Im Wandlungsfall hätte UBS die VW-Aktien an VIF geliefert, die sie ihrerseits an die Investoren weitergereicht hätte. Im Gegenzug wäre die Anleihe abgewickelt worden.

Nachrichtlich: In dem vorliegenden Fallbeispiel wurde das Kündigungsrecht nach zwei Jahren ausgeübt: die Anleihe wurde durch VIF eingezogen und beglichen; der Wandlungsfall trat nicht ein.

II.3.6.3   OPTIONSANLEIHEN

Optionsanleihen („Warrant Issues") verbinden wie Wandelanleihen eine unter Markt liegende Verzinsung mit potentiell steigenden Aktienkursen. Der Investor erwirbt mit der Anleihe Optionsscheine, die ihn berechtigen, die Aktie des Unternehmens zu dem bei der Anleiheemission festgesetzten Optionspreis[*] zu beziehen. Bei Ausübung der Option muss das Unternehmen neue Aktien emittieren bzw. zuvor zurückgekaufte eigene Aktien liefern. Gesetzliche Auflagen und erforderliche HV-Genehmigungen betreffend bedingtes Kapital bzw. Aktienrückkauf sind dieselben wie bei Wandelanleihen. Die Besonderheit der Optionsanleihe besteht darin, dass sie – im Gegensatz zur Wandelanleihe – bei Ausübung des Optionsrechts nicht untergeht.

---

[*] Begriffsklärung: der Optionspreis ist hier der Preis, zu dem der Investor die Aktie erwerben kann, und nicht der Preis für den Kauf eines Optionsscheines. Der in Deutschland gebräuchliche Begriff „Optionspreis" wäre zutreffender mit „Strike Price" oder „Subscription Price" beschrieben.

Die Optionsscheine werden i.d.R. von der Anleihe getrennt und beide Komponenten im Sekundärmarkt eigenständig gehandelt, während bei der Wandelanleihe das Wandlungsrecht von der Anleihe nicht getrennt werden kann. Im Gegensatz zu Wandelanleihen, bei denen der Wandlungspreis bei Emission einen hohen Kursaufschlag beinhaltet, wird bei Optionsanleihen der Optionspreis im allgemeinen in der Nähe des Marktkurses angesetzt. Diese Aussage trifft bzw. traf in erster Linie auf Deutschland zu, wo Optionsanleihen mittlerweile von Wandelanleihen verdrängt worden sind. In anderen Ländern sind in einigen Fällen bei Optionsanleihen ebenso hohe Kursprämien erzielt worden wie bei Wandelanleihen, wobei auch länderspezifische Regelungen hinsichtlich Besteuerung und Bilanzierung eine Rolle spielten. Im Prinzip wäre dies auch in Deutschland möglich; es besteht aber derzeit kein Grund, eine Anleihe so zu strukturieren. Im Sekundärmarkt schwankt der Wert der Option mit der Kursentwicklung der Aktie und wird u.a. von der Differenz Aktienkurs/Optionspreis und der Volatilität bestimmt. Wenn der Aktienkurs über dem Optionspreis liegt, kann der Optionsinhaber einen Kursgewinn realisieren, indem er die Aktie vom Unternehmen zum Optionspreis bezieht und an der Börse zum Marktkurs verkauft. In der Praxis wird er dies nicht tun, da er den äquivalenten Gewinn einfacher durch den direkten Verkauf der Optionsscheine realisieren kann. Er wird sie aber auf jeden Fall bei Endfälligkeit einlösen, falls der Aktienkurs dann über dem Optionspreis liegt; liegt er darunter, so ist der Wert der Option gleich Null.

Fallbeispiel
Die 3-Tranchen-Optionsanleihe des Volkswagen-Konzerns im Oktober 1988:

DM 300 Mio – 10 Jahre
$ 200 Mio – 10 Jahre
SFR 300 Mio – 12 Jahre

Das bedingte Kapital bestand aus stimmrechtlosen Inhaber-Vorzugsaktien mit Nominalwert á DM 50[*]. Der Optionspreis für die Vorzugsaktie wurde auf DM 238 festgesetzt, als der Marktkurs bei DM 241 stand. Die Anleihe wurde von der Volkswagen International Finance N.V. (VIF) in Amsterdam unter Garantie der Volkswagen AG emittiert. Im Einzelnen:

---

[*] Diese Transaktion fand 1988 statt und damit vor dem 1:10 Aktiensplit von 1998. Die Modellrechnung für die Emission einer Wandelanleihe in II.3.6, Abb. II.80, bezog sich auf die Zeit nach dem Aktiensplit.

Emittent: Garantie:	Volkswagen International Finance Volkswagen AG			Summe (DM Mio.)
Nominalbetrag: Mio.: DM Mio. equivalent:	DM 300 300	$ 120 224	SFR 230 272	796,0
Ausgabekurs in %:	130	128	100	
Gesamterlös, Mio.: DM Mio. equivalent:	DM 390 390	$ 153,6 287,3	SFR 230 272,2	949,5
Bedingtes Kapital, DM Mio.	84,0	61,2	48,3	193,5
Zahl der Optionsscheine je 5.000 Währungseinheit:	28	51	21	
Optionspreis, DM: vgl. Marktpreis, DM:	238 241	238 241	238 241	
Kupon: vgl. Marktsätze:	6,50% 6,75%	9,75% 9,75%	3,00% 5,125%	
Gesamtbelastung:	3,33%	6,28%	3,38%	
Laufzeit der Anleihe, Jahre: Laufzeit der Option, Jahre:	10 10	10 10	12 10	
Rechn.Kurs d. Anleihe in %:	100,50	101,00	81,18	

Die Emission erfolgte im Rahmen der HV-Genehmigung vom 30.06.88 unter Ausschluss des Bezugsrechts für einen Nominalbetrag von max. DM 800 Mio; sie hatte Signalwirkung, weil sie nach dem Börsencrash vom Oktober 1987 das Marktsegment für „equity-linked"-Anleihen wieder öffnete. Die Festlegung des Optionspreises und der Bezugsrechtsausschluss werden unten in „Rechtliche Folgen" besprochen. Der Erlös aus den drei Tranchen wurde per Zins-Währungsswap zur Gänze in spanische Peseten gedreht, wobei der $-Anteil mit der Weltbank (IBRD) geswapt wurde. Die Mittel wurden bei der spanischen VW-Tochter SEAT zur Investitionsfinanzierung verwendet. Der Optionspreis wurde gemäß den Anleihebedingungen während der Laufzeit zweimal ermäßigt – zuerst 1990 auf DM 221 und dann 1998 auf DM 189 – um die Optionsinhaber für die Verwässerung aufgrund nachfolgender Aktienemissionen zu kompensieren (Kapitalerhöhungen der Volkswagen AG 1990 und 1997/98, → II.3.7).

Die DM- und die $-Tranche wurden marktüblich „auf hundert" und die SFR Tranche „in hundert" begeben. „Auf hundert" bedeutet, dass auf Nominal 100 ein höherer Anleiheerlös erzielt wird und der Kupon für den Nominalbetrag in Marktnähe angesetzt wird, was bezogen auf den Anleiheerlös zu einer niedrigeren Effektivbelastung führt. Bei „in hundert" sind Nominalbetrag und

Anleiheerlös gleich, dafür wird der Kupon unter Markt angesetzt, was äquivalent wäre zu einem marktbezogenen Zinssatz auf einen Betrag unter dem Nominalwert. Vereinfacht ausgedrückt bedeuten die beiden Verfahrensweisen „mehr Geld für die gleichen Zinsen" oder „weniger Zinsen für das gleiche Geld"; wirtschaftlich läuft beides auf dasselbe hinaus. Im vorliegenden Fallbeispiel generiert dies bei der DM-Tranche für den Nominalbetrag von DM 300 Mio. mit einem Ausgabekurs von 130 einen Anleiheerlös von DM 390; der Kupon auf den Nominalbetrag liegt mit 6,50% in Marktnähe, die Zinsbelastung bezogen auf den Anleiheerlös deutlich darunter. Für die $-Tranche ist der Sachverhalt analog. Bei der SFR-Tranche sind Nominalbetrag und Anleiheerlös mit SFR 230 Mio. von gleicher Höhe; dafür liegt der Kupon deutlich unter Marktniveau. Die SFR-Tranche ist übrigens ein Beispiel dafür, dass die Option und die Anleihe unterschiedliche Laufzeiten haben können. Die Relation Anleiheerlös/Nominalbetrag bei „auf hundert" und die äquivalente Zinsberechnung bei „in hundert" reflektieren nur einen Teil der Optionswerte. Die tatsächliche Zinsbelastung muss den vollen Optionswert berücksichtigen, in dessen Berechnung das Umtauschverhältnis und die Volatilität des Aktienkurses wesentliche Faktoren sind. Die „Gesamtbelastung" in obiger Tabelle schließlich bezieht noch die Emissionskosten mit ein.

Rechtliche Folgen
Optionsanleihen werden bzw. wurden wie Wandelanleihen aus Gründen der Praktikabilität für gewöhnlich unter Ausschluss des Bezugsrechts (BZR) begeben. Dies wurde auch bei der 3-Tranchen-Optionsanleihe 1988 so gehandhabt, allerdings mit einer rechtlichen Besonderheit, die einen Aktionär veranlasste, die ordnungsgemäß erteilte HV-Genehmigung vor Gericht anzufechten.

Zitat aus der Einladung zur Hauptversammlung der Volkswagen AG 1988, Tagesordnungspunkt 6, auszugsweise:

> „Beschlussfassung über die Ermächtigung zur Ausgabe von Options- oder Wandelschuldverschreibungen, die Schaffung eines weiteren bedingten Kapitals und die entsprechenden Satzungsänderungen... .
> ....
>> Bei Wandel- und Optionsschuldverschreibungen, die durch die Volkswagen AG begeben werden, soll der Wandlungs- bzw. Optionspreis für eine stimmrechtslose Inhaber-Vorzugsaktie ... dem Durchschnitt des ... amtlichen Einheitskurses ... an den der Beschlussfassung über die Begebung der jeweiligen Emission vorausgehenden zehn Börsentagen entsprechen. Um eine Anpassung an die Verhältnisse auf dem Kapitalmarkt ... zu ermöglichen, kann ein Abschlag in Höhe von

höchstens <u>20%</u> des vorgenannten Durchschnitts ......
vorgenommen werden. Den Stamm- und Vorzugsaktionären der Volkswagen AG sind die Wandel- bzw. Optionsschuldverschreibungen <u>zum Bezug anzubieten</u>... .

Bei Wandel- und Optionsschuldverschreibungen, die
durch eine mittelbare oder unmittelbare <u>100%ige ausländische Beteiligungsgesellschaft</u> der Volkswagen AG
begeben werden, soll der Wandlungs- bzw. Optionspreis ... (wie oben) ... entsprechen. Um eine Anpassung
an die Verhältnisse auf dem Kapitalmarkt ... zu ermöglichen, kann ein <u>Aufschlag</u> in Höhe von höchstens <u>20%</u>
bzw. ein <u>Abschlag</u> in Höhe von höchstens <u>5%</u> des vorgenannten Durchschnitts ... vorgenommen werden.
Das <u>Bezugsrecht</u> der Stamm- und Vorzugsaktionäre
der Volkswagen AG ist in diesem Fall <u>ausgeschlossen</u>."
(Unterstreichungen vom Autor)

Das heißt, der Emittent <u>Volkswagen AG</u> hätte einen Preis-
<u>ab</u>schlag bis zu 20% vornehmen können und den Aktionären ein
Bezugsrecht anbieten müssen. Im Falle einer Emission durch eine ausländische <u>Tochtergesellschaft</u> der Volkswagen AG war ein
Preis<u>auf</u>schlag bis zu 20% oder ein Preis<u>ab</u>schlag bis 5% zulässig
und die Aktionäre konnten vom Bezugsrecht ausgeschlossen
werden.

Dieser Beschlussvorschlag wurde von der Hauptversammlung
gebilligt. Volkswagen machte von der zweiten Möglichkeit
Gebrauch und emittierte die 3-Tranchen Optionsanleihe aus seiner Finanzierungsgesellschaft Volkswagen International Finance
N.V. (VIF) in Amsterdam mit einem Preisabschlag von 1,24% und
unter Ausschluss des Bezugsrechts.

Gegen diese unterschiedliche Handhabung des Bezugsrechts – je
nachdem ob die Emission durch die Mutter- oder eine Tochtergesellschaft erfolgte – reichte ein Aktionär Klage ein. Im vorliegenden Fall entschied das Gericht zu Gunsten von Volkswagen, da
die HV diese Vorgehensweise ausdrücklich gebilligt hatte. Allerdings entschied das Gericht auch, dass eine solche Differenzierung in Zukunft nicht mehr zulässig sei.

II.3.6.4   VERGLEICH WANDELANLEIHEN – OPTIONSANLEIHEN

Wandelanleihen sind heute das gängige Instrument, um Anleihen
mit Aktien zu verbinden und haben eine breite Investorenbasis,
wohingegen in früheren Jahren die Optionsanleihe im Vordergrund stand. Einen Vergleich der wesentlichen Eigenschaften von
Wandel- und Optionsanleihen gibt der folgende Überblick:

Wandelanleihe	Optionsanleihe
Das Wandlungselement kann von der Anleihe nicht getrennt werden; Wandlungsrecht und Anleihe bleiben im Sekundärmarkt miteinander verbunden.	Der Optionsschein wird von der Anleihe getrennt; beide Bestandteile werden im Sekundärmarkt eigenständig gehandelt.
Die Anleihe wird in Verbindung mit der Wandlungschance gehandelt. Je nach Höhe des Aktienkurses überwiegt dabei der Aktien- oder Anleihecharakter.	Mit Abtrennung des Optionsscheines geht die Verbindung zur Anleihe verloren: am Bezugsrecht ändert sich nichts.
Bei Wandlung geht die Anleihe unter und wird durch neue Aktien ersetzt; bei Wandlung „bezahlt" der Investor für die neuen Aktien mit der Anleihe, und der Emittent „begleicht" seine Anleiheschuld mit Aktien (evtl. Alternative: Cash Settlement).	Bei Ausübung der Option bleibt die Anleihe bis zur Endfälligkeit bestehen; der Optionsinhaber muss den Optionspreis, d.h. den „Strike-Price" für die Aktie, entrichten.
Der Investor hat ein Wandlungsrecht (Umtauschrecht).	Der Investor hat ein Bezugsrecht (kein Umtauschrecht).
Die Wandlung selbst ist liquiditätsneutral; sie bietet dem Unternehmen daher höhere Sicherheit bei der Liquiditätsplanung („Anleihe ODER Kapitalerhöhung").	Bei Ausübung der Option werden neue Aktien emittiert, was einen Liquiditätszufluss zur Folge hat („Anleihe UND Kapitalerhöhung").
Der Wandlungspreis liegt deutlich über dem Aktienkurs zum Zeitpunkt der Emission; Unternehmen erzielt daher hohen Kursaufschlag bei Wandlung.	Der Optionspreis liegt nahe am Aktienkurs zum Zeitpunkt der Emission (Fokus: deutscher Kapitalmarkt); Unternehmen erzielt nur geringen oder keinen Kursaufschlag bei Ausübung der Option. Liegt der Optionspreis („Strike-Price") unter dem Marktkurs, so kann der Investor schon ab dem Emissionszeitpunkt sein Bezugsrecht ausüben.
Bei Wandlung werden die Zinszahlungen durch Dividendenzahlungen ersetzt.	Bei Ausübung der Option laufen die Zinszahlungen weiter; Dividendenzahlungen erfolgen zusätzlich.

II.3.7   **KAPITALERHÖHUNGEN, AKTIENEMISSIONEN**

○ Einleitung

Bei der Kapitalerhöhung gegen Bareinlagen durch Ausgabe neuer
Aktien handelt es sich um eine Mittelaufnahme mit 100% Eigen-
kapitalcharakter (→ II.3, Abb. II.26 „Finanzierungsinstrumente").
Diese Form der Finanzierung hat in den letzten Jahren eine ähn-
lich rasante Entwicklung genommen wie die Asset-backed-
Securities oder die Wandelanleihen.

○ Börsenlistings

Auf die Notwendigkeit der globalen Kapitalmarktpräsenz eines
weltweit operierenden Unternehmens ist bereits hingewiesen worden (→ II.3, II.3.3). Dazu gehört, dass seine Aktie an allen internationalen Börsen von Rang gelistet ist, wobei in letzter Zeit jedoch ein Trend zur Konzentration eingesetzt hat. Die wichtigsten
Börsenplätze sind New York, London, Tokyo, Frankfurt, gefolgt
von Paris, Zürich, Mailand, Amsterdam, Brüssel, Luxemburg,
Wien sowie Toronto, Hongkong, Singapur, Sao Paulo, Sydney u.a.
Die Zulassungsbestimmungen sind von den einzelnen Börsen
bzw. von Banken erhältlich.

Volkswagen richtete sich bei der Notierung seiner Aktie nach der
Bedeutung der jeweiligen Börse in den Kapitalmärkten, an ihren
Handelsumsätzen, den Interessen der Investoren und an seiner
Präsenz in den Automobilmärkten der betreffenden Länder. Vor
1988 war die Volkswagen-Aktie bereits an allen deutschen Börsen, an den Börsen der Schweiz und der Benelux-Staaten sowie
in Wien notiert. Zwischen 1988 und 1991 erweiterte Volkswagen
seine Börsenpräsenz, indem es seine Aktie auch an den Börsen
von London, Paris, Tokyo, Mailand und in Spanien einführte. In
New York wurde ein Sonderweg eingeschlagen, der unten beschrieben wird. Die Börseneinführungen wurden jeweils von einer
führenden Bank des betreffenden Landes begleitet. Die Börseneinführung in Spanien im Falle Volkswagen ist ein gutes Beispiel
für die Verbindung zur Präsenz des Unternehmens im dortigen
Automobilmarkt. Die Leistungsstärke der spanischen Börsen alleine wäre kein ausreichender Grund für eine Notierung gewesen;
von allen oben aufgeführten Börsen verbanden sie die höchsten
Gebühren mit dem schwächsten Service, so dass selbst spanische
Investoren – zumindest damals – ihre Transaktionen mit Volkswagen-Aktien lieber über Frankfurt abwickelten.

Bezüglich der allgemeinen Börsenlage zeichnet sich in den letzten
Jahren eine Tendenz zur Konsolidierung ab, d.h. ein Rückzug von
den weniger wichtigen Börsenplätzen („Delisting") und eine Konzentration auf einige wenige Schlüsselbörsen. Abgesehen von der
Kostenfrage wird damit eine Zersplitterung der allgemeinen Bör-

senpräsenz vermieden und vor allem die Liquidität der betreffenden Aktien an den wichtigsten Börsenplätzen erhöht. Außerdem ist auch ein Konsolidierungsprozess unter den Börsen selbst zu beobachten, wie die diversen Fusions- bzw. Übernahmeversuche der Börsen von Frankfurt, Paris, New York und London zeigen.

Die Zulassungsbedingungen der Börsen sowie die Anforderungen der Aufsichtsbehörden sind von Land zu Land verschieden, ebenso ihre Flexibilität bei der Anwendung der Bestimmungen sowie die Verhandlungsbereitschaft mit ausländischen Unternehmen. So ist z.B. die Londoner Börse traditionell pragmatisch eingestellt gewesen. Im Europäischen Wirtschaftsraum (EWR) ist seit einigen Jahren ein starker Trend zur Vereinheitlichung zu beobachten. So sind die Richtlinien zur Prospekterstellung bereits vereinheitlicht und damit das Börseneinführungsverfahren weitgehend standardisiert worden. Die Tokioter Börse versucht bei der Börseneinführung so detaillierte Informationen über ein Unternehmen wie möglich zu erhalten, zumindest bei den Automobilherstellern, so als ob es dabei auch um die Informationsbeschaffung für die japanische Konkurrenz ginge (Einschätzung des Autors); sie akzeptiert aber eine Grenze, ab der eine Offenlegung für das Unternehmen zu einem Wettbewerbsnachteil führen würde. Die strengsten Zulassungsbedingungen werden bei den US-Börsen gestellt, wobei die Offenlegungsvorschriften der „Securities and Exchange Commission" (SEC) – zumal für ausländische Gesellschaften – das in Europa übliche Maß deutlich übersteigen; der Verhandlungsspielraum ist minimal und die Anwendung der Regelungen formalistisch und wenig flexibel. Am problematischsten war früher die SEC-Forderung nach Bilanzierung gemäß US-GAAP[*], was für deutsche Firmen, die nach HGB[*] bilanzierten, die Offenlegung der Stillen Reserven bedeutete. Hinzu kamen die hohen Kosten, die sich für ein volles US-Börsenlisting damals schon auf über $ 1 Mio. beliefen, wobei die größten Posten auf die Überleitung in die Bilanzierung nach US-GAAP und auf die US-Rechtsanwaltskosten entfielen. Unter diesen Umständen entschied sich Volkswagen, seine Aktie in den USA 1988 nur indirekt in Form so genannter „American Depositary Receipts" (ADR's) in der „sponsored, unlisted" Version einzuführen. Heute belaufen sich die Kosten für ein volles US-Börsenlisting auf ein Mehrfaches, im Jahr 2006 auf ca. $ 3 Mio., abhängig von der Größe und Art des Listings, d.h. ob es sich um die Einführung neuer Aktien (Erstplatzierung, IPO) oder um eine Zweitplatzierung[**] handelt etc.

---

[*] HGB: Handelsgesetzbuch
IAS: International Accounting Standards (Vorläufer von IFRS)
IFRS: International Financial Reporting Standards
US-GAAP: United States – Generally Accepted Accounting Principles
[**] Bei der Zweitplatzierung werden Aktien an einer Börse zurückgekauft, um sie bei einer anderen Börse einzuführen.

ADR's sind Zertifikate, die eine Bank aufgrund von bei ihr hinterlegten Aktien begibt. Vor dem Aktiensplit der meisten großen deutschen Unternehmen in den 1990er Jahren – vorwiegend 1:10 – waren deutsche Aktien für den US-Aktienmarkt zu „schwer", d.h. nicht ausreichend handelbar für den Kleinanleger. ADR's auf Basis von deutschen Aktien wurden daher früher in den USA meistens zu 5 oder 10 Stück pro Aktie emittiert, während das Verhältnis heute i.d.R. 1:1 ist. ADR's existieren in drei Varianten: (1) „unsponsored, unlisted" – eine Bank erwirbt die Aktien und unterlegt damit ADR's in Eigeninitiative und ohne Abstimmung mit dem betreffenden Unternehmen, (2) „sponsored, unlisted" – eine Bank emittiert die ADR's auf Initiative und in Abstimmung mit dem betreffenden Unternehmen; diese ADR's unterliegen minimalen SEC-Vorschriften bei der Registrierung und nur einer eingeschränkten, bzw. keiner Berichtspflicht, die über die Auflagen im Heimatland des Unternehmens hinausginge (Form F-6; Rule 12g3-2(b)). Wie die Bezeichnung sagt, sie sind an keiner US-Börse gelistet und werden nur im „Over-the-Counter" (OTC) Markt gehandelt. Ihre Liquidität im US-Markt ist daher eingeschränkt und das Interesse der US-Investoren eher gering. Neue Aktien können mittels der „sponsored, unlisted" ADR's nur im Private Placement Markt nach SEC Rule 144A den so genannten „Qualified Institutional Buyers" (QIB's) – das sind Institutionen mit mehr als $ 100 Mio. in Wertpapieranlagen – angeboten werden. Schließlich, die ADR-Variante (3) „sponsored, listed" entspricht einem vollen US-Börsenlisting mit allen SEC-Vorschriften, inkl. der uneingeschränkten Berichtspflicht (Form 20-F, u.a.). Für ihre Börseneinführung können bestehende oder neue Aktien („Public Offering") herangezogen werden. Diese Form der ADR's ermöglicht den uneingeschränkten Zugang zum US-Kapitalmarkt und eine höhere Diversifizierung der Investorenbasis. Die Entscheidung Volkswagens für „sponsored, unlisted" ADR's kann als Kompromiss gesehen werden – einerseits um gegenüber den US-Investoren ein Zeichen zu setzen und ein aktives Interesse am US-Aktienmarkt zu signalisieren, und andererseits, um die hohen Kosten und die umfangreichen Berichtspflichten eines vollen Börsenlistings zu vermeiden.

Ab Mitte der 1990er Jahre hat dann trotz der hohen Kosten und umfangreichen Berichtspflichten eine wachsende Anzahl deutscher Gesellschaften den Gang an die New York Stock Exchange (N.Y.S.E.) angetreten. Ende 2005 waren 16 deutsche Firmen an der N.Y.S.E. gelistet, darunter 13 DAX-Werte. Dazu kamen noch zwei weitere Titel an der NASDAQ, bei der vorwiegend Technologiewerte registriert sind. Die Frage der Rechnungslegung hatte sich mit der Zeit dadurch entschärft, dass IAS bzw. IFRS die deutsche Rechnungslegung nach HGB immer mehr verdrängte bzw. deutsche Unternehmen parallel nach beiden Systemen zu bilanzieren begannen. IAS/IFRS steht dem US-GAAP-System deutlich näher als dem HGB, so dass verbleibende Differenzen auf dem Verhandlungsweg leichter zu überbrücken waren. Einige Unternehmen stellten sogar direkt auf US-GAAP um, bzw. richteten ein paralleles Berichtswesen nach US-GAAP ein. Die langwierigen Auseinandersetzungen um die gegenseitige Anerkennung der unterschiedlichen Rechnungslegungsvorschriften führten schließlich zu dem folgenden Ergebnis: mit Wirkung vom 04.03.2008 hat die SEC für ausländische Unternehmen an der Wall Street die Berichterstattung nach IFRS gemäß den Regeln der International Accounting Standards Board ohne Überleitung auf US-GAAP zugelassen.

Nach den Bilanzskandalen 2001/02 wurden die SEC-Vorschriften 2002 mit dem „Sarbanes Oxley Act" (SOX) noch einmal deutlich verschärft. Diese Vorschriften verlangen – ungeachtet der nunmehr zulässigen Rechnungslegung nach IFRS – u.a. eine ausführliche Dokumentation der internen Kontrollsysteme und die persönliche Beglaubigung der Finanzdaten durch die verantwortlichen Top-Manager. Diesen Anforderungen unterliegen selbstverständlich auch ausländische Firmen, die in New York gelistet sind, d.h. im Falle deutscher Unternehmen muss der Vorstand die Richtigkeit der veröffentlichten Bilanz beeidigen. Der Drang ausländischer Firmen an die New Yorker Börsen hat damit merklich nachgelassen, sowohl wegen der rechtlichen Unsicherheiten (Haftungspflichten!) als auch wegen der erheblichen zusätzlichen Kosten, die mit Sarbanes-Oxley verbunden sind. Etliche deutsche Firmen ziehen nun sogar die Deregistrierung in Erwägung. Presseberichten vom Sommer 2007 zufolge haben bereits drei DAX-Werte – BASF, E.ON und Bayer – den Rückzug von der New Yorker Börse beschlossen, nachdem Altana und SGL Carbon schon zuvor sich für das Delisting entschieden hatten. Außerdem sind die Handelsumsätze deutscher Aktien in den USA hinter den Erwartungen zurückgeblieben. Die Deregistrierung selbst ist leicht zu bewerkstelligen; sie allein löst aber noch nicht das Problem, weil die umfangreichen Berichtspflichten bestehen bleiben, solange die Anzahl der US-Invstoren über einem bestimmten Minimalwert liegt. Es gibt Bestrebungen, diese Bestimmungen zu modifizieren bzw. zu lockern, um ausländische Unternehmen nicht von Vornherein von einem US-Börsenlisting abzuschrecken. Der Drang nach New York dürfte aber noch aus einem anderen Grund nachgelassen haben: Zwar erhöht ein US-Börsenlisting das Vertrauen der amerikanischen Anleger, jedoch sind diese mit zunehmender Globalisierung selbst auch an den ausländischen Börsen aktiver geworden, u.a. weil die Heimatbörse für eine Aktie die höchste Liquidität bietet und damit die besten Kursstellungen gewährleistet. Große US-Fonds, die ihre Ertragschancen weltweit suchen, können ausländische Aktien ebenso gut außerhalb der USA erwerben, z.B. in London oder Frankfurt, und die ausländischen Unternehmen können durch ihre „Investor Relations"-Tätigkeit bei ihnen direkt für ihre Aktien werben (→ IX.1).

◯ Aktienemissionen

Die wichtigsten Elemente für eine erfolgreiche Platzierung neuer Aktien sind:

- die Verfassung und Darstellung des Unternehmens zum Zeitpunkt der Aktienemission,
- die Attraktivität der neuen Aktien und die Zukunftsperspektive für die Investoren („Investment Case"),
- das makroökonomische Umfeld und die Branchenverfassung,
- die Verfassung der Kapitalmärkte,
- die geeignete Platzierungsstruktur,
- die professionelle Vermarktung und optimale Syndizierungsstrategie und
- kontinuierliche Investorenbeziehungen („Investor Relations").

Die Durchführung einer Kapitalerhöhung ist in erster Linie Angelegenheit der Konsortialführer und des Emittenten selbst. Sie benötigt bei einer traditionellen Kapitalerhöhung nach deutschem Muster, d.h. als Bezugsrechtsemission, zwei bis drei Monate, vorausgesetzt, die erforderliche Genehmigung durch die Hauptversammlung (HV) liegt vor. Das Verfahren folgt in der Praxis einem maßgeschneiderten Leitfaden, der von den Konsortialführern bereitgestellt wird und dessen Einzelmaßnahmen wie z.B. „due diligence", Prospekterstellung, Marketing, wertpapiertechnische Maßnahmen etc. eng aufeinander abzustimmen sind. Bei den einzelnen Schritten handelt es sich größtenteils um rechtliche und abwicklungstechnische Maßnahmen, die vom Emittenten und dem/den Konsortialführer(n) routinemäßig erledigt werden.

Im folgenden wird der Schwerpunkt auf zwei Fallbeispiele gelegt, die Kapitalerhöhungen der Volkswagen AG von 1990 und 1997/1998[*]. Ihr Vergleich zeigt die Veränderungen auf, die seit 1990 in diesem Kapitalmarktsegment stattgefunden haben. Darüber hinaus ist die Kapitalerhöhung 1997/1998 ein gutes Fallbeispiel für die globale Vernetzung der Kapitalmärkte, die wechselseitige Abhängigkeit der einzelnen Marktsegmente und die Transmission von Turbulenzen.

◯ Fallbeispiele

A. Die Kapitalerhöhung der Volkswagen AG 1990

Die Kapitalerhöhung der Volkswagen AG 1990 (KE 90) war vor allem wegen einer neuen Konsortialstruktur für den Markt von Bedeutung.

---

[*]   Beide Kapitalerhöhungen fanden noch vor dem 1:10 Aktiensplit von 1998 statt. (→ II.3.6, Fußnote zu Abb. II.80, und zweite Fußnote in II.3.6.3)

Die Aktienemission 1990, Abb. II.83:

Kapitalerhöhung VW 1990 (mit gesetzl. Bezugsrecht)

Zeitpunkt:	April 1990
Volumen:	DM 150 Mio. Nominalwert
Aktiengattung:	Stammaktien
Bezugspreis:	DM 440,- je Stammaktie zu nom. DM 50,-
Bezugsverhält.:	10 : 1
Bezugsfrist:	26. März bis 09. April 1990
Börsenzulassung:	an allen inländischen und den ausländischen Börsenplätzen, an denen die VW-Aktie gelistet ist
Durchführungs-zeitraum:	ca. 8 Wochen

Abb. II. 83

Dazu der oben erwähnte Leitfaden, Abb. II.84:

Volkswagen AG; Kapitalerhöhung 1990

07.02. Startschuß
13.02. Börseneinführungsprosp.; Einsicht Konsortialführer in Wirtsch.-Pr.-Bericht
15.02. Vorprüfungsverfahren bei den Börsen
16.02. Aufsichtsratsbeschluß
20.02. Abstimmung mit dem Handelsregister wg. Termin f. Eintrag'g der Kapitalerh.
01.03. Einladung der Konsortialbanken
05.03. Annahme durch Konsorten; Abgabe der Offerte
06.03. Annahme der Offerte durch Volkswagen
07.03. Einzahlung von 25% des Nominalwerts der neuen Aktien (Sonderkto.)
09.03. Eintragung der Durchführung der Kapitalerhöhung im Handelsregister
09.03. Offiz. Zulassungsantrag mit Antragsfassung des Prospektes
13.03. Veröffentlichung der Antragstellung
16.03. Versand des gedruckten Bezugsangebotes
19.03. Veröffentlichung der Zulassungsbeschlüsse der Wertpapierbörsen
20.03. Veröffentlichung Bezugsangebot u. Börseneinführungsprospekt
26.03. Beginn Bezugsfrist u. Bezugsrechtshandel
05.04. Letzter Tag Bezugsrechtshandel
09.04. Letzter Tag Bezugsfrist; Einz. 75% des Nominalwertes zzgl. Aufgeld
11.04. Übertrag des Gegenwertes auf lfd. Konto der Volkswagen AG
12.04. Aufnahme der Börsennotierung der neuen Aktien

Abb. II. 84

Die Kapitalerhöhung 1990 war eine traditionelle Bezugsrechtsemission nach deutschem Recht (BZR-Emission, „rights issue")
mit 3 Mio. Stammaktien zu nominal DM 50 pro Stück. Bei einer
BZR-Emission hat jeder Altaktionär das Recht, eine bestimmte
Anzahl neuer Aktien seinem Anteil am bisherigen Grundkapital
entsprechend verbilligt, d.h. unter Marktkurs zum so genannten

Bezugspreis zu beziehen, um ihn für den Verwässerungseffekt zu kompensieren. Als Verwendungszweck für den Emissionserlös wurde im Prospekt lediglich angegeben:

> „Die aus der Kapitalerhöhung zufließenden Mittel ... dienen der Finanzierung der für die kommenden Jahre geplanten Investitionsvorhaben des Volkswagen-Konzerns.“

Der Aktienkurs stieg während der Bezugsfrist, was die neuen Aktien bzw. deren Bezugspreis für die Investoren stetig attraktiver machte und die Platzierung von nicht bezogenen Aktien begünstigte.

Neu war an dieser Emission die Einbeziehung etlicher ausländischer Banken in das Konsortium, inkl. Zuteilung einer Führungsposition; Abb. II.85:

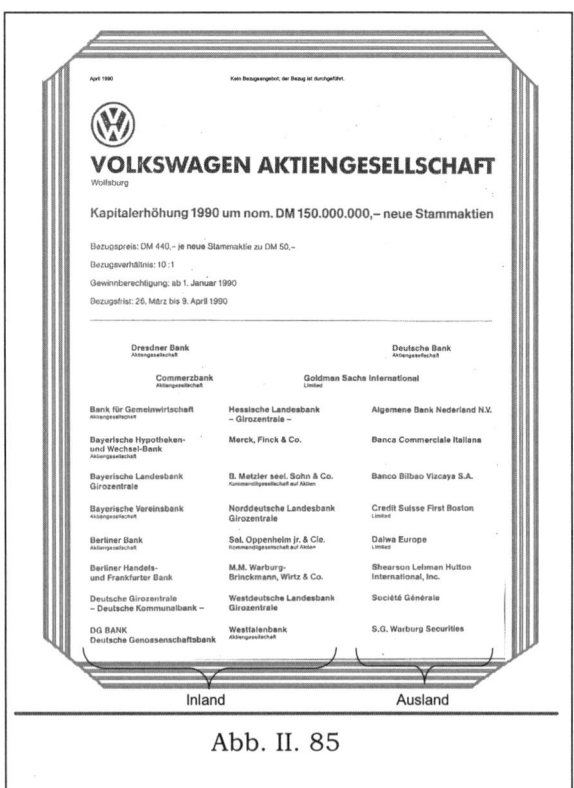

Abb. II. 85

Ziel dieser Konsortialstruktur war es, die Präsenz an den ausländischen Börsen zu stärken, die Investorenbasis im Ausland zu verbreitern und damit die Nachfrage nach den neuen Aktien zu steigern. Die Einbeziehung ausländischer Banken war damals insofern ein Novum, als die Zusammensetzung der Konsortien inkl.

der Zuteilung der Konsortialquoten bis dahin von den Konsortialführern festgelegt worden war. Der Emittent nahm darauf praktisch keinen Einfluss, er erhielt den Emissionserlös in Höhe des
zuvor vereinbarten Bezugspreises pro Aktie („underwriting commitment"), der Rest war Angelegenheit der/des Konsortialfüh-
rer(s). Die Zusammensetzung des Konsortiums und die Quotenverteilung innerhalb der Gruppe waren de facto „in Stein gemei-
ßelt". Banken, die in das Konsortium aufgenommen werden wollten, wandten sich an den Konsortialführer, nicht an den Emittenten. Wie starr dieses System war, zeigte sich auch noch nach dem
Abschluss dieser Transaktion. Die Neugestaltung des Konsortiums und die Veränderung der Quoten waren erforderlich, um
Raum für die neu aufgenommenen ausländischen Institute zu
schaffen. Daher waren einige deutsche Banken im Konsortium
nicht mehr vertreten, andere mit verringerten Quoten. Diese Institute sind erst im Nachhinein beim Emittenten vorstellig geworden
– sich bei ihm im Vorhinein für eine Zuteilung zu bewerben, war
nicht üblich. Das hat sich in den Folgejahren gründlich geändert,
wie anhand der Kapitalerhöhung 1997/1998 beschrieben wird.

B.   Die Kapitalerhöhung der Volkswagen AG 1997/1998

Die Kapitalerhöhung 1997/1998 (KE 97/98) ist aufgrund unerwarteter Marktturbulenzen – ausgelöst durch die Fernostkrise im
Herbst 1997 – mitten in der Durchführung in Schwierigkeiten geraten. Sie ist deshalb ein interessantes Fallbeispiel für die Entscheidungsalternativen, denen sich der Emittent in einer solchen
Situation stellen muss, mit denen er ansonsten aber praktisch
nie konfrontiert wird.

Zunächst die Rahmenbedingungen:

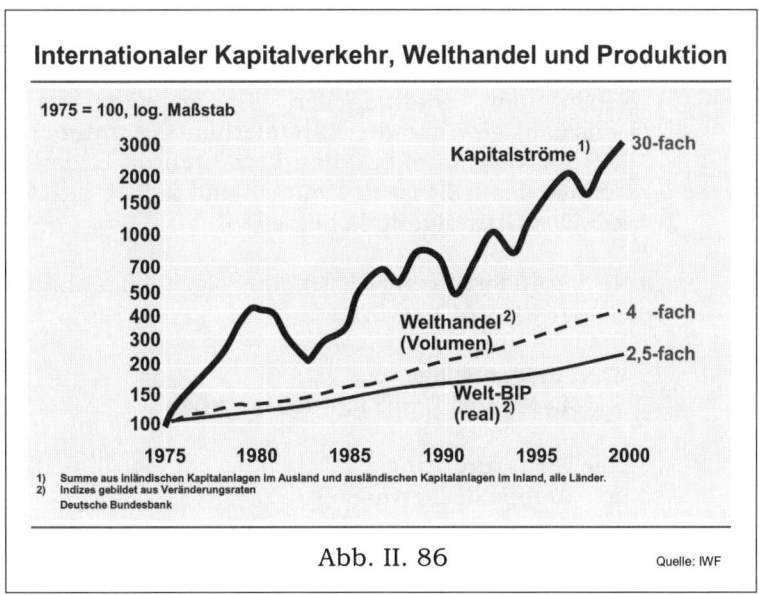

Abb. II. 86   Quelle: IWF

- Zu Abb. II. 86: Die Liquidität der Märkte ist im Vergleich zur realwirtschaftlichen Entwicklung um ein Vielfaches gestiegen. Während die Weltwirtschaft von 1975 bis 2000 real um das 2,5-fache und der Welthandel um das 4-fache gewachsen waren, nahmen die Kapitalströme um das 30-fache zu. Zugleich wurde die Übermittlung von Informationen immer schneller; sie findet heute weltweit ohne Verzögerung statt („instantaneous transmission of information"). Die Folge davon sind äußerst kurze Reaktionszeiten, obwohl die Aktienmärkte im Vergleich zu den Bond- oder gar den Devisenmärkten geographisch noch immer fragmentiert sind, insbesondere hinsichtlich ihrer Abwicklungssysteme und der gesetzlichen Regelungen wie Börsenaufsicht, Zulassungsbedingungen, Berichtspflichten etc.
- Im Boom der 1990er Jahre hat die Aktie gegenüber den Anleihen an Bedeutung gewonnen, ein Trend, der sich fortsetzen dürfte solange das niedrige Zinsniveau anhält.
- Die Aktionärsbasis hat sich zunehmend internationalisiert.
- Die Rolle der Investoren ist in den Vordergrund gerückt.
- Die Analysten haben eine Schlüsselposition erobert.
- Die Beziehungspflege zu den Investoren und Analysten (→ IX. 1 „Investor Relations") sowie die aktive Teilnahme des Emittenten bei der Platzierung neuer Aktien sind unerlässlich geworden.
- Der Verwendungszweck für den Erlös einer Aktienemission ist zu spezifizieren.
- Die Konsortien ändern sich laufend und werden jedes Mal ad hoc zusammengestellt; ein „Inlandskonsortium" existiert als solches nicht mehr.
- Der Trend geht weg vom „Underwriting" und hin zur „Agency"-Funktion der Konsortialführer, d.h. vom „firm underwriting commitment" zum so genannten „soft underwriting commitment", womit das Platzierungsrisiko de facto auf den Emittenten zurückfällt (s.u. Text in 2. Die Strukturierung, a) „Doppeldeckermodell").
- Neben der traditionellen Bezugsrechtsemissionen (BZR-Emission) gewinnt die Kapitalerhöhung unter Ausschluss des BZR mit dem Bookbuilding-Verfahren an Bedeutung (der Ausschluss des BZR ist in Deutschland jedoch gesetzlich auf max. 10% des Grundkapitals begrenzt).

Diese Veränderungen werden im folgenden anhand des Fallbeispiels der KE 97/98 erörtert:

1. Die Ausgangslage
   - Zweck der Emission neuer Aktien

2. Die Strukturierung
   a) „Doppeldeckermodell"
   b) Konsortium

c) Interessenslagen
  ▫ der Emittent
  ▫ die Banken
  ▫ die Investoren
  ▫ die Analysten
d) Zeitplan
  ▫ Bekanntgabe
  ▫ Markteintritt
  ▫ Vermarktung

3. Die Entgleisung aufgrund der Fernostkrise im Oktober/November 1997

4. Die Kapitalmarktlage im Januar 1998

5. Die Durchführung im März/April 1998

1. Die Ausgangslage

Im Jahr 1997 entschied sich Volkswagen zu einer Produktoffensive, die zusätzliche Investitionen i.H.v. mehreren Milliarden DM erforderte und zum Teil durch eine Kapitalerhöhung finanziert werden sollte. Genauer, zitiert aus dem Börsenzulassungsprospekt[*]:

„Verwendung des Emissionserlöses

Unter der Voraussetzung, dass alle Bezugsrechte ausgeübt und die neuen Aktien zum Bezugspreis verkauft werden, beträgt der Emissionserlös ca. DM 3 Mrd. Die Höhe des tatsächlichen Emissionserlöses hängt u.a. davon ab, wie viele Bezugsrechte ausgeübt werden. Die gesamten Emissionskosten, einschließlich der Vergütung der Konsortialbanken, werden voraussichtlich ca. DM 30 Mio. betragen.

Der Gesellschaft dienen die ihr zufließenden Mittel zur Stärkung der Kapitalbasis des Volkswagen-Konzerns. Die Gesellschaft plant derzeit für 1998 bis 2002 Sachinvestitionen von rd. DM 44 Mrd. im Automobilbereich, wovon der Großteil in die Erweiterung der Produktpalette des Volkswagen-Konzerns investiert werden soll (...). Im

---

[*] Dieses Zitat ist dem Börsenzulassungsprospekt vom 24.10.97 in der Nachtragsfassung vom 24.03.98 entnommen. Insofern nimmt die hier angegebene Höhe des voraussichtlichen Emissionserlöses die spätere Entwicklung schon vorweg, die zu einer Halbierung des ursprünglich geplanten Emissionsvolumens führte wie unten in „5. Die Durchführung März/April 98" beschrieben wird. Das ist hier jedoch nicht von Belang, da mit dcm Zitat lediglich die im Gegensatz zur KE 90 genau spezifizierte Verwendung des Emissionserlöses hervorgehoben werden soll.

Vergleich zum vorhergehenden Planungszeitraum von 1997 bis 2001 ist dies ein Anstieg um DM 11 Mrd. Außerdem beabsichtigt die Gesellschaft, im Finanzdienstleistungsbereich/Finanzierung weiter zu wachsen. Hierzu sind Investitionen i.H.v. DM 56 Mrd. vorgesehen. Dies stellt einen Anstieg gegenüber der vorherigen Planung um DM 6 Mrd. dar. Insgesamt ist im Planungszeitraum 1998 bis 2002 nach dem derzeitigen Stand der Planung beabsichtigt, DM 100 Mrd. zu investieren, DM 17 Mrd. mehr als in der vorhergehenden Planungsperiode.

Die Gesellschaft plant, ihre Investitionen zum überwiegenden Teil aus dem Cashflow zu finanzieren. Mit der infolge der Kapitalerhöhung gestärkten Kapitalbasis soll der Gesellschaft zusätzlich die notwendige Flexibilität gegeben werden, die Investitionsvorhaben auch in Zeiten schwächerer Konjunktur durchführen zu können. Dadurch wird der Handlungsspielraum der Gesellschaft erweitert, um flexibel strategische Optionen ergreifen zu können. Hierzu könnte auch die Beteiligung an und/oder der Erwerb von anderen Gesellschaften gehören. Die Gesellschaft beabsichtigt, kurzfristig ein Gebot zum Kauf der Rolls Royce und Bentley Motor Car Group abzugeben. Falls sich der derzeitige Alleingesellschafter dieser Gruppe, Vickers P.L.C., für die Aufnahme von Verhandlungen mit der Gesellschaft entscheidet, werden diese voraussichtlich spätestens im April 1998 begonnen."

Die Kapitalmarktbedingungen waren für die Emission neuer Aktien günstig. Der DAX befand sich seit 1993 in einem steten Aufwärtstrend und die Volkswagen-Aktie hatte schneller an Wert gewonnen als der DAX. Ihr Kurs hatte sich im Laufe der vier Jahre 1993-97 in etwa verfünffacht, wobei der stärkste Anstieg ab Ende 1995 zu verzeichnen war. Hinzu kam die Unterstützung der Volkswagen-Aktie durch den steigenden $: Ein starker $ mehrt bei Konvertierung in DM bzw. € die Erlöse und somit den Gewinn, und der steigende Gewinn stützt den Aktienkurs. Diese „Marktlogik" betrifft alle Exportwerte, ist aber nur teilweise in sich schlüssig. Die Abhängigkeit der VW-Ergebnisse von der italienischen Lira (ITL) war zur damaligen Zeit viermal so hoch, was aber keinen Einfluss auf die VW-Aktie ausübte. Die Erklärung für diesen Widerspruch liegt darin, dass die Marktteilnehmer nur auf den $-Kurs achteten, den ITL-Kurs aber ignorierten. Hinsichtlich der ITL hat sich das Thema mit der Einführung des € erledigt, nicht jedoch gegenüber den Währungen außerhalb des €-Blocks: die deutschen Aktienkurse reagieren nach wie vor praktisch nur auf die $-Entwicklung.

Die VW-Aktienkursentwicklung 1995-97, Abb. II.87 und Abb. II.88:

Abb. II. 87[*)]

*) s.u. Fußnote zu Abb. II.88

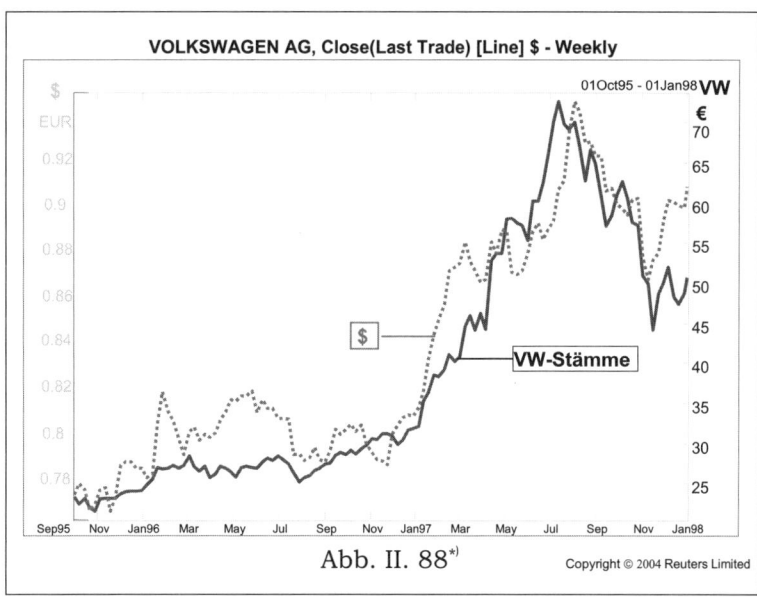

Abb. II. 88[*)]

*) Abb. II.87 und II.88 beziehen sich auf einen Zeitraum vor der Einführung des € am 01.01.99 und dem 1:10 Split der Volkswagen-Aktie 1998 und ihrer Umstellung auf €-Quotierung; dasselbe gilt für die Quotierung des $-Kurses, damals in DM pro 1 $. In beiden Abbildungen sind die Kurswerte aus ihren damaligen Quotierungen in die heute üblichen umgerechnet worden.

Die wichtigsten Einflussfaktoren für eine erfolgreiche Kapitalerhöhung lassen sich in fünf Themenkreise unterteilen; zwei davon
liegen in der Hand des Emittenten, drei sind extern vorgegeben.

Vom Emittenten beeinflussbar:

a) Die Firmenstrategie: Produktstrategie, Preispolitik, Martkposi-
   tionierung, Produktivitätssteigerungen, Investitionen, Kosten,
   Ertragslage etc.

b) Die Transaktionsstruktur: Zusammenstellung des Konsortiums, Vermarktung der neuen Aktien (Roadshows, Unterneh-
   mensanalysen), Bezugspreis, Dividendenausstattung etc.

Extern vorgegeben:

a) Makroökonomische Bedingungen: allgemeine Wachstumsper-
   spektiven, Konjunkturlage, Zinsentwicklung, Wechselkursentwicklung etc.

b) Branchenverfassung: zyklisch vs. nicht zyklisch, Nachfrage,
   Preiswettbewerb und Konkurrenzdruck etc.

c) Kapitalmarktverfassung: Börsenlage, Kapitalströme, Emissionskalender – Emissionspläne und -termine anderer Emittenten etc.

2. Die Strukturierung

a) „Doppeldeckermodell"

Die KE 97/98 sollte in zwei Tranchen mit insgesamt 6 Mio.
neuen Stammaktien durchgeführt werden:

• Tranche 1 (KE 1) sollte im Rahmen des traditionellen deutschen Verfahrens 3 Mio. neue Aktien mit Bezugsrecht
  (BZR-Emission) auf den Markt bringen.

• Tranche 2 (KE 2) sollte weitere 3 Mio. Stück ohne Bezugsrecht im Bookbuilding-Verfahren platzieren, nach dessen
  Abschluss die neuen Aktien den Investoren in etwa zum
  Marktkurs zugeteilt werden. Die gesetzliche Regelung besagt, dass die Anzahl neuer Aktien mit BZR-Ausschluss
  10% des Grundkapitals nicht überschreiten darf. Da das
  damalige Grundkapital der Volkswagen AG einen Bestand

von 36,50*) Mio. Aktien – 27,75 Mio. Stämme plus 8,75 Mio. Vorzüge – auswies, war ausreichend Spielraum für eine Emission von 3 Mio. Aktien unter Ausschluss des BZR vorhanden (→ II.3.6, vierter Absatz).

Die Tranche 1 wurde im Gegensatz zur KE 90 nicht als „firm underwriting commitment" von den Lead-Banken übernommen, d.h. die Banken waren nicht verpflichtet, die Bezugsrechts-Tranche zum Bezugspreis zu übernehmen und damit das Platzierungsrisiko zu tragen. Vielmehr handelte es sich um ein „soft underwriting commitment", in dem die Banken nur zur Übernahme der neuen Aktien zum Nominalwert (hier à DM 50) verpflichtet sind. De facto tragen sie dann kein Platzierungsrisiko mehr, weil der Nominalwert i.d.R. weit unter dem Markt- und Bezugspreis liegt. Die Banken üben damit wirtschaftlich nur eine Agency-Funktion aus, während das Platzierungsrisiko letztlich beim Emittenten verbleibt. Dennoch wäre ein Misserfolg bei der Platzierung neuer Aktien für die Konsortialführer mit einem erheblichen Prestigeverlust verbunden und abträglich für zukünftige Mandatserteilungen desselben und anderer Emittenten, weshalb sie auch beim „soft underwriting" großes Interesse am Erfolg der Platzierung haben. Beim „soft underwriting" kann natürlich ein höherer Bezugspreis erzielt werden als beim „firm underwriting", allerdings in Verbindung mit einem höheren Risiko für den Emittenten. Die formale Übernahme zum Nominalwert ist nur aus verfahrenstechnischen Gründen notwendig. Um die Kapitalerhöhung im Handelsregister eintragen zu können, ist von den Banken ein sog. Zeichnungsschein vorzulegen wonach sie die Aktien „übernommen" bzw. gezeichnet haben. Die Übernahme ist nur mit der Verpflichtung verbunden, die Aktien dann den Aktionären zum Bezugspreis anzubieten. Für die Tranche 2, die im Rahmen des Bookbuilding-Verfahrens per Definition dem Marktgeschehen folgt,

---

*) Überleitung zu den Aktienbeständen in der Fußnote zur Abb. II.80 in II.3.6 „Wandelanleihen": dort wurde der Aktienbestand mit 417,2 Mio. = 312 Mio. Stammaktien plus 105,2 Mio. Vorzugsaktien angegeben; diese Daten bezogen sich auf das Jahr 1999, also auf einen Zeitpunkt nach der in diesem Abschnitt besprochenen KE 97/98 mit dem Ausgangsaktienbestand von 36,50 Mio. = 27,75 Mio. Stamm- plus 8,75 Mio. Vorzugsaktien. Im Jahre 1998 wurde im Zuge der fortschreitenden Angleichung an den angelsächsischen Kapitalmarkt auf die nennwertlose Stückaktie umgestellt und ein Aktiensplit 1:10 vorgenommen, so daß sich rein rechnerisch der Aktienbestand auf 365 Mio. = 277,5 Mio. + 87,5 Mio. verzehnfachte. Wie später ausgeführt wird, wurde als Folge der Fernostkrise die Tranche 2 nicht mehr emittiert, so dass sich der Aktienbestand durch die Kapitalerhöhung letztlich nicht um 6 sondern nur um 3 Mio. Stück erhöhte: 3,0 Mio. ≅ 30 Mio. neue Stammaktien aus der KE 97/98 → 395 Mio. = 307,5 Mio. Stamm- + 87,5 Mio. Vorzugsaktien. Die verbleibende Differenz auf die 417,2 Mio. = 312 Mio. + 105,2 Mio. ist auf die Ausübung von Optionen aus Optionsanleihen aus den 1980er Jahren zurückzuführen, d.h. einer Optionsanleihe auf Stammaktien von 1986 und der 3-Tranchen Optionsanleihe auf Vorzugsaktien von 1988 (→II.3.6.3).

üben die Banken naturgemäß nur eine Agency-Funktion aus.

b) Das Konsortium

Die Mitglieder des Konsortiums wurden nach drei Kriterien ausgewählt:

- Platzierungskraft und Zugang zu den bisherigen Aktionären
- Geschäftsbeziehung
- Bedeutung der Analysten

Die ersten beiden Kriterien waren schon immer von zentraler Bedeutung, das dritte bildete sich erst in den 1990er Jahren heraus.

Im einzelnen:

- Die Platzierungskraft der Konsortialmitglieder und ihr Zugang zu den bisherigen Aktionären ist ein wesentlicher Faktor für den Erfolg einer Emission. Bei einer BZR-Emission gilt es, die bisherigen Aktionäre davon zu überzeugen, ihr Bezugsrecht auszuüben. Die nicht bezogenen Aktien sollten nach Möglichkeit bei langfristig orientierten Anlegern platziert werden, um Kursvolatilitäten – insbesondere unmittelbar nach Abschluss der Platzierung – zu minimieren. Im Idealfall sollte nach der Platzierung der Markt zwecks kursstützender Wirkung „hungrig nach mehr" bleiben (→ Fallbeispiel in II.3.2.3). Der Kapitalmarkt hat ein sehr langes Gedächtnis – und erinnert sich an den Erfolg oder Misserfolg einer Emission, wenn das Unternehmen eines Tages wieder an den Markt herantritt.

Die einzelnen Konsortialmitglieder haben zu den diversen Investorengruppen unterschiedlich starke Beziehungen. Es gilt daher, die Mitglieder komplementär auszuwählen – nach Anlegersparten wie Versicherungen, Investment Fonds, Pensionsfonds etc., nach geographischen Gesichtspunkten (Ländermix USA, England, Kontinentaleuropa, Japan) und schließlich nach institutionellen vs. privaten Investoren (Großanleger vs. Kleinanleger).

Die Schlüsselrolle kommt dem/den Konsortialführer(n) zu. Ein Konsortium mit mehr als zwei Konsortialführern macht die Koordination und Exekution der Transaktion unverhältnismäßig mühsam. Im Gegensatz zu früher übernimmt der Emittent seit Mitte der 1990er Jahre eine aktive, gestaltende Rolle in enger Zusammenarbeit mit den Konsortialführern. Die Aufgaben der Konsortialführer werden vorher genau festgelegt. Sie übernehmen den Löwenanteil der Platzierung und tragen die Verantwortung für die Exekution. „Löwenanteil" heißt, dass deutlich mehr als die Hälfte der Emission von ihnen übernommen wird. Der Rest verteilt sich auf die anderen Konsorten, wobei bereits die zweite Ebene nur mehr einen Bruchteil übernimmt und die weiteren Mitglieder noch einmal deutlich weniger. Die Quoten der einzelnen Konsorten werden von allen Parteien vertraulich behandelt.

Die wichtigsten Aufgaben der Konsortialführer

- Strukturierung der Emission in Abstimmung mit der Gesellschaft,
- Optimierung der Emission, d.h. Maximierung der Bezugsleistung (BZR-Emission) bzw. des Emissionserlöses (Bookbuilding-Verfahren) sowie nachhaltige Platzierung der Aktien,
- Koordination der Vermarktungsaktivitäten,
- Führung des globalen Buches und Darstellung der generierten Nachfrage (bei Bookbuilding-Verfahren),
- Zuteilung der neuen Aktien (bei Bookbuilding-Verfahren),
- Kursstabilisierung im Anschluss an die Platzierung, insbesondere im Fall eines „firm underwriting commitment". Beim „soft underwriting commitment" ist das Thema der Kursstabilisierung hingegen von nachrangiger Bedeutung. Bei der Kapitalerhöhung ohne Bezugsrecht (Bookbuilding-Verfahren) kann der Erfolg einer Platzierung sogar durch eine anschließende „Mehrzuteilungsquote" („Greenshoe", Überzeichnungsreserve) bei entsprechender Nachfrage nach den neuen Aktien noch gesteigert werden.

Hinweis
Die obige Aussage zum Thema „Kursstabilisierung" bezieht sich auf das vorliegende Fallbeispiel der Kapitalerhöhung der Volkswagen AG von 1997/98. Später, im Jahr 2003, sind dann von der EU-Kommission detaillierte Bestimmungen für Kursstabilisierungsmaßnahmen erlassen worden. Die VERORDNUNG (EG) Nr. 2273/2003 DER KOMMISSION vom 22. Dezember 2003 „zur Durchführung der Richtlinie 2003/6/EG ... – Ausnahmeregelungen für Rückkaufprogramme und Kursstabilisierungsmaßnahmen" ist im Amtsblatt der Europäischen Union vom 23.12.2003, Seiten L336/33-38, veröffentlicht worden. Als einer der dort angeführten 21 Gründe wird u.a. bezüglich Kursstabilisierungsmaßnahmen in Punkt (11) angegeben:

„Kursstabilisierungsmaßnahmen bewirken hauptsächlich die vorübergehende Stützung des Emissionskurses unter Verkaufsdruck geratener, relevanter Wertpapiere, mindern so den durch kurzfristige Anleger verursachten Verkaufsdruck und halten für die relevanten Wertpapiere geordnete Marktverhältnisse aufrecht. Dies liegt sowohl im Interesse der Anleger, die die relevanten Wertpapiere im Rahmen eines signifikanten Zeichnungsangebots gezeichnet oder gekauft haben, als auch im Interesse der Emittenten. Auf diese Weise können Kursstabilisierungsmaßnahmen das Vertrauen der Anleger und der Emittenten in die Finanzmärkte stärken."

Von besonderer Relevanz ist an dieser Stelle das Kapitel III „Stabilisierung eines Finanzinstruments", Artikel 7-11, wovon die wesentlichsten Stellen aus den Artikeln 8-10 auszugsweise und stark verkürzt hier wiedergegeben werden:

„Artikel 8
Zeitliche Bedingungen für die Kursstabilisierung

(1) Kursstabilisierungsmaßnahmen sind zeitlich befristet.
(2) Bei Aktien ... beginnt der in Absatz 1 genannte Zeitraum – wenn es sich um eine öffentlich angekündigte Erstplatzierung handelt – an dem Tag, an dem auf dem geregelten Markt der Handel mit den relevanten Wertpapieren aufgenommen wird, und endet spätestens nach 30 Kalendertagen.

Artikel 9
Bedingungen für Bekanntgabe und Meldung von Kursstabilisierungsmaßnahmen

(1) Emittenten, Bieter oder Unternehmen, die die Stabilisierungsmaßnahme durchführen ..., geben vor Beginn der Zeichnungsfrist der relevanten Wertpapiere in angemessener Weise bekannt,

a) dass möglicherweise eine Kursstabilisierungsmaßnahme durchgeführt wird, diese aber nicht garantiert wird und jederzeit beendet werden kann;
b) dass Stabilisierungsmaßnahmen auf die Stützung des Marktkurses der relevanten Wertpapiere abzielen;

c) wann der Zeitraum, innerhalb dessen die Maßnahme durchgeführt werden könnte, beginnt
und endet;

d) ...

e) ob die Möglichkeit einer Überzeichnung oder
Greenshoe-Option besteht und wenn ja, in welchem Umfang, in welchem Zeitraum ... .

Artikel 10
SPEZIELLE KURSBEDINGUNGEN

(1) Im Falle eines Zeichnungsangebots für Aktien
oder Aktien entsprechende Wertpapiere darf die
Kursstabilisierung der relevanten Wertpapiere
unter keinen Umständen zu einem höheren
Kurs als dem Emissionskurs erfolgen."

Der „Letter of Engagement" (LoE)

Die Beziehung der Konsortialführer zum Emittenten wird in
einem so genannten „Letter of Engagement"[*] (LoE) geregelt.
Darin werden festgelegt:

- die Syndikatsstruktur
- die Quotenverteilung
- Kommunikationsregeln (Bekanntgaben)
- Provisionsstruktur
- Dokumentation und „due diligence"
- Externe Berater (z.B. für Rechtsfragen)
- Kommunikation mit den Medien
- Vermarktungsstrategien (Roadshows)
- Bookbuilding
- Preisfestlegung und Zuteilung am Ende des Bookbuil-
ding
- Bezugsrechtsgeschäft und Kursstabilisierung
- Kosten- und Break-up Vereinbarung für den Fall, dass
die Emission zurückgezogen oder abgebrochen wird.

- Die allgemeine Geschäftsbeziehung ist ein Kriterium bei der
Wahl der Konsorten, weil Provisionsgeschäfte im Allgemeinen und Aktienemissionen im Besonderen zu den prestige-
trächtigsten und lukrativsten Geschäften der Bankenwelt
gehören. Es wird von den Bankpartnern als Affront empfunden, dazu nicht eingeladen zu werden. Wenn die Bankpolitik eines Unternehmens beziehungsorientiert, also langfristig angelegt ist, so wird man auf solche Befindlichkeiten

---

[*] Der „Letter of Engagement" wird dann im „Underwriting Agreement" noch im Detail
ausgestaltet. Ergänzend: Das so genannte „Memorandum of Understanding" (MoU) hingegen, das nicht Teil dieser Fallstudie ist, regelt die Beziehung der Banken untereinander und definiert die Rechte und Pflichten der einzelnen Konsortialmitglieder.

entsprechend Rücksicht nehmen. Die Quoten für die Zuteilung können gering sein, scheinen aber in der Öffentlichkeit nicht auf. Der Name des Instituts hingegen erscheint auf dem „Tombstone", der die Emission besiegelt. Es ist bemerkenswert, wie wichtig dieser Imagefaktor manchen Banken ist. So ist dem Autor ein Fall bekannt, wo auf den Entzug des Zahlungsverkehrs kaum, auf die Nichtaufnahme in ein Konsortium aber heftig reagiert wurde, obwohl die Gebühren für letzteres ungleich geringer und noch dazu nur einmalig sind.

Die Zusammenstellung des Konsortiums sollte im Einvernehmen mit den Konsortialführern erfolgen. Sollte eine Bank nämlich wider Erwarten nicht imstande sein, ihre Zuteilung im Markt zu platzieren, oder sollte sich der Markt während der Transaktion ungünstig entwickeln, so kann die betreffende Bank die übernommenen Aktien dem Konsortialführer „andienen", der als „market maker" gehalten ist sie zu übernehmen. Das ist einer der Gründe, warum der Konsortialführer den größten Teil der Gebühren kassiert u.a. um ihn eben für solche Risiken zu kompensieren.

- Die Bedeutung der Analysten und die Qualität ihrer Berichte sind in den 1990er Jahren zu einem wichtigen Faktor bei der Zusammenstellung des Konsortiums geworden. Analysten beurteilen die finanzielle Lage eines Unternehmens und geben Einschätzungen über die zukünftige Entwicklung ab. Ihre Analysen sind meistens sehr umfangreich und geben Empfehlungen zur Aktie in Form von „Kaufen", „Halten", „Verkaufen" („buy", „hold", „sell"). Die Ausdrucksweise dieser Empfehlungen variiert; oft werden sie noch untergliedert. So kann „buy" auch als „add" oder „accumulate" formuliert oder die betreffende Aktie als „outperformer" bezeichnet werden; „buy" kann durch ein „strong buy" eine Aktie besonders zum Kauf empfehlen. „hold" erscheint oft als „market performer" und „sell" als „reduce" oder „underperformer"; „sell" kann durch „strong sell" noch akzentuiert werden usw.

Die Rolle der Analysten wird später eingehender behandelt. Hier genügt der Hinweis, dass ihre Beurteilungen den Aktienkurs bewegen können und ihre Bedeutung daher bei der Zusammenstellung des Konsortiums berücksichtigt werden sollte. Für die Automobilindustrie sind etwa 35 bis 40 Analysten maßgebend, von denen ca. fünf den Markt nachhaltig beeinflussen können. Wenn aber ein Institut in das Konsortium eingeladen wird, so darf sein Analyst von einem bestimmten Zeitpunkt vor Platzierungsbeginn bis zu einem bestimmten Zeitpunkt nach Abschluss der Transaktion keine Empfehlungen zu dieser Aktie mehr abgeben.

Während dieser so genannten „research black-out period" sind die Analysten zu Stillschweigen verpflichtet, und können daher den Aktienkurs durch ihre Beurteilungen nicht beeinflussen. Der Emittent könnte also die Kursbeeinflussung durch einen bestimmten Analysten – aus welchen Gründen auch immer – unterbinden, in dem er dessen Institut in das Konsortium einlädt; dabei spielt die Höhe der zugeteilten Quote keine Rolle. Andererseits waren die Konsorten früher – so auch bei der KE 97/98 – gehalten, so genannte „Research Reports" über den Emittenten zu veröffentlichen, was aber vor der „black-out period" zu erfolgen hatte. Diese „Research Reports" sollten die Platzierung der Aktien unterstützen. Auf den ersten Blick war damit ein Interessenskonflikt verbunden. Dem sollte durch die Unabhängigkeit der Analysten innerhalb der Banken begegnet werden („Chinese Walls"), was von den meisten Instituten sorgfältig beachtet wurde. Natürlich hat es auch hier Ausnahmen gegeben, insbesondere in den USA, wo einige Analysten wider besseres Wissen Aktien zum Kauf empfohlen hatten, um ihre Institute bei der Akquisition von Mandaten zu unterstützen. Diese Fälle haben zu detaillierten „Research Guidelines", einer Verschärfung der Rechtsvorschriften und für die betreffenden Institute zu empfindlichen Geldbußen geführt.

Unter Einbeziehung der obigen Elemente – Platzierungskraft, Geschäftsbeziehung und Bedeutung der Analysten – wurde im vorliegenden Fallbeispiel das Konsortium für die Neuemission der geplanten 6 Millionen Stammaktien wie folgt zusammengestellt; Abb. II.89:

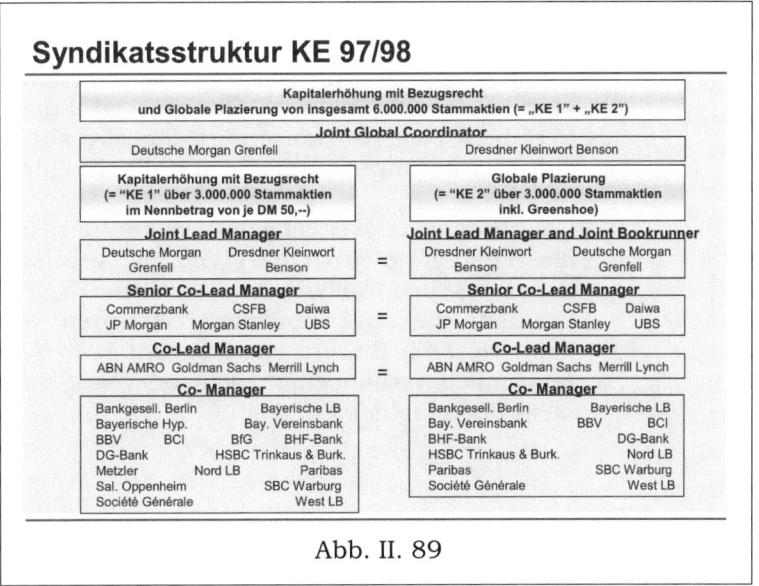

Abb. II. 89

Die Struktur des Konsortiums reflektiert das „Doppeldecker-modell". Die 6 Mio. neuen Aktien sollten mit 3 Mio. Stück als traditionelle Bezugsrechtemission (Tranche 1, KE 1) nach deutschem Recht, und mit 3 Mio. Stück unter Ausschluss des Bezugsrechts (Tranche 2, KE 2) im Bookbuilding-Verfahren nahe dem Marktkurs platziert werden („globale Platzierungs-tranche"). Deutsche Morgan Grenfell und Dresdner Kleinwort Benson teilten sich dieses Mandat als „Joint Global Coordina-tor", wobei die Deutsche die Führungsrolle für die Bezug-rechtsemission und die Dresdner für die Emission unter Aus-schluss des Bezugsrechts (Globale Platzierung) übernehmen sollte. Beide Institute waren in beiden Tranchen „Joint Lead Manager" und für die globale Platzierung auch „Joint Bookrunner"; die Verteilung der Führungsrollen geht nur aus der Position in den beiden Tranchen hervor – in der einen steht die Deutsche links und die Dresdner rechts, in der an-deren sind die Positionen vertauscht. Das jeweils links ste-hende Institut hat die Federführung inne. In den Kategorien darunter sind solche Unterscheidungen nicht mehr erforder-lich. In den Kategorien „Senior Co-Lead Manager" und „Co-Lead Manager" scheinen in beiden Tranchen dieselben Insti-tute in alphabetischer Reihenfolge auf. Dasselbe gilt für die Kategorie der „Co-Manager", wobei in der Bezugsrechtstran-che vier Institute mehr mitwirkten als in der globalen Platzie-rungstranche. Diese vier Banken wurden wegen ihrer beson-deren Platzierungskraft im Kleinanlegersegment („retail sec-tor") des innerdeutschen Marktes hinzugezogen. Die Bezeich-nung der einzelnen Syndikatsgruppen („brackets") ist wirt-schaftlich belanglos.

Die Provisionsstruktur nimmt im „Letter of Engagement" eine besondere Stellung ein. Als Beispiel für eine Gebührenver-handlung wird das unten in Abb. II.90 folgende Modell ver-wendet, das hier als Teil der Fallstudie präsentiert wird, so aber heute nicht mehr gebräuchlich ist. Für das heute übliche Verfahren zur Provisionsermittlung wird auf den Hinweis nach den Erläuterungen zu dieser Modellkalkulation verwiesen.

Gebühren sind weitgehend Verhandlungssache, auch wenn die Banken sie zunächst gerne als „gesetzt" oder „marktüb-lich" vorgeben wollen. Aus Wettbewerbsgründen sollte der Emittent die ausgehandelten Gebühren vertraulich behan-deln, weshalb die Prozentsätze unten in Abb. II.90 mit den tatsächlich verhandelten nicht oder nur der Größenordnung nach übereinstimmen.

Gebühren (Modellrechnung)

(1) Annahmen: Börsenkurs   1.200,-- DM
(2) 3 Mio., Tranche I: Ausgabekurs <u>mit</u> Bezugsrecht   960,-- (20,0% Abschlag)
(3) 3 Mio., Tranche II: Ausgabekurs <u>ohne</u> Bezugsrecht 1.170,-- (2,5% Abschlag)

(4) Tranche I: 4% auf Nennbetrag 150 Mio. DM   =   6   Mio. DM
(5)   4% auf Δ Bezugspreis - 55% Börsenkurs
(6)   = 960 - 55% von 1.200
(7)   = 960 - 660
(8)   = 300 x 3,0 Mio.
(9)   = 900 Mio. DM ....4%   =   36   Mio. DM

(10) Tranche II: 3% auf Erlös: 1.170 x 3,0 Mio.
(11)   = 3,5 Mrd. DM ....3%   = <u>105   Mio. DM</u>

(12)   147   Mio. DM

(13) Börsen-Einführungsprov. 1% auf nom. 300 Mio. DM   3   Mio. DM
(14) Andere Kosten (Prospekt,Roadshows,Dokumentation,etc.) <u>10   Mio. DM</u> (max.)

(15)   160   Mio. DM
                                                         (= ca 2,5%!)

Abb. II. 90

Zur Modellkalkulation in Abb. II.90:

Zeile (1)
Der „Börsenkurs" wird vom Markt vorgegeben und ist hier definiert als der Durchschnittskurs der letzten fünf Tage vor Festlegung des Bezugspreises.

Zeile (2)
Der Bezugspreisabschlag in Tranche 1 wird zwischen dem Emittenten und den Konsortialführern verhandelt, ausgehend von dem in Zeile (1) definierten Börsenkurs. Der Emittent will natürlich einen möglichst hohen Bezugspreis, d.h. einen möglichst geringen Abschlag, um den Emissionserlös zu maximieren. Die Konsortialführer streben in die andere Richtung, um durch einen niedrigeren Bezugspreis den Bezug zu erleichtern und angesichts der zweiwöchigen Bezugsfrist gegen das Marktänderungsrisiko in dieser Zeit ausreichend abgesichert zu sein. Eine Untergrenze ist insofern gesetzt, als die Banken dem Markt gerecht werden und den Emittenten zufrieden stellen wollen. Die richtige Auswahl zweier konkurrierender Konsortialführer kann es dem Emittenten erleichtern, seine Interessen durchzusetzen.

Zeile (3)
Die Aktien unter Ausschluss des Bezugsrechts werden gemäß Nachfrage (Bookbuilding-Verfahren) im Markt platziert. Theoretisch könnte dies am Platzierungstag zum Marktpreis erfolgen, jedoch wird üblicher Weise ein kleiner prozentualer Abschlag als Anreiz für die Investoren gewährt. Er wird durch die Nachfrage und die Marktlage zum Zeitpunkt der Platzierung bestimmt.

Zeile (4)
Der angenommene Satz von 4% bedarf keiner langen Verhandlung, da die maßgebliche Stellschraube für die Gebührenkalkulation die „55% des Börsenkurses" in Zeile (5) sind.

Zeile (5)
Die Differenz zwischen dem Bezugspreis und dem Prozentanteil des Börsenkurses ist die wesentliche Variable für die Höhe der Gebühren in Tranche 1. Der Bezugspreis kann natürlich erst kurz vor Markteintritt festgesetzt werden, da er durch Abschlag von dem in Zeile (1) definierten Börsenkurs ermittelt wird. Verhandelt wird somit zunächst nur der Prozentsatz, der hier z.B. mit 55% angesetzt wird.

Zeile (6)
Der entscheidende Hebel für die Gebührenverhandlung ist also der Prozentsatz, der in Zeile (6) auf den Börsenkurs angesetzt wird. Je höher er ist, umso geringer fallen die Gebühren aus. Rein theoretisch liegen die Grenzwerte für diesen Prozentsatz zwischen 0% und 100% minus Bezugspreisabschlag in Prozent (hier 100% – 20% = 80% des Börsenkurses). Bei 0% würden die Gebühren i.H.v. 4% auf den gesamten BZR-Emissionserlös anfallen. Im anderen Grenzfall wären bei angenommenen 20% Bezugspreisabschlag (Börsenkurs DM 1200 – 20% = 80% des Börsenkurses = DM 960) der Wert erreicht, der identisch mit dem Bezugspreis wäre. Die Differenz und damit die Gebühren wären dann gleich Null. Natürlich sind diese beiden Grenzfälle rein hypothetisch. Realistische Prozentsätze bewegen sich in einer Bandbreite von 40% bis 70%.

Zeilen (7) bis (9) folgen rechnerisch;
die Summe der Zeilen (4) und (9) ergibt die Provision, die unter Tranche 1 anfällt.

Zeile (10)
Der Satz von 3% ist direkte Verhandlungssache.

Zeilen (11) und (12) folgen rechnerisch.

Zeile (13) ist vorgegeben.

Zeile (14) sind Aufwandsauslagen.

Zeile (15)
Summe aller Auslagen in DM und in Prozent des Emissionserlöses.

Darüber hinaus kann die Provisionsvereinbarung durch Festlegung eines min./max. Betrages ergänzt werden, zumeist definiert als Prozentanteil vom Gesamterlös der Emission. Und schließlich regelt die Vereinbarung auch noch diverse Kostenfragen, wie z.B. eine „Break-up" Gebühr für den Fall eines vorzeitigen Abbruchs der Transaktion. Die Aufteilung des Provisionsaufkommens an die Mitglieder des Konsortiums wird üblicherweise in einem separaten Dokument geregelt.

Hinweis

Zu dem Punkt „Provisionsstruktur" wurde eingangs erwähnt, dass die Kalkulationsmethode gemäß Abb. II.90 heute in der Form nicht mehr Verwendung findet. Stattdessen wird seit einigen Jahren der in der letzten Zeile in Klammern angegebene Wert von „ca. 2,5%" direkt verhandelt, also einfach ein Prozentsatz vom gesamten Emissionserlös vereinbart. Dieser prozentuale Provisionssatz wird oftmals in eine Basisfee, z.B. 2%, und eine „Incentive Fee", z.B. 0,75%, unterteilt, wobei die „Incentive Fee" im Ermessen des Emittenten liegt.

c) Interessenslagen der involvierten Parteien

- Der Emittent: Sein Interesse liegt in erster Linie in der Höhe des Emissionserlöses. Er will schließlich Investitionen damit finanzieren und zugleich gesunde Bilanzrelationen sicherstellen. Ohne solide Finanzierung kann kein Unternehmen nachhaltiges Wachstum erzielen. Die beiden wichtigsten bilanziellen Kennziffern sind in diesem Zusammenhang die Eigenkapitalquote (Eigenkapital/Bilanzsumme) und die Anlagendeckung (Anlagevermögen/Eigenkapital plus langfristiges Fremdkapital).

  Der Emissionserlös ist natürlich umso höher, je höher der Aktienkurs ist. Darüber hinaus hat das Unternehmen noch andere Interessen an einem hohen Aktienkurs: ein hoher Kurs – insbesondere im Vergleich zum Wettbewerb – stellt ein Vertrauensvotum in das Management dar, was in schwierigen Zeiten, wie z.B. in einer Restrukturierungsphase einem Kursverfall vorbeugen kann. Des weiteren ist ein hoher Kurs von Vorteil, wenn die eigene Aktie als Akquisitionswährung bei Firmenübernahmen oder bei Überkreuzbeteiligungen eingesetzt werden soll. Ein hoher Kurs bietet auch einen gewissen Schutz gegen feindliche Übernahmeversuche: der Kurs multipliziert mit der Anzahl der Aktien ergibt die Börsenkapitalisierung, d.h. den Wert des Unternehmens an der Börse. Ein hoher Börsenwert reduziert daher das Risiko einer feindlichen Übernahme, sofern ein solcher Angriff finanzspekulativ motiviert ist, d.h. wenn die Einzelteile eines Unternehmens in der Summe seinen Börsenwert übersteigen und nach der Übernahme gesondert verkauft werden sollen. Liegen strategische Erwägungen einem Übernahmeversuch zugrunde, so bietet ein hoher Börsenwert alleine noch keinen ausreichenden Schutz. In diesem Zusammenhang stellt sich die Frage, inwieweit der Börsenwert den nachhaltigen, wirtschaftlichen Wert eines Unternehmens reflektiert. Das ist i.d.R. nicht der Fall (→ IX.2 „Feindliche Übernahmen/Fusionen – Marktdynamik und gesetzliche Regelungen").

- Die Banken: Sie haben Interesse am Provisionseinkommen und am Erfolg der Transaktion. Die Gebühren sind attraktiver als bei anderen Transaktionen; nur bei Firmenübernahmen fallen noch höhere Provisionen an. Der Erfolg der Transaktion ist wichtig für die Reputation und für weitere Mandate bei Kapitalerhöhungen in der Zukunft.

- Die Investoren: Sie sind als Aktionäre die Eigentümer des Unternehmens. Für ihre Mittelanlage erwarten sie eine angemessene Rendite (Return) in Form von Dividenden und Wertzuwachs durch Kurssteigerung der Aktie („Shareholder Value"). Dabei ist das Kurssteigerungspotential der Aktie für den Investor im Allgemeinen noch wichtiger als die zu erwartende Dividende. Das Potential der neuen Aktien kann der Investor nur beurteilen, wenn er über den Verwendungszweck der aufgenommenen Mittel informiert wird. Er wird die neuen Aktien nur dann erwerben wollen, wenn sie im Vergleich zu anderen Anlagemöglichkeiten einen attraktiven, risiko-adjustierten Return in Aussicht stellen:

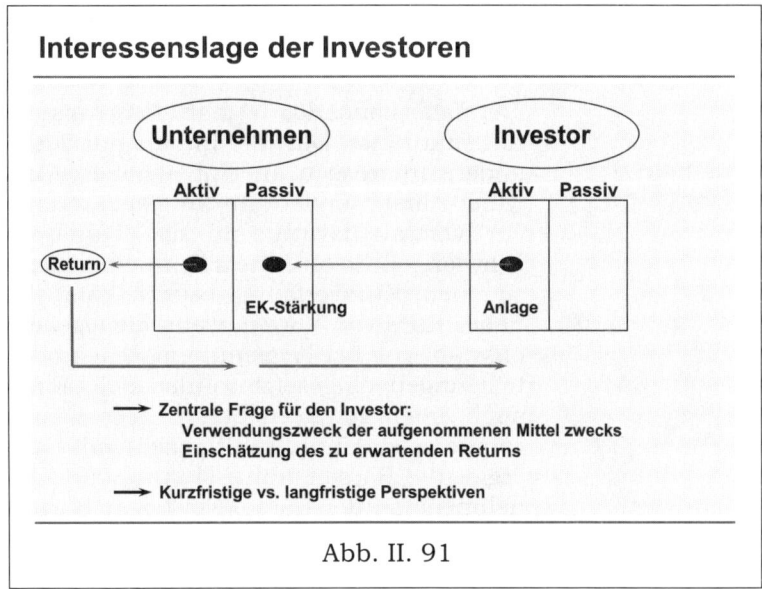

Abb. II. 91

Abb. II.91:
Der Investor legt sein Geld im Unternehmen an. Der Vermögensanteil am Unternehmen scheint in seiner Bilanz auf der Aktivseite auf. In der Unternehmensbilanz geht dieses Geld auf der Passivseite als Eigenkapital ein, das investiert wird und als Anlagevermögen auf der Aktivseite wieder aufscheint. Die Investition soll in Zukunft zum Ertrag des Unternehmens beitragen und dem Investor seinen Return erwirtschaften. Beispiel: der Erlös aus der Aktienemission finanziert eine neue Produktionsanlage, mit der mehr Auto-

mobile produziert werden können; damit wird sich normalerweise der Ertrag des Unternehmens erhöhen, was wiederum den Aktienkurs stärken und höhere Dividenden ermöglichen sollte.

Alternativ könnte der Investor seine Mittel in weniger risi-
kobehafteten Staats- oder Unternehmensanleihen anlegen.
Für deren Risikoeinschätzung (Bonität) kann er sich auf die
Klassifizierung der Ratingagenturen stützen. Wenn er seine
Mittel stattdessen in Aktien anlegt, so erwartet er dafür ei-
ne Kompensation, die ihn für die höheren Risiken entschädigt. Außerdem wird er seine Anlageentscheidung gegen alternative Aktienkäufe abwägen. Mit anderen Worten: der
Emittent befindet sich im Wettbewerb um Kapital, da der
Investor im Markt unter vielen Anlagemöglichkeiten wählen
kann. Das Unternehmen muss daher den Investor von der
Attraktivität der neuen Aktien, d.h. vom Verwendungszweck des Emissionserlöses überzeugen („Investment
Case"). Die Glaubwürdigkeit eines Unternehmens spielt dabei eine wesentliche Rolle, weshalb die meisten Unternehmen heute beachtliche Ressourcen in die Beziehungspflege
mit Investoren stecken (→ IX.1 „Investor Relations").

◻ Emittent und Investoren haben ein gemeinsames Interesse
an einem hohen und steigendem Aktienkurs – das Unternehmen will seinen Emissionserlös maximieren und der Investor seinen Vermögenswert steigern. Ist das Vertrauen
der Investoren hoch, so kann das Unternehmen eine hohe
Bezugsquote erzielen, d.h. viele Investoren werden in der
Bezugsrechtstranche (Tranche 1, KE 1) ihr Bezugsrecht
ausüben. Damit wird die Nachfrage stimuliert und die Aktie
auch für neue Investoren attraktiver, was die Platzierung
der Aktien ohne Bezugsrecht (Tranche 2, KE 2) begünstigt.

Der Anstieg in der Gesamtzahl der Aktien bedingt zunächst
eine Verwässerung des bestehenden Aktionärsvermögens.
Das Unternehmensvermögen verteilt sich zum Zeitpunkt
der Neuemission auf mehr Aktien, ebenso wie der zur Verteilung vorgesehene Gewinn (sofern die neuen Aktien von
Anfang an dividendenberechtigt sind). In der Bezugsrechts-
tranche werden die Aktionäre für diese Verwässerung
durch das Recht entschädigt, die neuen Aktien entsprechend verbilligt, d.h. unter dem Marktpreis, in einem bestimmten Verhältnis zu ihrem bisherigen Anteil am Grundkapital zu beziehen (Bezugsverhältnis, Bezugsrecht). Dieses
Recht besitzt einen Marktwert und kann während der BZR-
Periode gehandelt werden.

Der Schlüssel zur Optimierung des Emissionserlöses liegt also letztlich im Vertrauen der Investoren. Abb. II.92 fasst ihre Handlungsalternativen zusammen:

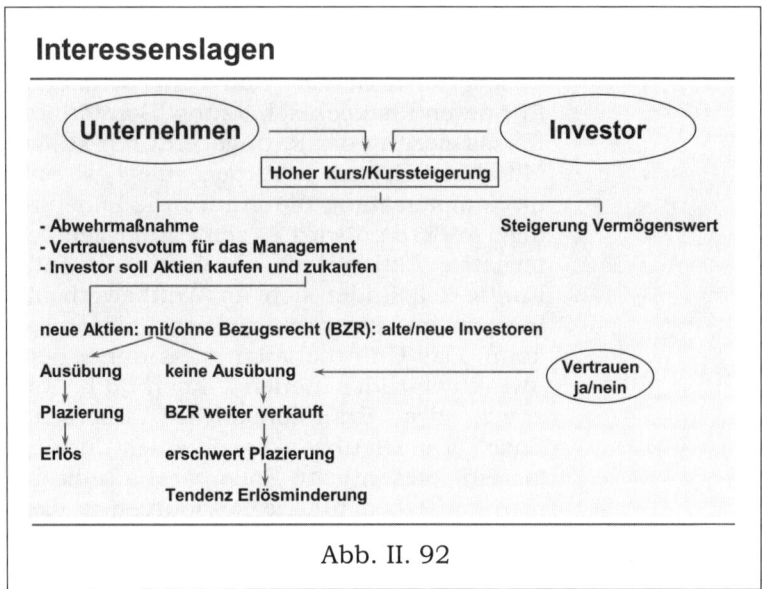

Abb. II. 92

- Die Analysten: Sie nehmen in den Aktienmärkten eine Schlüsselrolle ein, in Deutschland seit Mitte der 1990er Jahre. Ihre Kunden sind die Investoren, nicht das Unternehmen, dessen Aktien sie beurteilen. Mit ihren Empfehlungen lösen sie Portfolioumschichtungen aus, die Kursbewegungen zur Folge haben und Provisionserträge generieren. Unter bestimmten Voraussetzungen – z.B. in der Folge einer so genannten Roadshow (→ IX.1 „Investor Relations") – wird erfahrungsgemäß ca. die Hälfte solcher Umschichtungen über das Institut abgewickelt, dem der betreffende Analyst angehört.

Die Analysten fungieren auch als Meinungsmultiplikatoren, da jeder von ihnen eine Vielzahl von Investoren berät. Ein Unternehmen ist daher gut beraten, die Beziehungen nicht nur zu den Investoren, sondern auch zu den Analysten zu pflegen. Werden sie so gut und so umfassend wie möglich im Rahmen der gesetzlich zulässigen Möglichkeiten informiert – das Gesetz schreibt vor, dass für alle Anleger der gleiche Informationsstand gewährleistet sein muss – so sind sie in einer besseren Lage die Investoren zu bedienen. Insofern liegt auch den Analysten an guten Beziehungen zum Unternehmen. Im Idealfall können sie sogar eine Art Vermittlerrolle übernehmen zwischen den Investoren und dem Unternehmen, insbesondere in schwierigen Zeiten, in denen z.B. eine Restrukturierungsstrategie den Investoren „verkauft" werden muss, damit diese die Aktie nicht abstoßen.

◻ <u>Investoren und Analysten</u> sind beide an umfassenden Unternehmensinformationen interessiert, um fundierte Investitionsentscheidungen treffen bzw. entsprechende Empfehlungen abgeben zu können. Die Anlageentscheidungen der institutionellen Investoren – Kapitalsammelstellen wie Pensionsfonds, Versicherungen, Investmentfonds etc. – werden von Portfoliomanagern getroffen, deren persönliche Kompensation mit der Wertentwicklung ihrer Portfolios zusammenhängt, und die Analysten partizipieren am Provisionseinkommen aus den Umsätzen ihrer Institute. Beide benötigen also verlässliche Informationen aus dem Unternehmen. Die unmittelbare Bedeutung der Vertrauensfrage ist offensichtlich: werden Portfoliomanager und Analysten über negative Entwicklungen nicht oder gar falsch informiert, so werden sie Verluste erleiden, bzw. an Glaubwürdigkeit verlieren und damit Umsatzeinbußen hinnehmen müssen, was sich negativ auf ihre persönliche Kompensation auswirkt. Geschieht dies, so werden sie sich daran lange Zeit erinnern und die Aktie tendenziell meiden. Ein solcher Vertrauensverlust belastet daher den Aktienkurs und damit den Börsenwert des Unternehmens sowie spätere Aktienemissionen. Verlorenes Vertrauen wieder herzustellen, erfordert viel Zeit und gelingt meistens erst im Zuge personeller Neubesetzungen.

d) <u>Zeitplan</u>

• <u>Bekanntgabe</u>: Die Genehmigung durch die Hauptversammlung vorausgesetzt, wird die Emission neuer Aktien vom Aufsichtsrat auf Antrag des Vorstands freigegeben. Unmittelbar nach Bekanntgabe der Emissionsabsicht reagiert die Aktie wegen des Verwässerungseffekts i.d.R. mit einer signifikanten Kursminderung. Im vorliegenden Fallbeispiel erfolgte die Bekanntgabe um ca. 13:00 Uhr am Freitag, den 05.09.97, und verursachte einen Kursrückgang um ca. 15%; Abb. II.93:

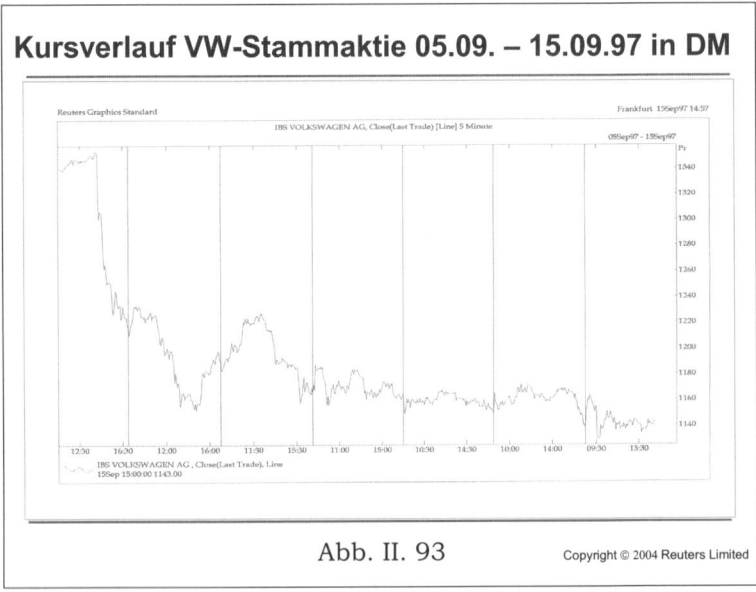

Kursverlauf VW-Stammaktie 05.09. – 15.09.97 in DM

Abb. II. 93   Copyright © 2004 Reuters Limited

Dieser Kurseinbruch fiel aufgrund der allgemeinen Marktentwicklung stärker aus als unter normalen Umständen zu
erwarten gewesen wäre, da am Freitagnachmittag die Märkte dünn sind und in den folgenden Tagen auch der DAX
selbst schwächelte. Dabei mag eine gewisse Rückkopplung
stattgefunden haben, da die VW-Aktie selbst Bestandteil
des DAX ist. Jedoch ist ihr Gewicht im Index nicht so groß,
dass sie allein eine nachhaltige Bewegung des DAX bewirken könnte. Auf Dauer wird sich ein DAX-Wert nicht vom
Index lösen können, von Sonderkonstellationen wie der
Technologieblase von Mitte 1999 bis 2001 einmal abgesehen (→ II.3.6, Abb. II.79; und → IX.2). Nach einer Woche
verliefen der DAX und die VW-Aktie wieder synchron, mit
der VW-Aktie auf niedrigerem Niveau als zuvor. Erst Ende
Oktober, unmittelbar vor dem Markteintritt, wich die relative Kursentwicklung der VW- Aktie vom DAX noch einmal
ab; Abb. II.94:

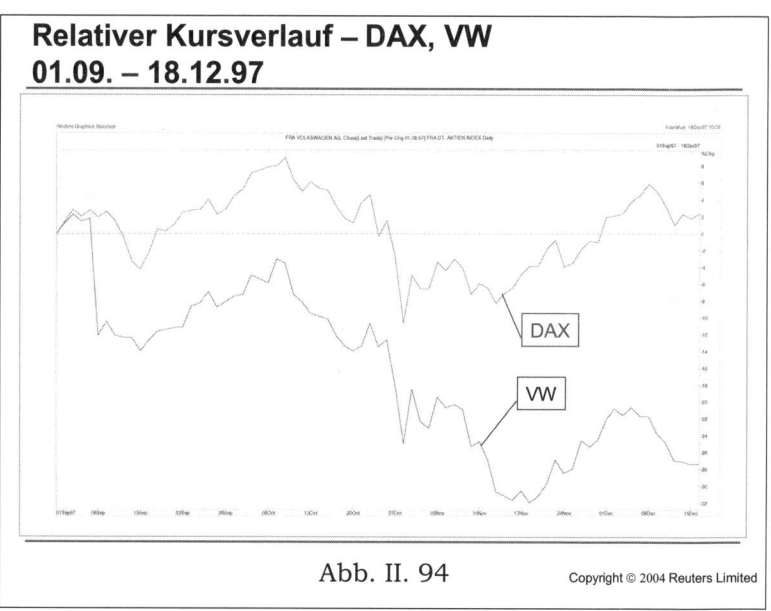

Relativer Kursverlauf – DAX, VW
01.09. – 18.12.97

Abb. II. 94

Die Analysten reagierten auf die Bekanntgabe der Neu-emission mit einer Rücknahme ihrer Gewinnschätzungen pro Aktie, da zunächst der von ihnen prognostizierte Gewinn nunmehr auf mehrere Aktien zu verteilen war; Abb. II.95:

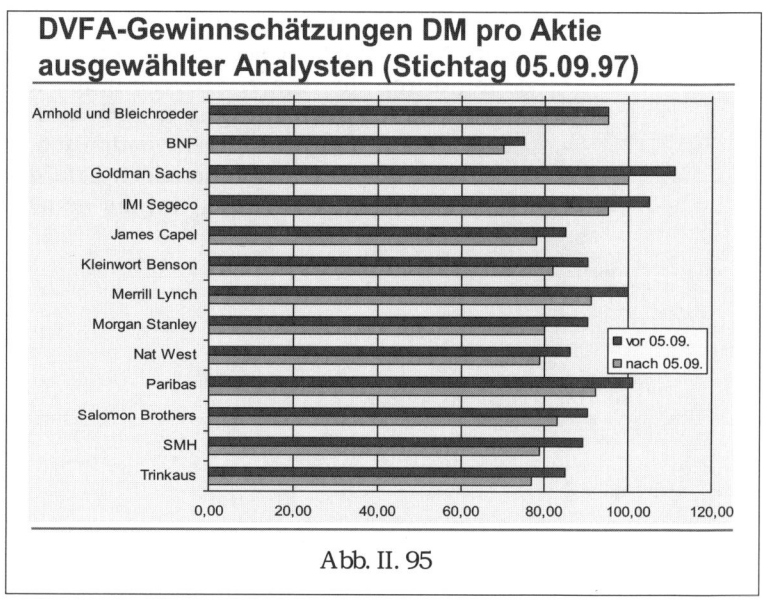

DVFA-Gewinnschätzungen DM pro Aktie
ausgewählter Analysten (Stichtag 05.09.97)

Abb. II. 95

In einigen Fällen war damit eine Änderung ihrer Empfehlungen verbunden. Abb. II.96 zeigt die Rücknahme einiger Analysten-Empfehlungen von „buy" vor dem 05.09.97 auf „hold" nach dem 05.09.97:

Empfehlungen ausgewählter Analysten vor und nach dem 05.09.1997 (Stand 29.09.97)

	Empfehlung	
	vor 05.09.	nach 05.09.
Arnhold and Bleichroeder	buy	buy
BNP	buy	hold
Goldman Sachs	buy	buy
IMI Sigeco	buy	buy
James Capel	buy	buy
Julius Bär	buy	hold
Kleinwort Benson	buy	buy
Merrill Lynch	buy	neutral
Morgan Stanley	buy	hold
Nat West	buy	buy
Paribas	buy	hold
Salomon Brothers	buy	hold
SMH	buy	hold
Trinkaus	buy	buy
West LB	hold	hold

Abb. II. 96

Der Gewinn pro Aktie ist eine der maßgeblichen Faktoren für die Kursentwicklung. Eine Minderung belastet natürlich den Aktienkurs, besonders wenn sie mit einer Herabstufung durch die Analysten verbunden ist. Bei günstiger Unternehmensentwicklung u.a. aufgrund der mittels der Aktienemission finanzierten Investitionen, wird dieser Effekt mit der Zeit wieder kompensiert. Erfahrungsgemäß benötigt der Markt einige Monate, um die neuen Aktien zu „verdauen".

- Markteintritt: Nach Bekanntgabe des Emissionsvorhabens ist als Nächstes ein möglichst günstiger Zeitpunkt für den Markteintritt zu wählen. Eine günstige Unternehmensentwicklung ist die beste Voraussetzung, ebenso wie günstige Rahmenbedingungen im wirtschaftlichen Umfeld und in den Kapitalmärkten. Die längerfristigen Elemente wurden oben bereits in 1. „Die Ausgangslage" erörtert. Hier geht es um die kurzfristigen Faktoren unmittelbar vor Beginn der Transaktion. Das wirtschaftliche Umfeld kann am Geschäftsklima-Indikator für das verarbeitende Gewerbe abgelesen werden; Abb. II.97:

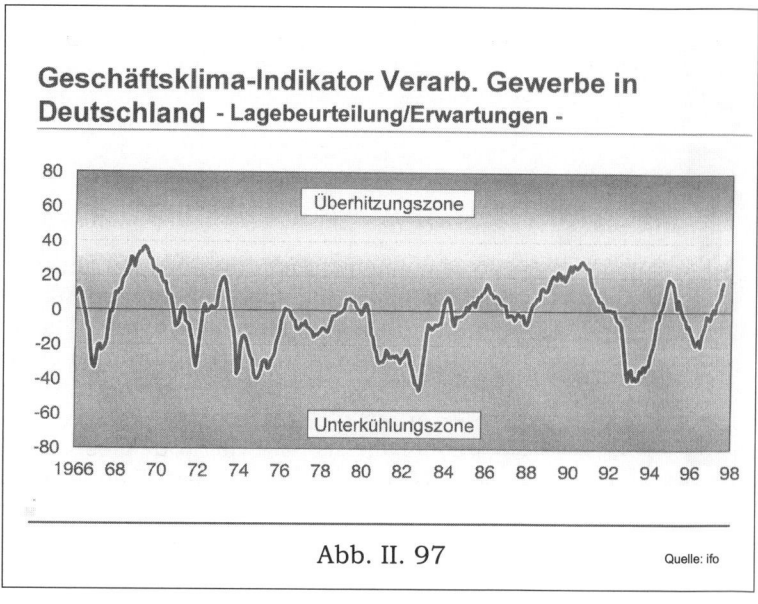

Abb. II. 97

Quelle: ifo

Dieser Indikator ließ auf ein günstiges wirtschaftliches Umfeld schließen, die Konjunktur-Erwartungen waren optimistisch. Die Verfassung der Kapitalmärkte war zum damaligen Zeitpunkt robust, so dass auch von dieser Seite die Emission neuer Aktien begünstigt schien. Damit war der Entscheidungsprozeß bei der Wahl des Termins angekommen, der mit keiner anderen großen Aktienemission kollidieren sollte. Die institutionellen Anleger werden einer Neuemission nämlich mit größerem Interesse begegnen, wenn ihnen genügend Zeit für eigene Analysen zur Verfügung steht. Im Herbst 1997 sah der Emissionskalender wie folgt aus; Abb. II.98:

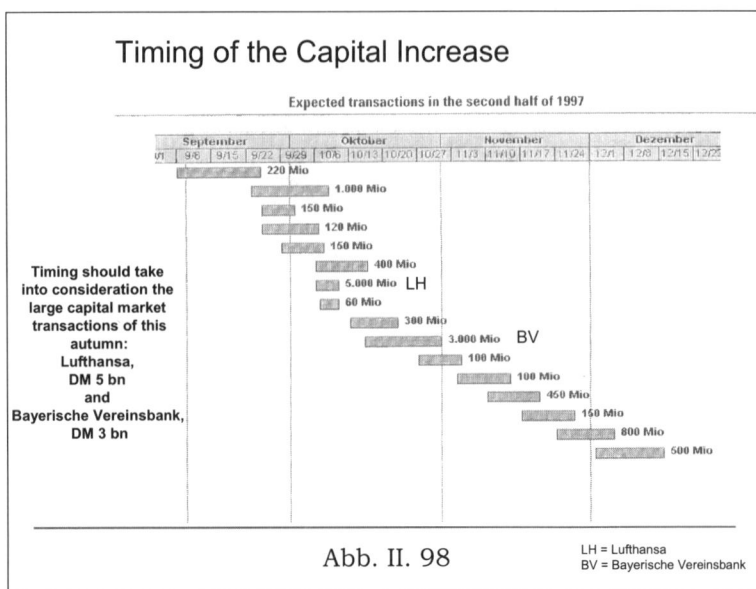

Abb. II. 98

Für die letzten vier Monate des Jahres 1997 waren zwei große Emissionen vorgesehen, beide für Oktober: DM 5 Mrd. der Lufthansa in der ersten und DM 3 Mrd. der Bayerischen Vereinsbank in der zweiten Oktoberhälfte. Hingegen waren für November nur kleinere Transaktionen geplant. Die erforderliche Zeitspanne für eine Bezugsrechtsemission – die Bezugsfrist – muss laut Gesetz mindestens zwei Wochen (10 Geschäftstage) betragen. Der Bezugsrechtshandel beginnt am selben Tag wie die Bezugsfrist und endet zwei Tage vor ihrem Ablauf; in diesen beiden Tagen erfolgt die Abwicklung. Für eine Aktienemission unter Ausschluss des Bezugsrechts besteht keine gesetzliche Regelung hinsichtlich einer Mindestdauer für das Bookbuilding-Verfahren. Zu beachten war noch, dass gegen Jahresende der Markt dünn wird, weil die Anleger beginnen, ihre Bücher zu schließen. Das bedeutet, dass eine größere Neuemission bis Ende November/Anfang Dezember abgeschlossen sein sollte. Vor diesem Hintergrund fiel die Entscheidung für den Markteintritt auf Ende Oktober/Anfang November; die Durchführung der Transaktion wurde für die erste Hälfte des Monats November angesetzt.

Vermarktung: Zur besseren Übersicht wird der Planungsprozess für das vorliegende Doppeldeckermodell in Abb. II.99 und Abb. II.100 zusammengefasst; im Überblick:

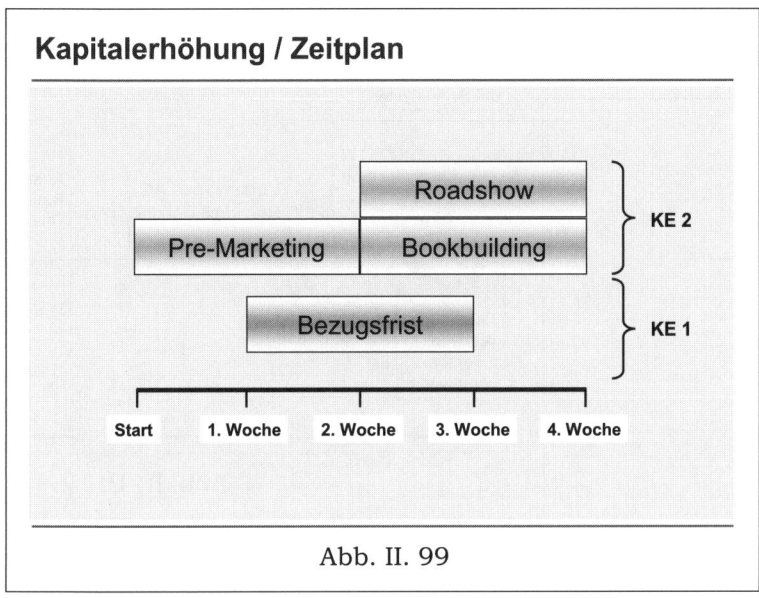

Abb. II. 99

und im Detail:

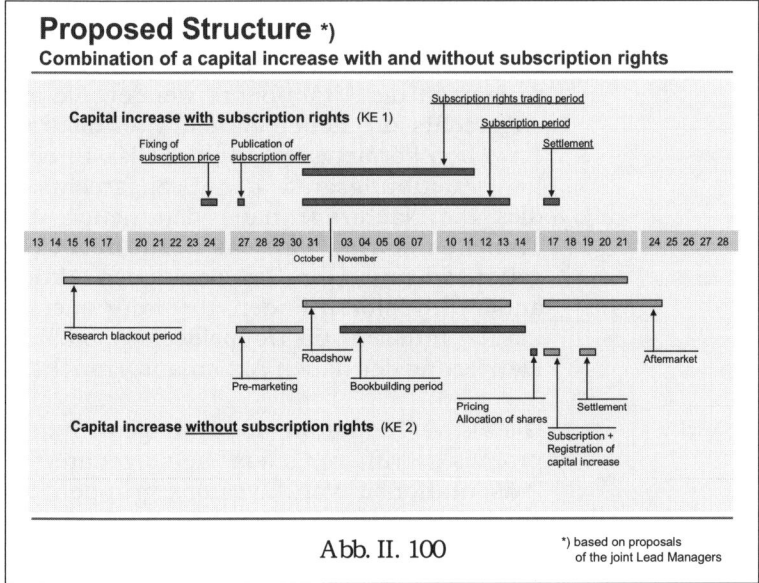

Abb. II. 100

Der Arbeitsablauf wird in Abb. II.101 dargestellt:

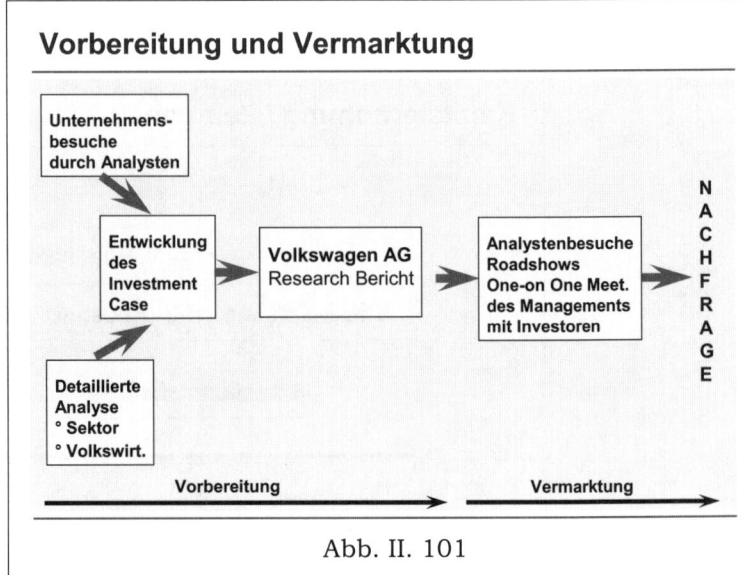

Abb. II. 101

Die Vermarktung in Abb. II.101 betrifft in erster Linie die Tranche 2 (KE 2), d.h. jenen Teil der Emission, der unter Ausschluss des Bezugsrechts nahe am Marktkurs platziert werden soll. Eine aktive Teilnahme des Managements zusammen mit den Lead Managern ist hier unbedingt erforderlich. Für die Tranche 1 (KE 1) ist eine Roadshow zwar hilfreich, aber nicht unerlässlich, da die Emission sich primär an die Altaktionäre wendet, die aufgrund ihres Bezugsrechts die neuen Aktien zum niedrigeren Bezugspreis erwerben können. Der Emittent ist an einem möglichst hohen Ausübungsgrad des Bezugsrechts interessiert, weil dies die Nachfrage nach den neuen Aktien aus beiden Tranchen stärkt. Wird das Bezugsrecht nämlich nicht ausgeübt, so muss ein Teil der neuen Aktien aus Tranche 1 andere Investoren finden, die dafür zuerst das Bezugsrecht kaufen müssen. Im Doppeldeckermodell erschwert dies die Platzierung der neuen Aktien aus Tranche 2.

Die aktive Teilnahme des Managements am Vermarktungsprozess betrifft vor allem die so genannten Roadshows mit Präsentationen vor Investorengruppen und Einzelgesprächen mit Großinvestoren („one-on-ones"). Roadshows für eine Platzierung der hier geplanten Größenordnung involvieren den Vorstand der Gesellschaft und beanspruchen erhebliche Management-Ressourcen. Für die wichtigsten Börsenplätze – London, Frankfurt, New York – empfiehlt sich der gemeinsame Auftritt aller Roadshow-Teams, während die Tour für den Rest der Welt auf Regionen aufgeteilt

werden kann – z.B. ein Team für Nordamerika, eines für
Fernost und ein weiteres für diverse Börsenplätze in Euro-
pa, bzw. einzelne Städte mit einer hohen Konzentration in-
stitutioneller Anleger (Boston, Philadelphia, Chicago, San
Francisco, Tokyo, München, Zürich, Genf, Paris, Mailand,
Edinburgh, Amsterdam, Brüssel u.a.).

3. Die Entgleisung aufgrund der Fernostkrise im Oktober/November
1997

Die vorliegende Fallstudie wird anhand ihres zeitlichen Ab-
laufs erörtert. Die endgültigen Termine, wie sie aufgrund des
Plans gem. obiger Abb. II.100 schließlich gesetzt worden waren, sind in Abb. II.102 wiedergegeben:

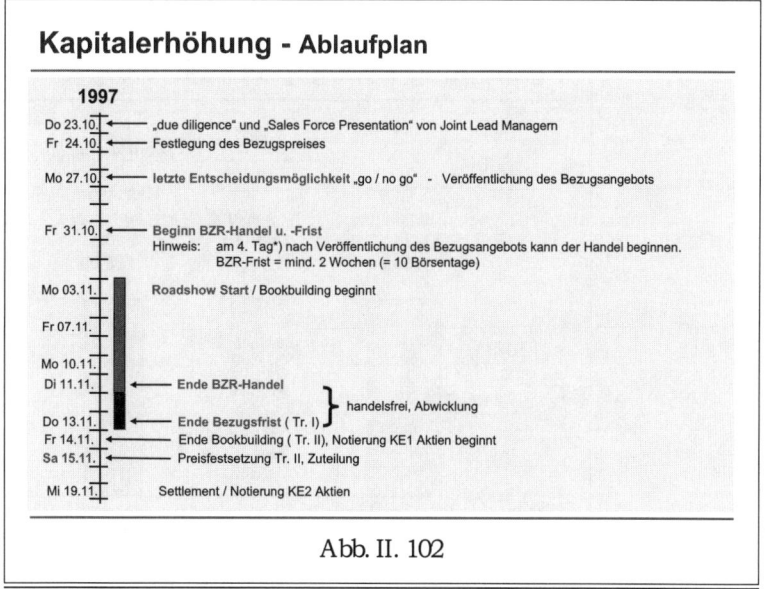

Abb. II. 102

*) Zum Zeitpunkt dieses Fallbeispiels galt noch die Regelung, dass das
Bezugsangebot spätestens am 4. Börsentag vor Beginn der Bezugsfrist
zu erfolgen hat. Eine Verkürzung konnte auf Antrag bei der Börsenzu-
lassungsstelle in Ausnahmefällen bewilligt werden (s.u. Fußnote zur
Abb. II.125). Im Rahmen des 3. Finanzmarktförderungsgesetzes ist diese Zeitspanne mit Wirkung September 1998 auf 1 Werktag vor Beginn
der Bezugsfrist verkürzt worden.

Donnerstag, 23.10.97
Nach der internen Entscheidung, mit der Aktienemission vo-
ranzugehen, folgte das so genannte „due diligence meeting"
und die „Sales Force Presentation". Im „due diligence" trifft
sich die Unternehmensleitung mit Vertretern der Joint Lead
Manager, um noch einmal unmittelbar vor Markteintritt den
Wahrheitsgehalt der Unternehmensangaben zu überprüfen
und die jüngsten Entwicklungen zu analysieren (Thema Pros-

pekthaftung der Joint Lead Manager). Die Präsentation an die
„Sales Force" hat den Zweck, diese von der Attraktivität der
neuen Aktie zu überzeugen und entsprechend zu motivieren.
Ihre Mitglieder sind es, die die Kontakte zu den Investoren halten, deren Einschätzung womöglich schon kennen und ihre
Fragen zu beantworten haben. Sie müssen also „wissen was
sie verkaufen sollen", um die Platzierung optimal zu gestalten.

Freitag, 24.10.97
Als nächstes war der Bezugspreis festzulegen. Er ist Verhandlungssache zwischen dem Emittenten und den Lead Managern. Als Ausgangsbasis diente der durchschnittliche Aktienkurs der letzten fünf Tage (s.o. Abb. II.90, Text zu Zeile (2)).
Von diesem Wert wurde die Höhe des Abschlags verhandelt;
Abb. II.103:

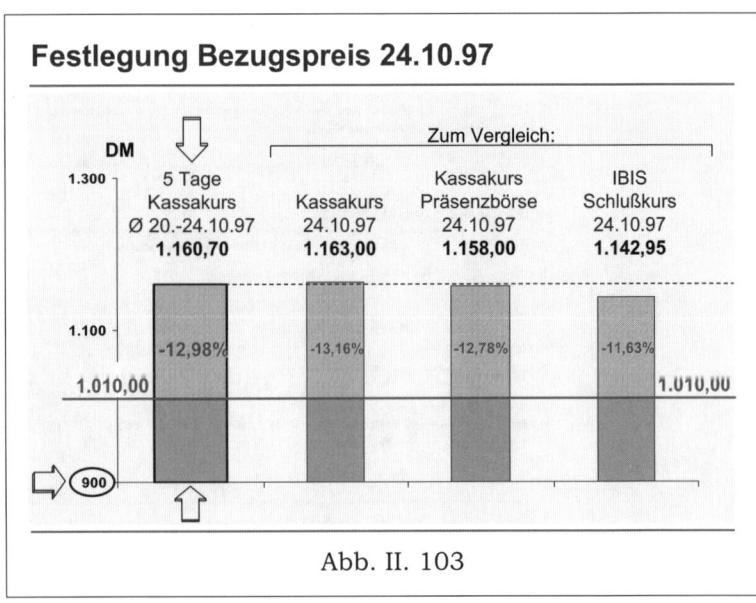

Abb. II. 103

Der durchschnittliche Kassakurs der VW-Aktie über die vorangegangenen fünf Tage 20.10.-24.10.97 belief sich auf
DM 1.160,70. Die Verhandlungen über den Abschlag begannen am 24.10.97 am Nachmittag und wurden spät abends
abgeschlossen. Erwartungsgemäß wollten die führenden
Banken einen höheren Abschlag (niedrigeren Bezugspreis) als
der Emittent, um die Platzierung zu erleichtern. Als Emittent
strebte Volkswagen auf der anderen Seite natürlich einen
möglichst geringen Abschlag (hohen Bezugspreis) an, um den
Erlös aus der Aktienemission zu optimieren. Bei diesen Verhandlungen kann sich der Emittent mit seinen Vorstellungen
eher durchsetzen, wenn er mit zwei Lead Managern – zunächst getrennt – verhandelt, anstatt nur mit einem, vor allem
dann, wenn einer der beiden risikofreudiger ist. Mit anderen

Worten: die allgemeine Wettbewerbssituation zwischen zwei Lead Managern kann sich zugunsten des Emittenten auswirken. Allerdings ist an dieser Stelle daran zu erinnern, dass es sich hier nur um ein „soft underwriting commitment" der Banken handelte (s.o. Text in 2. Die Strukturierung, a) „Doppeldeckermodell"), so dass das Platzierungsrisiko weitgehend beim Emittenten VW lag. Die Verhandlung endete mit einem Abschlag von knapp unter 13% – dem bis dato anscheinend niedrigsten Abschlag für eine BZR-Emission im deutschen Kapitalmarkt – womit sich ein Bezugspreis von DM 1.010,-- ergab. Abb. II.103 zeigt den Abschlag noch im Vergleich zu drei alternativen Referenzkursen.

Auf den deutlich niedrigeren Kassakurs bei Handelsschluss am Freitag, den 24.10.97, wird ausdrücklich hingewiesen; ein ähnlicher Kursrückgang war schon in den vorangegangenen zwei bis drei Monaten jeden Freitag Nachmittag zu beobachten gewesen. Die Vermutung lag nahe, dass im dünnen Markt vor dem Wochenende ein Investor aus den USA mit geringen Volumina Verkaufsdruck generierte, um den Kurs zu senken und montags zu günstigeren Kursen wieder größere Volumina zu erwerben. Dieses Muster trat damals jedenfalls so regelmäßig auf, dass der Kursrückgang am Nachmittag des 24.10.97 auf keinen außergewöhnlichen Vorgang schließen ließ. Auch im Nachhinein kann bezweifelt werden, ob sich die Fernostkrise, die in der Folgewoche einsetzte, hier bereits ankündigte; auszuschließen ist es nicht.

Montag, 27.10.97/Dienstag, 28.10.97
An diesem Montag wurde der Bezugspreis bekanntgegeben und das Bezugsangebot veröffentlicht. Im Verlauf des Tages zeigten die Aktienmärkte inkl. der Volkswagen-Aktie Schwächetendenzen, allerdings noch im Rahmen der üblichen Marktschwankungen. In der Nacht von Montag auf Dienstag brach dann in Fernost die große Krise an den Finanzmärkten aus. Der Einbruch an den fernöstlichen Börsen eskalierte und schlug auf die westlichen Aktienmärkte durch. Am Dienstag, den 28.10.97 waren massive Kursstürze weltweit zu verzeichnen.

Im Falle der Volkswagen-Aktie führte dies zu einem Kursrückgang, der die Aktie deutlich unter (!) den Bezugspreis drückte. Mit anderen Worten: der Kurseinbruch übertraf den für den Bezugspreis ausgehandelten Abschlag von knapp 13%; Abb. II.104:

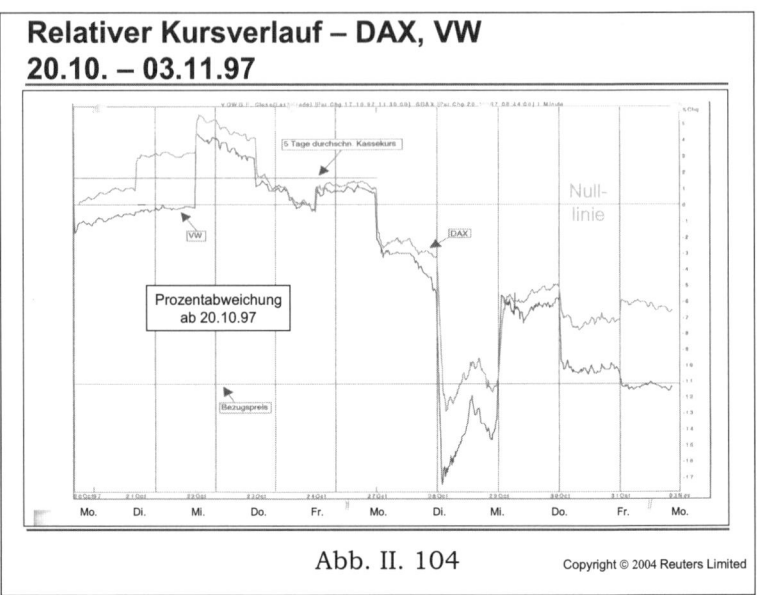

Relativer Kursverlauf – DAX, VW
20.10. – 03.11.97

Abb. II. 104   Copyright © 2004 Reuters Limited

Damit war der weitere Ablaufplan gemäß Abb. II.102 vorerst hinfällig und Volkswagen mit der folgenden Situation konfrontiert:

- Kein Aktionär würde von seinem Recht Gebrauch machen, die neue Aktie zu DEM 1.010,-- zu beziehen, wenn er sie im Markt zu einem niedrigeren Kurs erwerben könnte.

- Das Bezugsangebot war aber bereits veröffentlicht, und ein Recht, das dem Aktionär einmal angeboten worden ist, kann vom Emittenten nicht einseitig zurückgezogen werden. Theoretisch ist damit auch eine nachträgliche Änderung des Bezugspreises ausgeschlossen. Praktisch wird jedoch kein Aktionär Einwände gegen eine Herabsetzung vorbringen, weil er dann die neue Aktie ja noch billiger beziehen könnte. Keinesfalls aber würde er eine spätere Erhöhung hinnehmen, vielmehr würde er sein Recht auf den ursprünglich angebotenen Bezugspreis einfordern.

- Wäre die Fernostkrise zwei Tage früher ausgebrochen, wäre natürlich kein Bezugsangebot unterbreitet worden und der Emittent hätte auf die Neuemission verzichten oder sie auf unbestimmte Zeit verschieben können.

- Andererseits hatten Bezugsfrist und Bezugsrechtshandel noch nicht begonnen, was die Möglichkeit eröffnete, bei der Börse eine Verschiebung der Emission zu beantragen.

- Wäre die Fernostkrise nach Beginn bzw. innerhalb der Bezugsfrist ausgebrochen, wäre dem Emittenten nichts anderes übrig geblieben, als den Bezugspreis unter den Marktkurs abzusenken. Die Alternative, die Bezugsrechtsemission sozusagen ins Leere laufen zu lassen, indem man den Bezugspreis nicht senkt und damit über dem Marktkurs belassen hätte, stellte sich nicht, weil man damit den Wert des Bezugsrechts auf Null getrieben hätte (rein rechnerisch sogar ins Negative). Die Bezugsrechtsemission wäre somit auf eine Platzierung zum Marktkurs hinausgelaufen und damit rechtlich gesehen vermutlich einer Aktienemission unter Ausschluss des Bezugsrechts gleichgekommen. Eine solche Vorgehensweise würde den Aktionär de facto seines Bezugsrechts, d.h. eines Wertes berauben. Im vorliegenden „Doppeldecker"-Fallbeispiel wäre damit auch noch die gesetzlich zulässige Obergrenze von 10% des Grundkapitals für eine Emission unter Ausschluss des Bezugsrechts verletzt worden, weil sich dann das Gesamtvolumen neuer Aktien auf 6 Millionen belaufen hätte (Ausgangsaktienbestand war 36,50 Mio.). Abgesehen von diesen rechtlichen Aspekten verbieten schon die Marktrealitäten ein solches Verhalten seitens des Emittenten. Man kann sich unschwer vorstellen, wie Altaktionäre reagieren würden. Es wäre damit zu rechnen gewesen, dass etliche von ihnen aus Verärgerung ihren Aktienbestand abgestoßen hätten. Das hätte den Druck auf den Kurs noch weiter erhöht, die Platzierung der neuen Aktien zusätzlich erschwert und letztlich eine noch weitere Absenkung des Bezugspreises erzwungen.

Fazit

„Glück" wäre es gewesen, wenn die Fernostkrise vor Veröffentlichung des Bezugsangebots ausgebrochen wäre. Dann hätte man die Emission absagen oder beliebig nach eigenem Ermessen verschieben können. „Pech" wäre es gewesen, wenn die Fernostkrise während der Bezugsfrist ausgebrochen wäre, was den Emittenten zu einer erheblichen Absenkung des Bezugspreises gezwungen und einen drastischen Mindererlös aus der Neuemission nach sich gezogen hätte. „Glück im Unglück" war, dass die Fernostkrise gerade in das Zeitfenster zwischen die Veröffentlichung des Bezugsangebots und den Beginn der Bezugsfrist fiel. Dies ermöglichte zwar keinen Rückzug des Bezugsangebots, aber einen Antrag auf Verschiebung der Bezugsfrist und damit bis auf weiteres die Beibehaltung des bereits veröffentlichten Bezugspreises, letzteres in der Hoffnung, dass die Aktienmärkte sich später wieder so weit erholen würden, dass die neuen Aktien dann doch noch zum ursprünglich festgesetzten Bezugspreis platziert werden können. Damit war die geplante Aktienemission zwar rechtlich gesehen bereits im Markt, aber noch nicht in der Durchführungsphase.

Bevor die Handlungsalternativen für den Fortgang der Transaktion besprochen werden können, müssen die veränderten Rahmenbedingungen aufgrund der neuen Lage an den Kapitalmärkten analysiert werden.

Die Rahmenbedingungen im Oktober 1997
Im Sommer 1997 konnte Thailand die feste Bindung seiner Währung an den $ nicht mehr aufrechterhalten, nachdem die Börse in Bangkok sich schon Anfang 1996 auf Talfahrt begeben hatte; Abb. II.105:

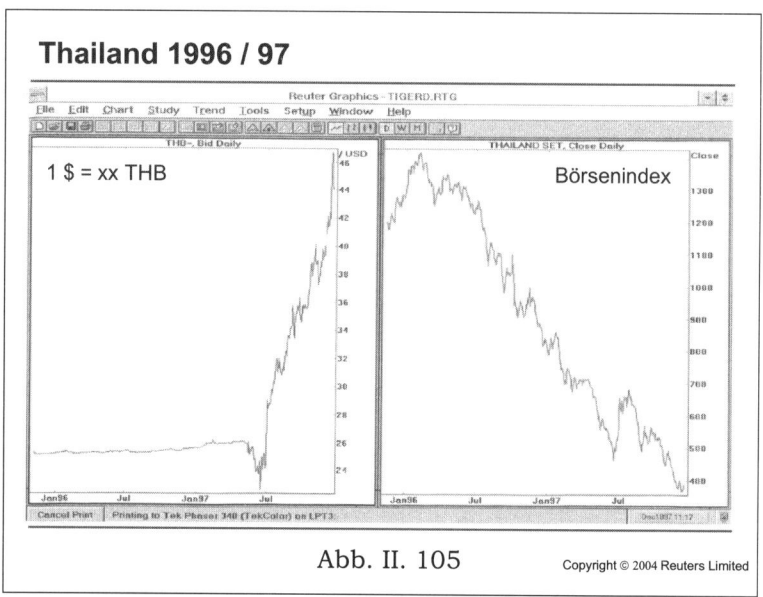

Abb. II. 105   Copyright © 2004 Reuters Limited

Der Aufschwung der thailändischen Börse bis Januar 1996 war zu einem guten Teil mit ¥-Krediten zu historisch niedrigen Zinssätzen finanziert worden, die ohne Kurssicherungen in thailändische Baht (THB) konvertiert und in Thailand angelegt wurden (→ „carry trades"). Da der ¥ gegenüber dem $ damals stetig schwächer wurde, verzeichnete der ¥ gegen den thailändischen Baht, der fest an den $ gebunden war, ebenfalls eine Schwächetendenz. Somit konnten ¥-Kredite aufgrund der vorteilhaften Wechselkursentwicklung bei Fälligkeit auch noch billiger zurückgezahlt werden. Die Mittel aus diesen Kreditaufnahmen flossen nicht nur in den thailändischen Aktienmarkt, sondern auch in vergleichsweise hoch verzinsliche Schuldtitel und Immobilien.

Damit waren alle Voraussetzungen für die Bildung einer spekulativen Blase gegeben: niedrige Zinsen in der Währung der Kreditaufnahme (geringe Finanzierungskosten), hohe Zinsen in der Währung der Anlage, eine günstige Wechselkursentwicklung der Aufnahme- gegen die Anlagewährung und Nachfrage nach mehreren Anlagearten. Die Wirtschaftsdaten zeigten zwar, dass diese Rahmenbedingungen auf Dauer nicht halten konnten, jedoch herrschten sie lange genug vor, um spekulative Anlageentscheidungen zu begünstigen; Abb. II.106:

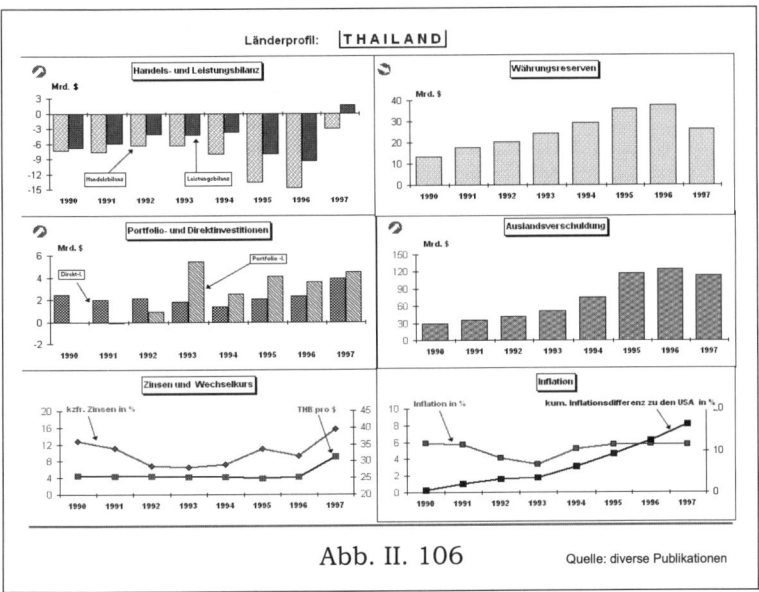

Abb. II. 106   Quelle: diverse Publikationen

Die Indikatoren für Thailand 1990-97:

- Handels- und Leistungsbilanz verzeichneten über etliche Jahre hinweg erhebliche Defizite.
- Ab 1992 stiegen die Portfolioinvestitionen stark an. Hierbei handelt es sich vor allem um revolvierend kurzfristige Anlagen – „hot money" – die volatil sind und schnell wieder abgezogen werden können. Sie wurden in erheblichem Umfang mittels der oben beschriebenen ¥-Kredite finanziert.
- Mit Ausnahme von 1993 reichten die Überschüsse in der Kapitalbilanz, sowohl in den Direktinvestitionen als auch in den Portfolioinvestitionen, nicht aus, um die Leistungsbilanzdefizite abzudecken.
- Folglich stieg die Auslandsverschuldung permanent an, womit z.T. die Leistungsbilanzdefizite finanziert und z.T. Währungsreserven akkumuliert wurden.
- Die Jahresdaten für das Krisenjahr 1997 sind nicht repräsentativ, weil sie die unterjährige Verteilung verdecken und keinen Aufschluss über die Bruttoströme vor und nach dem Ausbruch der Krise geben.

Eine solche Entwicklung kann nicht von Dauer sein. Der Rückgang der Währungsreserven im Jahr 1997 weist darauf hin, dass die thailändische Zentralbank dem Abfluss ausländischer Gelder – und dem damit verbundenen Verkauf des THB – zunächst durch Interventionen im Devisenmarkt und dann durch eine drastische Anhebung der Zinsen zu begegnen versuchte, um den THB zu stützen und die stabile Währungsrelation zum $ aufrecht zu erhalten. Ab Mitte 1997 war diese Linie nicht mehr zu halten und der Wechselkurs (s.o. Abb. II.105) musste freigegeben werden, was einem Dammbruch gleichkam und den Rückzug ausländischer Anleger noch beschleunigte.

Die Entwicklung in Südkorea verlief nach demselben Muster:

-   Währungsverfall und Börsenabsturz, Abb. II.107:

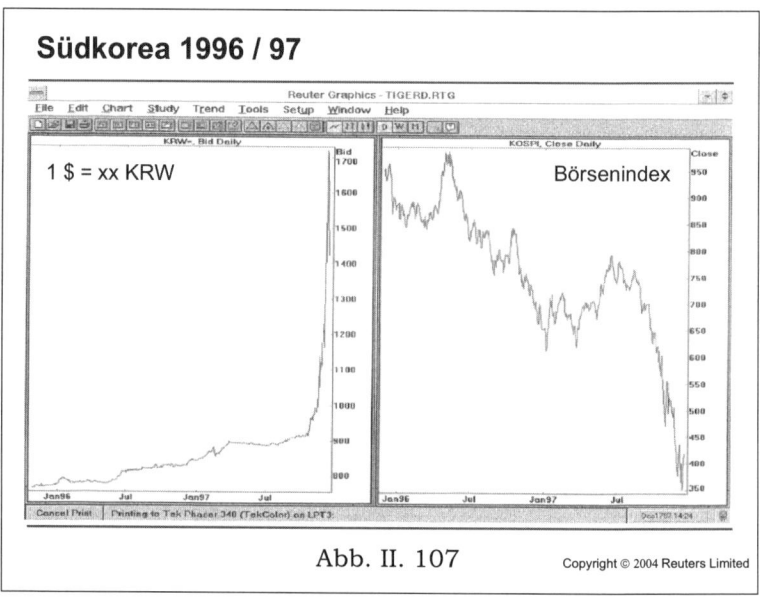

Abb. II. 107   Copyright © 2004 Reuters Limited

-   Handels- und Leistungsbilanzdefizite, Kapitalbilanz (s. Portfolioinvestitionen!), Währungsreserven, Auslandsverschuldung und Zinsentwicklung, Abb. II.108:

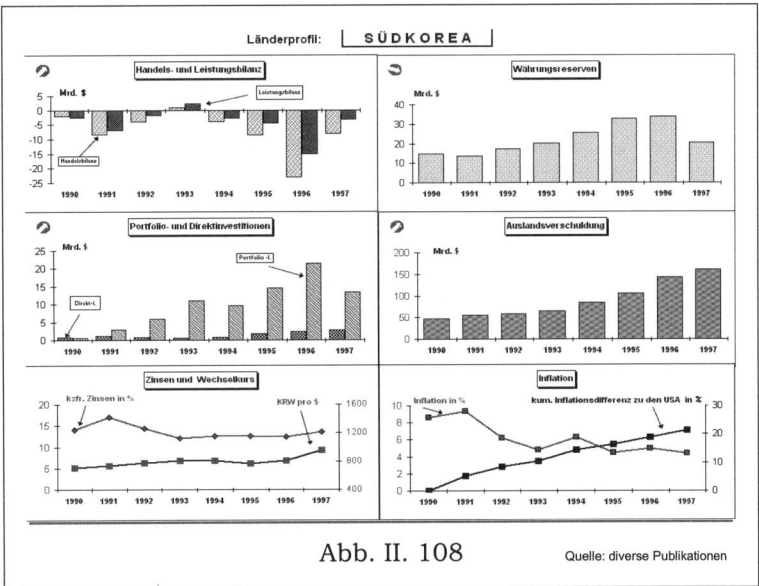

Abb. II. 108   Quelle: diverse Publikationen

Bei dem Vergleich von Thailand (Abb. II.105) mit Südkorea (Abb. II.107) fällt auf, dass der Absturz des südkoreanischen Won erst vier Monate später, d.h. Ende Oktober, stattfand.

Der Vergleich der Kursverläufe aller südostasiatischen Währungen zeigt den folgenden Sachverhalt; Abb. II.109:

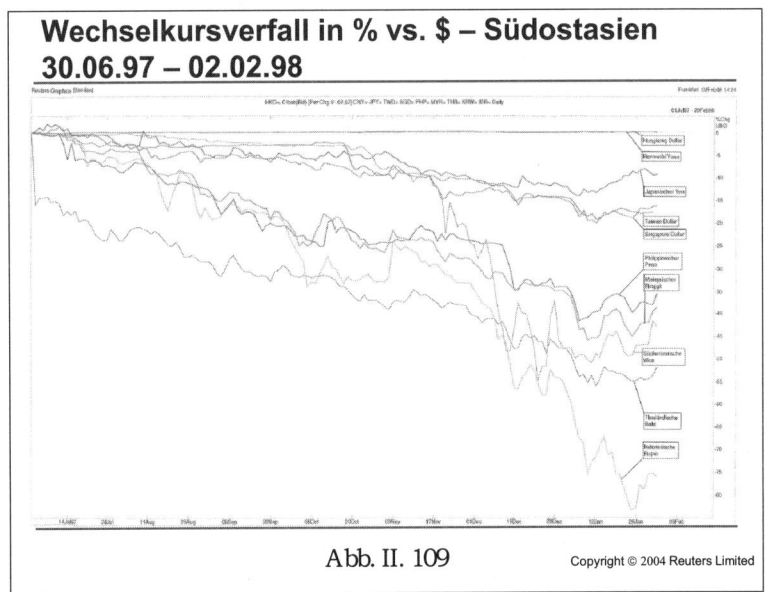

Abb. II. 109   Copyright © 2004 Reuters Limited

Der thailändische Baht löste die Entwicklung im Juli 1997
aus; der Philippinische Peso, Malaysische Ringit und die In-
donesische Rupie folgten ca. eine Woche später. Der ¥, Taiwan
Dollar und Singapur Dollar werteten vergleichsweise wenig ab.
Der Absturz der Südkoreanischen Won löste eine zweite Ab-
wertungswelle der Indonesischen Rupie aus. Der Renminbi
und der Hongkong-Dollar blieben von der Entwicklung unberührt.

Sind solche Entwicklungen vorhersehbar? Im Prinzip ja, je-
doch liegt das Problem nicht in der Analyse, sondern vielmehr
in der Einschätzung des Zeitpunktes, wann „die Blase platzt".
Bis dahin können spekulative Anleger viel Geld verdienen.
Steigt der Investor zu früh aus, entgeht ihm eine lukrative Ge-
legenheit, steigt er zu spät aus, erleidet er erhebliche Verluste.
In der Regel ist es in einem solchen Umfeld irgendein nichtiger
Anlass, der einige Anleger veranlasst, auszusteigen und den
Absturz auslöst.

Ein weiteres Problem mit der Analyse liegt in der Verfügbarkeit der Daten, da sie nur mit Zeitverzug veröffentlicht werden. So waren zu dem Zeitpunkt, zu dem die Krise ausbrach
– hier: Ende Oktober 1997 – die aktuellen Leistungs- und Ka-
pitalbilanzdaten noch nicht verfügbar. Ebenso war der Rückgang der Devisenreserven – ein wichtiger Indikator für die Interventionen der Zentralbank – noch nicht evident. Allerdings
sprachen sich erhebliche Zentralbankinterventionen im Markt
herum. Selbst wenn Daten einigermaßen zeitnah zur Verfügung stehen, sind sie oft nachträglichen Korrekturen unterworfen oder aus anderen Gründen nicht verlässlich genug. So
sollen z.B. die Devisenreserven der thailändischen Zentralbank zu hoch ausgewiesen worden sein, weil die Intervention
angeblich in den Terminmärkten erfolgte, aber nur der Kas-
senbestand publiziert wurde. In diesem Fall würden die Devisenreserven zwar noch im Bestand der Zentralbank aufscheinen, wären aber tatsächlich bereits zur Erfüllung von Terminabschlüssen kommittiert und damit für Kursstützungen im
Spot-Markt nicht mehr verfügbar.

Der kritische Zustand der thailändischen Finanzmärkte
stoppte zunächst den Aufschwung der westlichen Börsen im
Juli 1997 (s.u. Abb. II.119), ließ das allgemeine Börsenklima
aber noch intakt. Im Vergleich zu Thailand war Südkorea im
internationalen Wirtschaftsgeflecht ein gewichtigerer Faktor.
Der Ausbruch der Krise in Südkorea Ende Oktober 1997 zog
daher die Kapitalmärkte weltweit viel stärker in Mitleidenschaft und führte zu einem allgemeinen Stimmungsum-
schwung. Der Crash in Südkorea übertrug sich damit unmittelbar auf die westlichen Börsen, obwohl die Südostasien-
Krise an der positiven Wirtschaftsentwicklung der westlichen

Welt fundamental nichts änderte. Anders lag der Fall in Japan, wo der seit 1992 anhaltende Rückgang der Tokioter Börse auf die strukturellen Probleme Japans zurückzuführen war.

Vor diesem Hintergrund fiel China eine Schlüsselrolle zu. Die Frage war, wie China auf die Abwertungen seiner Nachbarländer reagieren würde. Die Befürchtung war, dass China wegen der Beeinträchtigung seiner Wettbewerbsposition in den Exportmärkten des südostasiatischen Raums ebenfalls abwerten würde. Dies hätte zu weiteren Abwertungen der anderen Länder, dann vermutlich auch Indiens, geführt und eine noch größere Abwertungsspirale in Gang setzen können. Die volkswirtschaftliche Lage ließ dies aber eher unwahrscheinlich erscheinen. Erstens hatte China bereits zur Jahreswende 1993/94 eine Maxi-Abwertung vorgenommen und zweitens hatte es nach wie vor erhebliche Handels- und Kapitalbilanzüberschüsse zu verzeichnen, was zur fortgesetzten Akkumulierung von Währungsreserven führte; Abb. II.110:

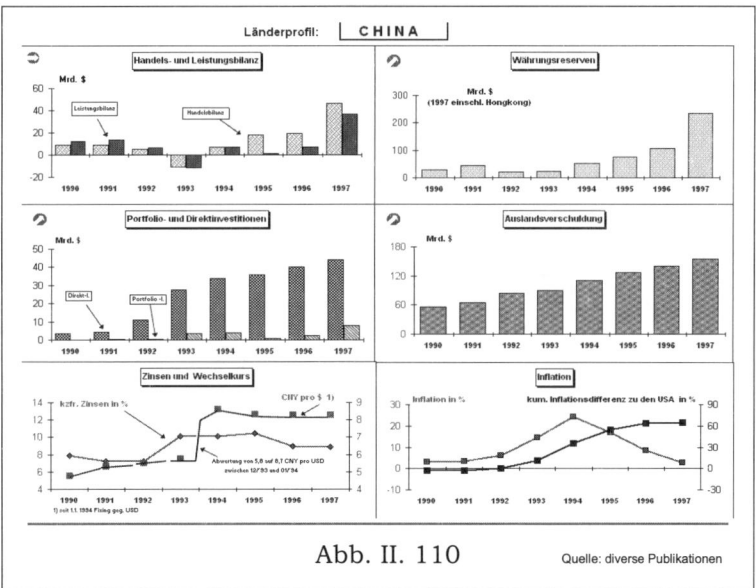

Abb. II. 110   Quelle: diverse Publikationen

Ein Vergleich von Abb. II.110 mit Abb. II.106 und Abb. II.108 hebt den Gegensatz zwischen China einerseits und Thailand und Korea andererseits hervor: Die chinesische Handels- und Leistungsbilanz verzeichnete seit 1994 Überschüsse. Die Kapitalbilanzüberschüsse waren fast ausschließlich den langfristig orientierten Direktinvestitionen zuzuschreiben; die volatilen Portfolioinvestitionen blieben angesichts der Devisenkontrollen gering. Hinzu kommt, dass Exporte nicht nur durch die Preis- bzw. Wechselkursrelation, sondern auch durch die Nachfrage in den importierenden Ländern bestimmt werden. Eine Abwertung seitens China hätte dem Nachfragerückgang

in den Ländern, die in die Rezession geglitten waren, nur teilweise entgegenwirken können. Außerdem lagen Indikationen
vor, wonach China seine Exporte in andere Regionen, vor allem nach Westeuropa, steigern konnte, so dass aus Gesamt-
sicht keine Notwendigkeit für eine Abwertung bestand; in der
Folge bestätigten dies die Daten von 1998; Abb. II. 111:

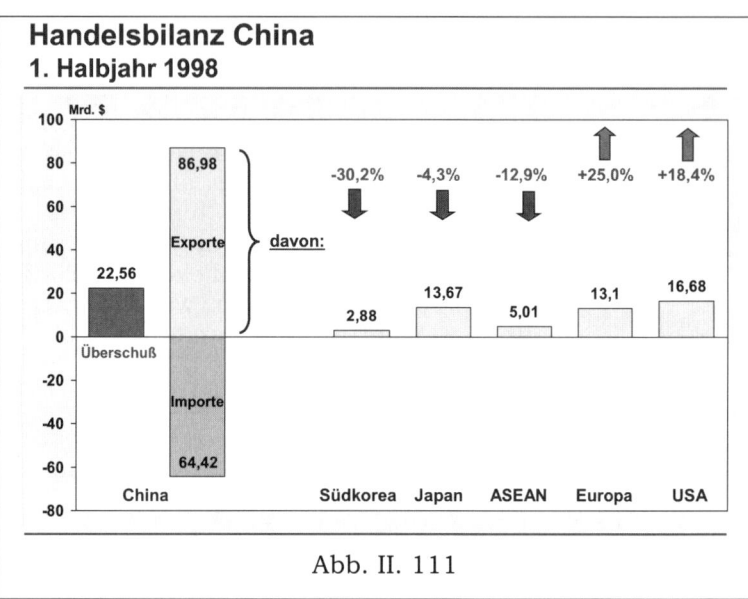

Abb. II. 111

Bei der Abwertungsfrage darf auch die Importseite nicht außer Acht gelassen werden. Chinas Importe hätten sich verteuert und von der Kostenseite her den Inflationsdruck erhöht,
welchen China nach seiner Maxi-Abwertung 1993/94 im Jahre 1997 gerade erst wieder unter Kontrolle gebracht hatte (s.o.
Abb. II.110) und den die Behörden keinesfalls neu entstehen
lassen wollten.

Wieso überträgt sich eine Finanzkrise in Fernost so unmittelbar auf die westlichen Börsen? Die institutionellen Anleger
agieren heute global. Wenn irgendwo in der Welt eine Finanzkrise ausbricht, ist die erste Reaktion eine allgemeine Flucht
in Sicherheit („bail out"-Mentalität). Das heißt, es wird von ris-
kanten Anlageformen in sichere umgeschichtet, in erster Linie
von Aktien in verzinsliche Papiere guter Bonität. Das führt
natürlich zu fallenden Aktienkursen. Zweitens besteht die
Neigung, Verluste in einem Markt durch Gewinnrealisierung
in einem anderen Markt auszugleichen. Nach dem lange
anhaltenden Aufschwung der westlichen Börsen konnten Investoren auf erhebliche Wertsteigerungen ihrer Portfolios zurückgreifen und durch Verkauf von Aktien Gewinne realisieren, um damit Verluste in Fernost auszugleichen. Dieser Faktor spielt vor allem im letzten Teil des Jahres eine Rolle, wenn

es gilt, bis dato erzielte Gewinne sicherzustellen, um einen guten Jahresabschluss präsentieren zu können.

Die Politik reagierte auf die Marktturbulenzen und leistete einen wesentlichen Beitrag zur Stabilisierung. Die Zentralbanken der Industrieländer befürchteten, dass die Börseneinbrüche auf die Konjunktur zurückschlagen würden. Zinsanhebungen, die wegen Inflationsbefürchtungen angesichts des starken wirtschaftlichen Aufschwungs zur Diskussion standen, wurden nicht vorgenommen bzw. sogar Zinssenkungen durchgeführt, um die Börsen zu stützen.

Die Handlungsalternativen Ende Oktober 1997

Angesichts der völlig veränderten Marktlage galt es zu entscheiden, wie die Kapitalerhöhung fortgeführt werden sollte (s.o. Text nach Abb. II.104). Zur Erinnerung:

- das Bezugsangebot für die Tranche 1 (BZR-Emission) war am Montag, den 27.10.97, veröffentlicht worden, wonach eine Rücknahme rechtlich ausgeschlossen war;
- am Dienstag, den 28.10.97, war die Volkswagen-Aktie aufgrund der Fernostkrise unter den Bezugspreis von DM 1.010,-- gefallen, der damit gegenstandslos wurde;
- die Bezugsfrist, deren Beginn für Freitag, den 31.10.97, angesetzt war, hatte aber noch nicht begonnen (s.o. Abb. II. 102), so dass eine Verschiebung der Emission auf Antrag bei der Börse rechtlich noch möglich war.

Die Alternative lautete daher: Bezugspreis senken oder Emission verschieben. Dieser Sachverhalt traf nur auf die Tranche 1 zu. Die Tranche 2, die unter Ausschluss des BZR vorgenommen werden sollte, unterlag keiner solchen Einschränkung; für sie konnte noch frei entschieden werden: auf unbestimmte Zeit verschieben, ganz absagen oder trotz der veränderten Marktlage durchführen. Diese Entscheidung lag im alleinigen Ermessen des Unternehmens, ebenso wie die ursprünglich vorgesehene Parallelität beider Tranchen.

Im Normalfall wäre die Umsetzung des Doppeldeckermodells wie folgt verlaufen; Abb. II.112:

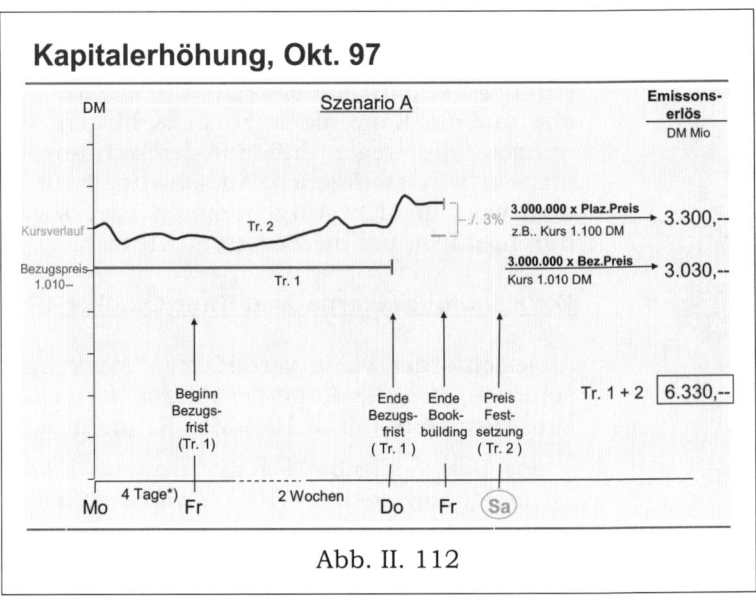

Abb. II. 112

Der Marktkurs der Volkswagen-Aktie wäre in diesem Fall über dem Bezugspreis geblieben, am Ende der Bezugsfrist wären die neuen Aktien der Tranche 1 zum Bezugspreis von DM 1.010,-- begeben worden und die neuen Aktien der Tranche 2 zum Ende der Bookbuilding Periode nahe am Marktkurs. Wäre am Ende der Bookbuilding Periode der Aktienkurs z.B. bei DM 1.134,-- gewesen und hätte man sich zu einem Ausgabeabschlag von 3% entschlossen, so wäre der Emissionskurs in Tranche 2 bei DM 1.100,-- gewesen. (Hinweis: dieser Kurs wäre am Samstag festgelegt worden, weil an diesem Tag die Börsen geschlossen sind und man daher nicht den Kursbewegungen während des Tages ausgesetzt ist. Am Samstag wäre auch die Zuteilung an die Zeichner der neuen Aktien aus Tranche 2 vorgenommen worden.) Mit jeweils 3 Mio. neuen Aktien hätte Tranche 1 dann einen Erlös von DM 3.030 Mio. und Tranche 2 einen Erlös von DM 3.300 Mio. ergeben. Damit wäre insgesamt ein Emissionserlös i.H.v. DM 6.330 Mio. erzielt worden.

Aufgrund der Börsenentwicklung lag dieser Normalfall aber
nicht vor. Vielmehr war der Emittent mit folgender Situation
konfrontiert; Abb. II.113:

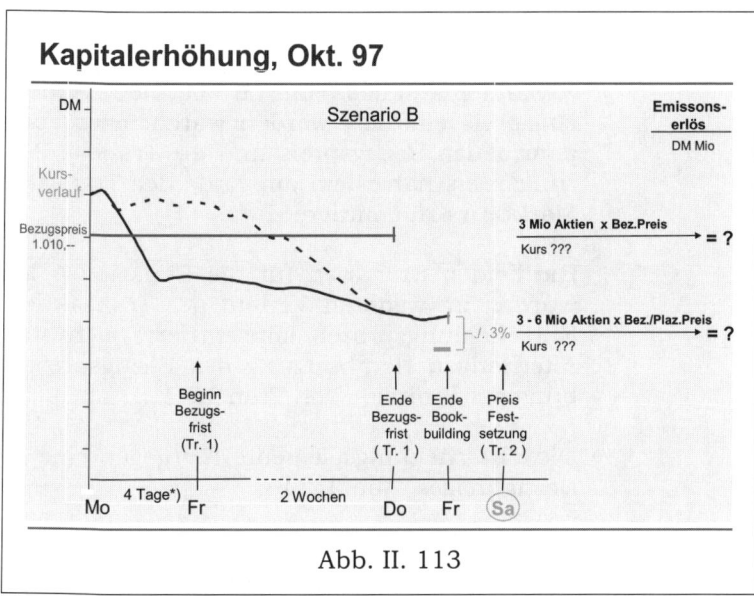

Abb. II. 113

*) s.o. Fußnote zu Abb. II.102

Der Aktienkurs fiel unter den Bezugspreis, „glücklicherweise"
noch vor Beginn der Bezugsfrist, was – wie oben ausgeführt – die
Möglichkeit einer Verschiebung eröffnete. Hätte man dennoch
vorangehen wollen, so hätte der Bezugspreis gesenkt werden
müssen, wie es unvermeidlich gewesen wäre, wenn der Aktienkurs erst nach Beginn der Bezugsfrist unter den Bezugspreis gefallen wäre (gestrichelter Kursverlauf). Unter den vorliegenden Marktbedingungen wäre allerdings nicht abzusehen
gewesen, wie weit man den Bezugspreis hätte absenken müssen, auch nicht, ob eventuell sogar ein weiteres Absenken erforderlich geworden wäre. Ein Absenken hätte nämlich eine
Abwärtsspirale auslösen können, die möglicherweise neuerliche Rücknahmen des Bezugspreises erzwungen hätte.

Die Zeile „3 Mio. Aktien x Bezugspreis = ?" in Abb. II.113 ist
wie folgt zu verstehen: im Falle der Verschiebung bleibt – eine
entsprechende Kurserholung vorausgesetzt – der Bezugspreis
von DM 1.010,-- gültig und wird einen Emissionserlös von
unverändert DM 3.030 Mio. erbringen, aber erst zu einem
späteren Zeitpunkt. Im Fall der Absenkung des Bezugspreises
hingegen kann der Erlös erst ermittelt werden, wenn der neue
Bezugspreis feststeht.

Die Zeile „3 – 6 Mio. Aktien x Bezugs-/Platzierungspreis = ?"
heißt im Szenario der Bezugspreisherabsetzung 3 Mio. neue
Aktien bei Begebung nur einer Tranche, 6 Mio. neue Aktien
bei Emission beider Tranchen. Die Struktur des „Doppelde-
ckers" hätte es ermöglicht, entweder die beiden Tranchen zu
verschmelzen, d.h. in eine große Bezugsrechtsemission um-
zuwandeln, so dass dann 6 Mio. neue Aktien zum neuen Bezugspreis emittiert worden wären; oder aber, die Tranche 1
zum neuen Bezugspreis und die Tranche 2 zu einem Platzie-
rungspreis nahe dem am Ende der Transaktion vorliegenden
Marktkurs zu emittieren.

Die beiden Szenarien für die Emission 6 Mio. neuer Aktien
wurden im weiteren Verlauf der Transaktion verworfen. Der
Entscheidungsprozeß konzentrierte sich stattdessen auf die
Alternativen Herabsetzung des Bezugspreises oder Verschiebung der Emission von Tranche 1.

Die Entscheidungselemente für/gegen eine Herabsetzung des
Bezugpreises, Abb. II.114:

Kapitalerhöhung – Herabsetzung Bezugspreis?

Dafür	Dagegen
leichtere Plazierung	weniger Erlös
	konfuse Signalwirkung: „Geld wird nicht gebraucht oder doch?" → Akquisitionspläne ?? etc. etc.
Erlös kommt früher	
Emission hängt nicht mehr über dem Markt und der VW-Aktie	„chase own tail" (Abwärtsspirale)
	Signal der Schwäche
	Märkte zu turbulent
	spätere Anhebung rechtlich unmöglich
Hinweis: Wenn Marktkurs unter Bezugspreis fällt, ist bei Beibehaltung des Bezugspreises Verschiebung unvermeidlich, falls zulässig.	Hinweis: Herabsetzung Bezugspreis DM 100 $\hat{=}$ Minderung Emissionserlös 300 Mio. DM

Abb. II. 114

Die Entscheidungselemente für/gegen eine Verschiebung der Emission neuer Aktien, Abb. II.115:

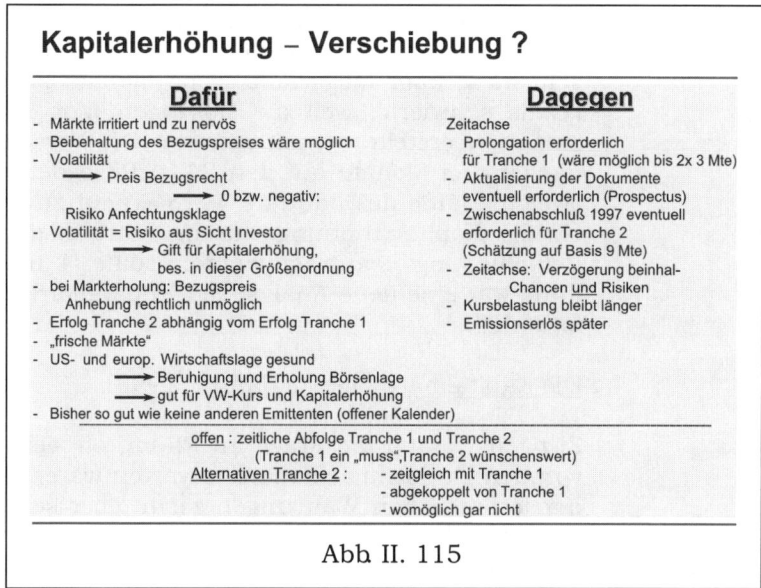

Kapitalerhöhung – Verschiebung ?

Dafür

- Märkte irritiert und zu nervös
- Beibehaltung des Bezugspreises wäre möglich
- Volatilität
  → Preis Bezugsrecht
    → 0 bzw. negativ:
  Risiko Anfechtungsklage
- Volatilität = Risiko aus Sicht Investor
  → Gift für Kapitalerhöhung,
    bes. in dieser Größenordnung
- bei Markterholung: Bezugspreis
  Anhebung rechtlich unmöglich
- Erfolg Tranche 2 abhängig vom Erfolg Tranche 1
- „frische Märkte"
- US- und europ. Wirtschaftslage gesund
  → Beruhigung und Erholung Börsenlage
  → gut für VW-Kurs und Kapitalerhöhung
- Bisher so gut wie keine anderen Emittenten (offener Kalender)

Dagegen

Zeitachse
- Prolongation erforderlich
  für Tranche 1 (wäre möglich bis 2x 3 Mte)
- Aktualisierung der Dokumente
  eventuell erforderlich (Prospectus)
- Zwischenabschluß 1997 eventuell
  erforderlich für Tranche 2
  (Schätzung auf Basis 9 Mte)
- Zeitachse: Verzögerung beinhal-
  Chancen und Risiken
- Kursbelastung bleibt länger
- Emissionserlös später

offen : zeitliche Abfolge Tranche 1 und Tranche 2
        (Tranche 1 ein „muss",Tranche 2 wünschenswert)
Alternativen Tranche 2 : - zeitgleich mit Tranche 1
                          - abgekoppelt von Tranche 1
                          - womöglich gar nicht

Abb II. 115

Die Entscheidung im Oktober 1997
- „Antrag auf Verschiebung der Tranche 1" unter Beibehaltung des Bezugspreises, was unter den gegebenen Umständen von der Börse umgehend genehmigt wurde, und
- „vorerst keine Tranche 2", was im alleinigen Ermessen des Unternehmens lag bzw. erst später endgültig zu entscheiden war.

Die Begründung: Erstens sollte man in turbulenten Märkten grundsätzlich keine neuen Aktien emittieren; das optimale Umfeld sind stabile und wenn möglich steigende Märkte. Zweitens, die Schlussfolgerung aus obigen Marktanalysen war, dass die Chancen für eine Erholung der Kapitalmärkte gut standen und man später wieder zu günstigen Rahmenbedingungen zurückkehren würde. Schließlich war der Schock von Fernost ausgegangen und sein Einfluss auf die westlichen Börsen voraussichtlich nur vorübergehender Natur; die Konjunktur befand sich in den westlichen Industrieländern in einer unverändert soliden Aufschwungphase, die sich in absehbarer Zeit wieder in steigenden Aktienmärkten reflektieren würde. Voraussetzung für diese Entscheidung war eine Unternehmenspolitik gemäß des wiederholt vorgetragenen Grundsatzes, Mittel nur dann aufzunehmen, wenn man sie nicht benötigt. Andernfalls kann man es sich nicht leisten, einfach auf bessere Marktbedingungen zu warten.

Fazit

Die Transaktion wurde im ersten Schritt um die max. zulässigen drei Monate verschoben, d.h. zunächst bis zum 24.01.1998. Eine weitere Verschiebung um nochmals drei Monate ist auf einen neuen Antrag hin möglich. Eine Verschiebung über insgesamt sechs Monate hinaus wird in der Praxis schwierig, weil die Dokumentation dann aktualisiert bzw. neu erstellt werden müsste. Die Verschiebung um zunächst drei Monate auf den 24.01.98 bedeutete, dass in der zweiten Hälfte des Januars 1998 erneut zu entscheiden war, ob die Kapitalerhöhung durchgeführt oder eine neuerliche Verschiebung beantragt werden sollte. Für diese Entscheidung war eine neue Analyse der Kapitalmarktbedingungen erforderlich.

4.   Die Kapitalmarktlage im Januar 1998

Zunächst stand die Frage im Raum, ob weitere Turbulenzen von den Devisenmärkten zu erwarten wären. Der Kursverlauf der fernöstlichen Währungen zeigte aber seit Ende 1997 das typische Muster der Einpendelung auf ein neues Gleichgewicht, während sich die Börsen in Südostasien zu beruhigen schienen; Abb. II.116:

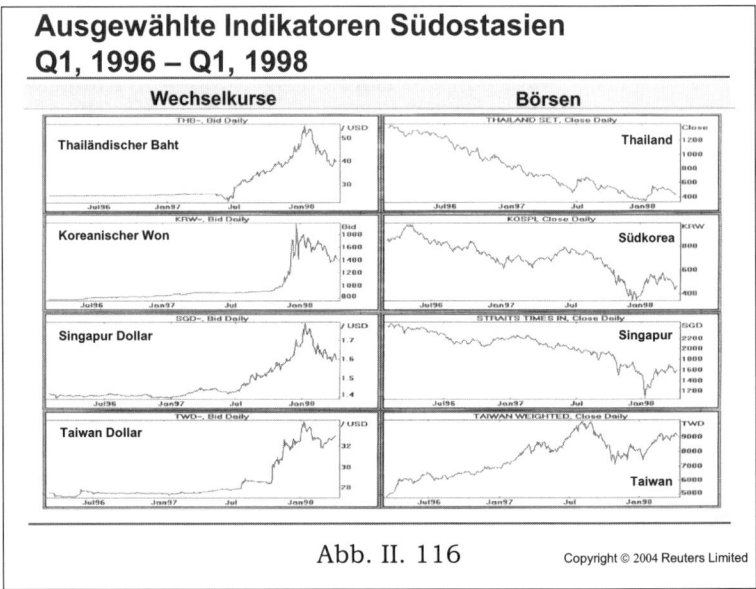

Abb. II. 116   Copyright © 2004 Reuters Limited

Des weiteren bestätigte sich die Erwartung, dass China nicht abwerten würde; der Renminbi hielt seine feste Bindung an den $ aufrecht.

Ein fortwirkender Risikofaktor war, dass Japan als führende Wirtschaftsmacht Ostasiens sich nicht aus seiner strukturellen Krise befreien konnte. Diese hatte aber schon in den frühen 1990er Jahren begonnen und war im Markt sozusagen „institutionalisiert". Mit anderen Worten: ihre Fortsetzung stellte keine Veränderung der Rahmenbedingungen dar. Dessen ungeachtet hing nach mehreren Pleiten größerer Finanzinstitute in Japan (Sanyo, Yamaichi) der mögliche Untergang weiterer Institute über dem Markt – ein Faktor, der in dem nach wie vor fragilen Umfeld eine potentielle Quelle neuer Instabilitäten darstellte. Das strukturelle Problem im japanischen Finanzmarkt wird durch zwei Tatbestände unterstrichen:

Erstens:

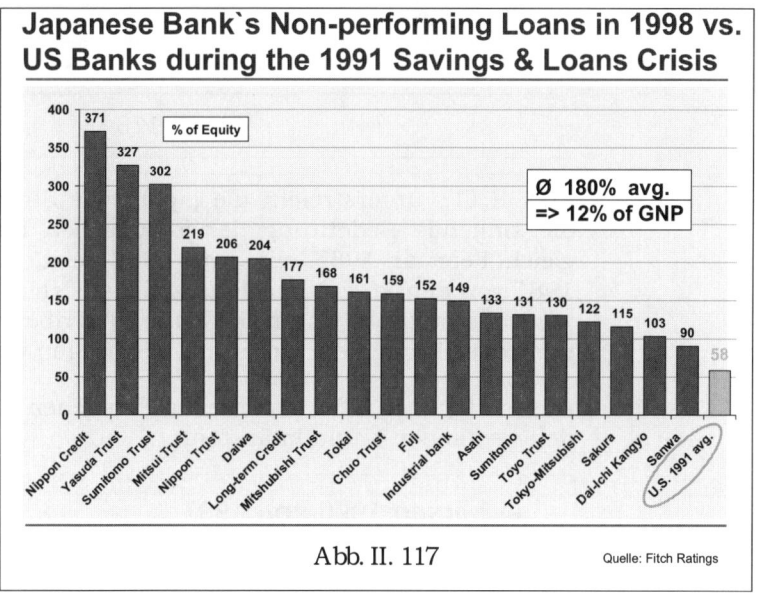

Abb. II. 117

Abb. II.117: Die faulen Kredite („non-performing loans") der 19 größten Banken lagen zwischen dem 3,71- und 0,9-fachen ihres jeweiligen Eigenkapitals, wobei Sanwa mit Faktor 0,9 die einzige Bank war, deren faule Kredite nicht das Eigenkapital überstiegen. Der Durchschnittswert lag bei Faktor 1,8, was in der Summe der absoluten Beträge 12% des japanischen Bruttosozialproduktes entsprach. Anders ausgedrückt: Japan hätte das gesamte Bruttosozialprodukt von 1,45 Monaten aufbringen müssen, um die faulen Kredite seiner 19 größten Banken abzutragen. Zum Vergleich: die Höhe der faulen Kredite betrug in der Krise der US-Sparkassen 1991 im Durchschnitt „nur" das 0,58-fache von deren Eigenkapital.

Zweitens:

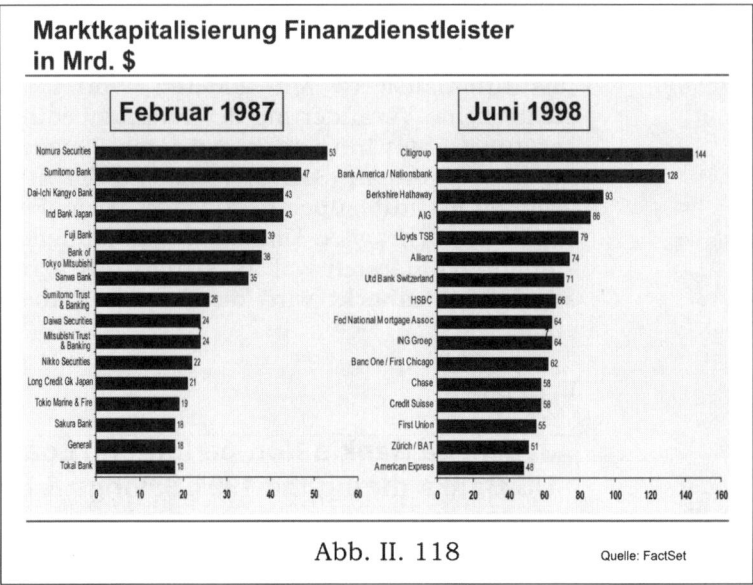

Abb. II. 118

Abb. II.118 unterstreicht die japanische Strukturkrise durch die sinkende Bedeutung der japanischen Banken: der Vergleich Februar 1987 mit Juni 1998 zeigt, dass im Februar 1987 von den 16 größten Finanzdienstleistern der Welt 15 japanische Institute waren, im Juni 1998 aber kein einziges japanisches Haus mehr unter den 16 größten vertreten war.

Ausschlaggebend für das weitere Vorgehen war die Lage an den westlichen Kapitalmärkten:

Abb. II. 119

Abb. II.119 zeigt, dass die westlichen Börsen keine Trendumkehr erfahren hatten. Die Börsen in Frankfurt (DAX), London (FTSE) und New York (DJI) wurden zwar in ihrem Aufwärtstrend zunächst gestoppt, erlitten aber keinen nachhaltigen Einbruch. Sie mündeten lediglich in eine Seitwärtsbewegung, wobei jedoch die Volatilität deutlich anstieg. Da die konjunkturelle Entwicklung unverändert robust blieb, war zu erwarten, dass in absehbarer Zeit die Börsen auf ihren Wachstumspfad zurückkehren würden. Allerdings zeigte eine nähere Analyse der deutschen Börsenwerte, dass sich die zyklischen Werte, insbesondere die Automobilwerte von dem Schock Ende Oktober noch nicht erholt hatten; Abb. II.120:

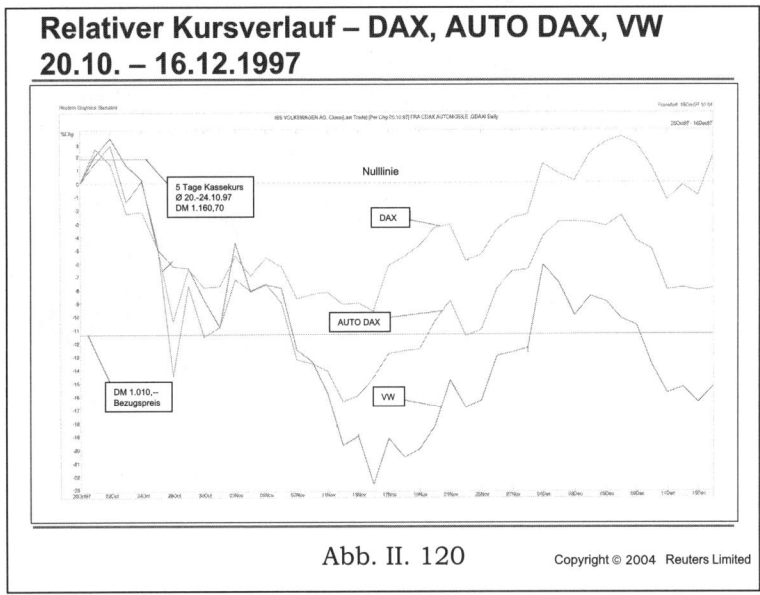

Relativer Kursverlauf – DAX, AUTO DAX, VW
20.10. – 16.12.1997

Abb. II. 120

Copyright © 2004 Reuters Limited

Der Unterindex „Automobile" (CDAX Automobile) konnte zum DAX bis zum Jahresende noch nicht wieder aufschließen. Das betraf insbesondere die VW-Aktie als volatilem Wert. Bei einer Erholung der Aktienmärkte war aber zu erwarten, dass die zyklischen Werte – und damit auch VW – wieder schneller steigen würden als der DAX.

Die Lage an den Börsen war im Januar 1998 also immer noch labil, was gegen eine Wiederaufnahme der Transaktion sprach, dies jedoch vor dem Hintergrund einer insgesamt positiven Wirtschaftsperspektive. Hinzu kam, dass die Monate um die Jahreswende neben den Sommermonaten die ungünstigste Zeit für eine Aktienemission sind, weil die Märkte um diese Zeit dünn sind. Das überhöht das Volatilitäts-Risiko und passt auch nicht in den saisonalen Geschäftsrhythmus der institutionellen Anleger. Im Gegensatz dazu gehören März und April zu den günstigsten und aktivsten Monaten des Börsenjahres. Eine sorgfältige Abwägung aller dieser Faktoren legte eine nochmalige Verschiebung nahe.

Hinzu kamen Volkswagen-spezifische, ebenfalls saisonale Faktoren: die insgesamt robuste wirtschaftliche Entwicklung 1997 ließ einen guten Jahresabschluss erwarten. Der Jahresabschluss wird in den ersten zwei Monaten des Folgejahres erstellt und im März veröffentlicht. Ein gutes Ergebnis wäre für eine Aktienemission natürlich förderlich, so dass ein Termin Ende März/Anfang April 1998 aus unternehmerischer Sicht ebenfalls als der günstigste Zeitpunkt erschien.

Abb. II.121 fasst diese Faktoren zusammen:

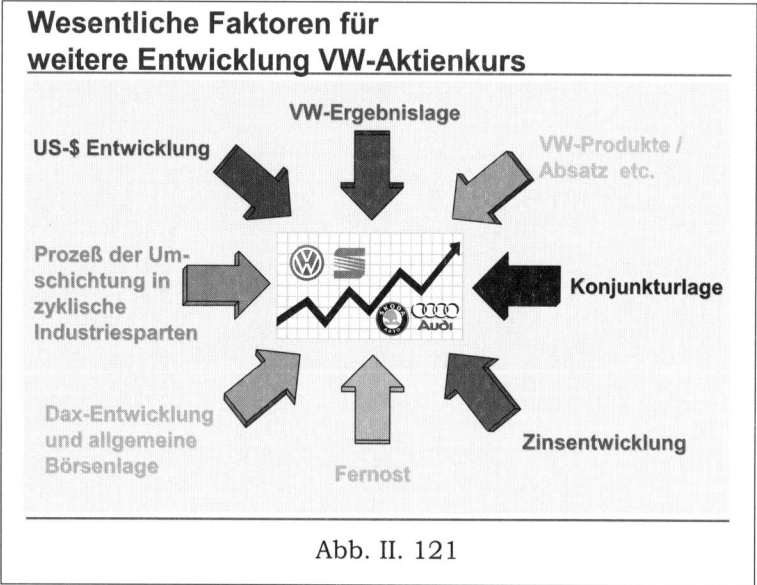

Abb. II. 121

Alles in allem legten also sowohl die Markteinschätzung als auch saisonale und unternehmensinterne Gesichtspunkte eine nochmalige Verschiebung nahe. Der neuerliche Antrag wurde von der Börse problemlos genehmigt, womit die Frist für die Aktienemission bis 24.04.98 verlängert wurde.

5. Die Durchführung im März/April 1998

Die Einschätzung zur Jahreswende 1997/98 hinsichtlich der
weiteren Entwicklung der Aktienmärkte erwies sich als richtig
– die fernöstlichen Währungsturbulenzen waren abgeebbt und
die westlichen Börsen kehrten auf ihren Wachstumspfad zurück; Abb. II.122:

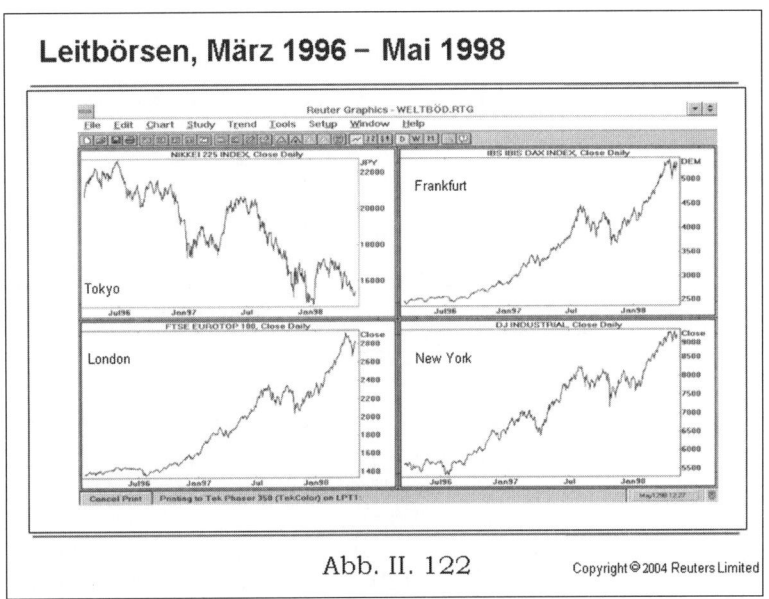

Leitbörsen, März 1996 – Mai 1998

Abb. II. 122

Copyright © 2004 Reuters Limited

Die Börsen in Frankfurt, London und New York zeigten ab Anfang 1998 erneut ein solides Wachstum, und die Investoren
kehrten zu den zyklischen Werten zurück. Damit stieg auch
die Volkswagen-Aktie wieder auf ein Kursniveau, das deutlich
über dem Bezugspreis lag. Der Automobilunterindex (CDAX
Automobile) und die Volkswagen Aktie legten von Januar
1998 bis April 1998 deutlich schneller zu als der Gesamt-
markt (DAX); die defensiven, zyklisch weniger sensitiven Werte
(CDAX- Versorger) fielen dagegen wieder zurück; Abb. II.123:

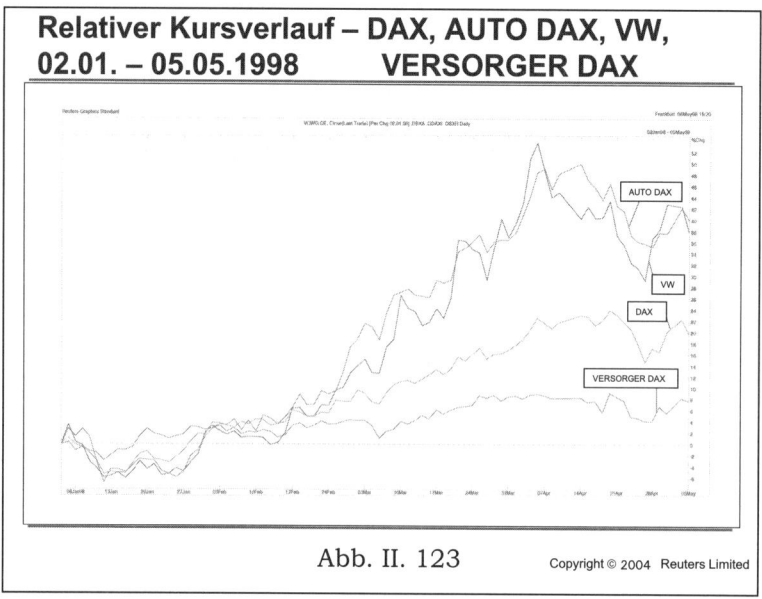

Relativer Kursverlauf – DAX, AUTO DAX, VW,
02.01. – 05.05.1998   VERSORGER DAX

Abb. II. 123   Copyright © 2004 Reuters Limited

Zusammenfassend stellte sich die Marktlage gegen Ende des ersten Quartals 1998 wie folgt dar:
- die Südostasienkrise war abgeflaut,
- in ihrer Folge hatten die Anleger Umschichtungen nach Europa und den USA vorgenommen,
- die Konjunktur befand sich in den westlichen Ländern auf unverändert solidem Wachstumskurs,
- Zinsen und Inflationsraten verharrten auf niedrigem Niveau,
- für die Anleger bot sich aufgrund der niedrigen Zinsen keine Alternative zu Aktien,
- ein sehr liquider Markt bedingte den so genannten „Anlegernotstand", was Aktienkäufe förderte,
- mit dem erneuten Aufschwung kehrte das Interesse an zyklischen Werten, insbesondere an Automobilwerten, zurück.

Die Verschiebung der Aktienemission auf März/April 1998 bot noch eine weitere Optimierungsmöglichkeit: Nach dem Schock aus Fernost waren andere Emittenten vorerst sehr zurückhaltend mit Neuemissionen. Der Emissionskalender war daher nur schwach besetzt und Volkswagen konnte den Zeitraum für die Durchführung der Kapitalerhöhung frei wählen und optimal mit der Veröffentlichung der Unternehmensdaten synchronisieren. Konkret bedeutete dies, dass für die Bezugsfrist ein Zeitraum gewählt werden konnte, der unmittelbar auf die Bekanntgabe des Jahresergebnisses 1997 bei der Bilanzpressekonferenz und der DVFA-Tagung (Deutsche Vereinigung für Finanzanalysc und Anlageberatung bzw. Asset Management GmbH) am 25.03.1998 folgen würde. Den Markt vor einer Kapitalerhöhung mit aktuellen Daten zu versorgen ist stets eine vertrauensbildende Maßnahme, die die Platzierung neuer Aktien fördert. Umgekehrt, es wäre geradezu ein Affront gegenüber den Investoren, wichtige Unternehmensdaten erst kurz nach einer Aktienemission zu publizieren.

Nach der Wahl des Zeitpunkts galt es zu entscheiden, in welcher Struktur die Aktienemission nun durchgeführt werden sollte.

Zur Erinnerung: Da das Bezugsangebot bereits Ende Oktober 1997 veröffentlicht worden war, musste die Tranche 1 zwangsläufig in absehbarer Zeit im Markt platziert werden. Eine weitere Verschiebung über die sechs Monate hinaus wäre problematisch gewesen, war aber aufgrund der Erholung der Märkte glücklicherweise ohnedies nicht mehr erforderlich. Für Tranche 2 mit BZR-Ausschluss bestand jedoch nach wie vor völlige Handlungsfreiheit. Sie konnte – wie oben bereits erwähnt – noch immer parallel zu Tranche 1 durchgeführt, abgekoppelt, in eine Bezugsrechtstranche verwandelt oder ganz abgesagt werden.

<u>Die Handlungsalternativen März 1998/Erneute Entscheidungsfindung</u>, Abb. II.124:

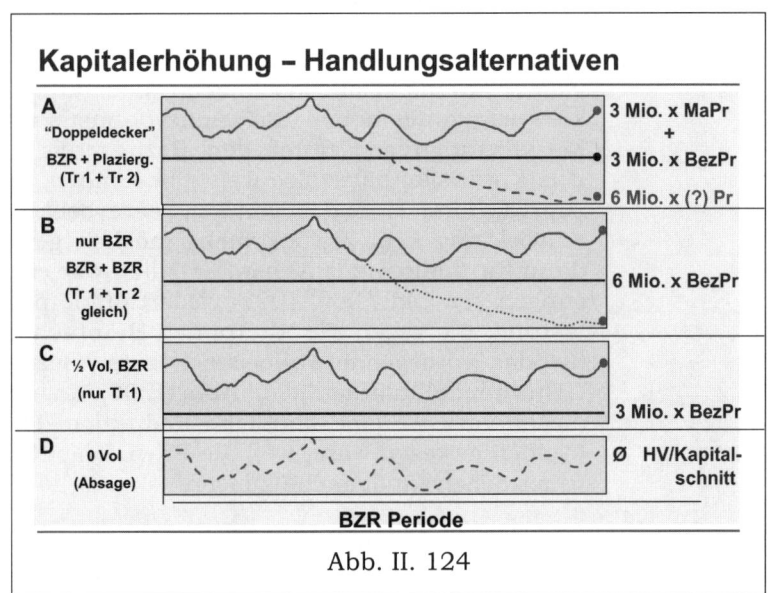

Abb. II. 124

Alternative A: Die Aktienemission wird wie ursprünglich geplant durchgeführt, d.h. in der ursprünglichen Struktur des Doppeldeckermodells. Wie dort vorgesehen, würden dann 3 Mio. neue Aktien zum Bezugspreis von DM 1.010,-- platziert werden und weitere 3 Mio. kurz nach Ende der Bezugsfrist unter Ausschluss des Bezugsrechts nahe am Marktpreis.

Die Entscheidung fiel gegen die Beibehaltung des Doppeldeckermodells. Die Märkte waren zwar wieder in vergleichsweise guter Kondition, aber der Schock vom Oktober 1997 saß noch tief. Das Risiko mit 6 Mio. neuen Aktien in den Markt zu gehen und damit eventuell noch einmal ein Absinken des Kurses unter den Bezugspreis zu provozieren (gestrichelte Linie), schien zu hoch. Bei positivem Ausgang hätte diese Variante zwar den Erlös aus den neuen Aktien maximiert, bei einem Abrutschen des Kurses aber eine Platzierung aller 6 Mio. Aktien deutlich unter dem ursprünglichen Bezugspreis erzwungen. Außerdem wollte man eine solche, maximale Kapitalverwässerung den Aktionären im Lichte der Turbulenzen der vergangenen Monate nicht zumuten.

Alternative B: Tranche 2 wird in eine BZR-Tranche umgewandelt und mit Tranche 1 verschmolzen. Das hätte eine große BZR-Emission für 6 Mio neue Aktien zum Bezugspreis DM 1.010,-- ergeben. (Unterschiedliche Bezugspreise für zwei simultan begebene Tranchen scheiden offensichtlich aus.) Diese Vorgehensweise wäre aktionärsfreundlicher als Alternative A gewesen, der Erlös mit DM 6.060 Mio. niedriger. Gegenüber Alternative A wäre das Platzierungsrisiko geringer gewesen, jedoch war nicht auszuschließen, dass auch hier der Marktkurs wegen des hohen Emissionsvolumens trotz der besseren Marktbedingungen unter den Bezugspreis gedrückt würde. Das Kursrisiko hätte also weiter bestanden, und hätte die Bezugsfrist erst einmal begonnen, wäre bei ungünstiger Kursentwicklung kein Zurück mehr möglich gewesen – und das dann für 6 Mio. neue Aktien. Letztlich war es nach den Erfahrungen von Okt./Nov. 1997 wiederum die potentielle Kursbelastung, die gegen die Alternative B sprach. Ergänzend wird für das vorliegende Fallbeispiel unter Bezugnahme auf die Gebührenkalkulation (s.o. Abb. II.90) angemerkt, dass mit dieser Variante eine deutliche Reduktion der Gebühren verbunden gewesen wäre, weil die Provisionen für Tranche I weit unter denen für Tranche 2 lagen.

Alternative C: Tranche 2 wird abgesagt. Das heißt, es kommt nur die bereits angekündigte BZR-Emission Tranche 1 in den Markt. Der offensichtliche Nachteil dieser Variante ist, dass der Erlös gegenüber Alternativen A und B halbiert wird, genauer gesagt, mehr als halbiert gegenüber Alternative A und genau halbiert gegenüber Alternative B. Dem Manko eines geringeren Emissionserlöses stehen aber folgende Vorteile gegenüber: Marktrisiko minimiert, Durchführung stark vereinfacht, Roadshows (Alternative A) nicht mehr erforderlich, aktionärsfreundlichste Vorgehensweise und drastische Reduktion der Gebühren gegenüber Alternative A bzw. Halbierung gegenüber Alternative B (s.o. Abb. II.90).

Alternative D: Oben wurde dargelegt, dass nach Bekanntgabe des Bezugsangebots eine Absage der Aktienemission nicht mehr möglich ist, weil man dem Aktionär nicht sein Recht entziehen kann. Diese Aussage bedarf einer Präzisierung, die hier nur der Vollständigkeit halber angeführt wird. Die Gesellschaft müsste für einen solchen Schritt bei der Hauptversammlung einen Kapitalschnitt (!) beantragen. Kapitalschnitte werden nur von Unternehmen beantragt, die sich am Rande des Konkurses bewegen. Es versteht sich von selbst, dass eine solche Vorgehensweise für ein gesundes Unternehmen nicht zur Diskussion stehen kann, obwohl sie rein rechtlich gesehen möglich wäre. Neben dem Erlösentfall wäre Spesenersatz fällig und der Schaden für die Reputation des Unternehmens inakzeptabel. (Dieses Szenario ist nicht zu verwechseln mit den in II.3.6 „Wandelanleihen" beschriebenen Aktienrückkäufen, die bei Einzug der Aktien ebenfalls zu einer Kapitalreduktion führen. Hierbei handelt es sich aber um die Verwendung von Überschussliquidität und eine Steigerung des „Shareholder Value" – also Zeichen einer sehr gesunden Unternehmenslage.)

Die Entscheidung: Nach Abwägung der Alternativen A bis C und einer konservativen Bewertung der Marktchancen und -risiken fiel die Entscheidung zugunsten der Alternative C. Das heißt, die Kapitalerhöhung wurde auf die BZR-Emission (Tranche 1) beschränkt und Tranche 2 abgesagt.

Die Emission

Die Emission der 3 Mio. neuen Aktien mit Bezugsrecht im
März/April 1998 wird wiederum chronologisch beschrieben;
Abb. II.125:

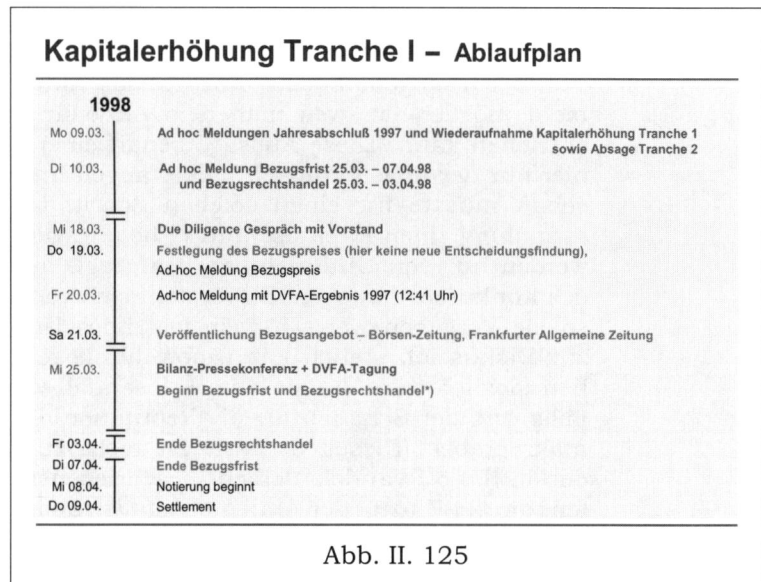

Abb. II. 125

*) Die damals noch gültige Mindestdauer von vier Börsentagen zwischen
    der Veröffentlichung des Bezugsangebots und dem Beginn der Bezugs-
    frist wurde hier mit Bewilligung der Börsenzulassungsstelle auf drei
    Tage verkürzt. Unternehmensrelevante Terminvorgaben machten diese
    Verkürzung erforderlich, insbesondere die schon früher für den
    25.03.1998 angesetzte Bilanzpressekonferenz und DVFA-Tagung. Er-
    gänzend: dieser Mindestvorlauf beträgt heute nur mehr einen Werktag
    (→ s.o. Fußnote zu Abb. II.102). Der Antrag für die Ausnahmegeneh-
    migung war insofern unproblematisch als das Bezugsangebot, das ur-
    sprünglich ja schon am 27.10.1997 veröffentlicht worden war, keine
    substantiellen Änderungen erfahren hatte.

Montag, 09.03.98
Der Transaktionsablauf begann mit der Ad-hoc-Meldung des
Jahresabschlusses. Zur selben Zeit wurde die Wiederaufnahme der Kapitalerhöhung bekanntgegeben, nunmehr beschränkt auf die Tranche 1 zum bereits im Oktober 1997 be-
kanntgegebenen Bezugspreis; offizielle Absage der Tranche 2.

Zu diesem Zeitpunkt lagen dem Markt die folgenden Ergebnisschätzungen von Analysten vor:

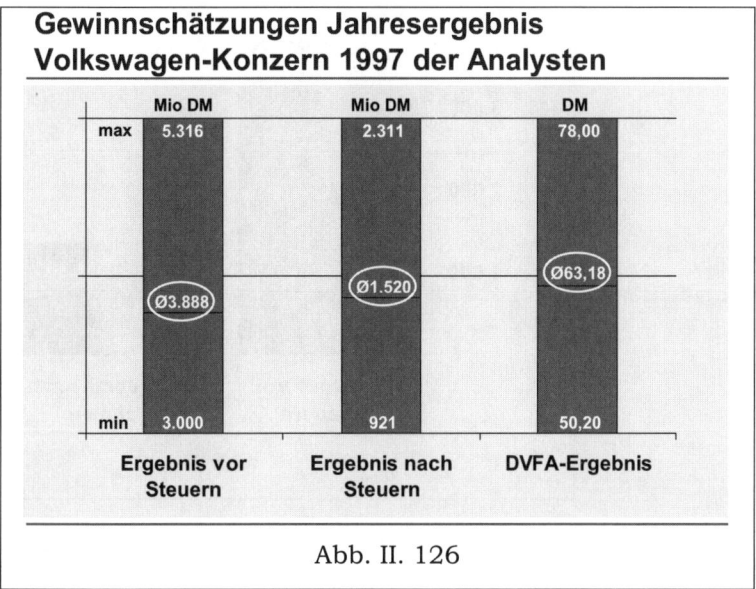

Gewinnschätzungen Jahresergebnis Volkswagen-Konzern 1997 der Analysten

	Mio DM	Mio DM	DM
max	5.316	2.311	78,00
Ø	Ø3.888	Ø1.520	Ø63,18
min	3.000	921	50,20
	Ergebnis vor Steuern	Ergebnis nach Steuern	DVFA-Ergebnis

Abb. II. 126

Abb. II.126 zeigt die Schätzungen von 35 Analysten für das Ergebnis vor und nach Steuern und für das DVFA-Ergebnis (entspricht dem Ergebnis pro Aktie) mit der Bandbreite von Minimal- zu Maximalwert und dem Durchschnittswert aller Schätzungen (eingekreiste Daten).

In der Ad-hoc-Meldung am 09.03.1998 wurde das Ergebnis des Volkswagen-Konzerns vor und nach Steuern für das Jahr 1997 veröffentlicht (beide Ergebnisse in etwa verdoppelt gegenüber 1996). Der Vergleich der Ist-Werte mit den durchschnittlichen Erwartungswerten des Marktes (Analysten) zeigte eine gute Übereinstimmung; Abb. II.127:

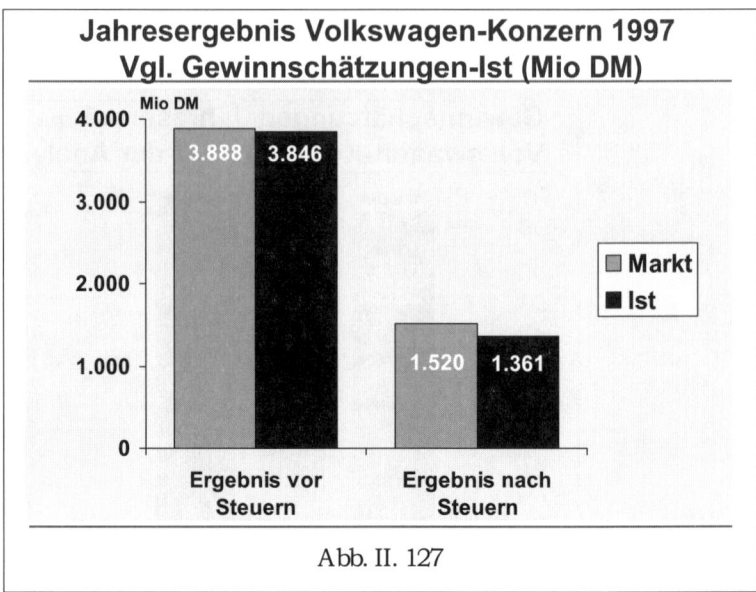

Abb. II. 127

Wie immer, wenn Erwartungen und Ergebnisse zusammenfal-
len, zeigte der Aktienkurs keine besondere Reaktion.

Die Beschränkung auf die Tranche 1 wurde vom Markt als ak-
tionärsfreundlich empfunden; die positive Aufnahme dieser
Entscheidung unterstützte den Kurs der Aktie in den folgenden Tagen.

Dienstag, 10.03.1998
Bekanntgabe der neuen Termine für die Bezugsfrist und den
Bezugsrechtshandel.

Mittwoch, 18.03.1998
Das „due diligence" Gespräch mit den Konsortialführern diente lediglich der Aktualisierung der „due diligence" vom
23.10.1997.

Donnerstag, 19.03.1998
Am nächsten Tag erfolgte die neuerliche Festlegung des Bezugspreises. Dabei ist diese „neuerliche Festlegung" so zu verstehen, dass lediglich der bereits am 27. Oktober 1997 veröf-
fentlichte Bezugspreis von DM 1.010,-- bestätigt wurde. Für
eine Absenkung des Bezugspreises bestand nach der Kurserholung der Aktie keine Veranlassung mehr, eine Anhebung
war – wie oben beschrieben – rechtlich ausgeschlossen. Damit
waren die DM 1.010,-- de facto festgeschrieben.

Mit der Erholung der Märkte (DAX) und den positiven Unternehmensdaten stieg der Kurs der Volkswagen Aktie im ersten

Quartal deutlich über das Niveau von Oktober 1997; Abb. II. 128:

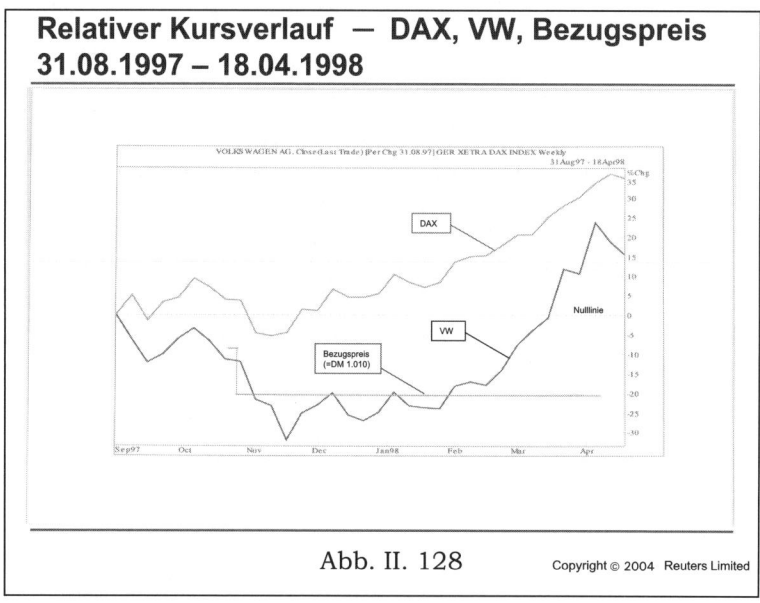

Relativer Kursverlauf — DAX, VW, Bezugspreis 31.08.1997 – 18.04.1998

Abb. II. 128

Copyright © 2004 Reuters Limited

Das bedeutete, dass sich bezogen auf das Kursniveau von ca. DM 1.300,-- im März 1998 der Bezugspreisabschlag gegenüber Okt. 1997 deutlich erhöhte; Abb. II.129:

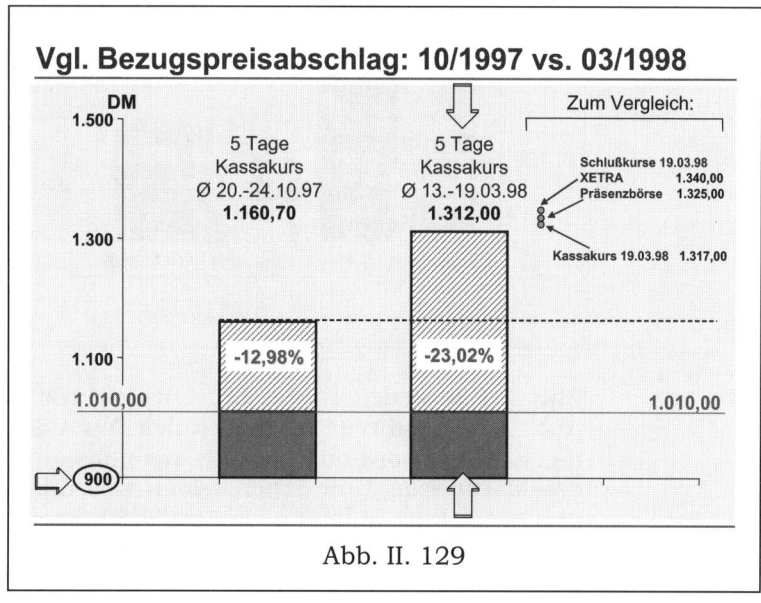

Vgl. Bezugspreisabschlag: 10/1997 vs. 03/1998

Abb. II. 129

Damit weitete sich rein rechnerisch der ursprüngliche Abschlag von knapp 13% auf rund 23% aus und der rechnerische Wert des Bezugsrechts stieg entsprechend an. Der Wert des BZR berechnet sich nach der Formel (Börsenkurs – Bezugspreis)/(n + 1). Im vorliegenden Fallbeispiel war das Bezugsverhältnis 13:1, d.h. n = 13 alte Aktien berechtigten zum Bezug einer neuen Aktie zum Bezugspreis von DM 1.010,--. Das heißt, im Oktober 1997 belief sich der rechnerische Wert des Bezugsrechts auf DM 1.160,70 – 1.010,--/13+1= DM 10,76, und im März 1998 auf DM 1.312,00 – 1.010,--/14 = DM 21,57. Der in diesem Fall verdoppelte Wert des Bezugsrechts schuf zusammen mit der Halbierung der Anzahl neuer Aktien von 6 Mio auf 3 Mio eine günstige Ausgangslage für die bevorstehende Kapitalerhöhung.

Freitag, 20.03.1998
Am 20.03.1998 erfolgte mittags die Veröffentlichung des DVFA Ergebnisses 1997 (Gewinn pro Aktie), das deutlich besser als erwartet ausfiel:

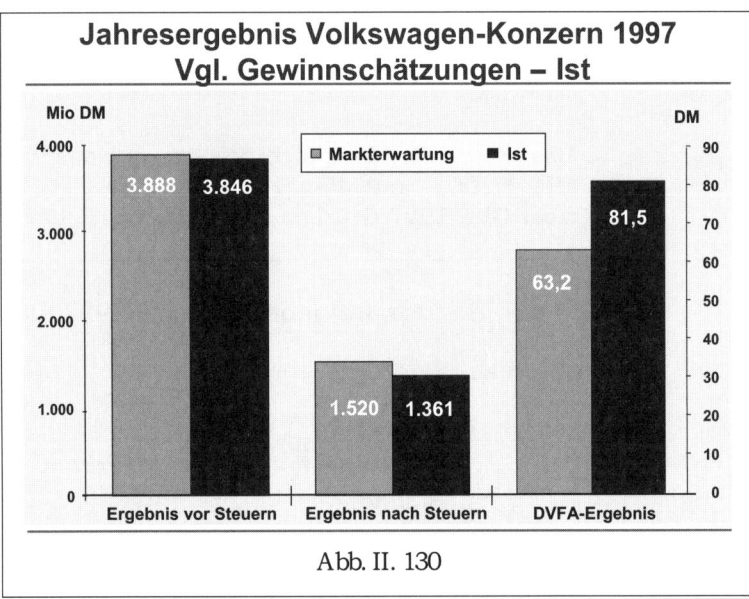

Abb. II. 130

Abb. II.130 wiederholt das Ergebnis vor und nach Steuern von Abb. II.127 und zeigt zusätzlich das DVFA-Ergebnis. Während das Ergebnis vor und nach Steuern nahe an den Erwartungen des Marktes lag und daher keinen wesentlichen Einfluss auf den Aktienkurs ausübte, lag das DVFA-Ergebnis für 1997 mit DM 81,50 nicht nur weit über dem Vorjahreswert von DM 55,00[*], sondern – und das war noch wichtiger – auch

---

[*]   Adjustiert für diverse Bewertungsänderungen 1997/98 und 3 Millionen neue Aktien.

weit über den Markterwartungen, was den Aktienkurs sprunghaft nach oben trieb:

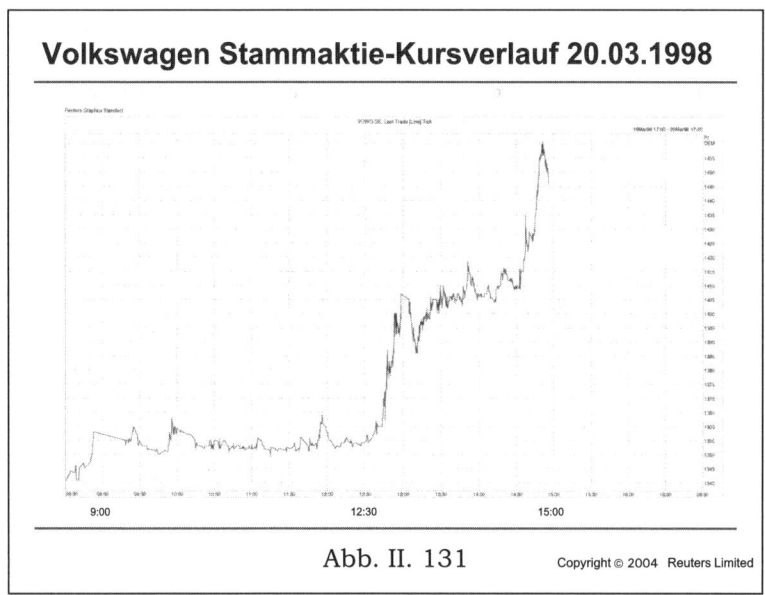

Volkswagen Stammaktie-Kursverlauf 20.03.1998

Abb. II. 131 Copyright © 2004 Reuters Limited

Abb. II.131 zeigt den Kursverlauf am 20.03.1998 von 8:30 bis 15:00 Uhr. Nach Veröffentlichung des DVFA-Ergebnisses sprang der Kurs in zwei Stufen von DM 1.355,-- um 12:30 Uhr auf DM 1.460,-- gegen 15:00 Uhr, also um DM 105,-- oder 7,75% binnen 2 ½ Stunden. Damit stieg die Differenz zum Bezugspreis noch weiter an, erhöhte den Abschlag auf fast 31% bzw. den rechnerischen Wert des Bezugsrechts auf DM 32,14 und verbesserte nochmals die Ausgangslage für die Aktienemission.

Samstag, 21.03.1998
Die Veröffentlichung des Bezugsangebots war Formsache, es beinhaltete keine substantiellen Neuigkeiten, ausgenommen natürlich die Aktualisierung der Termine.

Mittwoch, 25.03.1998
Bilanz-Pressekonferenz und DVFA-Tagung.

Mittwoch, 25.03. – Freitag, 03.04./Dienstag, 07.04.1998
Bezugsrechtshandel/Bezugsfrist:

Der Beginn der Bezugsfrist und des Bezugsrechtshandels wurde so gesetzt, dass er mit der jährlichen Bilanz-Pressekonferenz und der DVFA-Tagung zusammenfiel. Die Veröffentlichung des Jahresabschlusses bot somit eine gute Gelegenheit, der Fachpresse und den Analysten die Strategie des Unternehmens darzulegen und zugleich die Aktionäre am

Beginn der Durchführungsphase der Kapitalerhöhung mit den
aktuellsten Informationen zu versorgen.

Der Bezugsrechtshandel endete wie üblich zwei Geschäftstage
vor dem Ende der Bezugsfrist, hier am Freitag, 03.04.1998 vor
Dienstag, 07.04.1998. Die Bezugsfrist währte damit die gesetzlich vorgeschriebene Mindestdauer von zehn Geschäftsta-
gen (➔ Text nach Abb. II.98; ➔ Abb. II.100).

Abb. II.132 zeigt den Verlauf des BZR-Handels vom
25.03.1998 bis 03.04.1998 und den Kursverlauf der Volkswagen Stammaktie über den gleichen Zeitraum:

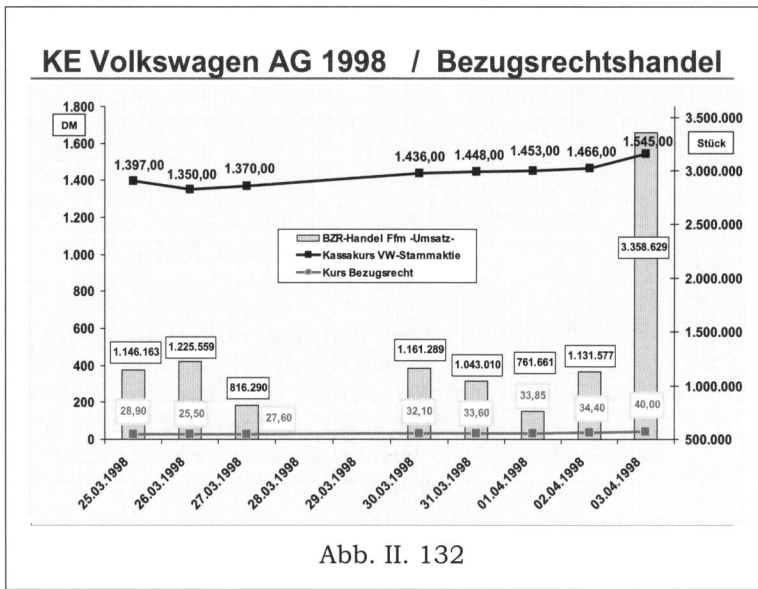

Abb. II. 132

Mit Ausnahme des zweiten BZR-Handelstages ist der Aktienkurs jeden Tag gestiegen und folglich auch der Wert des Bezugsrechts. Dass der in Abb. II.132 angegebene Marktkurs
des Bezugsrechts nicht genau mit dem rechnerischen Wert
des BZR übereinstimmt, liegt daran, dass im täglichen Marktgeschehen Nachfrage und Angebot den Kurswert bestimmen
und der rechnerische Wert nur eine Orientierungsgröße darstellt. Während die täglichen Umsätze bis einen Tag vor Handelsschluss in vergleichbaren Größenordnungen stattfanden,
ist am letzten Handelstag das 3,2-fache des durchschnittlichen Handelsvolumens der vorangegangenen sieben Han-
delstage zu verzeichnen gewesen. Das liegt daran, dass die
BZR-Inhaber sich erst am letzten Tag entscheiden müssen, ob
sie das Bezugsrecht ausüben wollen oder nicht. Dasselbe gilt
natürlich für jene Marktteilnehmer, die die Bezugsrechte erst
während der BZR-Handelstage erwerben. Nur wer die Bezugsrechte am Ende der Bezugsfrist hält, wird die neuen Aktien

wirklich beziehen wollen. Ein in dieser Zeitspanne steigender Aktienkurs erzeugt Kursphantasie, was die Nachfrage nach den Bezugsrechten und damit den neuen Aktien stärkt.

Mittwoch, 08.04.1998:
Am Tag nach Ende der Bezugsfrist beginnt die Notierung der neuen Aktien an der Börse.

Donnerstag, 09.04.1998:
Am zweiten Tag nach Ende der Bezugsfrist erfolgt das Settlement, d.h. das Unternehmen erhält den Erlös aus der Aktienemission.

Damit war die Kapitalerhöhung 1997/98 abgeschlossen. Sie wurde zwar nicht in der ursprünglichen Struktur des Doppeldeckermodells durchgeführt, doch konnte immerhin die Tranche 1 (Bezugsrechtsemission) letztendlich mit Erfolg platziert werden.

○ Zwei technische Hinweise

(1) Die „Spitze" und der Restbestand

Zum Zeitpunkt der Aktienemission im Frühjahr 1998 belief sich der Bestand an Volkswagen Stamm- plus Vorzugsaktien auf 37,63 Mio. Die 3 Mio. neuen Stammaktien ergaben ein rechnerisches Bezugsverhältnis von 37,63 Mio.[*] alten Aktien zu 3 Mio. neuen Aktien = 12,54:1. Da es nicht praktikabel ist, das Bezugsrecht für eine neue Aktie pro einer krummen Anzahl – hier 12,54 – alter Aktien zu gewähren, wurde auf 13 gerundet: 13 alte Aktien berechtigten zum Bezug einer neuen Aktie. Der Altbestand von 37,63 Mio. geteilt durch 13 ergab 2,895 Mio. neue Aktien, die insgesamt mit den 37,63 Mio. alten Aktien bezogen werden konnten. Von den 3 Mio. neue Aktien blieben somit 105.000 Aktien übrig (3,000 – 2,895 Mio.). Diese Differenz – hier 105.000 neue Aktien – wird als „Spitze" bezeichnet und darf lt. Gesetz nach der BZR-Emission unter Ausschluss des Bezugsrechts zum Marktpreis platziert werden.

Hinzu kamen noch 7.000 Aktien, deren Besitzer das Bezugsrecht nicht ausgeübt und auch nicht verkauft hatten. Dies kommt vor allem bei Aktien mit breiter Streuung vor. Mit anderen Worten: etliche Kleinaktionäre, die die Aktien als effek-

---

[*] Da die Verwässerung das gesamte Grundkapital betrifft, ist das Bezugsangebot den Stamm- und Vorzugsaktionären zu unterbreiten. Die Summe der Stamm- und Vorzugsaktien wurde für die KE 97/98 oben in der Fußnote zum Abschnitt „2. Die Strukturierung, a) Doppeldeckermodell" mit 36,50 Mio. angegeben. Die Differenz auf die hier angegebenen 37,63 Mio. Aktien erklärt sich durch die in der Zwischenzeit erfolgte Ausübung weiterer Optionen aus den Optionsanleihen der 1980er Jahre.

tive Stücke zu Hause verwahrten, haben den Vorgang der Emission neuer Aktien übersehen. Bei Inhaberaktien kann das Unternehmen seine Aktionäre auch nicht direkt informieren, und die öffentliche Bekanntgabe wird in der Praxis nicht von allen Aktionären wahrgenommen („Keiner muss die Zeitung lesen"). Wenn sich ein Aktionär in den ersten Tagen nach Ende der Bezugsfrist dann doch noch meldete, so wurde dies früher kulanter Weise honoriert. Inzwischen wurde eine solche Sonderbehandlung per Gesetz ausgeschlossen, weil es dem Grundsatz der Gleichbehandlung aller Aktionäre widerspricht, so dass diese Bezugsrechte unwiederbringlich verfallen. Die nicht bezogenen Aktien werden der „Spitze" zugeschlagen und mit ihr zum Marktpreis platziert.

Der zu platzierende Restbestand errechnete sich daher wie folgt; Abb. II.133:

Kapitalerhöhung 1997/98
Kalkulation des zu platzierenden Restbestandes, April 1998

Alte Aktien 37,63 Mio. : 3 Mio. neue Aktien = 12,54 ⟶ 13,00

alte Aktien 37,63 Mio. : 13,00 = 2.895 Tsd. Aktien mit Bezugsrecht

Gesamtzahl neue Aktien	3.000	Tsd.	Aktien
davon:	105	Tsd.	Aktien in der „Spitze", die vom Bezugsrecht ausgeschlossen sind
	7	Tsd.	nicht bezogene Aktien
	2.888	Tsd.	tatsächlich begebene Aktien
Stück	112	Tsd.	= zu platzierender „Restbestand"

Abb. II. 133

Diese 112.000 neuen Aktien wurden anschließend, d.h. ab dem 14.04.1998 zu einem Durchschnittskurs von DM 1.480,-- am Markt platziert. Damit stellte sich der gesamte Emissionserlös wie folgt dar; Abb. II.134:

```
┌─────────────────────────────────────────────────────────────┐
│                                                             │
│   KE 97/98  –  Emissionserlös April 1998                    │
│  ─────────────────────────────────────────────────────     │
│                                                             │
│                  Stück      Ausnutzung*⁾     Erlös          │
│                  Tsd.                         Mio. DM        │
│                                                             │
│   Bezogene Aktien    2.888     96,27%        2.917          │
│                zu DM 1.010,--                                │
│                                                             │
│   Nicht bezogene      112      3,73%          166           │
│   Aktien                                                    │
│                zu Ø DM 1.480,-                               │
│                                                             │
│   Summe            3.000      100,0 %        3.083          │
│  ─────────────────────────────────────────────────────     │
│                                        *) bezogen auf 3 Mio. Aktien │
│                Abb. II.134                                  │
│                                                             │
└─────────────────────────────────────────────────────────────┘
```

Von der Gesamtzahl 3,0 Mio. neue Aktien zu á nominal DM 50 wurden DM 150 Mio. in das Grundkapital eingestellt und 2,888 Mio. x DM (1.010-50)+ 0,112 Mio. x DM(1.480-50) = DM 2.933 Mio. als Aufgeld in die Rücklagen, was in der Summe den Emissionserlös i.H.v. DM 3.083 Mio. ergab. Dieser Betrag wurde in die Kasse genommen und zunächst als kurzfristige Bankeinlage vorgehalten, bevor er seinem endgültigen Verwendungszweck zugeführt wurde.

(2) Konsortialquote und Bezugsergebnis

Die Quote eines jeden einzelnen Konsortialmitglieds ist nicht identisch mit dem Anteil der Aktien, der tatsächlich über dieses Institut bezogen wurde. Diese Leistung (Bezugsleistung, Bezugsergebnis) ist im einzelnen schwer nachvollziehbar, weil die Platzierungsstatistik durch die Depotbanken verzerrt wird. Wie oben schon erwähnt wurde, werden Konsortialquoten vertraulich behandelt. In der folgenden Abb. II.135 wird daher die Quote in jeder der einzelnen Konsortialgruppen („Brackets") unabhängig von ihrer tatsächlichen Höhe gleich 100 gesetzt, und das Bezugsergebnis relativ dazu prozentual angegeben. Im einzelnen, Abb. II.135:

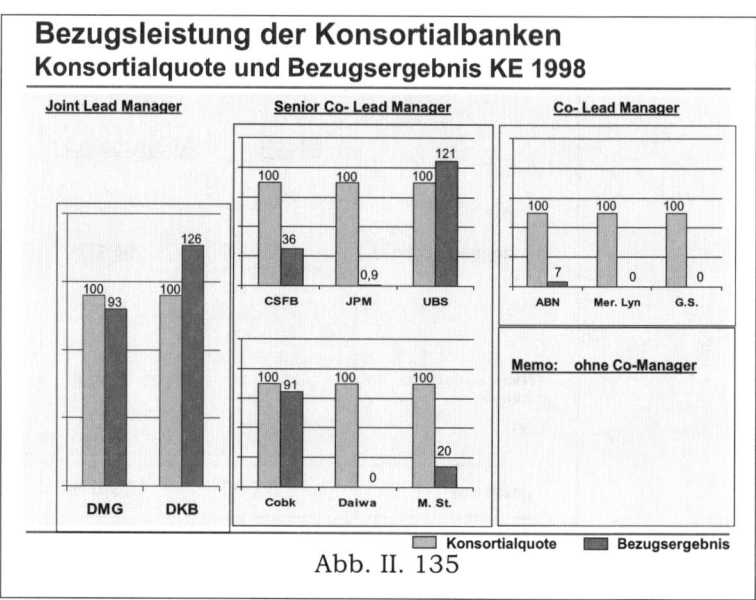

Abb. II. 135

Die Konsortialquoten sind in hell- und die tatsächlich platzierten Anteile der 3 Mio. neuen Aktien in dunkelgrau wiedergegeben. Die Unterschiede sind zum Teil beträchtlich. Insbesondere fällt auf, dass außer UBS die ausländischen Institute scheinbar sehr wenig oder nichts platziert haben. Diese Schlussfolgerung ist aber irreführend, auch nicht plausibel, da im Endergebnis ca. 52% der neuen Aktien im Inland und ca. 48% im Ausland platziert worden waren. Der Grund für diese Verzerrung in der Statistik liegt darin, dass die Erfassung der Bezugsleistung über die Depotbanken läuft; Abb. II.136:

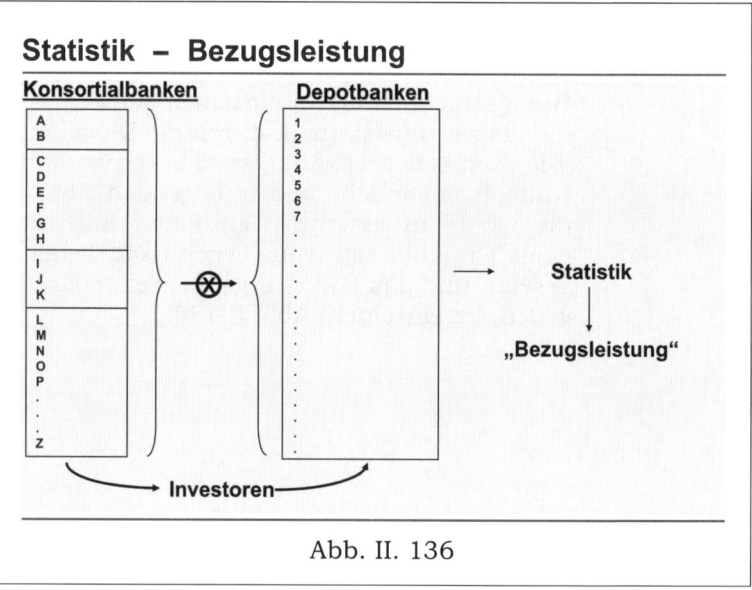

Abb. II. 136

Der Vorgang: Eine der Konsotialbanken platziert Aktien aus ihrer Quote bei einem bestimmten Investor. Sie selbst übt aber keine Depotbankfunktion aus; sie bedient sich einer anderen Bank ihrer Wahl für diese Dienstleistung oder folgt einer Anweisung des betreffenden Investors, der die von ihm gewünschte Depotbank vorgegeben hat. Die betreffende Platzierung fließt dann bei der Depotbank als „Bezugsleistung" ein, obwohl sie zur Platzierung selbst keinen Beitrag geleistet hat. Mit anderen Worten: Verfügt ein Institut über keine Depotbankfunktion, so wird es per Definition eine Bezugsleistung von Null ausweisen, unabhängig davon, wie viele Aktien es tatsächlich platziert hat.

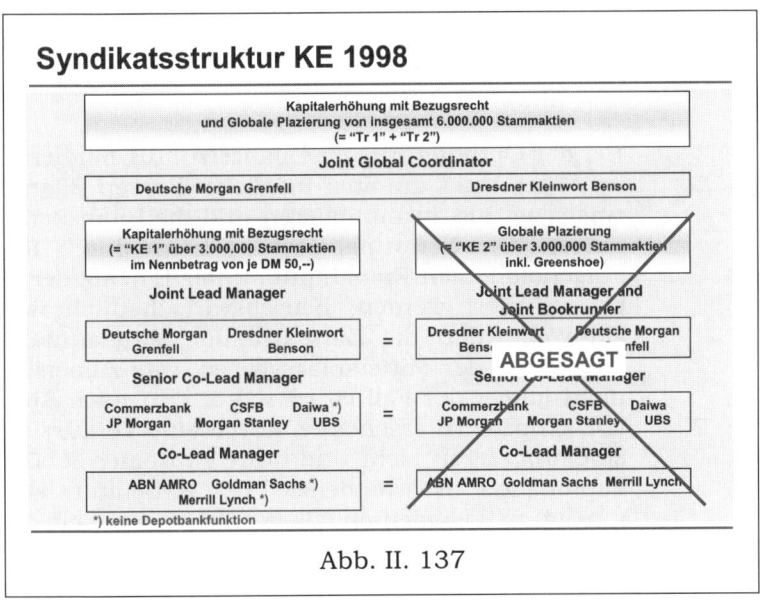

Abb. II. 137

Abb. II.137 zeigt noch einmal das Konsortium, hier ohne Co-Manager. Die rechte Hälfte wurde durch die Absage der Tranche 2 hinfällig. Die Häuser Daiwa, Goldman Sachs und Merrill Lynch weisen aufgrund der statistischen Erfassungsmethode per Definition ein Bezugsergebnis von Null aus. Ihre tatsächliche Leistung ist für den Emittenten nicht unmittelbar ersichtlich; ihm kann nur empfohlen werden, die Bezugsleistung eines Instituts genauer zu hinterfragen – einerseits direkt von jeder einzelnen Bank, andererseits durch eine Aufschlüsselung der Daten der Depotbanken, sofern verfügbar. Für Banken mit Depotbankfunktion besteht die Versuchung, die statistisch erstellte Bezugsleistung zur Gänze ihrer eigenen Leistung zuzuschlagen. Des weiteren: Übt ein Großaktionär seine Bezugsrechte aus, so ist die Platzierung bei ihm reine Abwicklungssache, für die niedrigere Gebühren anfallen sollten. Will der Emittent die tatsächliche Leistung einer Bank ermessen, so sollten solche Platzierungen bei der statistischen Erfassung außen vor bleiben.

III.   Aktiv/Passiv – Bilanzabgleich

Beim Aktiv/Passiv-Abgleich der Finanzposten, der in I.2 (→ Text nach Abb. I.5) bereits kurz angesprochen wurde, ist zwischen zwei Themenkreisen zu unterscheiden:

1. Liquidität – Verschuldung: a) ob ein Industrieunternehmen Liquidität vorhalten und sich gleichzeitig verschulden soll, und b) inwieweit eine Verkürzung der Konzernbilanz technisch überhaupt möglich ist (→ III.1).
2. Bankmäßiges Aktiv-/Passiv-Management (Asset/Liability – A/L-Management), das in einem Industrieunternehmen nur im Finanzdienstleistungsbereich betrieben werden kann (→ III.2).

Bei der Optimierung der Bilanzstruktur tendiert das Controlling im Allgemeinen zu einer möglichst kurzen Bilanz, um die Nettozinsbelastung zu minimieren und die Bilanzkennziffern zu optimieren. Die Nettozinsbelastung kann durch Rückführung der aufgenommenen Fremdmittel unter Einsatz der eigenen Liquidität reduziert werden; betriebswirtschaftlich ist das aber nur sinnvoll, wenn die Zinssätze der Mittelaufnahmen über den Zinssätzen der Mittelanlage liegen, was zumeist, aber durchaus nicht immer der Fall ist (→ II.3.3, Text nach Abb. II.51). Die Bilanzkennziffern erscheinen durch eine Verkürzung der Bilanz in einem besseren Licht und führen zu einer Erhöhung der Eigenkapitalquote, was tendenziell den Aktienkurs stützt. Des Weiteren ist zu beobachten, dass seit einiger Zeit auch die Rating-Agenturen sowie die Banken bei ihren Bonitätsbewertungen Bilanzverkürzungsmaßnahmen mit einfließen lassen. Die Konzern-Treasury hingegen, deren oberste Aufgabe darin besteht, das Unternehmen zu allen Zeiten und in allen denkbaren Situationen liquide zu halten (→ II.1.1), wird eher eine längere Bilanz befürworten, d.h. das Vorhalten ausreichender Liquidität selbst bei höherer – längerfristiger – Verschuldung und einer damit eventuell verbundenen höheren Nettozinsbelastung.

Im Abgleich der Aktiv- und Passivseite der Bilanz liegt ein wesentlicher Unterschied zwischen Banken und der Industrie. Banken sind „Financial Intermediaries", bei denen die Bilanz auf beiden Seiten fast nur Finanzposten ausweist, nämlich Finanzforderungen aller Art auf der Aktivseite und die zu ihrer Finanzierung eingegangenen Verbindlichkeiten auf der Passivseite. Zu ihren wichtigsten Finanzforderungen zählen Kredite, Interbankanlagen, sowie Wertpapieranlagen und zu ihren wichtigsten Verbindlichkeiten Kundeneinlagen, Interbank- und Kapitalmarktaufnahmen. In einem Industrieunternehmen stehen auf der Aktivseite als wichtigste Posten die Sachanlagen, Vorräte, liquide Mittel (Betriebsmittel, Liquiditätsvorsorge) und die Kun-

denforderungen aus Finanzdienstleistungen (Absatzfinanzierung). Auf der Passivseite sind die Fremdmittelaufnahmen die
wesentlichste Größe neben dem Posten „Eigenkapital" und – falls
nicht ausgelagert – den Pensionsrückstellungen. Die Bilanz eines
Industrieunternehmens kann wie folgt zusammengefasst werden, wobei die Prozentangaben für die Größe der wichtigsten
Posten als repräsentativ angesehen werden können, sofern das
Unternehmen Finanzdienstleistungen betreibt; Abb. III.1:

Bilanz eines Industrieunternehmens – Modell

	Aktiv		Passiv	
	17%	Sachanlagen	Eigenkapital	18%
72%	9%	Liquide Mittel	Fremdmittel (Verschul-dung)	47%
	36%	Kundenforderungen		76%
	10%	Vorräte		
			Pensionsrück-stellungen	11%
28%		Sonstige	Sonstige	24%
100%		Summe	Summe	100%

Abb. III.1

Die wichtigsten Posten in Abb. III.1 decken somit ca. drei Viertel
der Bilanz ab. Der Abgleich der finanzbezogenen Bilanzposten im
operativen Bereich eines Industrieunternehmens ist Gegenstand
des Abschnitts III.1. Der Bilanzabgleich im Finanzdienstleistungssektor erfolgt nach den Prinzipien eines bankmäßigen Ak-
tiv/Passiv-Managements und wird in III.2 behandelt.

Wenn die laufenden Ausgaben und Investitionen aus dem Cashflow finanziert werden können (Innenfinanzierung, Finanzierung
aus eigener Stärke), so wird die Fremdmittelaufnahme in einem
Industrieunternehmen – insbesondere im Automobilsektor – in
erster Linie durch den Bedarf für die Absatzfinanzierung bestimmt (→ III.2). Das schließt nicht aus, dass Fremdmittel zur
Betriebs- oder Investitionsfinanzierung aus Risikoerwägungen
oder Gründen der steuerlichen Optimierung an einer Stelle im
Konzern aufgenommen werden und zugleich Liquidität an anderer Stelle vorgehalten wird. Zum Vergleich: Die Investitionsfinanzierung mittels einer Aktienemission ist eine zusätzliche Finanzierungsform für besondere Projekte, Akquisitionen, Unterneh-
mensexpansionen und dgl. (→ II.3.7).

III.1   Der Abgleich Liquidität – Verschuldung

Während im Bankgeschäft und im Finanzdienstleistungssektor die beiden Seiten der Bilanz einander direkt bedingen, steht im operativen Sektor eines Industrieunternehmens das realwirtschaftliche Geschäft dazwischen. Der Liquiditätsstand ist das Resultat der aus dem operativen Geschäft mit der Zeit akkumulierten Liquiditätsüberschüsse (Gewinne, positiver Cashflow). Fremdmittelaufnahmen für den operativen Bedarf dienen der Betriebsmittel- und Investitionsfinanzierung, sind aber nur erforderlich, wenn der Cashflow nicht ausreicht und die vorhandene Liquidität aus Vorsorgeerwägungen nicht eingesetzt werden soll (→ vgl. Abb. I.2 und Abb. I.3). Nur für den Fall, dass langfristige Fremdmittel aufgenommen werden, um eine Liquiditätsvorsorge aufzubauen, besteht im operativen Bereich des Unternehmens ein ursächlicher und direkter Zusammenhang zwischen den Finanzposten der Aktiv- und Passivseite der Bilanz.

Die Optimierung der Bilanzstruktur durch den Abgleich Liquidität/Verschuldung: Auch wenn die Konzern-Treasury wegen ihres Geschäftsauftrages der Liquiditätssicherung und -vorsorge eine längere Bilanz befürworten mag als das Controlling, so bedeutet dies nicht, dass die Konzern-Treasury die eigene Liquidität überhaupt nicht zur Konzernfinanzierung oder zur Rückführung der externen Verschuldung einsetzen sollte. Allerdings wird sie die Position vertreten, dass nur liquide Mittel, die über den „worst case"-Liquiditätsbedarf hinausgehen (→ II.1.1), dafür herangezogen werden sollten, wobei die Höhe der nicht anzutastenden Liquiditätsreserve aus der Planung folgt und bis zu einem gewissen Grad auch im Ermessen der Unternehmensführung liegt. Wenn der Cashflow nicht ausreicht und der Stand der vorgehaltenen Mittel niedriger ist als der „worst case"-Liquiditätsbedarf, dann sollte der Aufnahme von Fremdmitteln der Vorzug gegeben werden. Die Alternative, die „worst case"-Liquiditätsreserve selbst einzusetzen und dafür später, falls erforderlich, neue Mittel am Markt aufzunehmen, ist mit Risiken behaftet, die unten näher beschrieben werden. Wenn hingegen der Cashflow den Bedarf für die Betriebsmittel und die Investitionen übersteigt und der Liquiditätsstand höher ist als die „worst case"-Liquiditätsreserve, dann ist es sinnvoll, überschüssige Liquidität zur Absatzfinanzierung zu verwenden: die Finanzierung von Kundenforderungen guter Bonität bietet gegenüber Bankeinlagen den Vorteil eines höheren Zinsertrages bzw. reduziert die Finanzierungskosten und ermöglicht aufgrund der präzisen Fälligkeitsstrukturen von Kundenforderungen eine ebenso verlässliche Liquiditätsplanung. Die konzerninterne Verwendung liquider Mittel zur Absatzfinanzierung ist in diesem Sinne eine Anlagemöglichkeit, die zu den externen Mittelanlageformen (→ II.2) noch hinzukommt. Außerdem wird damit eine Erhöhung der externen Verschuldung vermieden.

Zusammenfassend, Abb. III.2:

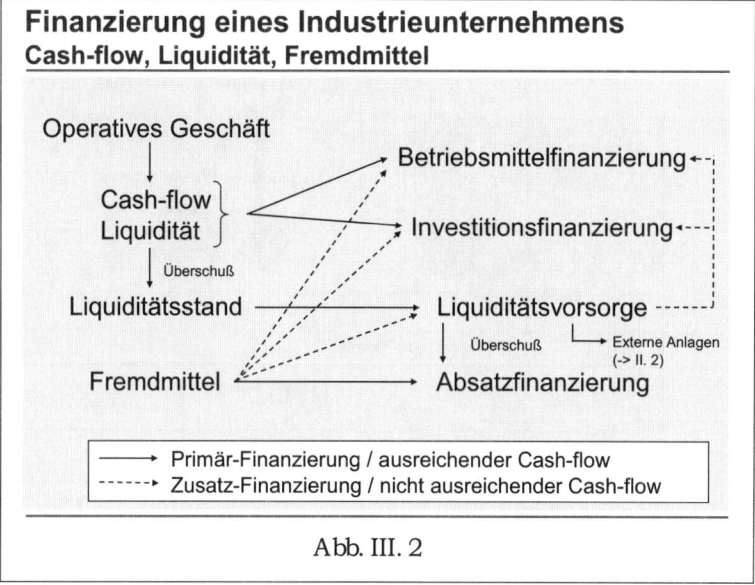

Finanzierung eines Industrieunternehmens
Cash-flow, Liquidität, Fremdmittel

Abb. III. 2

○   Liquiditätsvorsorge durch Fremdmittelaufnahmen

Wenn ein Unternehmen eine defizitäre Phase durchläuft, so wird es zur Aufrechterhaltung des Betriebes einen Teil seiner vorgehaltenen Liquidität einsetzen und/oder Fremdmittel aufnehmen müssen. Letzteres ist sogar schon dann zur Vorsorge zu empfehlen, wenn es noch über ausreichend Liquidität verfügt (→ II.1.1). Dies gilt vor allem für Unternehmen, die vom Konjunkturzyklus abhängen, und läuft – vereinfacht formuliert – auf die Frage hinaus: Was ist günstiger? – Null-Liquidität und Null-Verschuldung (Variante 1), oder z.B. € 1 Mrd. Liquiditätsvorsorge bei gleichzeitiger Verschuldung i.H.v. € 1 Mrd. (Variante 2), wobei die Verschuldung langfristig und die Wiederanlage der aufgenommenen Mittel aus Gründen der dispositiven Verfügbarkeit kurzfristig (revolvierend) erfolgt; Abb. III.3:

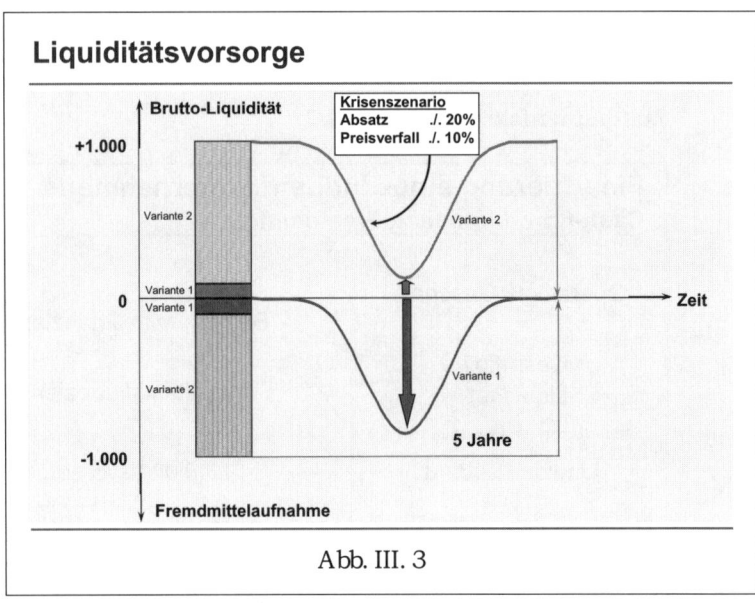

Abb. III. 3

Auf den ersten Blick würde man vielleicht der Variante 1 den
Vorzug geben: die Bilanz ist kürzer, daher die Eigenkapitalquote
höher, und die Kosten der Fremdmittelaufnahme unter Variante
2 könnten in der Höhe gespart werden, in der die Aufnahme-
zinssätze über den Zinssätzen der Wiederanlage liegen. Letzteres
ist i.d.R. schon bei laufzeitgleichen Aufnahmen und Anlagen der
Fall und wird bei einer steigenden Zinskurve noch ausgeprägter
sein, da die Fälligkeit der aufgenommenen Mittel jene der wieder
angelegten, vorgehaltenen Mittel übersteigt. Je nach vorliegender
Zinsstruktur kann hier für die aufgenommenen Mittel ein
Zinsswap[*] „von lang in kurz" zwecks Kostenminimierung sinnvoll sein. An der langfristigen Verfügbarkeit der aufgenommenen
Mittel ändert sich dadurch nichts. Die Differenz zwischen Auf-
nahme- und Wiederanlagezins ist sozusagen die Versicherungsprämie gegen Illiquidität („carry cost", „negative carry"). Ungeachtet der Kosten spricht für die Variante 2 auf jeden Fall die
damit gesicherte Verfügbarkeit liquider Mittel. Folgt man der
Strategie der opportunistischen Fremdmittelaufnahme (→ II.3,
Abb. II.25), so können diese Mittel durchaus schon früher in einer Niedrigzinsphase aufgenommen worden sein und die Kosten
damit minimiert oder im günstigsten Fall sogar in einen Zinsertrag umgemünzt werden („positive carry"), falls die Kurzfristzin-
sen über die früheren Langfristzinsen steigen und kein Zinsswap
abgeschlossen worden war.

---

[*]   s. Anhang 4

Während die Nettoliquidität im obigen Beispiel in beiden Varianten gleich Null ist, ist für die Zahlungsfähigkeit des Unternehmens die Bruttoliquidität die entscheidende Größe, die das Unternehmen im Tagesgeschäft in die Lage versetzt, die laufenden Ausgaben zu bestreiten. Die Nachteile der Variante 2 – Kosten und Bilanzverlängerung – sind demgegenüber nachrangig. Mit anderen Worten: eine rechnerisch niedrigere Eigenkapitalquote plus flüssige Mittel bei gleichzeitiger Verschuldung bedingt ein geringeres Illiquiditätsrisiko als eine höhere Eigenkapitalquote mit geringerer Liquiditätsvorsorge und weniger Verschuldung, vorausgesetzt die aufgenommenen Mittel weisen eine deutlich längere Laufzeit auf als die damit generierte, vorgehaltene Liquidität. Überspitzt formuliert: Was nützt eine hohe Eigenkapitalquote ohne liquide Mittel? Sie würde im Krisenfall womöglich zur Insolvenz führen.

Da der Absatz- und Preiseinbruch im Modell der Abb. III.3 einen unmittelbaren Liquiditätsverzehr zur Folge hat, wird unter Variante 1 das Unternehmen sofort Fremdmittel aufnehmen müssen, um liquide zu bleiben. In der Variante 2 hingegen wird das Unternehmen die vorgehaltene Liquidität einsetzen können, die aus früher, noch zu guten Zeiten (und Konditionen!) aufgenommenen Fremdmitteln dargestellt wurde. Wenn z.B. die aufgenommenen Fremdmittel eine Laufzeit von fünf Jahren haben, so können diese Mittel nun das Unternehmen durch die Krise hindurch liquide halten. Nach Überwindung der Krise generiert das Unternehmen wieder Liquidität aus seinem operativen Geschäft und kann am Ende der Laufzeit die Fremdmittelaufnahme tilgen.

○ Technische Aspekte der Bilanzlänge

Technische Faktoren lassen eine Bilanzverkürzung nicht annähernd in dem Ausmaß zu, wie es die konsolidierte Konzerbilanz auf den ersten Blick suggerieren mag. Ein Grund, weshalb die Bruttoliquidität nicht ohne weiteres gegen die Fremdmittelaufnahme aufgerechnet werden kann, liegt in der Struktur eines multinationalen Unternehmens. Die Konzernbilanz verdeckt die Heterogenität der zugrunde liegenden Daten, so dass der Aktiv/Passiv-Abgleich auf Konzernebene zu kurz greift. Das lässt sich am besten an Hand des folgenden Fallbeispiels demonstrieren, das typisch ist für ein multinationales Industrieunternehmen mit einem eigenen Finanzdienstleistungssektor.

In dem Fallbeispiel der folgenden drei Abbildungen werden die beiden Seiten der Bilanz nach Fälligkeiten und Verwendungszweck aufgegliedert. Die Summe der zugrunde liegenden Beträge liegt im zweistelligen Milliardenbereich. Die Summe der Fremdmittelaufnahmen (→ s.u. Abb. III.5) wird als Bezugsbasis ver-

wendet und gleich 100% gesetzt. Alle Beträge in den folgenden
drei Abbildungen werden als Prozentsatz hiervon angegeben.

Die Bruttoliquidität deckt den dispositiven Bedarf und die Liquiditätsvorsorge ab; Abb. III.4:

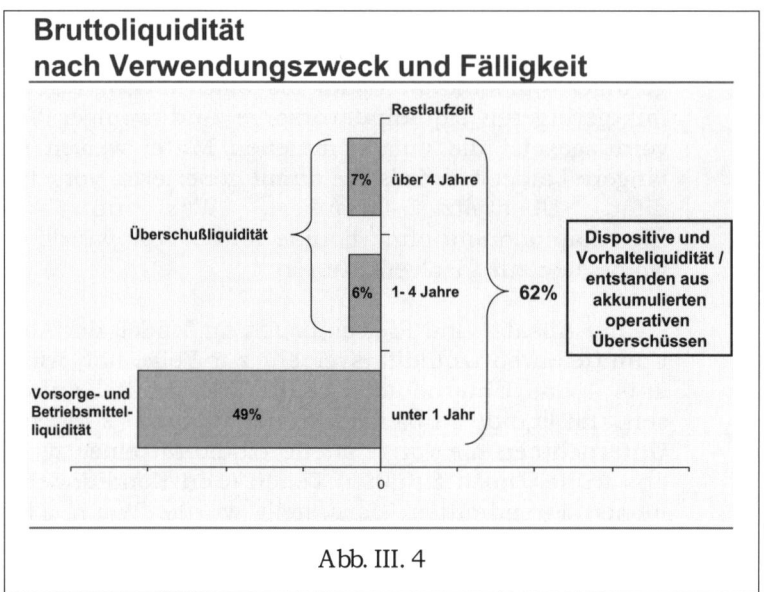

Abb. III. 4

Die Fremdmittelaufnahme dient der Betriebsmittelfinanzierung
(„working capital"), der Absatzfinanzierung und der Finanzierung
von Investitionen (Projektfinanzierung); Abb. III.5:

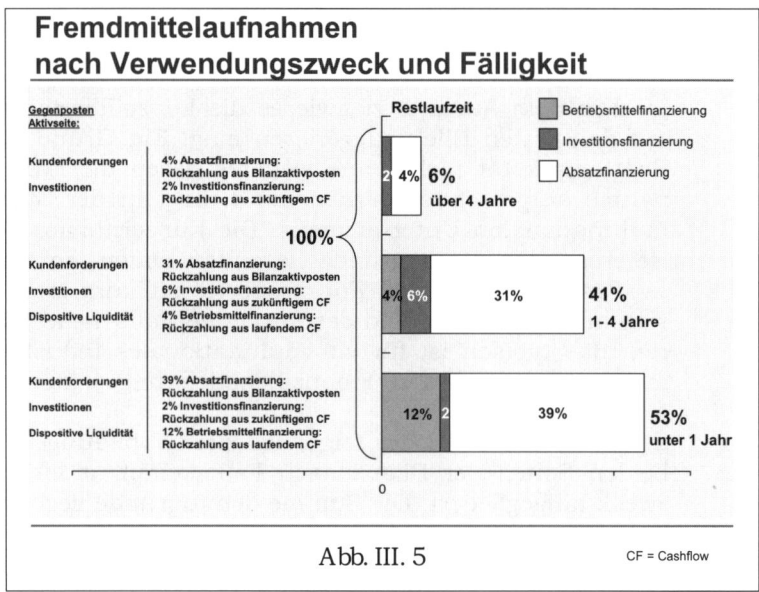

Abb. III. 5   CF = Cashflow

Im Idealfall deckt der Cashflow den Betriebsmittelbedarf und die
Investitionsfinanzierung zur Gänze ab. Die diesbezüglichen
Fremdmittelaufnahmen im Fallbeispiel der Abb. III.5 stehen
hierzu nicht im Widerspruch, teils wegen technischer und ge-
schäftspolitischer Erwägungen und teils, weil der Idealfall in der
Praxis oft nicht realisiert werden kann. Wenn z.B. in einer Rezession der Cashflow nicht ausreicht und notwendige Investitionen nicht aufgeschoben werden können, so wird eine Fremdmittelfinanzierung vorgenommen werden müssen. Selbst bei ausreichendem Cashflow kann einer Fremdfinanzierung der Vorzug
gegeben werden, etwa in Verbindung mit einer steuerlichen Optimierung oder Subventionen. Auf Konzernebene kann auch
noch wegen des Länderrisikos oder wegen Transferrisiken einer
Fremdmittelfinanzierung vor Ort (z.B. Brasilien oder China) der
Vorzug vor einer Eigenfinanzierung gegeben werden (s.u. „Länderrisiken und Transferprobleme").

Stellt man die Finanzposten der Aktiv- und der Passivseite einander gegenüber, so ergibt sich aus Abb. III.4 und Abb. III.5 die
Abb. III.6:

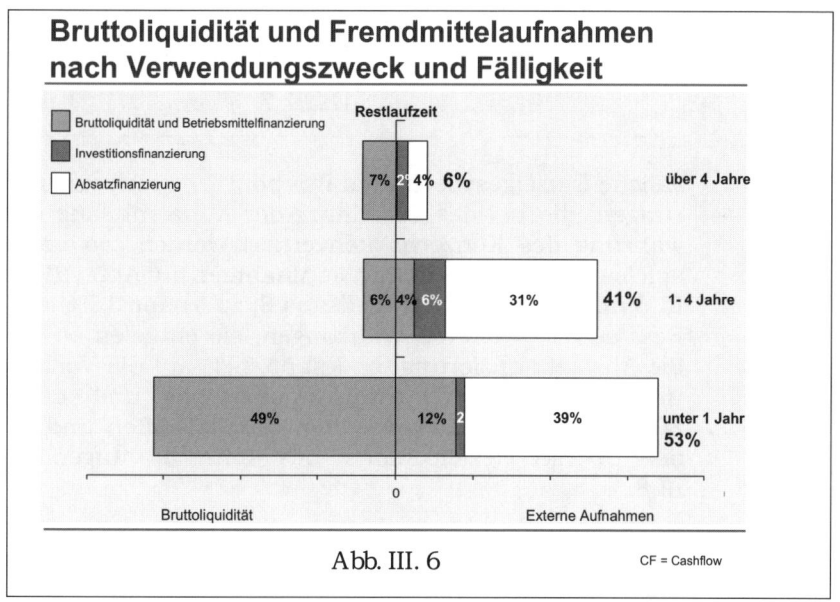

Abb. III. 6

Aus Abb. III.4 bis Abb. III.6 folgt, dass die Finanzposten der beiden Seiten der Bilanz im Sinne von Ursache und Wirkung in
keiner unmittelbaren Beziehung zueinander stehen: die Kundenforderungen und Investitionen scheinen auf der Aktivseite bei
dem Abgleich der Finanzposten in Abb. III.6 gar nicht auf. Die
unterschiedlichen Fälligkeitsprofile der beiden Seiten in Abb.
III.6 sind daher insofern belanglos, als sie keine Zinsänderungsrisiken begründen.

Die Konzernbilanz wird durch Konsolidierung der Einzelgesellschaften erstellt, die in dem vorliegenden Fallbeispiel über die
ganze Welt verteilt sind und unterschiedliche Geschäftsverläufe
ausweisen. Insbesondere befinden sich einige in einer positiven,
andere in einer negativen Nettoliquiditätsposition; Abb. III.7:

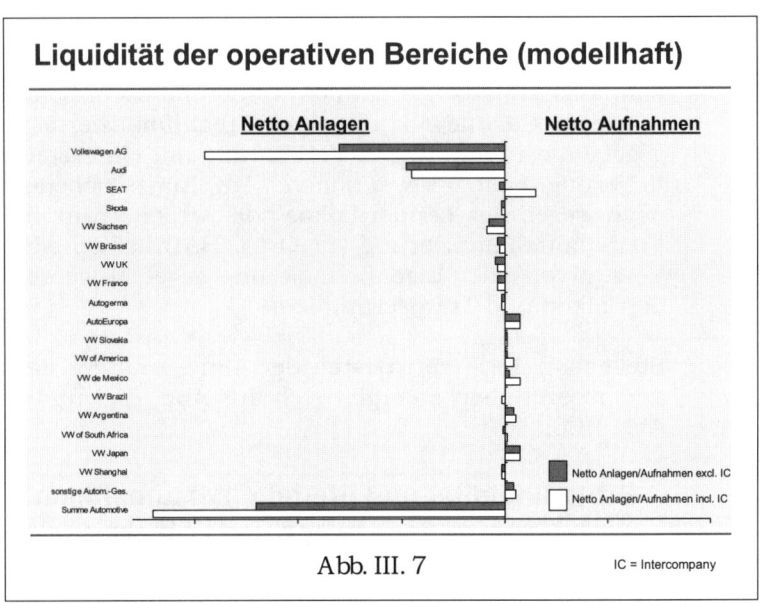

Liquidität der operativen Bereiche (modellhaft)

Abb. III. 7

Etliche Einzelgesellschaften in Abb. III.7 operieren in Fremdwährungen, die bei der Erstellung der Konzernbilanz in die Basiswährung des Konzerns konvertiert werden. So bestanden beispielsweise die Fremdmittelaufnahmen in Abb. III.5 bzw. Abb.
III.6 nur zu etwas über 55% aus €, zu knapp 15% aus $ und der
Rest aus 16 weiteren Währungen; sie entfielen zu fast 60% auf
die Absatzfinanzierung, zu knapp 24% auf die Vorhalteliquidität
und der Rest auf die Projektfinanzierung; und schließlich, fast
80% wurden von europäischen Gesellschaften und ca. 20% von
den Übersee-Gesellschaften des Konzerns aufgenommen; Abb.
III.8:

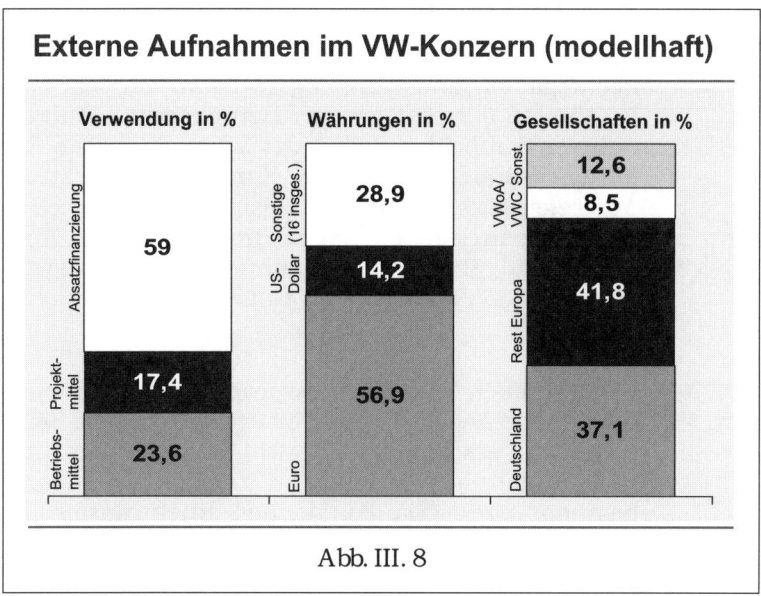

Abb. III. 8

Aus Abb. III.4 bis Abb. III.8 ist ersichtlich, welche Informationen in der konsolidierten Konzernbilanz nicht in Erscheinung treten:

- Unterschiedliche Fälligkeitsstrukturen der Aktiv- und Passivseite scheinen in der Bilanz nicht auf (→ Abb. III.4 bis Abb. III.6), sondern nur die aggregierten Beträge.

Abb. III.4 bis Abb. III.6 zeigen die Fälligkeitsstrukturen nach Restlaufzeiten. Der weitaus überwiegende Teil der Bruttoliquidität ist kurzfristig revolvierend angelegt. Nur die Überschussliquidität ist längerfristig angelegt (Absatzfinanzierung und → II.2 „Anlage flüssiger Mittel"). Die aufgezeigten Laufzeiten für Investitions- und Absatzfinanzierungen sind ebenfalls Restlaufzeiten, d.h. zum Zeitpunkt der Aufnahme fielen diese Fremdmittel fast alle in den lang- und mittelfristigen Bereich. Sind sie in Form von Anleihen im Kapitalmarkt aufgenommen worden, so ist i.d.R. eine vorzeitige Rückzahlung gar nicht möglich, selbst wenn man zwischenzeitlich gewonnene liquide Mittel dafür einsetzen wollte. Auch hier ist die Folge wiederum, dass zum Zeitpunkt der Bilanzerstellung die akkumulierte Liquidität und die früher erfolgte Fremdmittelaufnahme zwangsläufig auf beiden Seiten der Bilanz (→ Abb. III.6) erscheinen und eben nicht genettet werden können.

- In einem multinationalen Unternehmen verbirgt die Konzernbilanz die Zusammensetzung nach Währungen und Tochtergesellschaften (→ Abb. III.7 und Abb. III.8). So kann z.B. eine Tochtergesellschaft eine Liquiditätsposition ausweisen, eine andere verschuldet sein (Abb. III.7). Nach Umrechnung in die Heimatwährung erscheint im konsolidierten Konzernab-

schluss nur eine Liquiditätsposition und eine Verschuldungs-
position; beide entstammen den Ursprungsdaten verschiedener Regionen und Währungen. Darin liegt ein Grund, warum
in Abb. III.6 selbst für die Betriebsmittel Anlagen und Aufnahmen auf beiden Seiten der Bilanz auftreten. Innerhalb der
Industrieländer mit freiem Kapitalverkehr ist natürlich ein
Ausgleich zwischen beiden Positionen prinzipiell möglich und
mit den gängigen Finanzinstrumenten unter Ausschluss der
Zins- und Währungsrisiken ohne weiteres darstellbar. Dies ist
aber nicht der Fall bei einigen Ländern der so genannten Dritten Welt.

- Länderrisiken und Transferprobleme führen ebenfalls dazu,
  dass monetäre Positionen brutto auf beiden Seiten der Konzernbilanz erscheinen. So wäre es zwar kein Problem, finanzielle Mittel nach Brasilien zu transferieren, aber die Devisen-
  bestimmungen erlauben keinen Rücktransfer innerhalb bestimmter Fristen und ohne behördliche Genehmigung, wobei
  allerdings in letzter Zeit die Bestimmungen besonders für
  kommerzielle Transaktionen, z.B. im Außenhandel, deutlich
  gelockert worden sind. Auch China hat Devisenbestimmun-
  gen, die einen freien Kapitalverkehr (noch) nicht zulassen. In
  solchen Fällen ist es aus Gründen des Länder- und Transfer-
  risikos zu empfehlen, die eigene Liquidität vorzuhalten und
  stattdessen in den betreffenden Ländern Fremdmittel aufzunehmen, obwohl an sich genügend Liquidität im Konzern vorhanden wäre.

- Steuerliche Optimierungen können eine Mittelaufnahme vor
  Ort trotz vorhandener Liquidität im Konzern begünstigen. Die
  einzelnen Konzerngesellschaften sind rein rechtlich gesehen
  eigenständige Gesellschaften, d.h. sie müssen „at arm's
  length" geführt werden. Wenn nun ein Land Quellensteuer auf
  ins Ausland zu zahlende Zinsen erhebt und diese im Land des
  Konzernsitzes steuerlich nicht anrechenbar sind, so kann es
  nach Steuern günstiger sein, wenn die Tochtergesellschaft in
  ihrem Land die Fremdmittel aufnimmt und damit die Quellensteuer vermeidet, und die Zentrale ihre Liquidität im eigenen Land anlegt. Des weiteren gibt es besondere Fälle, in denen die Bestimmungen eines Landes die direkte Finanzierung
  einer Tochter durch die Zentrale nicht zulassen („intra mu-
  ros"-Regelung). Beide Fälle führen dazu, dass im Konzern an
  einer Stelle Mittel vorgehalten und an anderer zugleich aufgenommen werden und so in der Konzernbilanz auf beiden Seiten aufscheinen.

III.2   Aktiv/Passiv (Asset/Liability – A/L –) Management

Wenn zur Betriebsmittelfinanzierung oder zur Finanzierung von Projekten (Investitionen in Sachanlagen, Produktentwicklungen etc.) Fremdmittel aufgenommen werden, so erfolgt ihre Rückzahlung später aus dem zu erwirtschaftenden Cashflow, daher der Begriff „Cashflow-based-funding". Das bedeutet, dass der genau festgelegten Fälligkeitsstruktur der Fremdmittel keine eindeutig definierten Fristigkeiten auf der Aktivseite gegenüberstehen, weil der Cashflow aus dem operativen Geschäft zeitlich nicht im Vorhinein genau festgelegt werden kann. Bei Aufnahme von Betriebs- und Projektfinanzierungsmitteln ist daher nur eine rudimentäre Zuordnung möglich – kurzfristige Mittel für das laufende Geschäft, langfristige für die Investitionen, Abb. III.9:

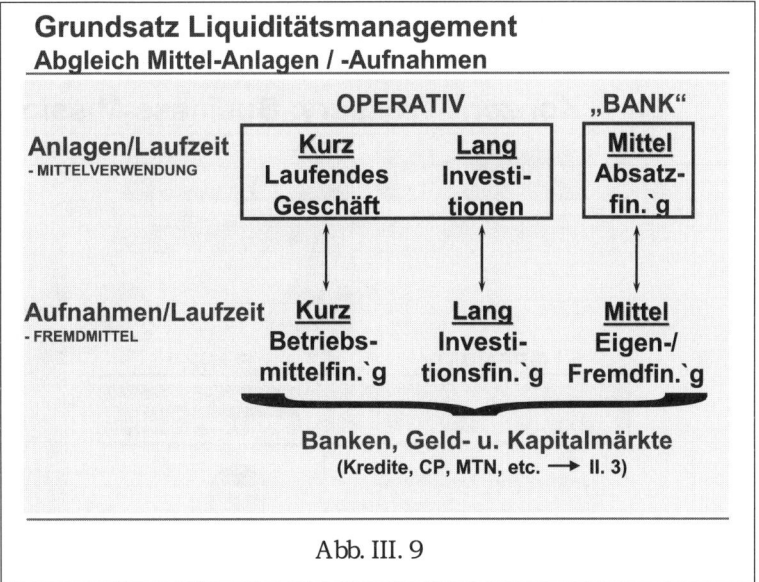

Abb. III. 9

Anders liegt der Fall bei der Absatzfinanzierung. Hier liegt wie bei Banken auf der Aktivseite ebenfalls eine genau definierte Fälligkeitsstruktur vor. Das Unternehmen, genauer gesagt sein Finanzdienstleistungssektor, nimmt Kundenforderungen in seine Bücher und geht damit Kreditrisiken ein wie eine Bank. Solche Kundenforderungen können aus der Kreditvergabe an Kunden zur Finanzierung ihrer Ratenkäufe, aus Leasingverträgen oder aus Krediten an Händler für ihre Lagerfinanzierung entstehen. Dabei ist es unerheblich, ob für diese Kreditausreichung das Unternehmen seine eigene Liquidität einsetzt (z.B. über einen Intercompany-Kredit an die „Finanzdienstleistungen") oder sich durch Fremdmittelaufnahmen im Kapitalmarkt refinanziert. Der Gewinn fließt aus der Zinsspanne zwischen Mittelausreichung (→ Forderungen) und Mittelaufnahme (→ Verbindlichkeiten), und mit der Rückzahlung der ausgereichten Mittel werden die Fremdmittelaufnahmen getilgt, d.h. „Finanzdienstleistungen" bedient seine Verschuldung aus den Kundenforderungen, daher der Begriff „asset-based funding". Diesbezügliche Fremdmittelaufnahmen können somit als „self-liquidating debt" betrachtet werden. Das heißt, solange es auf der Aktivseite keine Kreditausfälle gibt, liquidieren sich die Bilanzposten mit der Zeit von selbst und das Unternehmen agiert nur als so genannter „Financial Intermediary". Wenn sich die Mittelausreichung auf erstklassige Kreditnehmer beschränkt, sind die Risiken geringer als bei den Investitionsfinanzierungen im operativen Bereich, weil der zukünftige Cashflow, aus dem die Fremdmittel später zurückgezahlt werden sollen, risikobehafteter ist, sowohl was den Erfolg der Investitionen an sich betrifft (Produkt- und Marktrisiko), als auch den zeitlichen Ablauf (termingerechter Projektabschluss). Abb. III.10 wiederholt an dieser Stelle die Abb. I.5, um sie mit voriger Abb. III.9 in Bezug zu setzen:

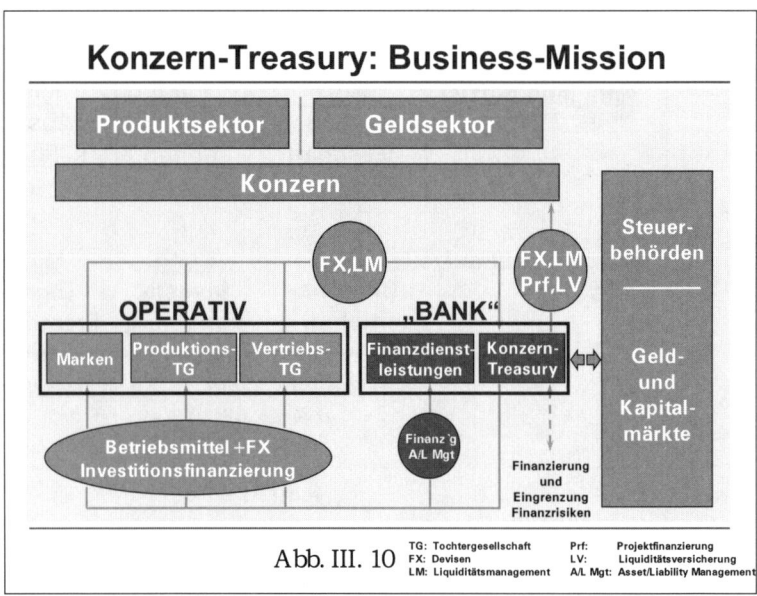

Abb. III. 10

Zusammenfassend, Abb. III.10: Die Fremdmittelaufnahmen für den Sektor OPERATIV werden aus dem zukünftigen Cashflow bedient, und die für den Sektor „BANK" aus den Kundenforderungen der „Finanzdienstleistungen".

○   Zielsetzung

Die genau definierten Fälligkeitsstrukturen auf beiden Seiten der Bilanz im Sektor „BANK" eröffnen die Möglichkeit eines bankmäßigen Aktiv/Passiv-Managements. Sein Zweck besteht darin, durch Ausnutzung der Zinsstruktur und/oder des Zinstrends die Zinsspanne zwischen der Aktiv- und der Passivseite zu erhö-

hen, indem bei der Finanzierung Laufzeitinkongruenzen eingegangen werden. Die Margenverbesserung wird also mit dem Risiko einer Fristeninkongruenz erkauft, d.h. die Laufzeit der aufgenommenen Fremdmittel ist nicht deckungsgleich mit den zu
finanzierenden Kundenforderungen („Fristentransformation",
„maturity mismatch"). Die damit verbundenen Risiken sind jedoch vergleichsweise gering, weil Zinsen sich zumeist graduell
und trendmäßig entwickeln und sich nicht so sprunghaft und
unvorhersehbar verändern wie Devisen- oder Aktienkurse.

Hinweis
Der Begriff Laufzeitkongruenz/-inkongruenz bezieht sich im Ak-
tiv/Passiv Management auf die Zinsbindungsfristen und nicht
auf die Mittelverfügbarkeit bei der Finanzierung. Wenn z.B. eine
5-jährige Kundenforderung mit festem Zinssatz durch 5-jährige
Fremdmittel mit 3-Monate variabler Verzinsung finanziert wird,
dann ist diese Finanzierung zwar laufzeitkongruent hinsichtlich
der Mittelverfügbarkeit, aber inkongruent bezüglich ihrer
Zinsbindungsfristen, hier 3 Monate vs. 5 Jahre bzw. Restlaufzeit
(„matched funding" vs. „interest rate mismatch").

O   Das Konzept

Das Aktiv/Passiv Management – Asset/Liability Management
(ALM) – lässt sich am besten anhand eines vereinfachten Modells
erklären. Als Ausgangslage wird angenommen, es gilt einen
Block Kundenforderungen i.H.v. € 400 Mio. mit einer einheitli-
chen Fälligkeit von fünf Jahren zu finanzieren; Grundlage sind
Kreditgewährungen zu einem Festzinssatz von 6,5% p.a. Der
Kreditgeber – hier die „Finanzdienstleistungen" in Abb. III.10 –
kann dann unter den folgenden Finanzierungsstrategien wählen:

• Finanzierungsstrategie A
  Die Finanzierung erfolgt zum Entstehungszeitpunkt der
  Kundenforderungen laufzeitkongruent auf 5 Jahre zum Fest-
  satz von 5% p.a. Damit wird die risikofreie Vereinnahmung
  der Zinsspanne i.H.v. 1,5% p.a. sichergestellt, was per Annahme der erforderlichen Mindestmarge entspricht. (Andere
  Risiken wie das Bonitätsrisiko des Kreditnehmers, Risiko der
  Mittelverfügbarkeit am Kapitalmarkt etc. bleiben hier außen
  vor.)

• Finanzierungsstrategie B
  Es wird angenommen, es liegt eine steigende Zinskurve vor
  („positively sloping yield curve" – kurzfristige Zinsen niedriger
  als längerfristige) und der Kreditgeber erwartet keine Zinsän-
  derung, weder in der Höhe der Zinssätze noch in der Gestalt
  der Zinskurve während der Laufzeit der Kundenforderungen;
  weiters wird angenommen, die Finanzierung erfolgt revolvierend alle drei Monate und der 3-Monate-Zinssatz liegt kon-

stant bei 2,5%. Halten diese Annahmen über die Laufzeit, so
wird sich gegenüber der Finanzierungsstrategie A die Zinser-
tragsspanne von 1,5% auf 4% p.a. verbessern.

Vergleich Finanzierungsstrategien A und B

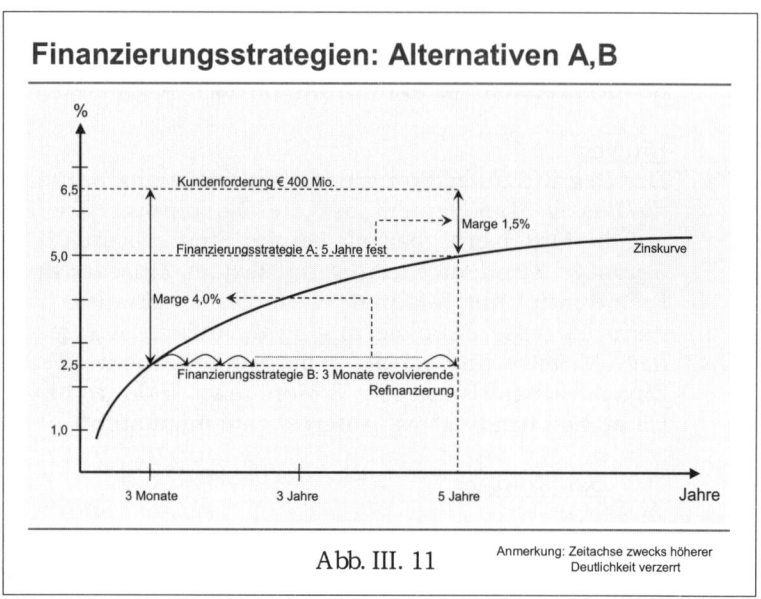

Abb. III. 11   Anmerkung: Zeitachse zwecks höherer
                Deutlichkeit verzerrt

Abb. III.11: Finanzierungsstrategie A trägt kein Zinsänderungsrisiko in sich. Die Finanzierung wurde laufzeitkongruent dargestellt und die Marge von 1,5% p.a. „eingelockt". Finanzierungsstrategie B verbessert die Marge auf 4% p.a., allerdings um den
„Preis" eines erheblichen Zinsänderungsrisikos, denn in der Realität wird sich sowohl das Zinsniveau als auch die Gestalt der
Zinskurve über die Laufzeit ändern, während der 6,5% Zinssatz
vor Kunde konstant bleibt. Sollten die Zinsen sinken, würde sich
die Marge natürlich noch weiter verbessern und die Strategie
beibehalten werden; sollten sie aber steigen, kann es erforderlich
werden, die Finanzierung laufzeitkongruent für die Restlaufzeit
darzustellen („dicht machen", „zumachen") – die Frage ist, zu
welchen Zinssätzen dies dann noch möglich sein wird. Das kann
kritisch werden, wenn die Zinsen steigen und der 3-Monate-Satz
die 5%-Marke erreicht und beginnt, die 1,5%-Mindestmarge zu
schmälern. Wenn sich dabei die Zinskurve nicht einmal ab-
flacht, so könnte eine Finanzierung über die Restlaufzeit zu einer negativen Marge führen und einen Verlust generieren. Das
„worst-case"-Szenario wäre freilich, dass der 3-Monate-Zinsatz
sogar über die 6,5% Marke steigt. Eine „mismatch"-Strategie
sollte daher nie ohne Stop-loss gefahren werden, d.h. in diesem
Fall, nicht ohne im Vorhinein einen kritischen Wert festzulegen,
ab dem für die Restlaufzeit auf jeden Fall laufzeitkongruent refinanziert werden muss. Abzuwägen ist hierbei, wie viel Mehrer-

trag man zu Beginn erzielen kann gegenüber einer möglichen Zinsertragsminderung über die Restlaufzeit. Der relevante Vergleichsmaßstab ist die laufzeitkongruente Finanzierung unter Strategie A, da die risikobehaftete Strategie B schließlich einen Mehrertrag gegenüber Strategie A erzielen soll.

<u>Anmerkung</u> zur Verfügbarkeit der Finanzierungsmittel: Die Strategie B impliziert, dass die revolvierende 3-Monate-Finanzierung über die ganze Laufzeit jedes Mal problemlos dargestellt werden kann. Dieses Risiko der Mittelverfügbarkeit könnte man eliminieren, indem man Fremdmittel auf 5 Jahre mit variablem Zinssatz aufnimmt oder zu einem Festzinssatz, den man mittels eines Zinsswaps[*] in 3-Monate variabel swapt. In beiden Fällen könnte man bei steigenden Zinsen die Finanzierung dann immer noch auf einen laufzeitkongruenten Festsatz für die Restlaufzeit umstellen, würde jedoch damit dem Zinsänderungsrisiko nicht entgehen; im ersten Fall wäre ein Ausstieg aus dem Mittelaufnahme-Vertrag erforderlich, was mit einer Pönale verbunden wäre, und im zweiten wäre der Zinsswapvertrag nach wie vor zu erfüllen, bzw. aufzulösen oder durch einen Gegenzinsswap zu neutralisieren, was ebenfalls mit Kosten verbunden wäre. Pönale bzw. Kosten würden durch die dann vorliegende Zinskonstellation bestimmt.

- Finanzierungsstrategie C

  Es werden fallende Zinsen erwartet, insbesondere am langen Ende der Zinskurve. Bezogen auf das obige Beispiel bedeutet dies, dass zum Entstehungszeitpunkt der 5-jährigen Kundenforderungen i.H.v. € 400 Mio. erwartet wird, dass die Zinssätze im 4- bis 5-jährigen Fälligkeitsbereich in nächster Zeit fallen werden; Abb. III.12:

---

[*]   s. Anhang 4

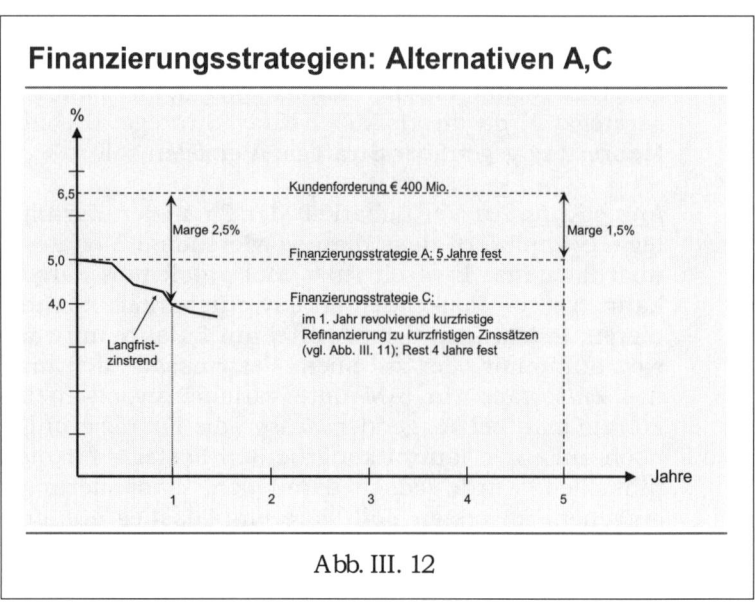

Abb. III. 12

In diesem Szenario wird man zunächst eine kurzfristige Finanzierung vornehmen, z.B. für 1 Jahr oder revolvierend 4 x 3 Monate. Wenn sich die Zinserwartung erfüllt hat und die Kapitalmarktsätze nach 1 Jahr für die verbleibenden 4 Jahre auf 4% gefallen sind und damit das Zinstief erreicht scheint, so wird man dann für die Restlaufzeit fristenkongruent refinanzieren und damit die Zinsmarge für die verbleibenden 4 Jahre um 1 Prozentpunkt auf 2,5% verbessert haben. Der Zinsertrag steigt damit von 1,5% Marge p.a. unter der Strategie A auf 2,5% für die letzten 4 Jahre, plus dem Mehrertrag, der aus der (revolvierenden) Finanzierung mit den niedrigeren Kurzfrist-Sätzen und bei sinkendem Zinstrend im 1. Jahr erwirtschaftet worden ist. Vergleichsmaßstab ist wieder der Ertrag aus der risikofreien Strategie A.

In der Praxis werden die drei Finanzierungsstrategien A, B und C nicht alternativ eingeschlagen, sondern miteinander kombiniert, d.h. es wird eine Mischung von laufzeitkongruenter und -inkongruenter Finanzierung vorgenommen. Auch die Zinsszenarien in Abb. III.11 und Abb. III.12 treten im Markt nicht alternativ sondern simultan auf, d.h. sowohl das Zinsniveau als auch der Zinstrend und die Gestalt der Zinskurve ändern sich im Lauf der Zeit (→ Abb. II.3 und Abb. II.6). Die Finanzierungsstrategie, bzw. deren Mix sowie die Höhe der eingegangenen Inkongruenzen hängen von der prognostizierten Zinsentwicklung ab, sowohl hinsichtlich der Beträge als auch der Unterschiede in den Zinsbindungsfristen, und selbstverständlich vom „Risikoappetit" des Entscheidungsträgers.

Aktiv/Passiv-Vorlauf

Die Höhe und der Entstehungszeitpunkt der Kundenforderungen werden von der Nachfrage und den Finanzierungsbedürfnissen der Kunden bestimmt. Mit anderen Worten: in den Büchern der „Finanzdienstleistungen" wird die Aktivseite extern durch den Kunden vorgegeben, die Bilanz ist „asset-led" oder „asset-driven". Da die Aktivseite fremdbestimmt ist, kann das Aktiv/Passiv-Management nur über die Finanzierung gestaltet werden. Die Aktivseite könnte allenfalls indirekt durch die Konditionen beeinflusst werden, d.h. die Kundennachfrage durch besonders günstige Konditionen angeregt oder durch Abwehrkonditionen gedämpft werden. Auf der Passivseite hingegen liegt die Fristengestaltung direkt und ausschließlich in den Händen der „Finanzdienstleistungen". Das bedeutet aber nicht, dass die Finanzierung auf die Kundennachfrage nur reagieren kann. Wenn ein Anstieg der Zinsen erwartet wird, so kann man schon im Vorgriff auf zukünftige Kundenforderungen Fremdmittel aufnehmen, diese vorhalten und damit später nach erfolgtem Zinsanstieg eine höhere Marge gegenüber den neuen Kundenforderungen erzielen. In diesem Fall spricht man von einem „Passivvorlauf". Im umgekehrten Fall, d.h. bei fallenden Zinsen wie im Szenario der Abb. III.12, liegt ein „Aktivvorlauf" vor, der eigentlich besser mit dem unüblichen Begriff „Passivnachlauf" beschrieben wäre, da man hier die Finanzierung verzögert und die Fristenkongruenz, wenn überhaupt, erst später herstellt; Abb. III.13:

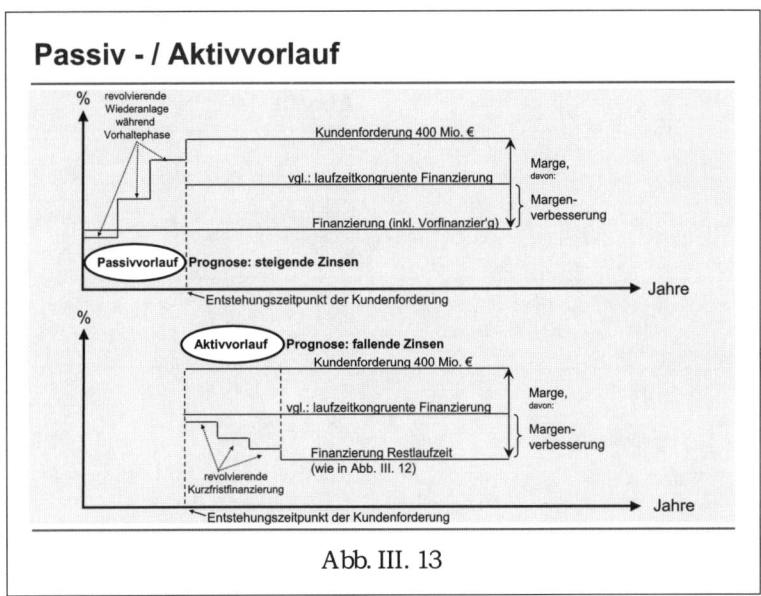

Abb. III. 13

○   Die praktische Anwendung

Da die Absatzfinanzierung laufend betrieben wird, werden nicht
wie im obigen Modellfall plötzlich Kundenforderungen i.H.v.
€ 400 Mio. mit nur einer einzigen Laufzeit in die Bücher kommen. Vielmehr werden sich die Positionen auf der Aktiv- und
Passivseite fortlaufend ändern, sowohl hinsichtlich ihrer Entste-
hungszeiten als auch ihrer Fälligkeiten, und sie werden je nach
Kundenwunsch auch unterschiedliche Laufzeiten aufweisen. Eine realistischere Version der Modelle (Abb. III.11, Abb. III.12 und
Abb. III.13) läge daher – wenn auch noch immer vereinfacht – in
Form einer Ablaufbilanz vor (Bestandskonzept); Abb. III.14:

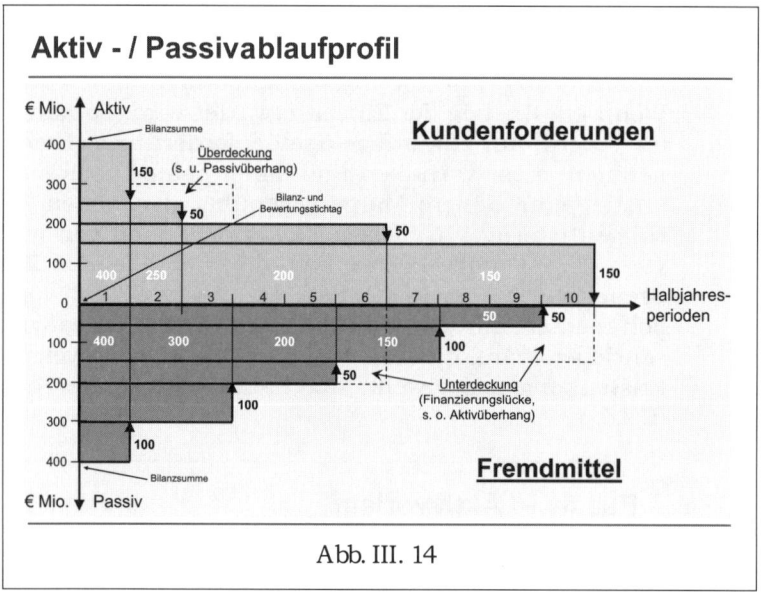

Abb. III. 14

In Tabellenform, Abb. III.15:

Aktiv-/Passivablaufprofil

Periode	Aktivüberhang Finanzierungsbedarf		Passivüberhang Wiederanlagebedarf	
	Stand	€ Mio.	Stand	€ Mio.
1	400	-	400	-
2	250	-	300	50
3	200	-	300	100
4	200	-	200	-
5	200	-	200	-
6	200	50	150	-
7	150	-	150	-
8	150	100	50	-
9	150	100	50	-
10	150	150	0	-

Abb. III.15

Abb. III.14 und Abb. III.15 zeigen, dass in diesem Modellfall die Ablaufbilanz für einige Perioden Aktiv- oder Passivüberhänge aufweist, d.h. Finanzierungsbedarf in Perioden 6, 8 – 10, und Wiederanlagebedarf in Perioden 2, 3. Der Vollständigkeit halber: die Laufzeiten der Kundenforderungen und Mittelaufnahmen wurden hier per Annahme mit ihren jeweiligen Zinsbindungsfristen gleichgesetzt.

Fächert man die Bilanz nicht nach ihrem Ablauf, sondern ihren Fälligkeiten auf (Stromkonzept), so ergibt sich aus Abb. III.14 die Fristenstruktur; Abb. III.16:

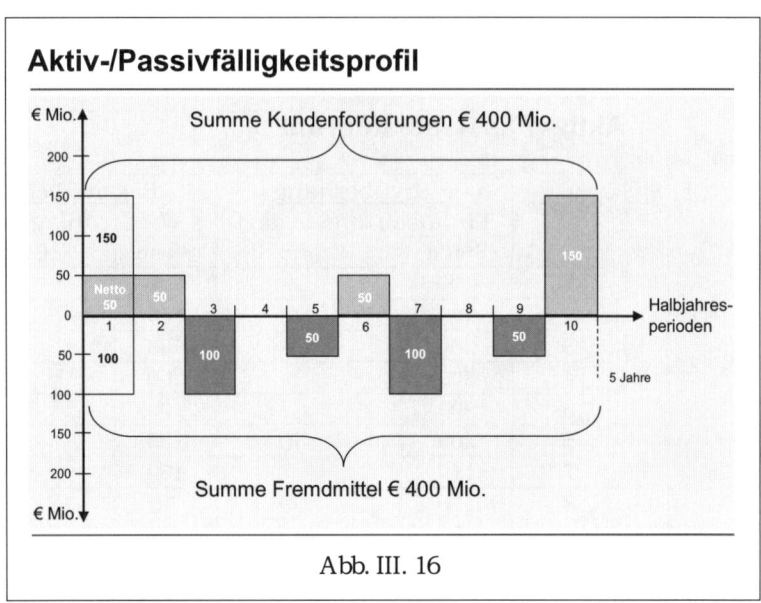

Abb. III. 16

In Tabellenform, Abb. III.17:

Aktiv-/Passivfälligkeitsprofil

Zinsbindungs- fristen	Fälligkeitsbeträge		Inkongruenz- beträge
Periode	Aktiv	Passiv	Saldo
1	150	100	+ 50
2	50	0	+ 50
3	0	100	- 100
4	0	0	0
5	0	50	- 50
6	50	0	+ 50
7	0	100	- 100
8	0	0	0
9	0	50	- 50
10	150	0	+ 150
Bilanzsumme	400	400	

Inkongruenz-Beträge: Summe Aktiva   300
                           Summe Passiva   - 300
                           Summe absolut   600

Abb. III.17

Aus Abb. III.16 und Abb. III.17 ist ersichtlich, dass bei vollständiger Fristenkongruenz die Saldo-Beträge stets gleich Null wären. Beispiel Laufzeitabschnitt Perioden 7 – 10: Wäre der Passiv-

Posten in Periode 7 erst drei Perioden später und der Passiv-
Posten in Periode 9 eine Periode später fällig, so würde der Aktiv-
Saldo in Periode 10 gleich Null, d.h. die Kundenforderungen mit
Fälligkeit in Periode 10 wären laufzeitkongruent finanziert. Mit
anderen Worten: würde jede Kundenfinanzierung sofort für die
gesamte Laufzeit voll durchfinanziert, so würden keine Inkongruenzen auftreten und jedes Zinsänderungsrisiko wäre ausgeschaltet. Die Marge zwischen Kreditausreichung und Finanzierung wäre damit festgeschrieben, Aktiv- und Passivseite über die
gesamte Laufzeit 100% deckungsgleich (→ Abb. III.11, Finanzierungsstrategie A). Aktiv- und Passiv-Ablaufprofil in Abb. III.14
wären identisch, spiegelbildlich zueinander um die Zeitachse,
und die Positionen im Fälligkeitsprofil in Abb. III.16 alle auf Null
saldiert.

Da die Aktivseite durch die Kundennachfrage extern vorgegeben
ist und das Asset/Liability-Management daher über die Passivseite erfolgt, wird bei der Bilanz- bzw. Inkongruenzsteuerung von
den noch zu finanzierenden Aktivüberhängen ausgegangen. Die
Summe der Inkongruenzbeträge ist aber nur eine Indikation für
die Höhe der vorliegenden Risiken, mehr nicht, da die Summe
der Beträge die Laufzeitdifferenzen („maturity gaps") nicht berücksichtigt. Für die Quantifizierung des Inkongruenzrisikos ist
eine vollständige Bewertung der Bilanz erforderlich. Dabei bildet
die in Abb. III.16 und Abb. III.17 nach Zinsbindungsfristen auf-
gefächerte Bilanz die Basis für die Bewertung der Inkongruenzen
sowie der Ergebnisauswirkungen diverser Zins- und Finanzie-
rungsszenarien. Bevor die Bewertung und die Szenarien-
Simulationen aufgenommen werden können, sind die Zinssätze
auf beiden Seiten der Bilanz auf eine vergleichbare Basis zu stellen. Auf der Passivseite stehen jene Zinssätze, zu denen sich das
Unternehmen im Markt refinanziert hat, was den gängigen Kapi-
talmarktsätzen plus dem unternehmensspezifischen Risikoaufschlag entspricht („Spread", → II.3.2.2). Die Zinssätze auf der
Aktivseite sind hingegen wie folgt zu bereinigen: in den Büchern
stehen jene Sätze, zu denen die Mittel an Kunden ausgeliehen
worden sind, d.h. inkl. der Kundenmarge (Gewinnmarge), der
Risikovorsorgemarge, der Verwaltungsaufwandsmarge u.ä. Diese
Zinsaufschläge sind aus den Brutto-Ausleihesätzen herauszulö-
sen, um auf der Aktivseite jene Zinssätze zu erhalten („Nettozinssätze"), die mit denen auf der Passivseite vergleichbar sind.

In der Praxis werden kaum so extreme Inkongruenzpositionen
auftreten oder bewusst eingegangen, wie sie zur Verdeutlichung
in Abb. III.16 und Abb. III.17 angenommen wurden. Vielmehr
wird bei einer konservativen Vorgehensweise der überwiegende
Teil der Aktiv-Posten laufzeitkongruent finanziert, und Fristentransformationen werden nur in bescheidenerem Umfang vorgenommen. Bis zu einem gewissen Grad lassen sich Inkongruenzen im operativen Geschäftsverlauf auch gar nicht vermeiden –

zumindest nicht im Massengeschäft der Konsumgütermärkte – weil Kundenforderungen (Finanzierungsbedarf der Kunden) laufend in die Bücher genommen werden, die Finanzierung aber eher in Blöcken erfolgt. Ein realistisches, der Praxis entnommenes Fallbeispiel eines Fälligkeitsprofils wird in der Abb. III.18 wiedergegeben:

| Restlauf-zeit (Fälligkeit) | Aktiv | | Passiv | | Betrag Inkon-gruenz***) | Stichtag Marktzin %****) |
	Fälligkeits-betrag € Mio.	histor. Netto-Zins % *)	Fälligkeits-betrag € Mio.	hist. Zins % **)		
täglich	71,48	6,51	86,84	2,41	(./.)	2,21
4. Q. 2003	88,36	6,40	118,46	2,50	-30,10	2,28
1. Q. 2004	39,42	6,38	55,63	2,60	-16,21	2,26
2. Q. 2004	36,08	6,26	40,63	2,66	-4,55	2,26
3. Q. 2004	10,47	6,20	12,63	2,96	-2,16	2,28
4. Q. 2004	38,41	6,18	27,13	3,16	11,28	2,42
1. Q. 2005	7,30	6,18	4,63	2,56	2,67	2,50
2. Q. 2005	34,37	6,17	17,63	3,39	16,74	2,59
3. Q. 2005	4,86	6,18	0,63	2,67	4,23	2,67
4. Q. 2005	29,92	6,16	15,63	3,11	14,29	2,81
1. Q. 2006	2,51	6,14	0,63	2,90	1,88	2,90
2. Q. 2006	19,10	6,11	7,13	3,38	11,97	2,99
3. Q. 2006	0,86	6,15	0,63	3,08	0,23	3,08
4. Q. 2006	4,81	6,17	0,63	3,16	4,18	3,16
1. Q. 2007	0,32	6,15	0,63	3,25	-0,31	3,25
2. Q. 2007	2,36	6,05	0,63	3,33	1,73	3,33
3. Q. 2007	0,02	6,03	0,63	3,41	-0,61	3,41
4. Q. 2007	0,10	6,14	0,00	0,00	0,10	3,53
	390,75		390,75	Summe		
			Inkongruenzen:		123,24	
			in % der			
			Bilanzsumme:		31,54 %	

Abb. III.18

*) Die historischen Nettozinssätze auf der Aktiv-Seite sind die adjustierten, kapitalmarktäquivalenten durchschnittlichen Zinssätze der nach und nach in die Bücher genommenen Kundenforderungen.

**) Die historischen Zinssätze auf der Passivseite sind die durchschnittlichen Zinssätze der nach und nach erfolgten Mittelaufnahmen zur Finanzierung der Kundenforderungen.

***) Inkongruenzen sind die offenen Positionen innerhalb jeder einzelnen Periode, mit + = Aktivüberhang, und – = Passivüberhang (Unter-/Überdeckung)

****) Stichtag Marktzins ist der für jede Periode zum Bewertungsstichtag vorliegende Kapitalmarktzins, d.h. der Zins,

zu dem Fremdmittel aufgenommen werden können; genauer: die Zinssätze, zu denen sich der Kreditgeber refinanzieren kann, nämlich Kapitalmarktsatz plus unternehmens-
spezifischer Spread (→ II.3.2.2, Abb. II.32 und → II.3.2.3
CP's und MTN's, Abb. II.40).

Als nächster Schritt werden die Fälligkeitsbeträge beider Seiten
der Bilanz auf ihren jeweiligen Barwert („Net present value",
NPV) abgezinst, wobei auf der Aktivseite die margenbereinigten,
kapitalmarktäquivalenten Zinssätze und auf der Passivseite die
Finanzierungssätze zur Anwendung kommen. Die Differenz der
Aktiv-/Passiv-Barwerte entspricht dem Ergebnisbeitrag aus der
Inkongruenzposition/Fristentransformation. Bei vollständiger
Fristenkongruenz wäre dieser Ergebnisbeitrag gleich Null. Das
unternehmerische Ergebnis insgesamt wäre dann allein auf die
Zinsspanne Kundenforderung/Finanzierung zurückzuführen.
Zusammenfassend, Abb. III.19:

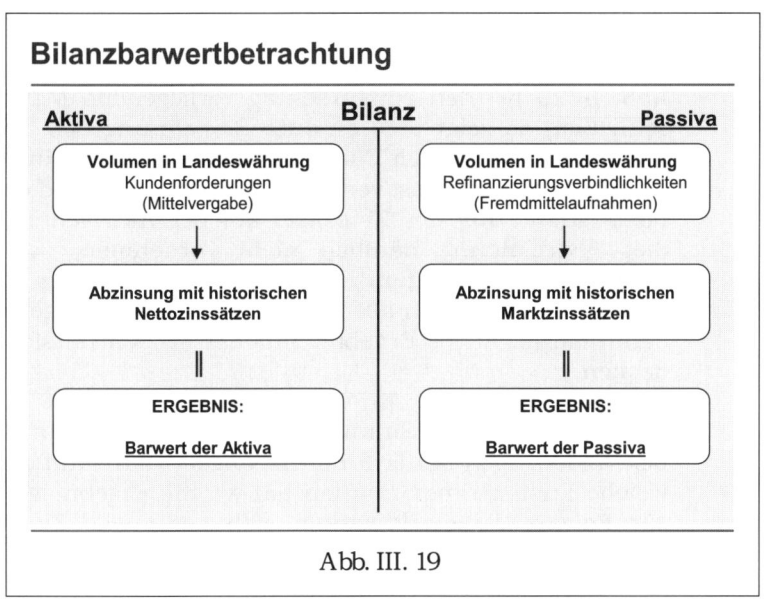

Abb. III. 19

Ergebnisse, Abb. III.20:

Saldo Barwerte	Inkongruenzen	Bedeutung
1) Null	keine	100% laufzeitkongruente Finanzierung bei Entstehung der Kundenforderungen
2) negativ	vorhanden*)	Passiv-Zinssätze höher als die margenbereinigten Aktiv-Zinssätze
3) positiv	vorhanden*)	Passiv-Zinssätze niedriger als die margenbereinigten Aktiv-Zinssätze
*) Break-even: erforderliche Änderung des Zinsniveaus um Barwert-Saldo = 0 zu erreichen.		
Abb. III.20		

Würde man die Inkongruenzen im zweiten und dritten Fall in Abb. III.20 bei den zum Stichtag vorliegenden Marktzinssätzen schließen, so zeigt eine erneute Berechnung des Barwertsaldo, wie das Ergebnis nach Eliminierung der Fristentransformationen ausfallen würde. Das verdeutlicht noch einmal die Wichtigkeit der Adjustierung der Zinssätze auf der Aktivseite. Würde man diese Bereinigung nämlich nicht vornehmen, so könnte die Schließung der Position immer noch ein positives Ergebnis liefern, aber tatsächlich auf Kosten der Kundenmarge erfolgen und damit ein negatives Ergebnis aus der Fristentransformation verdecken.

Nunmehr kann die Simulation beginnen: Welchen Einfluss haben Änderungen in der Finanzierungsstruktur auf das Ergebnis, welche Fristentransformation hat welche Ergebnisauswirkungen zur Folge? Wie stark wirken sich potentielle Zinsänderungen und Änderungen in der Gestalt der Zinskurve auf das Ergebnis aus? Zweckmäßiger Weise werden zunächst dem Ist-Stand mit seinen historischen Durchschnittszinsen diverse Finanzierungsstrategien mit der zum Stichtag vorliegenden Zinsstruktur überlagert und ihre Ergebnisauswirkungen ermittelt. Sodann wird derselbe Vorgang unter den prognostizierten Zinsszenarien wiederholt. Jede der so erstellten, vorerst nach hypothetischen Bilanzen wird durch Saldierung der Aktiv- und Passiv-Barwerte bewertet, wonach schließlich eine Entscheidung hinsichtlich der Inkongruenzposition zu treffen ist; diese Entscheidung wird u.a. von dem Bewertungsergebnis der Ausgangslage (Ist-Stand) abhängen. Zusammenfassend ist der Prozess in Abb. III.21 dargestellt:

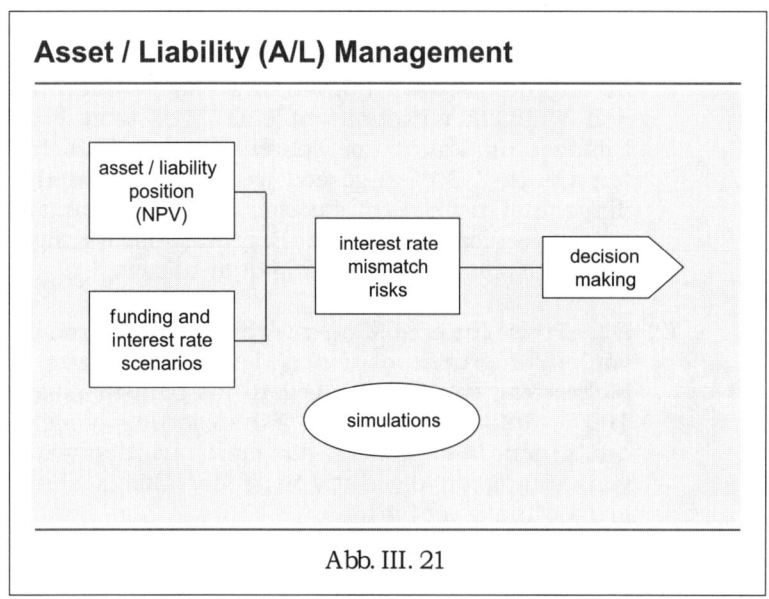

Asset / Liability (A/L) Management

asset / liability position (NPV)

funding and interest rate scenarios

interest rate mismatch risks

decision making

simulations

Abb. III. 21

Die gewählte Finanzierungsstrategie ist noch einer Sensitivitätsanalyse zu unterwerfen, d.h. sollte die erwartete Zinsentwicklung nicht eintreten: Wie hoch sind die Ergebnisauswirkungen pro Prozentpunkt Zinsabweichung gegenüber der Prognose? Ist das (simulierte) Ergebnis robust oder anfällig für solche Abweichungen? Gegebenenfalls ist die gewählte Finanzierungsstrategie noch einmal zu modifizieren. Nachdem diese Entscheidungen getroffen sind, sollte die tatsächliche Zinsentwicklung laufend gegen das angenommene Szenario gespiegelt werden. Das Risiko einer gegenläufigen Entwicklung sollte durch einen Stop-loss begrenzt werden. Die Quantifizierung dieses Risikos erfolgt durch die fortlaufende Neubewertung der Inkongruenzposition mit den jeweils aktuellen Zinssätzen. Das Risikolimit wird am zweckmäßigsten als ein Prozentsatz des geplanten operativen Jahresergebnisses definiert; ein konservativer Ansatz wird sich in der Bandbreite von 5% – 20% bewegen. Wird das Limit im Fall einer gegenläufigen Zinsentwicklung erreicht, so sollte der Stop-loss aktiviert werden, d.h. die Inkongruenzpositionen durch eine 100% laufzeitkongruente Refinanzierung oder mittels Zinsderivaten geschlossen werden. Wird von Vornherein 100% laufzeitkongruent finanziert, so ist dieses Verfahren natürlich gegenstandslos bzw. wird in der Folge gegenstandslos, wenn man sich entschieden hat, alle bestehenden Inkongruenzen für die Restlaufzeiten zu schließen.

Anmerkungen

(1) Die oben dargelegte Verfahrensweise bedarf spezieller EDV-Programme. Sind diese nicht verfügbar, so findet man in der Praxis gelegentlich behelfsweise eine Eingrenzung des Zins-

änderungsrisikos durch eine bilanzielle Bezugsgröße. Diese kann z.B. dergestalt sein, dass die Summe aller absoluten Inkongruenzbeträge (Aktiv- und Passivsalden in den einzelnen Fälligkeitsabschnitten) einen gewissen Prozentsatz der Bilanzsumme nicht überschreiten darf. Als Richtgröße könnten z.B. 20%-30% angesetzt werden. Diese Methode ist allerdings analytisch nicht sauber, weil sie Bestands- mit Stromdaten vermengt und die Ergebnisauswirkung des Inkongruenzrisikos nicht eindeutig quantifiziert.

(2) Der „Preis" für eine Margenverbesserung durch das Eingehen von Inkongruenzpositionen ist ein erhöhtes Risiko. Der Mehrertrag sollte daher gegen das Null-Risikoszenario einer 100% laufzeitkongruenten Finanzierung gemessen werden, d.h. gegen das Ergebnis, das erzielt worden wäre, wenn man von Anfang an die Aktiv-Seite der Bilanz stets fristenkongruent finanziert hätte.

(3) In den obigen Erörterungen des A/L-Managements wurde das Eigenkapital zugunsten einer einfacheren Darstellung nicht mit einbezogen, obwohl es eine der Finanzierungsquellen ist. Seine Verfügbarkeit ist zeitlich unbegrenzt, kann hinsichtlich der angesetzten Zinsbindungsfristen im A/L-Management aber unterschiedlich zugeordnet werden. Man kann das Eigenkapital bezüglich der Zinsbindungsfristen bei der Finanzierung wie revolvierendes Tagesgeld behandeln, d.h. immer dem kurzen Ende der Aktivseite zuordnen; man kann es nur den längsten Laufzeiten der Aktivseite zuordnen; oder man zieht es als gleich bleibend hohen Bodensatz über alle Perioden der Ablaufbilanz ein, so dass sich der Fremdmittelbedarf in allen Fälligkeiten um denselben Betrag reduziert. Wichtig ist nur, dass die Zuordnung über die Zeit hinweg konstant bleibt, d.h. das Eigenkapital darf keinesfalls beliebig dem Abschnitt der Ablaufbilanz zugeordnet werden, wo gerade ein Aktivüberhang vorliegt. Dann würden die Simulationen nämlich Makulatur und die einzelnen Simulationsszenarien nicht mehr miteinander vergleichbar sein.

(4) Der Unternehmenszweig „Finanzdienstleistungen" kann das Einlagengeschäft („deposit taking") betreiben, wenn er – wie dies bei der „Volkswagen Financial Services AG" der Fall ist – über eine Banklizenz verfügt (→ „Volkswagen Bank direct"). Im Vergleich zu Banken müssen die „Finanzdienstleistungen" eines Industrieunternehmens keine aufwendigen Filialnetze unterhalten. Sie verfügen daher über vergleichsweise günstige Kostenstrukturen, die es erlauben, für Kundeneinlagen attraktive Verzinsungen anzubieten. Diese Einlagesätze liegen unter den Aufnahmesätzen in den Kapitalmärkten. Kundeneinlagen stellen daher eine günstige Refinanzierungsquelle dar, die mittlerweile einen bedeutenden Anteil

des gesamten Finanzierungsbedarfs abdeckt. Die Kundeneinlagen sind entsprechend der angebotenen Zinssätze nach Laufzeiten gestaffelt. Sie haben sich in ihren Fälligkeitsstrukturen als stabil erwiesen und erlauben daher eine verlässliche Fristenzuordnung im Rahmen des Asset/Liability (A/L) Managements, in das sie wie Fremdmittelaufnahmen mit einbezogen werden.

(5) Die Messung der Inkongruenzposition hängt u.a. von der gewählten Periodenunterteilung ab. Was z.B. in einem Zeitraum von einem Vierteljahr deckungsgleich erscheint, kann sich bei Aufgliederung in drei einzelne Monate als Inkongruenz innerhalb dieses Vierteljahres erweisen. Bei einer ziemlich flachen Zinskurve wie in Abb. III.18 können vierteljährige Fristenabschnitte sinnvoll sein. Bei den normalerweise vorliegenden ansteigenden Zinskurven wäre es sinnvoller, für die ersten 12 Monate eine monatliche Unterteilung vorzunehmen, für die nächsten 2 Jahre eine vierteljährige, dann für weitere 2 Jahre eine halbjährige und darüber hinaus eine jährliche. Unabhängig von der gewählten Periodenunterteilung wird sich aber die Summe der Inkongruenzbeträge stets zwischen den beiden theoretischen Extremwerten von 0% und 200% der Bilanzsumme bewegen – 0% bei vollkommen fristengleicher Finanzierung aller Kundenforderungen, 200% bei vollständiger Inkongruenz zwischen allen einzelnen Teilperioden.

(6) In der Praxis werden die mit den Inkongruenzen verbundenen Zinsänderungsrisiken vorwiegend durch Zinsderivate gesteuert, insbesondere mittels der so genannten „Forward Rate Agreements" (FRA's), d.h. Zinsterminkontrakten (→ Anhang 8) , mit denen man den Zinssatz für Mittelaufnahmen in der Zukunft festsetzen kann. Gegebenenfalls können dafür auch Zinsswaps bzw. Zinswährungsswaps oder Zinsoptionen herangezogen werden, wobei letztere aber i.d.R zu teuer sind, insbesondere für längere Laufzeiten. Würde man hingegen Aktivüberhänge in einzelnen Perioden durch Aufnahme zusätzlicher Fremdmittel schließen, so würde dies einen Wiederanlagebedarf in anderen, zuvor schon laufzeitkongruent finanzierten Perioden bedingen und zu einer Aufblähung der Bilanz führen. Eine solche Verfahrensweise könnte aber Sinn machen, wenn man steigende Zinsen erwartet, die entsprechenden Beträge von vertretbarer Größe sind und man sie in absehbarer Zeit für die Finanzierung neuer Kundenforderungen einsetzen will (→ Abb. III.13 „Passivvorlauf").

III.3   LIQUIDITÄTSSTEUERUNG AUF BASIS KONZERNDATEN

In II.1.3 wurde der Aufbau des Berichtswesens zur Liquiditätslage des Konzerns beschrieben. Die Ausführungen zum Bilanzabgleich in III.1 für den operativen Bereich und in III.2 für die
Finanzdienstleistungen behandelten die unterschiedlichen wirtschaftlichen Vorgänge, die den Liquiditätsdaten in diesen beiden
Geschäftsbereichen zugrunde liegen. Die konsolidierte Liquiditätsposition des Konzerns – sofern dieser wie Volkswagen aus
einem operativen Bereich und einem Finanzdienstleistungssektor besteht – überlagert diese beiden Bereiche und lässt daher
für sich allein noch keine Rückschlüsse auf die Liquiditätslage
des Konzerns zu. Folglich reichen die konsolidierten Daten nicht
aus, um daraus Maßnahmen zur Liquiditätssteuerung abzuleiten (→ II.1.3, 2. Anmerkung). Als Ausgangspunkt kann dennoch
die konsolidierte Nettoliquiditätsposition herangezogen werden;
sie muss aber – „top down" – zuerst in ihre beiden Hauptkom-
ponenten „operativ" und „Finanzdienstleistungen" zerlegt werden. Für die Liquiditätssteuerung des Konzerns ist eine darüber
hinausgehende Aufgliederung nicht erforderlich; die erfolgt dann
auf Ebene der Einzelgesellschaften in Koordination mit der Konzern-Treasury (→ II.1.2).

Die Vorgehensweise wird anhand eines Fallbeispiels beschrieben, d.h. eines Konzerns wie Volkswagen, dessen operativer Bereich und Finanzdienstleistungssektor beide expandieren und
Gewinne erwirtschaften, und der auf Konzernebene eine zunehmend negative Nettoliquidität ausweist; modellhaft Abb. III.22:

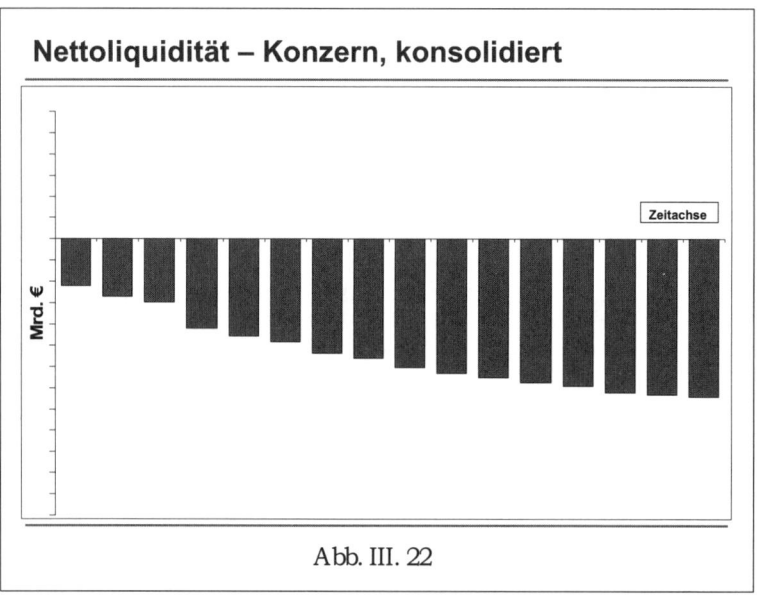

Abb. III. 22

Auf den ersten Blick suggeriert diese Entwicklung eine fortschreitende Verschlechterung des Geschäftsverlaufs (→ „Cash Verzehr"), was auf den jährlichen Hauptversammlungen einige Aktionäre regelmäßig zu der Kritik veranlasst, dass der Konzern exzessiv verschuldet sei und in unverantwortlicher Weise seine Verschuldung immer weiter in die Höhe treibe. Irriger könnte eine Schlussfolgerung kaum sein, wie der folgende Blick auf den Dateninhalt sofort zeigt. Da „Finanzdienstleistungen" keine nennenswerte Liquidität vorhält und die Kundenforderungen fast ausschließlich fremdfinanziert werden (→ I.2, letzter Absatz nach Abb. I.6 und → III.2), ist in diesem Geschäftsbereich die Fremdmittelaufnahme praktisch identisch mit der (negativen) Nettoliquidität. Sie ist gleich der Summe der Kundeneinlagen („retail deposits", → III.2, Anmerkung 4) und der extern bei Banken und in den Kapitalmärkten aufgenommenen und konzernintern vom operativen Bereich bezogenen Mittel („intercompany borrowings" → III.1 und II.1.3). Damit folgt für die Nettoliquiditätsposition des Finanzdienstleistungsbereichs, Abb. III.23:

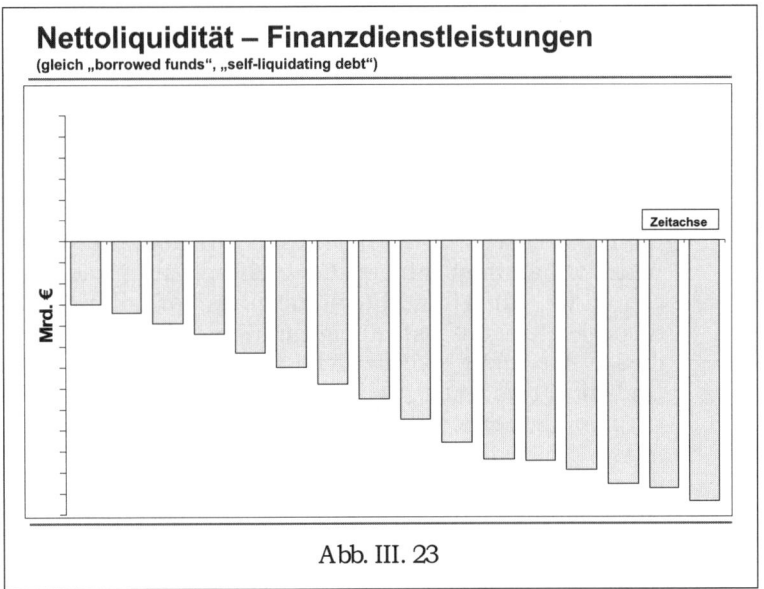

Abb. III. 23

Anmerkung: in VII.4.1 „Finanzierungsgesellschaften" wird die konzerninterne Absatzfinanzierung per Factoring über das Coordination Center in Brüssel (CCB) beschrieben. Seine Mittelaufnahmen fallen ebenso wie die Aufnahmen der Finanzdienstleistungen in die Rubrik „self-liquidating debt", da sie ebenfalls aus den Forderungen, d.h. den Aktiv-Posten der Bilanz bedient und zurückgezahlt werden. Die Mittelaufnahmen des CCB – sofern sie der Absatzfinanzierung dienen – sind daher bei der Aufgliederung der Liquiditätsdaten dem Finanzdienstleistungssektor zuzurechnen.

Eliminiert man die gesamte sich selbst abtragende Verschuldung („self-liquidating debt") der Abb. III.23 aus der Konzernposition in Abb. III.22, so folgt die Liquiditätsposition des operativen Sektors; Abb. III.24:

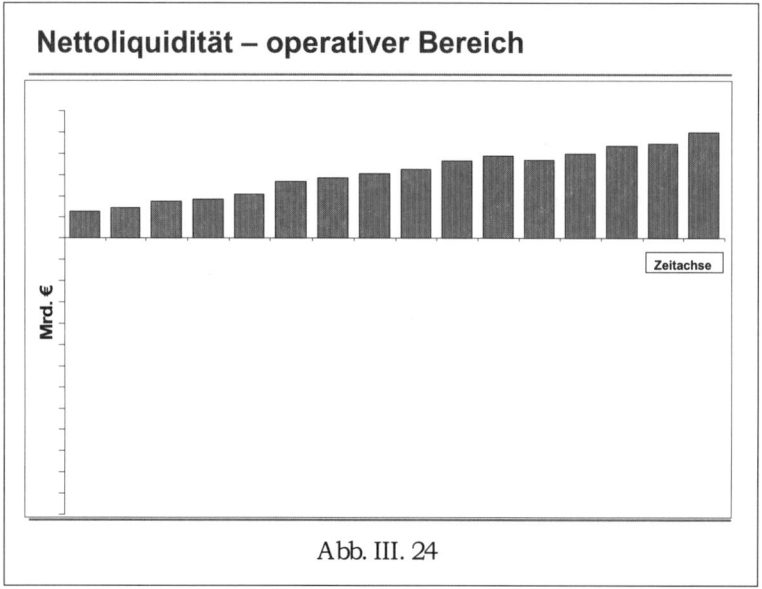

Abb. III. 24

Die Daten in Abb. III.24 zeigen die Entwicklung der „operativen
Liquidität", wie sie in II.1.1 und II.1.2 beschrieben wurde; sie
bildet zusammen mit der Geschäftsplanung die Entscheidungs-
grundlage für Liquiditätssteuerungsmaßnahmen. Für „Finanzdienstleistungen" ist demgegenüber eine Liquiditätssteuerung
dieser Art nicht erforderlich, solange die Märkte funktionieren
und die Fremdmittel bei Bedarf jederzeit aufgenommen werden
können („asset-led funding"). Im Vergleich: im operativen Sektor
muss die Liquiditätssteuerung in erster Linie antizipatorisch
vorgenommen werden, um jederzeit die Zahlungsfähigkeit des
Unternehmens zu gewährleisten; im Finanzdienstleistungssektor
kann sie dagegen vorwiegend reaktiv erfolgen.

Die Nettoliquiditätsdaten spiegeln in jedem der beiden Sektoren
den Geschäftsverlauf wieder:

• Die „operative Nettoliquidität" steigt, wenn der operative Bereich („Produktsektor") Gewinne erwirtschaftet und Cash generiert, und fällt, wenn er Verluste hinnehmen muss. Wenn
  sie fällt, ist daraus aber noch nicht unbedingt auf einen ungünstigen Geschäftsverlauf zu schließen. Auslagen einmali-
  ger Art, wie z.B. eine Akquisition oder die interne Finanzierung von Investitionsprogrammen, können zu einer Reduktion auch bei positivem Geschäftsverlauf führen. Anders liegt
  der Fall natürlich, wenn die Reduktion auf Verlustfinanzie-

rung zurückzuführen ist (→ „Cash Verzehr"). Die Daten sind
also auf ihren wirtschaftlichen Inhalt hin zu hinterfragen, bevor Liquiditätsmaßnahmen eingeleitet werden (→ II.1.3,
Punkte 11 und 12).

- Die Nettoliquidität der „Finanzdienstleistungen" ist, wie oben
  ausgeführt, praktisch gleich dem Stand ihrer Mittelaufnahmen. Diesen stehen Kundenforderungen in gleicher Höhe gegenüber. Solange die Mittelausreichung nur an Kunden guter
  Bonität erfolgt und keine Forderungsausfälle hinzunehmen
  sind, ist eine steigende Verschuldung im Finanzdienstleistungsbereich daher gleichbedeutend mit einer positiven Ge-
  schäftsentwicklung: der Ertrag fließt aus der Marge zwischen
  Aktiv und Passiv, und das Ergebnis verbessert sich daher mit
  dem steigenden Geschäftsvolumen, wie es dem Wesen jeder
  Arbitrage-Tätigkeit entspricht. Anders formuliert: eine Ge-
  schäftsausweitung ist zwangsläufig mit einer steigenden Verschuldung verbunden. Da damit die Gewinne steigen, handelt es sich dabei um „gute Schulden".

Zurück zur Ausgangslage, Abb. III.22: Wenn das Geschäftsvolumen der „Finanzdienstleistungen" schneller steigt als das operative Geschäft Cash generiert, dann wird sich die konsolidierte
Nettoliquiditätsposition des Konzerns verschlechtern – aber eben
nur scheinbar, weil in Wirklichkeit dieser Entwicklung ein positiver Geschäftsverlauf zugrunde liegt. Erst eine Aufschlüsselung
in die beiden Hauptsektoren – operativer Bereich/Finanz-
dienstleistungen – lässt korrekte Rückschlüsse auf die Liquiditätslage des Konzerns zu.

IV.   DEVISENMANAGEMENT

IV. 1.   EINLEITUNG

Die Devisenmärkte sind durch hohe Volatilität und unsichere Wechselkursverläufe gekennzeichnet. Schwankende Wechselkurse schlagen bei internationalen Waren- und Dienstleistungsströmen direkt durch auf die Gewinn- und Verlustrechnung (GuV) in der Heimatwährung (→ IV.3.1). Die Eingrenzung dieser Risiken gehört zu den vordringlichsten Aufgaben der Konzern-Treasury.

In diesem Abschnitt liegt das Augenmerk auf einem exportorientierten Unternehmen wie z.B. Volkswagen. Die folgenden Aussagen würden im Prinzip ebenso für ein importorientiertes Unternehmen gelten, aber „unter umgekehrten Vorzeichen". Ein schwacher $ z.B. belastet ein im €-Raum ansässiges exportorientiertes Unternehmen, begünstigt aber ein importorientiertes Unternehmen. Der Begriff exportorientiertes Unternehmen bezieht sich auf den Saldo der Fremdwährungsströme, d.h. die Exporte (Fremdwährungserlöse, FW-Eingänge) übertreffen die Importe (Fremdwährungszahlungen, FW-Ausgänge). Das Unternehmen generiert also einen Fremdwährungsüberschuss, der bei Wechselkursänderungen zu einer Erhöhung oder Minderung des Gegenwerts in der Heimatwährung führt und damit die GuV verbessert oder belastet.

Wie bereits eingangs dargelegt (→ I.3: „Fallbeispiel Devisendisposition"), werden hier ausschließlich kommerziell begründete Devisentransaktionen erörtert, d.h. Devisentransaktionen aufgrund von Waren- und Dienstleistungsströmen. Konkret: der Export in den $-Raum generiert einen $-Erlös, der in € konvertiert wird, bzw. dessen Gegenwert in € durch geeignete Maßnahmen gegen Währungsschwankungen abgesichert werden soll. Es werden aber keine $-Bestände erworben oder Terminkäufe getätigt nur in der Erwartung, dass der $ an Wert gewinnt. Mit anderen Worten: die Konzern-Treasury erfüllt eine Service-Funktion und agiert nicht als Profit-Center (→ I.3: „Die Konzern-Treasury – Profit- oder Service-Center?"). Ihr Geschäftsauftrag besteht in der Eingrenzung der kommerziell begründeten Devisenrisiken und nicht in der Erzielung von Gewinnen aus spekulativen, vom Grundgeschäft losgelösten Devisentransaktionen. Natürlich kann man auch eine andere Geschäftspolitik verfolgen und eine Konzern-Treasury durchaus als Profit-Center führen, wie dies einige Industriefirmen in der Tat tun. Man muss dann nur die daraus entstehenden zusätzlichen Risiken beachten und die dazugehörigen, wesentlich aufwändigeren Kontrollmechanismen etablieren (→ I.3).

IV.2.   Die Devisenmärkte

IV.2.1   Marktdynamik

Bevor die Eingrenzung der Währungsrisiken behandelt wird, werden die treibenden Faktoren in den Devisenmärkten beschrieben und die Frage adressiert, ob Wechselkursveränderungen wenigstens bis zu einem gewissen Grad vorhersehbar sind. Währungen können im Devisenmarkt nur relativ zueinander bewertet werden. Die absolute Bewertung mit dem Maßstab der Inflationsrate – von der Deflation einerseits bis hin zur Flucht aus Geld- in Sachwerte andererseits – und handelsgewichtete effektive Wechselkurse sind nicht Gegenstand dieses Kapitels. Nur auf den realen Außenwert anhand der DM wird in IV.2.3 im Zusammenhang mit Bundesbankstudien kurz Bezug genommen.

Die Aussage, eine Währung sei „stark" oder „schwach" bezieht sich hier nur relativ auf eine andere Währung. Um mit einer trivialen Aussage zu beginnen: eine Währung ist „stark", wenn die Marktteilnehmer Vertrauen in sie haben, d.h. mehr Vertrauen als in eine andere Währung. Was begründet nun dieses Vertrauen? Was macht eine Währung attraktiver als eine andere?

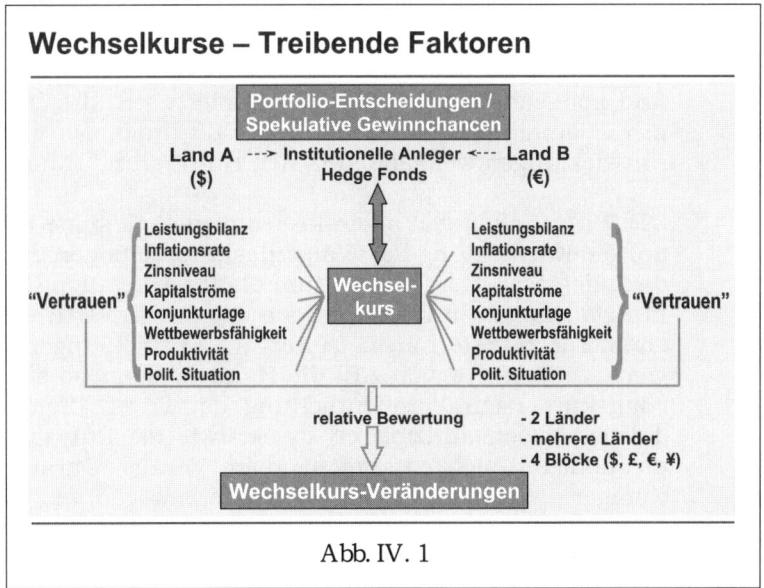

Abb. IV. 1

Abb. IV.1 stellt zwei Währungen, z.B. $ und €, einander gegenüber. Die wichtigsten Faktoren, die in diese relative Bewertung einfließen, sowie die Erwartungen hinsichtlich ihrer künftigen Entwicklung sind:

- die Leistungsbilanz, insbesondere die Handelsbilanz,
- die Inflationsrate, bzw. das Inflationsdifferential,
- das Zinsniveau, bzw. das Zinsdifferential und die Real-
  zinsdifferenz,
- die Kapitalbilanz,
- die Konjunkturlage, d.h. das Wachstumsdifferential,
- die relative Wettbewerbsfähigkeit,
- die relative Produktivitätsentwicklung,
- die politische Lage,
- spekulative Gewinnchancen, d.h. Portfolioumschichtungen.

Selbst eine gründliche Analyse all dieser Faktoren ermöglicht
keine verlässlichen Wechselkursprognosen, da die Marktteilnehmer dieselben Daten und wirtschaftlichen Entwicklungen
nicht immer gleich interpretieren. Ein Beispiel: „Die Zinsen steigen, weil Inflation und Wachstum anziehen." Blickt der Markt
auf die Inflationsrate, ist der Zinsanstieg ein negativer Faktor,
blickt er auf die Wachstumsrate, so ist das ein positiver Faktor.
Oder: „Das Handelsbilanzdefizit weitet sich aus." Richtet der
Markt sein Augenmerk auf die Handelsbilanz, so ist das schlecht
für die Währung. Interpretiert der Markt aber die Entwicklung
dahingehend, dass das Handelsbilanzdefizit sich wegen steigender Importe ausweitet und die steigenden Importe ein Indiz für
stärkeres Wachstum sind, so wird das positiv bewertet und
stärkt die Währung. Hinzu kommt die allgemeine konjunkturelle
und politische Lage. Letztere dominierte z.B. die Devisenmärkte
in der ersten Hälfte des Jahres 2003 (Irak), als wirtschaftliche
Entwicklungen weitgehend in den Hintergrund traten.

Die Wirtschaftsdaten allein lassen also noch keine Rückschlüsse
auf die Entwicklung der Währungskursrelationen zu. Man muss
dazu den Markt „abgreifen", um die Interpretation der Ereignisse
in Erfahrung zu bringen und sie mit den Erwartungen abzuglei-
chen. Die Märkte haben früher auf Entwicklungen primär reagiert. Verbesserte sich z.B. die Handelsbilanz, so stieg der Wäh-
rungskurs nach Veröffentlichung der Daten. Seit den 1980er
Jahren jedoch antizipieren die Märkte die Entwicklungen und
positionieren sich entsprechend im Voraus. Daraus folgt, dass
weniger die Daten an sich die Kurse bewegen, als vielmehr ihre
Abweichungen von den Erwartungen. „Besser als erwar-
tet/schlechter als erwartet" ist somit zu einem treibenden Faktor
für Kursausschläge geworden. So kann z.B. die Wachstumsrate
in den USA deutlich höher sein als in der €-Zone und der $ den-
noch fallen, wenn die Markterwartungen nicht erfüllt werden.

Entwicklungen zu antizipieren und sich ex ante zu positionieren,
führt oft zu Kursbewegungen in der „falschen" Richtung. Zum
Beispiel: der Markt erwartet, dass die Zentralbank die Zinsen
anhebt. „Reagieren" würde bedeuten, dass der Wechselkurs

nach der Zinserhöhung steigt, weil die Marktteilnehmer infolge höherer Renditen diese Währung kaufen. „Antizipieren" heißt, dass in Erwartung der Zinsanhebung diese Währung bereits im Voraus gekauft wird und damit der Wechselkurs steigt. Wenn das Ereignis der Zinsanhebung dann eintritt, werden die Kursgewinne durch Verkauf dieser Währung realisiert („profit taking"), so dass der Kurs nach der Zinsanhebung – scheinbar widersprüchlich – fällt. Mit anderen Worten: die Zinserhöhung war im Kurs schon vorher „eingepreist".

Oft interpretieren die Märkte Entwicklungen wie es einer – aus welchen Gründen auch immer – vorgefassten Meinung entspricht. So gibt es immer wieder Perioden, in denen die Märkte auf eine Währung in der einen oder anderen Richtung fixiert sind. Dann werden buchstäblich alle Entwicklungen positiv oder negativ interpretiert. Das kann Kurse in kurzer Zeit auf historische Höchst- oder Tiefststände treiben. Marktteilnehmer sprechen dann von „Übertreibungsphasen" oder einer „überkauften" bzw. „überverkauften" Währung („overbought", „oversold"). Ein typisches Indiz für eine solche Phase sind neben einer rapiden Kursentwicklung manchmal grotesk anmutende Kursprognosen einzelner „Experten". Natürlich kann der einzelne Marktteilnehmer der Meinung sein, eine Währung sei über- oder unterbewertet, und diese Einschätzung wird seine eigene Positionierung beeinflussen. Kurzfristig ist die Frage, ob über- oder unterbewertet, aber irrelevant, da es im Markt zu jedem beliebigen Zeitpunkt nur einen Kurs gibt, und das ist eben der Marktkurs. In diesem Sinne hat der Markt – per Definition – immer recht.

Die Frage, wer die Kurse treibt, lässt sich durch einen Blick auf die Geldströme beantworten:
- Die weltweiten Devisenumsätze belaufen sich lt. letzter Datenerhebung der Bank für Internationalen Zahlungsausgleich (BIZ) vom April 2007 auf fast $ 4.000 Mrd. pro Tag; davon werden nur ca. 2,5% durch kommerzielle Transaktionen – Waren und Dienstleistungen – verursacht.
- Das weltweite reale Bruttoinlandsprodukt hat sich seit 1975 in etwa verdoppelt und das Welthandelsvolumen vervierfacht. Das Volumen der Kapitalströme hingegen hat sich verdreißigfacht; Abb. IV.2:

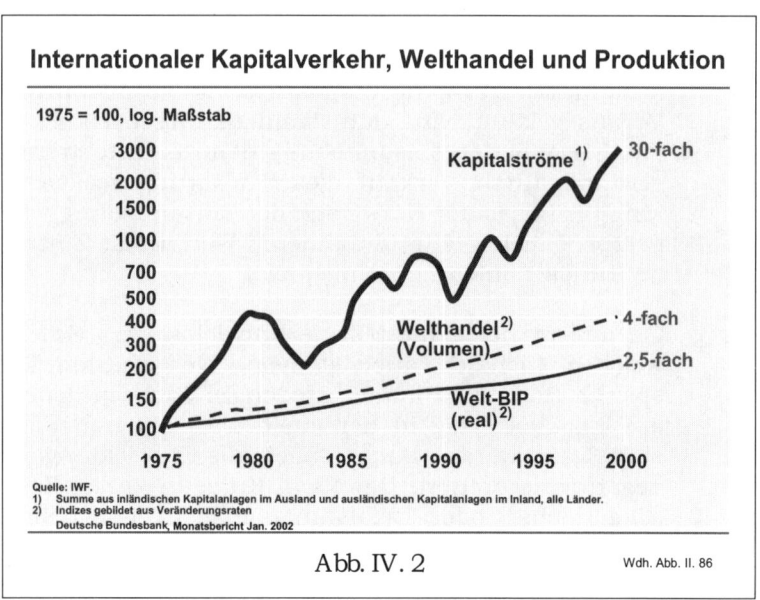

Internationaler Kapitalverkehr, Welthandel und Produktion

1975 = 100, log. Maßstab

Kapitalströme[1] 30-fach

Welthandel[2] (Volumen) 4-fach 2,5-fach

Welt-BIP (real)[2]

Quelle: IWF.
1) Summe aus inländischen Kapitalanlagen im Ausland und ausländischen Kapitalanlagen im Inland, alle Länder.
2) Indizes gebildet aus Veränderungsraten
Deutsche Bundesbank, Monatsbericht Jan. 2002

Abb. IV. 2   Wdh. Abb. II. 86

Infolgedessen werden die Devisenkurse primär von den Kapital-
strömen bestimmt, die von den Anlageentscheidungen und Portfolioumschichtungen der institutionellen Investoren ausgelöst
und von diesen dominiert werden, wobei die Hedge Fonds zu den
aggressivsten unter ihnen gehören. Entscheidend sind dabei die
Renditeerwartungen. Als Indikatoren für künftige Devisenkurs-
relationen taugen daher auf kurze Sicht am ehesten noch die
Zinsdifferentiale und auf mittlere Sicht die Konjunkturlage. Generell gilt: investiert wird dort, wo bei einem gegebenen Risikoprofil der höchste „Return" erwartet wird. In diesem Sinne kann
die Währung eines Landes mit der Aktie eines Unternehmens
verglichen werden. Die Währung ist sozusagen die „Aktie eines
Landes". In beiden Fällen wird in sie investiert, wenn der Anleger
Vertrauen hat und eine Wertsteigerung erwartet.

Die Größenordnung der Kapitalströme erklärt die relative Be-
deutungslosigkeit von kommerziell bedingten Währungsströmen
und Zentralbank-Interventionen für die Bestimmung von Wechselkursen, auch wenn sie als auslösendes Moment Wechselkursveränderungen in Gang setzen können. Diese Aussage steht
nicht   im   Widerspruch   dazu,   dass   das   hohe   US-
Handelsbilanzdefizit zur $-Schwäche der letzten Jahre geführt
hat. Allerdings haben die institutionellen Anleger die US-
Handelsbilanz zum Anlass genommen, gegen den $ zu positio-
nieren. Die damit verbundenen Kapitalströme haben dann in der
Tat einen $-Verfall bewirkt. Das US-Handelsbilanzdefizit war al-
so nur das auslösende Moment und die Kapitalströme die eigentliche Ursache (Interpretation des Autors). Zentralbank-
Interventionen bewirken Kurskorrekturen nur dann, wenn der
Markt über den Kurstrend keine klare Meinung hat und „in der

Balance hängt". Das kann z.b. der Fall sein, wenn die institutionellen Anleger eine bestehende Position bereits ausgereizt haben und sie den Markt ohnedies als „reif" für eine Trendwende einschätzen. Während Zentralbanken die Zinsen sehr genau steuern können, ist ihr Einfluss auf die Devisenmärkte durch Interventionen i.d.R. begrenzt. Auf sich allein gestellt sind sie wenig wirksam. Am effektivsten sind sie, wenn sie flankierend zu nachhaltigeren Maßnahmen wie z.B. Zinsanpassungen eingesetzt werden.

IV.2.2   PREIS- UND MENGENNOTIERUNG – TEIL 1/3

Devisenkurse können in der Preis- oder Mengennotierung quotiert werden. Die beiden Notierungsweisen werden im Folgenden einander gegenübergestellt, um dem Leser, der mit den Devisenmärkten noch nicht vertraut ist, die Orientierung zu erleichtern. „Preis" heißt, alle Fremdwährungen werden in € bemessen; „Menge" heißt, der € wird in Fremdwährungen bemessen:

Preisnotierung			Mengennotierung		
1 $	=	..,... €	1 €	=	..,... $
1 £	=	..,... €	1 €	=	..,... £
100 ¥	=	..,... €	1 €	=	...,...¥
usw.					

Sprachgebrauch
anhand des $:

	„Wie viel € pro 1 $?"	„Wie viel $ pro 1 €?"
Kauf:	„Was kostet der $ (in €)?"	„Was kostet der € (in $)?"
Verkauf:	„Wie viele € erhält man für 1 $?"	„Wie viele $ erhält man für 1 €?"
	„$ steigt/wird stärker"	„€ fällt/wird schwächer"
	„$ fällt/wird schwächer"	„€ steigt/wird stärker"

Beispiel:
05.01.2007

Kassakurs: 1 $ = 0,7636 €	1 € = 1,3096 $
Annahme: Der $ fällt 10%.	Der € steigt 11,11 %.
1 $ = 0,7636 € → 0,6872 €	1 € = 1,3096 $ → 1,4551 $

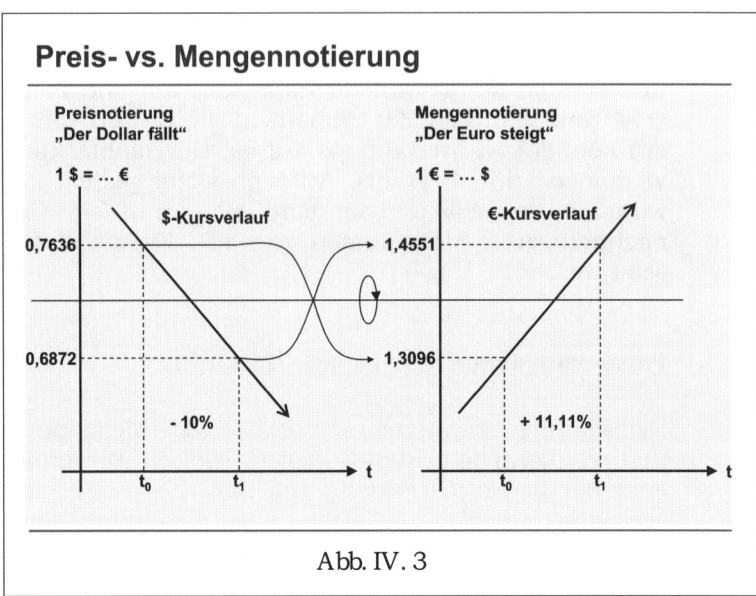

Abb. IV. 3

Wirtschaftlich sind die beiden Notierungsweisen natürlich in-
haltsgleich; sie sind lediglich numerisch invers zueinander.
Dementsprechend verlaufen auch die Wechselkurse in den beiden Notierungsweisen spiegelbildlich zueinander; Abb. IV.4 und
Abb. IV.5:

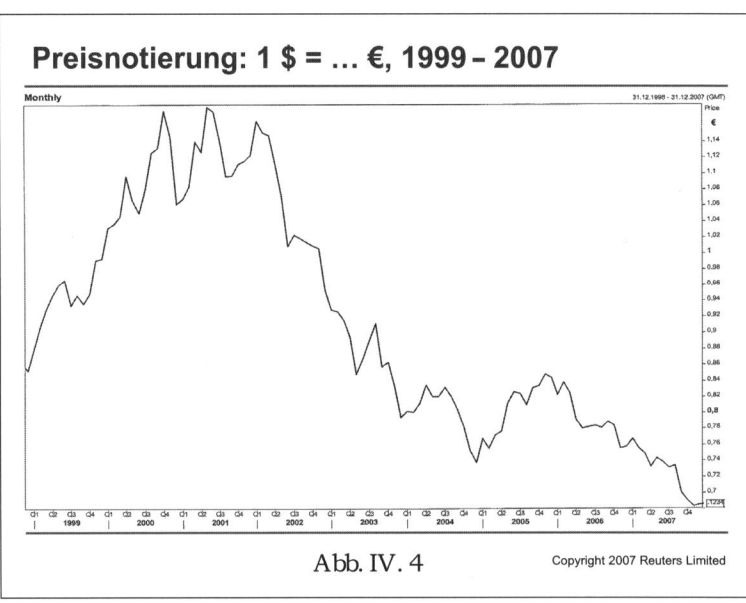

Abb. IV. 4   Copyright 2007 Reuters Limited

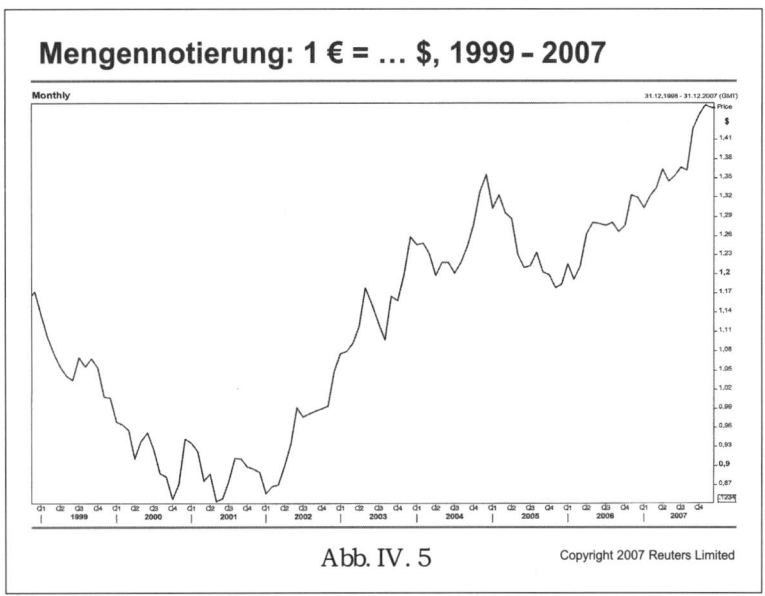

Mengennotierung: 1 € = ... $, 1999 – 2007

Abb. IV. 5   Copyright 2007 Reuters Limited

Die beiden Notierungsweisen sind historisch bedingt. Bis 1999 –
dem Jahr der €-Einführung – wurden $ und £ als die beiden in-
ternationalen Reservewährungen aus deren Sicht in der Mengennotierung (1 $ = ..,... und 1 £ = ..,...) quotiert, d.h. in der
Preisnotierung aus Sicht aller anderen Währungen. Die maßgebliche Rolle als Reservewährung fiel nach dem Zweiten Weltkrieg
dem $ zu, wobei das £ an Bedeutung verlor, aber seine traditio-
nelle Notierungweise beibehielt. Aus Sicht aller übrigen Währungen wurden diese beiden Ankerwährungen gekauft oder verkauft
und daher in der Preisnotierung quotiert: „Wie viel für den $?".
Mit dem Ziel, den € parallel zum $ als internationale Reserve-
währung zu etablieren, entschied sich die Politik, auf die Mengennotierung umzustellen. Folglich werden im Markt die drei
Schlüsselwährungen $, £ und € nun alle in der Mengennotie-
rung quotiert, die meisten anderen weiterhin in der Preisnotierung.

Hinweis

Die Preisnotierung bietet gegenüber der Mengennotierung den
Vorteil der leichteren Verständlichkeit, zumal wenn man sich
mit der Thematik Devisen zum ersten Mal befasst. Das ist besonders dann der Fall, wenn man aus dem €-Raum mit mehreren Fremdwährungen zugleich handelt (→ Beispiel in IV.5.3). Im
Übrigen fließen die Wechselkurse in die Unternehmensplanung
in der Preisnotierung ein bzw. werden in diese überführt, weil
die Planung natürlich in der Heimatwährung (Konzern-
Basiswährung) erstellt wird (→ IV.4.3). Aus diesen Gründen wird
in den nachfolgenden Abschnitten – entgegen den heute üblichen Marktusancen – die Preisnotierung 1 $ = ..,... € verwendet,

wobei der $ stellvertretend für alle „Fremdwährungen" und der €
für die „Heimatwährung" (Konzern-Basiswährung) steht. Um
den Leser auch mit der in der Praxis heute üblichen Mengennotierung vertraut zu machen, werden unten in IV.4.2 die Sicherungsinstrumente, in IV.4.4 die Budgetkurse (→ Abb. IV.25) und
in IV.5.3 der Ergebnisbeitrag aus Devisensicherungen anhand
von Beispielen sowohl in der Preis- als auch der Mengennotierung beschrieben.

IV.2.3   **WECHSELKURSPROGNOSEN – METHODIK**

Aufgrund des in IV.2.1 „Marktdynamik" dargelegten Sachverhalts reflektieren die Devisenmärkte kurz- bis mittelfristig die
realwirtschaftlichen Entwicklungen nur unzulänglich. Sie sind
originäre Märkte mit einer eigenen Dynamik, dominiert von institutionellen Anlegern. Wirtschaftsdaten sind daher in der Praxis keine Basis für verlässliche Wechselkursprognosen. Mittel-
bis langfristig schlagen die wirtschaftlichen Fundamentalwerte
bzw. Fehlentwicklungen zwar irgendwann auf die Wechselkurse
durch, aber weder der Zeitpunkt noch das Ausmaß einer Kurs-
anpassung kann einigermaßen verlässlich prognostiziert werden.
So kam die Deutsche Bundesbank in ihrem Monatsbericht vom
August 1995 schon zu dem Schluss[*]:

> „... gelingt es ... nicht, die Entwicklung des realen
> Außenwerts und den fundamentalen „Gleichgewichts-
> wert" ... mit ausreichender Genauigkeit zu erfassen. Vor
> allem auf kürzere Sicht verbleiben beträchtliche Feh-
> lermargen, die bis ... fast 70% der durchschnittlichen
> Schwankung des gewogenen Außenwerts reichen".

Das ändert allerdings nichts an der Notwendigkeit, Wechselkursprognosen für Planungszwecke zu erstellen, was unten in
IV.4.3 im Zusammenhang mit der Unternehmensplanung vertieft
wird.

Für langfristige Wechselkursprognosen wird oft auf die Kaufkraftparität (PPP – „Purchasing Power Parity") als Erklärungsva-
riable zurückgegriffen, wonach die Differenz der Inflationsraten
die Wechselkursverschiebung zwischen zwei Währungen
bestimmen soll. Damit stellt sich die Frage nach dem geeigneten
Basisjahr für die Berechnung der theoretischen Wechselkurse:

---

[*]   Zitat auszugsweise, Deutsche Bundesbank – Monatsbericht August 1995, S.
19 ff.: „Gesamtwirtschaftliche Bestimmungsgründe der Entwicklung des realen Außenwerts der D-Mark".

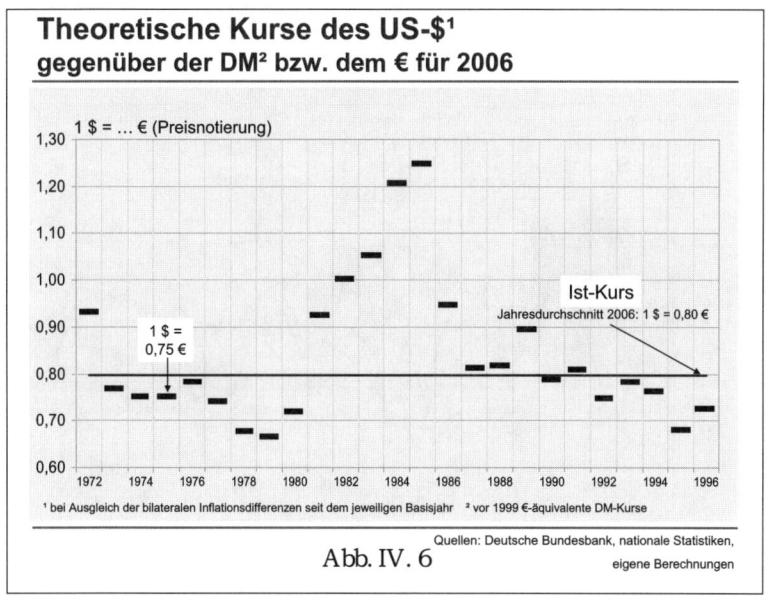

Abb. IV. 6

Abb. IV.6 zeigt, welchen Wert gemäß der Inflationsdifferenz der $-Kurs im Jahr 2006 hätte haben sollen, in Abhängigkeit von der Wahl des Basisjahres ab 1972. Die Extremwerte: wählt man z.B. 1979 als Basisjahr, so ergibt dies für 2006 einen Kurs von ca. 1 $ = 0,67 €, zieht man 1985 als Ausgangsjahr heran, so folgt ein theoretischer Kurs von 1 $ = 1,25 €. Insgesamt demonstriert Abb. IV.6, dass für 2006 mit der Wahl eines entsprechenden Basisjahres fast jeder beliebige Wechselkurs theoretisch begründet werden kann. Die einzige Aussage, die aufgrund der Kaufkraftparität verlässlich gemacht werden kann, ist, dass auf lange Sicht die Währung eines Landes mit permanent hoher Inflation gegenüber einem Land mit niedriger Inflation tendenziell abwerten wird. Zumindest innerhalb der Gruppe der Industrienationen, wo die Inflationsdifferentiale eher bescheiden sind und von anderen Faktoren überlagert werden, ist diese Aussage von geringem praktischen Wert, u.a. auch wegen differierender Warenkörbe. Mit anderen Worten: die Kaufkraftparität ist auf sich allein gestellt als Instrument für Wechselkursprognosen in der Praxis so gut wie wertlos.

Will man die Theorie der Kaufkraftparität zur Erstellung von Kursprognosen dennoch verwenden, so sollte als Kalkulationsbasis wenigstens ein Jahr herangezogen werden, in dem die Volkswirtschaften der betreffenden Länder synchron verlaufen sind. Ein solches Jahr war 1975, als die Fundamentalbilanzen im Gleichgewicht waren (Leistungsbilanz durch langfristige Kapitalbilanz ausgeglichen) und alle westlichen Länder infolge des ersten Ölschocks in die Rezession geglitten waren.

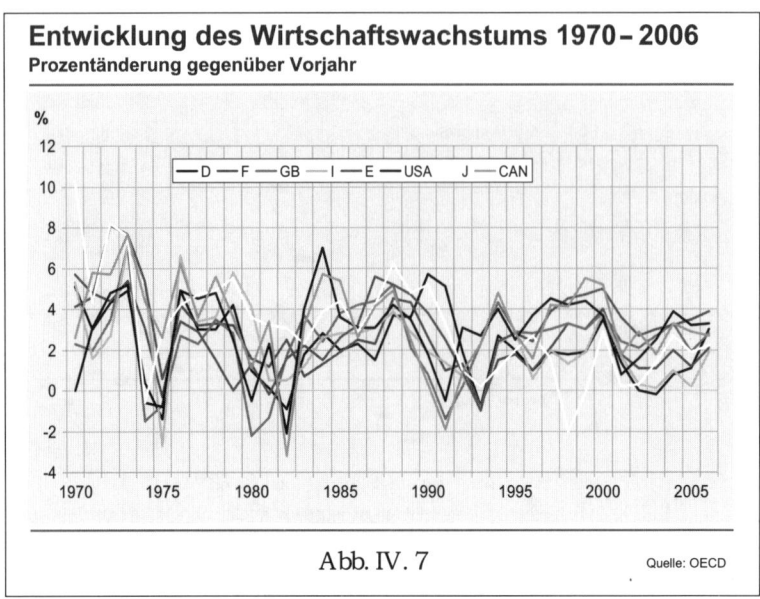

Entwicklung des Wirtschaftswachstums 1970 – 2006
Prozentänderung gegenüber Vorjahr

Abb. IV. 7

Quelle: OECD

Abb. IV.7 zeigt, dass es auch andere Jahre mit synchronisierten Konjunkturzyklen gegeben hat. Jedoch bietet das Jahr 1975 den Vorzug, dass alle Länder denselben externen Schock zu verkraften hatten, weshalb es sich als „Jahr Null" empfiehlt. Zieht man 1975 als Basisjahr heran, und errechnet für jedes folgende Jahr den gemäß der Inflationsdifferenz gültigen €/$-Kurs, so ergibt sich für 1975 bis 2006 der theoretische Wechselkursverlauf wie folgt; Abb. IV.8:

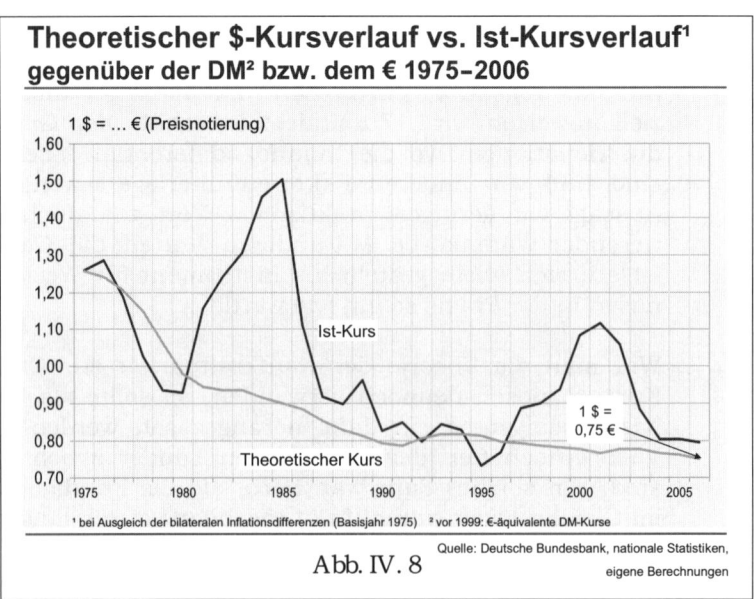

Theoretischer $-Kursverlauf vs. Ist-Kursverlauf[1]
gegenüber der DM[2] bzw. dem € 1975–2006

[1] bei Ausgleich der bilateralen Inflationsdifferenzen (Basisjahr 1975)   [2] vor 1999: €-äquivalente DM-Kurse

Quelle: Deutsche Bundesbank, nationale Statistiken,
eigene Berechnungen

Abb. IV. 8

Abb. IV.8 zeigt den theoretischen Kursverlauf im Vergleich zum tatsächlichen. Auch daraus ist ersichtlich, dass die Theorie der Kaufkraftparität langfristig allenfalls zu einer groben Trendaussage taugt, aber als Instrument zur Wechselkursprognose für ein bestimmtes Jahr kaum praktischen Wert hat; die Übereinstimmung eines Ist- mit seinem theoretischen Wert – sofern überhaupt – ist bestenfalls zufällig.

Eine weitere Frage ist, welchen Deflator man eigentlich verwenden sollte. Auf Basis des Jahres 1975 hat die Deutsche Bundesbank in ihrem Monatsbericht vom November 1998 gezeigt, dass die Entwicklung des realen Außenwertes der DM stark von der Wahl des betreffenden Inflationsindikators abhängt. Setzt man den realen Außenwert der DM für 1975 = 100, so ergibt sich in Abhängigkeit von dem gewählten Index für das Jahr 1998 ein Index-Wert zwischen ca. 90 und 133; Abb. IV.9:

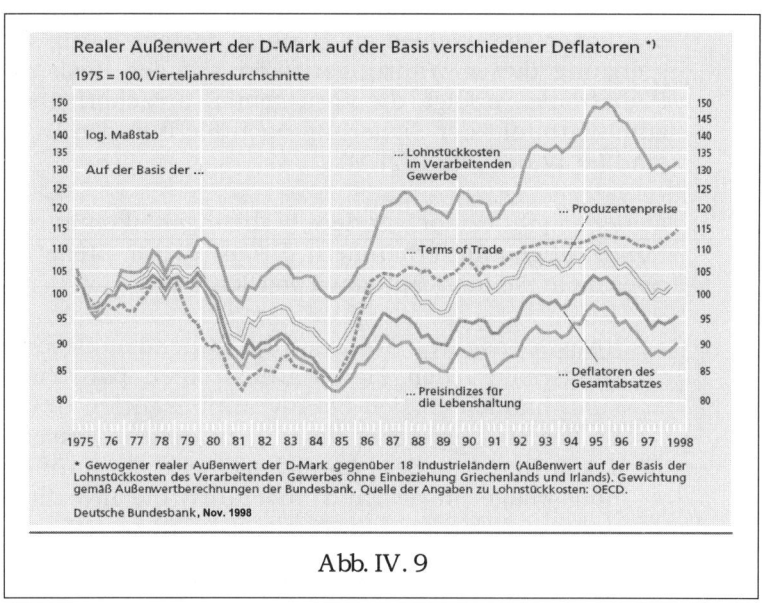

Abb. IV. 9

Diese Unwägbarkeiten ändern nichts daran, dass Regierungsbehörden und Unternehmen Wechselkursprognosen benötigen, da weder eine Wirtschaftspolitik noch eine Unternehmensstrategie ohne sie formuliert werden kann. Wirtschaftsforschungsinstitute verwenden dafür komplexe ökonometrische Modelle, die als Fundamentalfaktoren Handels- und Leistungsbilanzen, Wachstums- und Produktivitätsunterschiede, Zins- und Inflationsdifferentiale etc. als wechselkursbeeinflussende Größen ins Kalkül ziehen. Die Erwartungen von institutionellen Investoren – Thema: „behavioral finance" – lassen sich aber kaum und politische Entwicklungen schon gar nicht in ökonometrischen Modellen erfassen. In der Konsequenz bedeutet dies, dass die Wechselkurse nicht prognostizierbar sind (→ IV.4.3).

IV.3.   WECHSELKURSRISIKO

IV.3.1   RISIKOKLASSIFIZIERUNG

Gegenstand des Devisenmanagements ist die Eingrenzung der Währungsrisiken, denen ein Industrieunternehmen im internationalen Waren- und Dienstleistungsaustausch ausgesetzt ist. Die Betonung liegt in diesem Kapitel auf den internationalen Warenströmen eines exportorientierten Unternehmens und den damit verbundenen Fremdwährungsströmen, dem so genannten „Transaction Exposure", das entsteht, wenn die Erlöse in anderen Währungen anfallen als die Kosten und folglich die Differenz – der Gewinn – Währungskursschwankungen ausgesetzt ist. Die Warenströme, von denen hier die Rede ist, fallen in das Konsumgütersegment, d.h. es geht um die Warenströme und Fremdwährungsrisiken, die mit dem Verkauf und dem Einkauf im Rahmen des laufenden Geschäfts verbunden sind. Ein wesentlicher Unterschied zu Banken besteht darin, dass die Eingrenzung dieser Währungsrisiken auf der Basis von Devisen-Planströmen erfolgt, die naturgemäß unsicherheitsbehaftet und zum Zeitpunkt der Sicherung noch nicht in den Büchern erfasst sind (→ IV.3.3 und IV.4.5).

Daneben gibt es noch andere Währungsrisiken in einem international tätigen Unternehmen, die an dieser Stelle nur erwähnt, aber nicht weiter besprochen werden:

- Investitionsgüter: Während im laufenden Geschäft die Währungsrisiken den Plan-Warenströmen pauschal zugeordnet sind, handelt es sich bei Investitionsgütern um einzelne große Posten („big ticket items"), zu denen Devisensicherungen 1:1 in Bezug stehen. Als Beispiel wird der Kauf einer Produktionsanlage im Ausland angeführt: die Investitionsentscheidung und der Kauf im Ausland beruhen auf einer Rentabilitätsrechnung, deren Zeithorizont mehrere Jahre abdeckt und über das laufende Geschäft hinausreicht. Ein Währungskursrisiko könnte die Rentabilität des ganzen Projekts gefährden. Fremdwährungsrisiken in Verbindung mit Investitionsgüterlieferungen aus dem Ausland sollten daher spätestens bei Vertragsabschluß voll abgesichert oder im Vertrag direkt geregelt werden.

- Bilanzposten: Wenn die Bilanzen von Tochtergesellschaften konsolidiert werden, so können damit Bewertungsrisiken verbunden sein, die in die Konzernbilanz einfließen bzw. schon in den Tochterbilanzen auftreten (→ z.B. II.3.4.4 „Währungsinkongruente Finanzierungen"). Diese Risiken werden als „Translation Exposure" bezeichnet und stehen wie die Investitionsgüter im obigen Beispiel in direktem Bezug zu einzelnen Positionen.

In beiden Fällen – Investitionsgüter und Konsolidierung bzw. Bewertung von Bilanzposten – handelt es sich um verbuchte Devisenpositionen. Insofern besteht hier kein Unterschied zu Devisenpositionen in Banken. Ob sie gesichert werden oder nicht, ist jeweils ad hoc zu entscheiden und nicht Thema des Währungsmanagements wie es in der Folge besprochen wird. Wie eingangs erwähnt, geht es hier um das Währungsmanagement in einem Industrieunternehmen im Rahmen des laufenden Geschäfts mit Fremdwährungsplanströmen als Basis für Sicherungsmaßnahmen gegen Wechselkursrisiken. Der Vollständigkeit halber wird noch auf andere Risiken im internationalen Geschäftsbereich hingewiesen, wie Transferrisiken, Kreditrisiken (Bonitätsfragen), Länderrisiken („sovereign risk"), Zahlungsverzögerungsrisiken und dergleichen mehr. Diese Risiken sind ebenfalls nicht Gegenstand dieses Abschnitts (→VI.).

IV.3.2 DIE FREMDWÄHRUNGSSTRÖME IM VOLKSWAGEN-KONZERN

Der Volkswagen-Konzern besteht wie jeder große Konzern aus einer Vielzahl von einzelnen Gesellschaften. Neben der Muttergesellschaft Volkswagen AG sind auch die meisten Tochtergesellschafen international tätig und generieren Fremdwährungseingänge und -ausgänge aufgrund ihrer kommerziellen Aktivitäten. Die wichtigsten Gesellschaften mit den Währungen ihrer Waren- und Dienstleistungsströme in schematischer Darstellung:

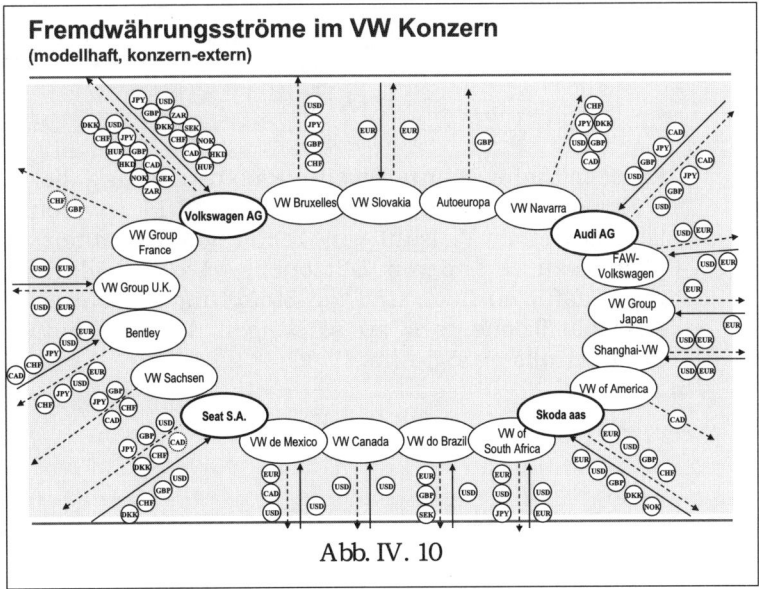

Abb. IV. 10

Abb. IV.10 zeigt die externen Währungsströme, die bei den einzelnen Gesellschaften anfallen. In ihrer Summe bilden sie das
Fremdwährungsrisiko des Konzerns. Jede Konzerngesellschaft
wird rechtlich wie eine Drittgesellschaft geführt und hat ihre eigene Bilanz und GuV zu verantworten. Ihr Währungsrisiko ist
daher nicht auf die konzern-externen Devisenströme beschränkt, sondern beinhaltet außerdem die Währungsrisiken
aus Verbundlieferungen (Beispiel: Komponentenlieferungen der
VW AG an ihre Tochtergesellschaft VW de Mexico). Abb. IV.10 ist
also noch um die konzern-internen Lieferströme zu ergänzen;
Abb. IV.11:

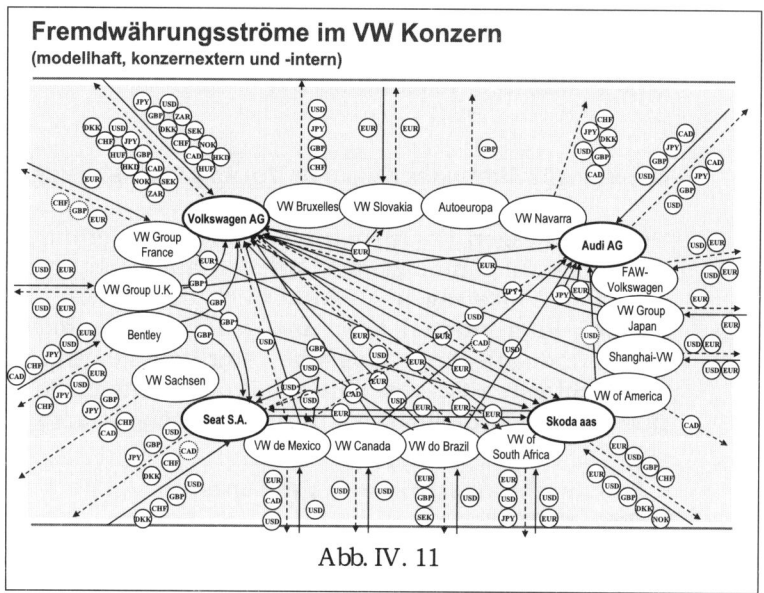

Abb. IV. 11

Eine zeitnahe, konzernweite Risikosteuerung bei dezentralem
Währungsmanagement gemäß Abb. IV.11 ist nicht praxistaug-
lich. Bei einer Vielzahl von Tochtergesellschaften, einige davon
noch dazu in anderen Zeitzonen, wäre der administrative Aufwand dafür zu hoch und die Steuerung zu schwerfällig, von der
Kontrolleffizienz ganz zu schweigen. Die Alternative besteht in
der Zentralisierung; Abb. IV.12:

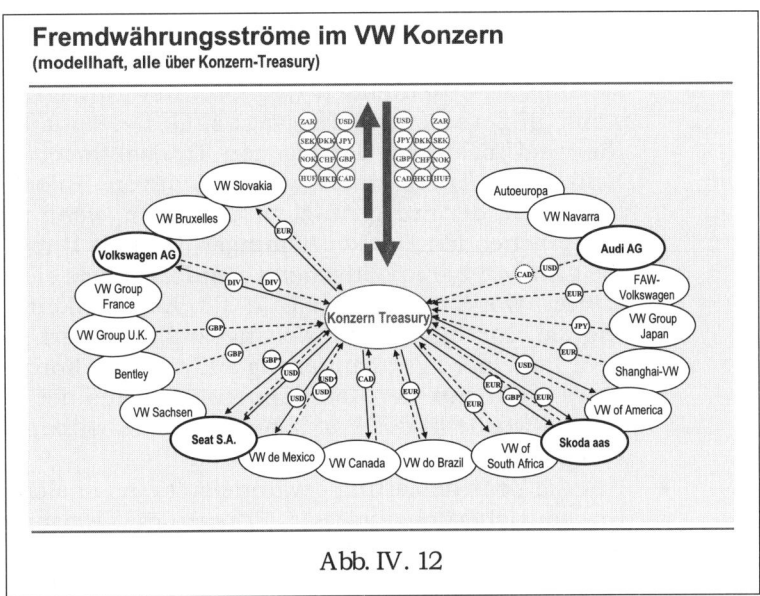

Fremdwährungsströme im VW Konzern
(modellhaft, alle über Konzern-Treasury)

Abb. IV. 12

IV.3.2.1 ZENTRALISIERUNG

Die Frage des zentralen vs. dezentralen Währungsmanagements ist neben der Praktikabilität auch ein Thema der Unternehmensphilosophie. Wenn eine Tochtergesellschaft für alle geschäftlichen Belange die Verantwortung tragen soll, so müsste auch das Währungsmanagement in ihre Zuständigkeit fallen. Auf die Nachteile und die Risiken, die diese Vorgehensweise für den Konzern mit sich bringt, wird unten eingegangen. Wenn sich die Tochtergesellschaft hingegen auf das Kerngeschäft konzentrieren soll – hier auf den Verkauf und gegebenenfalls die Produktion von Automobilen –, dann sollte analog zu Liquiditätsmanagement und Finanzierung (→ II.) auch das Währungsmanagement in der Zentrale verankert sein; d.h. alle Konzerngesellschaften wickeln ihre konzern-externen und -internen Währungsströme gemäß obiger Abb. IV.12 über die Konzern-Treasury ab und nur diese tritt operativ nach außen für den Konzern im Devisenmarkt auf, inklusive der Abschlüsse auf Namen und Rechnung von Tochtergesellschaften.

Vorteile der Zentralisierung im Devisenmanagement
*   Der einheitliche Auftritt bringt den „Vorteil aus der Masse" mit sich, so dass die Konditionen optimiert werden können (Interbank-Kurse). Dem liegen die gleichen Marktrealitäten zugrunde wie der Zinsoptimierung bei der Anlage flüssiger Mittel (→ II.2, II.2.1) und der Aufnahme von Fremdmitteln (→ II.3, II.3.3). In der Konzern-Treasury liegt schließlich auch die Kernkompetenz für das Devisengeschäft.

- Es wurde oben auf den bestimmenden Einfluss der Kapitalströme hingewiesen. Diese können im Verlauf des Tagesge-
  schäftes zu bedeutenden Wechselkursveränderungen führen,
  wenn größere Beträge involviert sind. Der optimale Zeitpunkt
  für die Umsetzung der eigenen Transaktionen kann innerhalb eines Tages daher wesentlich vom Informationsfluss
  abhängen, der nur genutzt werden kann, wenn man über die
  entsprechenden Bankbeziehungen verfügt. Dabei gelten hier
  die gleichen bankpolitischen Grundsätze, wie sie bereits in II.
  erörtert worden sind (→ z.B. II.3.3 „Kernbankenprinzip") und
  wie sie nur bei Zentralisierung implementiert werden können. Bei einer Fragmentierung auf einzelne Konzerneinheiten
  ginge nicht nur der Konditionenvorteil aus der Masse verloren, es würde in der Praxis auch zu einer suboptimalen Nutzung der Informationsflüsse führen.
- Nur die Zentralisierung gewährleistet eine in sich konsistente
  Devisensicherungsstrategie. Erfolgen die Devisensicherungen
  in Eigenverantwortung der einzelnen Konzerngesellschaften,
  so besteht das Risiko, dass die verschiedenen Einheiten unterschiedliche oder gar konträre Sicherungsmaßnahmen
  vornehmen, je nach ihren eigenen Kurserwartungen.
- Die Kanalisierung aller Währungsströme durch eine zentrale
  Stelle erlaubt konzern-interne Saldierung der Währungsströme und reduziert somit die Transaktionskosten.
- Bei Zentralisierung wird eine Vielzahl von Währungsströmen
  gebündelt, während bei Tochtergesellschaften meistens nur
  wenige Währungen – und oft nur eine – von Bedeutung sind.
  Damit wird bei ihnen die Abhängigkeit von einzelnen Währungen relativ größer, insbesondere in Relation zu ihrer GuV.
  Die Kursschwankungen einer einzelnen Währung stellen daher eine größere Bedrohung für das Ergebnis der Tochtergesellschaft dar. Zum Beispiel: die Konzernmutter liefert für
  $ 500 Mio. Teile mit Rechnung in $ an eine Tochtergesellschaft, die im $-Raum produziert und dort ihre Fahrzeuge
  verkauft. Für die Tochter fallen dann Erlöse und Zahlungen
  in $ an. Würde die Mutter hingegen die Lieferungen in € be-
  rechnen, so hätte die Tochtergesellschaft ein Devisenrisiko
  aus dieser €-Zahlungsverpflichtung. Im Konzern ändert sich
  zwar dadurch nichts, weil das $-Risiko der Mutter spiegel-
  bildlich zum €-Risiko der Tochter steht. Der Unterschied besteht in der Relation dieses Risikos zum Ergebnis der Gesellschaft. Die Mutter wird i.d.R. ein höheres Ergebnis erwirtschaften als die Tochter. Eine bestimmte Veränderung in der
  €/$-Kursrelation wird für denselben Warenstrom daher eine
  proportional geringere Auswirkung auf das Ergebnis der
  Mutter als der Tochter haben. Dementsprechend leiten sich
  daraus unterschiedliche Chancen/Risiko-Profile und damit
  unterschiedliche Sicherungsstrategien ab: ein € 50 Mio. Risiko ist bei einem erwarteten Ergebnis von € 1.000 Mio. anders
  einzustufen als bei einer Ergebniserwartung von € 200 Mio.

- Die Zentralisierung ermöglicht eine Portfoliobetrachtung, da sie die Währungsströme gesamthaft behandelt. Die Zentrale kann daher eine gegenläufige Kursentwicklung in einer bestimmten Währung leichter absorbieren, wenn sie positive Ergebnisbeiträge von Absicherungen in anderen Währungsströmen erwartet. Die Bewertungen können also in der Summe das Risiko einer einzelnen Währung abfedern – eine Alternative, die Tochtergesellschaften i.d.R. nicht offen steht.
- In I.3 und I.4 wurde auf die Wichtigkeit der Funktionstrennung hingewiesen, um die Kontrollrisiken zu minimieren. Es müsste also die gleiche Infrastruktur in jeder Tochtergesellschaft etabliert werden, um die Kontrolleffizienz zu gewährleisten; der administrative Aufwand wäre von den Kosten her nicht zu rechtfertigen. In der Zentrale muss die Infrastruktur ohnedies etabliert werden. Weitere Gesellschaften dort zu integrieren verursacht nur marginale Kosten und ist technisch leicht zu bewerkstelligen.

IV.3.2.2 FAKTURIERUNGSWÄHRUNG

Prinzipiell kann man vier Fakturierungsvarianten unterscheiden, wobei die ersten drei Lieferungen innerhalb des Konzernverbundes, d.h. von der Mutter an die Tochtergesellschaften, betreffen und die vierte Lieferungen an Konzern-Externe:

a) die „echte" Fremdwährungsfakturierung, Abb. IV.13,
b) die „unechte" Fremdwährungsfakturierung, Abb. IV.13,
c) die Fakturierung in der Konzern-Basiswährung,
   Abb. IV.14,
d) Sonderfall: Lieferungen an unabhängige Dritte, Abb. IV.14;

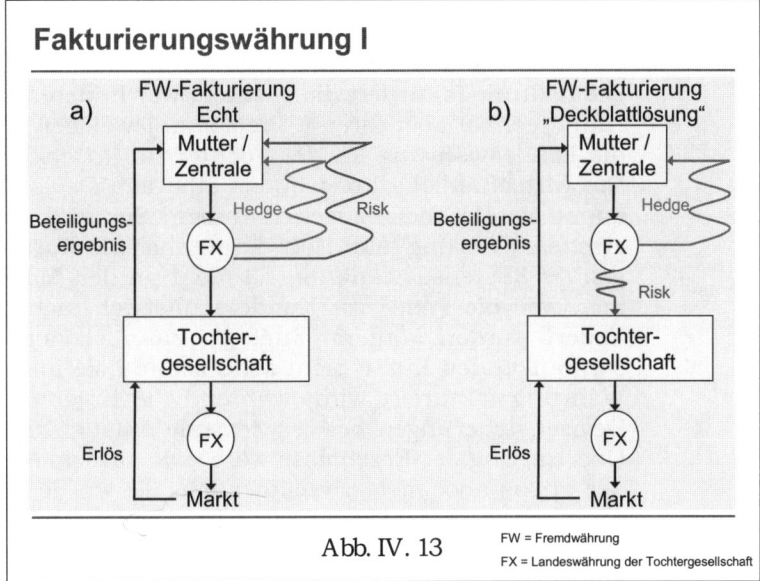

Abb. IV. 13

FW = Fremdwährung
FX = Landeswährung der Tochtergesellschaft

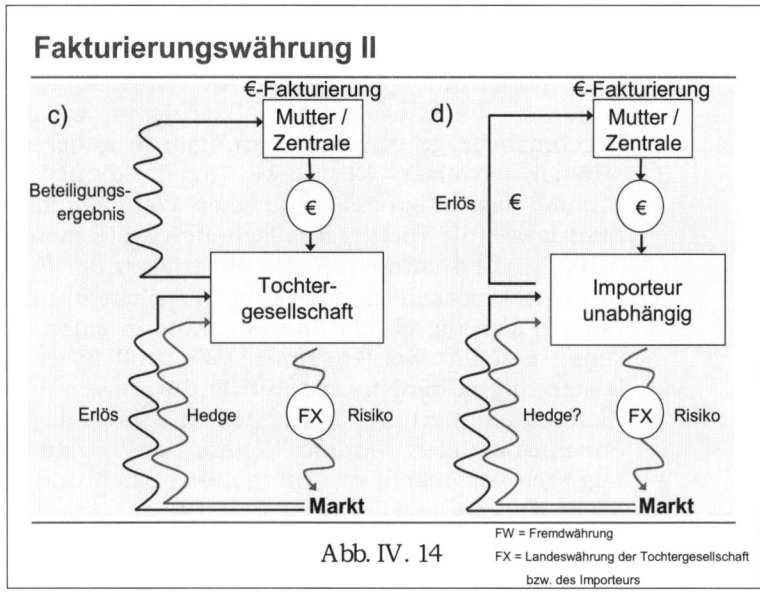

Abb. IV. 14

FW = Fremdwährung
FX = Landeswährung der Tochtergesellschaft
bzw. des Importeurs

Abb. IV.13 und Abb. IV.14:

a) Die „echte" Fremdwährungsfakturierung:
   Die Muttergesellschaft (Zentrale) fakturiert ihre Tochter in
   deren Landeswährung FX, in der diese auch die Produkte in
   ihrem Markt vertreibt. Die Tochter kauft und verkauft in derselben Währung und hat folglich kein Währungsrisiko. Dieses liegt zur Gänze bei der Zentrale, die geeignete Sicherungen („Hedge") vornimmt und die Ergebnisauswirkungen
   trägt.

b) Die „unechte" Fremdwährungsfakturierung:
   Die Zentrale fakturiert die Tochter zwar in deren Landeswährung, rechnet aber ihren €-Preis zum jeweiligen Tageskurs in
   die Landeswährung FX der Tochter um („Deckblattlösung").
   Die wirtschaftliche Konsequenz aus dem Devisenrisiko wird
   damit an die Tochter weitergegeben. Sie wird zwar in ihrer
   eigenen Währung fakturiert, kann aber die Kursschwankungen (→ Kostenschwankungen!) nicht an den Markt weiterge-
   ben, weil die Preise vor Kunde schließlich nicht ständig geändert werden können. Zugleich kann sie sich gegen die
   schwankenden Kurse nicht schützen, da sie in ihrer eigenen
   Währung fakturiert wird, während die Ergebnisse aus den
   Devisensicherungen bei der Zentrale anfallen. Eine ex post-
   Übertragung der Ergebnisse wäre zwar prinzipiell möglich, in
   der Praxis aber nicht zweckdienlich. Sie würde für den Konzern keinen Mehrwert schaffen und außerdem der Zentralisierung zuwider laufen. Die Töchter müssten dann Ergebniskomponenten in ihre GuV übernehmen, für die sie nicht verantwortlich sind und es auch nicht sein sollten. Darüber

hinaus zeigt die praktische Erfahrung, dass Tochtergesellschaften stets bereit sind, Gewinne zu übernehmen, aber bei
gegenläufigen Kursentwicklungen nicht die Verluste akzeptieren wollen, mit der Begründung, sie selbst hätten diese Sicherungen gar nicht vorgenommen. Sind mehrere Tochtergesellschaften von einer einzelnen Währung betroffen, so wäre
der Konflikt bei der Ergebniszuteilung vorprogrammiert.
Zwar könnte im Prinzip eine anteilige Ergebniszuordnung
vorgenommen werden, doch wäre damit erst recht nur admi-
nistrativer Aufwand ohne Mehrwert verbunden.

c) Fakturierung in der Konzern-Basiswährung, z.B. €:
   Die Tochter wird in € fakturiert, verkauft aber in ihrer Landeswährung FX. Nun liegt das Währungsrisiko voll bei der
   Tochtergesellschaft und auch die Entscheidung über etwaige
   Sicherungsmaßnahmen, was der Dezentralisierung gleichkommt. Die Nachteile dieses Verfahrens sind oben beschrieben worden. Das Devisenrisiko verbleibt nach wie vor im
   Konzern, aber verstreut auf die einzelnen Tochtergesellschaften.

In allen drei Fällen fließt natürlich das Devisenrisiko bzw. das
Ergebnis aus den Sicherungsmaßnahmen in den Konzernabschluss ein. Im Fall a) geschieht dies direkt in der Zentrale, da
sie in der Fremdwährung exportiert. Im Fall b) schlagen sich die
Ergebnisse aus den Devisensicherungen zwar in der Zentrale
nieder, beeinflussen aber zugleich das Ergebnis der Tochtergesellschaft, da deren Einkaufspreise mit den Devisenkursen
ständig schwanken. Im Fall c) fließen die Devisenrisiken bzw. -
sicherungsmaßnahmen direkt in das Ergebnis der Tochter ein
und kommen indirekt über das Beteiligungsergebnis an die Mutter zurück. (In allen drei Fällen ist außerdem das Beteiligungsergebnis an sich schon einem vergleichsweise geringen Wechselkursrisiko ausgesetzt, da die Tochter ihr Ergebnis in Fremdwährung erwirtschaftet und an die Mutter abführt.)

d) Sonderfall:
   Etwas anders liegt der Fall, wenn an einen unabhängigen
   Importeur verkauft wird. Hier kann das Währungsrisiko
   durch Fakturierung in der konzerneigenen Währung, z.B. €,
   (zunächst) aus dem Konzern ausgelagert werden. Es liegt
   dann beim Importeur, der in € bezahlt und damit das Währungsrisiko gegenüber seiner Heimatwährung trägt. Allerdings kann sich der Konzern auch hier nicht ganz vom Devisenrisiko trennen, weil er schließlich seine Marktposition
   behaupten will. Läuft der Wechselkurs gegen den Importeur,
   womöglich über eine längere Zeitspanne, so wird er vom
   Konzern eine entsprechende Lieferpreisanpassung fordern,
   so dass das Währungsrisiko dann „durch die Hintertür"
   letztlich doch wieder beim Konzern landet.

Bezüglich der Zentralisierung/Dezentralisierung und Fakturierungswährung sind Mischformen möglich, wenn auch wenig
praktikabel. So könnten z.B. die Tochtergesellschaften die Devisensicherungen vornehmen, aber nur in Abstimmung mit der
Konzern-Zentrale. Ein solches Verfahren könnte ebenfalls zu einer konzernweit in sich konsistenten Sicherungsstrategie führen. Seine Handhabung wäre jedoch schwerfällig und würde
zwischen der Zentrale und den Tochtergesellschaften zu endlosen Diskussionen führen – insbesondere wenn eine Fremdwährung mehrere Tochtergesellschaften betrifft – ohne auf Konzernebene am Devisenrisiko etwas zu ändern. Aus diesen Gründen
wird hier die Zentralisierung befürwortet, nicht nur gegenüber
der Dezentralisierung, sondern auch gegenüber irgendwelchen
Mischformen.

Fazit
Die Fremdwährungsfakturierung ist die geeignetste Methode, um
die Devisenrisiken im Konzern zu zentralisieren. Ihr sollte
grundsätzlich der Vorzug gegeben werden bei allen Lieferungen
an konzerneigene Tochtergesellschaften. Ebenso sollte bei Lieferungen an die Mutter die Tochter in ihrer Landeswährung fakturieren, so dass auch hier das Währungsrisiko bei der Muttergesellschaft anfällt; konzern-interne Währungsströme können
dann gegebenenfalls saldiert werden. Bei der Fremdwährungsfakturierung im Konzernverbund fakturiert die Mutter also nicht
nur in Fremdwährung, sondern wird auch in Fremdwährung
fakturiert, so dass alle Währungsrisiken bei ihr zentralisiert sind
und sie alleine für die Sicherungsstrategie verantwortlich ist.

In Ausnahmefällen kann von der Regel „Fremdwährungsfakturierung" abgewichen werden, selbst wenn konzern-externe Währungsströme miteinbezogen werden, nämlich dann, wenn Saldieren sinnvoll ist. Das wäre der Fall, wenn eine ausländische
Tochter Exporterlöse im Markt der Muttergesellschaft erzielt. Am
besten lässt sich das anhand eines Beispiels erläutern: Die Mutter mit Sitz in einem €-Land liefert Teile an eine Tochter außerhalb des €-Raums, die dort in die Produktion einfließen. Die
Tochter exportiert ihrerseits in den €-Raum und erzielt dadurch
€-Erlöse. In so einem Fall wäre eine Ausnahme angebracht: Die
Mutter fakturiert ihre Teilelieferungen an die Tochter nicht in
deren Landeswährung, sondern in €, weil die Tochter ihre €-
Zahlungsverpflichtungen an die Mutter aus den €-Erlösen direkt
begleichen kann. Aus Sicht der Tochter handelt es sich dabei
um einen „Natural Hedge I", wie er unten in IV.4, Abb. IV.17 mit
nachfolgendem Text beschrieben wird.

IV.3.3 **PLANSTRÖME ALS SICHERUNGSGRUNDLAGE**

Bevor Sicherungsmaßnahmen ergriffen werden können, ist die Sicherungsgrundlage zu ermitteln: „Was soll abgesichert werden, in welcher Höhe und über welchen Zeitraum?". Der Prozess beginnt daher mit der Erstellung einer verlässlichen Datenbasis (→ vgl. II.1.3). Die Verbindung der potenziellen Sicherungsvolumina mit diversen Devisenkursszenarien führt dann zur Quantifizierung des Wechselkursrisikos (→ IV.3.4).

IV.3.3.1 **SICHERUNGSUMFANG**

Gegenstand von Sicherungsmaßnahmen sind im Folgenden nur die Devisenplanströme des laufenden Geschäfts; andere Währungsrisiken werden nicht behandelt (→ IV.3.1). Der Prozess beginnt mit der Unternehmensplanung, die jedes Jahr erstellt wird und i.d.R. einen revolvierenden 5-Jahreszeitraum umfasst, der an das laufende Geschäftsjahr anschließt. Das erste Jahr dieser Planung ist zugleich die Budgetgrundlage für das kommende Jahr. Die Planung erfolgt lange vor der Lieferung bzw. Fakturierung. Sie beinhaltet die Absatzvolumina und Preise für die einzelnen Exportmärkte, woraus sich die Devisenplaneingänge ergeben; dasselbe gilt für die geplanten Einkäufe im Ausland und die daraus resultierenden Devisenplanausgänge. Unter Berücksichtigung saisonaler Faktoren werden die Devisenplanströme den einzelnen Monaten des Budgetjahres zugeordnet. Damit sind die maximal zu sichernden Beträge – die Devisenplanströme pro Monat – vorgegeben.

Die Devisenplanströme werden vom Konzern-Controlling ermittelt; sie sollten nicht von der Konzern-Treasury erstellt werden, um der maximalen Kontrolleffizienz durch funktionale Trennung Genüge zu tun. Damit wird einer möglichen Manipulation der Sicherungsbasis, z.B. einer absichtlichen Überhöhung der Planvolumina, vorgebeugt und spekulativen Devisentransaktionen unter dem Deckmantel kommerzieller Sicherungsmaßnahmen ein Riegel vorgeschoben.

Die Datenerfassung:

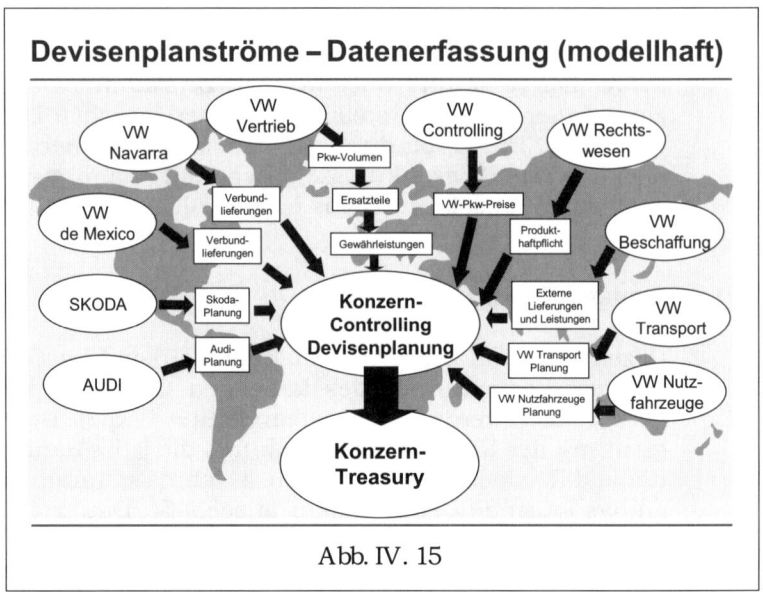

Abb. IV. 15

Abb. IV.15: Konzern-Controlling holt die Daten von allen Unter-nehmensbereichen ein und überstellt sie nach sorgfältiger Prü-fung an die Konzern-Treasury, die auf dieser Basis Sicherungs-maßnahmen ergreifen wird. Plandaten sind naturgemäß Schwankungen unterworfen und werden laufend revidiert, bis sie schließlich in die Ist-Zahlen münden (Rechnungslegung). Die ständige Aktualisierung der Plandaten obliegt ebenfalls dem Konzern-Controlling. Dementsprechend verändert sich ständig die Sicherungsgrundlage, auf der die Sicherungsmaßnahmen der Konzern-Treasury beruhen. Die Erfahrung zeigt, dass die Aktualisierung von Absatzzahlen meist eine Reduktion der Fremdwährungsplanerlöse mit sich bringt. Das rührt daher, dass im ersten Planungsstadium dem Vertrieb oft zu ehrgeizige Verkaufsziele vorgegeben werden. Es empfiehlt sich daher von den ersten Plandaten einen gewissen „Unsicherheitsabschlag" abzuziehen, dessen Höhe auf Erfahrungswerten beruht.

IV.3.3.2   SICHERUNGSHORIZONT

Der Sicherungshorizont deckt den Zeitraum von der Planerstellung bis zur Rechnungslegung/Lieferung ab. Ein Sicherungshorizont über maximal 18 Monate hinaus ist im laufenden Geschäft meistens wenig sinnvoll, weil sowohl die Absatzlage wegen der Konjunkturschwankungen und diverser Marktrisiken als auch die Wechselkursprognosen zu unsicherheitsbehaftet sind. Der Sicherungshorizont bis zu 18 Monaten bietet sich an, weil um die Jahresmitte der Planungsprozess einsetzt und damit die Zeitspanne bis zum Ende des Folgejahres, d.h. des nächsten Budgetjahres, abgedeckt wird. Bei extremen Wechselkursrelationen, wie sie zur Zeit beispielsweise gegenüber dem $ bestehen, kann eine Erweiterung des Sicherungshorizonts bis auf fünf Jahre hinaus sinnvoll sein. Generell richtet sich der Sicherungshorizont nach der Struktur der Warenströme und dem unternehmensspezifischen Planungsprozess. Für andere Unternehmen bzw. Industriesparten können daher kürzere oder längere Sicherungshorizonte zweckmäßiger sein.

Auf Dauer kann sich kein international tätiges Unternehmen den Wechselkursverschiebungen entziehen; selbst die erfolgreichsten Sicherungsstrategien bieten auf längere Sicht keinen Schutz. Bei einer chronisch schwachen Währung muss über den Sicherungshorizont hinaus die preisliche Wettbewerbsfähigkeit in dem betreffenden Exportmarkt durch Anpassungen im operativen Bereich aufrechterhalten werden, also durch Kostensenkungen und Produktivitätssteigerungen. Solche Maßnahmen betreffen in erster Linie die Bereiche „Einkauf" und „Produktion" und haben zum Ziel, Spielraum für wettbewerbsorientierte Preissenkungen im Ausland zu schaffen, was Zeit erfordert. Das bedeutet, der Sicherungshorizont sollte im Grunde so angesetzt werden, dass Kurssicherungen dem Unternehmen jene Zeitspanne einräumen, die für die Umsetzung dieser operativen Maßnahmen erforderlich ist. Das Problem mit diesem prinzipiellen Ansatz liegt in seiner mangelnden Praxistauglichkeit:

- Anpassungszeitraum und folglich Sicherungshorizont müssten für einzelne Produktreihen bzw. -klassen spezifiziert werden; und

- das erforderliche Ausmaß der operativen Anpassungen würde durch die Höhe der Abwertung bestimmt, die im Vorhinein nicht bekannt ist und außerdem für jeden Auslandsmarkt unterschiedlich ausfallen wird.

Man könnte sich allenfalls an den historischen Kurstrends orientieren, die mit den Konjunkturzyklen der einzelnen Auslandsmärkte noch in Bezug zu setzen wären. Neben dem Preis (→ Wechselkursrelation) ist nämlich die Nachfrage für den Absatz entscheidend und sinkenden Verkaufszahlen wird i.d.R. mit Preissenkungen (→Rabatte) in den betreffenden Märkten begegnet, was weitere Kostensenkungen erfordern würde.

IV.3.4   **QUANTIFIZIERUNG DES WECHSELKURSRISIKOS**

Um das Devisenrisiko zu quantifizieren werden die Devisenplanströme mit diversen Kursprognosen und historischen Währungskursschwankungen verbunden. Das jährliche (Plan-) Volumen für die internationalen Warenströme eines multinationalen Konzerns bewegt sich über alle Währungen im €-Gegenwert
typischerweise im zweistelligen Milliardenbereich. Dementsprechend gravierend fallen die Ergebnisauswirkungen pro € 0,01
(1€-Cent) Kursschwankung aus, nämlich in Höhe eines dreistelligen €-Mio.-Betrags. Ein jährlicher $-Warenstrom i.H.v. bei-
spielsweise netto $ 10 Mrd. würde bei einer € 0,01-Kursver-
schiebung eine Ergebnisauswirkung von € 100 Mio. zur Folge
haben.

Hinweis
Alle Währungsströme gegen eine Kursveränderung von ±
€ 0,01 zu bemessen, ist konzeptionell nicht ganz korrekt.
Genauer wäre es, die Änderungen mit ± 1% anzusetzen. Eine
€ 0,01-Veränderung ist gegenüber einem Kurs von z.B. 1 $ =
0,76 € eine relativ andere Größe als gegenüber 1 £ bei z.B.
1 £ = 1,48 € (1,3% vs. 0,7%). In der Praxis ist die Szenario-
Rechnung mit ± € 0,01-Veränderung jedoch handlicher und
eine Bemessung mit ± 1% Veränderung führt zu keinen anderen Schlussfolgerungen bezüglich der Sicherungsmaßnahmen. Abgesehen davon verschieben sich auch nicht alle
Währungskursrelationen zum € immer um das gleiche ± 1%
und auch nicht immer in die gleiche Richtung.

Die Ertragsrisiken aufgrund von Wechselkursschwankungen
wären ohne Sicherungsmaßnahmen unakzeptabel hoch. Bei einem $-Exportüberschuss von beispielsweise $ 6,0 Mrd. p.a. be-
liefe sich das Ergebnisrisiko allein für diese Währung auf € 60 Mio.
pro € 0,01-Kursschwankung. Legt man den €/$-Kursverlauf seit
Einführung des € am 01.01.1999 zugrunde, so lässt sich das
Währungskursrisiko wie folgt quantifizieren. Zunächst der Kursverlauf, Abb. IV.16:

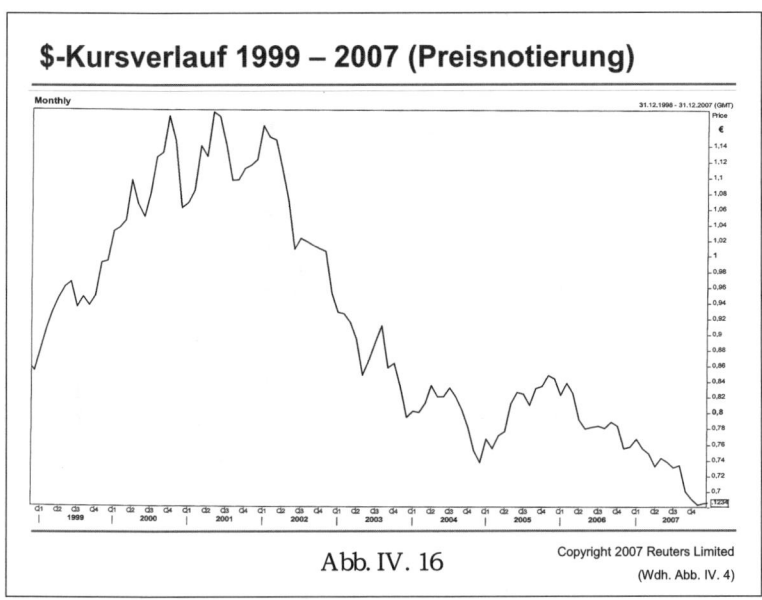

$-Kursverlauf 1999 – 2007 (Preisnotierung)

Abb. IV. 16

Copyright 2007 Reuters Limited
(Wdh. Abb. IV. 4)

Die Abbildung zeigt zwei Perioden extremer Wechselkursveränderungen: 1999 – 2000 stieg der $ um ca. € 0,35 und 2002 –
2004 fiel er um ca. € 0,40. Damit wäre ohne Sicherungsmaßnahmen auf Basis des oben angenommenen jährlichen $-Netto-
Export-volumens von $ 6,0 Mrd. in 1999 – 2000 ein Gewinn von
€ 2.100 Mio. oder € 1.050 Mio. p.a. und für 2002 – 2004 ein
Verlust von € 2.400 Mio. oder € 800 Mio. p.a. verbunden gewesen. Einerseits Chancen mitzunehmen (1999 – 2000), andererseits das Unternehmen vor Risiken zu schützen (2002 – 2004),
ist Aufgabe des Devisenmanagements.

IV.4 SICHERUNGSSTRATEGIEN

In IV. 3.3.2 wurde bereits festgehalten, dass sich längerfristig
kein international tätiges Unternehmen den Wechselkursentwicklungen entziehen kann. Über den Sicherungshorizont hinaus muss Wechselkursrisiken durch operative Maßnahmen begegnet werden. Neben Kosten- und Produktivitätsmaßnahmen
(→ IV.3.3.2) gehören dazu mittelfristig eine Angleichung der Warenströme und langfristig eine Standortstrategie (Thema „Natural Hedge"). Zusammenfassend, Abb. IV.17:

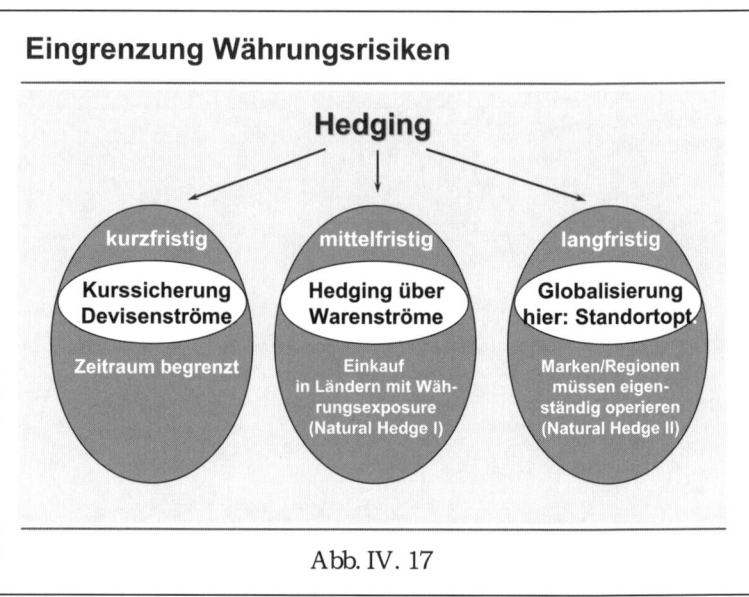

Abb. IV. 17

- <u>Kurzfristig</u>: Der Sicherungshorizont wurde hier mit max. 18 Monaten angesetzt, um den Rest des laufenden Geschäftsjahres und das nachfolgende Budgetjahr abzudecken (→ IV.3.3.2). Das bedeutet nicht, dass Wechselkurssicherungen über 18 Monate hinaus nicht darstellbar wären. Devisenterminabschlüsse können in den wichtigsten Währungen auf fünf bis zehn Jahre getätigt werden, während Devisenoptionsabschlüsse in ihrer Standardversion über zwei Jahre hinaus wegen der hohen Kosten relativ selten vorgenommen werden (→ IV.4.1). Der 18-Monate-Horizont sollte aber nicht als starres Limit aufgefasst werden. Längerfristige Devisensicherungen vertretbaren Ausmaßes können durchaus sinnvoll sein bei extremen Kursausschlägen, die so günstige Sicherungskurse ermöglichen, dass das Unternehmen damit auf jeden Fall „gut leben" kann.

- <u>Mittelfristig</u> können Währungsrisiken reduziert werden, indem Exporte und Importe so weit wie möglich in Einklang gebracht werden („Natural Hedge I"), Idealerweise in gleicher Höhe, um Währungsrisiken völlig zu eliminieren. Letzteres ist meistens nur in Ausnahmefällen möglich. Normalerweise verzeichnen Unternehmen im Saldo Fremdwährungseingänge oder -ausgänge, da sie entweder vorwiegend export- oder importorientiert sind. Außerdem spielen hier noch andere Faktoren eine Rolle wie Qualität und Zuverlässigkeit von Zulieferern, Logistikkosten, Produktspezifikationen etc. So gibt es eine Reihe von Komponenten im Automobilbau, für die die Zahl der Anbieter begrenzt und auf nur wenige Länder konzentriert ist. Und schließlich sollte der Verkauf dort forciert werden, wo die höchsten Margen und die höchsten Preise er-

zielt werden können und der Einkauf dort, wo die Preise
(Kosten) am niedrigsten sind. I.d.R. sind die Hochpreisländer
aber auch die teuersten für den Einkauf, so dass dies eine
Kostenoptimierung konterkarieren würde.

- <u>Langfristig</u> bietet die Standortoptimierung die höchstmögli-
che Absicherung gegen Währungsrisiken („Natural Hedge II").
„Standortoptimierung" bedeutet in diesem Zusammenhang,
dass im Land/Region des Absatzes voll für diesen Markt
produziert wird, mit Zulieferung vor Ort, währungskongruen-
ter Finanzierung etc. Das Devisenrisiko wäre dann im Konzern auf die GuV der betreffenden Tochtergesellschaften beschränkt bzw. auf ihre Ergebnisabführung an die Muttergesellschaft. Das Problem: das Devisenrisiko kann nicht isoliert
gesehen werden und ist gegebenenfalls nachrangig im Vergleich zu einer Reihe anderer unternehmerischer Risikofaktoren wie z.B. Kostenstrukturen, Qualitätssicherung, Lohn-
niveau und -steigerungsraten, Qualifikation der Mitarbeiter,
Streikneigung, Zulieferfirmen, Infrastruktur etc. Außerdem
müssten dann etliche Produktreihen in mehreren Regionen
gleichzeitig produziert werden, was erhebliche Investitionen
erfordern und Kostendegressionseffekte einschränken würde.

<u>Anmerkung</u>
Die Standortoptimierung/„Natural Hedge II" bietet den bes-
ten Schutz gegen Währungsrisiken insbesondere für Produk-
tionsgesellschaften in den Ländern der so genannten Dritten
Welt, wo Devisensicherungsinstrumente nicht oder nur sehr
eingeschränkt zur Verfügung stehen. Die Währungen dieser
Länder können extreme, schlagartige Anpassungen ihres
Außenwertes verzeichnen, z.B.:

	Abwertung gegen $, ca.	Zeitpunkt
China	50%	Jahreswende 1993/94
Mexico	100%	Jahreswende 1995/96
Brasilien	70%	Jahreswende 1998/99
Argentinien	280%	Jahreswende 2001/02

und die südostasiatischen Länder mit Abwertungen von
z.T. deutlich über 100% in der zweiten Jahreshälfte
1997 (→ II.3.7: Abb. II.105, Abb. II.107 und Abb. II.109).

Solche Wechselkursanpassungen werden von den Zentralbanken dieser Länder gerne zur Jahreswende oder im Sommer vorgenommen – in der Annahme, dass zu diesen Zeitpunkten der Aufbau spekulativer Positionen gegen ihre Währungen nicht so ausgeprägt sein würde. Einer der Frühindi-
katoren für bevorstehende Wechselkursanpassungen dieser
Art sind dann beharrlich wiederholte Aussagen der Zentralbanken und zuständigen Ministerien, dass es „auf gar keinen

Fall zu einer Abwertung kommen würde". Liegt der „Natural
Hedge II" nicht vor, so sollten – sofern darstellbar – spätestens dann Devisensicherungen in erhöhtem Umfang eingezogen werden.

Die drei Sicherungshorizonte lassen sich auf der Zeitachse wie
folgt darstellen; Abb. IV.18:

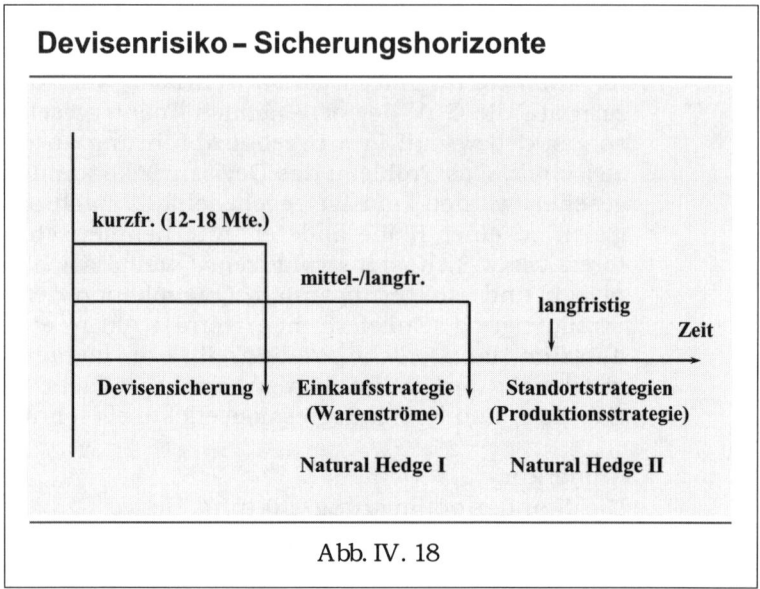

Devisenrisiko – Sicherungshorizonte

Abb. IV. 18

Die Diskussion beschränkt sich im Folgenden auf den kurzfristigen Bereich, also jenen Teil, für den die Konzern-Treasury verantwortlich ist. Die Vorgehensweise wird weiterhin anhand eines
im €-Raum ansässigen exportorientierten Unternehmens unter
Verwendung der Preisnotierung (→ IV.2.2) beschrieben mit Betonung auf der Relation zum $-Raum. Das Ziel ist, den Konzern
vor negativen Ergebnisauswirkungen aufgrund fallender Wechselkurse zu schützen. Bei einem importorientierten Unternehmen läge der Fall genau umgekehrt: seine Netto-
Fremdwährungszahlungen sollten gegen steigende Wechselkurse
abgesichert werden, um die Kosten in € zu minimieren. Als Sicherungsinstrumente kommen vorwiegend Devisentermin- und
Devisenoptionsabschlüsse zum Einsatz.

IV.4.1 DEVISENSICHERUNGEN – STANDARDINSTRUMENTE

Devisentermingeschäfte

Bei einem Devisentermingeschäft wird bei Kontraktabschluss ein Kurs festgelegt, zu dem zu einem bestimmten Zeitpunkt in der Zukunft ein bestimmter Betrag von einer Währung in eine andere getauscht wird. Die Vereinbarung ist bindend, d.h. der vereinbarte Fremdwährungsbetrag muss am Fälligkeitstag getauscht werden; es besteht Liefer- und Abnahmeverpflichtung.

Beispiel: Export aus €- in den $-Raum, Planung 05.01.2007, Lieferung/Zahlungseingang $-Erlös 05.01.2008,
€/$ in der Preisnotierung
05.01.2007: Kassekurs 1$ = 0,7636 €
1-Jahr Terminkurs 1$ = 0,7547 €
1-Jahreszinsatz in € = 4,00%
1-Jahreszinsatz in $ = 5,22%

„Sicherung" bedeutet, dass das aus dem €-Raum in den $-Raum exportierende Unternehmen bereits heute seine in einem Jahr zu erwartenden $-Erlöse per Termin zum Kurs von 1$ = 0,7547 € gegen € verkauft.

Das €-$-Zinsdifferential i.H.v. 1,22% p.a. zugunsten des $ wird durch den Terminabschlag kompensiert (0,7547 + 5,22% = 0,7636 + 4,00%); Abb. IV.19:

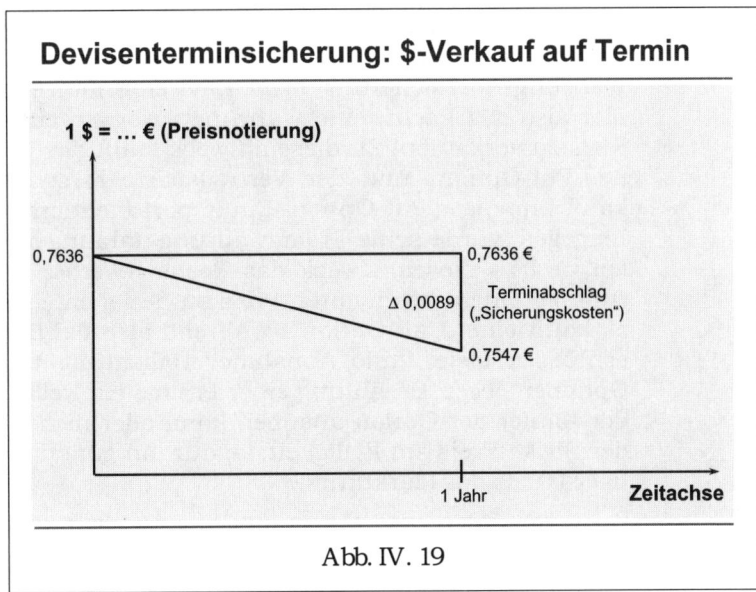

Abb. IV. 19

Ist der Zinssatz der ausländischen Währung höher, dann weist der Terminkurs in € einen Abschlag auf. Dieser Abschlag wird in der Praxis oft mit dem Begriff „Sicherungskosten" bezeichnet, was eigentlich irreführend ist, da der Abschlag lediglich das Zinsdifferential reflektiert. Der Begriff „Sicherungskosten" dürfte historisch bedingt sein, da früher die DM für gewöhnlich die Währung mit den niedrigsten Zinssätzen war, so dass (fast) alle ausländischen Währungen per Termin mit einem Abschlag gehandelt wurden. Dass dieser Begriff unangebracht ist, ist z.B. aus der €-¥-Relation ersichtlich; €/¥ in der Preisnotierung, 05.01.2007:

Kassekurs	100¥	=	0,6462 €
1-Jahr Terminkurs	100¥	=	0,6671 €
1-Jahreszinsatz in €		=	4,00%
1-Jahreszinsatz in ¥		=	0,71%

Da die ¥-Zinsen niedriger sind als die €-Zinsen, wird im Gegensatz zum $ der ¥ auf Termin mit einem Aufschlag gehandelt (0,6671 + 0,71% = 0,6462 + 4,0%; <u>Anmerkung</u>: Marktquotierungen, wie hier für den €/¥-Terminkurs am 05.01.2007, können von den mathematisch exakt berechneten Werten geringfügig abweichen).

Devisenoptionsgeschäfte

Bei den Devisenoptionskontrakten wird gegen Zahlung einer Prämie das Recht erworben, einen bestimmten Fremdwährungsbetrag zu einem zuvor vereinbarten Kurs (Strike-Preis) zu konvertieren. Im Fall eines exportorientierten Unternehmens heißt das, dass es das Recht erwirbt, einen Fremdwährungsbetrag dem Aussteller der Option zum Strike-Preis „anzudienen". Der Währungskurssicherung beim Devisenterminverkauf entspricht hier also das Recht, eine Währung zu einem zuvor vereinbarten Kurs zu verkaufen. Zu diesem Zweck kauft das Unternehmen eine „Put-Option" und der Vertragspartner „schreibt", d.h. verkauft ihm diese Put-Option. Ein importorientiertes Unternehmen hingegen würde seine Fremdwährungszahlungen absichern wollen und zu diesem Zweck das Recht erwerben, die Fremdwährung zu einem bestimmten Preis zu beziehen („abzurufen"), d.h. es kauft eine „Call-Option". Während also bei Devisenterminabschlüssen Liefer- und Abnahmeverpflichtung besteht, wird bei Optionen gegen Bezahlung einer Prämie ein Recht erworben, das der Käufer der Option ausüben kann oder nicht, je nachdem ob der Strike-Preis am Fälligkeitstag für ihn günstiger oder ungünstiger ist als der Marktkurs.

Man unterscheidet zwischen der europäischen und amerikanischen Option:

-   Die „europäische" Option wird für einen bestimmten Zeitpunkt in der Zukunft abgeschlossen, sie kann während der Laufzeit nicht ausgeübt werden, sondern nur zu ihrem Fälligkeitstermin.
-   Die „amerikanische" Option kann zu jedem Zeitpunkt während ihrer Laufzeit ausgeübt werden.

Die höhere Flexibilität der amerikanischen Option bedingt, dass sie teurer ist als die europäische Variante. Die amerikanische Variante ist wegen ihrer ständigen Ausübungsmöglichkeit für Spekulationen geeigneter. Die kostengünstigere europäische Variante wird bevorzugt eingesetzt, wenn nur der Sicherungsgedanke im Vordergrund steht, d.h. ein erwarteter Fremdwährungserlös nur zum Zeitpunkt seines Eingangs gegen ein Kursrisiko abgesichert werden soll.

Das Konzept der Optionen ist mit der Versicherungswirtschaft wesensverwandt: der Versicherungsnehmer (Unternehmen) versichert sich gegen den Eintritt eines bestimmten Ereignisses und bezahlt dafür eine Versicherungsprämie (Optionsprämie), die im Vorhinein entrichtet wird. Der „Versicherungsfall" tritt ein, wenn die Marktentwicklung am Fälligkeitstag zu einem Wechselkurs führt, der für den Käufer der Option ungünstiger ist als der zuvor vereinbarte Strike-Preis. Andernfalls verfällt die Option und die Konvertierung erfolgt zum vorliegenden Marktkurs, d.h. die „Versicherung" wird nicht in Anspruch genommen.

Ein Unternehmen, für das der Sicherungsgedanke im Vordergrund steht, wird Optionen nur kaufen und nicht verkaufen. Optionen verkaufen oder „schreiben" bedeutet, dass man eine Stillhalterposition gegen Erhalt der Optionsprämie eingeht, also die Rolle des Versicherers übernimmt. Das passt nicht in die Strategie eines Unternehmens, das seine kommerziellen Fremdwährungsströme gegen Währungskursrisiken nur absichern und keine unerwünschten Fremdwährungsbeträge „angedient" bekommen will.

Beispiel: Ein exportorientiertes €-Unternehmen will seine zukünftigen $-Erlöse i.H.v. $ 100 Mio. per Option, d.h. durch Kauf einer $-Put-Option absichern; Abb. IV.20:

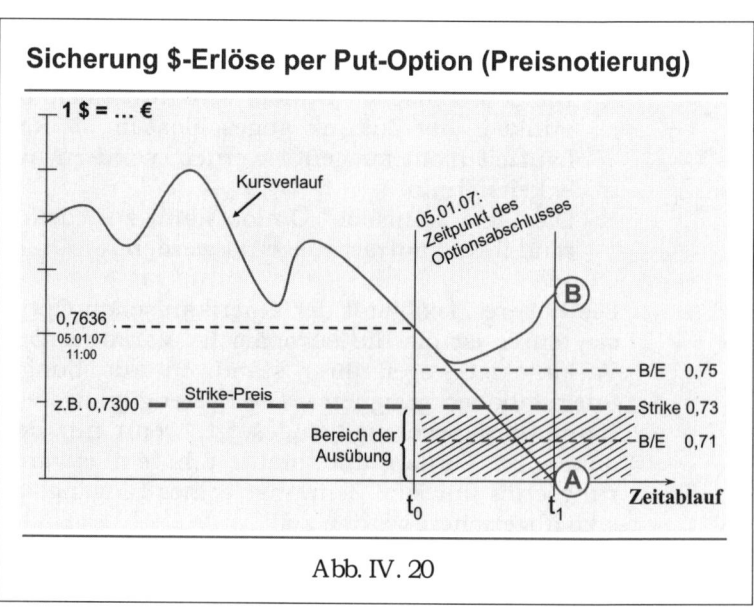

Sicherung $-Erlöse per Put-Option (Preisnotierung)

Abb. IV. 20

Zum Zeitpunkt t_0 steht der $ bei 0,7636 € und das Unternehmen will seine $-Plan-Erlöse zu einem Kurs von mindestens 1 $ = 0,73 € („Strike") bei Zahlungseingang zum Zeitpunkt t_1 konvertieren. Bei Optionskosten von z.B. 2 Cent pro $ auf 6 Monate würde dies bedeuten, dass gegen Bezahlung einer Prämie von € 2 Mio. das Recht erworben wird, in bzw. während der nächsten 6 Monate $ 100 Mio. zu einem Kurs von 1 $ = 0,73 € in € zu konvertieren. Damit wäre also sichergestellt, dass der Erlös von $ 100 Mio. mindestens € 73 Mio. betragen wird. Tritt Kursverlauf A ein (Versicherungsfall), wird die Option ausgeübt und die $ 100 Mio. in € 73 Mio. konvertiert; tritt Kursverlauf B ein, wird die Option nicht ausgeübt und es wird im Markt zum höheren $-Kurs konvertiert, was einen wirtschaftlichen Vorteil mit sich bringt. Zieht man im Fall der Optionsausübung die Optionprämie von den € 73 Mio. ab, so verbleiben netto € 71 Mio. Bezogen auf den Strike-Preis von 1 $ = 0,73 € heißt dies, dass die Versicherung sich voll bezahlt hat, wenn der Kurs unter 0,71 € fällt. Zwischen 0,73 € und 0,71 € werden die Optionskosten nur teilweise kompensiert. Analoges gilt, wenn der Kurs über 0,73 € bleibt und die Option nicht ausgeübt wird; dann kann die Optionsprämie mit dem wirtschaftlichen Vorteil verglichen werden, der sich aus der Differenz Marktkurs minus 0,73 € ergibt (Vorbehalt dazu s.u. Anmerkungen, Punkt 1). Ex-post schlagen die Optionsprämien also nur dann voll zu Buche, wenn der Marktkurs genau auf den Strike-Preis fällt, sie werden auf Null reduziert, wenn der Marktkurs genau auf plus oder minus 0,02 € zum Strike-Preis fällt. Die Werte 0,71 € und 0,75 € (0,73 € +/- 0,02 €) sind daher die „Break-even-Kurse", gegen die die Optionsabschlüsse im Nachhinein zu bewerten sind. Innerhalb dieser Break-even-Bandbreite findet nur eine Reduktion aber keine volle Kompensation der Optionskosten statt.

Wie bei allen Versicherungen sind die Kosten (Prämienaufwand) umso höher, je höher die Eintrittswahrscheinlichkeit des Versicherungsfalles ist. Auf die Devisenkurssicherung per Option übertragen bedeutet dies, dass die Prämie für einen $-Betrag X umso teurer wird, je höher die Wahrscheinlichkeit ist, dass der Strike-Preis erreicht und die Option ausgeübt wird, d.h.:
- je näher der Strike-Preis an den Marktkurs zum Zeitpunkt des Optionsabschlusses gelegt wird,
- je länger die Laufzeit der Option ist und
- je höher die Volatilität des Währungskurses ist.

Die Prämien-Berechnung, in die auch das Zinsdifferential einfließt, erfolgt auf Grundlage der Black-Scholes-Formel, wobei die Volatilität der dominante Faktor ist. Der Begriff „Volatilität" bezieht sich hier auf die erwartete oder implizierte Volatilität. Diese richtet sich nach den Erfahrungswerten der Vergangenheit über einen Zeitraum gleich der Laufzeit, für die die Option abgeschlossen werden soll, plus einen Erwartungswert für die Volatilität in der Zukunft. Optionskosten sind daher dann am niedrigsten, wenn Optionsabschlüsse in relativ ruhigen Perioden getätigt werden. Im günstigsten Fall betragen die Optionsprämien erfahrungsgemäß das ca. 1,5-fache des korrespondierenden Terminabschlags, während sie in turbulenten Perioden bis auf das ca. 3,5-fache (Faustregel) ansteigen können.

Anmerkungen

1. Bei Ausübung einer Option fällt ein echter Gewinn an, weil zu einem günstigeren Kurs – dem Strike-Preis – konvertiert wird als dies sonst im Markt zum Zeitpunkt der Fälligkeit möglich wäre. Daher ist es konzeptionell korrekt, die Optionskosten, die diesen Gewinn erst ermöglicht haben, gegen den Ergebnisbeitrag aus der Sicherung zu verrechnen. Die Optionsprämien bei Nicht-Ausübung gegen den wirtschaftlichen Vorteil aus dem gegenüber Strike günstigeren Marktkurs zu verrechnen, wäre konzeptionell höchstens im Vergleich zur Alternative eines Terminabschlusses angebracht, aber nicht im Vergleich zu einem Sicherungskurs, der aus ex post-Sicht besser gar nicht eingezogen worden wäre. (Kosten/Nutzen-Verrechnung)

In den Büchern wird bei Ausübung der Option wirtschaftlich der Fremdwährungserlös zum Strike-Preis erfasst, d.h. genauer gesagt: der Fremdwährungserlös wird im Rechnungswesen mit dem Marktkurs des Eingangstages verbucht und erst durch das Devisensicherungsergebnis faktisch zum Sicherungskurs ausgewiesen. Bei Nicht-Ausübung wird der Fremdwährungserlös zum Marktkurs des Fälligkeitstages wie ein ungesicherter Betrag erfasst. In beiden Fällen werden die Optionsprämien als eigenständige Kostenfaktoren verbucht.

2. Im Gegensatz zu den Devisenterminabschlüssen wo die Auf-/ Abschläge lediglich die Zinsdifferentiale ausgleichen, handelt es sich bei den Optionsprämien um echte Kosten, die – in Abhängigkeit von Laufzeiten und Sicherungsumfang – erheblich sein können. Manche Unternehmen geben daher einen bestimmten Betrag vor, der für Optionsprämien maximal ausgegeben werden darf und führen diesen als separaten Budget-Posten in ihrer Unternehmensplanung, weil damit eine verlässlichere Gesamtergebnisplanung für das Unternehmen erstellt werden kann. Aus Sicht der Konzern-Treasury hingegen mag es sinnvoller sein, den Optionsprämienaufwand statt gegen eine Budgetvorgabe direkt mit dem Ergebnisbeitrag aus den Optionssicherungen zu verrechnen, deren Erfolg dann allerdings erst bei Fälligkeit abschließend beurteilt werden kann (→ IV.5 „Bewertung und Ergebnisbeitrag").

IV.4.2   PREIS- UND MENGENNOTIERUNG – TEIL 2/3

In der Preisnotierung war das obige Beispiel einer Devisenterminsicherung aus €-Sicht ein $-Verkauf mit einem Terminabschlag wegen der höheren $-Zinsen. In der heute üblichen Mengennotierung ist derselbe Sachverhalt aus $-Sicht ein €-Kauf mit einem Terminaufschlag wegen der niedrigeren €-Zinsen:

05.01.2007:	Kassekurs:	1 €	= 1,3096$
	1-Jahr Terminkurs	1 €	= 1,3250$
	1-Jahresumsatz in $		= 5,22%
	1-Jahresumsatz in €		= 4,00%

Ebenso würde sich natürlich beim ¥ die Relation numerisch invertieren, da aus ¥-Sicht die €-Zinsen höher sind und daher der € per Termin mit Abschlag handelt:

05.01.2007:	Kassekurs	1 €	= 154,75 ¥
	1-Jahr Terminkurs	1 €	= 149,90 ¥
	1-Jahresumsatz in ¥		= 0,71%
	1-Jahresumsatz in €		= 4,00%

Am wirtschaftlichen Sachverhalt ändert sich durch die Notierungsweise natürlich nichts; aus dem $-Terminverkauf in der Preisnotierung wird lediglich ein €-Terminkauf in der Mengennotierung, wobei ungeachtet dessen stets der Fremdwährungsbetrag die gehandelte Größe ist.

Analog dazu der Sachverhalt einer Optionssicherung: in der Preisnotierung stellt die $-Put-Option einen €-Mindestkurs für den $-Verkauf sicher, in der Mengennotierung stellt die €-Call-Option einen $-Maximalkurs für den €-Kauf sicher.

Beispiel: Kurserwartung – der $ fällt; Export erfolgt aus dem €-Raum in den $-Raum; Sicherung eines $-Exporterlöseingangs in 12 Monaten per Termin- und Optionsabschlüssen; 12-Monate-Zinssätze 05.01. 2007: € – 4,00%; $ – 5,22%.

	Preisnotierung	Mengennotierung
Kassakurs 05.01.2007:	1 $ = 0,7636 €	1 € = 1,3096 $
Terminkurs 12 Mte.:	1 $ = 0,7547 €	1 € = 1,3250 $
	(Terminabschlag, $-Zinsen > €-Zinsen)	(Terminaufschlag, €-Zinsen < $-Zinsen)
Angesetzter Strike-Preis:	1 $ = 0,7300 €	1 € = 1,3699 $
Sicherung:	$-Terminverkauf	€-Terminkauf
	$-Put-Option	€-Call-Option
	Put-Optionsprämie in €	Call-Optionsprämie in $ (zahlbar in €)

Graphisch, Abb. IV.21:

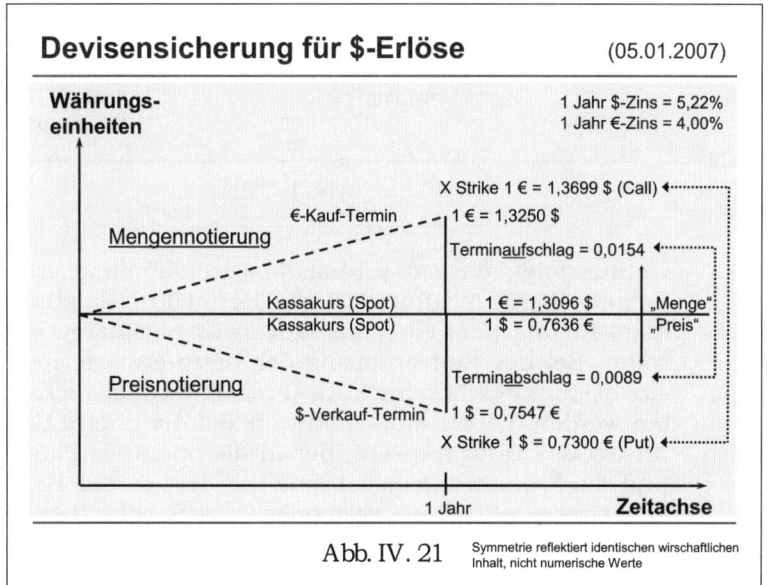

Abb. IV. 21   Symmetrie reflektiert identischen wirschaftlichen Inhalt, nicht numerische Werte

IV.4.3   BUDGETKURS

Ein Industrieunternehmen erzielt seine Gewinne im operativen
Sektor (→ Abb. III.10) aus Warenströmen, d.h. aus dem Überschuss von Erlösen über Herstellungskosten. Im Auslandsgeschäft muss dieser Überschuss nach Konvertierung der Devisenströme in der Heimatwährung erzielt werden; er ist daher Wechselkursrisiken ausgesetzt (→ IV.3.1). Bei Banken und den Finanzdienstleistungen des Unternehmens fließt der Gewinn hingegen im Wesentlichen aus der Arbitrage zwischen Aktiv- und
Passivposten der Bilanz (→ I.2 und III.2), so dass –
Währungskongruenz vorausgesetzt – nur die Marge aus der
jeweiligen Fremdwährung in die Heimatwährung zu überführen
ist. Zusammenfassend, Abb. IV.22:

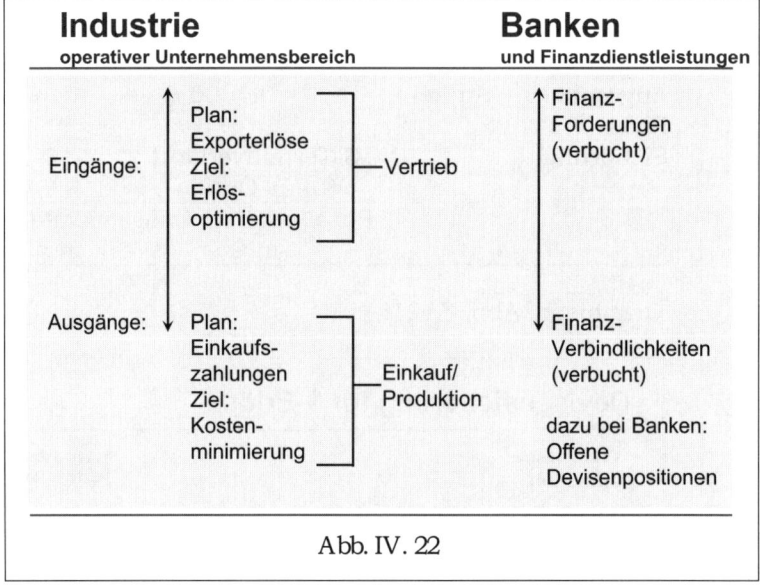

Abb. IV. 22

Daraus folgt, dass das Auslandsgeschäft im operativen Unternehmensbereich zumindest die Herstellungskosten in der Heimatwährung plus einer operativen Ertragsmarge erwirtschaften
sollte. Bei der Konvertierung der Netto-Exporterlöse darf daher
ein bestimmter Mindestkurs (Preisnotierung) nicht unterschritten werden. Dieser Mindestkurs bildet die untere Grenze für den
Ansatz des Budgetkurses, der in die operative Planung einfließt
und die Fremdwährungsströme mit dem in der Heimatwährung
angestrebten Ergebnis verbindet – ein Sachverhalt, der bei Banken so nicht gegeben ist; Abb. IV.23:

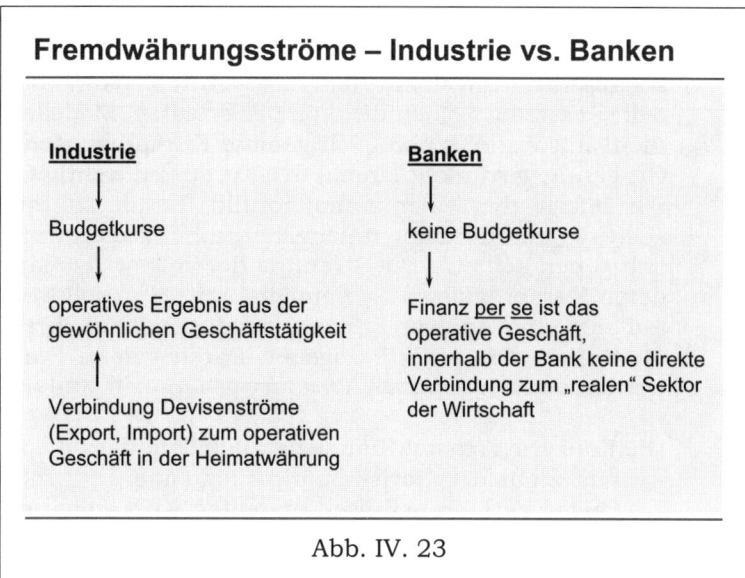

Fremdwährungsströme – Industrie vs. Banken

Industrie	Banken
↓	↓
Budgetkurse	keine Budgetkurse
↓	↓
operatives Ergebnis aus der gewöhnlichen Geschäftstätigkeit	Finanz <u>per se</u> ist das operative Geschäft, innerhalb der Bank keine direkte Verbindung zum „realen" Sektor der Wirtschaft
↑	
Verbindung Devisenströme (Export, Import) zum operativen Geschäft in der Heimatwährung	

Abb. IV. 23

<u>Anmerkung</u>
Bei einem überwiegend importorientierten Unternehmen wäre der Sachverhalt genau umgekehrt. Hier müsste der Budgetkurs so angesetzt werden, dass er einen bestimmten Maximalkurs (FW-Kosten in der Preisnotierung) nicht überschreitet.

○ Die Festlegung des Budgetkurses erfolgt im Rahmen des jährlichen Planungsprozesses (→ IV.3.3; IV.3.3.1) und bezieht alle auslandsbezogenen Organisationseinheiten des Konzerns ein, insbesondere den Vertrieb, das Controlling und die Konzern-Treasury. Die Konzern-Treasury erstellt die Kursprognosen, die mit den Zielvorstellungen der anderen Organisationseinheiten – sofern realistisch – abgeglichen werden. Aber wie können Wechselkurse für die Planung prognostiziert werden, wenn das – wie in IV.2 ausgeführt – so gut wie unmöglich ist? Für die Planung sind Kursprognosen trotzdem unerlässlich, denn ohne sie kann überhaupt nicht geplant werden. In der Praxis bleibt nichts anderes übrig, als plausible Kursszenarien aus allen verfügbaren Informationsquellen abzuleiten:
    1. Fundamentalanalysen
      - unternehmensinterne volkswirtschaftliche Analysen
      - Prognosen von Wirtschaftsforschungsinstituten
      - Prognosen von öffentlichen Institutionen wie IMF, OECD, etc.
    2. Marktumfragen, Einschätzungen der Devisenhändler
    3. Eigene Markteinschätzung, Erfahrungswerte
    4. Historische Kursschwankungen

Die Fundamentalanalysen gemäß Punkt 1 werden von der eigenen volkswirtschaftlichen Abteilung und von Banken sowie Wirtschaftsforschungsinstituten, u.a. mittels ökonometrischer Modelle, erstellt. Selbst die kompliziertesten Modelle sind jedoch nicht imstande, hinlänglich genaue Kursprognosen zu erstellen. Oft genug wird nicht einmal der Kurstrend richtig prognostiziert. Sie liefern aber einen Anhaltspunkt für die zukünftigen Wechselkurse aus fundamentaler Sicht, d.h. „wohin die Kurse eigentlich gehen sollten". Die Streuung der volkswirtschaftlich begründeten Kursprognosen ist ziemlich breit. Man sollte sich daher nie auf nur eine Analyse stützen, sondern alle in ihrer Gesamtheit auswerten. Die marktbezogenen Daten gemäß Punkten 2, 3, 4 werden von der Konzern-Treasury gesammelt und ausgewertet.

Die Konzern-Treasury hat sicherzustellen, dass die Budgetkurse
- aus Sicht der Devisenmärkte plausibel und mit den gemäß obiger Verfahrensweisen erstellten Kursszenarien einigermaßen konsistent sind, um einer Planung „gegen den Markt" vorzubeugen; und
- zum Zeitpunkt der Planverabschiedung im Markt realisierbar wären, so dass durch Sicherungsmaßnahmen zumindest die Budget-Planergebnisse gewährleistet werden können (→ IV.4.4).

Bei der Festlegung des Budgetkurses sind daher die folgenden Grenzwerte von Bedeutung:
o Der Terminsicherungskurs über die Planperiode (Budgetjahr) gibt den maximal zulässigen Wert – „BK-Obergrenze" – für den Budgetkurs vor (→ IV.4.4). Wird der Budgetkurs darüber angesetzt, so wird zwar das Planergebnis damit verbessert, aber „nur auf dem Papier". Eine solche Planung würde auf günstigere Wechselkurse in der Zukunft setzen, und die Konzern-Treasury könnte im Devisenmarkt nicht die Sicherungskurse erreichen, die für die Sicherstellung des geplanten Budgetergebnisses notwendig wären. Mit anderen Worten: ein Budgetkursansatz über der BK-Obergrenze wäre spekulativ, selbst dann, wenn die Kursprognosen alle darüber lägen, weil die tatsächliche Kursentwicklung auf jeden Fall ungewiss bleibt.
o Der operativ erforderliche Mindestkurs wurde oben als jener Kurs definiert, der nach Konvertierung der Netto-Exporterlöse zumindest die Herstellungskosten in der Heimatwährung plus einer operativen Ertragsmarge abdeckt. Liegt dieser Mindestkurs über der BK-Obergrenze (gleich Terminkurs), so sind schon im Vorfeld operative Maßnahmen einzuleiten, um durch Kostensenkungen etc. die Ergebnisziele zu erreichen. Da die Preise stark durch den Wettbewerb bestimmt sind, kann ein positives Ergebnis nach Konvertierung nur erzielt bzw. im Devisenmarkt abgesichert werden, wenn der Mindestkurs unterhalb der BK-Obergrenze liegt.

o   Liegt der Mindestkurs unter der BK-Obergrenze und fallen alle Kursprognosen unter den Mindestkurs, so ist schon bei Planverabschiedung eine hochgradige Absicherung ratsam. Dann sind die Budgetergebnisse zumindest für die Planperiode weitgehend sichergestellt.

o   Liegt der Mindestkurs unter der BK-Obergrenze und sind diese beiden Grenzwerte mit den Kursprognosen einigermaßen konsistent, so besteht innerhalb dieser Bandbreite ein gewisser Spielraum bei der Festlegung des Budgetkurses. Dabei wird Konzern-Treasury einen niedrigeren und Vertrieb einen höheren Budgetkurs befürworten. Ein niedriger Wert wird der Konzern-Treasury mehr Handlungsspielraum bei der Ergebnissicherung einräumen (→ IV.4.4). Vertrieb ist an einem höheren Budgetkurs interessiert, weil damit aus seiner Sicht die Ergebnisziele in der Heimatwährung leichter zu erreichen sind bzw. relativ zum Mindestkurs Spielräume für (spätere) Preissenkungen und damit zur Absatzsteigerung geschaffen werden. Abgesehen davon kann ein Budgetkursansatz über Mindestkurs im Sinne eines Risikoaufschlags als eine erste Vorsorgemaßnahme zur Ergebnissicherung angesehen werden.

Eine einfache Modellrechnung anhand von $-Exporten aus dem €-Raum soll den Sachverhalt verdeutlichen:

- Bei Planerstellung bzw. -verabschiedung:
  - Marktkurs   1 $ = 1,02 €
  - darstellbarer Sicherungskurs   1 $ = 1,00 €
  - daher: max. zulässiger Budgetkurs,
    „BK-Obergrenze"   1 $ = 1,00 €
  - erforderlicher Mindestkurs   1 $ = 0,95 €
  - Kursprognosen, Bandbreite   1 $ = 0,90-1,10 €
  - für Planungszwecke „verwendbare"
    Bandbreite, Budgetkurs-Grenzwerte   1 $ = 0,95-1,00 €
  - Ansatz Budgetkurs   1 $ = 0,97 €
  - $-Produktverkaufspreis, vorgegeben
    durch Wettbewerb $ 10.000
  - Herstellungskosten   € 8.500

(Anmerkung: Die Differenzierung Mindestkurs/Budgetkurs ist nicht zwangsläufig, sondern eine Frage der operativen Steuerung. Man kann auch einen Ansatz wählen, in dem die beiden Kurswerte identisch sind. Die obigen Aussagen zu den Grenzwerten wären dann entsprechend zu modifizieren: Der Budgetkurs hätte alle Bedingungen zu erfüllen, die für den Mindestkurs und den Budgetkurs gemäß obiger Definition gelten, und die für Planungszwecke „verwendbare" Bandbreite der Kursprognosen müsste durch Kurswerte nahe über oder unter dem Budgetkurs ersetzt werden.)

Szenario	A	B	C	D1	D2	E
	Kurs unter Mindestk.	Mindest-kurs	Budget-kurs	Kurse über Budgetkurs		zulässige Budget-kursmax
Kurs 1 $ = ... €	0,93	0,95	0,97	0,99	0,99	1,00
$-Verkaufspreis bzw. -erlös	10.000	10.000	10.000	10.000	9.798	10.000
€-Erlös – Gegenwert	9.300	9.500	9.700	9.900	9.700	10.000
€-Herstellungs-kosten	8.500	8.500	8.500	8.500	8.500	8.500
€-Überschuß (Marge)	800	1.000	1.200	1.400	1.200	1.500
		↓ Mindest-marge	↓ Zielmarge (Budget-planung)	↓ Zusatz-ertrag ("windfall profit")	↑ Alternative: Zusatz-ertrag verwendet für Preis-senkung um $ 202.	

- Bei $-Erlöseingang:
  - Szenario A: ein Wechselkurs unter Mindest- bzw. Budgetkurs reduziert die Ergebnismarge unter ihren Mindest- bzw. Budgetwert; dieser Fall wird nicht eintreten, wenn rechtzeitig Kurssicherungen eingezogen worden sind.
  - Szenario B, C: bei Wechselkurs gleich Mindest- bzw. Budgetkurs ist das Ist-Ergebnis gleich dem Mindest- bzw. Plan-/Budget-Ergebnis.
  - Szenario D: ein Wechselkurs über Budgetkurs führt zur Ergebnisverbesserung gegenüber Budget. Szenario D_1: diese Ergebnisverbesserung wird als „Windfallprofit" vereinnahmt; Szenario D_2: sie wird unter Wahrung des Budgetziels für eine $-Preissenkung eingesetzt, die im Beispiel der obigen Tabelle bis zu $ 202 betragen könnte.
  - Szenario E bzw. noch höhere Kurswerte: ex post das günstigste Szenario für „Windfallprofits" und Preissenkungsspielräume.

Anmerkung zu Szenarien D, E: Preissenkungsmaßnahmen können bereits innerhalb der Planperiode ins Auge gefasst werden, wenn es sich abzeichnet, dass die Wechselkurse über dem Budgetkurs verlaufen werden.

IV.4.4 Sicherungsinstrumente und Budgetkurs

Die theoretisch zulässigen Grenzwerte für den Ansatz des Budgetkurses wurden in IV. 4.3 definiert. Im Folgenden geht es um die Relation des Budgetkurses zu den Devisenkurssicherungen. Der Vorgang wird anhand von $-Exporterlösen aus dem €-Raum veranschaulicht, zunächst in Bezug auf Devisenterminsicherungen:

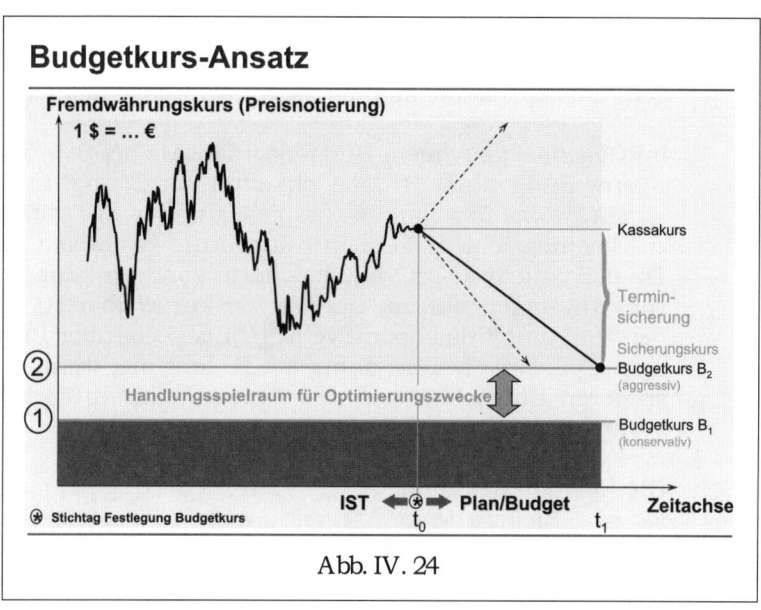

Abb. IV. 24

Abb. IV.24:

t_0 = Zeitpunkt der Planverabschiedung
t_1 = Sicherungshorizont (Ende Budgetjahr)
B_1 = bei t_0 konservativ angesetzter Budgetkurs
B_2 = bei t_0 aggressiv angesetzter Budgetkurs (= Terminkurs)

B_2 ist der theoretisch maximale Budgetkurs – identisch mit dem Terminsicherungskurs, der zum Zeitpunkt der Planverabschiedung darstellbar wäre (→ IV.4.3 „BK-Obergrenze"). Wenn der Budgetkurs mit B_2 angesetzt würde und das Budgetergebnis unbedingt abgesichert werden soll, dann wäre die Konzern-Treasury gezwungen, bei t_0 alle Planerlöse voll durchzusichern, weil andernfalls das Risiko bestünde, dass der Marktkurs sinkt und der Budgetkurs nicht mehr erreicht werden könnte. Insofern würde der Budgetkurs B_2 jedes aktive Devisenmanagement unterbinden und der Konzern-Treasury keinerlei Handlungsmöglichkeiten einräumen. Außerdem wäre mit dem Budgetkurs B_2 das folgende Risiko verbunden: Die damit erzwungene 100% Devisensicherung würde sich auf das Planvolumen zum Zeitpunkt t_0 beziehen. Da Planvolumina ständig Änderungen unterliegen, wäre bei t_1 dann eine Über- oder Untersicherung zu erwarten. Der Differenzbetrag zwischen dem Devisensicherungskontrakt und dem sich dann tatsächlich einstellenden Ist-Wert wäre bei Fälligkeit im Devisenmarkt abzuwickeln. Beispiel: Planexporterlös $ 80 Mio. wird bei t_0 auf t_1 zu 100% per Devisenterminverkauf gesichert, tatsächlicher Exporterlös bei t_1 ist $ 70 Mio., die Differenz von $ 10 Mio. ist bei t_1 zum Kassakurs einzudecken, um den Devisenterminverkauf von $ 80 Mio. voll zu beliefern. Je nach der Wechselkursentwicklung wird die Eindeckung in Höhe von $ 10 Mio. einen unbeabsichtigten (zusätzlichen) Gewinn oder Verlust aus einer Devisentransaktion erbringen, die bei t_1 keine kommerzielle Grundlage mehr hätte.

Im Gegensatz zu einem Budgetkursansatz bei B_2 würde ein niedrigerer Budgetkurs B_1 Möglichkeiten zur Ertragsoptimierung eröffnen, wobei der Handlungsspielraum der Kursdifferenz von B_2 zu B_1 entspricht. Bei einem Budgetkurs B_1 müsste die Konzern-Treasury nicht sofort voll absichern, sondern könnte Währungsschwankungen nutzen, um Wechselkurse über B1 festzuschreiben und damit das operative Ergebnis gegenüber Budget verbessern. Das ist vor allem dann von Bedeutung, wenn aufgrund der späteren Entwicklung in den Devisenmärkten Sicherungskurse sogar über B_2 erzielt werden können.

Die Relation des Budgetkurses zur Sicherung per Option ist analog zur Sicherung per Termin, wobei der Strike- bzw. Break-even-Kurs die Rolle des Devisenterminkurses übernimmt. Wie bei den Terminabschlüssen würde ein aggressiv angesetzter Budgetkurs B_2 bedingen, dass bei t_0 die Planvolumina per Option zum Strike-Preis voll gesichert werden müssten bzw. zum Break-even-Kurs, wenn die Optionsprämien mit abgedeckt werden sollen. Grundsätzlich räumen die Optionssicherungen gegenüber den Terminabschlüssen mehr Flexibilität ein, die de facto jedoch durch die Kosten eingeschränkt wird; setzt man den Strike bzw. Break-even beispielsweise zum Zeitpunkt t_0 für t_1 bei B_2 (gleich Terminkurs) an, so werden die Optionsprämien – zumal bei Laufzeiten bis zum Ende des Budgetjahres (12 bis 18 Monate) – prohibitiv teuer. Deswegen wäre der Strike-Preis deutlich ungünstiger anzusetzen als der korrespondierende Terminkurs. Abb. IV.25 fasst in Anlehnung an Abb. IV.21 und Abb. IV.24 unter Einbeziehung des Budgetkurses den Sachverhalt in der Preis- und Mengennotierung zusammen:

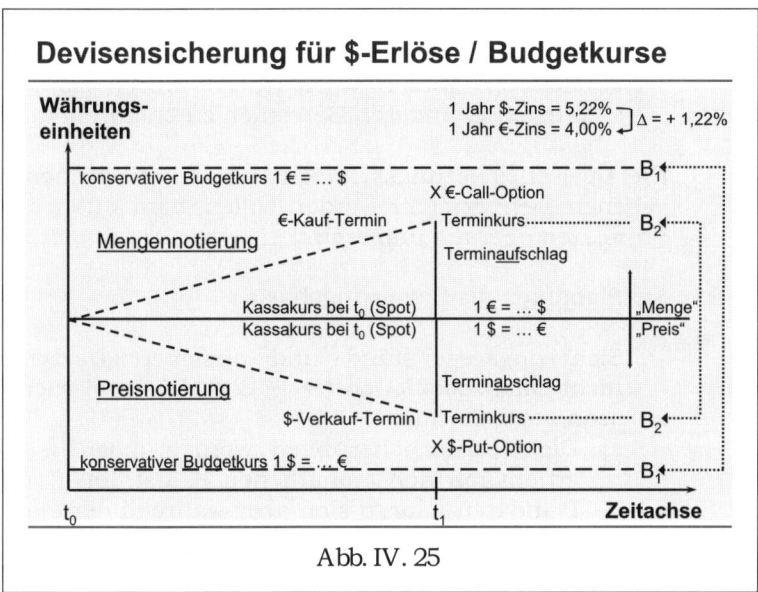

Devisensicherung für $-Erlöse / Budgetkurse

Währungs-einheiten

1 Jahr $-Zins = 5,22%
1 Jahr €-Zins = 4,00% Δ = + 1,22%

konservativer Budgetkurs 1 € = ... $ — — — — — — — — — B_1

X €-Call-Option

€-Kauf-Termin — Terminkurs .... B_2

Mengennotierung

Terminaufschlag

Kassakurs bei t_0 (Spot) | 1 € = ... $ | „Menge"
Kassakurs bei t_0 (Spot) | 1 $ = ... € | „Preis"

Terminabschlag

Preisnotierung

$-Verkauf-Termin — Terminkurs .... B_2

X $-Put-Option

konservativer Budgetkurs 1 $ = ... € — — — — — — — — — B_1

t_0 t_1 **Zeitachse**

Abb. IV. 25

IV.4.5   OPERATIVE VORGEHENSWEISE

Zielsetzung – Präzisierung

Die Konzern-Treasury hat im Devisenmanagement zwei Aufgaben zu erfüllen:
1. Sie muss sicherstellen, dass die Konvertierung zukünftiger Fremdwährungserlöse (netto) im gesamten Planungszeitraum in jeder Währung zumindest zum Budgetkurs erfolgt (→ IV.4.3 und IV.4.4), um die operativen Ergebnisziele in der Heimatwährung zu gewährleisten.
2. Sie soll darüber hinaus Chancen in den Devisenmärkten wahrnehmen und Sicherungskurse für die Fremdwährungserlöse festschreiben, die über den Budgetkursen liegen und damit einen zusätzlichen Beitrag zum Unternehmensergebnis leisten.
Im Vordergrund steht der Sicherungsauftrag. Um einer Spekulation vorzubeugen, wird für den angestrebten Mehrertrag kein Gewinnziel vorgegeben.

Anmerkung
Dieser Geschäftsauftrag kombiniert die Ergebnissicherung (Sicherstellung des Budgetkurses) mit der Erzielung eines Mehrertrags durch Wahrnehmung günstiger Kursentwicklungen. Der Auftrag könnte auch anders lauten, z.B. nur Sicherung zum Budgetkurs oder ausschließliche Orientierung am Geschehen in den Devisenmärkten. Letzteres würde bedeuten, dass das Devisenmanagement die Budgetkurse gar nicht beachtet und seine Sicherungen nur an der Marktent-

wicklung orientiert. Diese Strategie beinhaltet größere Chancen und Risiken. Die Geschäftsleitung wäre in diesem Fall gut beraten, ihre Devisenstrategie durch planerische Rückstellungen in anderen Bereichen zu ergänzen.

O Die Devisensicherungsstrategie, mit der die beiden oben vorgegebenen Ziele erreicht werden sollen, wird unter den folgenden Prämissen operativ umgesetzt:

1. Plandaten als Sicherungsbasis

   Sicherungsgegenstand sind unsichere Devisenplanströme, nicht Bilanzpositionen (→ IV.3.3). Die zwei wichtigsten Konsequenzen daraus:
   a) Die Devisensicherungen werden möglichst laufzeitkongruent mit den monatlichen Planströmen vorgenommen. Plandaten ändern sich aber während der Planperiode. Sie werden ab der ersten Planerstellung ständig aktualisiert und müssen mit den bereits vorgenommenen Devisensicherungen immer wieder neu in Bezug gesetzt werden. Bei den Sicherungsmaßnahmen ist daher nicht nur die Kursentwicklung zu berücksichtigen, sondern auch die fortlaufende Entwicklung der Plandaten wegen der damit verbundenen Änderungen der Sicherungsgrade.
   b) Planströme werden nicht verbucht. Das bedeutet, dass das Unternehmen ein wirtschaftliches Devisenrisiko hat, das aber in den Büchern nicht aufscheint bis die Plandaten zu Ist-Daten werden und Eingang in die Bilanz finden (Rechnungslegung). Die Devisensicherungen, die diese wirtschaftlichen Risiken eingrenzen, fließen hingegen bereits zum Zeitpunkt ihres Abschlusses in die Bücher ein und schaffen damit formell zunächst eine offene Position, die bis zu ihrer Fälligkeit laufend bewertet werden muss (→ IV.5.1). Ihre Verbindung zum wirtschaftlichen Risiko, das damit eigentlich schon früher reduziert worden ist, kann in den Büchern erst bei Rechnungslegung bzw. Zahlungseingang hergestellt werden.

2. Risikodefinition – Ergebnisauswirkung

   Wirtschaftlich betrachtet eliminiert eine Sicherung per Devisenterminabschluss (→ IV.4.1) das Währungsrisiko nicht! Sie gibt nur Kalkulationssicherheit und eliminiert die Ungewissheit, zu welchem Kurs die künftigen Fremdwährungseingänge konvertiert werden (Tausch des Unbekannten gegen das Bekannte). Der Wechselkursgewinn/-verlust bei Eingang des Fremdwährungserlöses wird durch den Wechselkursverlust/-gewinn aus dem Devisenterminabschluss ausgeglichen und damit der Fremdwährungserlös de facto zum Terminkurs konvertiert. Wirtschaftlich betrachtet beinhaltet eine Erlössicherung per Termin, nach der die Wechselkurse steigen, dasselbe Risiko wie eine, die bei fallenden Kursen unterblieben ist: Wenn der $ steigt, ist bei Fälligkeit der Devisenterminverkauf nachteilig gewesen; ohne die Terminsicherung hätte man einen höheren €-Erlös erzielen können. Ex post hätte man also eine Chance vergeben (Risiko eines entgangenen Mehrertrags). Wenn der $ hingegen fällt, dann hat die Sicherung ein Verlust-Risiko tatsächlich eliminiert und einen Mehrertrag generiert. Diese Betrachtung lässt sich am Grenzfall einer 100% Terminsicherung verdeutlichen: würde man fortlaufend alle Planerlöse auf 12 Monate voll durchsichern, so hätte man zwar Kalkulationssicherheit, würde aber lediglich die gegenwärtigen Kursschwankungen in die Zukunft übertragen. (→ „Wenn Sie nachts nicht gut schlafen können, dann haben Sie wahrscheinlich zu wenig oder zu viel gesichert.")

Devisenplanströme per Termin voll zu sichern ist nur vertretbar, wenn man grundsätzlich nur die Sicherstellung eines Gewinns in der Heimatwährung anstrebt – mit oder ohne Mehrertrag gegenüber Budget –, vorausgesetzt entsprechende Sicherungskurse können realisiert werden. Allerdings beraubt man sich damit jeglicher Flexibilität, um auf Planzahlenänderungen, Absatzeinbrüche oder Devisenkursausschläge reagieren zu können. So würde z.B. ein Absatzeinbruch zu einer Übersicherung mit ungewissen Ergebnisauswirkungen führen (→ IV.4.4), und dies wenn das operative Ergebnis infolge des Absatzeinbruchs bereits belastet ist.

Anders liegt der Fall bei den Devisenoptionssicherungen (→ IV.4.1), bei denen die Gewinnchancen bestehen bleiben und nur die Verlustrisiken eliminiert werden. Dafür belasten aber die Optionsprämien den Ergebnisbeitrag.

○ Die praktische Erfahrung hat gezeigt, dass in Anbetracht der erheblichen Unsicherheiten in den Devisenmärkten, den Absatzmärkten und den Plandaten ein flexibles Devisensicherungsverfahren jeder starren Vorgehensweise überlegen ist. Der Prozessablauf, Abb. IV.26:

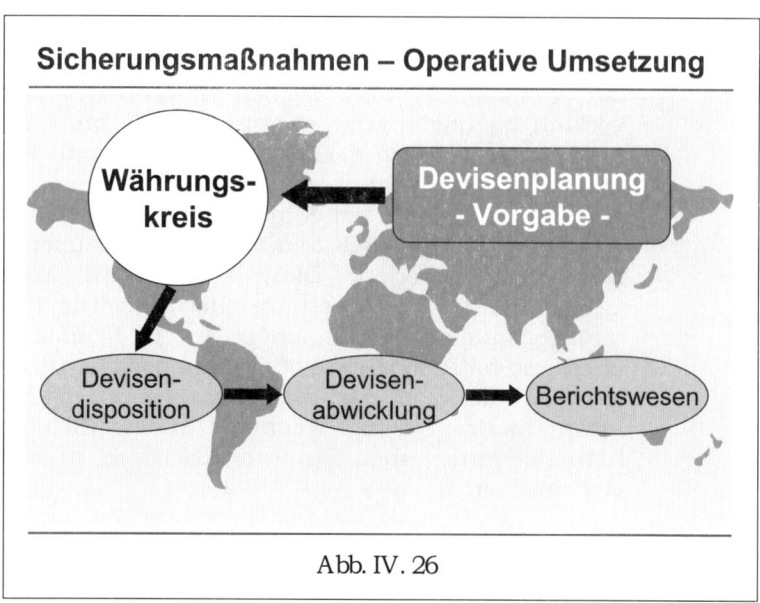

Abb. IV. 26

Ein Konzern-Treasury interner „Währungskreis" entscheidet aufgrund seiner Einschätzung der Devisenmärkte, welcher Prozentsatz der Planströme für welchen Zeitraum abgesichert werden soll. Dieser Währungskreis sollte regelmäßig mindestens einmal wöchentlich tagen und bei Bedarf jederzeit ad-hoc einberufen werden können. Er setzt sich aus dem Leiter der Konzern-Treasury, seinem Stellvertreter, dem Chefhändler und einigen Devisenhändlern zusammen. Die Umsetzung der Sicherungsstrategie erfolgt graduell, wird laufend überprüft und immer wieder den neuesten Entwicklungen entsprechend modifiziert. Die Aktualisierung der Plandaten erfolgt außerhalb der Konzern-Treasury (→ IV.3.3.1). Die Analyse der Devisenmärkte hingegen fällt in die alleinige Zuständigkeit der Konzern-Treasury, die alle verfügbaren Informationen zusammenzieht, bewertet und daraus das wahrscheinlichste Kursszenario für jede Fremdwährung ableitet, in der der Konzern Währungsrisiken ausgesetzt ist.

O Die Einschätzung künftiger Währungstrends, um die es hier geht, ist nicht zu verwechseln mit den Kursprognosen bei Festlegung der Budgetkurse, die in die 5-Jahres-Planung und insbesondere die Planung für das nächste Geschäftsjahr einfließen (→ IV.4.3). Während es sich dort um längerfristige Kursprognosen für Planungszwecke handelt, geht es hier um die Einschätzung kurzfristiger Marktentwicklungen mit dem Ziel, die Devisensicherungskurse schrittweise zu optimieren. Diese Meinungsbildung erfolgt am besten in der Gruppe, dem „Währungskreis" in obiger Abb. IV.26. Erfahrungsgemäß führt dies zu besseren Prognosen als individuelle Einschätzungen.

Der Entscheidungsprozeß konzentriert sich auf:
1. die Marktstimmung,
2. Informationen von Bankpartnern und
3. die eigene Intuition.

1. Die Marktstimmung wird von den Devisenhändlern eingeholt.
   Sie stehen mit ihren Kollegen bei den Banken laufend in
   Verbindung um den Markt „abzugreifen". Jeder Händler
   spricht i.d.R. mindestens einmal pro Tag mit einigen seiner
   engsten Handelspartner. Daraus ergibt sich insgesamt ein
   Stimmungsbild, wie der Markt Daten und Ereignisse gerade
   interpretiert (→ IV.2.1) und welche Kursentwicklungen er
   daraus ableitet. Diese Einstellung ist deshalb wichtig, weil
   Kursentwicklungen kurzfristig oft das Resultat von sich
   selbst erfüllenden Erwartungen sind („self-fulfilling expecta-
   tions").

2. Informationen von Bankpartnern sind hinsichtlich der aktuellen Kapitalströme und der Portfolioentscheidungen der institutionellen Anleger von Bedeutung (→ IV.2.1). Die Positionierung der institutionellen Anleger ist zeitnah aber schwierig in Erfahrung zu bringen. Schließlich schützt jeder seine
   Kundenbeziehungen und dazu gehört die Wahrung der Vertraulichkeit. Andererseits haben die meisten Marktteilnehmer ein gewisses Mitteilungsbedürfnis und große Aufträge
   sprechen sich im Markt i.d.R. herum (ohne Namensnen-
   nung). Auch Gerüchte können Portfolioumschichtungen auslösen. Wer früher davon erfährt – und das ist eine Frage der
   Bankbeziehungen – ist in einer besseren Lage, hier seine
   Dispositionsentscheidungen zu treffen.

3. Die eigene Intuition – das sprichwörtliche „Gefühl im Bauch" –
   sollte nicht ignoriert werden, denn es reflektiert die Summe
   der Erfahrungen, die man im Lauf der Jahre gemacht hat.
   Dabei sollte man sich davor hüten, das eigene Ego gegen den
   Markt zu stellen. Per Definition hat der Markt am Ende immer recht, und wenn er gegen einen läuft, dann ist es besser,
   eine Position glatt zu stellen bzw. eine abgeschlossene Sicherung wieder aufzuheben (→ IV.6) und der alten Bankregel zu
   folgen, die besagt: „Der erste Verlust ist immer der kleinste."

Dazu eine Empfehlung: es hat sich in der Praxis als vorteil-
haft erwiesen, eingegangene Positionen bei gegenläufiger
Marktentwicklung – selbst gegen die eigene Überzeugung –
glatt zu stellen und gegebenenfalls erneut einzugehen. Der
Wert dieser Vorgehensweise liegt im Psychologischen: sie
führt zu einer vorurteilsfreien Neubewertung der Situation
und befreit von dem „Das-wird-schon-wieder-kommen"-
Syndrom. Erfahrungsgemäß werden größere Verluste auf
diese Weise vermieden und die gleichen Positionen nur in
den seltensten Fällen wieder eingegangen. Die Transaktionskosten sind im Vergleich zum Risiko dabei vernachlässigbar.

Diese Empfehlung richtet sich vor allem an Konzern-Treasuries, bei denen spekulative Handelspositionen als Teil der Geschäftspolitik zugelassen sind (→ I.3: „Konzern-Treasury als Profit-Center"); sie ist weniger relevant, wenn Devisensicherungen nur im Zusammenhang mit kommerziell begründeten Fremdwährungsströmen getätigt werden (→ I.3: „Konzern-Treasury als Service-Center").

○ Das Ziel der Ergebnissicherung und -optimierung erfordert ein schrittweises Vorgehen unter Ausnutzung des jeweils vorherrschenden Währungstrends, um möglichst hohe Durchschnittskurse für die Konvertierung der Netto-Exporterlöse zu erreichen; Abb. IV.27:

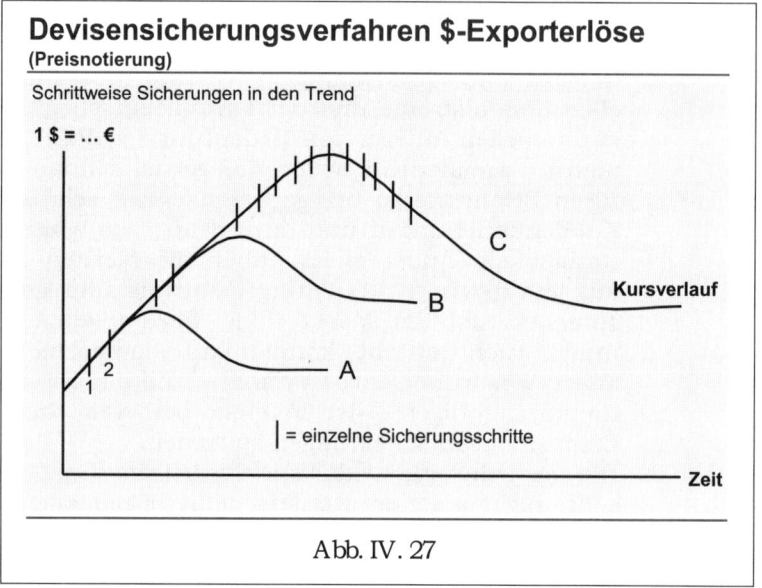

Devisensicherungsverfahren $-Exporterlöse
(Preisnotierung)

Schrittweise Sicherungen in den Trend

1 $ = ... €

C

B

A

Kursverlauf

2
1

| = einzelne Sicherungsschritte

Zeit

Abb. IV. 27

Orientierung am Kurstrend/Erwartung: der Dollar steigt, aber es ist nicht absehbar, wie lange dieser Trend anhalten wird; er kann jederzeit wenden: Kursverlauf A, B oder C in Abb. IV.27. Hält man den Aufwärtstrend für nachhaltig, wird man im Schritt 1 nur einen kleinen Betrag sichern, ebenso im Schritt 2, usw., bis man zu der Einschätzung gelangt, dass die Trendwende bevorsteht. Dann werden die Sicherungsschritte in zunehmend kleineren Intervallen zu jeweils größeren Beträgen erfolgen (Kursverlauf C). Wann und in welcher Höhe sie vorgenommen werden, ist Ermessenssache. Generell lässt sich daraus folgende Vorgehensweise ableiten: fällt der Dollar, wird man tendenziell frühzeitig und hochgradig sichern, steigt er, so wird man zunächst nur geringfügig sichern und erst später den Sicherungsgrad anheben. Als Sicherungsinstrumente kommen dabei die $-Terminverkäufe und $-Put-Optionen zum Einsatz (→ IV.4.1).

Ergänzung: Für ein importorientiertes €-Unternehmen läge der Fall genau umgekehrt. Es würde seine $-Planzahlungen minimieren wollen und daher möglichst niedrigere $-Kaufkurse mittels $-Terminkäufen und $-Call-Optionen sicherstellen wollen, und daher bei obigem Kursverlauf schon zu Beginn größere Beträge in kleinen Intervallen absichern.

Der Kursverlauf in Abb. IV.27 ist nur schematisch; die Realität ist erratischer, was die Kurseinschätzungen erschwert. Waren die Entscheidungen im Nachhinein gesehen mehrheitlich richtig, so wird im Endergebnis ein im Durchschnitt besserer Kurs für die $-Erlöse erzielt, als wenn man nichts getan hätte (→ IV.5.2). In diesem Fall hätte man „den Markt geschlagen" („outperformed the market").

Orientierung am Kursniveau/Wert: Die einzelnen Sicherungsschritte hängen nicht nur von der erwarteten Kursentwicklung ab, sondern auch vom absoluten Kursniveau bzw. von der Differenz Marktkurs/Budgetkurs. Anders formuliert: würde der vorliegende Marktkurs zu zufrieden stellenden Erlösen in € führen, so kann man sich entweder damit begnügen und (nahezu) voll sichern um die Gewinne festzuschreiben, oder auf noch günstigere Wechselkurse warten und auf weitere Sicherungen vorerst verzichten. Bei niedrigen Wechselkursen bzw. Kursen in Nähe des Budgetkurses wäre letzteres zu risikobehaftet.

Orientierung am Wettbewerb: Das ist in der Praxis nicht relevant, da die Sicherungsmaßnahmen und -kurse der Wettbewerber nicht bekannt sind.

Orientierung am Sicherungsstand: Einzelne Sicherungsmaßnahmen sind u.a. eine Frage des bereits erreichten Sicherungsgrads. Ein Sicherungsschritt von 5% der Devisenplanerlöse, der auf einem bereits existierenden Sicherungsgrad von 50% aufsetzt, ist nicht dasselbe wie zu Beginn der Sicherungsmaßnahmen. Sind die bereits bestehenden Sicherungen sowohl gegenüber dem Marktkurs als auch gegenüber dem Budgetkurs in einem deutlichen Plus, so kann man hinsichtlich weiterer Sicherungsmaßnahmen eine risikofreudigere Strategie verfolgen als zu Beginn der Sicherungsmaßnahmen. Optionskosten, die bei ungewissem Kurstrend am Beginn gerechtfertigt sind, sind es bei 50% Sicherungsstand mit Gewinnpolster vielleicht nicht mehr.

Die Wahl der Sicherungsinstrumente hängt vom Währungstrend ab. In der Praxis ist meist ein vernünftiger Mix von Terminen und Optionen angebracht. Bei eindeutigen Kurstrends wird man die Optionskosten vermeiden wollen und zugunsten von Terminabschlüssen entscheiden bzw. keine Sicherungen vornehmen. Optionen hingegen werden zum Einsatz kommen, wenn der

Kurstrend ungewiss ist, man sich aber gegen Kursverluste absichern und zugleich Gewinnchancen offen halten will.

Das Sicherungsprofil: In Anbetracht der hohen Unsicherheiten in den Devisenmärkten ist im Allgemeinen ein einigermaßen ebenmäßiges Sicherungsprofil über das ganze Budgetjahr zu empfehlen. Sind die Terminabschläge jedoch substanziell (Preisnotierung), so können die Terminkurse relativ zum Kassakurs für die längeren Laufzeiten so niedrig ausfallen, dass der zukünftige Kassakurs womöglich günstiger sein wird als der Terminkurs zum Zeitpunkt der Sicherung. Analoges gilt für die Optionssicherungen. Die weiter in der Zukunft liegenden Sicherungsgrade kann man auch deswegen etwas niedriger ansetzen, weil ein längerer Zeitraum mehr Chancen für spätere Maßnahmen einräumt. In diesem Sinn ist die Volatilität der Märkte nicht nur als Risiko, sondern auch als Chance zu begreifen. Ein typisches Sicherungsprofil sieht beispielsweise wie folgt aus; Abb. IV.28:

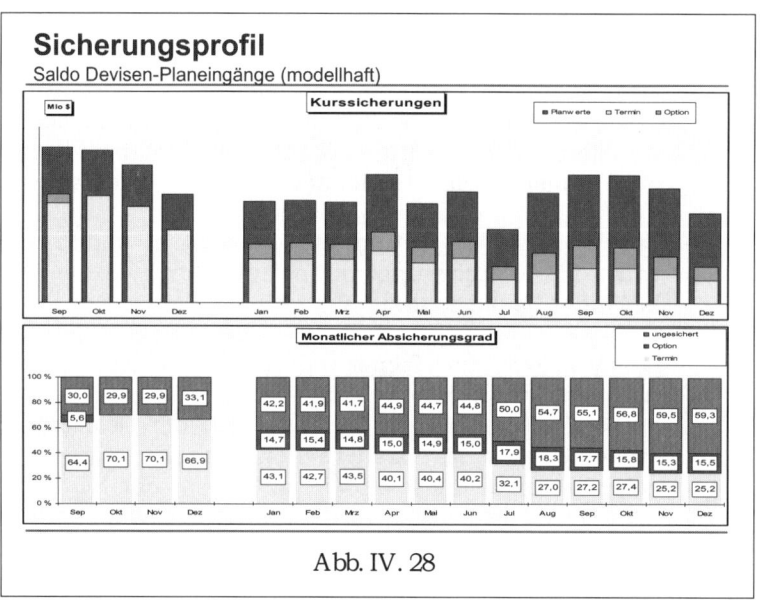

Abb. IV. 28

Der Sicherungsstand in Abb. IV.28 zeigt anhand eines Fallbeispiels einen Mix aus Termin- und Optionssicherungen in den absoluten Beträgen und in Prozent des $-Planeingangs eines jeden Monats. Damals waren die Dollarabsicherungen mit Terminabschlägen verbunden (Preisnotierung), so dass die weiter in der Zukunft liegenden Terminkurse vergleichsweise ungünstiger waren. Aus den oben genannten Gründen sank der Sicherungsgrad in diesem Fallbeispiel aus Sicht August graduell von 70% im Folgemonat September auf 40% im Dezember des Folgejahres.

IV.5 BEWERTUNG UND ERGEBNISBEITRAG

IV.5.1 LAUFENDE BEWERTUNG

Es würde zu weit führen, die Bewertung und Ergebnisauswirkung von Devisensicherungen für jede Variante – export- und importorientiertes Unternehmen jeweils in der Preis- und Mengennotierung – im Einzelnen darzustellen. Die folgende Darstellung beschränkt sich deshalb, wie bisher, auf ein exportorientiertes €-Unternehmen, das seine $-Planerlöse gegen das Wechselkursrisiko absichert, weiterhin unter Verwendung der Preisnotierung. Mit Hilfe der Beschreibung der Preis- und Mengennotierung (→ IV.2.2; IV.4.2, Abb. IV.21; IV.4.4, Abb. IV.25) kann aus diesem Fallbeispiel jede andere Variante abgeleitet werden.

Anhand der Abb. IV.27 wurde beschrieben, wie angesichts der $-Kursentwicklung schrittweise in den Trend hinein $-Terminverkäufe und $-Put-Optionen abgeschlossen werden, um möglichst günstige Sicherungskurse zu erzielen. Da sich diese Sicherungen über die ganze Planperiode erstrecken, wird damit schließlich ein Sicherungsprofil wie in Abb. IV.28 entstehen. Alle diese $-Terminverkäufe und $-Put-Optionen werden unmittelbar in den Büchern erfasst und müssen laufend gegen den Markt bewertet werden (→ IV.4.5). Der Erfolg der Sicherungsmaßnahmen steht erst bei Fälligkeit endgültig fest, wenn sie mit den Exporterlöseingängen verrechnet werden.

Unter Bezugnahme auf Abb. IV.28 wird nun beispielhaft der letzte Monat des Sicherungshorizontes herausgegriffen, um das Bewertungsverfahren näher zu beschreiben, zunächst nur anhand der $-Terminverkäufe. In der Praxis sind natürlich alle am Bewertungsstichtag ausstehenden $-Terminabschlüsse auf diese Weise einzeln zu bewerten und die Ergebnisse zu aggregieren. Des Weiteren wird vereinfachend angenommen, dass alle $-Terminverkäufe in diesem letzten Monat auf dasselbe Datum gelegt worden sind.

Die Bewertungsmethodik

○ Die Bewertung der ausstehenden $-Terminsicherungen während der Laufzeit erfolgt gegen den jeweils aktuellen Marktkurs und gegen den Budgetkurs. Für die Sicherung der $-Erlöse per Terminverkauf ist die Bewertung der Terminverkäufe gegen Markt positiv, wenn der durchschnittliche Sicherungskurs über dem Marktkurs liegt. Der gesicherte Teil des $-Erlöses könnte also zu einem höheren Kurs als dem Marktkurs in € konvertiert werden, wenn diese Kursrelation bis zur Fälligkeit anhält. Sicherungskurse unter Marktkurs führen zu negativen Bewertungsbeiträgen. Über dem Budgetkurs werden die Sicherungskurse per Geschäftsauftrag auf jeden Fall liegen, ebenso wie der Marktkurs, mit dem der ungesicherte Teil gegen den Budgetkurs bewertet wird. Mit schrittweisen Sicherungen bei einem fallenden und steigenden Kurstrend, Abb. IV.29 und Abb. IV.30:

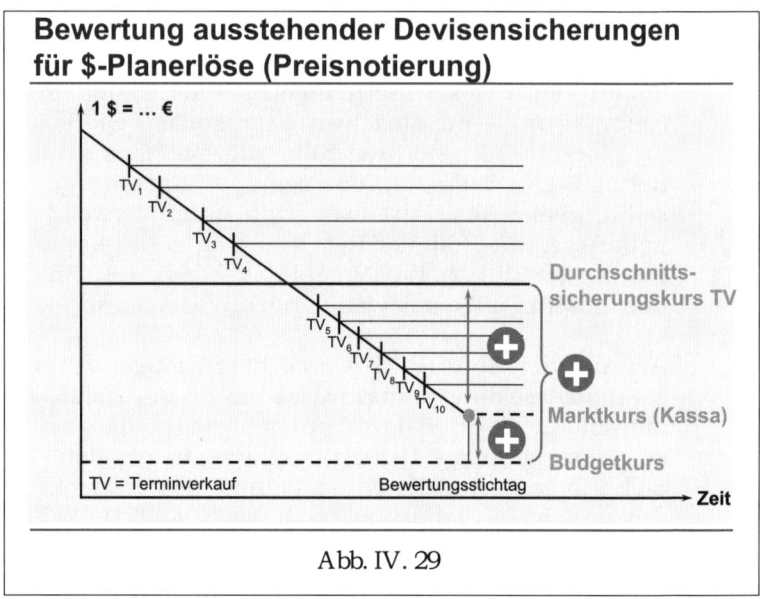

Abb. IV. 29

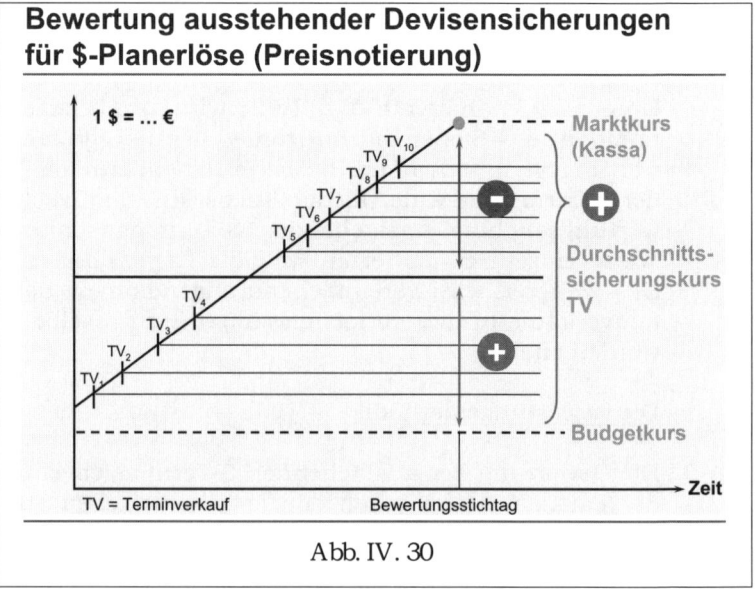

Abb. IV. 30

Im ersten Fall liegt also gegenüber Markt ein Bewertungsplus und im zweiten Fall ein Bewertungsminus vor, und in beiden Fällen ein Bewertungsplus gegenüber Budget.

Technischer Hinweis

In Abb. IV.29 und Abb. IV.30 werden die Devisenterminkurse
mit dem Kassakurs („Spot") des Bewertungsstichtags verglichen, was nur näherungsweise korrekt ist, weil damit der
Terminabschlag vom Bewertungsstichtag zum Fälligkeitstag
vernachlässigt wird. Eine exakte Bewertung würde den Terminkurs verwenden, der am Bewertungsstichtag für den Fälligkeitstermin der Devisensicherung vorliegt; Abb. IV. 31:

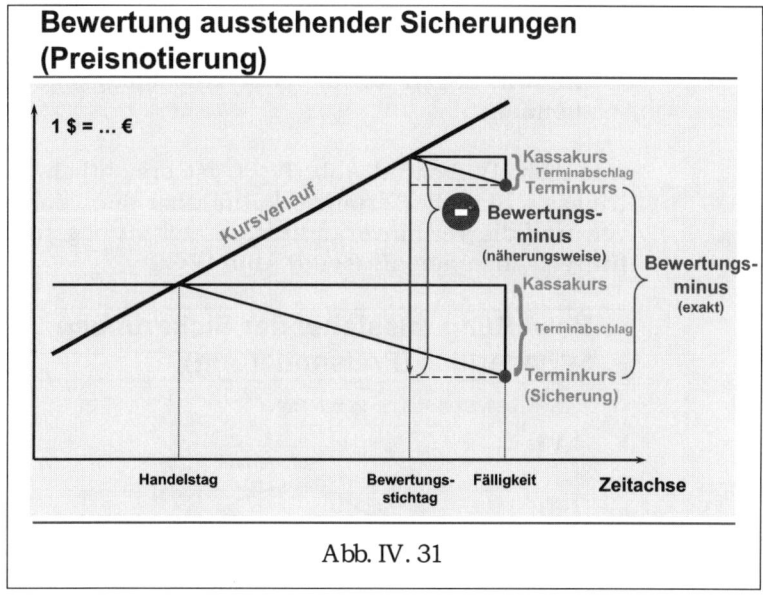

Abb. IV. 31

Der Vorteil des „abgekürzten" Verfahrens liegt in der einfacheren Handhabung im operativen Tagesablauf. In der Praxis
liegt nämlich eine Vielzahl von Terminabschlüssen mit unterschiedlichen Fälligkeiten vor. Im exakten Verfahren wäre
jeder dieser Terminabschlüsse am Bewertungsstichtag gegen
seinen korrespondierenden Terminkurs einzeln zu bewerten.
Verwendet man hingegen den Kassakurs, so können alle
ausstehenden Terminabschlüsse nur gegen diesen einen
Kurs bewertet werden. Das genügt, um die Ergebnisauswirkungen von zusätzlichen Sicherungsmaßnahmen abzuschät-
zen, da deren Terminkurse bei einer Simulationsrechnung
ebenfalls gegen den Kassakurs bewertet würden. Diese Vorgehensweise ist vertretbar, solange die Devisenterminabschlüsse nur Sicherungszwecken dienen, weil die Terminabschläge mit fortschreitender Zeit immer kleiner werden und
bei Endfälligkeit ohnedies auf Null schrumpfen. Nicht mehr
zu vertreten wäre dieser näherungsweise Ansatz bei Sicherungsmaßnahmen gegen Hochzinswährungen, weil dann die
Terminabschläge eine Größenordnung erreichen können, die
nicht mehr vernachlässigt werden kann (→ II.3.4.4 „Wäh-

rungsinkongruente Finanzierungen"; Fallbeispiele Brasilien
und Tschechien, letzteres vor 1999). Grundsätzlich nicht zu
vertreten ist dieses vereinfachte Verfahren im Rechnungswesen, wo jedes Monatsende eine exakte Bewertung unter Verwendung der entsprechenden Terminvergleichskurse vorgenommen wird. Auch Banken, die einen aktiven, z. T. spekulativen Devisenhandel betreiben, können dieses Verfahren
nicht anwenden, da sie mit einer anderen Fragestellung konfrontiert sind, nämlich welcher Gewinn oder Verlust würde
realisiert werden, wenn die Devisenterminkontrakte durch
entsprechende Gegengeschäfte glatt gestellt würden. Dafür
ist eine exakte Positionsbewertung unerlässlich, um die
Auswirkungen auf die GuV zum Fälligkeitstag bemessen zu
können.

Aus Abb. IV.29 und Abb. IV.30 ist ersichtlich, dass am Bewertungsstichtag die Terminverkäufe über dem Marktkurs zu positiven und die Terminverkäufe darunter zu negativen Bewertungen
führen. Zusammenfassend, Abb. IV.32:

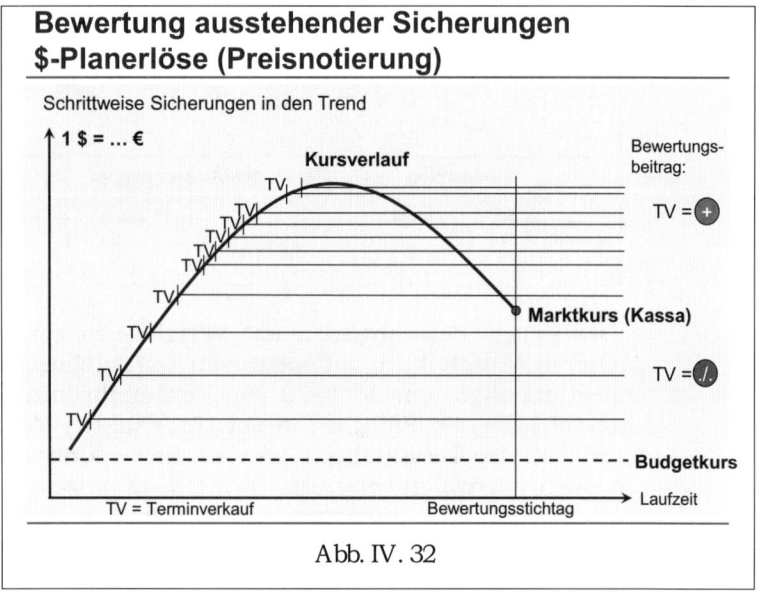

Abb. IV. 32

Die Terminabschlüsse über und unter dem Marktkurs können
zum Bewertungsstichtag zu jeweils einem gewichteten Durchschnittskurs zusammengefasst werden[*]; Abb. IV.33:

[*) In der Praxis wird jeder Terminabschluss einzeln bewertet. Die Zusammenfassung in zwei Durchschnittskurse erfolgt hier nur zugunsten einer klareren
Darstellung des Bewertungsverfahrens.

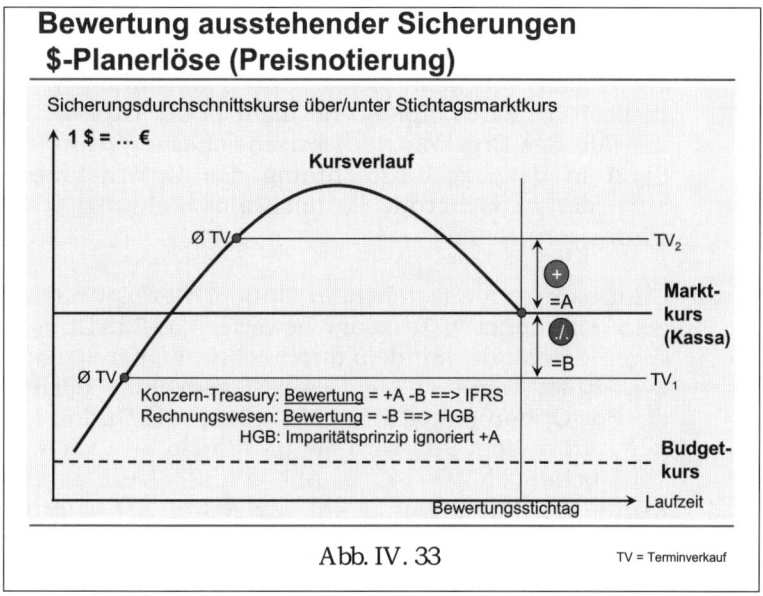

Bewertung ausstehender Sicherungen
$-Planerlöse (Preisnotierung)

Sicherungsdurchschnittskurse über/unter Stichtagsmarktkurs

$1 \$ = ... €$

Kursverlauf

Ø TV — TV_2

+ = A

Markt-kurs (Kassa)

./. = B

Ø TV — TV_1

Konzern-Treasury: Bewertung = +A -B ==> IFRS
Rechnungswesen: Bewertung = -B ==> HGB
HGB: Imparitätsprinzip ignoriert +A

Budget-kurs

Bewertungsstichtag — Laufzeit

Abb. IV. 33   TV = Terminverkauf

Abb. IV.33 zeigt das Bewertungsverfahren nach IFRS[*)] und HGB[*)]. Nach IFRS werden die Bewertungsgewinne A und -verluste B saldiert und damit der tatsächliche Wert der Devisenterminposition zum Stichtag = A – B ausgewiesen. Unter HGB folgt das Bewertungsverfahren hingegen dem so genannten „Imparitätsprinzip", wonach nur die Bewertungsverluste B („Drohverluste") in die Bücher genommen werden, die Gewinne aber außen vor bleiben und erst bei ihrer endgültigen Vereinnahmung erfasst werden, sofern solche bei Endfälligkeit tatsächlich anfallen. Zu jedem Bewertungsstichtag – üblicherweise am Monatsende – löst das Rechnungswesen die vorangegangenen Bewertungen auf und ersetzt sie durch die neuen Bewertungen mit den aktuellen Wechselkursen, genauer gesagt, mit den am jeweiligen Bewertungsstichtag zur Endfälligkeit der Sicherungsabschlüsse vorliegenden Terminkursen (→ Abb. IV.31).

Da unter HGB nach dem Imparitätsprinzip nur die Verluste ausgewiesen werden, ist dieses Bewertungsverfahren für die Beurteilung einer Devisenterminposition operativ unbrauchbar. Bestenfalls wäre das Bewertungsergebnis gleich Null, nämlich in dem eher unwahrscheinlichen Fall, dass alle $-Terminverkäufe nur positive Bewertungen aufwiesen. Unter IFRS hingegen erscheint der tatsächliche Marktwert, womit die Ergebnisauswirkungen etwaiger weiterer Sicherungsmaßnahmen korrekt bewertet werden können. Der Vollständigkeit halber folgender Hinweis: unter

---

[*)]   IFRS: International Financial Reporting System (früher IAS)
       HGB: Handelsgesetzbuch, d.h. Rechnungslegung nach dem deutschen Recht

IFRS besteht auch die Möglichkeit, bei Vorliegen geeigneter Dokumentation die Bewertungsergebnisse der hier behandelten Sicherungen von Planerlösen und Planzahlungen während der Laufzeit im Eigenkapital und nicht in der GuV darzustellen. Damit fällt das Ergebnis der Devisensicherung periodengerecht erst dann in der Ergebnisrechnung des Unternehmens an, wenn auch der zu sichernde Posten (Erlös/Zahlung) erstmals erfasst wird.

○ Die Bewertung ausstehender Optionen erfolgt nach anderen Regeln. Die Konzern-Treasury bewertet die Put-Optionsabschlüsse gegen den Markt mit dem durchschnittlichen Strike- bzw. Break-even-Kurs, wenn er am Bewertungsstichtag darüber liegt und die Put-Option daher ausgeübt würde (die Option ist „in the money"); in diesem Fall wird sie im Prinzip also wie ein Terminverkauf behandelt ($\rightarrow$ TV_2 in Abb. IV.33). Liegt er aber darunter, würde die Put-Option nicht ausgeübt, der zugrunde liegende Planerlös als ungesichert klassifiziert und damit gleich Markt. (Bei Call-Optionen für Planzahlungen wäre der Vorgang spiegelbildlich: Put $\rightarrow$ Call, über Markt $\rightarrow$ unter Markt, Terminverkauf TV_2 $\rightarrow$ Terminkauf TK_1; $\rightarrow$ IV.7.2, Abb. IV.54.) Die Optionsprämie würde in allen Fällen als Kostenfaktor in die Gesamtbewertung einfließen. Das Rechnungswesen hingegen verfährt anders: da Optionen mit keiner Erfüllungspflicht, sondern nur mit einem Ausübungsrecht verbunden sind, werden die per Option gesicherten Beträge vor Fälligkeit grundsätzlich nicht bewertet, sondern stattdessen die Optionen selbst gegen ihren Marktwert bemessen: es wird nur die Differenz zwischen ihrem ursprünglichen Kaufpreis und ihrem (theoretischen) Wiederverkaufswert am Bewertungsstichtag erfasst.

○ Bei der Bewertung gegen Budget werden die Terminabschlüsse zum Budgetkurs statt zum Kassakurs des Bewertungsstichtags in Bezug gesetzt. Die ungesicherten Beträge werden mit dem Kassakurs gegen den Budgetkurs bewertet. Die per Optionen gesicherten Beträge werden, falls die Optionen ausgeübt würden, von der Konzern-Treasury mit dem Put-Strike-Preis (bzw. Call) gegen den Budgetkurs bemessen; jene, die nicht ausgeübt würden, werden wie ungesicherte Beträge behandelt und zum Kassakurs gegen den Budgetkurs bewertet. Die Gesamtbewertung gegen Budget setzt sich aus der Summe dieser Bewertungskomponenten zusammen, abzüglich der Optionsprämien. Die Bewertung erfolgt analog zur Bemessung des Ergebnisbeitrags am Fälligkeitstag ($\rightarrow$IV.5.2 bzw. IV.7.2). Im Rechnungswesen wird keine Bewertung gegen den Budgetkurs vorgenommen.

IV. 5.2 **ERGEBNISBEITRAG BEI ENDFÄLLIGKEIT**

Abschließend kann der Erfolg von Devisensicherungen erst bei Endfälligkeit beurteilt werden; Abb. IV. 34:

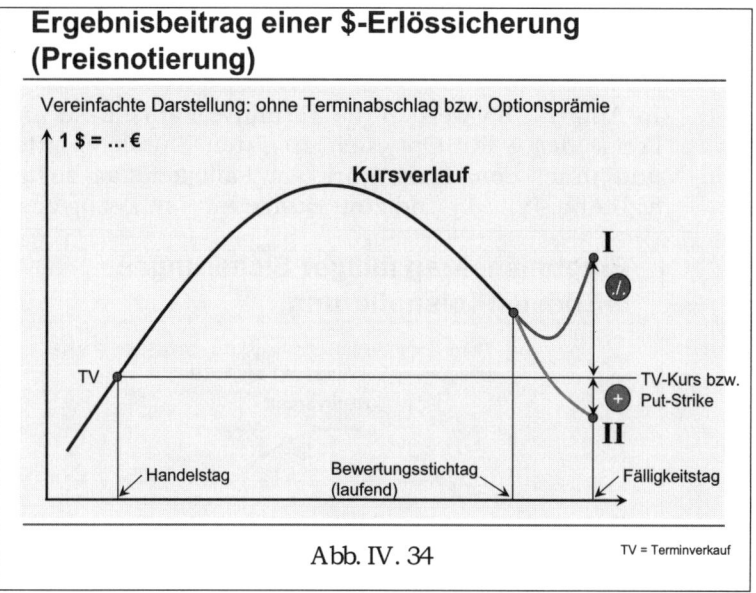

Abb. IV. 34

Abb. IV.34 knüpft an Abb. IV.32 und Abb. IV.33 an, wobei der Ergebnisbeitrag einer $-Sicherung zunächst nur gegen den Markt bemessen wird. Der Ergebnisbeitrag gegen den Budget-kurs wird später behandelt. Das endgültige Ergebnis hängt von der Kursspanne Sicherungskurs/Marktkurs am Fälligkeitstag ab. Folgt der Kurs dem Verlauf I, so ist durch eine Sicherung per Terminverkauf ein Minderertrag entstanden (Verlust), d.h. ohne Sicherung hätte ein höherer €-Erlös erzielt werden können. Folgt der Kurs dem Verlauf II, so ist durch die Termin-Sicherung ein Mehrertrag (Gewinn) realisiert worden. Der zwischenzeitliche Kursverlauf sowie die Bewertungen bis zum Fälligkeitstag sind für die endgültige Erfolgsbemessung irrelevant. Wenn die Siche-rung durch eine $-Put-Option erfolgt ist, so wird die Bewertung bzw. der Ergebnisbeitrag bei Endfälligkeit nach demselben Ver-fahren bemessen, mit einem wesentlichen Unterschied. Im Kon-text der Abb. IV.34 wäre der Terminverkaufskurs durch den Strike-Preis der Put-Option zu ersetzen. Bei Kursverlauf I würde die Option nicht ausgeübt werden und der $-Erlös zum Markt-kurs konvertiert werden; die Option hätte also im Vergleich zu einem Terminverkauf die Realisierung eines höheren Exporterlö-ses entsprechend der Kursdifferenz Marktkurs/Strike-Preis er-möglicht, abzüglich der Kosten für die Optionsprämie. Bei Kurs-verkauf II wäre die Option ausgeübt worden und der $-Erlös dem Aussteller der Option („Stillhalter") zum Strike-Preis angedient worden und ein Kursgewinn in Höhe der Kursdifferenz Strike-

Preis/Marktkurs realisiert worden, wovon wiederum die Kosten
für die Optionsprämie abzuziehen wären. Das Bemessungsver-
fahren für Termin- und Optionsabschlüsse ist also für beide Sicherungsinstrumente insofern dasselbe, als die Differenz von
Terminkurs bzw. Strike-Preis zum Marktkurs die maßgebliche
Größe ist. Der Unterschied liegt in Erfüllungspflicht vs. Ausübungsrecht.

In Abb. IV. 35 werden die Terminverkaufskurse und die Strike-
Preise der $-Put-Optionen zu ihren Durchschnittswerten über
und unter dem Marktkurs am Fälligkeitstag zusammengefasst
(vgl. Abb. IV. 33.) und zum Budgetkurs in Bezug gesetzt:

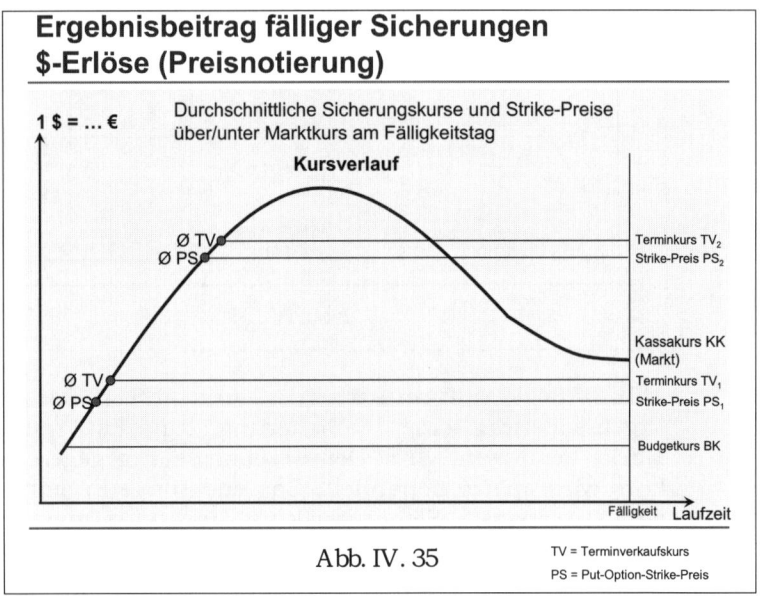

Abb. IV. 35

Der Ergebnisbeitrag aus Devisensicherungen wird am Fälligkeitstag gegen den Kassakurs KK und gegen den Budgetkurs BK
wie folgt bemessen:

- Der Ergebnisbeitrag gegen Markt aus dem gesicherten Teil
  der $-Erlöse:

  Terminverkäufe: - TV_2 → Beitrag positiv entsprechend der
                      Kursdifferenz über KK
                    - TV_1 → Beitrag negativ entsprechend der
                      Kursdifferenz unter KK

  Put-Optionen: - PS_2 → Beitrag positiv durch Options-
                      ausübung entsprechend der Kursdiffe-
                      renz über KK, abzüglich der Options-
                      prämien für die ausgeübten Optionen
                    - PS_1 → Beitrag insofern positiv, als wegen
                      PS_1 unter KK die Optionen nicht ausge-

übt werden und stattdessen zum Marktkurs KK konvertiert wird, aber mit Nega-
tiv-Komponenten in Höhe der Optionsprämien; in die Ergebnisbewertung fließt
diese $-Erlöskomponente wie der nicht
gesicherte Teil ein, also Ergebnisbeitrag
gleich Null gegen Markt, abzüglich der
Optionsprämie;

Der ungesicherte Teil wird zum Kassakurs KK des Fälligkeitstages in € konvertiert, per Definition kein Ergebnisbeitrag gegen Markt.

- Der Ergebnisbeitrag gegen Budget aus dem gesicherten Teil
  der $-Erlöse:

  Terminverkäufe: - TV_2 und TV_1 → Beitrag positiv in beiden
                     Fällen entsprechend der Kursdifferenzen
                     über BK
  Put-Optionen: - PS_2 → Beitrag positiv durch Options-
                     ausübung entsprechend Kursdifferenz
                     PS_2 über BK, abzüglich der Optionsprä-
                     mien für die ausgeübten Optionen
                   - PS_1 → wie oben keine Optionsausübung,
                     fließt in den ungesicherten Teil ein, ab-
                     züglich Optionsprämien;

Der ungesicherte Teil, inkl. des Betrags aus den nicht ausgeübten Optionen (PS_1 unter KK) wird zum Kassakurs des Fäl-
ligkeitstags in € konvertiert und liefert einen positiven Ergebnisbeitrag entsprechend der Kursdifferenz Kassakurs KK
über Budgetkurs BK, abzüglich der Optionsprämien für die
nicht ausgeübten Optionen. Für die Ausübung/Nicht-
Ausübung von Optionen ist allein die Lage ihres Strike-
Preises relativ zum Marktkurs KK entscheidend; der Budgetkurs ist diesbezüglich irrelevant.

Die Berechnung des Ergebnisbeitrags kann in Form eines Flow-
Charts zusammengefasst werden; Abb. IV.36:

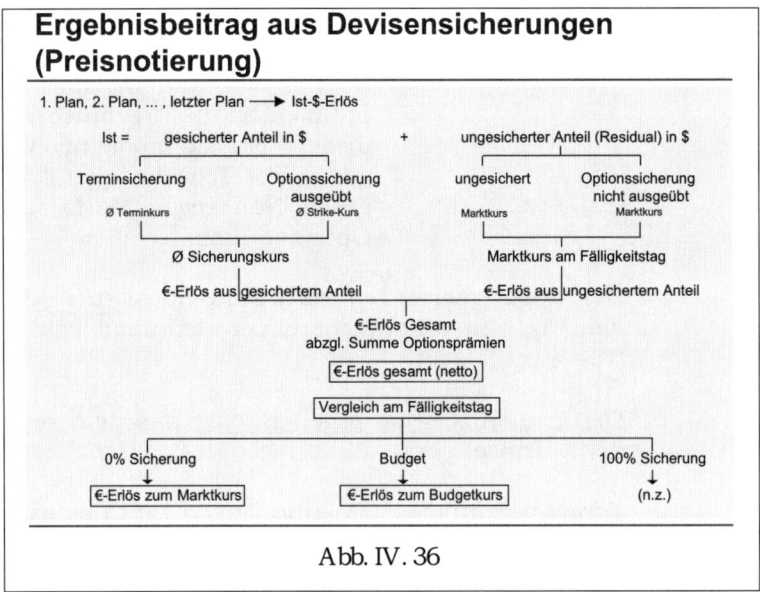

Abb. IV. 36

Nachdem der $-Planerlös ab der ersten Planerstellung mehrmals revidiert worden ist, erreicht er schließlich seinen Ist-Wert. Dieser setzt sich zusammen aus dem zuvor gesicherten Teil und dem ungesicherten Restbetrag. Die Konvertierung des gesicherten Teils erfolgt zum durchschnittlichen Sicherungskurs, und die des ungesicherten Teils zum Marktkurs des Eingangstages, woraus sich der €-Gesamterlös ergibt. Zur Erfolgsbemessung wird der €-Gesamterlös verglichen mit dem Resultat, das man erzielt hätte, wenn nicht gesichert worden wäre (Null-Sicherung, „do nothing scenario"). Fällt der Vergleich zur Null-Sicherung positiv aus, so ist durch die Sicherungsmaßnahmen ein positiver Ergebnisbeitrag gegen Markt erzielt worden („outperformed the market"), andernfalls ein negativer.

Der Vergleich des €-Gesamterlöses mit der $-Erlös-Konvertierung zum Budgetkurs bemisst den Beitrag, der zum operativen Ergebnis in € geleistet worden ist (Mehrertrag gegenüber dem Budget-Planergebnis). Die Bemessung gegenüber Budget bezieht die Entscheidung, einen Teil der Planerlöse nicht gesichert zu haben, in die Bewertung mit ein; Nicht-Sichern ist schließlich eine bewusst getroffene Entscheidung, und keinesfalls gleichbedeutend mit „Nichts-tun".

Ein Vergleich zu einer 100%-Sicherung ist nicht sinnvoll, wenn Plandaten den Sicherungsmaßnahmen zugrunde liegen. Da sie bis zu ihrer Realisierung immer wieder revidiert werden, würde sich die Frage stellen „100% wovon?", d.h. es ließe sich keine eindeutige Bezugsbasis herstellen. Aus diesem Grunde wird in der Praxis der Ergebnisbeitrag nur gegenüber Markt (Nullsicherung) und gegenüber Budget bemessen.

Anmerkungen

1. Leistungsbewertung
   Der Ergebnisbeitrag aus Devisensicherungen ist ein Leistungsmaßstab für den Erfolg des Devisenmanagements. Im
   Prinzip kann die Konzern-Treasury intern ihre eigene Leistung noch nach einem weiteren Maßstab bewerten, wozu
   nochmals auf den Kurvenverlauf der Abb. IV.35 zurückgegriffen wird; Abb. IV.37:

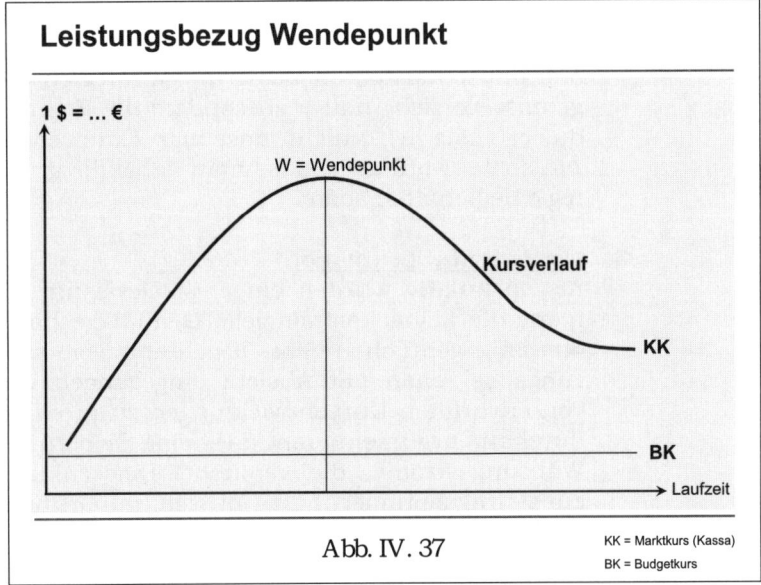

Abb. IV. 37

In der ex post-Betrachtung war jede Sicherung „falsch", die
vor oder nach dem Wendepunkt vorgenommen wurde. Berechnet man nun den hypothetischen Ergebnisbeitrag der erzielt worden wäre, wenn alle Sicherungen am Wendepunkt
durchgeführt worden wären, und vergleicht diese mit dem
tatsächlichen Ergebnis, so ist die Differenz dieser beiden Er-
gebniswerte ein Maßstab dafür, wie gut man die Marktentwicklung eingeschätzt hat.

In der Praxis ist dieses Verfahren allerdings von geringem
Wert. Erstens, über einen 12- bis 18-monatigen Sicherungshorizont gibt es i.d.R. mehrere Wendepunkte. Zweitens, da
sie nicht vorhersehbar sind, besteht zur schrittweisen Vorgehensweise sowieso keine Alternative. Allerdings kann die
hypothetische ex post-Bemessung relativ zu Wendepunkten
zu einer Verbesserung der Sicherungsstrategie führen, wenn
sie zeigt, dass Sicherungsmaßnahmen ständig zu früh oder
ständig zu spät vorgenommen werden. Daraus ließen sich
Managementmaßnahmen ableiten, die mit der Zeit zu ver-
besserten Ergebnissen führen sollten.

2. Konsistenz der Sicherungsstrategie

Sicherungsstrategien sollten über die Zeit hinweg konsistent
sein. Vielfach wird in der Praxis die Strategie den Kursentwicklungen „angepasst". So wird z.B. nach einer Periode steigender Kurse oft der Schluss gezogen, dass es besser wäre,
mit Sicherungen länger zu zuwarten. Die Erfahrung zeigt,
dass diese „neue" Sicherungsstrategie meistens gerade dann
implementiert wird, wenn die Kurse wieder fallen, mit dem
Ergebnis, dass man den Opportunitätsverlusten aus der
Phase des Kursaufschwungs echte Verluste aus der Phase
des Kursabschwungs hinzufügt anstatt sie durch Beibehaltung der Strategie wieder auszugleichen. Über die Zeit werden mit konsistenten Sicherungsstrategien die besseren Ergebnisse erzielt, und insbesondere die Ergebnisvolatilität reduziert. Das heißt nicht, dass man Kurstrends nicht ausnüt-
zen sollte, wohl aber, dass man dabei die grundlegende Strategie beibehalten sollte.

3. Der Begriff „Spekulation"

Als spekulativ wurden eingangs Devisentransaktionen definiert, die keine kommerzielle Grundlage haben. „Spekulation" im eigentlichen Sinn liegt dann vor, wenn Fremdwäh-
rungspositionen mit Absicht eingegangen werden, nur um
von erwarteten Kursentwicklungen zu profitieren. Man kann
durchaus argumentieren, dass eine Sicherung kommerzieller
Währungsströme, die versucht, Devisenkursentwicklungen
zur Ertragsoptimierung zu nutzen, im Grunde auch eine Art
Spekulation darstellt, da ihr ebenfalls Kurserwartungen
zugrunde liegen. Allerdings handelt es sich hierbei um eine
„Spekulation", die in ihrer Grundhaltung defensiven Charak-
ters ist, da sie ihren Ursprung in kommerziell vorgegebenen
Währungsrisiken hat. Die „Spekulation" im eigentlichen Sinn
hingegen ist in ihrem Charakter offensiv, da sie Währungskursrisiken erst schafft, während das Devisenmanagement
der Konzern-Treasury nur auf bereits vorliegende, durch das
Exportgeschäft bedingte Währungsrisiken reagiert, wenn
auch mit dem Ziel der Erlösoptimierung. Der Mehrertrag
über Budget, den Konzern-Treasury erbringen soll, entsteht
lediglich aus der Wahrnehmung von Marktchancen und
nicht aus einer spekulativen Positionierung. Entscheidend
für den Begriff „Spekulation", wie er hier verwendet wird, ist
also die Motivation hinter den Devisentransaktionen.

IV.5.3   **PREIS- UND MENGENNOTIERUNG – TEIL 3/3**

Der Ergebnisbeitrag wird anhand eines Beispiels in der Preis-
und Mengennotierung wie folgt berechnet:

Annahme: der auf 12 Monate kursgesicherte Exporterlös beträgt
$ 80 Mio.; der $ ist über diesen Zeitraum um 10% gefallen bzw. der € aus $-Sicht um 11,1% gestiegen:

		Preisnotierung	Mengennotierung
t_0	05.01.2007 Kassakurs	1 $ = 0,7636 €	1 € = 1,3096 $
$t_0 \rightarrow t_1$	12 Mte.-Terminkurs	1 $ = 0,7547 €	1 € = 1,3250 $
$t_0 \rightarrow t_1$	gesicherter Betrag	$ 80,00 Mio.	€ 60,38 Mio.
t_1	05.01.2008 Ist-Kurs	1 $ = 0,6872 €	1 € = 1,4551 $
t_1	Kursvorteil aus Sicherung	Δ = 0,0675 €	Δ = 0,1301 $
		(Mehrertrag gegenüber Markt aus $-Terminverkauf)	(Aufwandsminderung gegenüber Markt aus €-Terminkauf)
	Gewinn aus Exporterlössicherung	€ 5,40 Mio.	$ 7,86 Mio.
	Konvertiert zum Kassakurs per 05.01.2008	--	/ 1,4551$
	Ergebnisbeitrag aus Sicherung	€ 5,40 Mio.	€ 5,40 Mio.

In der Preisnotierung fällt der Gewinn aus der Sicherung direkt
in € an, in der Mengennotierung ist er hingegen noch zum Kassakurs des Fälligkeitstages in € zu konvertieren, d.h. in die Heimatwährung des Exporteurs. In der Regel wird ein international
tätiges Unternehmen in mehreren Fremdwährungen Exporterlöse erzielen oder Importzahlungen zu leisten haben. Eine Berechnung wie für die $-Exporterlössicherung im obigen Beispiel ist
dann für jede einzelne Fremdwährung vorzunehmen. Da in der
Preisnotierung alle Fremdwährungen in € verkauft oder gekauft
werden, fallen auch die Gewinne/Verluste aus allen Devisensicherungen direkt in € an. In der Mengennotierung hingegen fällt
jeder Gewinn/Verlust in der betreffenden Fremdwährung an und
muss dann zum Kassekurs des Fälligkeitstages in € konvertiert
werden – ein Schritt, der in der Preisnotierung entfällt. Diesen
letzten Schritt könnte man dahingehend interpretieren, dass
damit de facto die Schleife zurück in die Preisnotierung vollzogen
wird.

IV.6 AUFHEBUNG VON DEVISENSICHERUNGEN

IV.6.1 AUFHEBUNG VON DEVISENTERMINSICHERUNGEN

Im Gegensatz zu Optionen bieten Termine nach ihrem Abschluss keine Handlungsfreiheit. Das heißt aber nicht, dass man bei unerwarteten Entwicklungen ungünstigen Terminabschlüssen ausgeliefert wäre. Man muss sie zwar erfüllen, kann sie aber durch einen Gegenabschluss aufheben:

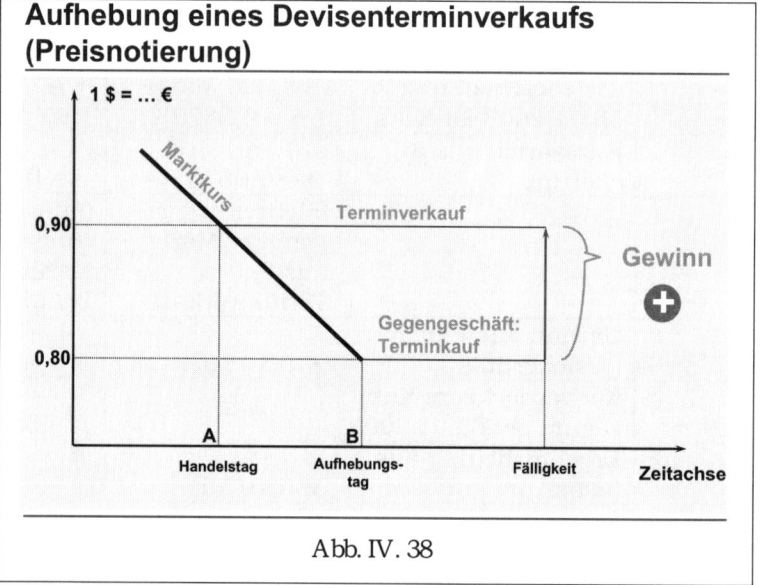

Abb. IV. 38

Das Prinzip gem. Abb. IV.38: Am Handelstag befand sich der \$ im fallenden Trend und wurde zum Terminkurs 1 \$ = 0,90 € verkauft. Zum Zeitpunkt B findet eine unerwartete Trendwende statt. Daher wird die bei A vorgenommene Sicherung aufgehoben, indem der gesicherte Betrag in gleicher Höhe für dieselbe Fälligkeit zum Terminkurs 1\$ = 0,80 € zurückgekauft wird. Damit wird eine Gewinnspanne von 0,10 € „eingelockt".

Die folgende Abb. IV.39 zeigt alternative Kursszenarien, die mit einer solchen Vorgehensweise verbunden sein können:

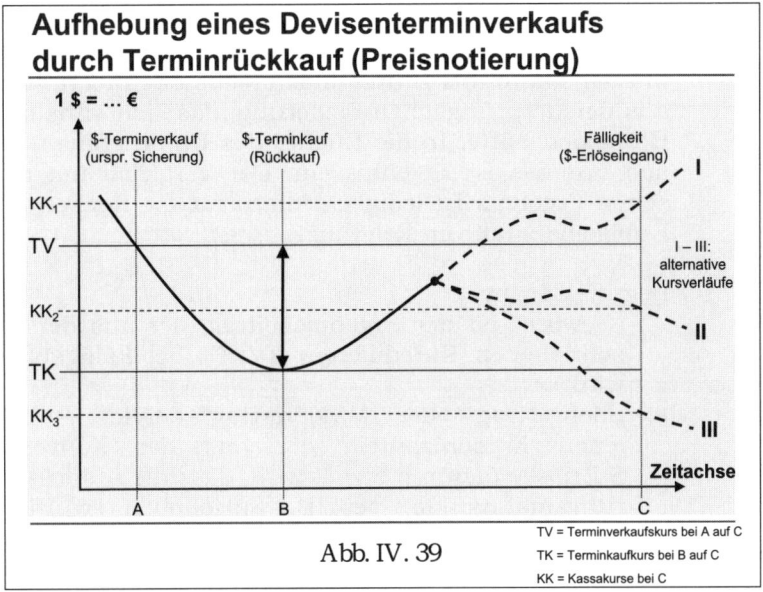

Aufhebung eines Devisenterminverkaufs durch Terminrückkauf (Preisnotierung)

1 $ = ... €

$-Terminverkauf (urspr. Sicherung) $-Terminkauf (Rückkauf)   Fälligkeit ($-Erlöseingang)

I

KK₁

TV

I – III: alternative Kursverläufe

KK₂

II

TK

KK₃

III

Zeitachse

A   B   C

Abb. IV. 39

TV = Terminverkaufskurs bei A auf C
TK = Terminkaufkurs bei B auf C
KK = Kassakurse bei C

Die Ausgangslage bei A:
Zum Zeitpunkt A wird in Erwartung eines fallenden $-Kurses eingeplanter $-Exporterlös („$-Betrag") per Termin zum Terminkurs TV auf Zeitpunkt C verkauft.

Die Lage bei B:
Zum Zeitpunkt B erscheint es ausgeschlossen, dass der $-Kurs bis zum Zeitpunkt C sein Niveau bei B noch unterschreiten wird; womöglich wird er bei C sogar über den Terminkurs TV steigen und die bei B positive Kursdifferenz TV/TK ins Negative drehen.

Aktion bei B:
Zum Zeitpunkt B wird aufgrund der neuen $-Kursprognose entschieden, den auf Termin C verkauften $-Betrag auf dieselbe Fälligkeit per Termin zum Terminkurs TK zurückzukaufen. Damit wird die Kursdifferenz TV/TK und der Gewinn aus der Sicherungsmaßnahme bei B festgeschrieben, wenn auch erst bei C realisiert; Terminverkauf und -kauf sind in sich geschlossen. Die ursprüngliche Sicherung ist damit aufgehoben und der $-Exporterlös wieder ungesichert; er wird bei C zum Marktkurs konvertiert werden – vorausgesetzt natürlich, es erfolgen bis dahin keine neuerlichen Sicherungsmaßnahmen.

Das Ergebnis bei C:
Die Aktion bei B kann erst bei Zeitpunkt C abschließend beurteilt werden, wenn der Gewinn aus Terminverkauf und -rückkauf realisiert und der $-Exporterlös zum Marktkurs konvertiert wird. Das Ergebnis wird von der $-Kursentwicklung bis zum Fälligkeitstermin C bestimmt, genauer gesagt, vom $-Kurswert zum Zeitpunkt C. Ob die Aktion bei B letztlich eine Ergebnisverbesse-

rung erzielt hat oder besser unterblieben wäre, wird durch den Vergleich zweier Resultate ermittelt: einerseits das Ist-Ergebnis mit der Aktion bei B und andererseits das theoretische Ergebnis aus der ursprünglichen Sicherung, das sich ohne die Aktion bei B ergeben hätte. In die Bücher des Unternehmens fließt natürlich nur das Ist-Ergebnis ein. Der Vergleich mit dem theoretischen Ergebnis ist lediglich intern für die Konzern-Treasury als Erfolgsmaßstab von Relevanz.

Begriffsklärung
- „Gewinn" ist der Ergebnisbeitrag, der aus der bei B festgeschriebenen Kursdifferenz TV/TK bei Fälligkeit C realisiert wird.
- „Mehrertrag" oder „Minderertrag" bezeichnet im Folgenden jenen Ergebnisanteil, der aus der Konvertierung des $-Erlöses dadurch erzielt wird, dass die ursprüngliche Sicherungsmaßnahme bei B aufgehoben wurde und der $-Exporterlös daher zum Marktkurs konvertiert wird und nicht gegen den Terminkurs verrechnet werden muss. Dieser Ergebnisanteil wird bei Fälligkeit C durch die Kursdifferenz Kassakurs KK/Terminkurs TV bestimmt und entspricht mit umgekehrten Vorzeichen jenem Ergebnisbeitrag, der allein aufgrund der ursprünglichen Sicherungsmaßnahme erzielt worden wäre (→ s.u. Beispiele Kursverläufe I, II und III).
- „Ergebnisbeitrag insgesamt" ist die Summe dieser beiden Ergebniskomponenten, also gleich „Gewinn" aus der Kursdifferenz TV/TK plus „Mehr-/Minderertrag" aus KK/TV.

Anmerkung
Der Gewinn aus der Kursdifferenz TV/TK wird als solcher verbucht, der Mehr- bzw. Minderertrag hingegen scheint in den Büchern nicht explizit auf, weil der $-Erlös einfach zum Marktkurs konvertiert wird und im Rechnungswesen so erfasst wird, als ob er nie gesichert worden wäre. Das heißt, der Mehr- bzw. Minderertrag wird in den Büchern im Ist-Ergebnis indirekt nur dadurch erfasst, dass er bei Konvertierung zum Kassakurs zu einem höheren oder niedrigeren €-Gegenwert führt als dies zum Terminkurs TV der Fall gewesen wäre. Die Bemessung gegen Budgetkurs (→ IV.5.2) erfolgt analog: der Gewinn aus TV/TK steht fest, der Ergebnisbeitrag aus dem $-Erlös gegen Budget wird wie für alle ungesicherten Beträge durch die Differenz Kassakurs bei C zum Budgetkurs bestimmt, woraus der Ergebnisbeitrag insgesamt gegenüber Budget folgt.

Bezugnehmend auf Abb. IV. 39:

- Kursverlauf I: Steigt der $ bei C über den Kurs TV, so wird ein Mehrertrag aufgrund der Kursdifferenz KK_1/TV erzielt. Der Gewinn aus TV/TK wurde bereits bei B festgeschrieben; der Mehrertrag aus KK_1/TV wird bei C dadurch ermöglicht, dass aufgrund der Aktion bei B der Exporterlös zu einem Kurs über TV konvertiert werden kann. Der Ergebnisbeitrag insgesamt entspricht also der Summe aus den Kursdifferenzen TV/TK und KK_1/TV. Wäre die Aktion bei B unterblieben, so hätte der ursprüngliche Terminverkauf mit dem $-Erlös zum Kurs TV beliefert werden müssen, was zu einem Verlust gegen Markt geführt hätte entsprechend der Kursdifferenz KK_1/TV.

- <u>Kursverlauf II</u>: Liegt der $-Kurs bei C zwischen den Kursen TV und TK, so wird der $-Betrag zu einem Kurs KK_2 konvertiert, was im Vergleich zum ursprünglichen Sicherungskurs TV einen Minderertrag zur Folge hat, der aber durch den Gewinn aufgrund der Kursdifferenz TV/TK überkompensiert wird, so dass der Ergebnisbeitrag insgesamt immer noch positiv ist. Wenn allerdings der Kurs KK_2 unter dem Midpoint zwischen TV und TK landet, so zehrt der Minderertrag mehr als die Hälfte des Gewinns aus der Kursspanne TV/TK auf und der Ergebnisbeitrag insgesamt fällt vergleichsweise ungünstiger aus: der Devisengewinn, der aus der ursprünglichen Sicherung ohne die Aktion bei B erzielt worden wäre, wäre größer gewesen. Ex post wäre also für Kurse KK_2 unter Midpoint von TV/TK die Aktion bei B besser unterblieben.

- <u>Kursverlauf III</u>: Fällt der $-Kurs bei C in den Bereich unter TK, auf KK_3, dann übersteigt der Minderertrag aus KK_3/TV den Gewinn aus TV/TK und die Aktion bei B hat den Ergebnisbeitrag insgesamt sogar ins Negative gedreht, es sei denn, bei der neuerlichen Trendwende zwischen B und C wäre der $-Betrag wieder abgesichert worden.

Das Rechnungswesen behandelt diesen Sachverhalt anders, da es nur misst, „was gewesen ist" und nicht mit einbezieht, „was gewesen wäre", also die Aktion bei B unterblieben und die ursprüngliche Sicherung fortgeführt worden wäre. Für das Rechnungswesen – und damit in der Gesamtunternehmensrechnung – führt die Aktion bei B daher zu einem positiven Ergebnisbeitrag bei jedem Kurs, der bei Fälligkeit C über TK liegt: der Fremdwährungserlös wird bei C wie ein ungesicherter Betrag zum Marktkurs in € konvertiert und der Gewinn aus der Kursspanne TV/TK aufgrund der Aktion bei B hinzuaddiert. Damit verbessert sich das Gesamtergebnis bei C solange die Konvertierung des Fremdwährungsbetrages über TK erfolgt. Der Break-even-Kurs aus Sicht des Rechnungswesens ist daher gleich TK.

Rechenbeispiel: Ergebnis bei der Fälligkeit C mit $-TV = 0,90 €,
$-TK = 0,80 €, $-Kurse und Kursdifferenzen in €-Cent:

Kurs-szenarien		Wechselkurs KK 1$ = € in Cent	Gewinn aus TV/TK	Mehrertrag/ Minderertrag	Ergebnisbeitrag Insgesamt		Vgl. Er-gebnis ohne Akti-on B	
I	KK₁	92	10	2	+ 12		- 2	
	TV	90	10	0	+ 10		0	
		88	10	- 2	+ 8		+ 2	
		86	10	- 4	+ 6		+ 4	
II	KK₂	85 *)	10	- 5	+ 5	*)	+ 5	*)
		84	10	- 6	+ 4		+ 6	
		82	10	- 8	+ 2		+ 8	
	TK	80 **)	10	- 10	0	**)	+ 10	
III	KK₃	78	10	- 12	- 2		+ 12	

*) Break-even Konzern-Treasury **) Break-even Rechnungswesen

Daraus ist ersichtlich, dass die Aktion bei B aus Sicht Konzern-Treasury nur dann zu einer Ergebnisverbesserung führt, wenn der Kassakurs bei Fälligkeit C über dem Midpoint TV/TK, d.h. 85, liegt (Break-even Konzern-Treasury). Aus Sicht des Rechnungswesens hingegen würden die Spalten „Mehrertrag/Minderertrag" und damit „Vgl. Ergebnis ohne Aktion B" entfallen und folglich TK, d.h. 80, dem Break-even-Kurs entsprechen; mit anderen Worten: in die Bücher gehen nur die ersten beiden Spalten der obigen Tabelle ein.

Zwei weitere Kursszenarien, die in Abb. IV.39 nicht enthalten sind:
- Nach der Rückkaufaktion bei B fällt der $-Kurs wider Erwarten weiter. In diesem Fall war die Entscheidung bei B falsch und die Ergebnisauswirkungen sind dieselben wie oben unter Kursverlauf III.
- Nach der Kurssicherung bei A per Terminverkauf steigt der $-Kurs unerwarteter Weise, so dass bereits die ursprüngliche Sicherung besser unterblieben wäre. Wird der $-Anstieg als nachhaltig erachtet, so kann ein Terminrückkauf dennoch sinnvoll sein, um eine Verlustbegrenzung vorzunehmen („stop loss"), wobei der Kurs TK in diesem Fall über dem Kurs TV läge. Diese Aktion würde sich am Ende als sinnvoll erweisen, wenn der Kassakurs KK bei der Fälligkeit C so weit über dem Terminrückkaufkurs TK zu liegen kommt, dass der Mehrertrag aus dem höheren Kassakurs den Verlust aus der TK/TV-Kursdifferenz übersteigt.

Wenn es – wie hier – Geschäftspolitik ist, grundsätzlich jede spekulative Devisentransaktion auszuschließen und nur kommerziell begründete Sicherungen zuzulassen, dann bedürfen die Aufhebungen einmal getätigter Sicherungsabschlüsse besonderer Kontrollen. Die Aufhebung bestehender Sicherungen, in diesem Fall von Terminverkäufen durch Terminrückkäufe, könnte leicht für spekulative Zwecke missbraucht werden, indem unter dem Vorwand der Ergebnisoptimierung solche Aktionen beliebig oft wiederholt werden. Der gehandelte Betrag hätte zwar formell noch immer eine kommerzielle Grundlage, die Absicht hinter den Transaktionen aber wäre spekulativ. Sicherungen aufzuheben sollte daher nicht in der Entscheidungskompetenz einzelner Devisenhändler liegen, sondern der Genehmigung durch die Geschäftsleitung bzw. die Leitung der Konzern-Treasury bedürfen. Außerdem sollte für solche Transaktionen ein eigenes Berichtsverfahren etabliert werden, um vollständige Transparenz inkl. einer eigenen Erfolgsrechnung zu gewährleisten, am zweckmäßigsten mittels einer elektronischen Überwachung, die alle Termin- und Gegenabschlüsse mit gleichen Fälligkeiten gesondert aufzeigt und die Beträge abgleicht.

IV.6.2. **Aufhebung von Devisenoptionssicherungen**

Die Sachlage ist zunächst dieselbe wie in Abb. IV. 39, mit einem Unterschied: die Sicherung zum Zeitpunkt A erfolgt nicht per $-Terminverkauf, sondern durch eine $-Put-Option zum Strike-Preis PS (Put/Strike). In Abb. IV. 39 ist also lediglich die Linie TV durch eine Linie PS zu ersetzen. Bei C besteht dann statt einer Erfüllungspflicht ein Ausübungsrecht und die Kosten der Optionsprämie sind in die Erfolgsrechnung mit einzubeziehen; Abb. IV.40:

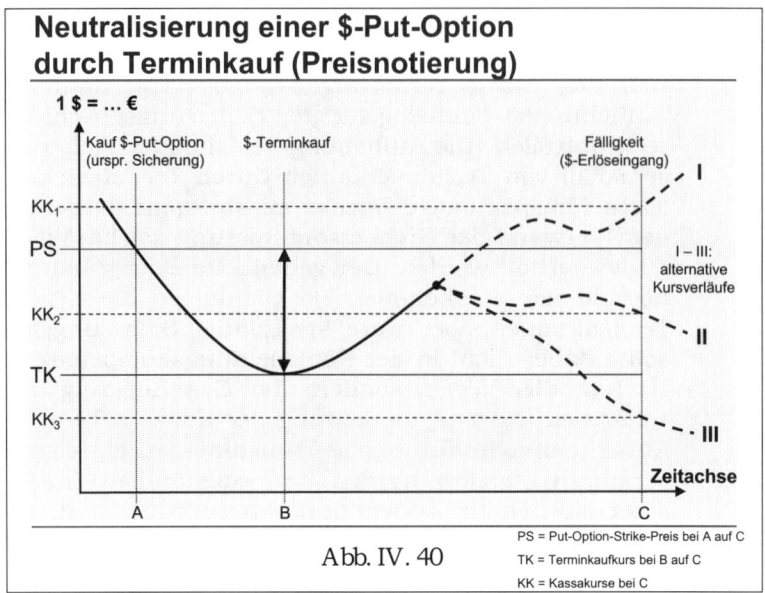

Abb. IV. 40

Die Ausgangslage bei A:
Zum Zeitpunkt A wird, wie zuvor, ein fallender $ erwartet, aber der Entscheidungsträger ist sich dessen nicht so sicher, dass er das Risiko eines Devisenterminabschlusses eingehen will. Er bevorzugt stattdessen eine $-Erlössicherung per $-Put-Option mit Strike-Preis PS.

Die Lage bei B:
Aufgrund der Kursentwicklung wird bei B entschieden, die Sicherung zu neutralisieren. Der Begriff „aufheben" wäre hier nicht ganz korrekt, da die Put-Option im Gegensatz zum Terminverkauf bei Fälligkeit keine Belieferung erzwingt.

Handlungsalternativen bei B und Ergebnis bei C:
(1) Der $-Put-Option wird zum Zeitpunkt B ein $-Terminkauf mit Fälligkeit C gegenübergestellt (Abb. IV.40) und der $-Erlös wird wie in IV.6.1 bei allen Kursverläufen bei C zum Kassakurs verkauft. Bei Kursverlauf I wird die $-Put-Option nicht ausgeübt, da der Kurs KK_1 über dem Strike PS liegt. Der $-Exporterlös wird zum Kassakurs KK_1 in € konvertiert, ebenso der $-Eingang aus dem Terminkauf, was einen Gewinn entsprechend der Kursdifferenz KK_1/TK generiert. Im Gegensatz zur obigen $-Erlössicherung per Terminverkauf darf nun aber kein Mehrertrag aus den Exporterlösen in den „Ergebnisbeitrag insgesamt" (→ IV.6.1) miteinbezogen werden, weil in diesem Fall die Put-Option bei C sowieso nicht ausgeübt worden wäre; der Verkauf des $-Erlöses zum höheren Kassakurs KK_1 wird ja nicht erst durch den $-Terminkauf bei B ermöglicht. Der Ergebnisbeitrag insgesamt besteht daher jetzt allein aus dem Gewinn aufgrund der

Kursdifferenz KK_1/TK, der aus dem Terminkauf fließt, abzüglich der Optionsprämie. Bei Kursverläufen II und III wird die $-Put-Option bei C ausgeübt und der $-Terminkauf generiert gegenüber der Put-Option einen Gewinn entsprechend der Kursdifferenz PS/TK, abzüglich der Optionsprämie (Nettogewinn). Der Minderertrag aus der Konvertierung des $-Erlöses zum Kassakurs KK_2 bzw. KK_3 ist nun aber in die Bemessung des Ergebnisbeitrags insgesamt einzubeziehen, da die $-Put-Option nach dem $-Terminkauf für den Exporterlös als Sicherung nicht mehr zur Verfügung steht. (Das Resultat ist offensichtlich dasselbe, wenn man den Exporterlös gegen die $-Put-Option verrechnet und den $-Eingang aus dem Terminkauf bei C zum Kassakurs wieder verkauft.)

(2) Die $-Put-Option wird zum Zeitpunkt B wieder verkauft und der $-Terminkauf unterbleibt (Linie TK in Abb. IV.40 entfällt). Der Erlös dafür steigt tendenziell je weiter der Kassakurs unter den Strike-Preis fällt, sinkt andererseits mit abnehmender Restlaufzeit und wird u.a. wesentlich von der Volatilität zwischen Punkten A und B mitbestimmt. Inwieweit die Kosten der ursprünglichen Put-Option wieder hereingeholt werden können, lässt sich daher nur von Fall zu Fall bestimmen. Dafür stehen eigene Rechenprogramme (Black-Scholes) zur Verfügung bzw. können entsprechende Quotierungen vom Markt eingeholt werden. Bei Kursverlauf I bleibt der Verkauf der $-Put-Option für die Konvertierung des $-Erlöses bei C ohne Folgen, weil die Option sowieso nicht ausgeübt würde und der $-Erlös wie ein ungesicherter Betrag im Markt zu Kassakurs KK_1 verkauft wird. Der Ergebnisbeitrag besteht daher nur aus der Differenz von Prämienzahlung für den Kauf der $-Put-Option bei A und dem Prämienerlös aus dem Verkauf der $-Put-Option bei B (Netto-Prämienbetrag). Bei Kursverläufen II und III entsteht ein Minderertrag, weil der Kursgewinn aus der Optionssicherung nach Verkauf der Put-Option nicht mehr realisiert werden kann. Der Ergebnisbeitrag insgesamt besteht dann aus dem Minderertrag entsprechend der Kursdifferenz KK_2/PS bzw. KK_3/PS zu- oder abzüglich des Netto-Prämienbetrags.

Steigt der $-Kurs nach Erwerb der Put-Option, so bestehen die folgenden Handlungsalternativen; in Fortsetzung der Abb. IV. 40 erfolgt die Besprechung diverser Kursszenarien anhand der Abb. IV. 41:

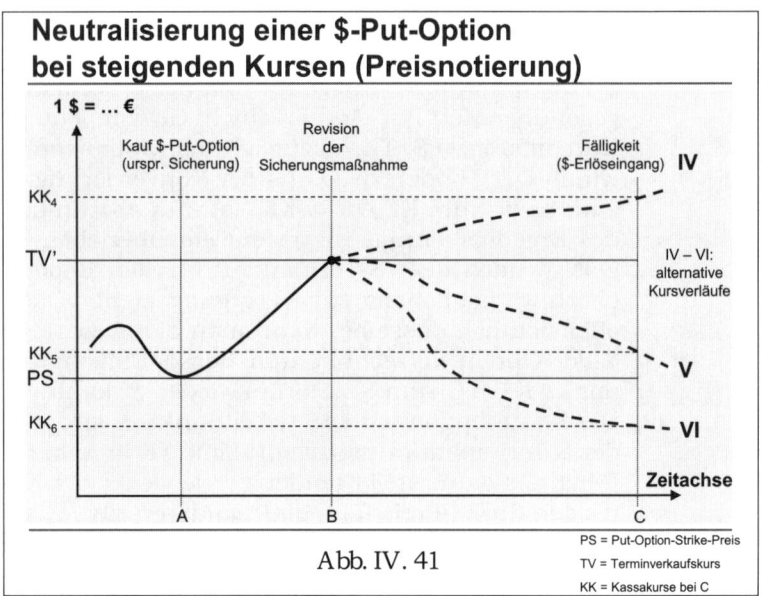

Abb. IV. 41

Bei Punkt B kann die Put-Option im Markt wieder verkauft werden und keine weitere Sicherungsmaßnahme ergriffen werden
(Kursverlauf IV), oder eine Sicherung per Terminverkauf zur Fälligkeit C eingezogen werden (Kursverläufe V und VI). Der neuerliche Erwerb einer Put-Option wäre aus Kostengründen wenig
sinnvoll.

Bezugnehmend auf Abb. IV.41:
- Kursverlauf IV: Die ursprüngliche Put-Option wird bei B verkauft, was in diesem Fall aber nur einen geringen Erlös erzielen wird. Der $-Exporterlös wird bei C zum Kassakurs KK_4
  konvertiert; die Erlössteigerung kann aufgrund des steigenden
  $ voll   vereinnahmt   werden,   abzüglich   des   Netto-
  Prämienbetrags, der in diesem Kursszenario negativ ausfallen
  wird.
- Kursverlauf V: Der $ dreht bei B und der $-Erlös wird nun
  durch einen Terminverkauf auf C ein zweites Mal gesichert.
  Die $-Put-Option wird im Markt verkauft, wenn für C ein $-
  Kurs erwartet wird, der noch über dem Strike-Preis PS liegt.
  Bei C wird aus der Terminsicherung ein Gewinn entsprechend
  der Kursdifferenz TV'/KK_5 erzielt, wovon der höchstwahrscheinlich negative Netto-Prämienbetrag abzuziehen ist.
- Kursverlauf VI: Bei dieser Kurserwartung wäre es wenig sinnvoll, zum Zeitpunkt B nichts zu unternehmen und bei C nur
  die Option auszuüben. Vielmehr kann ein zusätzlicher Gewinn
  erwirtschaftet werden, wenn man bei B eine Terminsicherung
  vornimmt und damit einen Gewinn entsprechend der Kursdifferenz TV'/KK_6 erwirtschaftet. Damit wird nicht nur die Kursspanne PS/KK_6 um die Differenz TV'/PS noch übertroffen; es
  kann auch noch die $-Put-Option, die für die Sicherung des

Exporterlöses nicht mehr benötigt wird, zum Strike-Preis PS ausgeübt werden, indem der $-Betrag dafür bei C im Markt zum Kassakurs KK_6 erworben wird. Der Gesamtgewinn beläuft sich dann auf die Kursgewinne aus TV'/KK_6 plus PS/KK_6, abzüglich der Optionsprämie. Der Gewinn aus PS/KK_6 wäre dann zwar ein vom kommerziellen Grundgeschäft losgelöster Devisengewinn, der aber nicht als „spekulativ" einzustufen wäre, da die Put-Option zum Zeitpunkt A aus kommerziellen Erwägungen erworben worden war.

Die obigen Beispiele zu Abb. IV.39 bis Abb. IV.41 haben nur die gängigsten Fälle geschildert, um bestehende Sicherungen wieder aufzuheben. So ist z.B. die Aufhebung von Terminverkäufen und Put-Optionen durch Call-Optionen hier nicht beschrieben worden. Auch die Möglichkeit, Stillhalterpositionen einzugehen, ist nicht besprochen worden.

IV.7   NETTING/NICHT-NETTING VON DEVISENPLANSTRÖMEN

IV.7.1   WARUM NICHT-NETTING?

Der letzte Abschnitt dieses Kapitels geht der Frage nach, ob Devisenplaneingänge und -ausgänge saldiert (genettet) oder gesondert (brutto) den Sicherungsmaßnahmen unterworfen werden sollen. Um es vorwegzunehmen: die allgemeine Lehrmeinung befürwortet das Netting als eine Form der Risikoreduzierung. Hier wird hingegen die Auffassung vertreten, dass das Nicht-Netting von Devisenplanströmen die konzeptionell korrektere und in der Industrie unter bestimmten Prämissen geeignetere Methode ist, um Devisenrisiken einzugrenzen.

Voraussetzungen

Zunächst wird noch einmal auf den Unterschied zwischen Industrieunternehmen und Banken hinsichtlich ihrer Sicherungsstrategien hingewiesen, wie er in IV. 3.1 und IV.4.3 (→ Abb. IV.22 und Abb. IV.23) beschrieben worden war. Diejenigen Faktoren, die die Befürwortung des Nicht-Nettings begründen, werden wie folgt zusammengefasst:
- Industrieunternehmen sichern vorwiegend Exporterlöse und Importzahlungen ab und damit ein operatives Ergebnisziel, nicht Bilanzpositionen (Stromdaten vs. Bestandsdaten).
- Zielsetzung ist dabei die Optimierung der Exporterlöse und die Minimierung der Importzahlungen durch geeignete Sicherungsmaßnahmen.
- Sicherungsgrundlage sind Devisenplanströme (Währungsrisiken aufgrund von Massengeschäft im Konsumgütersektor).
- Bei Banken hingegen haben Währungsrisiken ihre Ursache in verbuchten Bilanzposten in Fremdwährung.

- Bilanzposten in Fremdwährung und Fremdwährungsströme
  in Verbindung mit Investitionsgütern werden gesondert behandelt (→ IV.3.1); für sie ist „Nicht-Netting" an dieser Stelle
  kein Thema.

Definition

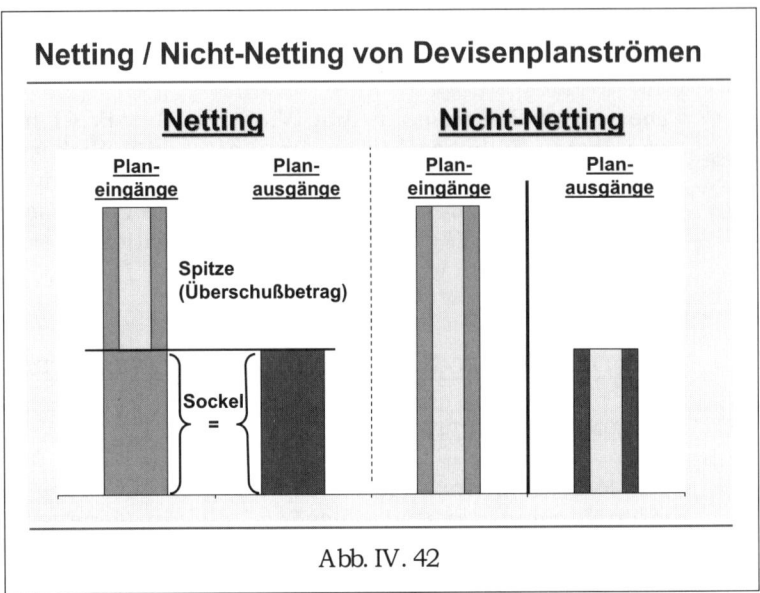

Netting / Nicht-Netting von Devisenplanströmen

Abb. IV. 42

Abb. IV.42 beschreibt die Begriffe Netting und Nicht-Netting für
ein exportorientiertes Unternehmen anhand von Devisenplanströmen:

Netting
Der Überschuss (Nettoplanerlös) stellt die so genannte Spitze
dar, das disponible Volumen, das für Sicherungen in Betracht
gezogen wird. Der so genannte Sockel ist gleich dem Betrag der
kleineren Seite, d.h. der Fremdwährungszahlungen, die zur
Gänze aus den Fremdwährungserlösen beglichen werden können. Der Sockel besteht also aus zwei gleich hohen gegenläufigen Planströmen, für die sich das Währungsrisiko wechselseitig
ausgleicht.

Nicht-Netting
Hier werden die Bruttoplanerlöse und -zahlungen unabhängig
voneinander gesichert – durch Terminverkäufe und Devisen-Put-
Optionen auf der einen, und durch Terminkäufe und Devisen-
Call-Optionen auf der anderen Seite. Das disponible Volumen
besteht nun aus der Summe der beiden Bruttoplanströme und
ist daher ungleich größer als bei der Netting-Methode, was auf
den ersten Blick das Währungsrisiko unnötig überhöht, es in der
Praxis aber besser kontrollierbar macht (s.u.).

Anwendungsbereich für das Nicht-Netting-Verfahren

Wenn Devisenplanströme der Gegenstand von Sicherungsmaßnahmen sind, bietet das Nicht-Netting wirtschaftliche Optimierungsmöglichkeiten und eine bessere operative Kontrolle über
den angestrebten Sicherungsgrad. Grundsätzlich könnte das
Nicht-Netting-Verfahren auch in anderen Bereichen angewendet
werden, wie z.B. im Investitionsgütersektor oder bei Fremdwäh-
rungsaufnahmen und -anlagen. In diesen Fällen wäre das Nicht-
Netting allerdings eher als spekulativ zu bewerten wegen des höheren disponiblen Devisenvolumens, während das wichtigste Argument zugunsten des Nicht-Nettings – die bessere Kontrolle
über die Sicherungsgrade bei unsicherheitsbehafteten Devisen-
planströmen – hinfällig würde.

Wirtschaftliche Optimierung

•   Wenn ein exportorientiertes Unternehmen seine Devisen-
    planerlöse und -zahlungen nettet, wird nur der verbleibende
    Überschuss (→ Abb. IV.42) Sicherungsmaßnahmen unter-
    worfen. Die Exporterlöse können daher nur bis zu dessen
    Höhe optimiert werden; in Höhe der Devisenplanzahlungen
    werden sie zu deren Begleichung herangezogen. Das bedeu-
    tet, dass – unabhängig vom Wechselkurs – die Kurswerte der
    Exporterlöse für die Importzahlungen akzeptiert werden.
    Damit vergibt das Unternehmen die Chance, die Exporterlöse
    insgesamt zu optimieren und die Importzahlungen zu mini-
    mieren. Dabei sind bei den heute üblichen Kursschwankun-
    gen die Chancen gut, binnen kurzer Zeit Wechselkursen auf
    der Erlösseite günstigere Kurse auf der Zahlungsseite gegen-
    überstellen zu können. Wie unten ausgeführt wird, ist damit
    bei einer vorsichtigen Handhabung des Nicht-Netting-
    Verfahrens keine nennenswerte Erhöhung des Devisenrisikos
    verbunden, während bei eindeutigen Kurstrends Chancen
    zur Ergebnisverbesserung genutzt werden können.

•   Das Nicht-Netting erlaubt eine klare betriebsinterne Zuord-
    nung von Fremdwährungserlösen und -zahlungen und ihren
    Kurssicherungen. Die Erlöse werden dem „Vertrieb" zuge-
    schlagen, die Zahlungen dem „Einkauf". Für das Unterneh-
    men insgesamt spielt diese Trennung zwar keine Rolle, aber
    bei der betriebsinternen Steuerung der Prozesse sollte sie be-
    rücksichtigt werden. Beim Netting hingegen kommen bei der
    Erlös-/Kostenrechnung bis zur Höhe des Sockelbetrags für
    „Verkauf" und „Einkauf" dieselben, vom Marktgeschehen be-
    stimmten Wechselkurse zur Anwendung.

Die Vorteile des Nicht-Netting-Verfahrens

Die Vorteile des Nicht-Netting-Verfahrens beruhen auf den Ei-
genheiten von Planströmen (→ IV.4.5), d.h.:

- Devisensicherungen werden bei Abschluss verbucht, Planströme hingegen erst, wenn sie zu Ist-Daten werden.
- Plandaten werden ab der ersten Planung mehrmals revidiert,
  dementsprechend ändert sich jedes Mal der Sicherungsgrad
  bereits vorgenommener Wechselkurssicherungen.
- Planerlöse und Planzahlungen entstehen oft zu unterschiedlichen Zeitpunkten. Planerlöse hängen von einer Vielzahl von
  Marktfaktoren ab. Planzahlungen können i.d.R. verlässlicher
  geplant werden, sofern sie mit dem Produktionszyklus zu-
  sammenhängen. Die Erfahrung zeigt jedoch, dass einzelne
  Planzahlungen von beachtlicher Größenordnung oft erst innerhalb einer Planperiode aufgrund unvorhersehbarer Entwicklungen auftreten.

Ein Beispiel aus der Praxis zeigt, wie sich Planzahlen zwischen
Erst- und Letztplanung während der Planungsperiode typischer
Weise ändern können. Abb. IV.43 und Abb. IV.44 zeigen die
Auswirkung auf Brutto- und Netto-Basis; das Beispiel ist den
1990er Jahren entnommen, die Währung wird aus betriebsin-
ternen Gründen nicht angegeben:

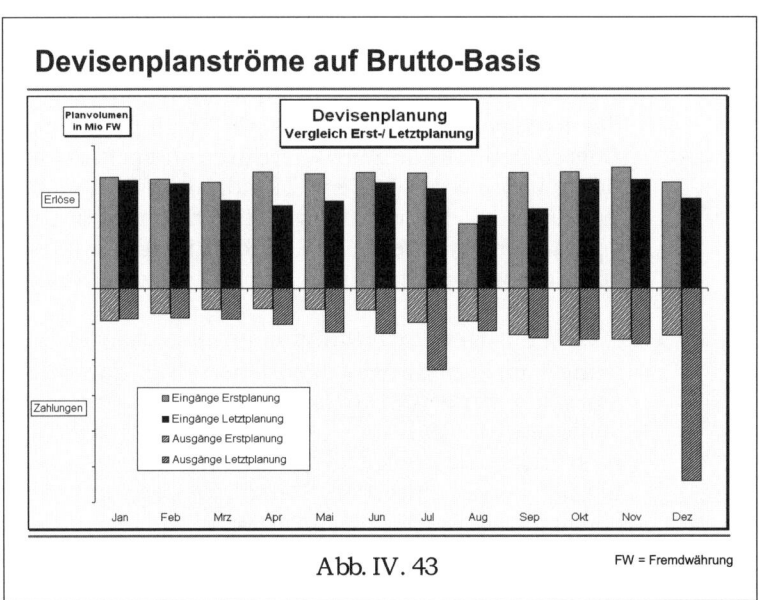

Abb. IV. 43

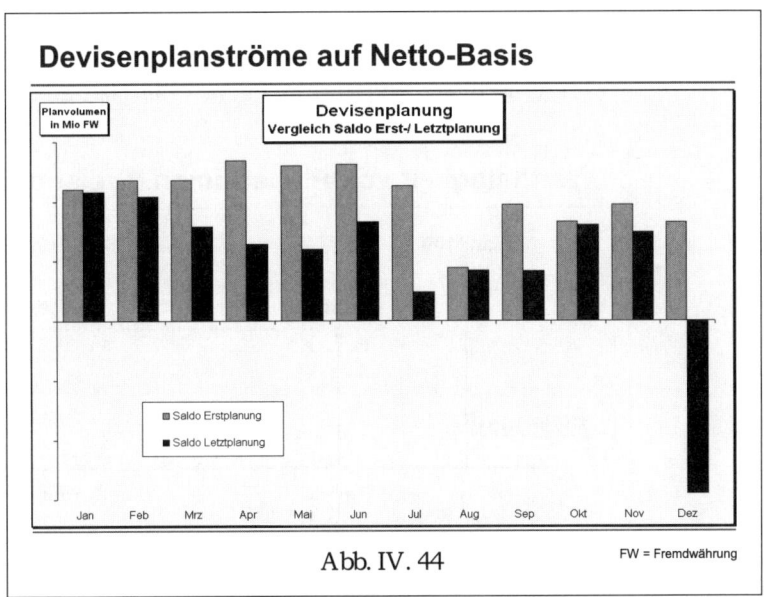

Devisenplanströme auf Netto-Basis

Planvolumen in Mio FW

Devisenplanung
Vergleich Saldo Erst-/ Letztplanung

■ Saldo Erstplanung

■ Saldo Letztplanung

Jan Feb Mrz Apr Mai Jun Jul Aug Sep Okt Nov Dez

Abb. IV. 44

FW = Fremdwährung

In den monatlichen Säulenpaaren der Abb. IV. 43 und Abb. IV.44 stellt jeweils die linke Seite die Erstplanung dar, die rechte die Letztplanung, die sich immer auf den Monat unmittelbar vor Realisierung bezieht. Dazwischen liegen bis zu zwölf Monate, während der die Planströme laufend aktualisiert werden. Der Vergleich zeigt, dass die prozentualen Änderungen aufgrund von Planrevisionen im Netting-Verfahren ungleich höher ausfallen als bei Nicht-Netting, im vorliegenden Fallbeispiel besonders für den Zeitraum März bis Juli und für September. Hier könnten frühzeitig auf Netto-Basis vorgenommenen Sicherungen sehr schnell zu Übersicherungen führen, insbesondere wenn aufgrund fallender Wechselkurse schon hochgradig abgesichert worden war. Besonders auffallend ist dies für den Monat Dezember, wo auf Netto-Basis der Planerlös sogar in eine Planzahlung umschlägt. Im vorliegenden Fall wurde die Planzahlung für Dezember erst im Juni aufgrund eines unerwarteten Ereignisses in die Planung eingestellt. Auf Netto-Basis wären die für Dezember früher vorgenommenen Sicherungen damit plötzlich „auf der falschen Seite". Im Brutto-Verfahren hingegen wären die Erlös-Sicherungen davon nicht tangiert gewesen und die neu hinzugekommene Planzahlung ab Juni neuen, gesondert vorgenommenen Sicherungsmaßnahmen zu unterwerfen gewesen.

○ Der Sachverhalt, untergliedert in seine Komponenten:

• Unterschiedliche Werthaltigkeit von Planströmen

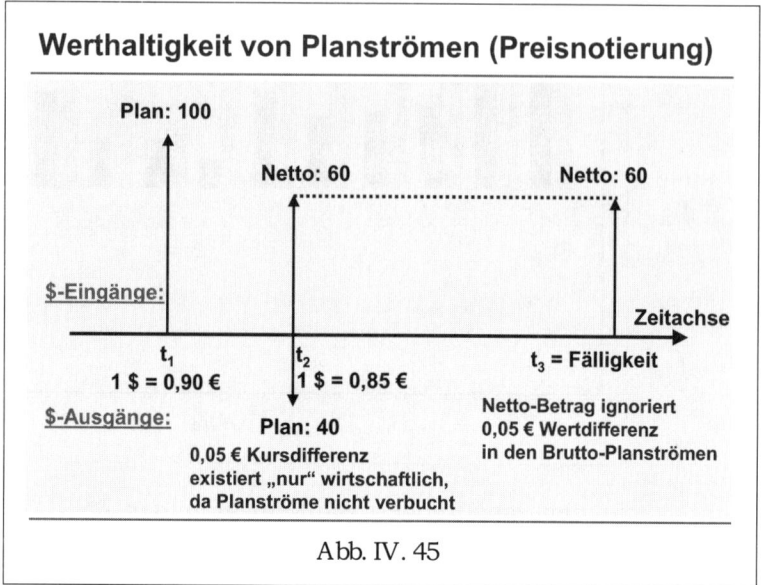

Werthaltigkeit von Planströmen (Preisnotierung)

Abb. IV. 45

Abb. IV.45: Zum Zeitpunkt t_1 wird ein Planeingang von $ 100 Mio. zur Fälligkeit t_3 erwartet. Zum Zeitpunkt t_1 steht der Kurs bei 1 $ = 0,90 €. Etwas später, bei t_2, kommt für dieselbe Fälligkeit t_3 eine Planzahlung von $ 40 Mio. hinzu. Zum Zeitpunkt t_2 steht der Kurs bei 1 $ = 0,85 €. Der Netto-$-Eingang bei t_3 beläuft sich damit auf $ 60 Mio. Das bedeutet, dass der Planeingang i.H.v. $ 100 Mio. zu ursprünglich 1 $ = 0,90 € genettet wird gegen eine $ 40 Planzahlung zu 1 $ = 0,85 €. Die unterschiedliche Werthaltigkeit, d.h. die Kursdifferenz von 0,05 € für $ 40 Mio. wird ignoriert. Das Netting überdeckt somit die Wertunterschiede in den Brutto-Planströmen. Da Plandaten nicht verbucht werden, scheint dieser Wertunterschied nirgends auf. Durch gesonderte Sicherungsmaßnahmen könnte er aber erfasst und die Ergebnisbeiträge der Erlös- und Zahlungsseite eindeutig zugeordnet werden.

- Übersicherungsrisiko

Das Risiko einer Übersicherung wegen unerwarteter Planzahlungen; Abb. IV.46:

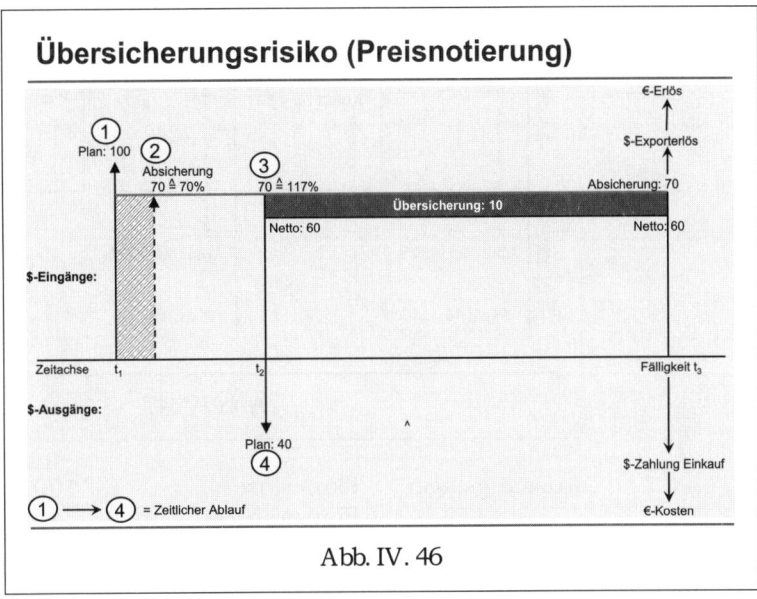

Abb. IV. 46

Die Planströme werden wie in Abb. IV.45 angesetzt. Angesichts eines fallenden $-Trends werden 70% der $ 100 Mio. Planeingänge per Termin gesichert. Zum Zeitpunkt t_2 kommt eine Planzahlung i.H.v. $ 40 Mio. zur selben Fälligkeit t_3 hinzu. Damit ergibt sich bei Netting zum Zeitpunkt t_3 ein Saldoplanerlös von $ 60 Mio. Da aber bereits $ 70 Mio. per Termin gesichert worden waren, besteht nun eine unerwünschte Übersicherung von $ 10 Mio. zur Fälligkeit t_3 (→ IV.4.4). In der Bruttobetrachtung hingegen blieben die Planerlöse zu 70% gesichert und die Zahlungen würden gesondert zu einem späteren Zeitpunkt gesichert werden, nur geringfügig oder gar nicht wenn der fallende Dollartrend anhält.

- Stabilität des Sicherungsgrades

Die Gründe für Plandatenrevisionen liegen in Konjunkturschwankungen, Änderungen in der modellspezifischen Nachfrage, steuerpolitischen Maßnahmen und anderen externen Faktoren. Auch interne Faktoren wie Verzögerungen bei Produktionsanläufen, Unterbrechnungen in der Produktion oder technische Änderungen erfordern ständig Anpassungen in den Plandaten. Diese Änderungen tangieren unmittelbar den Sicherungsgrad, da bereits vorgenommene Sicherungen sich auf eine jeweils neue Planbasis beziehen. Beispiel, Abb. IV. 47:

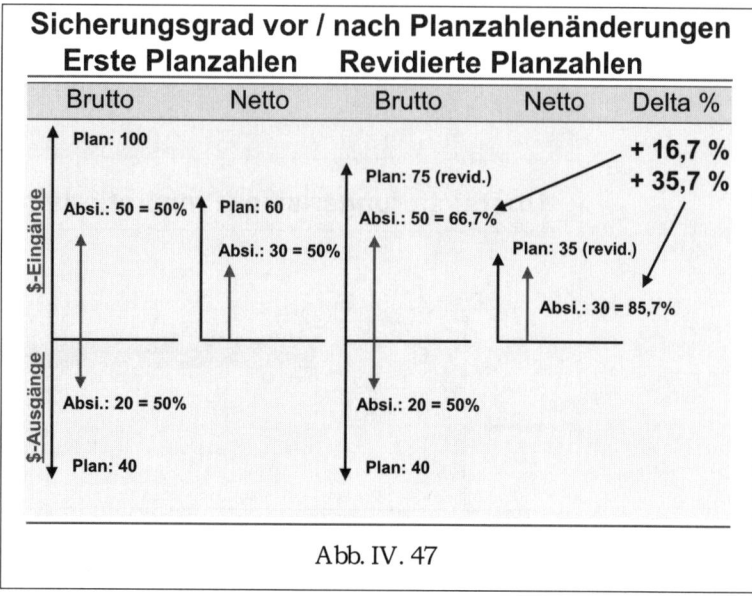

Abb. IV. 47

Ausgangslage: Planerlöse $ 100 Mio.
                   Planzahlung $ 40 Mio.
                   Saldo $ 60 Mio.
                   Annahme: Sicherungsgrad 50%

Nicht-Netting: 50% Sicherung der Planerlöse per $-Ter-
                   minverkauf ≙ $ 50 Mio.

                   50% Sicherung der Planzahlung per
                   $-Terminkauf ≙ $ 20 Mio.

                   In der Praxis wird aufgrund der Trendein-
                   schätzung des Wechselkurses der Siche-
                   rungsgrad natürlich nicht auf beiden Sei-
                   ten gleich hoch sein und die Sicherungen
                   würden auch nicht zum gleichen Zeitpunkt
                   beidseitig vorgenommen werden. Diese An-
                   nahmen sollen nur die Darstellung verein-
                   fachen, sie ändern nichts am sachlichen
                   Inhalt.

Netting: 50% Sicherung des Saldo-Betrags per
                   $-Terminverkauf ≙ $ 30 Mio.

Einen Monat später ergibt sich aufgrund eines Absatzeinbruchs eine Planerlösreduktion um 25% auf $ 75 Mio.:

Nicht-Netting: Die zuvor getätigten $ 50 Mio. Terminver-
                      käufe führen jetzt zu einem Sicherungs-
                      grad von 66,7% auf der Erlösseite ($ 50
                      Mio. bezogen auf $ 75 Mio. Planerlös); kei-
                      ne Änderung auf der Zahlungsseite.

Netting: Der Saldo von ursprünglich $ 60 Mio. re-
                      duziert sich auf $ 35 Mio., aus vormals
                      $ 100 – $ 40 = $ 60 wird jetzt $ 75 – $ 40 =
                      $ 35. Die Sicherung von $ 30 Mio. mit ur-
                      sprünglich 50% Sicherungsgrad bezieht sich
                      nunmehr auf die Planbasis von $ 35 Mio.
                      und führt zu einem Sicherungsgrad von
                      85,7%.

Im Nicht-Netting-Verfahren hat sich der Sicherungsgrad auf
der Planerlösseite um 16,7 Prozentpunkte erhöht, im Netting-Verfahren hingegen um 35,7 Prozentpunkte. Der Sicherungsgrad erweist sich also bei Planzahlenänderungen im
Nicht-Netting als wesentlich stabiler als im Netting-
Verfahren, da Änderungen in den Brutto-Planströmen 1:1
auf den Saldo durchschlagen.

Anmerkungen

1. Bei der Bewertung, bzw. am Ergebnisbeitrag, ändert sich
   unter den beiden Verfahren in diesem Beispiel nichts: der
   $ 50-Terminverkauf und der $ 20-Terminkauf im Nicht-
   Netting führt – da die Sicherungen auf beiden Seiten
   gleichzeitig, d.h. zum selben Kurs erfolgten, was in der
   Praxis nicht der Fall wäre – zum selben Resultat wie der
   $ 30-Terminverkauf im Netting. Der Unterschied liegt in
   der Realisierung der ursprünglichen Sicherungsintentio-
   nen: die Sicherungsgrade sind im Nicht-Netting bei
   Planzahlenänderungen stabiler und sie können für die
   Erlöse und die Zahlungen unter Berücksichtigung der
   aktuellen Kursentwicklungen individuell gesteuert
   werden. Bei Fälligkeit werden die realisierten
   Sicherungsgrade den ursprünglich angestrebten daher
   deutlich näher kommen als beim Netting.

2. Grundsätzlich bestünde die Möglichkeit, den ursprünglichen Sicherungsgrad durch Gegenabschlüsse, d.h. teilweise Aufhebung bereits bestehender Sicherungen, wieder
   herzustellen. In der Praxis würde dies wegen der oftmali-
   gen Plandatenänderungen ständig neue Sicherungsabschlüsse bzw. -aufhebungen nach sich ziehen, verbunden

mit den Risiken der ungewissen Wechselkursentwicklungen. Das Risiko negativer Ergebnisauswirkungen wäre daher sicherlich höher als aufgrund des größeren disponiblen Volumens im Nicht-Netting-Verfahren, das besser kontrolliert werden kann.

Bei einer schrittweisen Reduktion der Planerlöse stellt sich der Sachverhalt in Abb. IV.47 wie folgt dar, Abb. IV. 48:

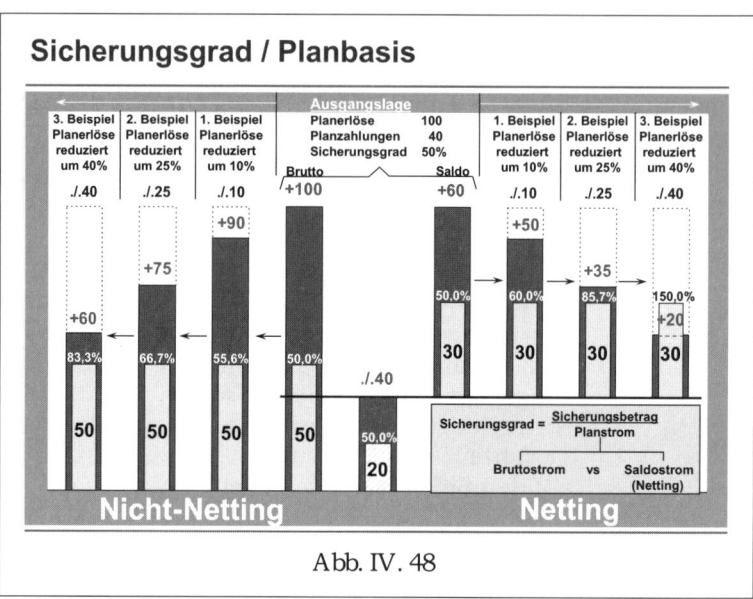

Abb. IV. 48

Die Ausgangslage ist dieselbe wie im Beispiel der Abb. IV.47: Planerlös $ 100 Mio., Planzahlung $ 40 Mio., Sicherungsgrad für beide Planströme jeweils 50%. Dann werden die Planerlöse um 10%, um 25% und schließlich um 40% gegenüber der Ausgangslage reduziert. Für die Planerlöse steigt der ursprüngliche Sicherungsgrad von 50% über 55,6% und 66,7% auf schließlich 83,3%; auf der Zahlungsseite bleibt er per Annahme konstant bei 50%. Im Netting-Verfahren hingegen steigt der Sicherungsgrad aufgrund des Rückgangs der Planerlöse von ebenfalls 50% in der Ausgangslage über 60% und 85,7% auf schließlich 150%, d.h. er führt zu einer Übersicherung i.H.v. 50%.

Der Sachverhalt von Abb. IV.48 bei einer graduellen Reduktion der Planerlöse in Schritten von jeweils $ 5 Mio., Abb. IV. 49:

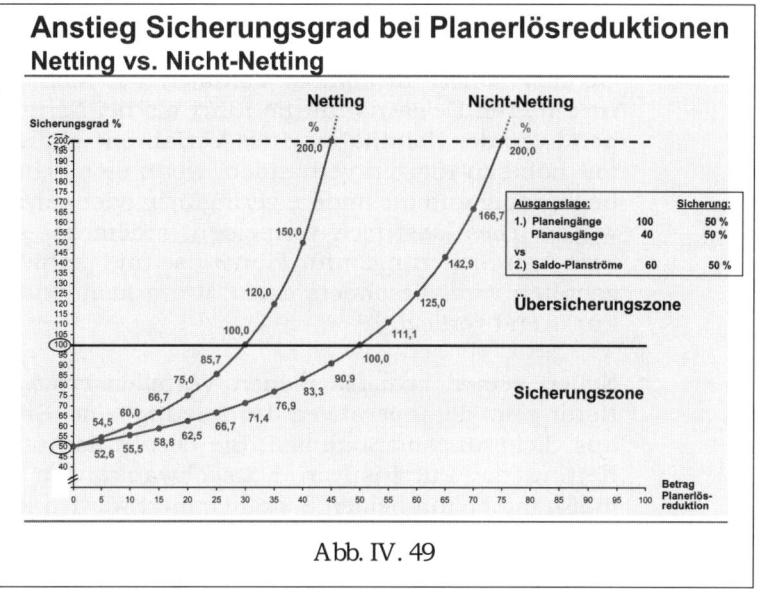

Abb. IV. 49

Die Abb. IV.49 zeigt, dass der Sicherungsgrad im Netting-Verfahren bei Planerlösreduktionen viel schneller ansteigt als im Nicht-Netting. Im ersten wird die Zone der Übersicherung bereits bei einem Planerlösrückgang um $ 30 Mio. erreicht, im zweiten erst bei einer Reduktion um $ 50 Mio. Der Sicherungsgrad ist im Nicht-Netting-Verfahren also wesentlich robuster als im Netting-Verfahren.

Fazit
Das Nicht-Netting ermöglicht die Erfassung von Wertdifferenzen in den Planströmen, reduziert das Risiko von Übersicherungen und erhöht die Stabilität der Sicherungsgrade. Es erlaubt die eindeutige Zuordnung von Devisensicherungen und ihren Ergebnisauswirkungen zur Erlös- bzw. Zahlungsseite des Unternehmens, zieht aber ein höheres Volumen an Sicherungsabschlüssen nach sich. Da unter HGB gemäß des Imparitätsprinzips (→ IV.5.1) nur die negativen Beiträge in die Bewertung einbezogen werden und die positiven außen vor bleiben bzw. erst bei Realisierung angerechnet werden, müssen wegen der höheren Volumina auch höhere Rückstellungen für Drohverluste gebildet werden (die bis 1996 steuerlich abzugsfähig waren). Unter IFRS, wo alle Sicherungen in die Bewertung mit einbezogen werden, stellt sich dieses Problem einer einseitigen Bewertungsweise nicht.

O Praktische Anwendung

Ob das höhere disponible Volumen bei Nicht-Netting zu einer
riskanteren Devisenstrategie führt als bei Netting, hängt weitgehend von der Handhabung des Verfahrens ab. Sicherlich wäre es
mit höheren Risiken verbunden, wenn eine Seite der Planströme
hochgradig und die andere geringfügig oder gar nicht abgesichert
würde. Dies lässt sich vermeiden, indem der zeitliche Abstand
zwischen Sicherungen für Planerlöse und -zahlungen in Grenzen
gehalten wird, besonders dann, wenn kein eindeutiger Wechsel-
kurstrend vorliegt.

Neben seinen grundsätzlichen Vorteilen ermöglicht das Nicht-
Netting in der operativen Umsetzung eine Ertragsoptimierung
aus Sicherungsmaßnahmen. Sie beruht darauf, dass bei Nicht-
Netting die kurzfristigen Kursschwankungen für Sicherungsmaßnahmen auf beiden Seiten genutzt werden können:

Abb. IV. 50

Copyright 2008 Reuters Limited

Abb. IV.50 zeigt den 30-minütigen $-Kursverlauf im Dezember
2007/Januar 2008, was repräsentativ ist für die heute üblichen
Volatilitäten. Daraus ist ersichtlich, dass die Kursschwankungen
innerhalb kurzer Zeitspannen groß genug sind, um bei einem
schrittweisen, wechselseitigen Anheben des Sicherungsgrades
für die Planerlöse günstigere Kurse zu erzielen als für die Planzahlungen. Dabei stehen die Chancen gut, in der Mehrzahl der
Fälle positive Kursspannen festschreiben zu können.

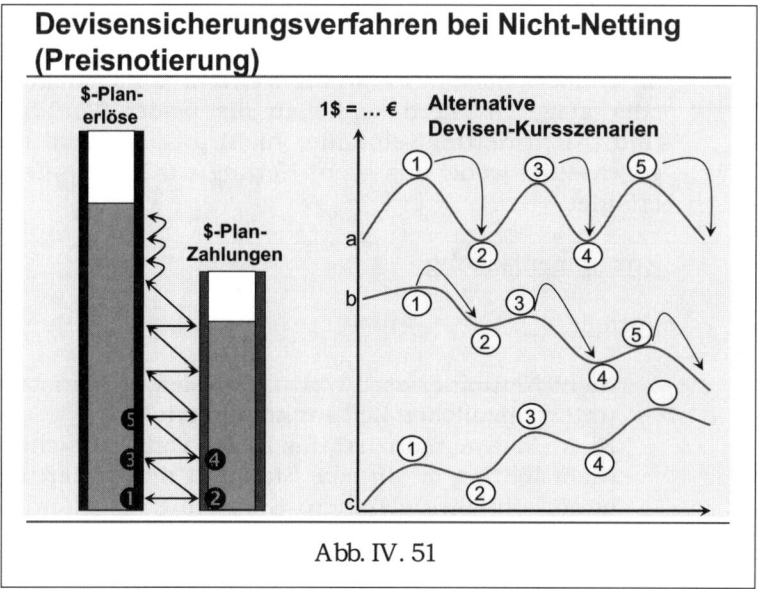

Devisensicherungsverfahren bei Nicht-Netting (Preisnotierung)

Abb. IV. 51

Abb. IV.51 stellt das Verfahren schematisch dar. Im ersten Sicherungsschritt wird ein Terminverkauf vorgenommen; dieser „Schritt 1" sollte immer auf der größeren Seite, hier der Erlösseite erfolgen. Ein wenig später erfolgt mit „Schritt 2" die erste Sicherung für die Planzahlungen durch einen Terminkauf in derselben Höhe und für dieselbe Fälligkeit zu einem etwas günstigeren Wechselkurs. Das Verfahren wird solange fortgesetzt, bis die Sicherungsvolumina die Höhe der kleineren Seite, hier der Planzahlungen, erreicht haben. Danach laufen die Sicherungen in die Spitze hinein, d.h. sie können nur mehr für die Planerlöse getätigt werden, wie es im Netting-Verfahren der Fall wäre. Sicherungsmaßnahmen können natürlich auf der einen Seite auch in deutlich höherem Maße vorgenommen werden als auf der anderen Seite. Die Höhe der Sicherungsmaßnahmen für jede der beiden Seiten liegt im Ermessen des Entscheidungsträgers und beruht auf seiner Einschätzung des Währungstrends.

Das wechselseitige Einziehen von Sicherungsgraden steht in keinem grundsätzlichen Widerspruch zu den Sicherungsstrategien im Netting-Verfahren, da eine bestimmte Wechselkursprognose zu ähnlichen Sicherungsmaßnahmen führt. So kann je nach Kursverlauf der Prozess ebenso gut in der Spitze, d.h. im Plansaldo beginnen, und die schrittweisen, wechselseitigen Sicherungen im Sockel erst danach eingezogen werden. Wenn z.B. bei Beginn der Sicherungsmaßnahmen der $ rasch fällt, der weitere Kursverlauf auf längere Sicht aber ungewiss erscheint, so kann man mit der Sicherung in der Spitze wie beim Netting beginnen und erst später mit der wechselseitigen Absicherung im Sockel gemäß Nicht-Netting-Verfahren fortsetzen. Umgekehrt verläuft der Wechselkurs seitwärts schwankend, so kann man mit der wechselseitigen Sicherung im Sockel beginnen, und dann, wenn der Kurs ausbricht, in die Spitze ausweichen und diese hoch- oder niedergradig sichern, je nachdem ob der $ fällt oder steigt. Insofern schließen die beiden Verfahren „Netting" und „Nicht-Netting" einander nicht aus, sondern ergänzen sich gegenseitig, wobei das Nicht-Netting zusätzliche Ertragschancen eröffnet.

Zusammenfassung

Vorteile

- Nicht-Netting erfasst Wertdifferenzen in Planströmen, die zu unterschiedlichen Zeitpunkten entstehen.
- Nicht-Netting reduziert das Risiko von Übersicherungen.
- Nicht-Netting erhöht die Stabilität der Sicherungsgrade und ermöglicht ihre genauere Steuerung bei Plandatenänderungen.
- Nicht-Netting kann Zusatzerträge generieren, ohne den Grundsatz einer rein kommerziell begründeten Devisenstrategie zu verletzen.
- Das Nicht-Netting erlaubt eine flexiblere Steuerung der Sicherungsmaßnahmen, weil Devisensicherungen je nach Beurteilung des Kurstrends in der „Spitze" und/oder im „Sockel" eingezogen werden können. Unterschiedliche Gewichtungen auf beiden Seiten erlauben eine Optimierung der Sicherungsstrategie.
- Das Nicht-Netting erlaubt eine eindeutige Zuordnung der Sicherungsmaßnahmen zu Erlösen und Zahlungen. Der wirtschaftliche Beitrag der einzelnen Unternehmensbereiche kann dadurch klarer bewertet werden (→ Abb. IV.22).

Nachteile

- Nicht-Netting erhöht die disponible Masse und führt zu einem höheren Volumen von Sicherungsabschlüssen.
- Nicht-Netting bedarf gesonderter Kontrollmechanismen hinsichtlich der wirtschaftlichen Risiken und seiner operativen Überwachung.
- Wertunterschiede von Planerlösen und -zahlungen werden – dem Wesen von Plandaten entsprechend – nicht verbucht. Das Argument für die Erfassung solcher Wertdifferenzen entfällt daher, wenn man der Ansicht ist, dass nicht berücksichtigt werden müsse, was in den Büchern nicht aufscheint.
- Das Nicht-Netting von Planerlösen und -zahlungen entspricht nicht der gängigen Auffassung. Wird gemäß Nicht-Netting verfahren, so sollte sich die Konzern-Treasury auf längere Diskussionen mit der Internen Revision und den Wirtschaftsprüfern einstellen. Die Wirtschaftsprüfungsgesellschaft PricewaterhouseCoopers (PwC) definiert die Risikopo-

sition als den Saldo von allen Fremdwährungseingängen und
-ausgängen*⁾, bezieht aber nicht ausdrücklich Stellung gegen
das Nicht-Netting von Planströmen. Die Bundesanstalt für
Finanzdienstleistungsaufsicht (BaFin) macht in ihren „Mindestanforderungen an das Risikomanagement" (MaRisk) von
2005, das für Kreditinstitute gilt und in der Industrie daher
nur sinngemäß zur Anwendung kommen kann, keine Aussage zu Sicherungsmaßnahmen auf Basis von Planströmen
und damit auch nicht zu deren Netting vs. Nicht-Netting.

IV.7.2   BEWERTUNG UND ERGEBNISBEITRAG BEI NICHT-NETTING

Bewertung und Ergebnisbeitragsbemessung erfolgen nach demselben Verfahren wie es für Devisenterminverkäufe und Put-
Optionen in IV.5 beschrieben worden ist, wobei jetzt Devisenter-
minkäufe und Call-Optionen hinzukommen. In Kurzfassung:

- Abb. IV.32 wird um Terminkäufe erweitert; Abb. IV.52:

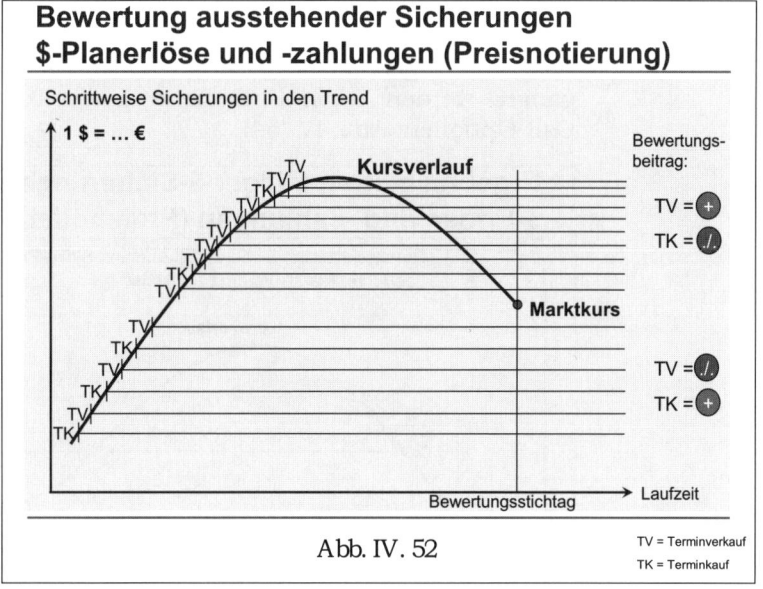

Abb. IV. 52

---

*⁾   Literaturhinweis: 1.) PricewaterhouseCoopers: „Derivative Finanzinstrumente
     in Industrieunternehmen"; 4. Auflage, 2008, Fachverlag Moderne Wirtschaft;
     2.) „WP Handbuch 2006", Band I, 13. Auflage, 2006, Hrsg. Institut der Wirt-
     schaftprüfer in Deutschland e.V., IDW Verlag GmbH.

- Dementsprechend führt Abb. IV.33 zu Abb. IV.53:

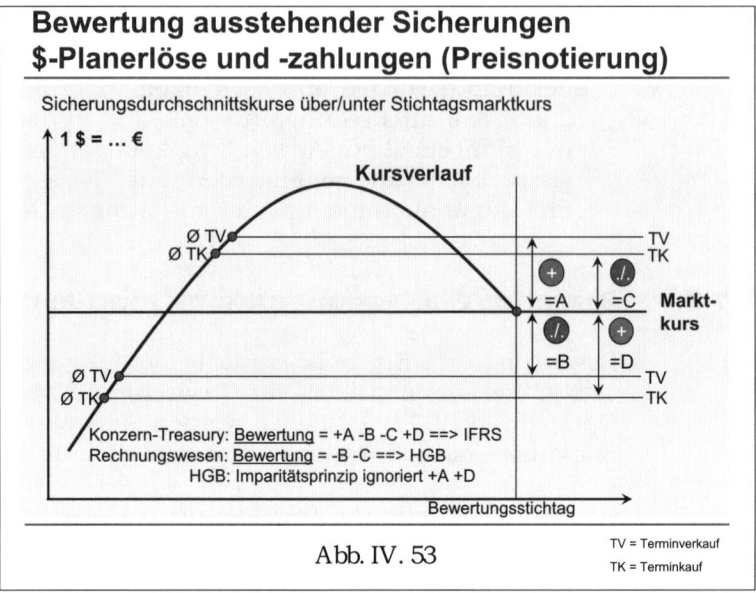

Abb. IV. 53

- Die Modifikation der Abb. IV. 34 kann übersprungen und direkt zum Ergebnisbeitrag aufgrund von Abb. IV.35 übergegangen werden; unter Einbeziehung von Terminkäufen und Call-Optionen, Abb. IV. 54:

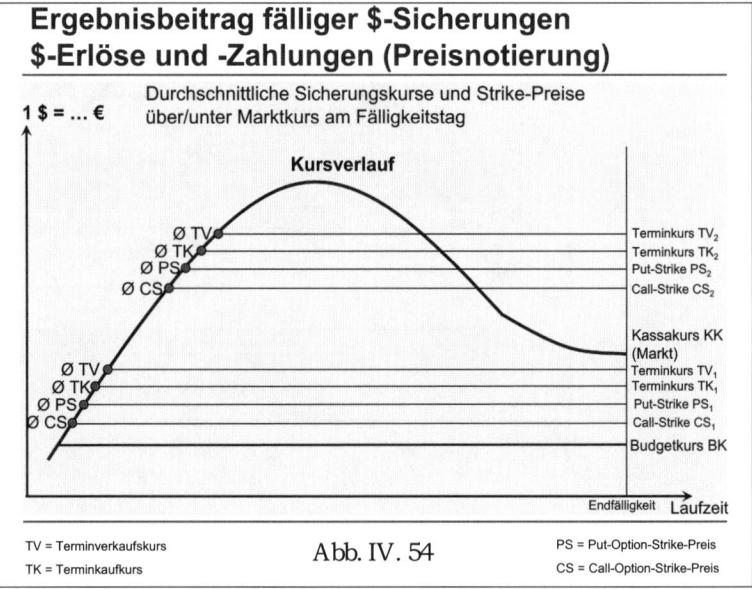

Abb. IV. 54

Die Bemessung des Ergebnisbeitrags gegen Markt und Budget erfolgt für die Terminverkäufe und Put-Optionen auf der Erlösseite wie in IV.5.2 nach der Abb. IV. 35 bereits beschrieben. Für die Terminkäufe und Call-Optionen gilt auf der Zahlungsseite dasselbe unter umgekehrten Vorzeichen: TK_1 würde Gewinne und TK_2 Verluste generieren; Call-Optionen mit Strike-Preis CS_1 würden ausgeübt werden und Gewinne erzielen, Call-Optionen zu CS_2 würden nicht ausgeübt werden.

Da wegen des Exportüberhangs der Budgetkurs konservativ angesetzt wurde (→ IV.4.4), werden die Terminkäufe und Call-Optionen höchstwahrscheinlich bei Kursen über dem Budgetkurs liegen und somit auf sich allein gestellt gegen Budget einen negativen Beitrag leisten. Das spielt aber keine Rolle, weil die Terminverkäufe und Put-Optionen aufgrund der höheren Volumina und der günstigeren Kurse diese Verluste überkompensieren und damit insgesamt ein günstigeres Ergebnis liefern als unter dem Netting-Verfahren erzielt worden wäre.

Da das Nicht-Netting darauf abzielt, aufgrund von Kursschwankungen positive Spannen zwischen den Terminverkäufen und -käufen festzuschreiben – maximal bis zum Umfang der Zahlungen – werden für die Sicherung der Zahlungsseite an sich keine Call-Optionen benötigt, was Prämienkosten spart. Optionen kommen somit in diesem Verfahren nur als Put-Optionen für die Sicherung der Erlösüberhänge, d.h. in der Spitze zum Einsatz. Das Ergebnis mit wechselseitigen Terminkurssicherungen bei Nicht-Netting wird dann typischerweise wie folgt aussehen; Abb. IV.55:

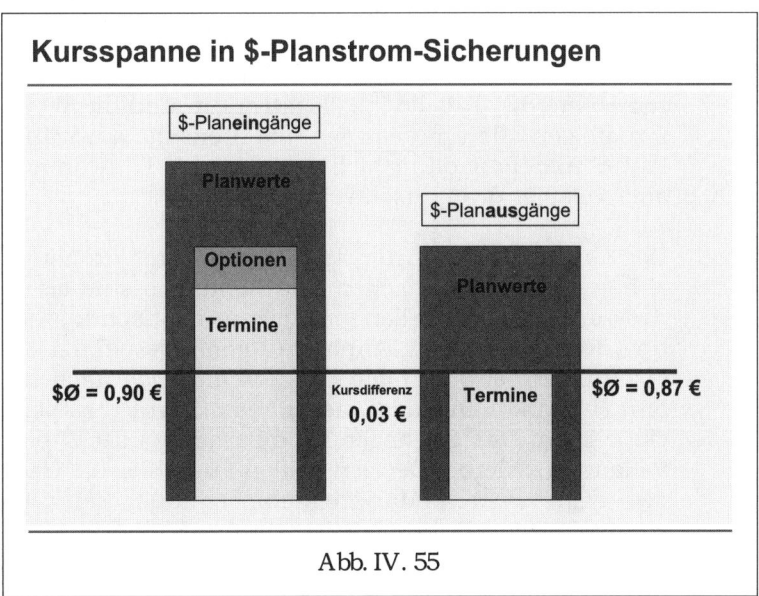

Abb. IV. 55

Im Sockel-Bereich wurde in diesem Fallbeispiel eine positive Kursspanne von € 0,03 festgeschrieben, was pro $ 1 Mrd. beidseitiger Währungsströme einen Mehrertrag von € 30 Mio. generierte.

V.   ROHSTOFFSICHERUNGEN

V.1   DIE ROHSTOFFMÄRKTE

Die Rohstoffmärkte sind noch volatiler als die Devisenmärkte.
Die Preisbewegungen und die längerfristigen Zyklen ähneln den
Kursbewegungen von Fremdwährungen. Ein Zusammenhang
mit volkswirtschaftlichen Fundamentaldaten tritt jedoch noch
weniger in Erscheinung als bei Devisen. Eine Regressionsanalyse
für den letzten Konjunkturzyklus, d.h. für die Periode 1992 bis
2002 ergibt z.B. für die Preise von Aluminium, Platin, Palladium
und Rhodium die folgenden Korrelationskoeffizienten mit dem
Bruttoinlandsprodukt (BIP):

1992 – 2002	Korrelationskoeffizient			
Region	Aluminium	Platin	Palladium	Rhodium
	BIP/Preis – Nominalwerte			
USA	0,05	0,69	0,76	0,19
G-7-Staaten	0,10	0,66	0,78	0,19
	BIP/Preis – Veränderungsraten			
USA	0,11	0,14	0,30	0,21
G-7-Staaten	0,42	0,23	0,31	0,12

Darüber hinaus sind diese Korrelationskoeffizienten stark perio-
denabhängig. Verkürzt man z.B. die Zeitspanne auf die Jahre
1997 bis 2002, so schlagen die Werte für Aluminium in der oberen Hälfte der Tabelle ins Negative um und die Werte für Rhodium steigen alle um das zwei- bis dreifache an, während jene für
Platin und Palladium sich insgesamt z.T. zwar auch deutlich,
aber weniger dramatisch verändern.

Der Grund dafür dürfte darin liegen, dass Rohstoffpreise noch
abhängiger von politischen Entwicklungen sind als Devisen, und
dass die Rohstoffquellen großteils in politisch instabilen Staaten
bzw. Regionen liegen. Auch die Nachfrageseite ist oligopolistisch
strukturiert, sowohl nach Ländern als auch nach Industriesparten. Hinzu kommt, dass sich Rohstoffe gut für spekulative Zwecke eignen. Das gilt neben Gold besonders für Silber, Platin und
Palladium. Wie bei Devisen zählen auch hier die Hedge Fonds zu
den aggressiveren Marktteilnehmern und, seit 2007, die Exchange Traded Funds (ETFs). Da diese Märkte aber viel kleiner
sind als die Devisenmärkte und überdies fragmentiert, sind die
Preisbewegungen noch erratischer als die Devisenkurse.

Sicherungen zum Schutz gegen diese Preisbewegungen sind für
eine Reihe von Rohstoffen möglich, und zwar direkt mit den Lieferanten, über Banken oder über die London Metal Exchange
(LME). Mittels der Sicherungen kann der Bezugspreis für die Zu-

kunft festgeschrieben werden oder – wirtschaftlich gleichbedeutend – der betreffende Rohstoff am Valutatag zum Marktpreis bezogen und die Differenz zum Terminkurs per Ausgleichszahlung glattgestellt werden (→ V.2). Die Terminabschlüsse werden mit den Lieferanten direkt getätigt oder mit Banken, die ihrerseits am LME präsent sind. Sicherungen können auch durch Optionsabschlüsse getätigt werden.

Zu den wichtigsten Rohstoffen, die über Banken oder die LME gesichert werden können, zählen Edelmetalle, Nicht-eisenhaltige Metalle („base metals"), Öl und Gas, etc. Davon sind unter den Edelmetallen („precious metals") die Platin-Group Metals Palladium, Platin und Rhodium und unter den Nicht-eisenhaltigen Aluminium für die Automobilindustrie von besonderem Interesse. Das Risikopotential ist von seiner Größenordnung her auf Palladium, Platin und Aluminium konzentriert, gefolgt von Rhodium und Kupfer. Für eisenhaltige Metalle gibt es zur Zeit noch keine ausreichend liquiden Sicherungsmechanismen. Zwar wurde von der LME in 2008 ein Stahlkontrakt aufgelegt, der aber auf das Baugewerbe zugeschnitten und für die Automobilindustrie unbrauchbar ist.

Die folgende Diskussion beschränkt sich auf die drei Platin-Group Metals (PGM) und Aluminium. Sie werden für die Produktion benötigt, so dass das Unternehmen nur auf der Käuferseite auftritt. Es gilt die Preisrisiken einzugrenzen und die Kosten zu minimieren. Dabei steht Aluminium stellvertretend für die „base metals" und die PGM für die „precious metals", für die unterschiedliche Verfahrensweisen bei der Risikoabsicherung zur Anwendung kommen. Vorweg: im Vergleich zu den in IV. beschriebenen Devisenrisiken sind die hier behandelten Risiken von der Größenordung her für das Unternehmen vergleichweise gering. Dennoch sind sie absolut betrachtet groß genug, um die Produktionskosten zu beeinflussen und verdienen von daher Beachtung.

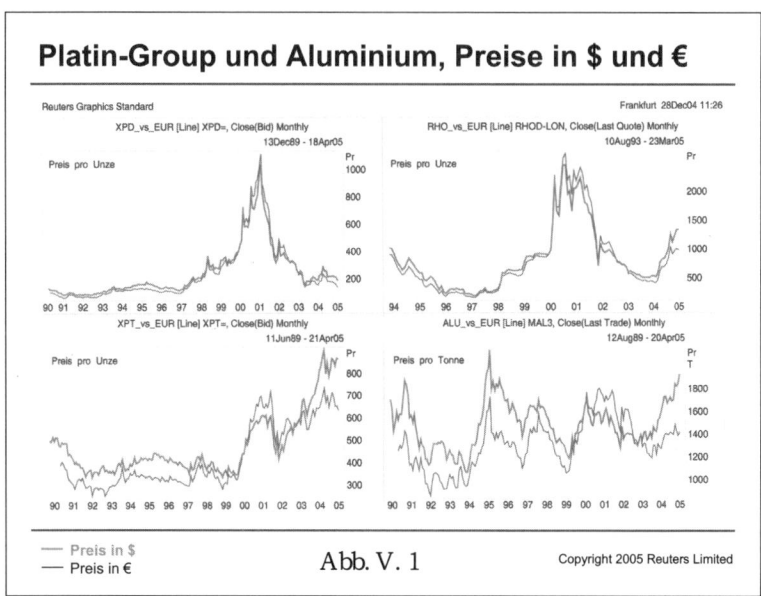

Abb. V. 1

Abb. V.1 zeigt die Preisentwicklungen für Palladium, Platin und Aluminium seit 1990 und für Rhodium seit 1994. Während Aluminium ein zyklisches Muster aufweist, sind im gegebenen Zeitraum systematische Preisbewegungen bei den drei Edelmetallen nicht zu erkennen, außer dass sie mehr oder weniger in die gleiche Richtung tendieren. Das hängt mit der Struktur sowohl der Angebots- als auch der Nachfrageseite zusammen.

Die Angebotsseite ist duopolistisch bzw. nahezu monopolistisch strukturiert, Abb. V.2:

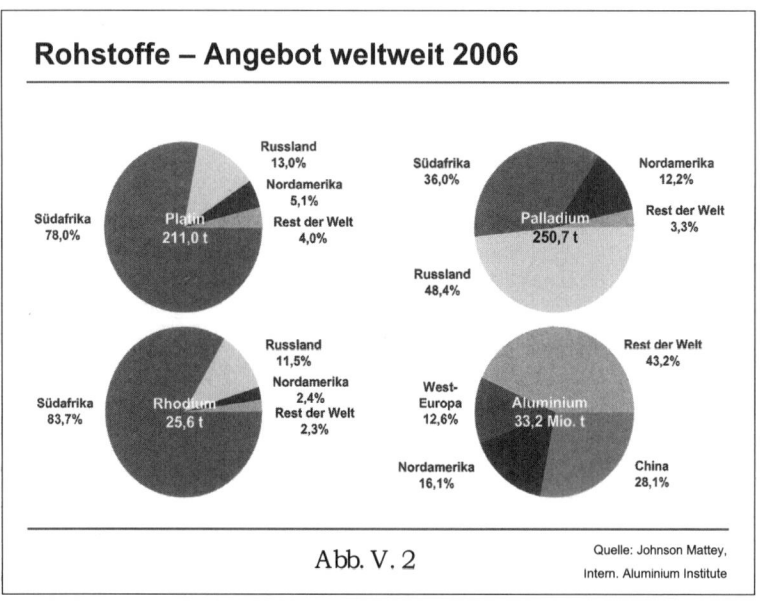

Abb. V. 2

Südafrika dominiert den Markt für Platin und Rhodium mit fast 80% bzw. 85%, gefolgt von Russland mit ca. 13% bzw. 12%; bei Palladium bestreiten Südafrika und Russland das Angebot zusammen mit 85%. Bei Aluminium ist die Angebotsseite deutlich breiter aufgestellt.

Die Nachfrageseite wird von den Industrienationen bestimmt, Abb. V.3:

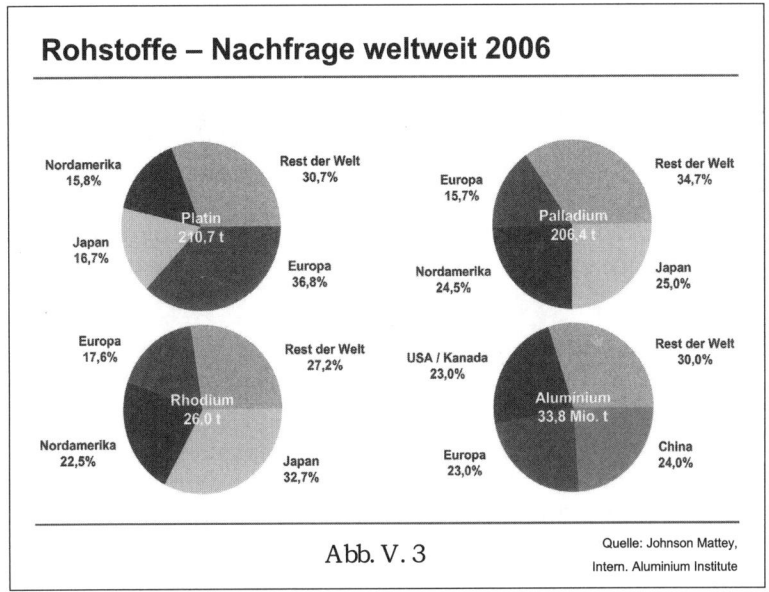

Rohstoffe – Nachfrage weltweit 2006

Abb. V. 3

Quelle: Johnson Mattey,
Intern. Aluminium Institute

Die geographische Nachfragestruktur wird noch von z.T. höchst unterschiedlichen Industriesparten überlagert: Platin wird zu 50% von der Automobilindustrie und zu 25% von der Schmuckindustrie gekauft; alle anderen Industrien liegen deutlich unter jeweils 10%. Die Palladiumnachfrage liegt zu knapp 50% bei der Automobilindustrie, gefolgt von der Schmuckindustrie mit rund 16%, der Elektroindustrie mit ca. 15% und der Zahnheilkunde mit 12%. Rhodium wird zu 85% allein von der Automobilbranche absorbiert. Dagegen ist die Nachfrage nach Aluminium breiter gestreut.

Die Nachfrage-Struktur variiert bei Platin und Palladium mit dem Konjunkturzyklus, wobei die Automobilindustrie am zyklischsten und die Zahnheilkunde am zyklisch unabhängigsten ist; die Elektro- und Schmuckindustrie liegen dazwischen. Bei Rhodium hingegen ist die Nachfrage ebenso auf eine Industriesparte – die Automobilindustrie – konzentriert wie das Angebot auf ein Land.

Anmerkung

Diese Prozentverteilungen, die für das Jahr 2006 gelten, unterliegen von Jahr zu Jahr starken Schwankungen. Das gilt besonders für die Nachfragestruktur, die neben ihrer konjunkturellen Komponente von spekulativen Transaktionen beeinflusst bzw. dominiert wird. So sind z.B. im Vergleich zu 2002 in einzelnen Fällen Differenzen von bis zu 20 Prozentpunkten zu verzeichnen.

Solche Strukturen bedingen hohe Preisvolatilitäten. Die Devisenmärkte weisen in den gängigen Währungen aufgrund der hohen Umsätze und der hohen Anzahl der Marktteilnehmer eine Breite und Tiefe auf, die in den Rohstoffmärkten nicht vorhanden ist. Selbst die theoretischen Mindestpreise, die gleich den Produktionskosten wären, sind kein verlässlicher Anhaltspunkt. Liegen hohe Lagerbestände vor, so kann der Preis unter die Produktionskosten sinken, zumal die Produktion aus technischen Gründen i.d.R. nicht ohne weiteres eingestellt werden kann.

V.2 SICHERUNGSMASSNAHMEN

Wie bei Devisen sollte ein Industrieunternehmen auch hier nur kommerziell begründete Sicherungsmaßnahmen vornehmen und spekulative Transaktionen unterlassen. Auf der Einkaufsseite können als Instrumente Terminkäufe und Call-Optionen eingesetzt werden; die folgende Beschreibung beschränkt sich auf Terminabschlüsse.

Die operative Umsetzung von Sicherungsmaßnahmen erfolgt analog zur Sicherung von Devisen-Planströmen. Im Gegensatz zum vorigen Abschnitt IV. „Devisenmanagement" mit der Betonung auf der Exportorientierung steht hier die Einkaufsseite im Vordergrund. Die Geschäftsbereiche „Einkauf" und „Produktion" geben die Planvolumina vor; aus den Kostenkalkulationen folgen die Budgetpreise in €, die nicht überschritten werden sollen, um die Produktherstellungskosten gemäß Plan einzuhalten bzw. deren Rohstoffkomponenten preislich einzugrenzen. Wie die Budgetkurse bei den Fremdwährungserlösen das operative Ergebnisziel in der eigenen Währung definieren, so bestimmen die Budgetpreise für den Einkauf in der Planung die Maximalwerte für die Rohstoffkosten in der eigenen Währung.

Abb. V.1 zeigte die Preisentwicklung in $ und in € für ausgewählte Rohstoffe. Die Rohstoffpreise werden auf den Weltmärkten in $ quotiert; die €-Preise resultieren aus der Wechselkursumrechnung. Die Budgetpreise, die in € angesetzt werden, können also aus den Primärpreisen in $ und/oder über die €/$-Wechselkursrelation erzielt werden. Soll ein bestimmter €-Preis

sichergestellt werden, so ist mit jeder $-Preis-Terminver-
einbarung zeitgleich ein €/$-Devisenterminabschluss zu tätigen.

Die möglichen Sicherungshorizonte der einzelnen Rohstoffe weisen z.T. sehr unterschiedliche Reichweiten aus. So sind Sicherungen für Aluminium bis auf zehn Jahre und für Palladium
und Platin bis auf fünf Jahre ohne Problem darstellbar; für Rhodium ist der maximale Sicherungshorizont deutlich kürzer und
der Markt längst nicht so liquide wie für die anderen drei Metalle. Die Preissicherung für die Edelmetalle folgt dem Standardver-
fahren traditioneller Warentermingeschäfte, bei deren Termin-
preisermittlung die Zins- und Leihsätze u.a. mit Angebot und
Nachfrage einfließen. Anders liegt der Fall bei den Nicht-
eisenhaltigen Metallen wie Aluminium, für die sich die Termin-
preisfestlegung von den Devisen- und traditionellen Warenter-
minabschlüssen wesentlich unterscheidet: hier spiegeln die Terminpreise nur die Angebots- und Nachfragesituation wider.
Terminpreise sind also nicht wie im Devisenhandel aufgrund von
Zinsdifferentialen mathematisch eindeutig kalkulierbar. Ferner
gibt es von Unternehmen zu Unternehmen geringfügig unterschiedliche Vorgehensweisen.

Im Folgenden wird als Fallbeispiel der Preissicherungsmecha-
nismus für Aluminium beschrieben, wie er bei Volkswagen zur
Anwendung kommt; Abb. V.4:

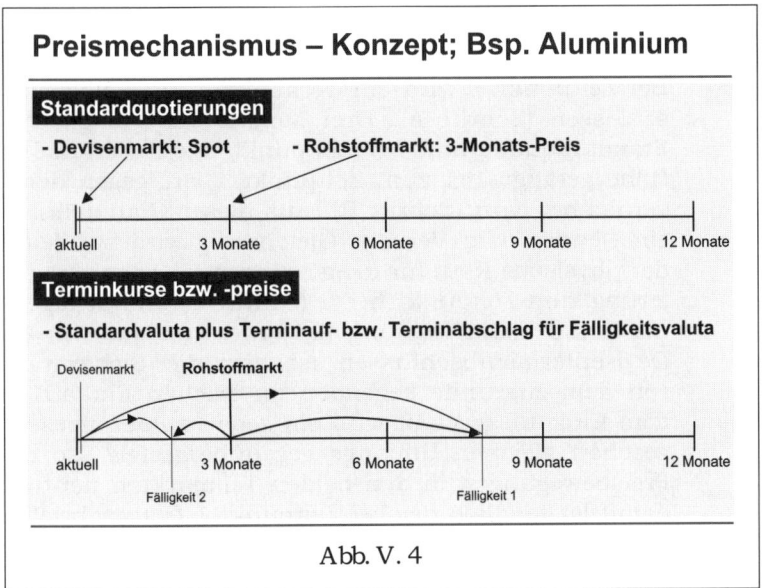

Abb. V. 4

Während sich die Standardquotierung im Devisenmarkt auf den
Spot-Kurs mit zweitägiger Valuta bezieht, ist im Rohstoffmarkt
für „base metals" bei der Standardquotierung ein Vorlauf von
drei Monaten üblich. Aus Sicht des Abschlusstages ist der Ter-

minpreis daher gleich dem Preis für die Standardvaluta mit Ter-
minauf-/abschlag für die angestrebte Fälligkeitsvaluta („Fälligkeit 1" bzw. „Fälligkeit 2" in Abb. V.4). Die dreimonatige Standardvaluta in diesem Segment der Rohstoffmärkte ist historisch
begründet und geht auf übliche Lieferfristen zurück.

Der technische Ablauf einer Sicherung; Abb. V.5:

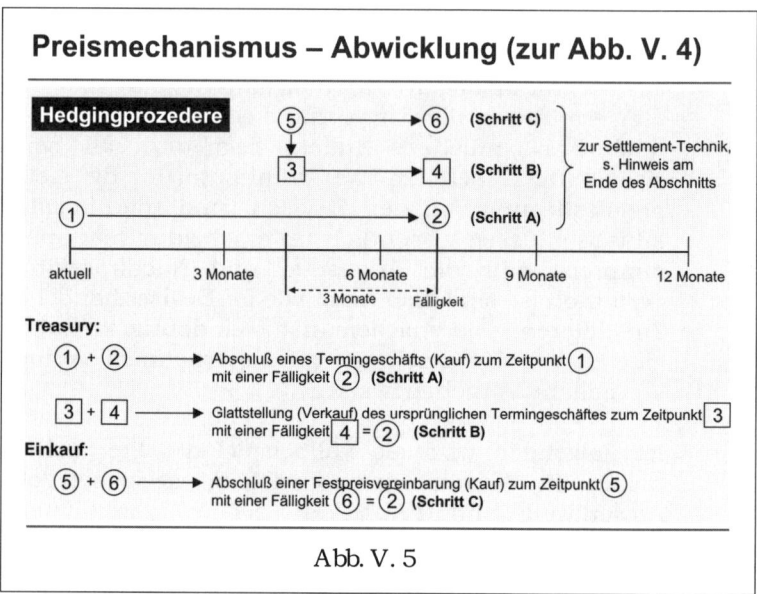

Abb. V. 5

Bei Zeitpunkt 1 wird ein Terminkauf mit Fälligkeit bei 2 abgeschlossen (Schritt A). Drei Monate vor Fälligkeit wird gemäß
Standardquotierung bei Zeitpunkt 3 ein Verkauf in derselben
Höhe getätigt, der zum Zeitpunkt 4 = 2 gegen den Terminkauf
verrechnet wird (Schritt B). Aus dieser Glattstellung ergibt sich
ein Gewinn oder Verlust. Gleichzeitig wird bei Zeitpunkt 5 = 3
der physische Kauf für die gewünschte Menge vereinbart mit Lieferung zum Zeitpunkt 6 = 2 (Schritt C) und dagegen das Ergebnis aus der Glattstellung (intern) verrechnet. Im Gegensatz zu
Devisenterminabschlüssen ist hier die Sicherungstransaktion
von dem zugrunde liegenden physischen Einkauf abgekoppelt;
dem Einkaufsgeschäft wird ein genau entgegengesetztes Finanz-
geschäft gleichen Umfangs gegenübergestellt, so dass sich die
Preisbewegungen in den beiden Teilmärkten neutralisieren und
damit letztendlich der bei Zeitpunkt 1 festgeschriebene Preis erzielt wird. Das Ergebnis anhand des Fallbeispiels, Abb. V.6:

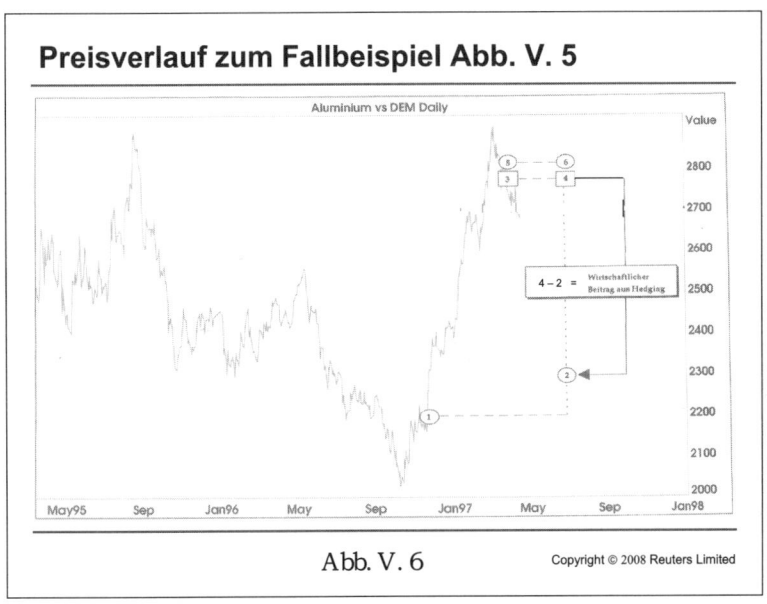

Preisverlauf zum Fallbeispiel Abb. V. 5

Abb. V. 6

Copyright © 2008 Reuters Limited

Zu Abb. V.5 und Abb. V.6:

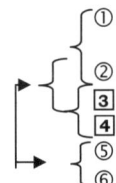

①	Terminkauf am 01.12.1996
	(nur nachrichtlich: Marktpreis DM 2.200/Tonne)
②	zur Fälligkeit am 30.06.1997, Terminpreis DM 2.300/Tonne
③	Verkauf am 30.03.1997, (Glattstellung)
④	zum Marktpreis DM 2.800/Tonne am 30.06.1997
⑤	gleichzeitig Kauf am 30.03.1997,
⑥	zum Marktpreis DM 2.800/Tonne am 30.06.1997

① und ②:	Terminkauf zu	2.300/Tonne	
③ und ④:	Verkauf zu	2.800/Tonne	Hinweis zur
	Gewinn:	500/Tonne	Settlement-
⑤ und ⑥:	Kauf zu	2.800/Tonne	Technik s.u.
	./. Gewinn	- 500/Tonne	
=	effektiver Kaufpreis	2.300/Tonne (= Terminpreis)	

Der am 30.03.1997 vereinbarte Kaufpreis wird mit dem Ge-
winn/Verlust aus der Sicherungsmaßnahme saldiert, so dass
letztlich der Kauf effektiv zum Terminpreis erfolgt ist. Wirtschaftlich ist das Ergebnis also so, als ob man zu dem bei Zeitpunkt 1
abgeschlossenen Terminpreis die vereinbarte Menge bezogen
hätte. Der „Umweg" über Terminkaufaufhebung durch Verkauf,
dessen Differenzbetrag gegen einen regulären Kauf verrechnet
wird, ist deshalb notwendig, weil der Kauf mit physischer Lieferung mit einem anderen Partner, z.B. einem südafrikanischen
Bergbauunternehmen, abgeschlossen wird, während die Siche-
rungsoperation über eine Bank am London Metal Exchange
(LME) abgewickelt wird. Zum Vergleich: Im Gegensatz dazu wird
im Devisenhandel am Fälligkeitstag einfach der per Termin ge-

kaufte Fremdwährungsbetrag abgenommen/angeliefert, da Terminabschlusspartner und Lieferant identisch sind, d.h. die Transaktionen ③/④ und ⑤/⑥ entfallen.

Die Erfolgsbemessung wird „gegen Markt" und „gegen Budget" wie bei den Devisensicherungen vorgenommen. „Gegen Markt" heißt, zu vergleichen, wie hoch der Aufwand (Kaufpreis) ohne Sicherung gewesen wäre im Vergleich zu dem tatsächlichen Aufwand mit den Terminsicherungen („Sicherungsbeitrag"). „Gegen Budget" heißt wiederum, den gesicherten und ungesicherten Teil gegen den Budgetpreis zu bemessen.

Hinweis zur Settlement-Technik

Schritte ① bis ④ : Das Settlement wurde in Abb. V.5 und Abb. V.6 vereinfacht dargestellt. In der Industrie wird das Settlement üblicherweise in dem dreimonatigen Zeitraum vor Fälligkeit pro Rata auf arbeitstäglicher Basis vorgenommen. Das heißt, wenn die drei Monate z.B. 65 Arbeitstage beinhalten, so erfolgt die Abrechnung der Schritte ① bis ④ pro Tag i.H.v. 1/65 des kontrahierten Betrags; der Gewinn von € 500/Tonne in dem obigen Beispiel fällt dann als die Differenz an zwischen dem Preis je Tonne des ursprünglichen Sicherungsgeschäfts und dem Durchschnittspreis je Tonne der 65 Tage. Der Grund für diese Settlement-Methode liegt darin, dass die Preisvereinbarung für die physische Lieferung auf derselben Tagesdurchschnittsbasis getroffen wird, d.h. hier aufgrund der Tagespreise von den 65 Tagen vor der Lieferung.

Schritte ⑤ bis ⑥: Physische Lieferung des Rohstoffs Aluminium gemäß der Vereinbarung mit dem Produzenten/Lieferanten zum Spot-Preis – ermittelt wie im vorigen Absatz beschrieben –, der sich dann effektiv um den Gewinn aus dem Hedge reduziert.

Schritte ① bis ④ werden von der Konzern-Treasury abgewickelt, Schritte ⑤ und ⑥ vom Bereich „Einkauf".

VI. HANDELSFINANZIERUNG

Neben den Markt-, Preis- und Wechselkursrisiken sind die Waren- und Geldströme eines Unternehmens einer Reihe weitere Risikofaktoren ausgesetzt: für die gelieferten Waren muss der Zahlungseingang sichergestellt werden (Inkasso) und für bestellte Güter dürfen geleistete Anzahlungen dem Unternehmen nicht verloren gehen. Bei grenzüberschreitenden Handelsabschlüssen hängen die erforderlichen Sicherungsmaßnahmen nicht nur von der Bonität der Vertragspartner und der Sicherungsgeber, sondern auch noch von länderspezifischen Faktoren ab.

Die Bonitätsprüfungen und die Einschätzung von Länderrisiken – kurz: das „Credit Risk Assessment" – werden ähnlich wie in den Kreditabteilungen von Banken vorgenommen. Aufgabe der Konzern-Treasury ist

im Verkauf: - die Absicherung von Zahlungsrisiken (Forderungsmanagement), Gestaltung von Zahlungsbedingungen im Rahmen von Lieferverträgen,
- das Inkasso,
- gegebenenfalls die Absatzfinanzierung (Bestellerkredit durch Einräumung von Zahlungszielen), insbesondere beim Export in Entwicklungsländer, die nicht von „Finanzdienstleistungen" abgedeckt werden.

im Einkauf: - Absicherung geleisteter Anzahlungen,
- Vereinbarungen von Zahlungsbedingungen.

Im Überblick, Abb. VI.1:

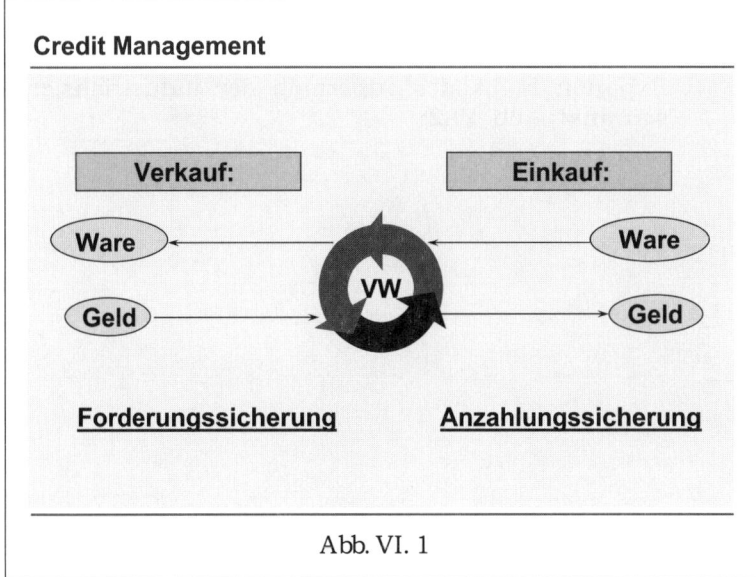

Abb. VI. 1

Verkauf/Export

Das Kreditrisiko kann nach geographischen Gesichtspunkten in drei Gruppen unterteilt werden: Inland, alle sonstigen EU-Länder sowie USA, Kanada, Japan, Singapur, Australien, Neuseeland und AGCC-Länder (Arab Gulf Cooperation Council), und schließlich Rest der Welt.

*   Im Inland ist die Zahlung am einfachsten sicherzustellen. Die Beziehungen mit den Händlern haben Tradition und die Partner kennen einander. Die Zahlungsfristen betragen i.d.R. nur wenige Tage. Bonitätsprüfungen sind vergleichsweise einfach durchzuführen und können meist auf langjährige Geschäftserfahrung zurückgreifen. Außerdem können Auskünfte von „Creditreform", Dun & Bradstreet, Euler-Hermes oder gegebenenfalls von Banken eingeholt werden. Die Zahlung erfolgt im Bankabbuchungsverfahren, unter Eigentumsvorbehalt bis Eingang der Zahlung. Gegebenenfalls kann auch eine Händlerfinanzierung über die Volkswagen Financial Services AG nach banküblichen Standards vorgenommen werden.

*   Dasselbe gilt für die meisten anderen Industrieländer, auch wenn die Zahlungsfristen etwas länger sind. Allerdings kann im Ernstfall der Eigentumsvorbehalt hier schwerer durchzusetzen sein, da im Ausland andere rechtliche Rahmenbedingungen gelten.

*   Lieferungen in allen anderen Regionen erfolgen wegen der deutlich höheren Risiken grundsätzlich mit Forderungsabsicherung.

An dieser Stelle wird das Thema auf die Zahlungssicherung bei Exporten in Länder außerhalb der industrialisierten Welt beschränkt; Abb. VI.2:

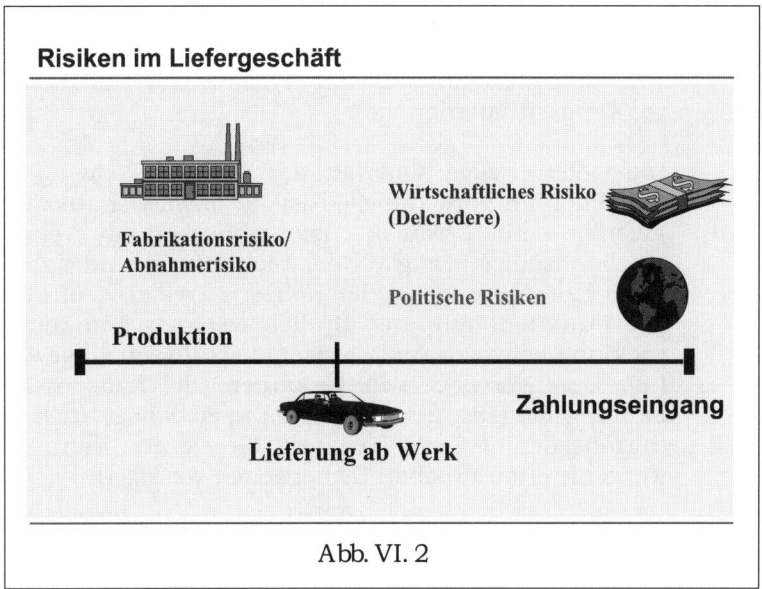

Risiken im Liefergeschäft

Abb. VI. 2

Abb. VI.2 zeigt den zeitlichen Ablauf des Vorgangs von Beginn der Produktion bis zum Zahlungseingang. Dabei sind die folgenden Risiken zu beachten:

o Wirtschaftliche Risiken
   - Fabrikations- und Abnahmerisiko
   - Zahlungsrisiken
   - erhöhtes Transportrisiko
o Politische Risiken
   - Konvertierungs- und Tranferrisiken
   - Krieg, Unruhen
   - Unterschiedliche Rechtsordnung und Handelsbräuche

Die Risikokette beginnt mit dem Fabrikations- und Abnahmerisiko. Beispiel: Wenn ein Entwicklungsland 50 Krankenwagen mit besonderen Ausstattungsmerkmalen bestellt, diese dann aber aus irgendwelchen Gründen nicht abnimmt, so werden diese Fahrzeuge anderweitig wahrscheinlich nicht zu verkaufen sein, oder sie müssen umgerüstet werden, was mit erheblichen Zusatzkosten für den Hersteller verbunden wäre. Handelt es sich hingegen um eine Bestellung von 50 Pkw in Standardausstattung, so werden diese Fahrzeuge relativ leicht anderweitig verkauft werden können. Entsprechend unterschiedlich ist das Absatzrisiko. In die Risikobemessung fließt also nicht nur die Bonität des Bestellers und die Größe des Auftrags ein, sondern auch die alternativen Verkaufsmöglichkeiten. Nach der Auslieferung verbleibt noch das wirtschaftliche Risiko des Abnehmers (Zahlungsrisiko) und das politische Risiko, das den gesamten Vorgang überlagert. Die wichtigsten politischen Risiken sind: Devisenbeschaffungs- und Konvertierungsrisiko, Transferrisiko, allgemeines Moratorium für Auslandszahlungen, spezifisches Zahlungsverbot oder nicht erteilte Zahlungsgenehmigung, sonstige staatliche Maßnahmen, Embargos, soziale Unruhen, Bürgerkriege, Kriegssituationen, etc.

Die Lieferverträge sind mit der Konzern-Treasury zu erstellen, um schon im Vorfeld diese Risiken möglichst auszuschalten. Die Verträge werden zwar in Zusammenarbeit mit „Vertrieb" erarbeitet, liegen aber bezüglich der Sicherungs- und Zahlungsmodalitäten federführend bei der Konzern-Treasury, um die erforderliche Funktionstrennung ähnlich wie zwischen Handel und Abwicklung bei Geld- und Devisenabschlüssen zu gewährleisten (→ I.3). Der „Vertrieb" will verkaufen, die Konzern-Treasury den Zahlungseingang sicherstellen. Daher obliegt auch die Versandfreigabe der Konzern-Treasury, die sie erst dann erteilen wird, wenn die erforderlichen Sicherheiten vorliegen.

Als Sicherungsinstrumente stehen zur Verfügung:

- für maximale Sicherheit
  - Vorauszahlung 100%
  - Forfaitierung, regresslos
  - bestätigte Akkreditive, Bankgarantien (abstrakt), selbstschuldnerische, auf erste Anforderung zahlbare Bürgschaften
  - „Hermes"-Versicherung ohne Selbstbehalt
- für eingeschränkte Sicherheit
  - unbestätigte Akkreditive
  - partiell bestätigte Akkreditive
  - Anzahlungen
  - AKA-Finanzierungen[*]/gebundene Finanzkredite
  - Bestellerkredite mit Hermesdeckung
  - Dokumenteninkasso

Diese Instrumente werden hier als bekannt vorausgesetzt. Für die Ausstellung bzw. Bestätigung von Akkreditiven und Bürgschaften sollten nur erstklassige internationale Banken infrage kommen, die die Mindestratinganforderungen der VW AG erfüllen. Wenn der Abnehmer nicht zahlt oder nicht zahlen kann, so wird nämlich die garantierende Bank gegen Vorlage der Dokumente in Anspruch genommen. Durch die Absicherung über erstklassige Banken kann die Bonität des Käufers vernachlässigt werden. Eine Beschränkung auf unbestätigte Akkreditive ist nur für Länder zu empfehlen, für die die politischen Risiken als geringfügig eingestuft werden können. Sollten keine Bankgarantien

---

[*] AKA: Ausfuhrkreditanstalt (ein Bankenkonsortium, staatlich gefördert, Zweck: Unterstützung der deutschen Exportwirtschaft).

oder Akkreditive vereinbart worden sein, so müsste gegenüber dem Abnehmer der gleiche Prozess einsetzen wie bei Banken, wenn ein Kreditnehmer seinen Verpflichtungen nicht nachkommt (Mahnungen, Verzugszinsen, Inanspruchnahmen, rechtliche Schritte, etc.), wobei diese Maßnahmen in Entwicklungsländern schwer durchzusetzen wären, falls überhaupt. Im „worst case" bliebe nichts anderes übrig, als die Forderung abzuschreiben.

<u>Einkauf/Import</u>

Vergleichsweise geringer sind die Risiken auf der Einkaufsseite. Das beginnt schon damit, dass Lieferanten von Automobilfirmen eher nicht in Ländern mit hohem politischen Risiko angesiedelt sind, sondern in den Industrieländern, und aus logistischen Gründen oft auch in geographischer Nähe[*]. Von der Größenordnung her entstehen nennenswerte Risiken in erster Linie bei Investitionsgütern, wo Anzahlungen i.H.v. 30% des Gesamtbetrags mit beachtlichen Vorlaufzeiten vor Fabrikationsbeginn üblich sind. Diese Anzahlungen erfolgen i.d.R. nur gegen Bankgarantie. Die vollständige Zahlung sollte erst erfolgen, wenn die empfangende Stelle die ordnungsgemäße Lieferung und physische Verfügbarkeit über den Auftragsgegenstand bestätigt hat.

---

[*]   Diese Aussage ist nach Industriesparten zu differenzieren; bei Öl- und Gasimporteuren z.B. liegt offensichtlich ein anderer Sachverhalt vor.

VII.   STEUER

Die Steuerabteilung ist verantwortlich für die
- Steuerstrategien,
- Betriebsprüfungen,
- Steuererklärungen aller Konzerngesellschaften,
- Steuerbetreuung der Tochtergesellschaften,
- Optimierung der Steuerposition(en) im Rahmen der gesetzlichen Möglichkeiten,
- Vertretung des Unternehmens gegenüber den Steuerbehörden,
- Lösung spezifischer Problemstellungen, insbesondere bei grenzüberschreitenden Aktivitäten.

Die Unternehmensbesteuerung gehört zu den komplexesten Themen des Finanzbereichs und erfährt immer wieder Änderungen aufgrund der sich fortentwickelnden Steuergesetzgebung. Für die gesetzlichen Rahmenbedingungen und deren Ausführungsbestimmungen (Steuerverordnungen) wird auf die Fachliteratur und die amtlichen Erlasse verwiesen, ebenso für die Erstellung von Steuererklärungen. An dieser Stelle steht die Steuerpolitik des Gesetzgebers im Vordergrund, genauer gesagt, die Entwicklung der Körperschaftssteuer im internationalen Vergleich. Es folgt eine kurze Beschreibung
- der unterschiedlichen Besteuerungsverfahren Deutschland vs. USA, Japan (→ VII.1),
- einer konzeptionellen Steueroptimierungsstrategie (→ VII.2),
- der Folgen des steuerlichen Standortwettbewerbs (→ VII.3),
- ausgewählter Fallbeispiele (→ VII.4).

Die steuerliche Positionierung der Unternehmen einerseits und die Steuerpolitik des Gesetzgebers andererseits stehen in Wechselwirkung zueinander, was am besten anhand der Entwicklungen in den letzten Jahren nachvollzogen werden kann.

VII.1   ERTRAGSSTEUERBELASTUNG – INTERNATIONALER VERGLEICH

VII.1.1   NOMINALE UND EFFEKTIVE STEUERSÄTZE

Zunächst ein Vergleich der nominalen Ertragssteuerbelastung von Unternehmen in 26 Ländern, wobei im Hinblick auf die nachfolgenden Abschnitte VII.2 und VII.3 vorerst auf die Steuersätze von 1998 zurückgegriffen wird, Abb. VII.1:

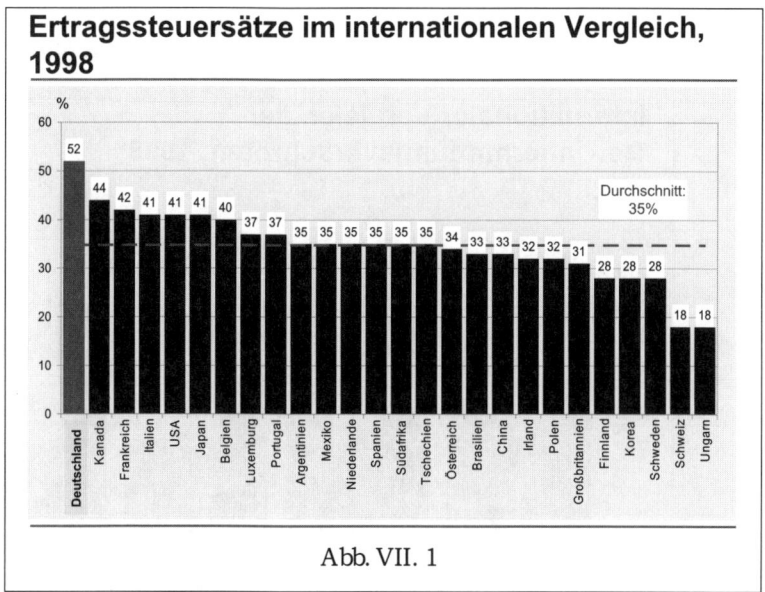

Ertragssteuersätze im internationalen Vergleich, 1998

Abb. VII. 1

Für einen exakten Vergleich der tatsächlichen Steuerbelastungen sind noch die Unterschiede in den Bemessungsgrundlagen zu berücksichtigen, d.h. es sind Adjustierungen für unterschiedliche Definitionen von „Erträgen" vorzunehmen. Erst die so ermittelten effektiven Steuersätze erlauben einen schlüssigen Vergleich von Land zu Land; für ausgewählte Länder, Abb. VII.2:

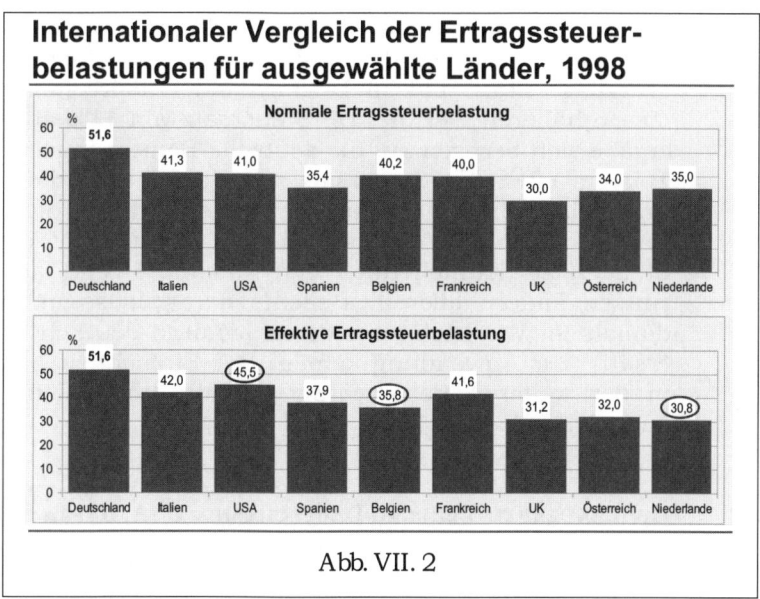

Internationaler Vergleich der Ertragssteuerbelastungen für ausgewählte Länder, 1998

Abb. VII. 2

Abb. VII.3 zeigt Deutschland im Vergleich zu den drei Ländern
mit den größten Differenzen – USA, Belgien und Niederlande:

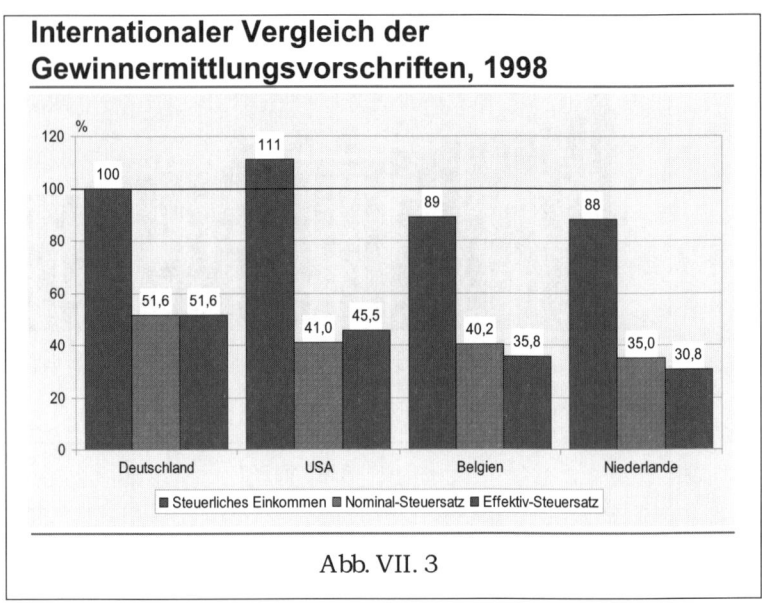

**Internationaler Vergleich der
Gewinnermittlungsvorschriften, 1998**

Abb. VII. 3

Deutschland – USA: Die Summe aller Ertragsarten, die in
Deutschland der Körperschaftssteuer unterworfen werden, wird
gleich 100 gesetzt. Darauf fiel eine Steuer von 51,6% an. In den
USA hingegen werden einige Erträge in die Bemessungsgrundlage miteinbezogen, die in Deutschland außen vor bleiben. Derselbe Gesamtertrag würde damit in den USA einer Bemessungsgrundlage i.H.v. 111 in Deutschland entsprechen. Würde auf
diesen höheren Wert der US-Steuersatz von 41% angewendet, so
ergäbe sich bezogen auf die deutsche Bemessungsgrundlage von
100 ein effektiver Steuersatz von 45,5%. Für die Niederlande
und Belgien hingegen läuft die Adjustierung in die entgegengesetzte Richtung. Für diese beiden Länder liegen die effektiven
Steuersätze deutlich unter den Nominalsätzen. Diese Adjustierungen ändern allerdings nichts daran, dass in Deutschland
damals im Vergleich zu anderen Ländern deutlich höhere Steuersätze zur Anwendung kamen. Der Einfachheit halber werden
in der weiteren Besprechung nur die nominalen Steuersätze
zugrunde gelegt.

VII.1.2   **DIVIDENDENBESTEUERUNG DEUTSCHLAND, USA, JAPAN**

Grundsätzlich fallen Steuern dort an, wo die Erträge generiert
werden. In diesem Sinne zahlt auch nicht der Konzern Steuern,
sondern jede Konzerngesellschaft in ihrem jeweiligen Sitzland.
Die Steuerposition des Konzerns ist daher eine abgeleitete Größe
und setzt sich aus der Summe der Steuerbelastungen in den

einzelnen Ländern zusammen. Unternehmen unterliegen in den diversen Ländern einer Reihe von Besteuerungen, die auf Unternehmensgewinne, Lizenzen, Zinserträge, etc. anfallen. Eine Beschreibung, wie diese Besteuerungen im Einzelnen greifen bzw. Doppelbesteuerungen nach sich ziehen oder durch Sonderabkommen zwischen den einzelnen Ländern geregelt werden, würde hier zu weit führen. Die folgende Beschreibung beschränkt sich daher auf die Besteuerung, wie sie bei Ergebnisabführungen von Tochtergesellschaften an die Muttergesellschaft anfällt, d.h. auf die Dividendenbesteuerung. Die beiden grundsätzlichen Dividendenbesteuerungsverfahren – Freistellungsmethode oder Anrechnungsmethode – werden anhand eines Vergleichs zwischen Deutschland einerseits und USA, Japan andererseits beschrieben.

Wie fast alle Industriestaaten wendet auch Deutschland bei der Einkommensbesteuerung unbeschränkt Steuerpflichtiger das „Welteinkommensprinzip" an, woraus sich im internationalen Wirtschaftsverkehr zwangläufig Besteuerungskonflikte ergeben. Zur Lösung dieser Konflikte schließen die jeweiligen Staaten „Abkommen zur Vermeidung von Doppelbesteuerungen" ab. Diese zwischenstaatlichen Verträge begründen keine neuen Besteuerungsrechte, sondern beschränken eben diese mit dem Ziel, eine Harmonisierung mit dem jeweiligen anderen Vertragsstaat herbeizuführen. Bestehen daher nationale Besteuerungsrechte eines Vertragsstaates und im selben Fall gleiche oder ähnliche nationale Besteuerungsrechte des anderen Vertragsstaates, ist ein Konfliktlösungsbedarf mittels eines so genannten Doppelbesteuerungsabkommens (DBA) gegeben.

DBAs lösen diese Konflikte gewöhnlich dadurch, dass sie das jeweilige Besteuerungsrecht für die betreffende Einkunftsquelle dem einen oder anderen Vertragsstaat ganz oder teilweise zuweisen. Daneben regeln DBAs auch die Methoden zur Beseitigung der Doppelbesteuerungen. Als Methoden werden im Wesentlichen angewandt:

- Freistellungsmethode
- Anrechnungsmethode

Bei der Freistellungsmethode löst der Empfängerstaat den Besteuerungskonflikt dadurch, dass er die betreffenden Einkünfte von der Besteuerung gänzlich ausnimmt. Verfügt der andere Vertragsstaat über nationale Regeln, die ihm insoweit eine Besteuerung ermöglichen, kann dieser auch tatsächlich besteuern. Im Ergebnis verbleibt hier eine Steuerbelastung des Konzerns in Höhe der im anderen Vertragsstaat geleisteten Steuern. Für Einzelheiten, wie die unterschiedliche steuerliche Behandlung diverser Einkunftsarten – z.B. „aktive" vs. „passive" Einkünfte – wird auf das Außensteuergesetz (AStG) verwiesen.

- **Deutschland** hat bei der Dividendenbesteuerung durch die Einführung des § 8b KStG bereits national auf das Besteuerungsrecht verzichtet („nationales Schachtelprivileg"). Eine Zuweisung des Besteuerungsrechts mittels eines DBA würde daher insoweit ins Leere laufen. So wendet Deutschland bei der Dividendenbesteuerung bereits national die Freistellungsmethode an. (Begriffsklärung: „Dividende" ist gleich Ergebnisabführung der Tochtergesellschaft an die Mutter.)

Die Wirkungsweise von DBAs; Freistellungsmethode:

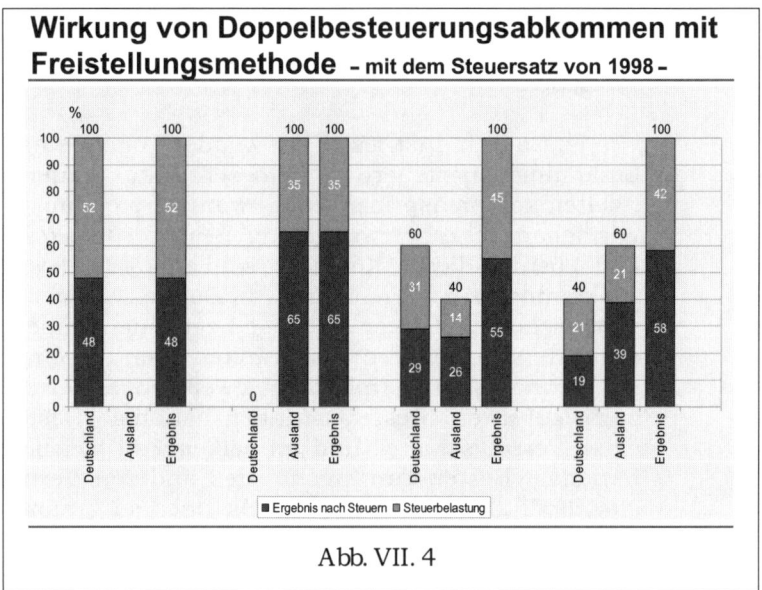

Abb. VII. 4

Abb. VII.4 zeigt die Auswirkung der Freistellungsmethode auf die Steuerposition einer Gesellschaft mit Sitz in Deutschland und Tochtergesellschaften im Ausland. Etwaige Quellensteuern, wie sie in manchen Ländern auf ausgeschüttete Gewinne erhoben werden, werden zugunsten einer übersichtlicheren Darstellung vorerst nicht berücksichtigt. Die Steuerbelastung im Inland i.H.v. 52% (Satz von 1998) wird einer angenommenen ausländischen Belastung i.H.v. 35% gegenüber gestellt. Das Modell zeigt die Auswirkungen auf den Konzern für verschiedene Ertragsverteilungen Inland/Ausland. Die Einkommensverteilung 100/0 (Ausgangslage: alle Erträge fallen im Inland an) führt zu einer steuerlichen Belastung von 52%; im anderen Extremfall einer Verteilung 0/100 (alle Erträge fallen im Ausland an) fällt eine steuerliche Belastung von 35% an. Für die beiden realistischeren, zwischen diesen Extremen liegenden Einkommensverteilungen von 60/40 bzw. 40/60 fällt eine steuerliche Gesamtbelastung von 45% bzw. 42% an. Besonders ausgeprägt sind die Auswirkungen natürlich, wenn

bei der ausländischen Tochtergesellschaft Verlustvorträge vorliegen und dort daher gar keine Steuern anfallen; Abb. VII.5:

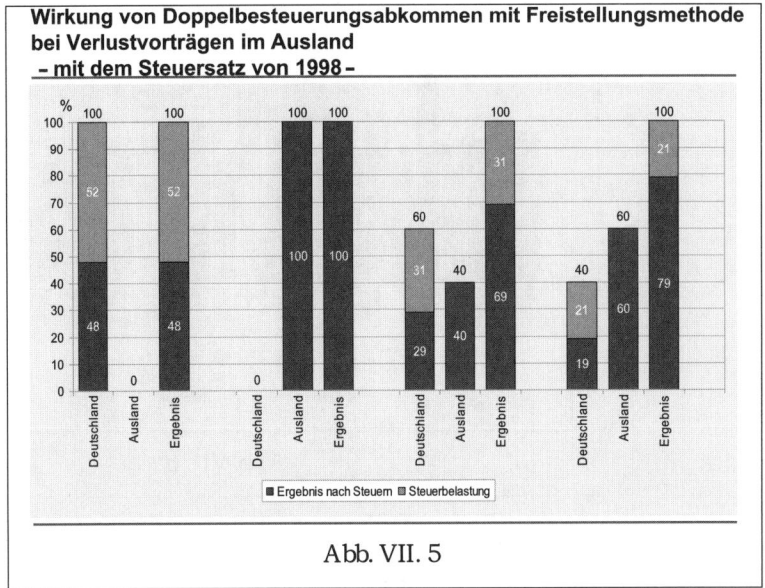

Abb. VII. 5

Im ersten Grenzfall (100/0) ändert sich nichts, im zweiten
(0/100) sinkt die steuerliche Belastung auf Null. In beiden dazwischen liegenden Fällen reduziert sich die steuerliche Gesamtbelastung auf 31% bzw. 21%.

Wenn eine deutsche Gesellschaft die Erträge ihrer Töchter repatriiert, so wird in einigen Fällen im Land der Tochtergesellschaft eine Quellensteuer erhoben. Die Besteuerung im Ausland ist definitiv; daher erhöht sich die Konzernsteuerbelas-
tung entsprechend. Die Nominalertragssteuerbelastung einer
deutschen Gesellschaft mit Töchtern im Ausland bei Repatri-
ierung von deren Erträgen stellt sich inklusive Quellensteuer
wie folgt dar, wobei wegen des späteren Vergleichs mit US-
und japanischen Gesellschaften die Länder jetzt alphabetisch
sortiert werden; Abb. VII.6:

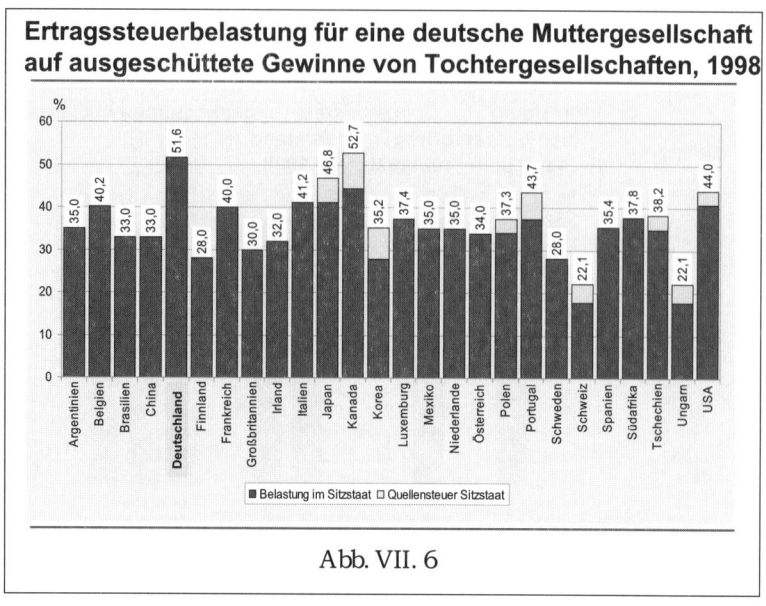

Abb. VII. 6

Das Freistellungsverfahren in Verbindung mit dem hohen
Steuergefälle gegenüber anderen Ländern schuf einen Anreiz,
im Rahmen der gesetzlichen Möglichkeiten Erträge im Ausland anfallen zu lassen. „Im Rahmen der gesetzlichen Möglichkeiten" bedeutet, dass die Geschäftsbeziehung zu Tochtergesellschaften wie mit Drittgesellschaften zu gestalten ist
(„at arm's length"), d.h. die Muttergesellschaft in Deutschland muss auf jeden Fall eine „angemessene" Marge erwirtschaften. Es ist also z.B. nicht möglich, die Transferpreise
(Verrechnungspreise für Lieferungen innerhalb des Konzern-
verbunds) so anzusetzen, dass im Sitzland kein Gewinn und
im Ausland der ganze Gewinn anfällt, um dort den Vorteil
der niedrigeren Besteuerung voll wahrzunehmen (Thema
„Gestaltungsmissbrauch").

Anderseits bedeutet das „at arm's length"-Prinzip aber auch,
dass eine Tochtergesellschaft – insbesondere wenn es sich
um eine reine Vertriebsgesellschaft handelt – in ihrem Land
eine angemessene Rendite erzielen muss. Mit anderen Worten, der Fiskus will in beiden Ländern am Unternehmenser-
trag partizipieren. Die Gestaltung der Transferpreise ist daher eines der wichtigsten Themen bei jeder Steuerprüfung
(Betriebsprüfung).

- Die USA und Japan wenden im Gegensatz zu Deutschland
  die Anrechnungsmethode an. Bei der Anrechnungsmethode
  löst der Empfängerstaat den Besteuerungskonflikt dadurch,
  dass er die betreffenden Einkünfte bei Vorliegen nationaler
  Besteuerungsregeln voll besteuert und im Gegenzug die im
  anderen Vertragsstaat geleistete Steuer auf die nationale

Zahllast anrechnet. Im Ergebnis verbleibt daher eine Steuerbelastung des Konzerns in Höhe der im Empfängerstaat anwendbaren Steuersätze (Hochschleusung). In diesem Verfahren sind Besteuerungen im Ausland im Gegensatz zur Freistellungsmethode also nicht definitiv. Das bedeutet in der
Praxis, dass die Ertragsbesteuerung einer US- bzw. japanischen Tochtergesellschaft im Ausland auf das amerikanische
bzw. japanische Niveau „hochgeschleust" wird, wenn die
Muttergesellschaft die Erträge der Tochter repatriiert; Abb.
VII.7 und Abb. VII.8:

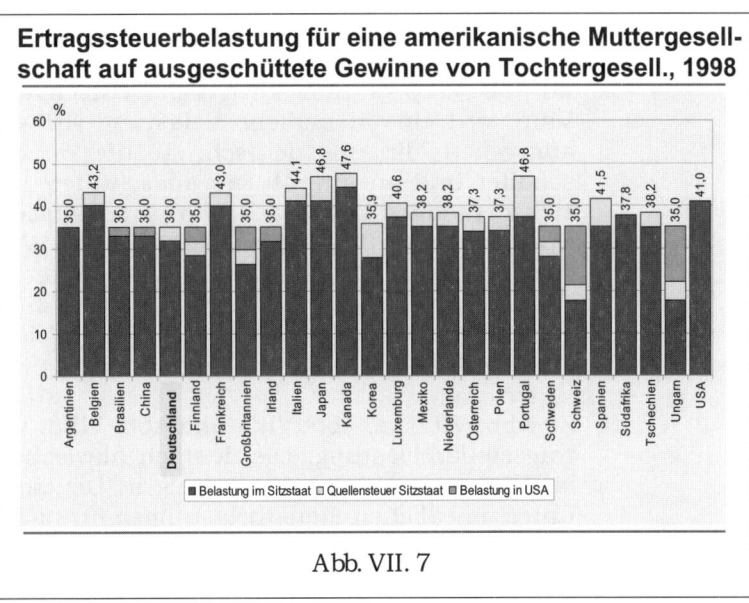

Abb. VII. 7

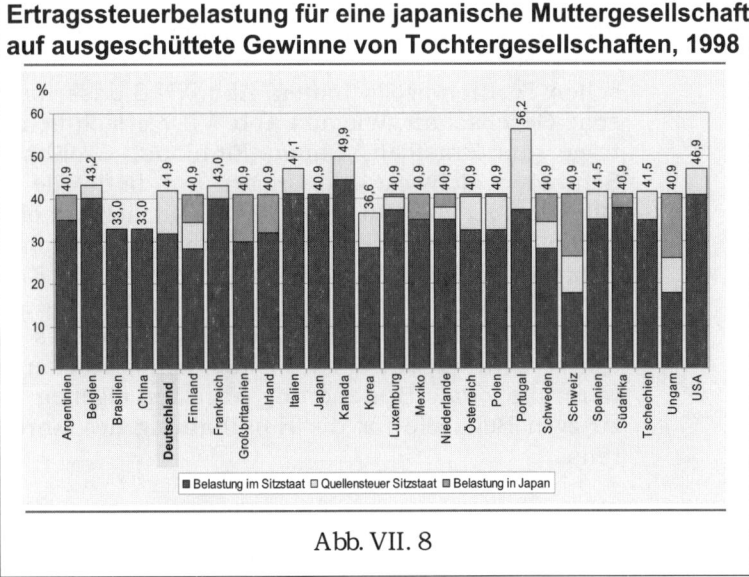

Abb. VII. 8

Anmerkungen

1. Zwischen den Abb. VII.1, Abb. VII.6, Abb. VII.7 und Abb.
   VII.8 sowie den nachfolgenden Abb. VII.11, Abb. VII.15 sind
   vereinzelt unterschiedliche Steuerbelastungen für die gleichen Länder verzeichnet. Dies ist auf ländertypische oder
   unternehmensspezifische Vergleiche zurückzuführen, z.B.
   auf unterschiedliche Hebesätze bei der Berechnung der Gewerbesteuerbelastung je nach Firmensitz innerhalb Deutschlands. Ein anderes Beispiel wären die steuerlichen Unterschiede aufgrund des Kantonalsitzes einer Firma in der
   Schweiz.

2. Zu Abb. VII.6 vs. Abb. VII.7, Vgl. Deutschland/USA: In Abb.
   VII.6 wird eine steuerliche Belastung von 44% auf Erträge
   angegeben, die eine deutsche Tochter in den USA erwirtschaftet und an ihre Mutter ausschüttet. Dieser Satz setzt
   sich zusammen aus 35% US-Körperschaftssteuer, 6% lokaler
   US-Steuer plus 3% Quellensteuer. In Abb. VII.7 hingegen erscheint für etliche Länder 35% als Referenzwert für das
   „Hochschleusen" auf die US-Steuerbelastung, da die Steuer-
   satzkomponenten von 6% bzw. 3% für ausländische Erträge
   aus US-Sicht nicht relevant sind.

3. Zu Abb. VII.6 vs. Abb. VII.7 und Abb. VII.8, Vgl. deutsche Ertragssteuerbelastung: Die deutlich abweichenden Steuerbelastungen sind Folge der damals in Deutschland geltenden
   unterschiedlichen Steuerbelastungen für nicht ausgeschüttete vs. ausgeschüttete Gewinne. (Diese Differenzierung ist seit
   dem Entfall des körperschaftsteuerlichen Anrechnungsverfahrens nicht mehr gegeben.)

Abb. VII.7 zeigt die Ertragsbesteuerung für eine amerikanische
Muttergesellschaft auf ausgeschüttete Gewinne ihrer ausländischen Tochtergesellschaften, Abb. VII.8 dasselbe für eine japanische Gesellschaft. Wie aus Abb. VII.7 ersichtlich ist, wird für Erträge aus Brasilien, China, Finnland, Großbritannien, Irland,
Schweden, Schweiz und Ungarn auf die lokale Besteuerung die
Differenz zu 35% in den USA zusätzlich erhoben. Die japanischen Steuerbehörden gehen analog vor, sie schleusen auf ihren
Satz von 40,9% hoch, wobei allerdings für die Erträge aus Brasilien, China und Korea jeweils bilaterale Sonderregelungen gelten. Beide Abbildungen zeigen auch, dass es vom amerikanischen bzw. japanischen Fiskus keine Rückerstattungen gibt,
wenn die lokale Besteuerung über den eigenen Sätzen liegt. Dazu zwei Beispiele für die Handhabung des Anrechnungsverfahrens:

Technik des Anrechnungsverfahrens –
Steuerlast Tochter Land A < Steuerlast Mutter, USA

Gewinn vor Steuern der Tochter Land A		100
Steuern Land A		33
Gewinn nach Steuern Land A		67
Dividende Land A → USA		
Dividendenerträge USA		67
Steuerpflichtiges Einkommen USA		
= Bruttodividende = Gewinn vor Steuern Land A	100	
Steuer USA vor Anrechnung		
(35% von 100)	35	
Anrechnung Auslandssteuer	(33)	
Steuer USA nach Anrechnung	2	2
Dividendenerträge USA nach Steuern		65

Abb. VII. 9

Technik des Anrechnungsverfahrens –
Steuerlast Tochter Land B > Steuerlast Mutter, USA

Gewinn vor Steuern der Tochter Land B		100
Steuern Land B		42
Gewinn nach Steuern Land B		58
Dividende Land B → USA		
Dividendenerträge USA		58
Steuerpflichtiges Einkommen USA		
= Bruttodividende = Gewinn vor Steuern Land B	100	
Steuer USA vor Anrechnung		
(35% von 100)	35	
Anrechnung Auslandssteuer		
(maximal Steuer USA)	(35)	
Steuer USA nach Anrechnung	0	0
Dividendenerträge USA nach Steuern		58

Abb. VII. 10

Abb. VII.9 beschreibt anhand des Beispiels USA – Land A die
Besteuerung von Gewinnen, die von einer Tochtergesellschaft
mit Sitz in Land A an die Mutter in den USA ausgeschüttet werden. Von dem niedrigeren Steuersatz in Land A wird die Differenz auf den amerikanischen Satz in den USA hinzugeschlagen.
Abb. VII.10 beschreibt dieselbe Sachlage am Beispiel USA – Land
B: hier ist der Steuersatz in Land B höher; daher fällt in den
USA keine zusätzliche Besteuerung an, aber es erfolgt kein Ausgleich der Differenz nach unten.

VII.2   EIN STEUEROPTIMIERUNGSMODELL

Zwischen Deutschland und allen anderen Ländern, die in den Abbildungen des vorigen Abschnitts aufgeführt wurden, bestand bis zur Steuerreform 2000 ein erhebliches Steuergefälle. Die Ertragssteuerbelastung war im internationalen Vergleich mit 52% mit Abstand am höchsten. Die Berücksichtigung ausländischer Quellensteuern, die in einigen Ländern bei Ergebnisausschüttungen an deutsche Muttergesellschaften anfallen, änderte nichts an diesem Sachverhalt, ausgenommen Kanada; Abb. VII.11:

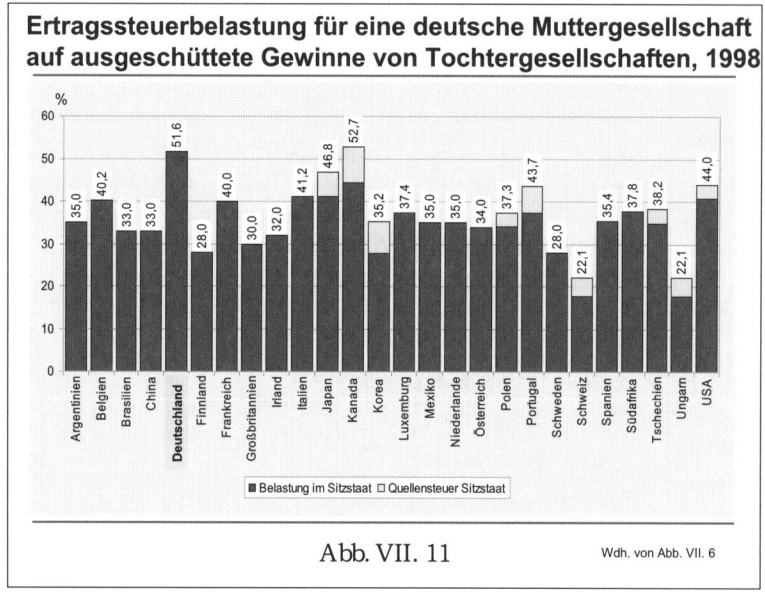

Abb. VII. 11   Wdh. von Abb. VII. 6

In Anbetracht der im Freistellungsverfahren definitiven Besteuerung ausländischer Erträge bestand daher ein Anreiz, die steuerliche Gesamtbelastung im Konzern durch Wahrnehmung des Steuergefälles zu optimieren. Der Vorgang wird anhand des folgenden Modells näher erläutert. Der Modellkonzern X besteht aus der Muttergesellschaft und vier ausländischen Tochtergesellschaften:

- Die Mutter hat ihren Sitz in Deutschland und erzielt ein Ergebnis vor Steuern gleich 100, das einer Ergebnissteuerbelastung von 52% unterliegt.
- Tochter A ist eine Vertriebsgesellschaft in den USA, die wegen zu hoher Verrechnungspreise seitens der Mutter keinen Gewinn erwirtschaftet; Ergebnissteuerbelastung wäre 41% bzw. 44% bei Ausschüttung an die Mutter.

- Tochter B ist eine Gesellschaft in Großbritannien mit zu geringer Eigenkapitalausstattung und relativ hoher Verschuldung; ihr Ergebnis vor Steuern ist gleich 30 und die Ergebnissteuerbelastung gleich 31%.
- Tochter C ist eine Gesellschaft in den Niederlanden, die wegen unangemessener Verrechnungspreise Verlustvorträge i.H.v. negativ 10 ausweist; gleicher Fall wie Tochter A, aber mit Verlustvorträgen; die Ergebnissteuerbelastung wäre andernfalls 35%.
- Tochter D ist eine Finanzierungsgesellschaft in Irland, die jährlich einen Gewinn vor Steuern gleich 20 erwirtschaftet und an die Mutter ausschüttet; sie unterliegt einer Ergebnissteuerbelastung zum Sondersatz von 10% (irische Ausnahmeregelung für Finanzierungsgesellschaften).

Die Ist-Situation stellt sich somit wie folgt dar; Abb. VII.12:

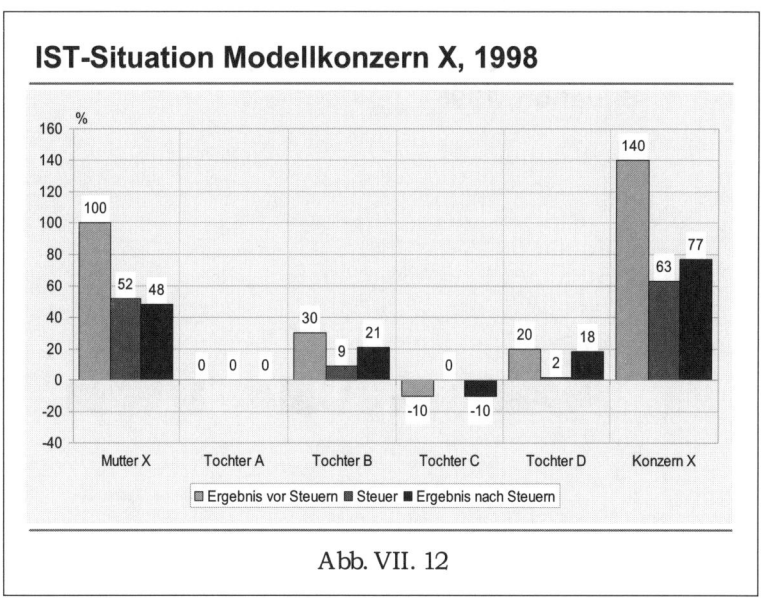

Abb. VII. 12

Die Summierung der Vor- und Nachsteuerergebnisse und der Steuerbelastungen der Mutter plus der vier Töchter ergibt ein Konzernergebnis vor Steuern gleich 140, was bei einer Steuerbelastung von insgesamt 63 zum Ergebnis nach Steuern von 77 führt. (Hinweis: Zwischengewinne wurden in dieser Modellkalkulation zuvor eliminiert.)

Korrekturmaßnahmen und Ergebnisauswirkungen Mutter/Töchter/ Konzern:

- Tochter A: die Verrechnungspreise werden angepasst, was zu einer Ergebnisverlagerung von +20 nach USA führt.
- Tochter B: die Mutter erhöht das Eigenkapital der Tochter, wodurch eine Verlagerung des Zinsergebnisses von +5 nach Großbritannien stattfindet.
- Tochter C: die Verrechnungspreise werden angepasst, was zu einer Ergebnisverlagerung von +30 in die Niederlande führt.
- Tochter D: ihre Gewinne werden in Irland thesauriert, d.h. nicht an die Mutter ausgeschüttet, so dass sich das Ergebnis dort um +2 verbessert.

Die Folge: die Ergebnisverlagerungen in der Summe gleich 57 reduzieren um denselben Betrag das Ergebnis vor Steuern bei der Mutter auf 43. Diese Maßnahmen führen somit zur folgenden Situation; Abb. VII.13:

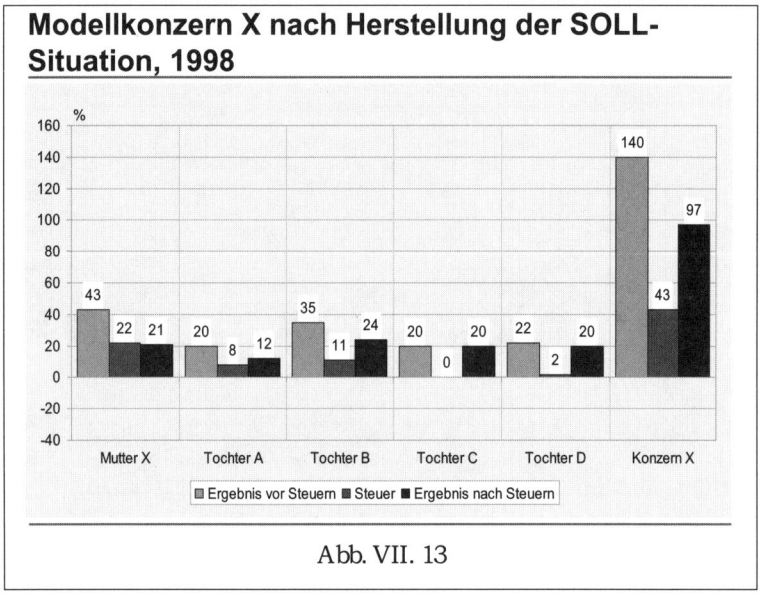

Abb. VII. 13

Mit diesen Maßnahmen hat sich vor Steuern das Ergebnis der Töchter in der Summe um denselben Betrag verbessert, um den es sich bei der Mutter verschlechtert hat. Nach Steuern hingegen hat sich im Konzern das Ergebnis der Töchter A, B, D gegenüber der Mutter entsprechend dem jeweiligen Steuergefälle verbessert, bei Tochter C sogar entsprechend dem vollen deutschen Steuersatz, da in diesem Fall wegen der Verlustvorträge in den Niederlanden keine Steuern anfallen. Aus Konzernsicht sinkt damit die Ergebnissteuerbelastung um 20 auf 43 und das Ergebnis nach Steuern verbessert sich korrespondierend um 20 auf 97; von Abb. VII.12 auf Abb. VII.13 überleitend Abb. VII.14:

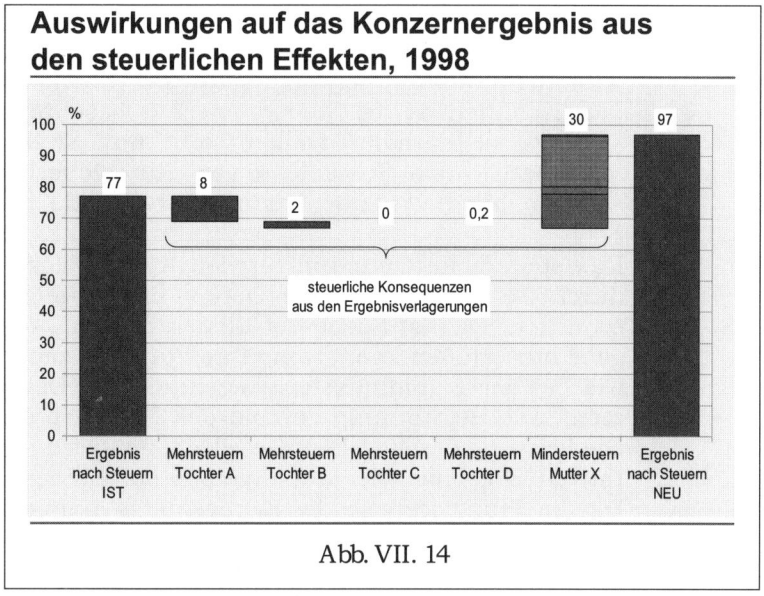

Abb. VII. 14

Anmerkungen

- Das Beispiel des obigen Modellkonzerns macht deutlich, dass die Gesamtsteuerbelastung ceteris paribus davon abhängt, wo die Gewinne anfallen. Mit anderen Worten, die Steuerbelastung fällt umso geringer und das Nachsteuerergebnis umso höher aus, je mehr Erträge des Konzerns in Ländern mit niedrigerer Besteuerung anfallen. Diese Art der Ergebnisgestaltung ist in der Praxis aber nur im engen Spielraum der gesetzlichen Möglichkeiten zulässig; sie bewegt sich keineswegs in der Größenordnung, in der sie im obigen Modellkonzern zugunsten einer möglichst deutlichen Darstellung angesetzt wurde. Bei jeder Betriebsprüfung werden alle diesbezüglichen Maßnahmen auf Einhaltung des gesetzlichen Rahmens hin untersucht.

- Die Steuerposition des Konzerns ist gleich der Summe der Steuerpositionen seiner Einzelgesellschaften. Steuern werden lokal bezahlt und nicht auf Konzernebene. Es gibt daher per se keine Konzernsteuerposition; sie ist nur eine aus der Summe der Einzelpositionen abgeleitete Größe. Es ist daher auch irreführend, aus dem Konzernabschluss eine Steuerquote ableiten zu wollen (Ergebnissteuerbelastung/Ergebnis vor Steuern). Ein Beispiel soll dies verdeutlichen:

  Eine Gesellschaft in Deutschland erwirtschaftet einen Ertrag von 100 und zahlt darauf Steuern. Im selben Jahr macht ihre ausländische Tochtergesellschaft einen Verlust in derselben Höhe und zahlt daher in ihrem Sitzland keine Steuern. Auf Konzernebene hat dann das Unternehmen null Gewinn, trägt aber eine Steuerlast in Deutschland, und hätte folglich rein rechnerisch eine unendlich hohe Steuerquote. (Anmerkung: selbst auf Ebene der Einzelgesellschaften ist die Steuerquote nur beschränkt aussagefähig; sie enthält nämlich nicht nur Steuerzahlungen, sondern auch Rückstellungen für steuerliche Risiken u.a.m., die nach außen nicht sichtbar sind.)

- Das steuerliche Optimum für den Konzern lässt sich nicht durch die Summierung der Optima der Einzelgesellschaften erreichen. Das ist Sache der Steuerabteilung, die diese Aufgabe nur erfüllen kann, wenn ihre Funktion zentralisiert ist – wie bei der Liquiditätssteuerung und dem Devisenmanagement. Die Begründung anhand der Transferpreisgestaltung: Die Leistung der einzelnen Gesellschaften wird i.d.R. am operativen Ergebnis oder am Ergebnis vor Steuern bemessen. Da die Transferpreise die Ertragsmarge unmittelbar beeinflussen, wird keine Einzelgesellschaft gewillt sein, die internen Verrechnungspreise zu ihrem Nachteil zu reduzieren und damit Gewinne zu einer anderen Einzelgesellschaft im Konzern zu verlagern, auch dann nicht, wenn dadurch die Steuerlast auf Konzernebene reduziert werden könnte. Hier ist also die Konzernzentrale gefordert, die die optimale Allokation mittels zulässiger Transferpreisgestaltung – und anderer Maßnahmen – vornehmen muss. Ein entsprechendes Bonussystem für das Management, welches diese Ertragsverlagerungen in der Leistungsbemessung berücksichtigt, kann diesen Prozess unterstützen.

VII.3   STEUERREFORMEN, STANDORTWETTBEWERB

Bis zum Jahr 2000 verzeichnete Deutschland mit 52% die
höchste Ertragssteuerbelastung von allen Industrienationen; in
den frühen 1990er Jahren betrug sie sogar 57%. Zunächst noch
einmal die Sätze zur Unternehmensbesteuerung 1998 im internationalen Vergleich, Abb. VII.15:

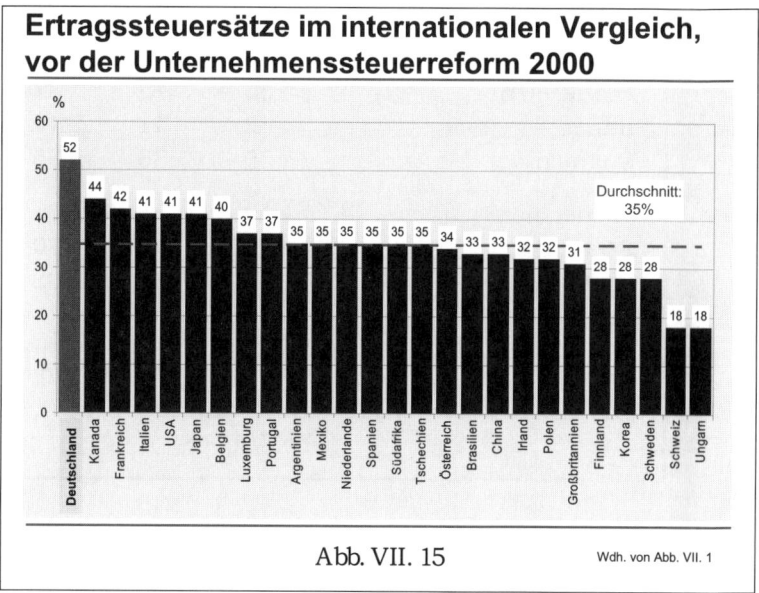

Ertragssteuersätze im internationalen Vergleich, vor der Unternehmenssteuerreform 2000

Abb. VII. 15   Wdh. von Abb. VII. 1

Übermäßig hohe Steuersätze begünstigen die Verlagerung von
Erträgen ins Ausland, ebenso die Verlagerung von Investitionen
und damit von Arbeitsplätzen und Erträgen in der Zukunft. Außerdem üben hohe Steuersätze auf ausländische Investoren eine
abschreckende Wirkung aus und reduzieren so auch noch die
Attraktivität des Standorts Deutschland für Investitionen aus
dem Ausland, was der Schaffung neuer Arbeitsplätze ebenfalls
abträglich ist. So tragen zu hohe Steuersätze auf längere Sicht
zu einer Schmälerung der Besteuerungsbasis und damit des
Steueraufkommens bei.

Die Ertragssteuerbelastung ist daher ein wesentlicher Faktor für
die Attraktivität eines Standorts, was dazu geführt hat, dass die
Politik seit den frühen 1990er Jahren in einer Reihe von Ländern – insbesondere den Hochsteuerländern mit Sätzen von ursprünglich über 50% – die Ertragssteuerbelastung von Unternehmen schrittweise reduziert hat; Abb. VII.16:

Ertragssteuerbelastung in ausgewählten Ländern in %, gerundet			
	1994	**1998**	**2000**	**2007**
Deutschland	57	52	38	30 *)
USA	41	41	41	37
Japan	51	41	41	41
Großbritannien	33	31	30	30
Frankreich	33	42	37	34
Italien	52	41	41	37
Spanien	35	35	35	33
Tschechien	42	35	31	24
Südafrika	40	35	30	29
Brasilien	50	33	33	34

*) ab 2008: Körperschaftssteuer, Gewerbesteuer und Solidaritätszuschlag in der Summe knapp unter 30% (s.u.)

Abb. VII. 16

Dementsprechend hat sich die Rangfolge der Länder nach fallender Ertragssteuerbelastung wie folgt neu sortiert; Abb. VII.17:

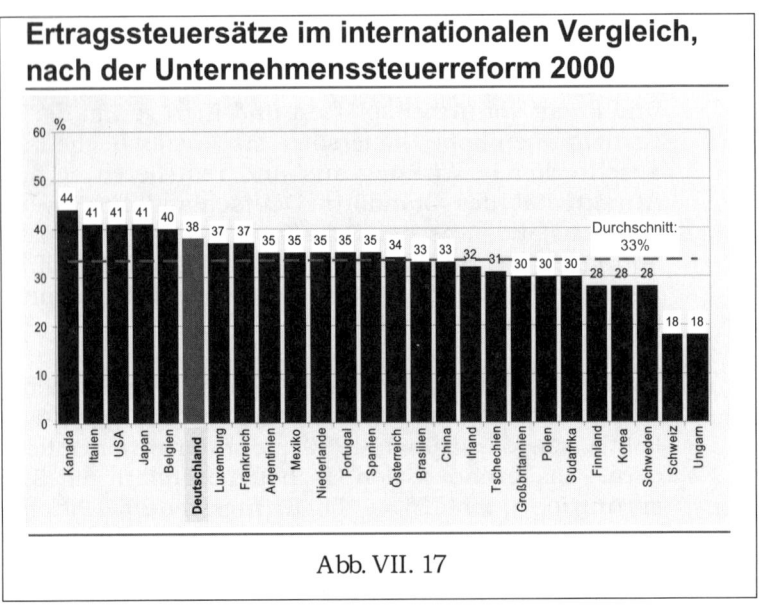

Ertragssteuersätze im internationalen Vergleich, nach der Unternehmenssteuerreform 2000

Abb. VII. 17

Die Steuerreform 2000 hat somit die Ertragssteuerbelastung für
deutsche Unternehmen im internationalen Vergleich von der
Spitze ins obere Mittelfeld verschoben und Deutschland im internationalen Standortwettbewerb in eine deutlich günstigere
Position gebracht.

Deutsche Muttergesellschaften konnten bis 1998 Dividenden
ausländischer Tochtergesellschaften gemäß der Freistellungsmethode vollumfänglich steuerbefreit beziehen. 1999 wurde durch
eine gesetzliche Fiktion ein Betrag in Höhe von 5% der bezogenen Dividenden als nichtabzugsfähige Betriebsausgabe definiert,
so dass es seit diesem Zeitpunkt zu einer zusätzlichen Belastung
steuerfreier Auslandsdividenden in Höhe von rund 2 Prozentpunkten kommt (bei einem unterstellten deutschen Steuersatz
von knapp 40%). Grundlage dieser Maßnahme war die Annahme, dass ein Teil der bei der Muttergesellschaft anfallenden Kosten, die in Deutschland als Aufwand steuerlich geltend gemacht
werden können, zur Generierung der Erträge bei ausländischen
Tochtergesellschaften beitragen. In Fortschreibung der obigen
Abb. VII.6 ergibt sich damit im internationalen Vergleich seit der
Steuerreform 2000 für eine deutsche Muttergesellschaft die folgende Ertragssteuerbelastung auf ausgeschüttete Gewinne ihrer
ausländischen Tochtergesellschaften; Abb. VII.18:

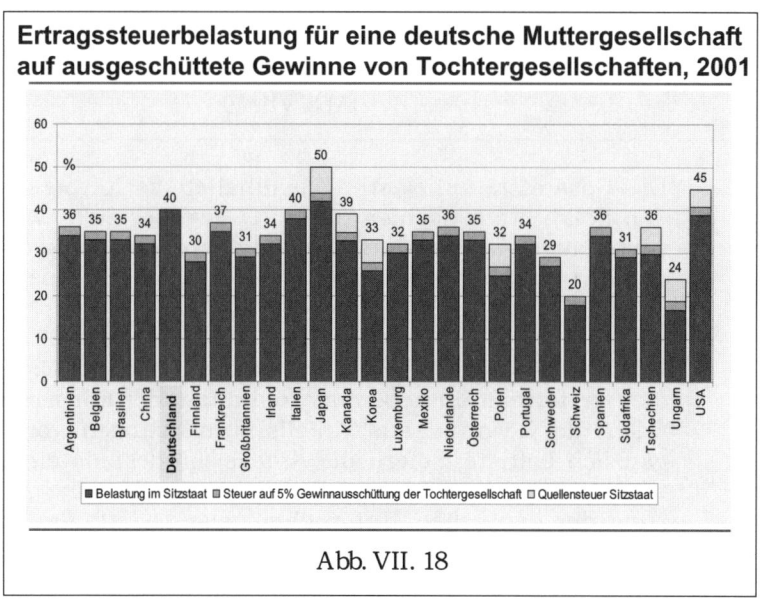

Abb. VII. 18

Hinweis
Abweichungen in Abb. VII.18 gegenüber Abb. VII.17 haben
ihren Grund in demselben Sachverhalt, der in der Anmerkung 1 nach Abb. VII.8 beschrieben wurde.

Beim Vergleich mit anderen Ländern ändert sich durch diese zusätzliche Besteuerung – relativ gesehen – nichts, so dass sie im Folgenden zugunsten einer klareren Darstellung außen vor bleiben kann.

Die deutschen Steuersätze von 52% in Abb. VII.15 und 38% in Abb. VII.17 setzen sich aus folgenden Komponenten zusammen; Abb. VII.19:

Unternehmenssteuerreform 2000

Senkung der Steuersätze

Gesamtsteuerbelastung auf einbehaltene Gewinne (ab 2001)

	Alt bis 2000		Neu ab 2001
Gewinn vor Steuern	100,0	Gewinn vor Steuern	100,0
16,2% Gewerbesteuer	16,2	16,2% Gewerbesteuer	16,2
Zwischensumme	83,8	Zwischensumme	83,8
40% Körperschaftssteuer	33,5	25% Körperschaftssteuer	20,9
5,5% Solidaritätszuschlag	1,8	5,5% Solidaritätszuschlag	1,2
Gewinn nach Steuern	48,4	Gewinn nach Steuern	61,7
Gesamtsteuerbelastung	**51,6**	**Gesamtsteuerbelastung**	**38,3**

Abb. VII. 19

Die Gesamtsteuerbelastung beinhaltet die Körperschaftssteuer, den Solidaritätszuschlag und die Gewerbesteuer, wobei die Körperschaftssteuer auf das Einkommen nach Abzug der Gewerbesteuer und der Solidaritätszuschlag auf den Körperschaftssteuerbetrag anfällt.

Der Vollständigkeit halber sei erwähnt, dass die Unternehmenssteuerreform 2000 neben der Reduktion der Körperschaftssteuer auch die Gewinne aus Anteilsveräußerungen von der Steuer gänzlich befreite, sofern die Anteile mindestens ein Jahr gehalten worden waren. Diese Maßnahme sollte eine Restrukturierung der deutschen Unternehmenslandschaft fördern mit dem volkswirtschaftlichen Ziel der Effizienzsteigerung. Insbesondere Banken und Versicherungen sollten damit in die Lage versetzt werden, ihre Anteile an Industrieunternehmen ohne steuerliche Belastung veräußern zu können.

Wie bei praktisch jeder Steuerreform ist die Senkung der Steuersätze nur ein Teilaspekt, der von Maßnahmen zur Gegenfinanzierung begleitet wird. Die wichtigsten gegenläufigen Maßnahmen betrafen in der Reform 2000 die Abschreibungsmöglichkei-

ten auf Sachinvestitionen (Reduzierung der degressiven Ab-
schreibungssätze, Verlängerung von Nutzungsdauern), eine Einschränkung von Finanzierungsmodellen in Niedrigsteuerländern,
ungünstigere Zinsmodalitäten bei Steuernachzahlungen und -
erstattungen, sowie die Abschaffung der Abzugsfähigkeit von Li-
quidationsverlusten und von Teilwertabschreibungen auf Beteiligungen (Tochtergesellschaften).

Mit der Unternehmenssteuerreform 2008 wird die Ertragssteuerbelastung für Kapitalgesellschaften auf knapp 30% weiter reduziert und damit die Standortwettbewerbsposition (→ Abb.
VII.17 und Abb. VII.18) nochmals deutlich verbessert; Abb.
VII.20:

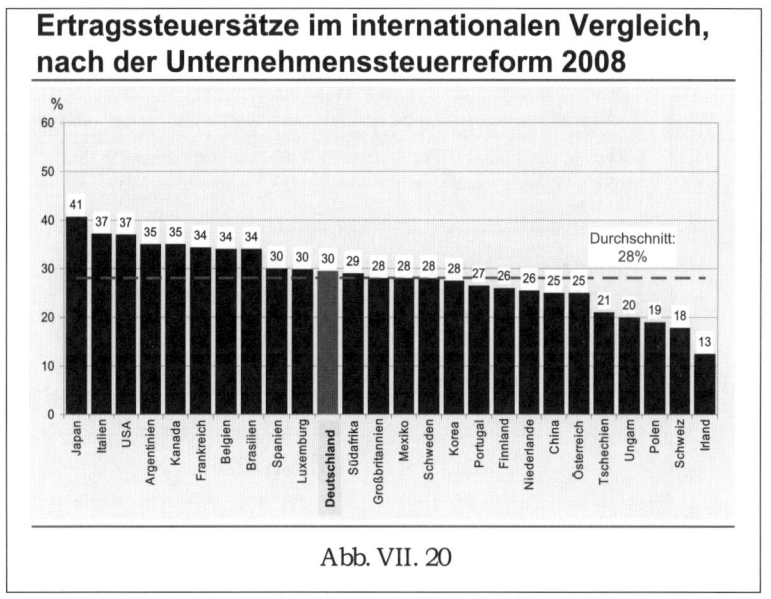

Abb. VII. 20

Damit liegt die Unternehmensbesteuerung in Deutschland nunmehr auf dem Niveau von Großbritannien und nimmt eine relativ günstige Standortwettbewerbsposition im unteren Mittelfeld
der westeuropäischen Länder ein.

Hinweis
Die Körperschaftssteuersätze sind die wichtigsten Indikatoren
für die Beurteilung der steuerlichen Wettbewerbsposition eines
Landes. Ein abschließender Vergleich müsste jedoch neben unterschiedlichen Bemessungsgrundlagen noch weitere, länderspezifische Faktoren wie z.B. zweite Ertragssteuern („local taxes") in
die Bewertung mit einbeziehen. So ist die Gewerbesteuer, wie sie
in Abb. VII.19 aufscheint, in dieser Form ein deutsches Spezifi-
kum. In Österreich gibt es z.B. keine Gewerbesteuer, dafür aber
eine Lohnsummensteuer, wie sie wiederum in Deutschland nicht
existiert. In den USA kommen weitere Steuern zur Körper-

schaftssteuer hinzu, die von Staat zu Staat innerhalb der USA
unterschiedlich sind („state and local taxes"); bei der Ansiedlung
ausländischer Unternehmen sind sie zumeist verhandelbar. Hat
ein Unternehmen eine konkrete Standortentscheidung zu treffen, so ist der Vergleich der Körperschaftssteuersätze somit nur
der erste, wenn auch richtungweisende Schritt bei der Beurteilung der steuerlichen Attraktivität.

In Fortführung der Abb. VII.19 errechnet sich die Steuerbelastung von knapp 30% ab 2008 wie folgt; Abb. VII.21:

Unternehmenssteuerreform 2008

Senkung der Steuersätze
Gesamtsteuerbelastung auf einbehaltene Gewinne (ab 2008)

	Alt ab 2001		Neu ab 2008
Gewinn vor Steuern	100,0	Gewinn vor Steuern	100,0
16,2% Gewerbesteuer	16,2	13,7% Gewerbesteuer	13,7
Zwischensumme	83,8		
25% Körperschaftsteuer	20,9	15% Körperschaftsteuer	15,0
5,5% Solidaritätszuschlag	1,2	5,5% Solidaritätszuschlag	0,8
Gewinn nach Steuern	61,7	Gewinn nach Steuern	70,5
Gesamtsteuerbelastung	**38,3**	**Gesamtsteuerbelastung**	**29,5**

Abb. VII. 21

Wie bei der Steuerreform 2000 sind auch bei der Reform 2008
wieder eine Reihe von Maßnahmen zur Gegenfinanzierung ergriffen worden. Die Steuerentlastung wird mit brutto ca. € 30 Mrd.
veranschlagt, die Gegenfinanzierung mit brutto ca. € 25 Mrd.,
was zu einer Nettoentlastung von ca. € 5 Mrd. führt. Die wichtigste Gegenfinanzierungsmaßnahme kann direkt der Abb.
VII.21 entnommen werden: der neue Körperschaftssteuersatz
von 15% wird auf das Einkommen vor Abzug der Gewerbesteuer
angewendet; anders formuliert: die Gewerbesteuer kann bei Berechnung der Körperschaftssteuer nicht mehr wie früher als Betriebsausgabe geltend gemacht werden. Dieser Schritt allein
kompensiert mit ca. € 10 Mrd. ein Drittel der Steuerausfälle aufgrund des reduzierten Körperschaftssteuersatzes. Der zweitgröß-
te Posten in der Gegenfinanzierung ist mit ca. € 3 Mrd. die Abschaffung der degressiven Abschreibung auf Anlagen, die ab
2008 nur mehr linear vorgenommen werden kann. Die Selbstfi-
nanzierung ist mit ca. € 3,6 Mrd. veranschlagt. Der Rest der Gegenfinanzierung wird von einer Reihe weiterer Maßnahmen abgedeckt, die hier nicht im Einzelnen beschrieben werden.

VII.4   SONDERFÄLLE

VII.4.1   FINANZIERUNGSGESELLSCHAFTEN

Die zwei Finanzierungsgesellschaften, die in diesem Kapitel beschrieben werden, sind Konzerngesellschaften mit Sitz außerhalb Deutschlands, die – wie der Name schon sagt – Finanzierungsaufgaben für den Konzern wahrnehmen. Ihre Tätigkeiten sind mit der Wahrnehmung steuerlicher Optimierungsmöglichkeiten aufgrund zwischenstaatlicher Abkommen verbunden.

- Das Coordination Center in Brüssel (CCB)

  Die „Coordination Centers" in Brüssel haben ihren Ursprung in den frühen 1980er Jahren. Belgien befand sich in einer schlechten wirtschaftlichen Lage und war bestrebt neue Arbeitsplätze zu schaffen. Zu diesem Zweck wurden in Abstimmung mit anderen Ländern steuerliche Anreize geschaffen, um Belgien als Standort für multinationale Konzerne für bestimmte Geschäftsaktivitäten attraktiv zu machen. Aus belgischer Sicht waren die CCB's ein Erfolg. Bereits in den 1990er Jahren waren ca. 400 solcher Coordination Centers etabliert und damit über 8.000 Arbeitsplätze geschaffen worden. Coordination Centers dürfen die folgenden Aktivitäten betreiben; Abb. VII.22:

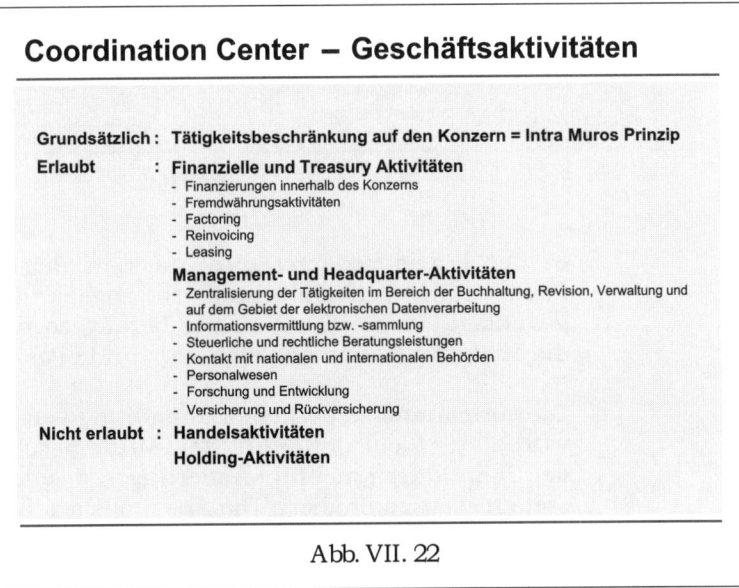

Abb. VII. 22

Die Aktivitäten des CCB sind auf die Wahrnehmung konzern-interner Aufgaben beschränkt („intra-muros"-Prinzip). Das Coordination Center des Volkswagen-Konzerns konzentriert sich auf das Factoring als eine Form der konzerninter-

nen Absatzfinanzierung[*)], die Finanzierung von anderen Konzerngesellschaften, sowie auf Dienstleistungen und Bera-
tungsaktivitäten und die Kontaktpflege mit internationalen
Behörden.

Das CCB erzielt seine Einkünfte im Wesentlichen aus den
Factoring-Gebühren und der Finanzierungsmarge. Die andere Haupteinnahmequelle des CCB beruht auf der Kreditvergabe an Konzerngesellschaften. Zur Refinanzierung setzt das
CCB sein Eigenkapital ein und nimmt Fremdmittel in Form
von Bankkrediten und Commercial Paper Emissionen auf.

Die steuerliche Belastung in Belgien ist minimal; Abb. VII.23:

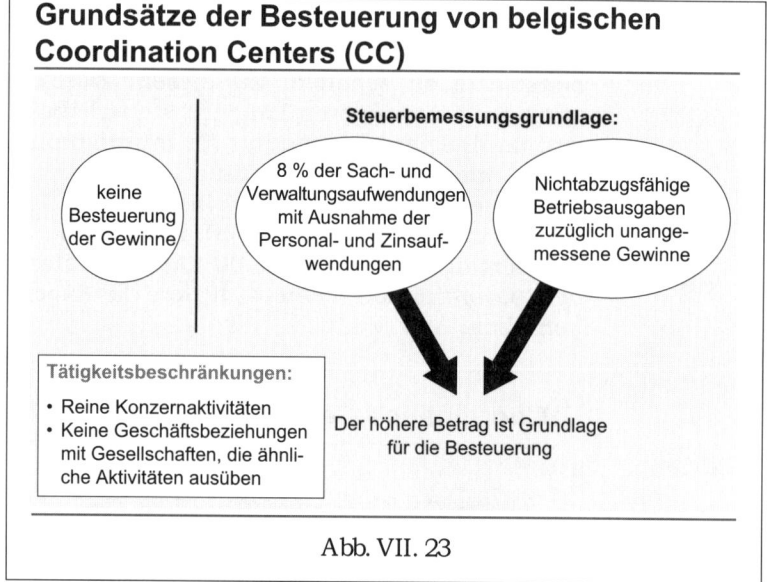

Abb. VII. 23

In der Praxis bedeutet dies, dass in Belgien nur 8% der
Sach- und Verwaltungsaufwendungen als Bemessungsgrundlage für die Besteuerung herangezogen werden, wobei
die Miete der Räumlichkeiten der größte Posten ist.

Die vorteilhafte steuerliche Behandlung von CCB-Einkünften
wurde aus Sicht der deutschen Muttergesellschaft im Laufe
der Jahre durch mehrere Änderungen des deutschen Außen-
steuergesetztes erodiert. Die Ausgangslage bei Schaffung des
CCB's, Abb. VII.24:

[*)]   s. Anhang 9 für den Factoring-Prozessablauf.

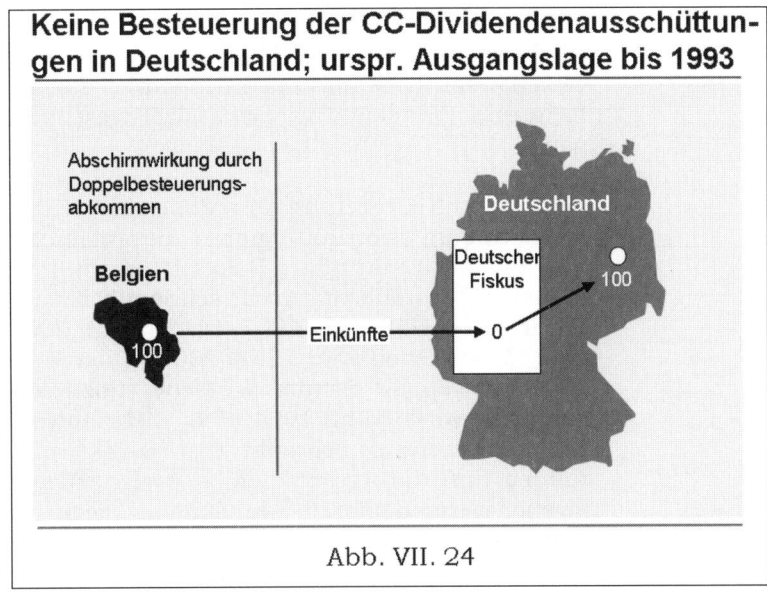

Abb. VII. 24

Von 1994 bis 2002 stellte sich die Situation wie folgt dar; Abb. IV.25:

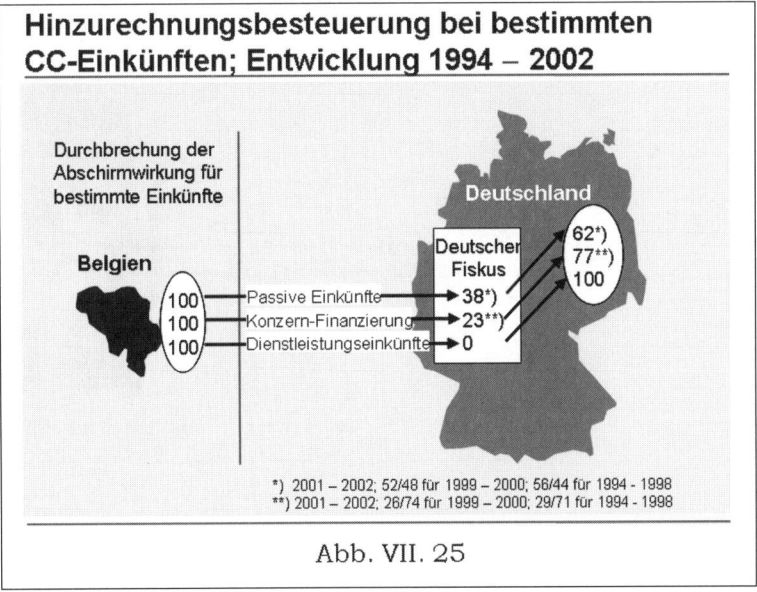

Abb. VII. 25

Während zu Beginn (Abb. VII.24) vom CCB nach Deutschland ausgeschüttete Erträge keiner weiteren Besteuerung unterlagen, wurden von 1994 bis 2002 auf die einzelnen Einkommensarten unterschiedliche Besteuerungen hinzugerechnet (Abb. VII.25), d.h. es wurde differenziert nach Kapitalanlage-, Konzernfinanzierungs- und Dienstleistungseinkünften in Deutschland besteuert. Im Endergebnis war das

CCB damit zwar immer noch steuerlich attraktiv, jedoch in
stark eingeschränktem Maße. Unberührt davon blieb seine
Geschäftsaufgabe im Konzern, nämlich zur Liquiditätsschöp-
fung und Finanzierung von Konzerngesellschaften beizutra-
gen.

Seit einer Neuregelung der deutschen Hinzurechnungsbesteuerung im Jahr 2003 gibt es die unterschiedliche Qualifi-
zierung der Einkünfte („Baskets") nicht mehr. Die Hinzurechnungsbesteuerung greift seitdem bei „passiven" Einkünf-
ten in voller Höhe (bis 2007: rd. 38%, ab 2008 rd. 30%). Seit
dem EuGH-Urteil vom 12.09.2006 in der Rechtssache „Cad-
bury Schweppes" ist die deutsche Hinzurechnungsbesteuerung rückwirkend ab 1994 nicht mehr anwendbar, wenn ein
Substanznachweis erbracht wird (→ „aktive" Einkünfte: Teilnahme am Marktgeschehen, ausreichendes Personal sowie
eigene, wertschöpfende Aktivitäten). Die Hinzurechnungsbesteuerung ist seitdem praktisch nur noch anwendbar auf
„Briefkastengesellschaften". Der aktuelle Stand stellt sich
daher wie folgt dar, Abb. VII.26:

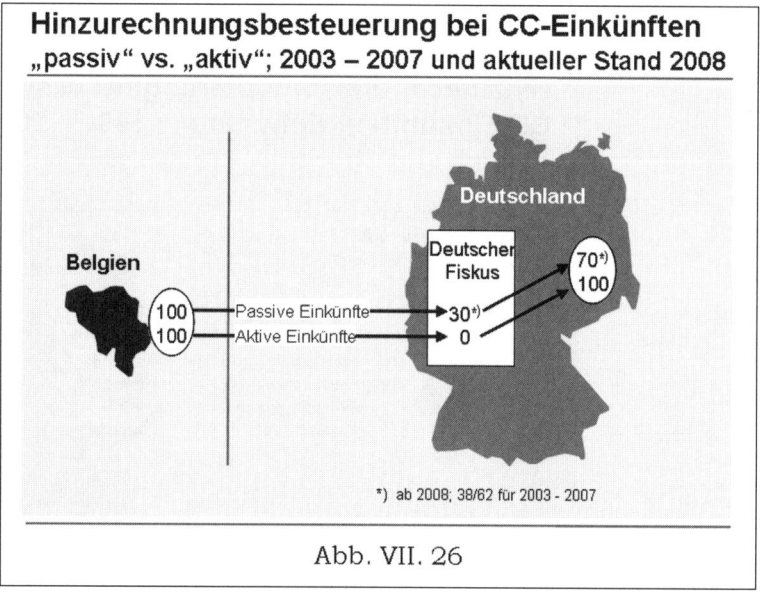

Hinzurechnungsbesteuerung bei CC-Einkünften
„passiv" vs. „aktiv"; 2003 – 2007 und aktueller Stand 2008

Abb. VII. 26

Anmerkung
Die irischen Behörden schufen 1987 das „International Financial Services Centre – I.F.S.C." in Dublin aus denselben
Erwägungen, die in Brüssel zur Errichtung der CCB's geführt hatten. Vorrangiges Ziel war die Schaffung von Arbeitsplätzen durch Ausbau des Finanzdienstleistungssektors. Dazu boten die irischen Behörden in Abstimmung mit anderen
Ländern den steuerlichen Anreiz, die erzielten Erträge nur
mit 10% zu besteuern und keine Quellensteuer zu erheben.

Die zugelassenen Aktivitäten betrafen allgemeine Treasury-Aktivitäten, Finanzierungen, Fonds-Management u.ä. sowie Versicherungsaktivitäten. Die geringfügige steuerliche Belastung machte es attraktiv, Tochtergesellschaften im I.F.S.C. zu gründen. Insofern handelte es sich im Grunde um eine „Parallelveranstaltung" zu den Coordination Centers in Brüssel, so dass sich eine weitere Beschreibung hier erübrigt.

- Volkswagen International Finance (VIF)

Finanzierungsgesellschaften deutscher Unternehmen in den Niederlanden haben ihren Ursprung in der deutschen Besonderheit, langfristige Fremdmittelaufnahmen als so genannte Dauerschuld der Gewerbesteuer zu unterwerfen. Diese Belastung betrifft nur Unternehmen; Banken sind davon befreit („Bankenprivileg"). Ihre Berechnung ist im Anhang 5 wiedergegeben und führt bei einem Zinssatz von 5% und einem Steuersatz von 38,3% zu einer zusätzlichen Belastung von ca. 6% des Zinsaufwands. Diese steuerliche Belastung fällt nicht an, wenn die Fremdmittel im Ausland aufgenommen und eingesetzt werden. So emittiert z.B. die 1977 in Amsterdam gegründete „Volkswagen International Finance N.V." (VIF) Anleihen auf den internationalen Kapitalmärkten, um die Konzerngesellschaften außerhalb Deutschlands im mittel- bis langfristigen Fälligkeitsbereich zu finanzieren.

Die Finanzierungsgesellschaften unterliegen in den Niederlanden einem Steuersatz von 25,5% (ab 2007). Darüber hinaus sollen die Voraussetzungen für eine Steuerbefreiung der Erträge i.H.v. 80% geschaffen werden („Interest Box"). Der niederländische Steuersatz würde dann nur auf 20% der Erträge greifen, was zu einer effektiven Besteuerung von ca. 5% führen würde (Umsetzung gegenwärtig unter europarechtlichen Gesichtspunkten noch fraglich; Sachstand Juni 2008).

Anmerkung
Innerhalb Deutschlands kann sich ohne die steuerliche Dauerschuldbelastung nur die Volkswagen Bank refinanzieren, die per Gesetz als Bank von der Dauerschuldbelastung ausgenommen ist. Zur Klarstellung: Der Bankstatus der Volkswagen Bank bedeutet nicht, dass sich die Volkswagen AG oder ihre innerdeutschen Töchter über sie unter Vermeidung der steuerlichen Dauerschuldbelastung finanzieren könnten; gemäß des „at-arm's-length"-Prinzips sind die Volkswagen AG und ihre innerdeutschen Töchter als Drittgesellschaften anzusehen, bei denen als aufnehmende Gesellschaften die steuerliche Dauerschuldbelastung auf jeden Fall anfallen würde, auch wenn die Volkswagen Bank selbst eine Volkswagen-Konzerngesellschaft ist. Außerdem wäre die Volkswa-

gen Bank durch die im Kreditwesengesetz festgelegte Groß-
kreditgrenze betragsmäßig ohnedies zu eingeschränkt.

VII.4.2   **FALLBEISPIELE**

Dieser Abschnitt soll lediglich einen Eindruck von steuerlichen
ad-hoc-Problemstellungen in einem international tätigen Konzern vermitteln. Auf ein Beispiel – das Thema der Standortwahl –
ist in VII.3 bereits hingewiesen worden.

Zwei Fallbeispiele:

a) Investitionsfinanzierung in Mexiko

   Ausgangslage: ein Unternehmen will bei seiner Tochterge-
   sellschaft in Mexiko in eine neue Anlage investieren. Neue
   Investitionen unterliegen in Mexiko einer so genannten Asset
   Tax. Problemlösung, Abb. VII.27:

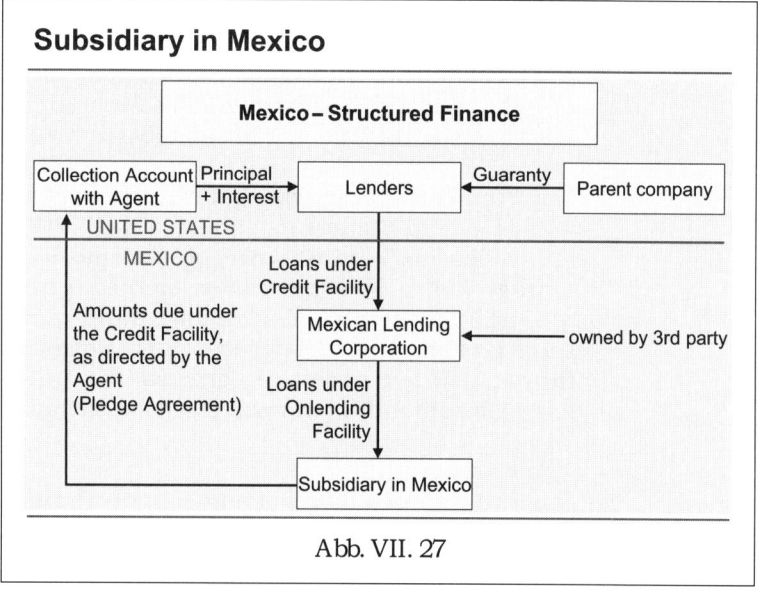

Abb. VII. 27

Die Asset Tax fällt nicht an, wenn die Finanzierung über einen mexikanischen Kreditgeber läuft, der selbständig ist
oder einer unabhängigen Gesellschaft angehört. Im vorliegenden Fall: Ausländische Kreditgeber stellen unter der Garantie des investierenden Unternehmens die Fremdmittel einem mexikanischen Kreditgeber zur Verfügung, der sie an
die Tochtergesellschaft des investierenden Unternehmens
weiterreicht. Damit sind die Bedingungen für den Entfall der
Asset Tax erfüllt. Die Investitionen könnten sogar off-balance
dargestellt werden, wenn zwischen die Tochtergesellschaft

und den mexikanischen Kreditgeber noch eine Leasing-Gesellschaft geschaltet würde, die die investierten Güter an die mexikanische Tochtergesellschaft verleast. Das würde die Finanzierung marginal verteuern, dafür aber das Eigenkapital entlasten.

b) Teilfunktions- vs. Vollfunktionsunternehmen

Ausgangslage: das Unternehmen errichtet im Ausland eine Produktionsstätte und hat die Wahl, dies in Form eines Teil- oder eines Vollfunktionsunternehmens zu tun. Die Besteuerung ist in dem Land, in dem die Produktionsstätte errichtet werden soll, niedriger als im Sitzland des Unternehmens.

Ein Teilfunktionsunternehmen ist im Grunde nur eine verlängerte Werkbank, die für die Muttergesellschaft produziert. Das bedeutet, dass die Anlaufverluste und sonstige Kosten der Muttergesellschaft zugeschlagen werden und dort steuerlich geltend gemacht werden können. Die Gewinne, die daraus später fließen, sind dann allerdings auch im Sitzland der Muttergesellschaft zu versteuern. Die Dienstleistungstochtergesellschaft (verlängerte Werkbank) erhält für ihre Fertigungsleistung in der Regel eine fixe Marge auf ihre Vollkosten. Der so entstehende Gewinn wird am Sitz der Tochtergesellschaft besteuert.

Die Vollfunktionsgesellschaft hingegen ist eine rechtlich unabhängige Drittgesellschaft, die eben nicht nur produziert und die Mutter beliefert, sondern auch ihren eigenen Vertrieb, Einkauf, Entwicklung usw. hat. Sie hat eine komplette Geschäftsführung, während bei der Produktionsstätte nur ein Werksleiter erforderlich ist. Bei ihr fallen folglich die Anlaufverluste an und die späteren Gewinne werden in ihrem Sitzland besteuert. Die Anlaufverluste können dann gegen die Gewinne verrechnet werden. Ist die Besteuerung in ihrem Sitzland niedriger, so wird – sofern ein Doppelbesteuerungsabkommen mit dem Land der Muttergesellschaft besteht – auf längere Sicht diese Alternative günstiger sein. Dabei wird die Entscheidung zwischen den beiden Varianten von der Gegenüberstellung Anlaufverluste/zukünftige Gewinne abhängen.

Die Wahl zwischen den beiden Gesellschaftsformen kann nicht willkürlich erfolgen, auch wenn die Abgrenzung zwischen den beiden Formen fließend ist; sie ist den Steuerbehörden gegenüber stichhaltig zu begründen. Ein Wechsel von einer Form in die andere ist grundsätzlich möglich, muss aber mit strukturellen Änderungen der Gesellschaft einhergehen.

VIII.   Zusammenfassung

Die praktischen Erfahrungen, die in diesem Buch beschrieben worden sind, beruhen auf einer Geschäftspolitik, die die Konzern-Treasury als „Service-Center" definiert hat. Ihr vorrangiger Geschäftsauftrag besteht in der Liquiditätssicherung und in der Eingrenzung aller finanziellen Risiken, die mit dem operativen Geschäft eines weltweit tätigen Unternehmens verbunden sind. Im Vordergrund stehen dabei die Liquiditäts-, Devisen- und Steuerrisiken sowie die Kontrollrisiken. Im Rahmen dieser Aktivitäten soll die Konzern-Treasury durch Kostenoptimierung und Gewinnmitnahmen einen Beitrag zum Unternehmensergebnis leisten. Da die Priorität auf der Risikoeingrenzung liegt, werden der Konzern-Treasury keine Gewinnziele vorgegeben, um vermeidbare, vom operativen Grundgeschäft des Unternehmens losgelöste finanzielle Risiken von Vornherein auszuschließen. Würde die Konzern-Treasury als „Profit-Center" positioniert, so wären umfangreichere organisatorische Voraussetzungen zu schaffen, insbesondere hinsichtlich der Kontrollmechanismen ($\rightarrow$ I.3).

VIII.1   Zentralisierung

Neben den vorrangigen Zielen der Liquiditätssicherung und Risikoeingrenzung können auch die Ziele
- Kostenminimierung,
- Gewinnmitnahmen unter dem Primat der Risikoeingrenzung,
- Steueroptimierung,
- maximale Kontrolleffizienz bei allen finanzbezogenen Geschäftsabläufen

nur bei Zentralisierung aller Treasury-Aktivitäten erreicht werden. Andernfalls wäre die Voraussetzung dafür, nämlich eine konzernweit in sich schlüssige Finanzstrategie, in der Praxis nicht zu gewährleisten.

Kostenminimierung

Die Kostenvorteile, die nur bei Zentralisierung voll realisiert werden können, beruhen auf den folgenden Grundsätzen:

1. Fremdmittelaufnahmen weltweit, wo sie gerade am kostengünstigsten sind ($\rightarrow$ II.3, II.3.2, II.3.3).
2. Fremdmittelaufnahmen vorzugsweise wenn kein Bedarf besteht ($\rightarrow$ II.3).
3. Fremdmittelaufnahmen opportunistisch tätigen bei besonderen Konstellationen im Markt und/oder bei zyklischem Zinstief ($\rightarrow$ II.3.2.3, II.3.3).

4. Skaleneffekte – „Vorteile aus der Masse" – führen zur Optimierung der Konditionen bei Mittelanlagen und -aufnahmen
   (→ II.), bei Devisentransaktionen (→ IV.) und im Zahlungsverkehr.
5. Optimierung der Bankbeziehungen (→ II.3.3).
6. Kostendegressionseffekte im Zahlungsverkehr durch effizien-
   te Nutzung der Infrastruktur (EDV).

Gewinnmitnahmen

Gewinnmitnahmen dürfen nur unter der Voraussetzung einer
zeitnahen Risikokontrolle angestrebt werden. Sie entstehen

1. bei der Anlage der Überschussliquidität (→ II.2.2),
2. aus Inkongruenzpositionen im Aktiv/Passiv-Management (→
   III.2) und
3. aus zu günstigen Zeitpunkten vorgenommenen Devisensicherungen (→ IV.4, IV.5, IV.6).

Steueroptimierung

Die Zentralisierung stellt sicher, dass das Konzerninteresse vor
den Interessen einzelner Konzerngesellschaften rangiert, um die
Steueroptimierung des Konzerns insgesamt zu erreichen (→
VII.2).

Kontrolleffizienz

Die Zentralisierung ermöglicht die optimale Nutzung der Infrastruktur: Organisationsstrukturen mit dem Ziel einer maximalen
Kontrolleffizienz müssen nur einmal etabliert werden (→ I.3) und
teure EDV-Investitionen nur einmal getätigt werden.

In Anbetracht der Vorteile, die die Zentralisierung von Treasury-
Aktivitäten mit sich bringt, ist das Ergebnis einer McKinsey-
Studie aus dem Jahr 1996 nicht überraschend, wonach ca. 2/3
aller europäischen Unternehmen die Funktionen „Finanzen" und
„Steuern" zentralisiert haben. Zum Vergleich: derselben Studie
zufolge waren „Buchhaltung/Controlling" zu 39%, „Beschaffung"
zu 20%, „Produktion" zu 15% und „Vertrieb" nur zu 11% zentralisiert. Die Vermutung liegt nahe, dass die Zentralisierung dank
der modernen Kommunikationsmittel seither noch vorange-
schritten ist, ausgenommen vielleicht in „Produktion" und „Vertrieb".

Hinweis
Das Bankgeschäft ist in vieler Hinsicht immer noch ein persönli-
ches Geschäft. Dabei spielt die Vertrauensfrage eine große Rolle.
Vertrauen wird aber nicht in der Menge, sondern auf bilateraler
Basis aufgebaut. In diffizilen Situationen kommt es dann auf die

Entscheidungsträger und deren Vertrauen zueinander an. Eine solche Vertrauensbasis kann i.d.R. nur aus der Zentrale heraus aufgebaut werden, wo auch die erforderlichen Entscheidungskompetenzen angesiedelt sind.

VIII. 2   LEISTUNGSMASSSTÄBE

Die Erfolgsmaßstäbe, wonach der Ergebnisbeitrag der Konzern-Treasury bemessen wird, Abb. VIII.1:

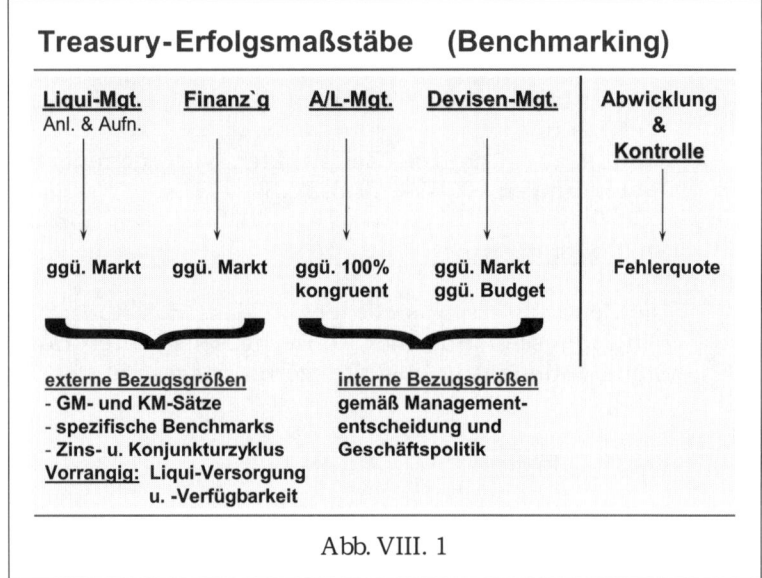

Abb. VIII. 1

Liquiditätsmanagement (→ II.2, II.3)

Wenn spekulative Transaktionen per Geschäftspolitik grundsätzlich ausgeschlossen sind, genügt es, die Effizienz von Geldanlagen und -aufnahmen gegen die Interbanksätze gleicher Laufzeiten zu bewerten:

-   kurzfristige Bankeinlagen (Depots) können i.d.R. nicht über jenen Sätzen getätigt werden, die erstklassige Banken untereinander im Geldhandel quotieren. Der EURIBID (Euro Interbank Bid Rate) kann daher als Referenzwert verwendet werden – je näher am EURIBID, desto günstiger. Analoges gilt für die Aufnahmeseite: kurzfristige Geldaufnahmen können gegen den EURIBOR (Euro Interbank Offered Rate) bewertet werden. Der EURIBID/EURIBOR „Spread" beträgt i.d.R. 1/8%, kann aber mit den Marktbedingungen schwanken. Deshalb sollten Anlagen und Aufnahmen gegen den jeweiligen Referenzwert gesondert bewertet werden.

Zusammenfassend, Abb. VIII.2:

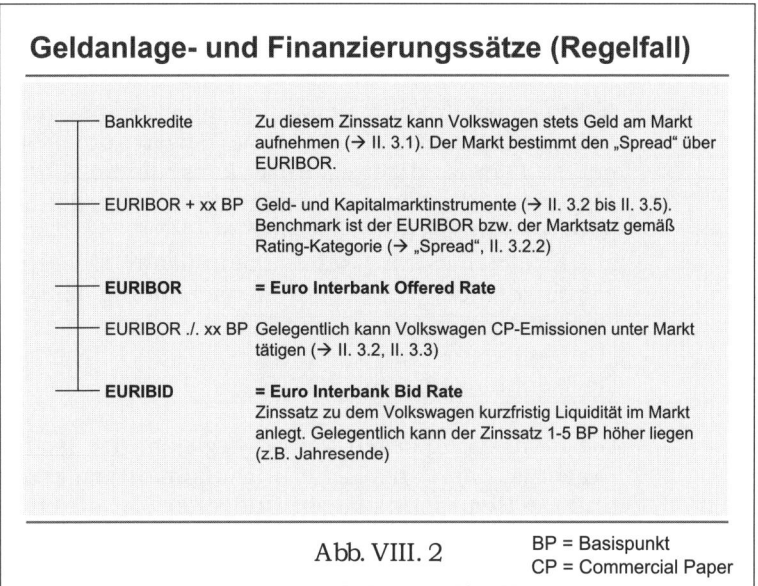

Geldanlage- und Finanzierungssätze (Regelfall)

Bankkredite — Zu diesem Zinssatz kann Volkswagen stets Geld am Markt aufnehmen (→ II. 3.1). Der Markt bestimmt den „Spread" über EURIBOR.

EURIBOR + xx BP — Geld- und Kapitalmarktinstrumente (→ II. 3.2 bis II. 3.5). Benchmark ist der EURIBOR bzw. der Marktsatz gemäß Rating-Kategorie (→ „Spread", II. 3.2.2)

EURIBOR — **= Euro Interbank Offered Rate**

EURIBOR ./. xx BP — Gelegentlich kann Volkswagen CP-Emissionen unter Markt tätigen (→ II. 3.2, II. 3.3)

EURIBID — **= Euro Interbank Bid Rate** Zinssatz zu dem Volkswagen kurzfristig Liquidität im Markt anlegt. Gelegentlich kann der Zinssatz 1-5 BP höher liegen (z.B. Jahresende)

Abb. VIII. 2   BP = Basispunkt
CP = Commercial Paper

Hinweis: wenn eine Bank Einlagesätze deutlich über EURIBID quotiert, sollte der Anleger dem mit Skepsis begegnen; solche Quotierungen reflektieren meistens eine zweifelhafte Bonität und/oder Liquiditätsengpässe.

Portfoliomanagement (→ II.2.2)

Die Anlage in Fonds soll Mehrerträge gegenüber risikofreien Anlageformen generieren. Als Leistungsmaßstab können für interne Zwecke daher langfristige Bundesschuldtitel herangezogen werden. Die Leistung der Portfoliomanager sollte hingegen gegenüber geeigneten Benchmark-Vorgaben beurteilt werden, wie z.B. DAX, EURO-STOXX, JPMEMU und dergleichen.

Finanzierung (→ II.3)

Im kurzfristigen Bereich können die Aufnahmesätze z.B. für Commercial Paper gegen EURIBOR bewertet werden. Die Sätze für längerfristige Mittelaufnahmen werden üblicherweise zu den entsprechenden Interbank-Swapsätzen oder staatlichen Schuldtiteln (Bundesobligationen bzw. US-Treasury-Bonds) in Bezug gesetzt. Die Differenz, um die die eigenen Aufnahmesätze darüber liegen, wird weitgehend vom eigenen Rating bestimmt (→ II.3.2.2). Diese sogenannten „Spreads" schwanken in Abhängigkeit von den allgemeinen Marktbedingungen (→ Abb. II.31, Abb. II.32). Eine relative Bewertung der erzielten Sätze kann auch gegen die Konkurrenz vorgenommen werden, und zwar in zweifacher Hinsicht: Relativ zur Konkurrenz im gleichen Industriezweig und relativ zu allen Emittenten mit demselben Rating. Zielsetzung und Leistungsmaßstab ist dann „best in class".

Asset-/Liability Management (→ III.2)

Aktiv/Passiv-Inkongruenzen generieren bei richtigen Zinsprognosen zusätzliche Erträge. Die Bewertung erfolgt gegenüber einer 100-prozentigen, laufzeitkongruenten Refinanzierung der Aktivseite (Kundenforderungen), d.h. gegenüber einer Null-Risiko-Finanzierung. Die absolute Höhe des Zusatzertrages dient als Erfolgsmaßstab; seine theoretische Obergrenze ist das Ergebnis, das bei einer vollen Ausschöpfung der Risikolimite erzielt worden wäre.

Devisenmanagement (→ IV.5.2)

Die Bemessung gegen Markt vergleicht das Ist-Ergebnis mit dem Ergebnis, das ohne Sicherungsmaßnahmen erzielt worden wäre, und die Bemessung gegen Budget erfolgt durch Vergleich der Sicherungskurse und der Marktkurse für den ungesicherten Anteil mit den Budgetkursen. Die Höhe dieser Ergebnisbeiträge ist ein Leistungsmaßstab.

Abwicklung, Zahlungsverkehr, Kontrolle (→ I.3; I.4)

Kosten, Produktivität und Fehlerquoten sind die relevanten Messgrößen für diesen Bereich. Kostensenkungen und Produktionssteigerungen sind nur im Vergleich zu einer Vorperiode oder zu alternativen Prozessabläufen messbar. Zielsetzung für die Fehlerquote ist „Null Fehler". Die tatsächliche Anzahl ist daher ein Maßstab für die Qualität der Arbeit, wobei die Anzahl absolut und in Prozent der durchgeführten Transaktionen gemessen werden sollte.

Steuer (→ VII.)

Für die Leistungsbeurteilung der Steuerabteilung steht kein objektiver Leistungsmaßstab zur Verfügung, da keine absolute oder „do-nothing"-Steuerposition definiert werden kann, die als Bezugsbasis dienen könnte.

Investor Relations (→ IX.1)

Die Leistung von „Investor Relations" entzieht sich ebenfalls einer klaren Beurteilung, weil keine eindeutige Bezugsbasis existiert. Als Leistungsmaßstab kann nicht einmal ein hypothetischer Wert definiert werden, weil der Aktienkurs einer Vielzahl anderer Einflüsse gleichzeitig unterliegt, wie z.B. der Unternehmensleistung, der Zinsentwicklung, dem allgemeinen Börsengeschehen und dergleichen mehr. Diese Effekte lassen sich nicht voneinander separieren, so dass ein Aktienkursvergleich von mit/ohne „Investor Relations" nicht möglich ist. Am ehesten taugt dafür noch ein Vergleich mit den Aktien derselben Industriesparte im selben Land bzw. Währungsraum, also z.B. der Verlauf der Volkswagen-Aktie gegenüber BMW und Daimler. Für weitere rein qualitative, eingeschränkte Bewertungsmöglichkeiten wird auf IX.1 verwiesen.

FAZIT

Alle obigen Bewertungsmaßstäbe sind nur betriebsintern, genauer gesagt Treasury-intern von Bedeutung. Sie messen die Mehrerträge, die gegenüber ihren jeweiligen Bezugsgrößen erzielt werden. Umgekehrt formuliert: sie messen jene Ergebnisbeiträge, die dem Unternehmen ohne die Optimierungen durch die Konzern-Treasury entgangen wären. Kostenminimierungen und Mehrerträge fließen zwar in das Unternehmensergebnis ein, aber das Rechnungswesen erfasst nur die absoluten Beträge und keine Differenzen zu hypothetischen Alternativen. Für die Leistungsbeurteilung der Konzern-Treasury sind letztere aber unerlässlich, denn was nicht gemessen wird, kann auch nicht kontinuierlich verbessert werden.

IX.   SONDERTHEMEN

IX.1   INVESTOR RELATIONS

Unternehmensperspektive

In II.3.7 „Kapitalerhöhungen, Aktienemissionen" wurde unter dem Punkt „Interessenslagen der involvierten Parteien" auf die Wichtigkeit guter Beziehungen zu den Investoren und Analysten hingewiesen und ihre Rolle bei einer Kapitalerhöhung besprochen (→ Text zu Abb. II.91 und Abb. II.92). In diesem Abschnitt wird näher auf die Bedeutung der „Investor Relations" im Allgemeinen eingegangen und anhand eines Fallbeispiels der Aufbau einer Investoren-Präsentation („Roadshow") beschrieben.

Eine Aktiengesellschaft hat grundsätzlich zwei Kategorien von Kunden: die Käufer ihrer Produkte und Dienstleistungen und die Käufer ihrer Aktien. In beiden Fällen steht das Unternehmen mit anderen Marktteilnehmern im Wettbewerb: in einem bemüht es sich, ein attraktiveres Produkt- und Serviceangebot auf den Markt zu bringen, im anderen eine attraktivere Anlagemöglichkeit zu bieten. Bezüglich einer Anlage in Aktien heißt das, die Aktie des eigenen Unternehmens soll einen höheren „Return" in Aussicht stellen als die der Wettbewerber. Der erwartete Return wird durch die prospektive Wertsteigerung und durch die Dividende bestimmt. Die Anlageentscheidung des Investors hängt jedoch auch noch von einer Reihe weiterer Faktoren ab, die außerhalb der Einflussmöglichkeiten des Unternehmens liegen; dazu zählen: die Allokation nach Asset-Klassen (Aktien/Renten) und Industriesparten (prozyklisch/defensiv), langfristige Wertsteigerung vs. kurzfristigem Gewinnstreben, die Diversifikation nach Ländern und Währungen, gegebenenfalls überlagert von ethischen oder politischen Erwägungen (Embargos, Menschenrechte, Umweltthemen, etc.).

Die Unternehmensführung ist aus den folgenden Gründen an einem starken Aktienkurs interessiert:

a) Bei zukünftigen Kapitalerhöhungen wird der Emissionserlös aus neuen Aktien umso höher sein, je stärker das Interesse der Investoren ist und je höher der Aktienkurs ist (→ II.3.7).

b) Ein im Vergleich zum Wettbewerb starker Aktienkurs stellt ein Vertrauensvotum in die Unternehmensführung dar.

c) Wenn für eine Akquisition mit den eigenen Aktien bezahlt werden soll (→ IX.2), ist ein hoher Aktienkurs von Vorteil, ebenso wie eine starke Währung über mehr Kaufkraft verfügt als eine schwache.

d) Ein hoher Aktienkurs und der damit verbundene hohe Börsenwert stellt eine Abwehrmaßnahme gegen feindliche Übernahmen dar. Wie in IX.2 ausgeführt wird, ist zwischen zwei

Arten feindlicher Übernahmen zu unterscheiden: der strategischen und der spekulativ orientierten. Bei der strategischen Übernahme verteuert zwar ein hoher Börsenwert die Transaktion, es stehen aber andere Ziele als der spekulative Gewinn im Vordergrund, nämlich Marktposition, Produktpalette, technische Kenntnisse etc. Bei der spekulativ orientierten Übernahme soll kurzfristig ein finanzieller Gewinn dadurch erzielt werden, dass das Unternehmen an der Börse erworben und anschließend zerschlagen wird, und die einzelnen Teile wieder verkauft werden („Filetierung"). Das wirft einen finanziellen Gewinn ab, wenn die Summe der Erlöse aus dem Verkauf der Einzelteile den Börsenwert des gesamten Unternehmens übersteigt. Mit anderen Worten: ist der Börsenwert aufgrund eines starken Aktienkurses hoch genug, so besteht für einen spekulativ orientierten Angreifer kein Anreiz, das Unternehmen über die Börse aufzukaufen.

Aufgabe der „Investor Relations" ist es, die Attraktivität des Unternehmens wahrheitsgetreu und überzeugend darzulegen – aber ohne Beschönigung – so dass der Investor seine Mittel lieber in dessen Aktien anlegt als bei der Konkurrenz. Ziel ist die Steigerung des Aktienkurses bzw. sein Halten auf möglichst hohem Niveau. Diesen Bemühungen sind gewisse Grenzen gesetzt, sowohl von Seiten des Unternehmens selbst als auch durch die Industriesparte und das Börsengeschehen insgesamt:

- Die beste „Investor-Relations" Abteilung kann den Aktienkurs nicht gegen schlechte Unternehmensergebnisse stützen. Sie kann aber den Rückgang des Aktienkurses mildern, wenn den Investoren und Analysten eine Unternehmensstrategie glaubhaft vermittelt werden kann, die wirkungsvolle Korrekturmaßnahmen beinhaltet und damit eine Kurserholung in Aussicht stellt. Ebenso kann sie bei guter Geschäftslage eine günstige Kursentwicklung durch Kommunikation mit der Investorengemeinde stärken. In gewisser Weise kann man diesen Sachverhalt mit der Werbung vergleichen: eine noch so gute Werbung wird auf Dauer kein schlechtes Produkt verkaufen können, sie wird aber den Verkauf eines guten Produkts fördern können indem sie „die Botschaft rüberbringt".

- Investoren bevorzugen oder meiden von Zeit zu Zeit gewisse
  Industrien. Dies war z.B. von 1999 bis 2001 der Fall, als die
  Märkte auf die Technologie- und Telekommunikationswerte
  fixiert waren und traditionelle Industrien wie Automobilher-
  steller mieden – in Europa, Abb. IX.1; in Deutschland, Abb.
  IX.2; in den USA, Abb. IX.3:

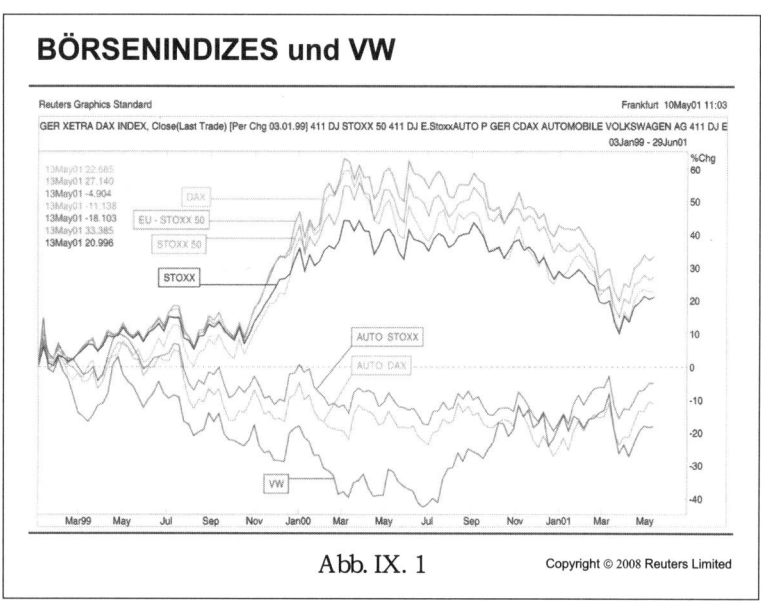

Abb. IX. 1

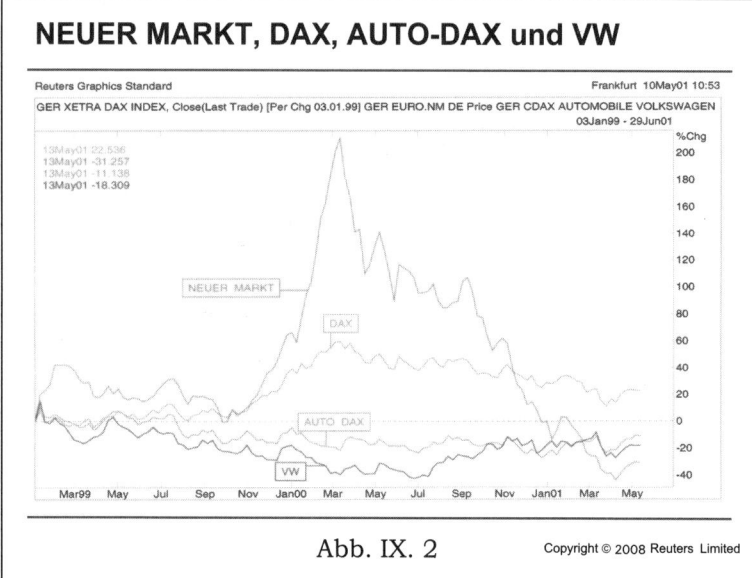

Abb. IX. 2

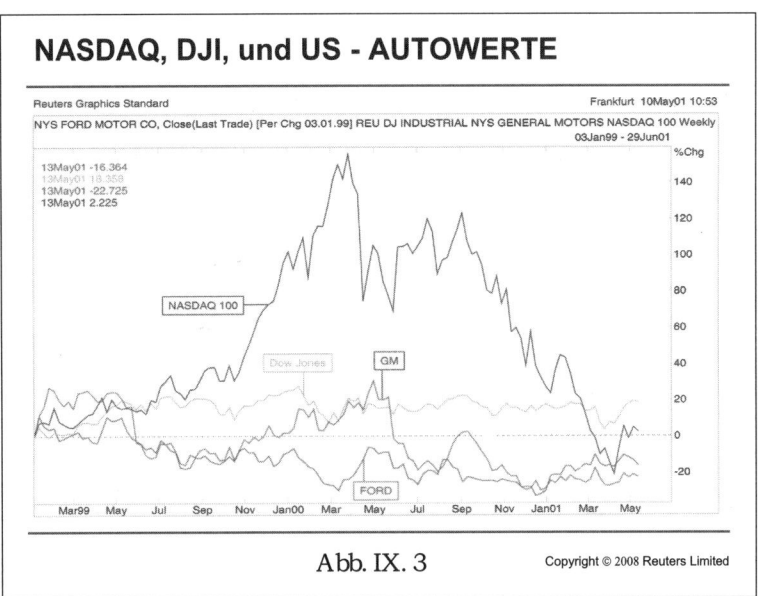

NASDAQ, DJI, und US - AUTOWERTE

Abb. IX. 3

Gegen eine solche Entwicklung kann auch „Investor Relations" nicht ankämpfen, sondern bestenfalls den Verlauf der eigenen Aktie im Vergleich zu den Konkurrenzwerten der gleichen Industriesparte beeinflussen.

- Das trifft ebenso zu, wenn die Aktienmärkte insgesamt rückläufig sind wie dies von März 2000 bis März 2003 der Fall war. Auch hier kann „Investor Relations" nur den Trend relativ zur Konkurrenz beeinflussen, d.h. dafür sorgen, dass die eigene Aktie weniger stark fällt als die der Wettbewerber. Voraussetzung dafür bleibt aber auch in diesem Fall die Kommunikation einer glaubwürdigen Unternehmensstrategie, die Erfolg versprechender sein muss als die der Konkurrenz.

Wie in der Bankpolitik ist auch bei „Investor Relations" Vertrauen das oberste Gut, das sich nur mit der Zeit aufbauen lässt und laufend gepflegt werden muss. Die Kontinuität wird durch regelmäßige Kontakte gewährleistet und die Glaubwürdigkeit durch Konsistenz der „Botschaft". Insbesondere langfristig orientierte Investoren wollen eine Unternehmensstrategie sehen, die Wertsteigerung verspricht (→ „Shareholder Value") und konsequent umgesetzt wird, wobei Änderungen im Markt natürlich Anpassungen erforderlich machen können. Kurz gesagt, der Investor will davon überzeugt sein, dass „das Management weiß, was es tut".

Mit der immer aktiver werdenden Rolle der Investoren und Analysten stieg der Stellenwert der „Investor Relations" innerhalb der Unternehmen. Vor ca. 15 Jahren hatte noch kaum eines der großen Unternehmen nennenswerte „Investor Relations"-

Abteilungen. Heute hingegen sind sie Bestandteil der Unternehmenspolitik und kein börsennotiertes Unternehmen kann es sich mehr erlauben, „Investor Relations" nicht zu betreiben. Das würde als Missachtung oder Desinteresse gegenüber den Investoren interpretiert werden und zu einer Abstrafung in den Kapitalmärkten führen. Bei dem gegebenen intensiven Wettbewerb um Kapital kann sich das kein Unternehmen mehr leisten.

„Investor Relations" ist entweder eine eigenständige Organisationseinheit mit direkter Anbindung an den Vorstand, oder in der Konzern-Treasury integriert im Rahmen der allgemeinen Kapitalmarktaktivitäten bzw. im Controlling wegen dessen Verantwortung für die Unternehmensplanung. Nicht zu empfehlen ist hingegen die Eingliederung im Rechnungswesen, weil dieses naturgemäß vergangenheitsorientiert ist, sich die Investoren und Analysten aber für die zukünftigen Entwicklungen interessieren, um daraus das Kurspotential der Aktie abzuleiten. Ebenso ist von einer Eingliederung in der „Öffentlichkeitsarbeit" (Presseabteilung) abzuraten. Deren Aufgabe besteht u.a. darin, die Wirtschaftspresse mit Informationen zu versorgen, nicht die Aktionäre und Analysten. Die Aktionäre, die nach dem Gesetz alle den gleichen Informationsstand haben sollen, haben andere Informationsbedürfnisse als die breite Öffentlichkeit. Das gilt ebenso für die Analysten, die schon deswegen einen intensiven Gesprächsbedarf mit „Investor Relations" haben, weil sie als Teil der „Research Abteilungen" der Banken regulatorisch von den Kreditabteilungen getrennt sind und unabhängig von diesen ihre Beurteilungen bilden müssen („Chinese Walls").

„Investor Relations" hat sich traditionell auf die Aktie konzentriert. Seit Anfang dieses Jahrzehnts ist auch ein verstärktes Interesse seitens der Investoren für regelmäßige Kontaktpflege und „Roadshows" mit Bezug auf Schuldtitel (Bonds) zu verzeichnen. „Bond Roadshows" dürften an Bedeutung in Zukunft zunehmen. Der Ursprung für diese Entwicklung ist vermutlich in den Bilanzskandalen von 2001/02 zu suchen. Da die Ratingagenturen davor nicht warnen konnten, wollen sich die Investoren anscheinend auf deren Kreditklassifizierungen (Bonitätseinstufungen) allein nicht mehr verlassen. Hinzu kommt, dass die Ratingagenturen zu ihrem eigenen Schutz eine deutliche Neigung entwickelt haben, vorsichtshalber Herabstufungen vorzunehmen, die manchmal über die Realität hinausschießen (→ II.3.2.2). Mit der „Sub-Prime"-Krise, die im Sommer 2007 ausbrach, dürfte der Bedarf seitens der Investoren nach direkten Informationen von Bond-Emittenten weiter gestiegen sein. Wenn auch Aktien- und Bondinvestoren unterschiedliche Segmente der Kapitalmärkte abdecken, so überschneiden sich doch die Informationsbedürfnisse der beiden Gruppen. Wertsteigerungspotentiale, die die Aktionäre suchen, kommen im Rahmen des allgemeinen Börsengeschehens aus der Unternehmensleistung und

beeinflussen auch die Kreditwürdigkeit und damit den Wert von
Schuldtiteln (→ II.3.2.2).

Investorenperspektive

Die Segmentverteilung der weltweiten Börsenkapitalisierung
zeigt die Bandbreite der Anlagealternativen; anhand der 500
größten Unternehmen, untergliedert nach Industriesparten und
Ländern, weltweit und für Europa, Abb. IX.4 und Abb. IX.5:

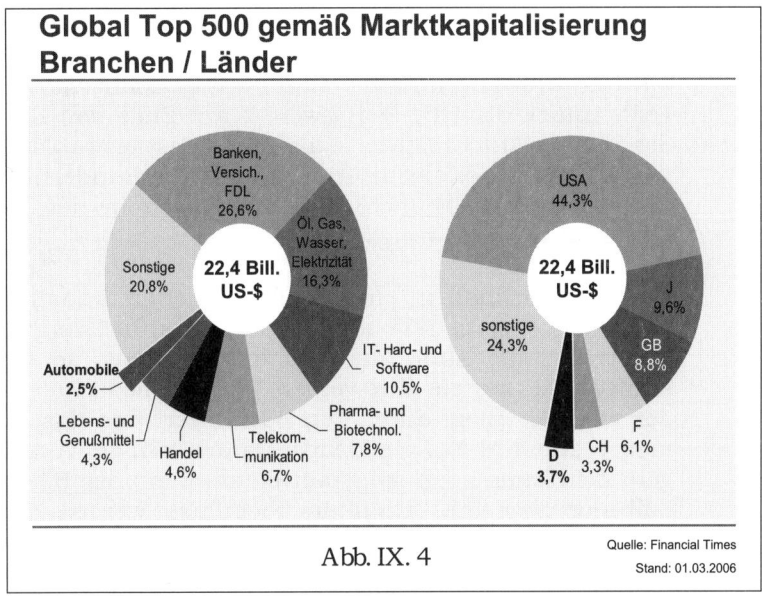

Abb. IX. 4

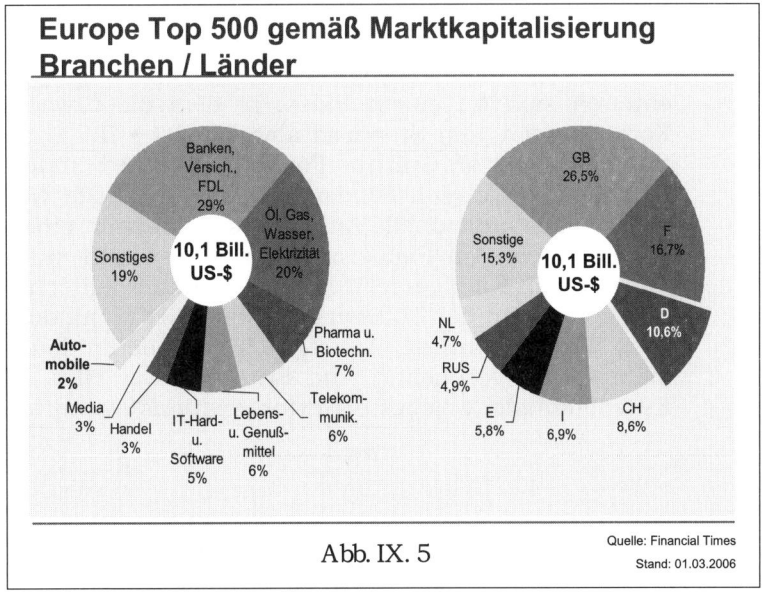

Abb. IX. 5

Demnach absorbieren die jeweils fünf größten Industriesparten
68% der weltweiten sowie der europäischen Börsenkapitalisierung, während auf die Automobilindustrie nur 2,5% bzw. 2,0%
entfallen. In der Länderverteilung sind weltweit 44,3% allein den
USA zuzuschreiben vor Japan mit 9,6% und Großbritannien mit
8,8%. Mit anderen Worten: Sowohl weltweit als auch in Europa
wird das Börsengeschehen von Finanz-, Öl- und Gas-, Pharma-,
Telekommunikations- und IT- bzw. Lebensmittelwerten dominiert. Für institutionelle Anleger stellt sich daher die Frage: warum sich mit Automobilwerten bzw. deutschen Aktientiteln
überhaupt beschäftigen? Die Antwort: die überwiegende Anzahl
der Investoren bildet diverse Indizes ab, in denen die Automobilwerte zumeist enthalten sind (→ Indexfonds „passively managed", „index driven", → Hinweis 1 am Ende von II.2.2). Außerdem bieten Automobilwerte als vergleichsweise volatile und ausgesprochen prozyklische Titel attraktivere Handelsmöglichkeiten
und versprechen höhere Gewinnchancen in den Zeiten eines
Konjunkturaufschwungs.

Die Mitgliedschaft in einem Index generiert automatisch Nachfrage nach der betreffenden Aktie und stützt den Kurs. Umgekehrt: fällt die Aktie aus dem Index heraus, so entsteht Verkaufsdruck und ein Kursverlust. Die Mitgliedschaft in einem Index wird vor allem durch den Börsenwert und das Handelsvolumen bestimmt (→ „Free Float"). Da die Zahl der Aktien über längere Zeiträume i.d.R. konstant bleibt, kann der Börsenwert deshalb nur über den Aktienkurs beeinflusst werden, der wiederum
durch die Nachfrage bestimmt wird. Diese zu generieren gehört
zu den Aufgaben der „Investor Relations".

Bei den „actively managed" Fonds und bei der freien Vermögensverwaltung werden die einzelnen Aktien nach ihrem Gewinnpotential ausgesucht. Solche Fonds werden frei gestaltet oder orientieren sich an einem Index, in dem die Gewichtungen der
Komponenten vom Standard abweichen (→ II.2.2: „angereicherter Index Fonds", „aktiver Fonds"). Potentiell können „Investor
Relations" bei diesen Fondsmanagern die größte Wirkung erzielen, da hier individuelle Anlageentscheidungen eine wesentliche
Rolle spielen. Am Fallbeispiel der Volkswagen-Aktie: wenn ein
Anleger sich für deutsche Automobil-Aktien entscheidet, so soll
dies zugunsten der Volkswagen-Aktie oder zumindest einer relativen Übergewichtung im Vergleich zu anderen deutschen Automobilwerten geschehen. Die Entscheidung fällt aufgrund des
Kurspotentials, welches „Investor Relations" vermitteln soll.

Leistungsmaßstab

Der Erfolg von „Investor Relations" lässt sich nur relativ messen. Eine absolute Messung müsste einen Bezug herstellen zu dem hypothetischen Aktienkurs, der ohne „Investor Relations" entstanden wäre. Ein solcher Differenzbetrag lässt sich nicht ermitteln. Eine indirekte Bewertung ist nur insofern möglich, als die Entwicklung des eigenen Aktienkurses mit einem Marktindex oder den unmittelbaren Wettbewerbern verglichen werden kann.

Für einen deutschen Autotitel bietet sich der DAX oder der EURO-STOXX 50 als Referenzwert an, allerdings unter Vorbehalt: Abb. IX.1 zeigte die Kursverläufe diverser Indizes sowie zweier Automobilunterindizes und der VW-Aktie von Januar 1999 bis Mai 2001. Daraus ist ersichtlich, dass die Automobilwerte damals generell nicht in der Gunst der Investoren standen. Das hatte wenig mit den Automobilwerten selbst zu tun, sondern vielmehr mit der übertriebenen Hinwendung zu den Titeln der „New Economy". Dies wird besonders deutlich, wenn man den so genannten „Neuen Markt" mit in Betracht zieht (→ Abb. IX.2), der dann im 3. Quartal 2002 terminiert worden ist. In einem solchen Umfeld ist der Vergleich mit den Unterindizes ein besserer Anhaltspunkt für die relative Bewertung des Kursverlaufs der eigenen Aktie: Allerdings besteht bei diesem Vergleich eine gewisse Rückkopplung, da die eigene Aktie Bestandteil des Unterindexes ist. Im Prinzip besteht diese Rückkopplung auch bei den Hauptindizes, jedoch ist die Gewichtung darin gering, so dass sie vernachlässigt werden kann. Der Vergleich mit den Konkurrenzwerten gibt einen besseren Aufschluss über die relative Bevorzugung der Anleger; Abb. IX.6:

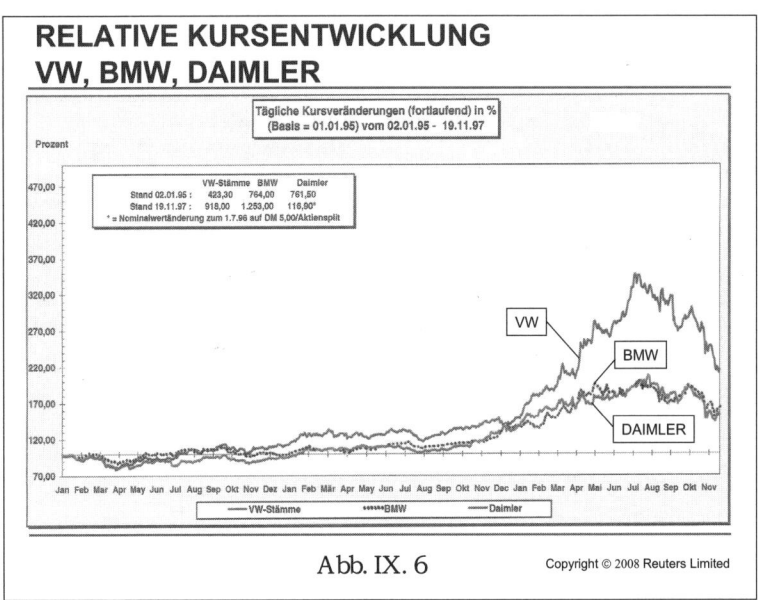

Abb. IX. 6

Auch hierbei sind Einschränkungen angebracht: Investoren streuen ihre Risiken und haben i.d.R. interne Limite für einzelne Titel. Ist das Limit für einen Wert ausgeschöpft, so kommt es zu keinen Zukäufen mehr. Stattdessen kommt vielleicht ein anderer Wert als „second best" zum Zug.

Neben den relativen Kursentwicklungen können die „Investor Relations" bis zu einem gewissen Grad durch die Verteilung der Kauf-, Halten- und Verkaufsempfehlungen der Analysten bewertet zu werden bzw. deren relativen Verschiebungen im Lauf der Zeit. Je umfangreicher die Analysten mit Informationen versorgt werden, desto besser können sie ein Unternehmen beurteilen. Mangelnde Kenntnis führt tendenziell immer zu einer schlechteren Einstufung. Insofern kann ein steigender Anteil an Kaufempfehlungen zum Teil einer guten „Investor Relations"-Arbeit zugeschrieben werden; quantifiziert werden kann das freilich nicht. Bei dieser Bewertungsmethode empfiehlt es sich, nur auf den proportionalen Anteil der Kaufempfehlungen zu achten. In der Praxis stufen Analysten aus Rücksicht auf ein Unternehmen ihre Empfehlung oft nur auf „Halten" herab, was in Wirklichkeit einer verkappten Verkaufsempfehlung gleichkommen kann. Der Anteil der „Halten"-Empfehlungen könnte daher zu falschen Schlussfolgerungen führen.

Auch dieser Leistungsmaßstab steht unter Vorbehalt. „Investor Relations" mag den Anteil der Kaufempfehlungen im Aufschwung fördern und der Verkaufsempfehlungen im Abschwung mildern; die Analysten folgen jedoch ungeachtet der Unternehmensaussichten mit ihrem Fokus auf die Investoren auch der allgemeinen Marktentwicklung. Sie neigen dazu, Kaufempfehlungen für niedrig bewertete Aktien und Verkaufsempfehlungen für hoch bewertete Aktien auszusprechen. So folgen sie einerseits dem Marktgeschehen, beeinflussen dieses aber andererseits mit ihren Empfehlungen. Fallbeispiel Kursverlauf der Volkswagen-Aktie und prozentuale Verteilung der Analystenempfehlungen von Jan. 1999 bis Feb. 2001, Abb. IX.7:

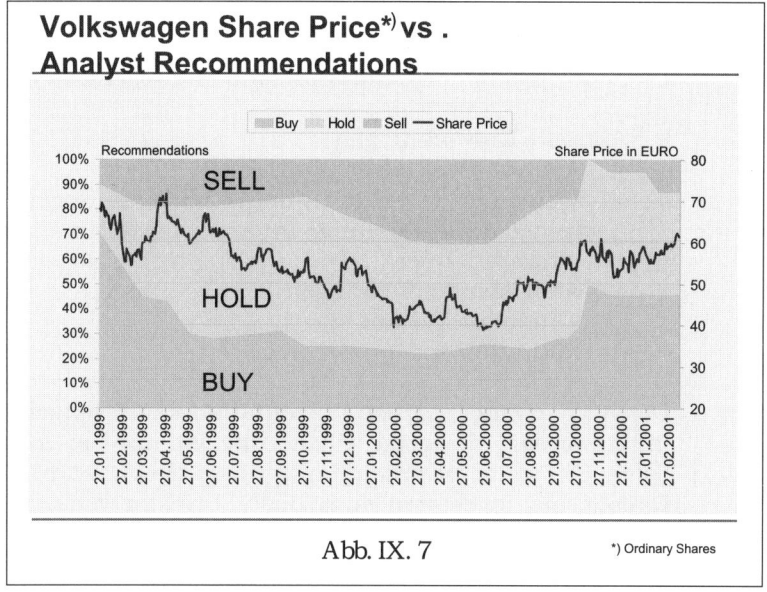

Abb. IX. 7   *) Ordinary Shares

Alles in allem ist eine Leistungsbewertung der „Investor Relations" nur qualitativ möglich, indem alle obigen Indikatoren ausgewertet und interpretiert werden.

Modell Roadshow-Präsentation

Zum Abschluss folgt noch ein Modellbeispiel für den Aufbau einer „Investor Relations"-Roadshow:

A. Die Unternehmensstrategie:
    1. Absatz, Umsatz, Ertragslage
        - Ausblick?
        - Abhängigkeit von Konjunkturzyklus? Robust oder verwundbar gegenüber dem Wettbewerb?
        - Phasen im Produktzyklus: Wachstumspotential oder nahe dem Sättigungsgrad?
    2. Globale Marktposition:
        - Breit aufgestellt oder abhängig von wenigen Märkten?
        - Wachstumspotential: Reife Märkte vs. Wachstumsregionen, Länderrisiken?
        - Wettbewerbsposition in den einzelnen Märkten?
        - Produktionsstandorte? Kostenvorteile?
    3. Produktstrategie
        - Produktpalette: Breit oder schmal? Neu oder alternd?
        - Wachstumssegmente, Wettbewerbsvergleiche, Qualität und Kosten? Entwicklungspläne? Dienstleistungen?
    4. Finanzielle Ziele:
        - Steuerungsgrößen und Zielwerte: Return on Investment, Return on Capital, Return on Capital Employ-

ed, Economic Value Added, Gewinn vor und nach Steuern, Gewinn pro Aktie, Cashflow, Free Cashflow, Bilanzrelationen, Umsatzrendite, etc.

B. Aktuelle Entwicklungen
   - Analyse Quartalsergebnisse etc.
      Was steht dahinter? Einmaleffekte vs. Beginn einer lang-fristigen Entwicklung? Interne vs. externe Ursachen?
   - Finanzanalysen
   - Analystenempfehlungen
   - Aktienkursverlauf
   - Ratings (Bonds)

Der Aufbau einer solchen Präsentation kann weitgehend frei gestaltet werden; die obige Gliederung ist nur ein mögliches Beispiel. Sie sollte in erster Linie Ausgangspunkt für eingehende Dialoge mit Investoren sein. Jeder Investor verfolgt eine individuelle Strategie bei seinen Investmententscheidungen. Eine gute Präsentation sollte erfahrungsgemäß nicht 15 bis 20 Minuten überschreiten, insbesondere nicht in so genannten „One-on-one's". Im Dialog mit einzelnen Investoren sollte vielmehr die direkte Beantwortung ihrer Fragen im Vordergrund stehen und dafür der größte Teil der Zeit reserviert werden. Manche Investoren kümmern sich fast ausschließlich um die Märkte, andere um Produktpläne, und wieder andere um finanzielle Kennziffern. Der Zweck dieser Treffen besteht darin, diesen individuellen Informationsbedürfnissen nachzukommen. Wichtig ist dabei die Zukunftsorientierung; Gegenwart und Vergangenheit sind nur insofern von Interesse als sie Schlussfolgerungen für die Zukunft ermöglichen. Der Aktien-Investor wird die einzelnen Punkte eingehender analysieren wollen als der Bond-Investor, weil sein Risiko höher ist (→ Entwicklung des Unternehmens insgesamt, Marktposition und Wettbewerbssituation etc.). Das Risiko des Bond-Investors beruht auf der Bonität des Unternehmens. Der Bond-Investor wird sich daher gezielter für den Verschuldungsgrad, das Fälligkeitsprofil der Unternehmensverschuldung, Rating-Themen und die Liquiditätsentwicklung interessieren.

Zur allgemeinen Börsenlage und zur Zinsentwicklung können natürlich nur Meinungen ausgetauscht werden; sie hängen nicht vom Unternehmen ab. Der Investor möchte sich aber eine Meinung bilden, wie sich die Aktien und die Schuldtitel (→ II.3.2.2: „Spreads" in Abb. II.31 und Abb. II.32) des Unternehmens in den Kapitalmärkten relativ zum Wettbewerb entwickeln werden.

Zum Abschluss noch eine Empfehlung aus der Praxis: Wiederholt wurde darauf hingewiesen, dass die Kunden der Analysten die Investoren sind, nicht das Unternehmen. Während bei den „One-on-one's" die Gegenwart des Analysten, der die Roadshow

organisiert, unerlässlich und wünschenswert ist, ist bei größeren Präsentationen an die Investorengemeinde von der gleichzei-
tigen Anwesenheit mehrerer Analysten abzuraten. Das führt
nämlich nur dazu, dass die Analysten die Investoren mit besonders aggressiven Fragen beeindrucken wollen und sich dabei gegenseitig auch noch zu übertreffen suchen. Solche Veranstal-
tungen enden meistens chaotisch und sind alles andere als
zweckdienlich.

IX.2   FEINDLICHE ÜBERNAHMEN/FUSIONEN –
MARKTDYNAMIK UND GESETZLICHE REGELUNGEN

Ende 2003 verabschiedete die Europäische Union nach 15 Jahren Vorbereitungszeit eine Richtlinie zur Übernahme von Unternehmen, die im Amtsblatt der Europäischen Union vom 30.04.04 veröffentlicht wurde: „Richtlinie 2004/25/EG des Europäischen Parlaments und des Rates" vom 21.04.2004 betreffend Übernahmeangebote. Der Begriff „Angebot" richtet sich dabei an die Aktionäre der Zielgesellschaft. Dieser Abschnitt untersucht die konzeptionellen Grundlagen und beschreibt die Entwicklung ab 1995, die schließlich zu dieser Richtlinie in ihrer vorliegenden, vorerst endgültigen Form geführt hat, wonach es den nationalen Regierungen überlassen bleibt, die Richtlinie anzuwenden oder ihren eigenen gesetzlichen Regelungen den Vorrang einzuräumen („opt-in/opt-out"). Für deutsche Firmen bedeutet dies – sollten sie Ziel eines feindlichen Übernahmeversuchs werden –, dass den Leitungsorganen der Zielgesellschaft die Möglichkeit erhalten bleibt, über geeignete Abwehrmaßnahmen zu entscheiden.

IX.2.1   BÖRSENWERT VS. NACHHALTIGER UNTERNEHMENSWERT

Sowohl der „Freiwillige Übernahmekodex" (→ IX.2.4), der ab 1995 von den deutschen Banken propagiert wurde und der in der Folge scheiterte, als auch die EU-Übernahmerichtlinie (→ IX.2.4) sahen in ihrer ursprünglichen Form vor, dass Zielgesellschaften sich jeglicher Abwehrmaßnahmen enthalten sollten. Dahinter stand die Idee, dass erstens allein die Aktionäre über das Schicksal von Unternehmen zu entscheiden hätten, und zweitens der Börsenwert eines Unternehmens dessen Wert korrekt reflektiere. Der (akademischen) Theorie nach würde daher ein an der Börse unterbewertetes Unternehmen unwirtschaftlich geführt und ein Übernehmer die Zielgesellschaft effizienter managen, eine Übernahme daher volkswirtschaftlich sinnvoll sein. Fragen des gesellschaftlichen Kontexts spielten dabei keine Rolle, ebenso wenig wie die Motivation und die wirtschaftliche Ausgangslage des Übernehmers.

Das Problem: Dieser theoretische Ansatz geht an der Realität vorbei, wie ein Blick auf das Marktgeschehen zeigt. Der Börsenwert und der nachhaltige Wert eines Unternehmens divergieren i.d.R. so stark, dass die Börse mit ihren Kursschwankungen den Unternehmenswert gar nicht korrekt wiedergeben kann. Unter „nachhaltigem Wert" wird hier der Substanzwert, die immateriellen Vermögenswerte und die volkswirtschaftliche Bedeutung eines Unternehmens für Wachstum und Wohlstand verstanden, auch wenn letzteres nicht eindeutig zu quantifizieren sein mag.

Dabei handelt es sich um eine graduelle Wertentwicklung im Gegensatz zur Volatilität an der Börse. Der Börsenwert wird von
kurzfristigem Gewinnstreben dominiert und einer Reihe anderer
Faktoren wie z.B. der Zinsentwicklung, die mit dem Unternehmen in keinem direkten Zusammenhang stehen. So können Gewinne kurzfristig maximiert werden, indem die Investitionen zurückgefahren werden, langfristig hingegen sind Investitionen für
zukünftiges Wachstum unerlässlich.

Das Börsengeschehen hat längst eine eigenständige Dynamik
entwickelt wie die Devisenmärkte (→ IV.2.1) und verläuft kurz-
und mittelfristig weitgehend losgelöst von den Fundamentalfaktoren. Beide Märkte werden von institutionellen Anlegern getrieben, die ihrerseits vor allem kurzfristige Gewinnmaximierung
anstreben. Im Fall eines Übernahmeangebots werden sich die
Aktionäre einer Zielgesellschaft ohne Rücksicht auf deren langfristiges Wachstumspotential zugunsten eines attraktiven Angebots entscheiden, wie dies z.B. bei der Übernahme von Mannesmann durch Vodafone der Fall war (s.u.).

Die Abkopplung der Aktienkurse von den Fundamentalfaktoren
bedeutet, dass sie eben nicht den nachhaltigen Wert eines Unternehmens reflektieren, wie die folgenden Beispiele zeigen:

- Der DAX-Verlauf von 1990 bis 2005, Abb. IX.8:

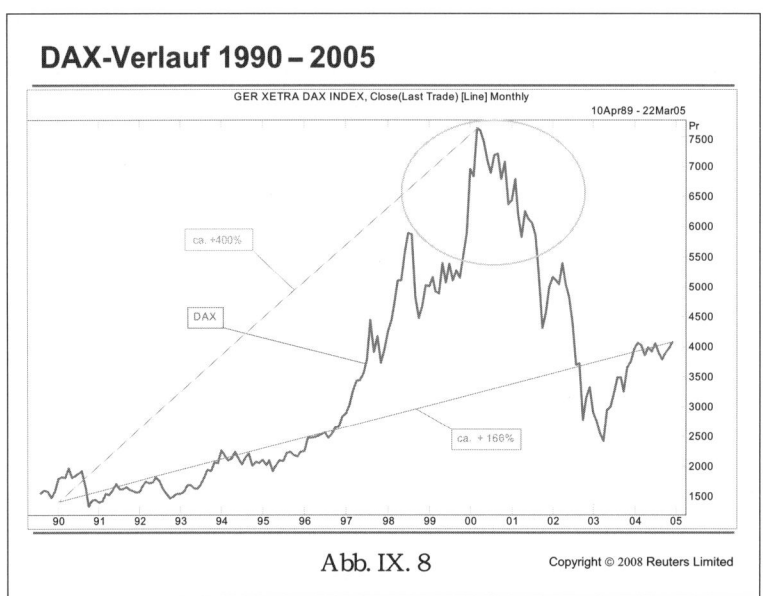

Abb. IX. 8

Der DAX verzeichnete von 1990 bis 2000 einen Wertzuwachs
von rund 400%, von 1990 bis 2005 aber von nur ca. 165%.
Eine solche Börsenwertentwicklung kann keine korrekte

Wiedergabe des nachhaltigen Werts der 30 größten deutschen Unternehmen sein.

- Die Technologieblase von 1999 bis 2000, DAX und EURO-STOXX 50 vs. AUTO-DAX und AUTO-EURO-STOXX, Abb. IX.9:

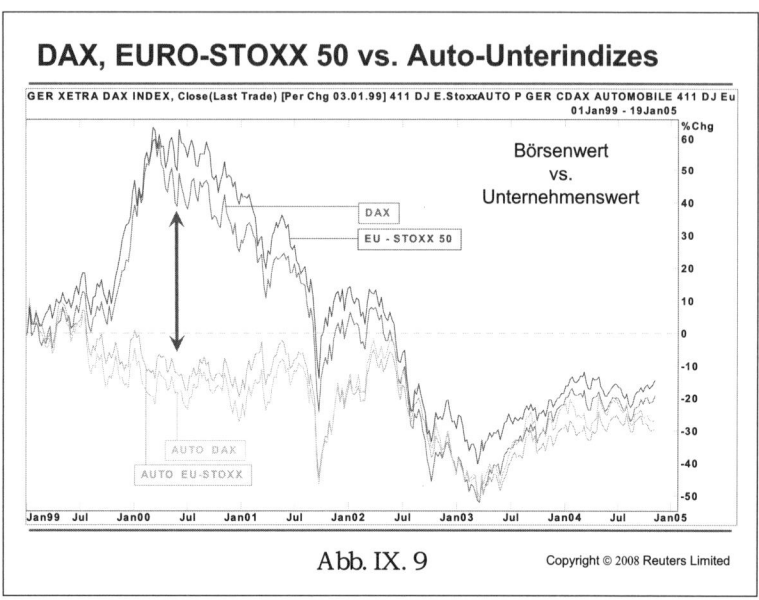

Abb. IX. 9

- NOKIA vs. EURO-STOXX 50 und EURO-STOXX-Technologie, Abb. IX.10:

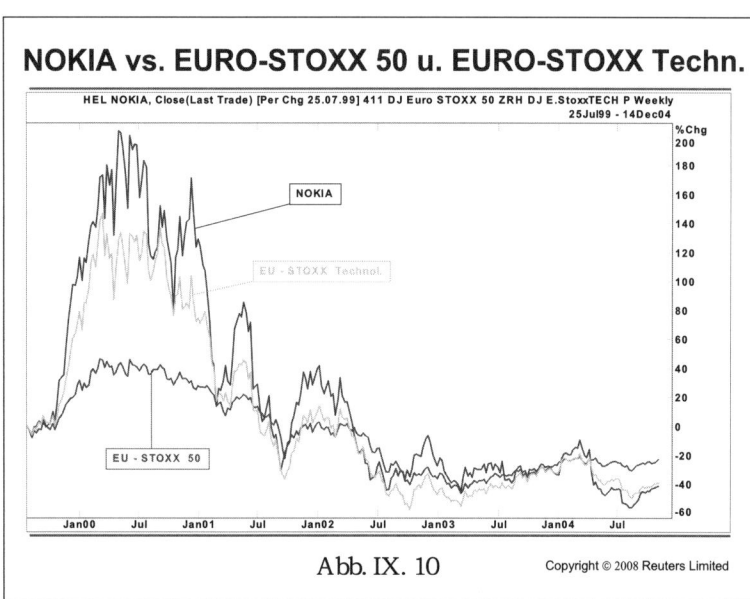

Abb. IX. 10

- NOKIA vs. Automobilwerte, Abb. IX.11:

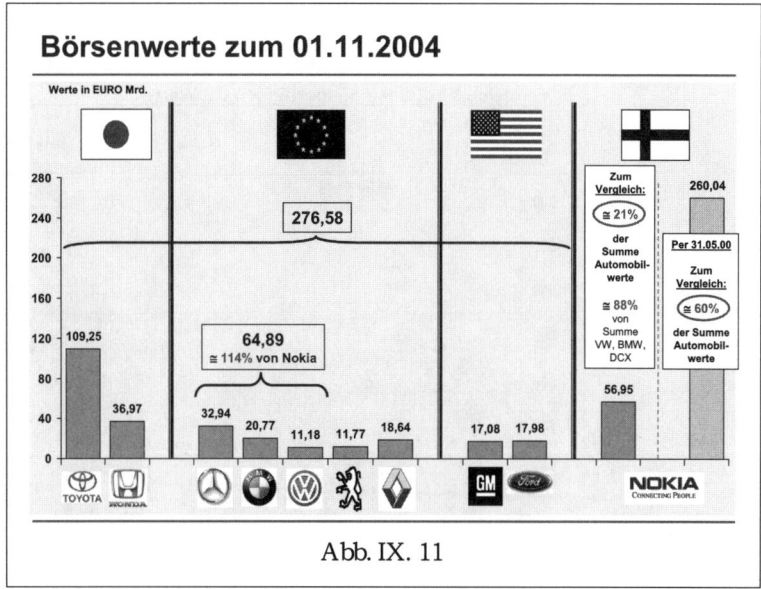

Abb. IX. 11

Abb. IX.9, Abb. IX.10, Abb. IX.11: Der Fokus auf TMT-Werte (Technology, Media, Telecommunication) ließ traditionelle Börsenwerte links liegen, ohne dass diese Entwicklung von den Automobilwerten verursacht worden wäre. Dabei war NOKIA im Rahmen der Technologieblase der besondere Günstling der Investoren (Abb. IX.10). Sein Anstieg 1999/2000 und sein Fall 2001 können in dieser Schwankungsbreite den nachhaltigen Unternehmenswert nicht reflektiert haben, weder für sich allein noch im Vergleich zum Technologie-Unterindex und schon gar nicht in Relation zum EURO-STOXX 50. Damit ist NOKIA ein extremes Beispiel für die Verzerrungen von Unternehmenswerten an der Börse (Abb. IX.11): Im November 2004 betrug der Börsenwert von NOKIA 21% des aggregierten Börsenwertes der neun wichtigsten Automobilunternehmen der Welt bzw. 88% des aggregierten Wertes von Volkswagen, DaimlerChrysler und BMW. Ende Mai 2000 belief sich derselbe Vergleichswert auf 60% bzw. 283% des kumulierten Börsenwertes von Volkswagen, DaimlerChrysler und BMW. Das heißt, die drei großen deutschen Automobilunternehmen hatten zu diesem Zeitpunkt gemeinsam einen Börsenwert von nur 35% des Börsenwertes von NOKIA.

- DAX vs. MICROSOFT und GENERAL ELECTRIC, Abb. IX.12 und Abb. IX.13:

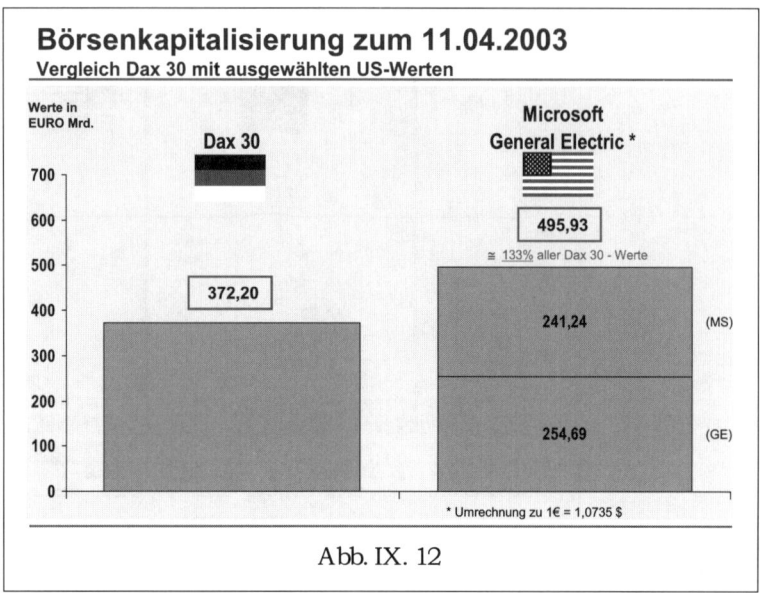

Abb. IX. 12

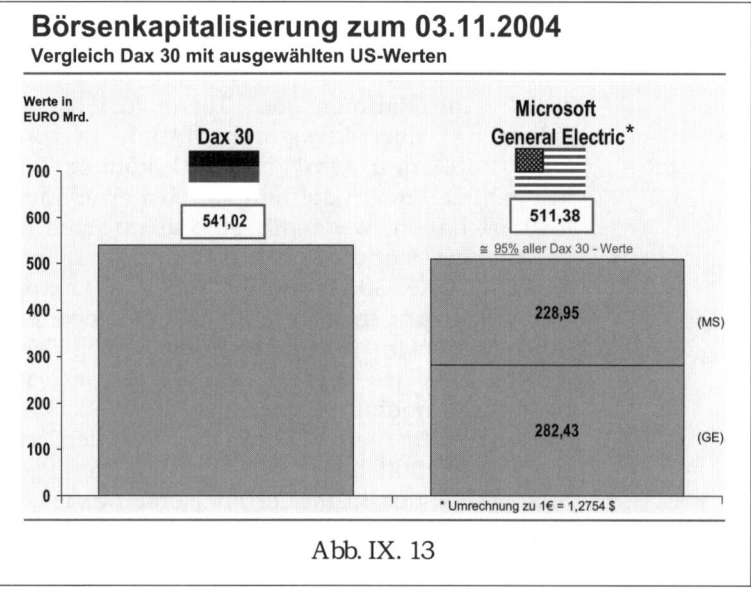

Abb. IX. 13

Am 3. November 2004 entsprach der Börsenwert von MICROSOFT plus GENERAL ELECTRIC ca. 95% des aggregierten Börsenwertes aller 30 DAX-Unternehmen bei einem Wechselkurs von 1 € = 1,2754 $. Legt man den Wechselkurs von 1 € = 1,0735 $ aus der Abb. IX.12 zugrunde, würde sich dieses Ratio von 95% auf 112% erhöhen, was mit einem Wert von 133% am 11. April 2003 zu vergleichen wäre.

Diese wechselkursbereinigte Differenz von 21 Prozentpunkten in der relativen Börsenbewertung innerhalb von nur ca. 18 Monaten kann nicht in einer entsprechenden Veränderung in den Unternehmenswerten begründet sein, zumal GENERAL ELECTRIC hinsichtlich seiner Firmensubstanz eher mit den DAX-Werten vergleichbar ist als MICROSOFT.

- NEUER MARKT vs. DAX und AUTO-DAX, Abb. IX.14:

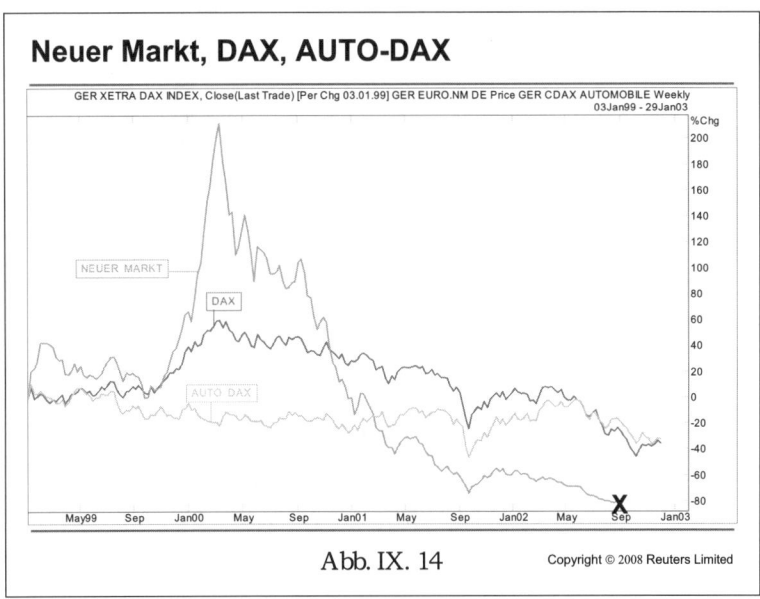

Abb. IX. 14

Der NEUE MARKT stieg vom 4. Quartal 1999 bis zum 2. Quartal 2000 um über 200% an und fiel danach auf minus 80% seines Ausgangswertes zurück. Im 3. Quartal 2002 verschwand er gänzlich vom Markt bzw. gingen seine Restbestände in neuen Börsensegmenten auf. Der DAX wurde 1999/2000 von dieser Entwicklung zu ca. einem Drittel mitgezogen, während sein Unterindex AUTO-DAX diese Bewegung gar nicht mitmachte und Ende 2002 knapp 40% unter seinem Stand von Anfang 1999 lag. Die Automobilindustrie hat als zyklischer Wert die Rezession von 2000 bis 2003 natürlich zu spüren bekommen, aber dennoch weiter investiert und keineswegs einen Substanzverlust von 40% erlitten.

Zusammenfassend folgt, Abb. IX.15:

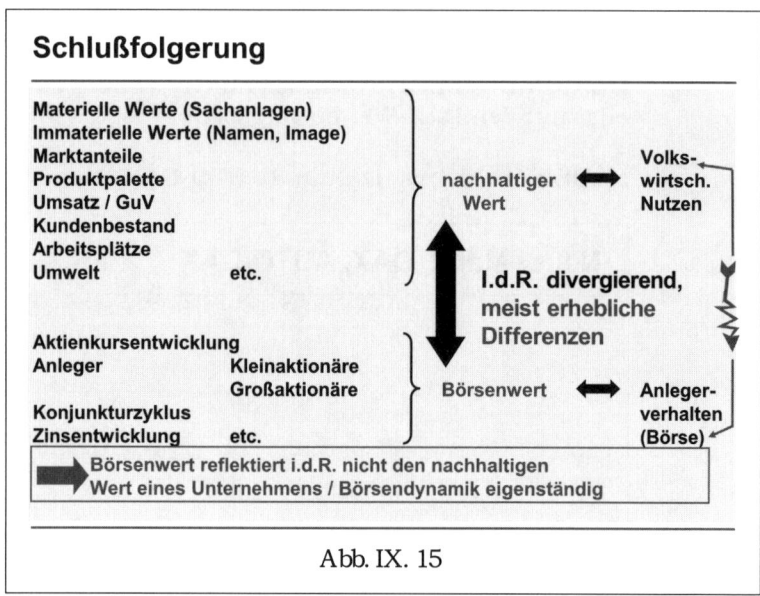

Abb. IX. 15

Die obigen Fallbeispiele aus dem Börsengeschehen dürften ausreichend belegen, dass Firmenübernahmen, die durch Unterbe-
wertungen an der Börse induziert werden, i.d.R. nicht auf ineffi-
ziente Geschäftsführungen zurückgeführt werden können. Das
gilt besonders bei spekulativ orientierten Firmenübernahmen
über die Börse mit anschließender Filetierung, bei denen Effizienzsteigerung a priori schon nicht das Thema ist. Selbst wenn
der Börsenwert den Unternehmenswert korrekt reflektierte, so
würde daraus noch nicht folgen, dass Übernahmen die Unternehmenseffizienz steigern. Wenn z.B. ein Unternehmen aus strategischen Gründen eine Firma aufkauft, um deren Marktanteile
zu übernehmen oder Zugriff auf ihre Technologien zu bekommen, so ist mit einer solchen Strategie nicht unbedingt eine Effizienzsteigerung verbunden; in diesem Fall spielt die Börsenbewertung ohnedies eine untergeordnete Rolle. Noch unwahr-
scheinlicher ist eine Effizienzsteigerung, wenn der Übernehmer
sich durch eine Übernahme selbst sanieren will; bei einer Unter-
bewertung an der Börse kann dies billiger sein als Sanierungs-
maßnahmen im eigenen Betrieb. Andererseits wird hier nicht in
Abrede gestellt, dass ein ineffizientes Management sich längerfristig in einem niedrigen Börsenwert niederschlägt. Nur, wenn
das der Fall ist, wird die betreffende Firma im Güter- und
Dienstleistungsmarkt scheitern – für die Disziplinierung des Managements bedarf es dafür nicht der Börse, sondern des freien
Wettbewerbs im Realsektor der Wirtschaft.

Trotz des bisher beschriebenen Sachverhalts wäre gegen Firmenübernahmen – auch feindliche – generell wenig einzuwen-

den, wenn die Ergebnisse überwiegend positiv wären, d.h. sie die Unternehmenseffizienz und den volkswirtschaftlichen Nutzen steigerten. Die Resultate belegen in ihrer Gesamtheit eher das Gegenteil – der überwiegende Teil aller Übernahmen schlägt fehl und schafft nicht einmal für die Aktionäre der übernehmenden Gesellschaft einen Mehrwert. Im Einzelnen:

- Vodafone/Mannesmann – Kursverläufe vor/nach Übernahme, Abb. IX.16:

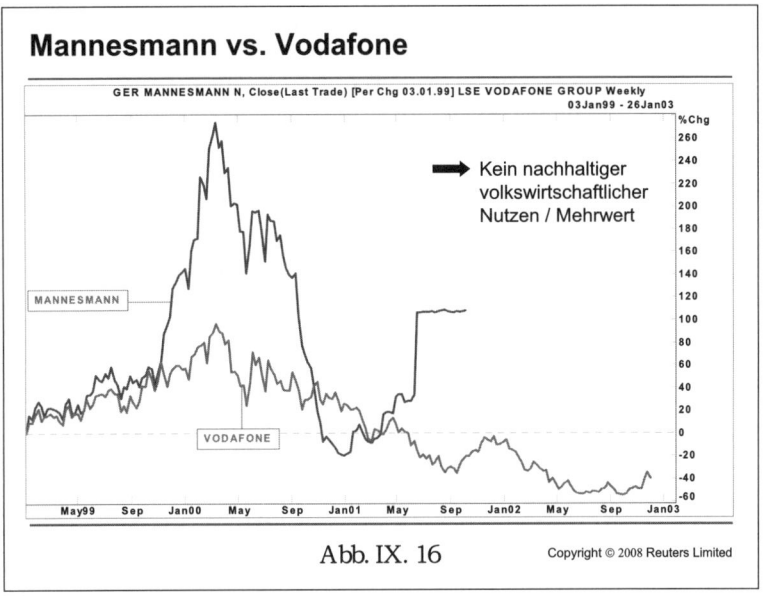

Abb. IX. 16

Während die Vodafone-Aktie weiter der allgemeinen Börsenentwicklung folgte (→ Abb. IX.17), zeigte der Kursverlauf der Mannesmann-Aktie das für die Zielgesellschaft typische Muster: Vor der Übernahme stieg die Aktie der Zielgesellschaft rapide an, wobei der angebotene Übernahmepreis wiederholt angehoben wurde, was wiederum mehr und mehr Investoren anzog. Schließlich erfolgte die Übernahme zu einem überhöhten Preis, wonach der Kurs einbrach und die Aktie schließlich vom Markt verschwand. Der überhöhte Preis führte dazu, dass der Kaufpreis den Buchwert deutlich übertraf und die Differenz, der „Goodwill", in der Folge abgeschrieben werden musste, vorbehaltlich einer steuerlichen Überprüfung durch die Finanzbehörden. So „durfte" der Steuerzahler letztendlich die Übernahme mitfinanzieren. Zum Thema „Goodwill"-Abschreibung im Allgemeinen zitiert das „Handelsblatt" vom 03.01.08 eine frühere Studie von PricewaterhouseCoopers, wonach der „Goodwill" im Schnitt gut 50% des Kaufpreises ausmacht. Das Endergebnis der Vodafone/Mannesmann-Übernahme: Vodafone übernahm die Mobilfunksparte (7.000 Mitarbeiter) von Mannesmann und zerschlug den

Konzern (130.000 Mitarbeiter), und verkaufte die Teile weiter. Mannesmann war technologisch viel bedeutsamer als Vodafone und breiter aufgestellt; volkswirtschaftlich bleibt der Sinn dieser Übernahme daher zweifelhaft. Ob der Wettbewerb im Mobilfunk damit gestärkt oder geschwächt wurde, bleibe dahingestellt, ebenso ob Vodafone durch Ausschaltung eines Wettbewerbers seine eigene Lage verbessern oder wenigstens absichern konnte. Fest steht hingegen, dass die Übernahme für die verbliebenen Vodafone-Aktionäre keinen Mehrwert erbracht hat. In den vier Jahren nach der Übernahme hat sich die Vodafone-Aktie nicht anders entwickelt als vor der Übernahme und verlief ab 2002 synchron mit den Telekom- und Technolgie-Unterindizes, und das unterhalb des STOXX 50; Abb. IX.17:

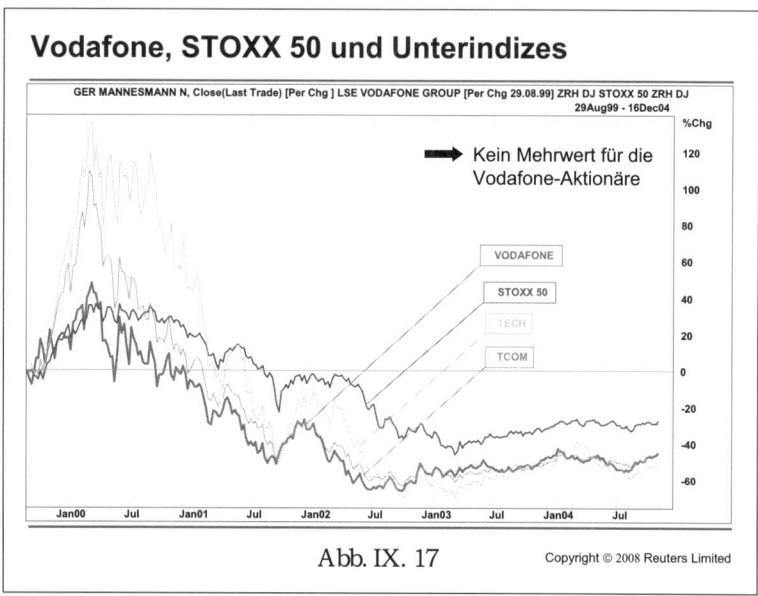

Abb. IX. 17

Um die nachfolgenden Berichte bzw. Zitate im Einzelnen zu belegen, müssten selbstverständlich die Primärquellen analysiert werden. Der Tenor ist jedoch stets derselbe, so dass die Presseberichte in ihrer Gesamtheit die obigen Schlussfolgerungen bekräftigen. Demnach kamen die einschlägigen Studien zu dem Ergebnis, dass ca. zwei Drittel aller Übernahmen fehlschlagen bzw. keinen Mehrwert für die Aktionäre des Übernehmers schaffen, jedenfalls nicht in den ersten zehn Jahren nach der Übernahme:

- Vor über zehn Jahren schon kam Salomon Smith Barney, später Bestandteil von Citigroup, zu dem Schluss, dass 60% aller Fusionen keinen Wertzuwachs für die Aktionäre des Übernehmers erzielten. Einer der Gründe liegt in den hohen Integrationskosten, die auf eine Übernahme folgen und zuvor meist unterschätzt werden.

- „Zwei von drei Firmenübernahmen ... vernichten Shareholder Value anstatt ihn zu fördern" („Börsen-Zeitung", 06.10.2001).

- Der amerikanische Wirtschaftswissenschaftler Larry Selden hat nachgewiesen, dass 70% bis 80% der Akquisitionen scheitern: „Für die Anteilseigner entsteht kein zusätzlicher Wert, und in den meisten Fällen wird sogar Vermögen vernichtet." („Welt am Sonntag", 30.11.2003).

- Eine Studie der Unternehmensberater Bain & Company, die die Aktienrendite von 1.700 Unternehmen der USA, Westeuropas und Japans über 15 Jahre hinweg verglich, kam zu dem Schluss, dass 70% aller großen M&A-Deals gemessen am geschaffenen Firmenmehrwert scheiterten („Handelsblatt", 12.06.2005).

- Einer Studie von Ernst & Young zufolge waren „zwischen 1950 und 2000 ... 62% aller Fusionen ein Flop" („Handelsblatt", 20.11.2006).

- Joachim Spill, Partner bei Ernst & Young, wird mit einer Aussage desselben Inhalts zitiert: „Nur etwa jede dritte Transaktion führt zu einer erheblichen Wertsteigerung.", ergänzt mit dem Ergebnis einer Untersuchung, wonach nur die Hälfte der Übernehmer den Branchenindex in den Jahren nach der Übernahme schlagen konnte. („Welt am Sonntag", 06.05.2007).

- „Bloomberg" berichtet von einer Analyse der Boston Consulting Group, wonach 58% der Akquisitionen zwischen 1992 und 2006 die Anlageerträge der Aktionäre gemindert haben. Anders sieht dies offensichtlich für die beteiligten Banken aus. Nach Schätzungen von Freeman & Co. haben sie in den ersten fünf Monaten 2007 $ 25 Mrd. an Gebühren einstreichen können. („Die Welt", 27.06.2007).

Die Gründe für diese mageren Ergebnisse sind ein überhöhter Kaufpreis, eine zu langsame Integration, unerwartet hohe Integrationskosten und strategische Fehleinschätzungen. Dauert eine Integration zu lange und drückt sie damit den Börsenwert des Unternehmens, so kann dieses sogar selbst zum Übernahmeziel und dann zerschlagen werden. Am wichtigsten scheint für den Erfolg einer Fusion der „soft factor" Unternehmenskultur zu sein. Er ist anscheinend noch wichtiger als Markt- und Produktkomplementarität. Als Beispiel für ein negatives Ergebnis kann in dieser Hinsicht DaimlerChrysler angeführt werden, für ein positives Ergebnis Novartis. Letzteres war ein freiwilliger, freundlicher Zusammenschluss von zwei Firmen im gleichen Land, der Schweiz, mit sehr ähnlichen Unternehmenskulturen (Sandoz und Ciba-Geigy). Der Faktor Unternehmenskultur ist besonders gravierend bei grenzüberschreitenden Fusionen. Sind die Unternehmenskulturen unterschiedlich, so funktionieren Fusionen am ehesten dann noch, wenn der Übernehmer deutlich größer ist und/oder der Übernommene sich am Rande des Konkurses bewegte, so dass der Übernehmer als Retter wahrgenommen wird; das fördert nämlich die Motivation der übernommenen Mitarbeiter für eine konstruktive Zusammenarbeit. Das Gleiche gilt, wenn ein freundlicher Übernehmer als „White Knight" die Zielgesellschaft erwirbt und sie damit vor einem unerwünschten feindlichen Übernehmer rettet.

Zusammenfassend: Übernahmen sind in der Mehrzahl der Fälle nicht wachstumsfördernd, bringen mehrheitlich keinen Wertzuwachs für die Aktionäre und sind bezüglich ihrer volkswirtschaftlichen Auswirkungen tendenziell negativ zu bewerten. Die Theorie, derzufolge Übernahmen per se „gut" wären und somit eine Abwehr dagegen per se „schlecht" sei, ist realitätsfremd und widerspricht der praktischen Erfahrung.

<u>Anmerkungen</u>

1. Der Wettbewerb als Quelle von Innovation und Wachstum wird hier keineswegs infrage gestellt. Bezweifelt wird allerdings, dass dieser Wettbewerb über den Börsenkurs ausgetragen werden sollte. Der Wettbewerb sollte vielmehr in den Gütermärkten stattfinden, auch wenn er in gesättigten Märkten die Form eines Verdrängungswettbewerbs annimmt. Hieraus entsteht schließlich der Anreiz für Innovationen, Produktivitätssteigerungen etc., die zur Mehrung des volkswirtschaftlichen Wohlstands führen. Die Börse kann nicht die geeignete Arena dafür sein, weil sie die Unternehmensbewertung relativ zum nachhaltigen Unternehmenswert verzerrt. Zusammenfassend, Abb. IX. 18:

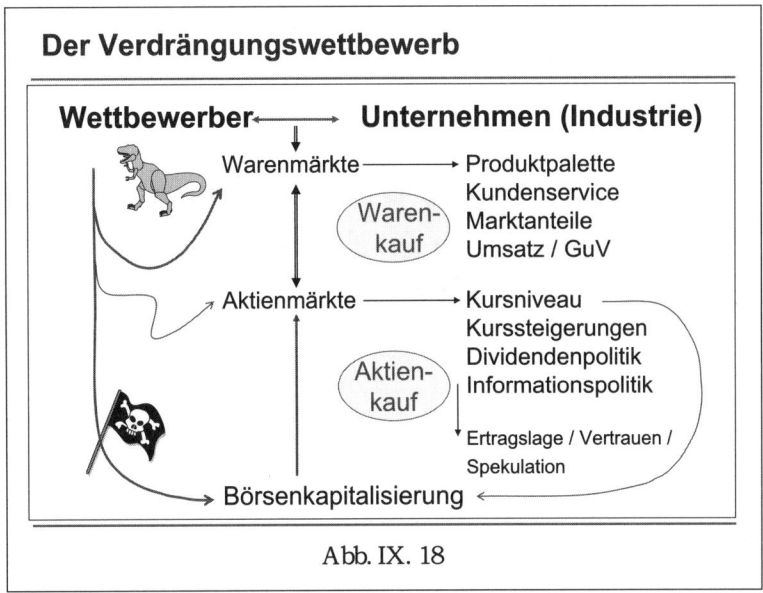

Abb. IX. 18

2. Eine Klarstellung: Der hier geschilderte Sachverhalt steht nicht im Widerspruch zum Thema Aktienkurspflege in II.3.7 „Kapitalerhöhungen, Aktienemissionen" und IX.1 „Investor Relations". Die dort beschriebene Notwendigkeit zur Aktienkurspflege betrifft den Aktienkurs des eigenen Unternehmens im Vergleich zu den Konkurrenzwerten des gleichen Industriesektors. Sie deckt einen kurz- bis mittelfristigen Zeithorizont ab und versucht lediglich, die relative Kursentwicklung im Rahmen des allgemeinen Börsengeschehens zu stärken. In diesem Abschnitt geht es vielmehr um den Vorrang von Langfriststrategien und die Bedeutung eines Unternehmens für die Volkswirtschaft, die von der Börse schon wegen ihrer zyklischen Natur nicht korrekt wiedergegeben werden kann (→ Abb. IX.8 und Abb. IX.9).

IX.2.2 **ÜBERNAHMEN – RAHMENBEDINGUNGEN**

Die geographische Verteilung der Marktkapitalisierung der 500 größten Unternehmen untermauert die Dominanz der angelsächsischen Unternehmen im weltweiten Börsengeschehen bzw. bei Firmenübernahmen; Abb. IX. 19:

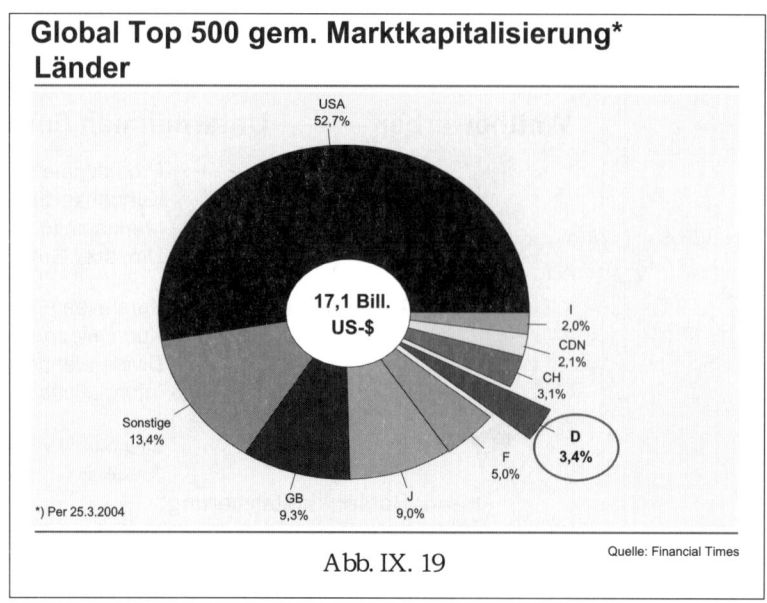

Global Top 500 gem. Marktkapitalisierung* Länder

USA 52,7%

17,1 Bill. US-$

I 2,0%
CDN 2,1%
CH 3,1%
D 3,4%
F 5,0%
J 9,0%
GB 9,3%
Sonstige 13,4%

*) Per 25.3.2004

Quelle: Financial Times

Abb. IX. 19

Dies ist auch aus den zehn größten Übernahmen am Höhepunkt des letzten Konjunkturzyklus im Jahr 2000 ersichtlich. Die Vodafone/Mannesmann-Transaktion ist in ihrer Größe übrigens im derzeitigen Zyklus bisher noch nicht übertroffen worden; Abb. IX.20:

Mergers & Acquisitions – Top 10

Unternehmen	Länder	Branche	Jahr	Transaktionsvolumen (Mrd. US-$)
1. Vodafone / Mannesmann	GB / D	Telekom	2000	190
2. AOL / Time Warner	USA / USA	Multimedia	2001	147
3. MCI WorldCom / Sprint	USA / USA	Telekom	1999	114
4. Pfizer / Warner-Lambert	USA / USA	Pharma	2000	90
5. Exxon / Mobil	USA / USA	Mineralöl	1998	79
6. Glaxo Wellcome / SmithKline Beecham	GB / GB	Pharma	2000	74
7. Citicorp / Travelers	USA / USA	Banken	1998	73
8. Comcast / AT&T Broadband	USA / USA	Telekom	2002	72
9. Zeneca / Astra	GB / S	Pharma	1998	67
10. Sanofi-Synthelabo / Aventis	F / F	Pharma	2004	66

M&A 2003: weltweit 19.000 Transaktionen mit einem Volumen von 1,15 Bill. US-$

M&A 2000: weltweit 36.700 Transaktionen mit einem Volumen von 3,5 Bill. US-$

Quelle: Wirtschaftswoche, McKinsey, Thomson Financial Securities Data, dpa, afp

Abb. IX. 20

Des Weiteren zeigt Abb. IX.20 die zyklische Natur der Firmenübernahmen, die sich vom Höhepunkt des letzten Konjunkturaufschwungs in 2000 bis zum Tiefpunkt der Rezession in 2003 in der Anzahl etwa halbiert und im Wert gedrittelt haben. Bis

2007 stieg mit der wirtschaftlichen Erholung dann die Zahl der M&A-Transaktionen wieder auf die Größenordnung des Jahres 2000 an. Dieses prozyklische Verhalten ist im Grunde widersinnig, wäre doch der Kaufpreis an der Börse am Tief des Zyklus für den Übernehmer viel günstiger. Die Übernehmer verhalten sich jedoch prozyklisch, weil in der Aufschwungphase weitere Steigerungen erwartet werden, während in der rezessiven Phase Unternehmen der Wahrung von Liquidität („preserving cash") den Vorrang einräumen. Dennoch, ein langfristig denkender Stratege würde wohl in den guten Zeiten seine „Kriegskasse" füllen, um dann später in der rezessiven Phase sein Übernahmeziel zu einem niedrigeren Preis zu erwerben.

Die Finanzierungsstruktur von Übernahmen hat sich mit der Zeit gewandelt. Im Aufschwung der 1980er Jahre wurden Übernahmen zum größten Teil mit Cash finanziert, der z.T. durch die Emission von Bonds bzw. Junk-Bonds generiert worden war. Im Aufschwung der 1990er Jahre wurde der größte Teil der Übernahmen per Aktientausch durchgeführt, so auch bei der Mannesmann-Übernahme durch Vodafone. Dabei tauscht der Übernehmer eigene (neue) Aktien gegen die Aktien der Zielgesellschaft, d.h. er bietet den Aktionären der Zielgesellschaft seine eigenen Aktien zum Tausch an und „bezahlt" damit für die Übernahme; die Aktie des Übernehmers wird so zur „Akquisitionswährung". Im Aufschwung seit 2003 gewann die Kreditfinanzierung wieder an Bedeutung, wobei die Private Equity Firmen eine wichtige Rolle spielten. Sie finanzierten ihre Transaktionen zum Großteil mit Krediten von Großbanken, die diese dann verbrieften und im Markt platzierten oder direkt weiterverkauften. Der Vorgang geriet Mitte 2007 mit Ausbruch der „Sub-Prime"-Krise ins Stocken und führte auch in diesem Kapitalmarktsegment zu erheblichem Abschreibungsbedarf (Wertberichtigungen) bei Banken. Die weitere Entwicklung bleibt aus der Sicht von Anfang 2008 abzuwarten und wird u.a. vom Konjunkturverlauf abhängen.

IX.2.3 ABWEHRMAßNAHMEN – INTERNATIONALER VERGLEICH

Eine feindliche Übernahme kann durch ein öffentliches Übernahmeangebot oder durch einen schrittweisen Aufkauf von Aktien im Markt bewerkstelligt werden. Bei einem öffentlichen Übernahmeangebot wird üblicherweise ein attraktiver Aufpreis („Prämie") auf den aktuellen Börsenkurs angeboten, um die Aktionäre der Zielgesellschaft zur Annahme des Angebots zu bewegen. Bei einem schrittweisen Aufkauf sind Meldepflichten seitens des Käufers zu beachten. Die erste Meldeschwelle lag früher bei einem Anteilserwerb von 5%, sie liegt seit Januar 2007 bereits bei 3%; weitere Meldepflichten bestehen nunmehr bei einem Anteil von 5%, 10%, 15%, 20%, 25%, 30%, 50% und 75%. Bei Erreichen der 30%-Schwelle ist außerdem den übrigen Aktionären der Zielgesellschaft ein Pflichtangebot zu unterbreiten, wobei der anzubietende Mindestpreis bestimmten gesetzlichen Regelungen unterliegt. Eine stillschweigende Übernahme durch „Anschleichen" wie in den 1930er Jahren – → Mitteilung an die Geschäftsführung per Telegramm „Habe Mehrheit, erwarte gute Zusammenarbeit" – ist durch die Meldepflichten somit deutlich erschwert worden, ist aber noch möglich über Optionen (mit Barausgleich). Die Bündelung kleinerer Anteile zwecks gemeinsamen Erreichens der Mehrheit („pooling of interest", „acting in concert") ist untersagt.

Sowohl der „Freiwillige Übernahmekodex" (→ IX.2.4) als auch die EU-Übernahmerichtlinie in ihrer ursprünglichen Fassung (→ IX.2.4) sahen vor, dass sich eine Zielgesellschaft bei einem feindlichen Übernahmeangebot jedweder Abwehrmaßnahme enthalten solle. Das hätte im internationalen Vergleich zu einer wesentlichen Benachteiligung deutscher Unternehmen geführt, wie die unten folgende Zusammenfassung der gesetzlichen Regelungen zeigt.

Das Thema wird hier aus Sicht der Zielgesellschaft besprochen. Welche Möglichkeiten hat ein Unternehmen, sich gegen einen feindlichen Übernahmeversuch zu wehren? Grundsätzlich kann zwischen Präventivmaßnahmen, d.h. solchen vor einem Angriff, und Ad-hoc-Maßnahmen, d.h. solchen in Reaktion auf einen Angriff, unterschieden werden. Die Zulässigkeit von Abwehrmaßnahmen im Überblick:

- Präventivmaßnahmen, Abb. IX.21:

Abwehrstrategien *)

A. Präventiv: Überblick - Zulässigkeit Abwehrmaßnahmen

	1. Giftpillen	2. Goldene Aktien	3. Change of Control Klauseln	4. Wechselseitige Beteiligungen	5. Stimmrechtsbeschränkungen	6. Mehrfachstimmrechte
USA	ja	ja	ja	ja	ja	ja
Deutschland	nein	nein	ja	ja	nein	nein
England	ja	ja	ja	ja	ja	ja
Frankreich	ja	ja	ja	ja	ja	ja
Niederlande	ja	ja	ja	ja	ja	ja
Schweden	ja	ja	ja	ja	ja	ja
Spanien	ja	ja	ja	ja	ja	nein
Portugal	ja	ja	ja	ja	ja	nein
Italien	nein	ja	ja	ja	ja	nein

Abb. IX. 21   *) siehe Hinweis am Ende des Abschnitts

- Ad-hoc-Maßnahmen, Abb. IX.22:

Abwehrstrategien *)

B. Ad hoc: Überblick - Zulässigkeit Abwehrmaßnahmen

	Pac Man	Rückkauf eigener Aktien	Strategische Akquisition	Crown Jewel Option	White Knight	Freundlicher Großaktionär
USA	ja	ja	ja	ja	ja	ja
Deutschland	nein	ja	ja	ja	ja	ja
England	ja	ja	ja	ja	ja	ja
Frankreich	ja	ja	ja	ja	ja	ja
Niederlande	ja	ja	ja	ja	ja	ja
Schweden	ja	ja	ja	ja	ja	ja
Spanien	nein	nein	nein	nein	ja	ja
Portugal	ja	ja	ja	ja	ja	ja
Italien	ja	nein	ja	ja	ja	ja

Abb. IX. 22   *) siehe Hinweis am Ende des Abschnitts

- Vgl. Abwehrmaßnahmen USA/EU, Abb. IX.23:

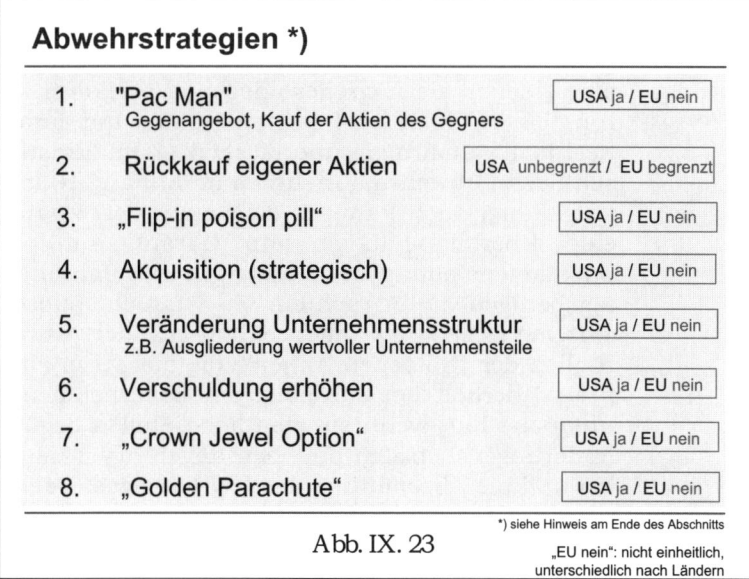

Abwehrstrategien *)

1. "Pac Man"
   Gegenangebot, Kauf der Aktien des Gegners   USA ja / EU nein

2. Rückkauf eigener Aktien   USA unbegrenzt / EU begrenzt

3. „Flip-in poison pill"   USA ja / EU nein

4. Akquisition (strategisch)   USA ja / EU nein

5. Veränderung Unternehmensstruktur
   z.B. Ausgliederung wertvoller Unternehmensteile   USA ja / EU nein

6. Verschuldung erhöhen   USA ja / EU nein

7. „Crown Jewel Option"   USA ja / EU nein

8. „Golden Parachute"   USA ja / EU nein

*) siehe Hinweis am Ende des Abschnitts

Abb. IX. 23   „EU nein": nicht einheitlich, unterschiedlich nach Ländern

Dieser Überblick ist notgedrungen rudimentär. Etliche dieser Maßnahmen bedürfen einer Genehmigung durch die Hauptversammlung und sind daher nicht kurzfristig verfügbar. Die Einzelheiten zu diesen Maßnahmen sind im Anhang 10 zusammengefasst. Dort finden sich auch weitere ausgewählte Beispiele von Abwehrmaßnahmen in den USA bzw. einzelnen amerikanischen

Bundesstaaten und in anderen EU-Ländern, insbesondere in den Niederlanden mit ihrer Besonderheit der Stiftungsmodelle, die zu den effektivsten Abwehrmaßnahmen überhaupt zählen.

Trotz all dieser Abwehrmöglichkeiten sind die Angreifer in der überwiegenden Zahl der Fälle in der Lage, eine feindliche Übernahme durchzusetzen, sofern sie entschlossen genug vorgehen, d.h. über die erforderlichen finanziellen Mittel verfügen und gewillt sind, jeglichen sonstigen Aufwand zu erbringen und ihr Ziel zeitlich unbegrenzt zu verfolgen. Die Verteidigungsmaßnahmen – abgesehen von gesetzlichen Barrieren – beruhen letztlich alle darauf, die Zielgesellschaft für den Angreifer unattraktiv zu machen, sei es über den Preis (Verteuerung), sei es über den Wert (Wertminderung), sei es über die Zeitachse (Verzögerung durch rechtliche Schritte), etc. Das Resultat sieht am Ende meistens wie folgt aus: der Übernehmer zahlt einen überhöhten Preis (→ „Goodwill"), der ihn später über Abschreibungen belastet, und er muss Integrationskosten verkraften, die im Vorhinein meistens unterschätzt oder bewusst „gesund gerechnet" werden. Die Zielgesellschaft – sollte ihre Verteidigung erfolgreich gewesen sein – muss die Kosten dieser Verteidigung schultern, wie z.B. eine überhöhte Verschuldung oder eine absichtlich herbeigeführte Wertminderung.

Hinweis (→ Abb. IV.21, Abb. IV.22, Abb. IX.23)

Sollte der Leser einmal in einer Übernahmeschlacht engagiert sein – sei es als Angreifer oder als Verteidiger – so ist die Beratung einer führenden Investmentbank und darauf spezialisierter Rechtsanwaltsfirmen unerlässlich. Zum Einstieg sind die wesentlichen Abwehrmaßnahmen im Anhang 10 in größerem Detail aufgeführt, doch kann es sich auch dort zwangsläufig nur um einen Überblick handeln, ohne Garantie auf Vollständigkeit. Die Zusammenstellung erfolgte vor gut zwei Jahren und ist als stichtagsbezogen zu betrachten. Es ist nicht auszuschließen, dass einzelne Gesetze zwischenzeitlich geändert wurden, wie z.B. bezüglich der „Goldenen Aktien", die die EU in einigen Fällen seither wiederholt bei europäischen Unternehmen jedenfalls dann untersagt hat, wenn sie staatliche Stellen begünstigten. Weitere Änderungen betrafen die oben angeführten neuen Meldeschwellen und die Abschaffung des VW-Gesetzes. Doch im Allgemeinen entwickeln sich rechtliche Rahmenbedingungen nur mit der dem Gesetzgebungsprozess eigenen Gemächlichkeit. Der Überblick in Anhang 10 vermittelt daher nach wie vor einen hinreichenden Eindruck von der Komplexität des Themas – und davon, wie weit die EU von einer Harmonisierung noch entfernt ist.

IX.2.4 GESETZLICHE REGELUNGEN

Hinweis
Die Interpretation der Ereignisse, wie sie in diesem Abschnitt zum Ausdruck kommt, reflektiert ausschließlich die persönliche Meinung des Autors und sollte in keiner Weise als offizielle Position des Volkswagen-Konzerns aufgefasst werden.

Die deutschen Privatbanken begannen im Jahr 1995 einen „Freiwilligen Übernahmekodex" zu propagieren, angeblich mit der Absicht, damit einer schärferen gesetzlichen Regelung zuvorzukommen. Federführend waren dabei die Deutsche Bank und die Dresdner Bank, die versuchten über ihre Aufsichtsratssitze in deutschen Industrieunternehmen die Annahme dieses Kodex durchzusetzen.

Der „Freiwillige Übernahmekodex" und die EU-Übernahmerichtlinie in ihrer ursprünglichen Fassung (s.u.) sind vor dem Hintergrund des Aufschwungs der 1990er Jahre zu sehen, der von lebhaften Übernahmeaktivitäten begleitet wurde. Die Steuergesetzgebung änderte sich in Deutschland in jener Zeit dahingehend, dass die Veräußerung von Beteiligungen steuerbefreit wurde, was es vor allem Banken und Versicherungsgesellschaften erleichtern sollte, ihre Anteile an Industrieunternehmen zu verkaufen. Des Weiteren wurden 1998 mit dem „Gesetz zur Kontrolle und Transparenz im Unternehmensbereich" (KonTraG) die satzungsmäßigen Höchststimmrechte bei deutschen börsennotierten Gesellschaften abgeschafft und damit ein wesentlicher Schutz gegen feindliche Übernahmen eliminiert. Die Hoffnung, dass andere EU-Länder diesem Schritt folgen würden, erfüllte sich nicht. Nach umfangreichen Studien entschied EU-Binnenmarktkommissar McCreevy im Jahr 2008, das Ziel „one share – one vote" nicht weiter zu verfolgen.

Einige Unternehmen – darunter Volkswagen – haben sich den Bemühungen der Banken widersetzt, den „Freiwilligen Übernahmekodex" selbstverpflichtend anzuerkennen. Die vorgeschlagenen Regelungen zugunsten der Aktionäre (Pflichtangebot, Preisfestsetzung, etc.) – ein Grund für einige andere Unternehmen, den Kodex zunächst auch nicht zu billigen – wären durchaus akzeptabel gewesen, die Regelung bezüglich Abwehrmaßnahmen seitens der Zielgesellschaft war es jedoch nicht. So forderte dieser Kodex:

Artikel 19

„Das Verwaltungs- oder Leitungsorgan der Zielgesellschaft ... darf nach Bekanntgabe eines öffentlichen Angebots und bis zur Offenlegung des Ergebnisses des Angebots keine Maßnahmen ergreifen, die dem Interesse der Wertpapierinhaber, von dem Angebot Gebrauch zu machen, zuwiderlaufen".

Diese Forderung war im Zusammenhang mit den Artikeln 6, 20, 23 zu sehen:

<u>Artikel 6</u>

„Der Bieter soll ... ein Unternehmen hinzuziehen, das zur Erbringung von Wertpapierdienstleistungen ... zugelassen ist" (d.h. eine Bank – Anmerkung des Autors).

<u>Artikel 20</u>

„... Zusammensetzung der Übernahmekommission ... Emittenten, institutionelle Anleger, Privatanleger, Kreditinstitute ..."

<u>Artikel 23</u>

„Die Übernahmekommission kann den Bieter oder die Zielgesellschaft von einzelnen Vorschriften dieses Kodex teilweise oder ganz befreien".

In Anbetracht der ungleichen Rechtslage bezüglich zulässiger Abwehrmaßnahmen im Ausland – sowohl gegenüber den USA als auch gegenüber den anderen EU-Ländern – wären deutsche Industrieunternehmen damit gravierend benachteiligt gewesen (→ IX. 2.3). Vor allem jene Unternehmen, die langfristigen Wachstumsstrategien den Vorrang gegenüber kurzfristigen Gewinnmaximierungen einräumen, hätten damit zum wehrlosen Opfer spekulativer Finanzinvestoren werden können. Im Prinzip hätte zwar die Übernahmekommission auf Antrag einer Zielgesellschaft Abwehrmaßnahmen genehmigen können, in der Praxis aber wäre eine solche Ausnahmegenehmigung in Anbetracht der Zusammensetzung der Übernahmekommission nicht zu erwarten gewesen. Die Banken, die in der Kommission vertreten gewesen wären und die schließlich den Kodex durchzusetzen versucht hatten, hätten einem solchen Antrag kaum zugestimmt. Die anderen Mitglieder – institutionelle und private Anleger – hätten im Regelfall bei einer Übernahme kurzfristig erhebliche Gewinne realisieren können, so dass mit ihrer Zustimmung ebenfalls nicht zu rechnen gewesen wäre. Damit wären die Vertreter der Industrie in der Minderheit gewesen und hätten eine Genehmigung nicht erwirken können.

Diese Einwände gegen den Kodex wurden der Frankfurter Börse und den beiden Banken des Öfteren mitgeteilt, von ihnen aber nicht aufgegriffen. Zeitweise erwog die Frankfurter Börse Presseberichten zufolge sogar, die DAX-Mitgliedschaft bzw. die Aufnahme in den DAX von der Anerkennung des Kodex durch die betreffende Firma abhängig zu machen (etwa auf Anregung ihres damaligen Hauptaktionärs?). Die Gründe für den nachhaltigen

Einsatz der Banken zugunsten des Kodex können nur vermutet werden und sind offen für Interpretationen. Die Banken argumentierten offiziell mit einer „Modernisierung der Kapitalmärkte" und dergleichen mehr. Auffallend ist, dass damals Banken und Versicherungen ihrerseits eine rege Akquisitionstätigkeit im Ausland entfalteten und daher möglicherweise im eigenen Markt „mit gutem Beispiel vorangehen" wollten. Weniger positiv interpretiert – und womöglich näher an der Realität – könnte die Motivation wo anders gelegen haben, nämlich in dem oben zitierten Artikel 6. In der Praxis hätte dies bedeutet, dass der Bieter die Dienste einer Bank hätte in Anspruch nehmen müssen. Da die Beratung bei Firmenübernahmen zu den lukrativsten Tätigkeiten des Bankgewerbes zählt (→ IX. 2.1, Bericht aus „Die Welt" vom 27.06.07), kann das Interesse der Banken am Kodex auch dahingehend interpretiert werden, dass die Zahl der Übernahmen stärker gestiegen wäre, wenn sich Zielgesellschaften nicht wehren dürften.

Die Haltung der deutschen Banken war auch vor dem Hintergrund zu sehen, dass sie selbst kaum zum Ziel feindlicher Übernahmen geworden wären. Die Übernahme einer Bank bedarf nämlich der Genehmigung durch die zuständigen Bundesaufsichtsbehörden (→ Fallbeispiel Commerzbank vs. „Cobra"); darüber hinaus bestehen noch weitere Regelungen zugunsten der Banken (→ Anhang 10). Einen vergleichbaren Schutz für Industrieunternehmen, wie etwa eine Genehmigung durch das Wirtschaftsministerium, gibt es nicht.

Trotz aller Einwände hätte der Kodex akzeptiert werden können, hätten dieselben Spielregeln auch im Ausland gegolten. Letztlich scheiterte der Kodex daran, dass auf internationaler Ebene keine „Waffengleichheit" („level playing field") vorlag. Die „Waffengleichheit" war auch das zentrale Thema bei der Auseinandersetzung um den EU-Richtlinienentwurf, die auf das Scheitern des freiwilligen Kodex folgte. In ihrer ursprünglichen Form forderte die EU-Richtlinie ebenso wie der Kodex die Stillhaltepflicht der Zielgesellschaft – „Neutralitätspflicht der Leitungsorgane" – und hätte damit zu derselben Benachteiligung deutscher Industrieunternehmen gegenüber anderen Ländern geführt.

Die weitere Entwicklung, chronologisch:

Juli 2001:
Die EU-Übernahmerichtlinie wurde vom Europäischen Parlament mit einem Stimmenpatt abgelehnt. Damit blieb den Mitgliedsstaaten b.a.w. die Möglichkeit offen, eigene nationale Regelungen zu treffen bzw. beizubehalten.

Januar 2002:
Mit der Verabschiedung des „Wertpapiererwerbs- und Übernahmegesetzes" (WpÜG) tritt in Deutschland ein nationales Über-
nahmerecht in Kraft. Dieses lässt Abwehrmaßnahmen mit Genehmigung des Aufsichtsrates zu.

Oktober 2002:
Die EU-Kommission legt einen neuen Entwurf für eine EU-
Übernahmerichtlinie vor.

2003:
Die Untersagung sämtlicher Abwehrmaßnahmen stößt im Minis-
terrat bzw. bei allen betroffenen EU-Staaten auf erheblichen Widerstand. EU-Kommissar Bolkestein war gegen eine „Verwässerung" seines Entwurfs einer Übernahmerichtlinie und bezog
Stellung gegen Kompromissvorschläge. Die EU-Staaten mussten
jedoch einstimmig entscheiden. Als eine Alternative wurde ein
portugiesischer Vorschlag diskutiert, wonach die Unternehmen
selbst hätten entscheiden können, ob sie auf Abwehrmaßnahmen verzichten wollten. Des Weiteren wurde eine „Minimallö-
sung" angedacht, wonach Artikel 9 und 11, die die Stillhaltepflicht direkt oder indirekt betrafen, einfach hätten gestrichen
werden sollen. Schließlich setzten sich die Mitgliedstaaten über
den Vorschlag der EU-Kommission hinweg und gaben ein ein-
stimmiges Votum ab – bei Enthaltung Spaniens – mit dem folgenden Ergebnis (Artikel 12):

> Im Grundsatz schreibt die Richtlinie die Neutralitätspflicht
> der Leitungsorgane fest und verfügt die Abschaffung von
> Mehrfachstimmrechten und Stimmrechtsbeschränkungen;
> aber: Gleichzeitig erhalten die Mitgliedstaaten das Recht, an
> bestehenden Übernahmehindernissen festzuhalten (→ „opt-
> out").

Infolgedessen blieben in anderen Ländern die Mehrfachstimmrechte erhalten (→ Schweden) und ebenso die holländischen Stiftungsmodelle (→ Anhang 10), und Deutschland brauchte seine
Übernahmeregelung nicht zu ändern; d.h. der § 33 des „Wertpa-
piererwerbs- und Übernahmegesetzes" (WpÜG, seit 01.01.02)
bleibt bis auf weiteres in Kraft:

> „Nach Veröffentlichung ... eines Angebots bis zur Veröffentli-
> chung des Ergebnisses ... darf der Vorstand der Zielgesell-
> schaft keine Handlungen vornehmen, durch die der Erfolg
> des Angebots verhindert werden könnte. Dies gilt nicht ... für
> Handlungen, denen der Aufsichtsrat der Zielgesellschaft zu-
> gestimmt hat."

Damit entscheidet weiterhin der Aufsichtsrat im Interesse aller beteiligten Parteien über Abwehrmaßnahmen bzw. lässt diese per Genehmigung zu.

Wie in solchen Fällen üblich wurde der ganze Prozess von regem Lobbying begleitet, sowohl von Seiten der Banken als auch der Industrie bzw. einem der großen Konzerne. Nach der Verabschiedung der von EU-Kommissar Bolkestein so nicht gewollten EU-Übernahmerichtlinie mit der „opt-out"-Klausel brachte dieser Klage gegen das Volkswagen-Gesetz beim Europäischen Gerichtshof ein mit der Begründung „es könnte den freien Kapitalverkehr behindern". Der Umstand, dass ca. die Hälfte der Volkswagen-Aktien damals in ausländischen Händen war – nicht gerade ein Beleg für die Behinderung des freien Kapitalverkehrs – spielte dabei offensichtlich keine Rolle. Und an den holländischen Stiftungsmodellen, insbesondere an den Abwehrstrukturen der ROYAL DUTCH/SHELL GROUP (→ Anhang 10), nahm Kommissar Bolkestein bemerkenswerter Weise keinen Anstoß. Ob seine Klage gegen das Volkswagen-Gesetz als „Revanche" für die Verwässerung seines Entwurfs einer EU-Übernahmerichtlinie interpretiert werden kann, bleibe der Beurteilung des Lesers überlassen. Als Übernahmebarriere hat sich das Volkswagen-Gesetz, das 2007 abgeschafft wurde, mit dem Einstieg von Porsche vermutlich ohnedies erübrigt.

In letzter Zeit scheint bei den europäischen Regierungen die Skepsis gegen Übernahmen und ausländische Beteiligungen gewachsen zu sein. So hat die französische Regierung in 2004 eine aktive Rolle bei der Übernahme von Aventis durch Sanofi gespielt. Der Premierminister begründete diese Einflussnahme mit den „strategischen Interessen Frankreichs", wobei es sich seitens der Regierung aussagegemäß nicht um eine nationale Intervention gehandelt haben soll, sondern um „die Beteiligung an einer europäischen Dynamik" („Die Welt" vom 27.04.2004; Kommentar überflüssig). Ein weiteres Beispiel ist die defensive Position der spanischen Regierung bei dem Versuch von E.ON Endesa zu übernehmen. Und schließlich deuten auch die Vorbehalte aus jüngster Zeit gegen Beteiligungen ausländischer Staatsfonds auf eine neuerlich skeptischere Einstellung der europäischen Regierungen hin.

Anhang

Anhang 1

BERICHTSWESEN

Bezug II.1.3: Datenerfassung und Berichtswesen

MUSTERFORMULARE

Hinweis: Daten aus betriebsinternen Gründen eliminiert oder stark eingeschränkt wiedergegeben, nicht durchgängig und teilweise anonymisiert.

Modell eines Treasury-Berichtswesens (Teil 1)

Jede Einzelgesellschaft

1 Externe Mittelanlagen
Bank-u.. Kapitalmärkte:
sortiert nach Banken, Fälligkeiten und Währungen

2 Externe Mittelaufnahmen
Bank-u.. Kapitalmärkte:
sortiert nach Banken, Fälligkeiten und Währungen

3 InterCompany-Anlagen
sortiert nach Gesellschaften, Fälligkeiten und Währungen

3 InterCompany-Aufnahmen
sortiert nach Gesellschaften, Fälligkeiten und Währungen

4 Fälligkeitsstrukturen Mittel-Anlagen/-Aufnahmen
sortiert nach Währungen konsolidiert in EURO

5 Zeitserie pro Gesellschaft
incl. graphischer Darstellung

6 Revolvierende Liquiditätsplanung pro Gesellschaft

reporting date: 30.06.20	External deposits:		VW Group Company:			share: 100%
aggregation date: 28.07.20						
Rep 0_01 / page:1	currency: all		counterpart: all			

1.0.1

counterpart	frame						commit. fee	counterpart	utilization							s w a p	variance prev. month mln. local CCY	variance prev. month mln. EUR
	maturity	CCY	c o m	EUR equiv. mln.	% of total frame	currency mln.			maturity	CCY	currency mln.	EUR equivl mln.	% of total util.	% of frame	interest rate			
Bank								Bank	01.06.200:	PLN							-0,01	0,00
									03.07.200.		0,01	0,00	0,05		0,0000		0,01	0,00
											0,01	**0,00**	**0,05**				**0,00**	**0,00**
Bank								Bank	01.06.200:	EUR							-0,13	-0,13
									01.06.200:	PLN							-0,01	0,00
									05.06.200	EUR							-1,20	-1,20
									03.07.200:	·	5,03	5,03	87,28		0,5000		5,03	5,03
											5,03	**5,03**	**87,28**					**3,69**
								Bank	01.06.200	EUR							-0,05	-0,05
									01.06.200:	PLN							-0,36	-0,09
									07.06.200	EUR							-2,15	-2,15
									03.07.200	·	0,68	0,68	11,89		0,5000		0,68	0,68
									03.07.200	·	0,00	0,00	0,01		3,6000		0,00	0,00
											0,69	**0,69**	**11,91**					**-1,60**
									01.06.200:	EUR							0,00	0,00
									03.07.200		0,00	0,00	0,00		0,0000		0,00	0,00
											0,00	**0,00**	**0,00**				**0,00**	**0,00**
									01.06.200:	EUR							-0,01	-0,01
									01.06.200:	PLN							-0,02	0,00
									01.06.200	PLN							0,00	0,00
									03.07.200	·	0,04	0,04	0,69		0,9000		0,04	0,04
									03.07.200	·	0,01	0,00	0,05		0,0000		0,01	0,00
									03.07.200	·	0,00	0,00	0,02		0,0000		0,00	0,00
											0,04	**0,04**	**0,76**					**0,03**

total: 2,12

reporting date: 30.06.
aggregation date: 28.07.
Rep 11 / page:8
3.0 **External borrowings: Credit lines:** **VW Group Company** share: 100%

currency: all   counterpart: all

frame

counterpart	maturity	CCY	c o m	EUR equiv. mln.	% of total frame	commit. fee	currency mln.
The Bank,	31.12.9999			137,22	11,82	0,0000	20.000,00
				137,22	**11,82**		**20.000,00**

utilization

counterpart	maturity	CCY	currency mln.	EUR equivl. mln.	% of total util.	% of frame	interest rate	s w a p	variance prev. month mln. local CCY	variance prev. month mln. EUR
The Bank,	26.07.200		1.000,00	6,86	0,85	5,00	0,3100			-0,07
	14.08.200		1.000,00	6,86	0,85	5,00	0,3100			-0,07
	23.08.200		1.000,00	6,86	0,85	5,00	0,3200			-0,07
	08.12.200		1.000,00	6,86	0,85	5,00	0,6000			6,86
	21.12.200		1.000,00	6,86	0,85	5,00	0,6000		1.000,00	6,86
	10.12.200		1.000,00	6,86	0,85	5,00	0,8350		1.000,00	-0,07
	20.12.200		1.000,00	6,86	0,85	5,00	0,8000			-0,07
	22.01.200		1.000,00	6,86	0,85	5,00	1,0200			-0,07
	03.03.200		1.000,00	6,86	0,85	5,00	0,7950			-0,07
	06.06.200		1.000,00	6,86	0,85	5,00	0,6370			-0,07
	30.06.200		1.000,00	6,86	0,85	5,00	0,6330			-0,07
	15.08.200		1.000,00	6,86	0,85	5,00	0,7950			-0,07
	24.10.200		1.000,00	6,86	0,85	5,00	0,9250			-0,07
	11.11.200		1.000,00	6,86	0,85	5,00	0,9900			-0,07
	18.11.200		1.000,00	6,86	0,85	5,00	0,9300			-0,07
The Bank,	09.06.200								-1.000,00	-6,93
	21.06.200								-1.000,00	-6,93
			15.000,00	**102,92**	**12,74**	**75,00**			**0,00**	**-1,02**

total:

169.150,00	1.160,55		11,82
117.700,00	807,55	69,58	-3.500,00	-32,25

reporting date: 30.06.200'
aggregation date: 28.07.200'
Rep 0_05 / page:8
2.0 Intercompany deposits: VW Group Company: share: 100%
currency: all counterpart: all

			frame								utilization							variance prev. month mln. local CCY	variance prev. month mln. EUR
counterpart	maturity	CCY	currency mln.	c o m	EUR equiv. mln.	% of total frame	commit. fee	counterpart	maturity	CCY	currency mln.	EUR equivl mln.	% of total util.	% of frame	interest rate	s w a p		
VW	29.12.200	EUR	145,00		145,00	2,45												
****		EUR	**145,00**		**145,00**	**2,45**												
VW	30.12.200	EUR	5,00		5,00	0,08												
		EUR	**5,00**		**5,00**	**0,08**												
VW	29.12.200	EUR	101,36		101,36	1,71			31.07.200	EUR	25,00	25,00	0,72	24,67	3,0030		25,00	25,00
									31.07.200	EUR	20,00	20,00	0,57	19,73	3,0030		20,00	20,00
									31.07.200	EUR	5,00	5,00	0,14	4,93	3,0030		5,00	5,00
VW	29.12.200	EUR							30.06.200	EUR							-20,00	-20,00
									30.06.200	EUR							-25,00	-25,00
									30.06.200	EUR							-10,00	-10,00
		EUR	**101,36**		**101,36**	**1,71**				EUR	**50,00**	**50,00**	**1,44**	**49,33**			**-5,00**	**-5,00**
	30.12.200	EUR	39,86		39,86	0,67			01.07.200	EUR	8,90	8,90	0,26	22,33	3,0250		8,90	8,90
									29.12.200	EUR	4,90	4,90	0,14	12,29	4,5000			
									01.06.200	EUR							-8,90	-8,90
	30.12.200	EUR	**39,86**		**39,86**	**0,67**				EUR	**13,80**	**13,80**	**0,40**	**34,62**			**0,00**	**0,00**

total: **5.916,75**   **3.481,99**   **58,85**   **524,49**

reporting date:	30.06.200	Interc. borrowings: Credit:		VW Group Company:		share: 100%
aggregation date:	28.07.200					
Rep 7_09 / page: 10		currency: all		counterpart: all		

4.0

frame

counterpart	maturity	CCY	currency mln.	c o m	EUR equiv. mln.	% of total frame	commit. fee	counterpart
	01.09.200	EUR	20,00		20,00	0,16		
	01.09.200	EUR						
		EUR	20,00		20,00	0,16		
	01.09.200	EUR	50,00		50,00	0,39		
	01.09.200	EUR						
		EUR	50,00		50,00	0,39		
	01.09.200	EUR	25,00		25,00	0,19		
	01.09.200	EUR						
		EUR	25,00		25,00	0,19		
	01.09.200	EUR	5,00		5,00	0,04		
	01.09.200	EUR						
		EUR	5,00		5,00	0,04		
total:					**12.831,52**			

utilization

maturity	CCY	currency mln.	EUR equivl. mln.	% of total util.	% of frame	interest rate	s w a p	variance prev. month mln. local CCY	variance prev. month mln. EUR
01.07.200	EUR	4,40	4,40	0,04	22,00	2,9000		4,40	4,40
01.06.200	EUR							-3,03	-3,03
	EUR	4,40	4,40	0,04	22,00			1,38	1,38
01.07.200	EUR	20,83	20,83	0,21	41,65	2,9000		20,83	20,83
01.06.200	EUR							-13,70	-13,70
	EUR	20,83	20,83	0,21	41,65			7,13	7,13
01.07.200	EUR	20,00	20,00	0,20	80,00	2,9000		20,00	20,00
01.06.200	EUR							-18,93	-18,93
	EUR	20,00	20,00	0,20	80,00			1,08	1,08
01.07.200	EUR	6,03	6,03	0,06	120,50	2,9000		6,03	6,03
01.06.200	EUR							-7,23	-7,23
	EUR	6,03	6,03	0,06	120,50			-1,20	-1,20
			9.933,16	**77,41**					**7,74**

Reporting date: 30.06.
Aggregation date: 28.07.
accumulated   Rep 14 / Page: 1

Liquidity situation
VW Group Company:

share: 100%

		frame					utilization					% of frame
		CCY	CCY mln.	EUR equiv. mln.	v. pre. month CCY	v. pre. month EUR equiv.	CCY	CCY mln.	EUR equiv. mln.	v. pre. month CCY	v. pre. month EUR equiv.	
1. external deposits		EUR					EUR	8.436,74	8.436,74	-366,29	-366,29	
bank deposits	1.0.1						EUR	5.926,16	5.926,16	-1.346,57	-1.346,57	
capital market deposits	1.0.2						EUR	2.510,57	2.510,57	980,28	980,28	
other deposits	1.0.3											
2. intercompany deposits				5.916,75		741,85			3.481,99		524,49	
intercompany deposits	2.0			5.916,75		741,85			3.481,99		524,49	58,85
-> total deposits (incl. IC)				5.916,75		741,85			11.918,72		158,20	
3. external borrowings		EUR	13.800,00	13.800,00	0,00							
com. lines	3.0.2	EUR	12.500,00	12.500,00								
uncom. lines	3.0.2											
credits	3.0.3											
commercial paper	3.0.4	EUR	800,00	800,00								
mtn / dip	3.0.5	EUR	500,00	500,00								
bonds & other	3.0.6											
4. intercompany borrowings				12.831,52		-1.001,01			9.933,16		7,74	
intercompany borrowings	4.0			12.831,52		-1.001,01			9.933,16		7,74	77,41
-> total borrowings (incl. IC)				26.631,52		-1.001,01			9.933,16		7,74	7,74
5. other												
ABS												
Leasing												
-> total other												

		EUR equiv.	v. pre. month
net liquidity excl. IC	(1) - (3)	8.436,74	-366,29
net liquidity incl. IC	(1+2) - (3+4)	1.985,56	150,46

Reporting date: 30.06.200
Aggregation date: 28.07.200

Rep 08 / Page: 1

Financial liquidity VW Group Company:
amount maturity sum all CCY (Mln. EUR equiv.)

share: 100%

	APPLICATION OF FUNDS								SOURCES OF FUNDS							
	Factoring	%	Bank-deposits	%	Money/Capital Market-deposits	%	Intercompany-deposits	%	Factoring	%	Bank-borrowings	%	Money/Capital Market-borrow.	%	Intercompany-borrowings	%
Call money	7,4	4,29					71,4	6,13			13,2	0,00			3,1	7,38
July 2006			146,3	5,18			18,4	3,71	74,3	3,19						
August 2006							5,8	8,18	106,7	2,95						
September 2006							2,7	8,47	80,3	3,05						
October 2006							4,3	8,49								
November 2006							6,1	8,17								
December 2006							4,3	8,21			6,6	5,89				
January 2007							2,6	8,44								
February 2007							1,8	8,81								
March 2007							3,0	9,12								
April 2007							2,6	9,10								
May 2007							2,0	9,09								
June 2007							2,0	8,99			6,6	5,89				
Total A			153,7	5,14			127,0	6,48	261,3	3,05	26,4	2,94			3,1	7,38
Mixed due date																
2007 (rest year)							23,0	9,12			6,6	5,89				
2008							37,8	8,83			13,2	5,89	186,3			
2009							7,0	5,05			13,2	5,89	197,1	4,09		
2010											13,2	5,89				
2011											13,2	5,89				
Total B			153,7	5,14			194,8	7,19	261,3	3,05	85,6	4,98	383,4	2,10	3,1	7,38
2012											13,2	5,89				
2013											13,2	5,89				
2014											6,6	5,89				
2015																
2016																
2017																
> 2017																
Total C			153,7	5,14			194,8	7,19	261,3	3,05	118,5	5,23	383,4	2,10	3,1	7,38

	Gross Liquidi	Borrowing	Net Liquidity
excl. IC	153,7	501,9	-348,2
incl. IC	348,5	505,0	-156,6

Reporting date: 30.06.200
Aggregation date: 28.07.200
Rep 24 / Page: 1

Development of Financial Liquidity
VW Group Company:

share: 100%

		JUN 05	JUL 05	AUG 05	SEP 05	OKT 05	NOV 05	DEZ 05	JAN 06	FEB 06	MRZ 06	APR 06	MAI 06	JUN 06	plan JUL 06	plan AUG 06	plan DEZ 06
(1) External deposits	(Mln. EUR equiv.)	286	195	25	83	114	120	136	76	92	184	100	105	154	310	328	255
Internal deposits	(Mln. EUR equiv.)	188	214	362	286	314	395	323	312	430	250	179	176	195	175	178	300
(2) Application of funds	(incl. IC)	**473**	**409**	**388**	**370**	**428**	**515**	**458**	**388**	**522**	**434**	**279**	**281**	**348**	**485**	**506**	**555**
(3) External loans	(Mln. EUR equiv.)	525	525	517	525	525	541	538	528	538	519	498	483	502	500	500	570
Internal loans	(Mln. EUR equiv.)	3	2	3	2	3	3	3	3	3	3	3	3	3	3	3	3
(4) Sources of funds	(incl. IC)	**527**	**528**	**520**	**528**	**528**	**544**	**541**	**531**	**542**	**522**	**501**	**486**	**505**	**503**	**503**	**573**
Net liquidity excl. IC (1) - (3)		-239	-331	-492	-442	-411	-421	-402	-452	-446	-335	-398	-378	-348	-190	-172	-315
Net liquidity incl. IC (2) - (4)		**-54**	**-119**	**-132**	**-158**	**-100**	**-29**	**-83**	**-143**	**-19**	**-88**	**-222**	**-205**	**-157**	**-18**	**3**	**-18**
Committed lines utilization																	

Average interest rate
(actual reporting month):
- of external deposits   5.14 %
- of external borrowings   2.84 %

Comment:

Min. EUR equiv.

Net liquidity excl. IC   Net liquidity incl. IC   Rate: USD/EUR

Reporting month

Currency   Mio. EUR

Liquidity plan 200X - (Gesellschaft xyz.)

Nr.	FC 11+01 200X (mio eur)	Act/Plan 1.Sem.200X	Actual Jul 0X	Actual Aug 0X	Actual Sep 0X	Actual Oct 0X	Actual Nov 0X	FC 11+1 Dec 0X	Act.+Plan 200X	Budget 200X
1	Trade receivables	2.701,08	2.752,61	2.257,10	2.529,13	2.557,17	2.655,15	2.316,14	2.316,14	1.486,75
2	Trade liabilities	2.037,49	2.019,19	2.011,90	2.010,16	1.997,60	2.017,56	1.910,36	1.910,36	1.864,52
3	Production (units)FBU	212.231	39.026	8.987	35.188	42.946	38.518	21.627	398.523	415.518
4	Inventories (gross amount)	3.422,01	3.415,98	2.900,11	3.202,80	3.222,30	3.333,09	2.840,10	2.840,10	2.308,22
0										
5	Gross liquidity (incl. IC)	1.611,48	1.732,05	1.308,57	1.558,59	1.582,42	1.643,81	1.362,64	1.362,64	881,84
6	Bank loan (incl. IC)	1.709,45	1.713,60	1.548,74	1.742,05	1.652,19	1.644,07	1.556,47	1.556,47	1.233,85
0										
7	Net Liquidity (incl. IC) w/o CCB	-97,97	18,45	-240,16	-183,47	-69,77	-0,26	-193,83	-193,83	-352,01
0	NET LIQUIDITY VAR	-9,78	116,42	-258,62	56,69	113,70	69,51	-193,57	-105,65	-263,83
8	Cash Surplus	-9,78	116,42	-258,62	56,69	113,70	69,51	-193,57	-105,65	-263,83
0										
9	Receipts	2.993,47	677,26	273,53	517,51	630,81	541,50	416,33	6.050,41	6.653,27
10	Turnover (Sales)	2.929,16	670,09	266,79	507,89	617,42	531,09	404,18	5.926,61	6.326,19
11	Interest Income	29,60	6,62	5,96	5,38	6,44	6,24	6,11	66,35	42,37
12	other	34,72	0,55	0,78	4,25	6,95	4,17	6,03	57,45	284,72
13	Disbursements	3.003,25	560,84	532,14	460,82	517,11	471,99	609,90	6.156,06	6.917,10
14	Cost of material/others	2.533,28	445,30	470,04	369,27	427,78	419,41	529,02	5.194,10	5.748,99
15	Investments in tangible assets	0,00							0,00	0,00
16	Labour costs (incl. fringes)	227,30	66,81	25,72	54,37	46,92	38,90	85,31	545,33	499,11
17	Taxes	-0,93	9,23	1,34	-4,07	5,55	-26,15	-106,27	-121,29	-104,38
18	Interest expense	34,02	5,45	6,44	6,57	7,63	5,24	6,18	71,53	58,71
19	other	209,58	34,05	28,59	34,69	29,22	34,60	95,66	466,39	714,67

Modell eines Treasury-Berichtswesens (Teil 2)

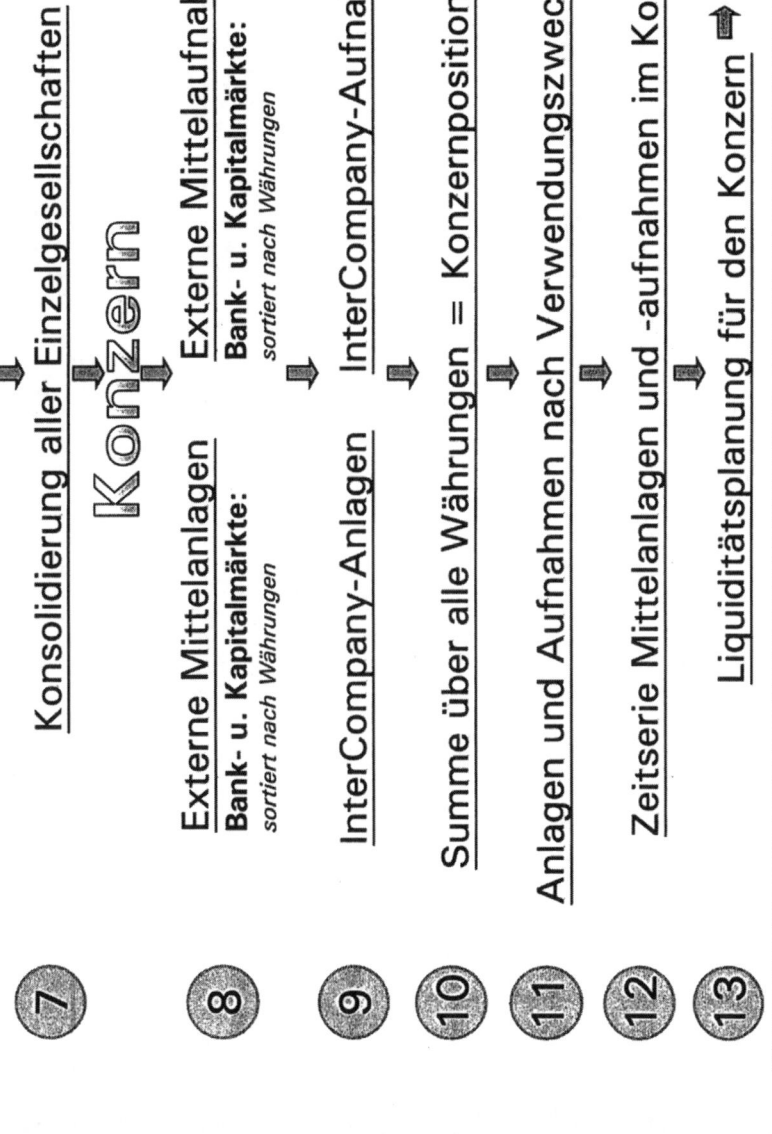

⑦ Konsolidierung aller Einzelgesellschaften

Konzern

⑧ Externe Mittelanlagen
Bank- u. Kapitalmärkte:
sortiert nach Währungen

Externe Mittelaufnahmen
Bank- u. Kapitalmärkte:
sortiert nach Währungen

⑨ InterCompany-Anlagen

InterCompany-Aufnahmen

⑩ Summe über alle Währungen = Konzernposition   *in EURO*

⑪ Anlagen und Aufnahmen nach Verwendungszweck   *in EURO*

⑫ Zeitserie Mittelanlagen und -aufnahmen im Konzern

⑬ Liquiditätsplanung für den Konzern ⇨ Verbindung zu Controlling

Stand:	30.06.
Erstellt am:	28.07.
Rep 31 / Seite:	1

Externe Anlagen VW Konzern in Mio Landeswährung

share: 100%

Sparte AUTOMOTIVE	EUR	USD	CAD	GBP	JPY	SEK	CZK	SKK	PLN	BRL	ARS	MXN	ZAR	RMB	AUD	EUR sonst.	Summe EUR-GGW	Veränd. ggü. Vorm.
Marke VW		7,7	96,6	75,8	3.678,4	239,8	60,7	1.182,4	24,3						22,4	4,0		
VW AG																		
Auto 5000																		
TK Sachsen																		
VW Brüssel	7,4																	
Autoeuropa	52,8																	
VW Slovakia	18,4	0,9		0,0	0,8		0,7	1.182,4								0,0		
VW Rus																		
VW Navarra																		
VW France	143,1																	
VW Motor Polska	2,5								23,0									
Vaesa TK																		
VW UK				75,8														
Import VW Group	0,1						60,0											
Svenska VW TK	1,8					239,8												
VW of America TK	0,0	1,0																
VW Canada TK	0,0	0,1	96,6															
VW Japan TK					3.677,6													
VW Group Australia	0,0														22,4			
VW Singapore	8,5																	
VW Bordnetze TK (50-60%																		
AM Dresden																		
DSM (35%)		4,9																
VW Transport TK	0,4								1,3									
VW Synko TK	0,5																	
Vertriebszentren Inland (5	10,8																	
Marke VW sonst. Inland (5	0,2	0,3	0,0	0,0	0,0													
Marke VW sonst. Ausland	7,2	0,6													0,0			
Marke Skoda		0,4		0,0	0,7	0,1		1.012,1	43,9							16,1		
SKODA a.a.S.		0,4		0,0	0,7			0,4										
SKODA Vertriebsgesell. (5	24,1							1.011,7	43,9							16,1		
SkoEnergo TK	0,0						214,6											
Marke Skoda sonstige (75	0,0						148,1									0,0		
Marke Bugatti																		
Bugatti																		

Stand: 30.06.
Erstellt am: 28.07.
Rep 32 / Seite: 1

Externe Aufnahmen VW Konzern in Mio Landeswährung

share: 100%

Sparte AUTOMOTIVE	EUR	USD	CAD	GBP	JPY	SEK	CZK	SKK	PLN	BRL	ARS	MXN	ZAR	RMB	AUD	EUR sonst.	Summe EUR-GGW	Veränd. ggü.Vorm.
Marke VW				77,6	2.994,3		560,0	4.700,0	62,5									
VW AG									62,5									
Auto 5000																		
TK Sachsen																		
VW Brüssel																		
Autoeuropa																		
VW Slovakia	50,0							4.700,0										
VW Rus																		
VW Navarra	5,4																	
VW France	0,0																	
VW Motor Polska																		
Vaesa TK	77,4																	
VW UK				77,6														
Import VW Group							560,0											
Svenska VW TK																		
VW of America TK																		
VW Canada TK																		
VW Japan TK					2.994,3													
VW Group Australia																		
VW Singapore																		
VW Bordnetze TK (50-60%																		
AM Dresden																		
DSM (35%)																		
VW Transport TK	80,9																	
VW Synko TK																		
Vertriebszentren Inland (5																		
Marke VW sonst. Inland (5																		
Marke VW sonst. Ausland	10,0								62,5									
Marke Skoda																		
SKODA a.a.S.																		
SKODA Vertriebsgesell. (5																		
SkoEnergo TK																		
Marke Skoda sonstige (75																		
Marke Bugatti																		
Bugatti																		

Stand: 30.06.
Erstellt am: 28.07.
Rep 33 / Seite: 1

Netto Anlagen/Aufnahmen VW Konzern in Mio Landeswährung

share: 100%

Sparte AUTOMOTIVE	EUR	USD	CAD	GBP	JPY	SEK	CZK	SKK	PLN	BRL	ARS	MXN	ZAR	RMB	AUD	EUR sonst.	Summe EUR-GGW	Veränd. ggü.Vorm.
Marke VW			96,6	-1,8	684,1	239,8	-499,3	-3.517,6	-38,1						22,4	4,0		
VW AG																		
Auto 5000																		
TK Sachsen																		
VW Brüssel	7,4																	-5,4
Autoeuropa	52,8																	33,4
VW Slovakia	-31,6	0,9		0,0	0,8		0,7	-3.517,6								0,0		-0,9
VW Rus																		
VW Navarra	-5,4																	0,0
VW France	143,0																	31,4
VW Motor Polska	2,5								23,0									-2,2
Vaesa TK	-77,4																	6,1
VW UK				-1,8														71,6
Import VW Group	0,1						-500,0											1,2
Svenska VW TK	1,8					239,8												4,6
VW of America TK	0,0	0,1																4,7
VW Canada TK	0,0		96,6															59,5
VW Japan TK					683,3													-14,7
VW Group Australia	0,0														22,4			2,5
VW Singapore	8,5																	-0,3
VW Bordnetze TK (50-60%																		
AM Dresden																		
DSM (35%)																		
VW Transport TK	0,4								1,3									-4,2
VW Synko TK	-80,4																	0,0
Vertriebszentren Inland (5	10,8																	-4,6
Marke VW sonst. Inland (5	0,2	0,3	0,0	0,0	0,0										0,0			35,7
Marke VW sonst. Ausland	-2,8	0,6							-62,4							4,0		-8,0
Marke Skoda	135,0	0,4		0,0	0,7	0,1		1.012,1	43,9							16,1		
SKODA a.a.S.	110,9	0,4		0,0	0,7	0,1		0,4	0,0							0,0		
SKODA Vertriebsgesell. (5	24,1							1.011,7	43,9							16,1		6,4
SkoEnergo TK	0,0																	0,4
Marke Skoda sonstige (75	0,0						148,1									0,0		-0,1
Marke Bugatti																		
Bugatti																		

Stand: 30.06.
Erstellt am: 28.07.
Rep 21 / Seite: 1

Intercompany - Finanzierungen (inkl. Cash - Pool): FINANZIERUNG / SONS'

share: 100%

Anlage Gesellschaft	Empfänger Gesellschaft	Anlage					Aufnahme Gesellschaft	Mittelherkunft Gesellschaft	Aufnahme				
		CCY	Betrag in Fremdwäh.	Betrag in EUR-GGW	Swap	Diff.g. Vorm.			CCY	Betrag in Fremdwäh.	Betrag in EUR-GGW	Swap	Diff.g. Vorm.
VIF		JPY	4.000,0	27,4	32,9 EUR	-0,3	VIF						
		JPY	4.000,0	32,9									
		EUR	31,7	31,7	7,4 EUR								
		PLN	30,0	7,4									
		EUR	254,6	254,6									
		CZK	80,6	2,8		0,0							
		GBP	33,8	48,8	150 AUD	-0,4							
		USD	100,4	87,6	100 EUR	-0,8							
		USD	119,7	100,0	100 HKD	-200,0							
		USD	12,8	10,1	500 NOK	0,1							
		USD	70,9	63,0	58000 JPY	-1,0							
		USD	546,0	397,9		-14,3							
		EUR	46,6	46,6	23,7 EUR								
		SEK	220,0	23,7									
		USD	0,3	0,2		0,0			USD	0,3	0,2		0,0
		EUR				-120,9							
		EUR	46,3	46,3		46,3							
		EUR	27,0	27,0									
		EUR	23,3	23,3	23,3 EUR	23,3	VIF	Summe			0,2		0,0
VIF / CCB	Summe	EUR		641,3		-268,1							
		EUR	367,0	367,0		-12,0	VIF						
		EUR	260,0	260,0		-10,0	CCB						
		SEK	110,0	11,8	11,8 EUR	-16,2			EUR	215,6	215,6		215,6
		EUR	2,5	2,5		2,5			USD	0,0	0,0		0,0
CCB	Summe			641,3		-57,6	CCB	Summe	EUR	100,0	100,0		
VIL		GBP	30,1	44,3	44,3 EUR	-9,7	VIL				315,6		215,6
		EUR	65,6	65,6		25,2							
VIL	Summe			109,9		1,6	VIL	Summe					
VW Immobilien TK		EUR	33,7	33,7	Cashpool	0,8	VW Immobilien TK		EUR	1,7	1,7	Cashpool	-2,4
VW Immobilien TK	Summe	EUR	33,7	33,7		0,8	VW Immobilien TK	Summe	EUR	60,1	60,1		
VW Versicherung TK		EUR	6,3	6,3	Cashpool	-3,8	VW Versicherung TK	Summe			61,8		-2,4
		EUR	20,8	20,8	Cashpool	7,1							
		EUR	0,0	0,0		0,0							

Stand: 30.06.
Erstellt am: 28.07.
Rep 55 / Seite: 1

Liquiditätsübersicht nach Sparten VW Konzern in Mio EUR

share: 100%

Sparte AUTOMOTIVE	Externe Anlagen				Externe Aufnahmen				Netto Anl./Aufn. (excl. IC)	IC-Anlagen	IC-Aufnahmen	Netto Anl./Aufn. (incl. IC)	Diff. ggü. Vormonat
	Vorhalteliqu. Betriebsmittel	Projekt-finanzierung	Absatz-finanzierung	Gesamt	Vorhalteliqu. Betriebsmittel	Projekt-finanzierung	Absatz-finanzierung	Gesamt					
Marke VW													**543,6**
VW AG													150,5
Auto 5000													69,6
TK Sachsen													32,4
VW Brüssel													31,4
Autoeuropa													2,6
VW Slovakia													-0,9
VW Rus													
VW Navarra													38,8
VW France													8,9
VW Motor Polska													2,8
Vaesa TK													79,5
VW UK													-40,6
Import VW Group													1,3
Svenska VW TK													8,8
VW of America TK													9,9
VW Canada TK													73,7
VW Japan TK													-0,8
VW Group Australia													2,5
VW Singapore													-0,3
VW Bordnetze TK (50-60%													
AM Dresden													15,3
DSM (35%)													-4,2
VW Transport TK													33,3
VW Synko TK													-1,1
Vertriebszentren Inland (5													36,4
Marke VW sonst. Inland (5													-0,4
Marke VW sonst. Ausland													-6,1
Marke Skoda													**109,6**
SKODA a.a.S.													102,6
SKODA Vertriebsgesell. (5													6,7
SkoEnergo TK (10-46%)													0,4
Marke Skoda sonstige (75													-0,1
Marke Bugatti													**0,0**
Bugatti													0,0

Externe Mittelanlagen VW-Konzern
30.04.20XY

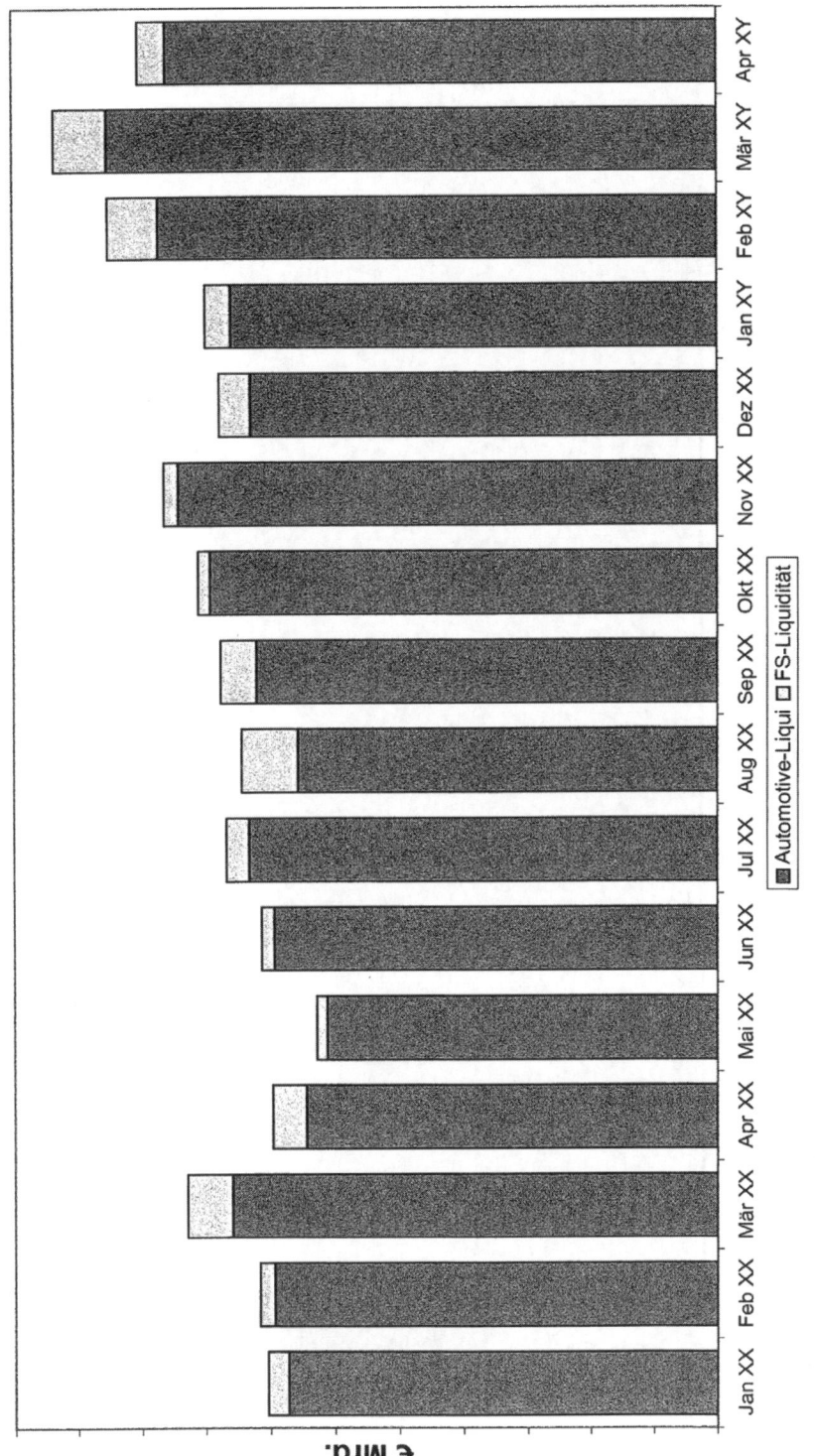

€ Mrd.

Jan XX Feb XX Mär XX Apr XX Mai XX Jun XX Jul XX Aug XX Sep XX Okt XX Nov XX Dez XX Jan XY Feb XY Mär XY Apr XY

■ Automotive-Liqui □ FS-Liquidität

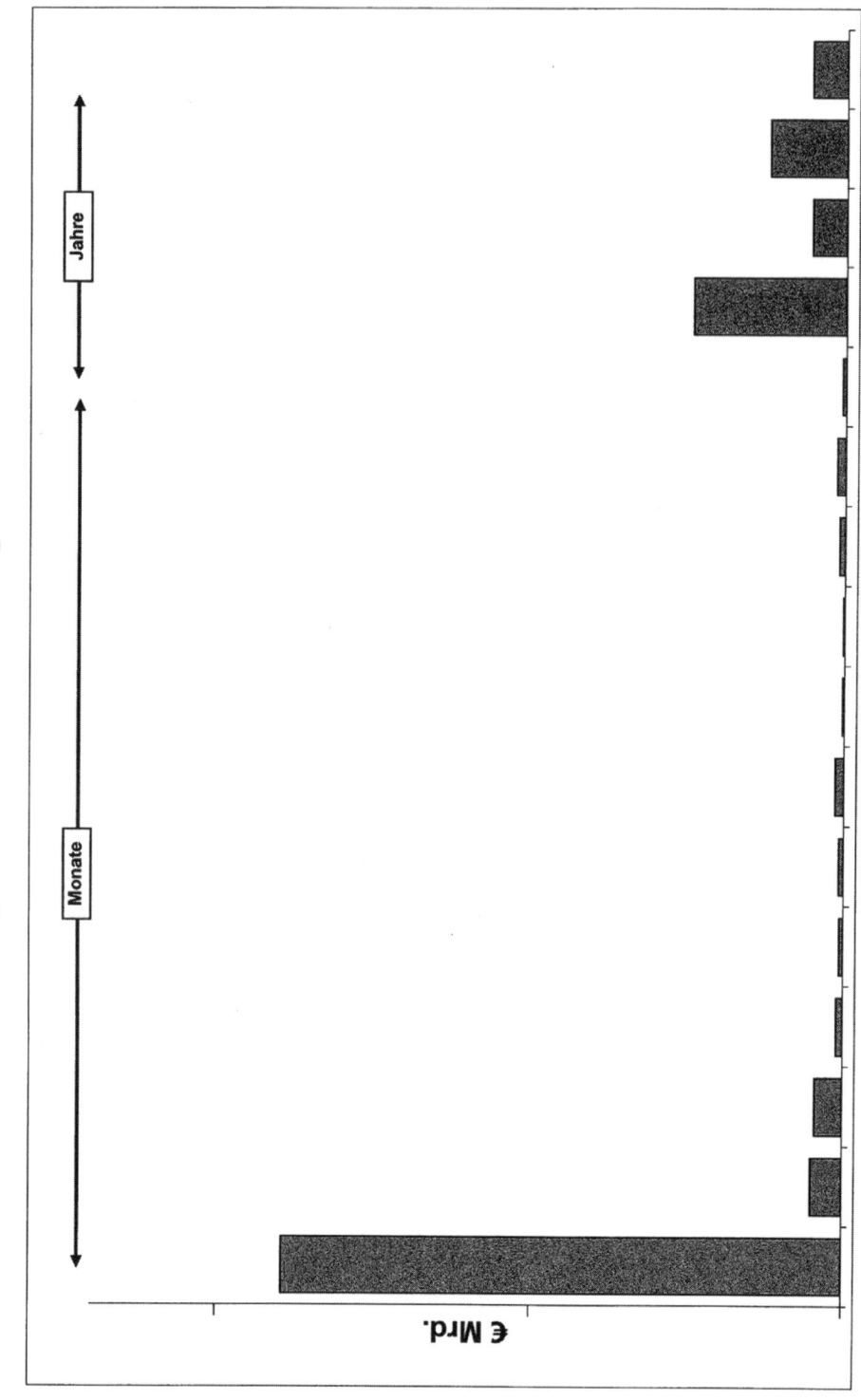

Externe-Anlagen VW-Konzern - Fälligkeiten

A-19

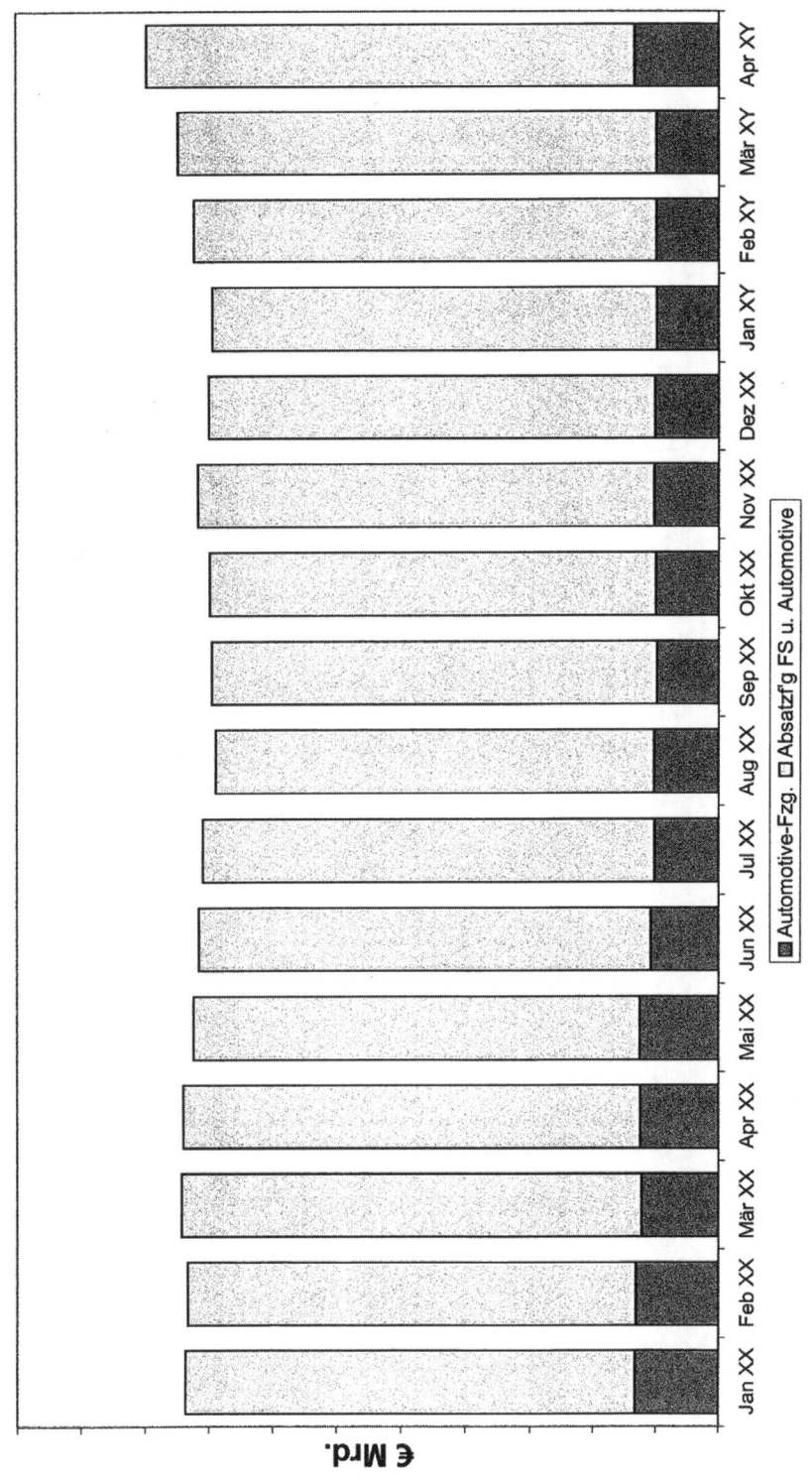

Externe Mittelaufnahmen VW-Konzern
30.04.20XY

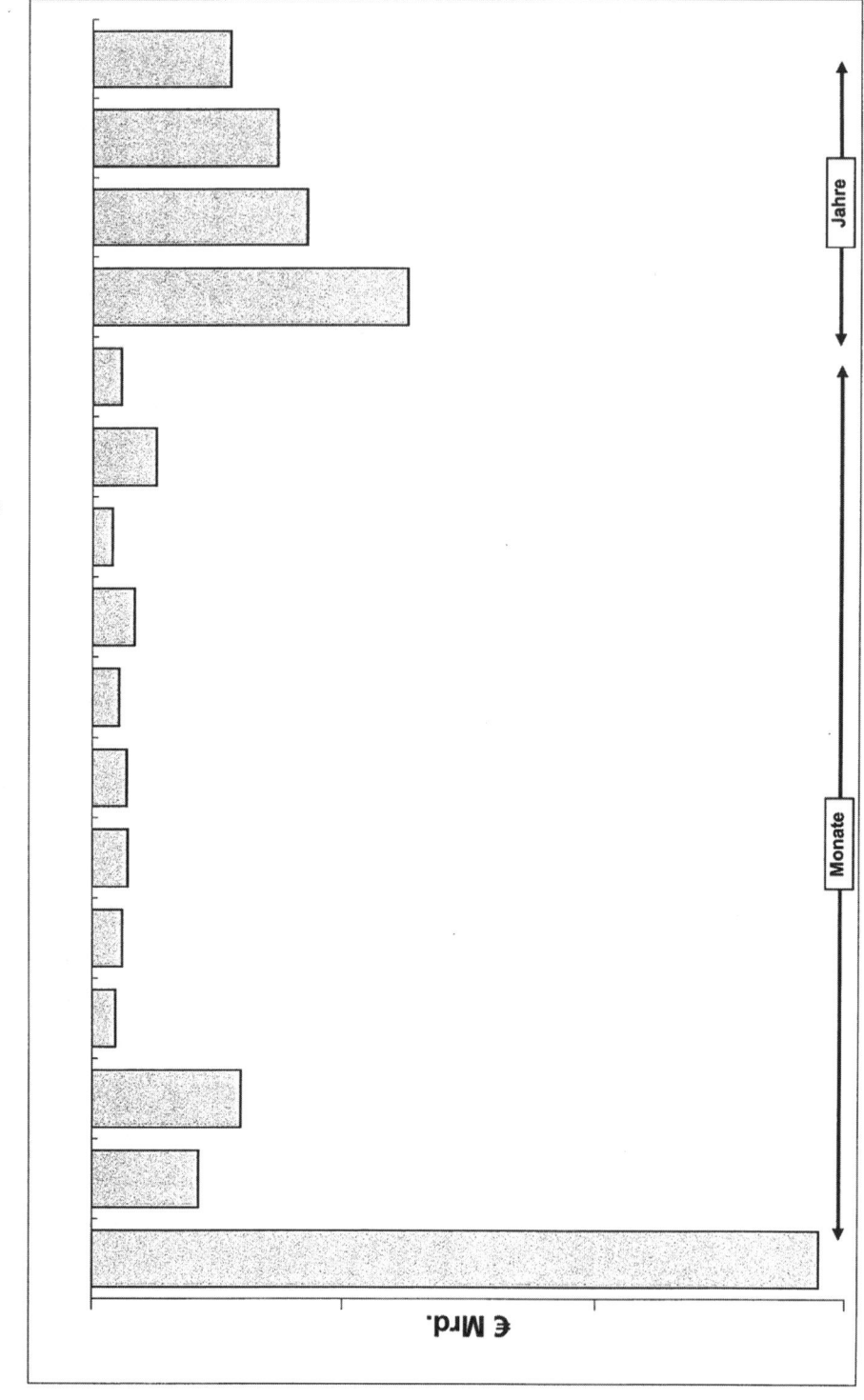

Externe-Aufnahmen VW-Konzern - Fälligkeiten

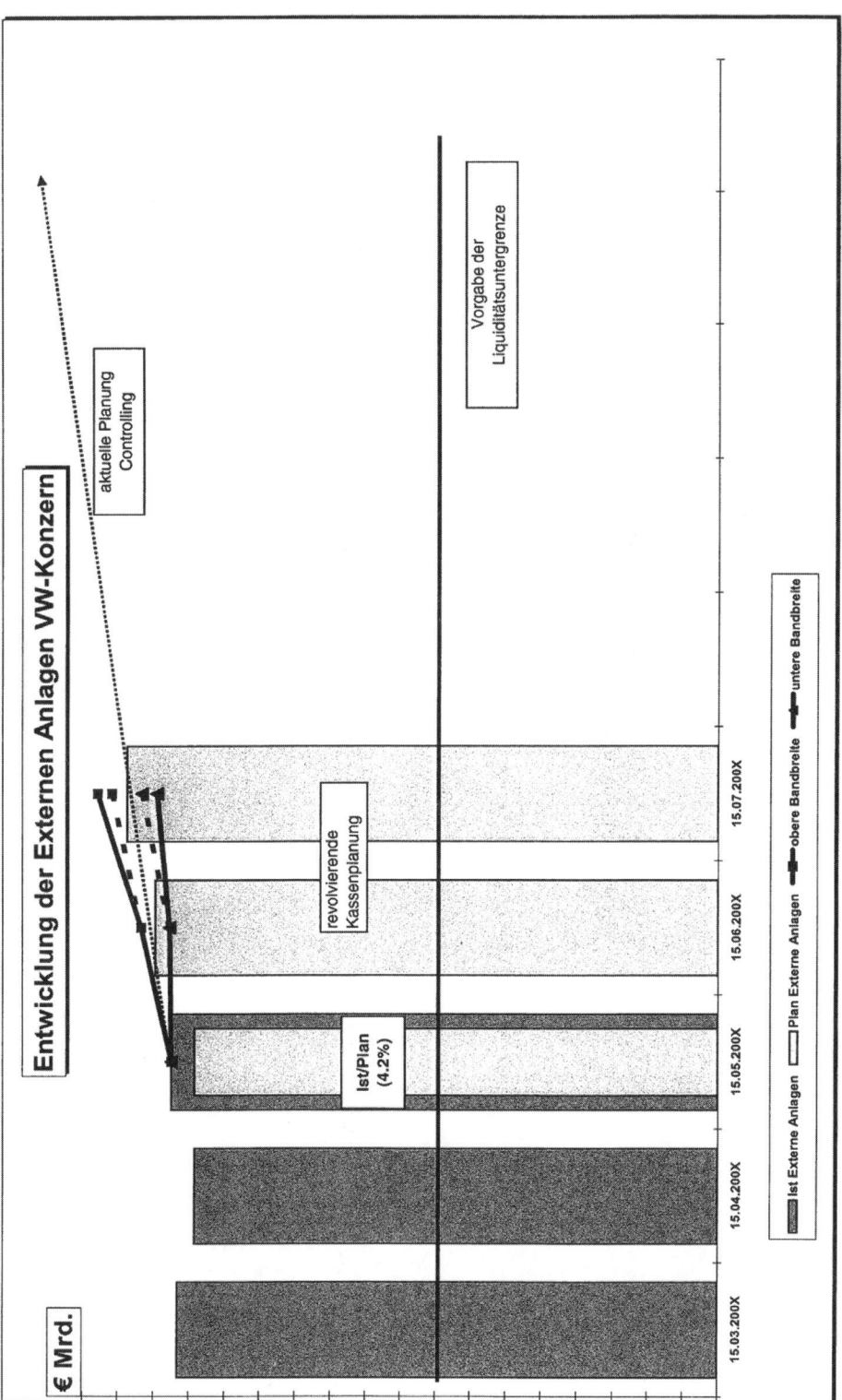

Entwicklung der Externen Anlagen VW-Konzern

€ Mrd.

aktuelle Planung Controlling

Vorgabe der Liquiditätsuntergrenze

revolvierende Kassenplanung

Ist/Plan (4.2%)

15.03.200X 15.04.200X 15.05.200X 15.06.200X 15.07.200X

Ist Externe Anlagen Plan Externe Anlagen obere Bandbreite untere Bandbreite

Anhang 2

PRESSEBERICHT

Bezug II.3.1: Bankkredite

EuroWeek: 30.05.03

Wiedergabe mit freundlicher Genehmigung von EuroWeek

EuroWeek

www.euroweek.com

Issue 805 Friday May 30, 2003   Online every Friday 2pm GMT at www.euroweek.co

End of the line for traditional relationship banking?

Deutsche quits VW Eu10bn credit in last minute shock

Deutsche Bank created a sensation when it pulled out from Volkswagen's Eu10bn headline revolving credit on Monday — without warning and just a day before syndication was due to start.

Deutsche's decision has thrown into doubt its future relationship with the German automaker and led to speculation about the bank's lending strategy as a whole.

Bankers say Deutsche has been paying much closer attention to the level of returns from its relationships, and that its syndicated lending business is under particular scrutiny.

However, no one expected Deutsche to drop out of Volkswagen's annual revolving credit — certainly not Rutbert Reisch, Volkswagen's CFO. Speaking to *EuroWeek*, he expressed his dismay at Deutsche's decision. "We are disappointed that Deutsche has turned down the opportunity to take part in our facility," he said.

Asked whether the bank had damaged its chances of winning future capital markets business as a result of its actions, he added: "We will have to see what happens. But I certainly did not expect a core relationship bank to behave in this manner. I do not want to categori-cally say that if a bank does not join our credit facility it will forever miss out on our capital markets mandates. But there is clearly a link — it would be naive to think otherwise."

Reisch was irked by the manner in which Deutsche pulled out of the loan. The same six banks that had arranged VW's Eu15bn revolver in 2002 — ABN Amro, Barclays Capital, BNP Paribas, Citigroup, Deutsche and JP Morgan — were in line to keep their positions and all had agreed on the timetable of the loan.

But with Deutsche pulling out when it did, Volkswagen was left one

continued on page 49

Deutsche turns down Eu10bn 364 day VW credit

continued from page 1

arranger short — 24 hours before launch of its main facility of the year.

"If Volkswagen were to issue a bond tomorrow would Deutsche Bank be appointed bookrunner? No comment," Reisch said. "You must draw your own conclusion. But if somebody pulls at the last minute then that bank is at a competitive disadvantage when it comes to awarding a mandate in the future.

"Since they pulled out only the day before syndication was due to begin, I would have to feel very generous to invite them back for a future mandate."

Fortunately Volkswagen was able to call upon Commerzbank, Crédit Agricole Indosuez and Dresdner Kleinwort Wasserstein to fill the hole left by Deutsche.

The three banks emphasised their willingness by taking less than two hours to come back with their credit approvals and a group of eight underwriters was firmly in place by mid-afternoon.

Deutsche — which, *EuroWeek* understands, has other substantial lines of credit open to the company — was unable to comment.

However, one theory is that the Volkswagen relationship had been under the microscope since Deutsche failed to land a bookrunner role on VW's recent Eu4.5bn multi-tranche bond.

That deal, launched on May 14, was led by BNP Paribas, Citigroup, Dresdner Kleinwort Wasserstein, ING and JP Morgan and stands as the largest corporate issue since France Télécom raised Eu5.5bn in January and the longest dated euro denominated issue from the auto sector.

"There is a suggestion that Deutsche looked at the Volkswagen relationship before committing to the loan and worked out how much it wanted to make out of the relationship over the next 12-18 months," said a banker. "It is possible that after missing out on the bond, Deutsche realised it was not going to meet its tough return hurdle and decided that it would not lend to the deal.

"Yes, Deutsche was probably unhappy being locked out of the bond. But the economics of lending to Volkswagen are very difficult. You have to make up for the fees somewhere else such as bonds, FX and ABS. And if you don't get the ancillary you're in trouble."

Another theory is that relations were already fraught because of Deutsche's links to DaimlerChrysler — Deutsche owns 13% of the German-US auto. "Volkswagen was already a little nervous of Deutsche because of the Daimler issue," said one banker. "Before this loan issue came up, the relationship was already very tricky."

However Reisch rebuffed this argument: "This has nothing to do with DaimlerChrysler. That is a different story. We know that Deutsche is a major shareholder in DaimlerChrysler and it has not affected our business in the past.

"The relationship has been strained because Deutsche has been uncompetitive on price and they have started to pick out certain risks and they started to put product managers ahead of the relationship banker, and we cannot accept that."

Although Deutsche's actions and Reisch's reactions are high profile, they highlight how sharp the focus on return in the bank market has become over the past year. They show that banks either have to increase their ancillary business from clients or have to reduce their exposure to those clients.

No special cases

To some extent Reisch understands this. "I realise that providing the balance sheet is a very important issue for banks nowadays and as a result we are very careful when awarding the fee business." But he warns that he cannot make any special cases: "I cannot give preferential treatment to just one bank. I have to look after all our important banking partners on a fair and equal basis."

However, Deutsche's decision to stand up to Volkswagen has found sympathy from a few members of the syndicate.

"You have to admire their stand," said one banker involved in the deal.

"It's always good to see your competitor fall out with one of its best clients, but Deutsche is actually doing what so many of us should be doing but are not. Some of us probably don't have the guts to stand up to such a big client and turn them down on such an important but low yielding facility."

The loan has been launched at three levels: Eu400m, Eu275m and Eu150m.

Lenders will receive 2.5bp on rolled over debt and 6bp on any new money.

The margin is 20bp over Euribor, the commitment fee is 6bp and the utilisation fee is 2.5bp if more than 33.3% is drawn and 5bp if more than 66.6% is drawn.

Despite the early upheaval, the loan is expected to be popular with Volkswagen's remaining core banks as well as other institutions keen to make friends with Reisch. ☐

Anhang 3

PRESSEBERICHTE

Bezug II.3.2.2: Ratings

Frankfurter Allgemeine Zeitung: 13.03.03; 02.03.04
Börsen-Zeitung: 05.04.03; 15.08.03; 22.11.03

Wiedergabe mit freundlicher Genehmigung der Frankfurter
Allgemeinen Zeitung und der Börsen-Zeitung, bzw. der Autoren.

Frankfurter Allgemeine Zeitung
13.03.2003

Die Macht der Ratingagenturen

Von Folker Dries

Das Geschäft der Kreditbewertungsagenturen brummt, und ihre Bonitätsurteile sind stärker gefürchtet als jemals zuvor. Gleichzeitig wächst die Kritik an diesen Wächtern der Bonität von Staaten und Unternehmen. Es werden sogar Rufe nach ihrer Regulierung laut. Denn der Einfluß, den die drei großen Ratingagenturen Standard & Poor's, Moody's Investors Service und Fitch Ratings inzwischen auf den gesamten Kapitalmarkt ausüben, ist vielen nicht mehr geheuer. Ihre Marktmacht ist während der Baisse der vergangenen drei Jahre sogar noch gestiegen. Dies liegt zum einen daran, daß die Zunft der Aktienanalysten und die hinter ihnen stehenden Investmentbanken wegen ihrer offenkundigen Interessenkonflikte an Glaubwürdigkeit verloren haben. Zum anderen hat die Fremdfinanzierung über den Kapitalmarkt durch neue Finanzinstrumente wie die Verbriefung von Zahlungsströmen an Bedeutung gewonnen.

Die Diskussion um die Macht des Oligopols der Ratingagenturen ist nicht neu, wird heute aber unter anderen Vorzeichen geführt. Früher wurde den Kreditbewertern Zögerlichkeit, ja Verschlafenheit vorgeworfen. Weder hatten sie die Währungskrise der asiatischen Tigerstaaten noch die Schieflagen großer amerikanischer Unternehmen wie Enron, Worldcom oder Kmart vorhergesehen. Der Telekom-Riese Worldcom war von den Agenturen noch drei Monate vor dem Insolvenzantrag als eine solide Anlageadresse eingestuft worden. Enron besaß das Gütesiegel eines sogenannten „Investment Grade" sogar noch vier Tage vor dem Gang zum Insolvenzgericht.

Der Zusammenbruch von Enron war denn auch ein Weckruf für die großen Ratingagenturen. Sie erkannten, daß ihr größtes Kapital, ihre Reputation, auf dem Spiel stand. Sie reagierten umgehend, allerdings mit Anflügen von Panik. Zahlreiche Schuldner wurden einer Neubewertung unterzogen, Versäumnisse der Vergangenheit aufgearbeitet. Außerbilanzielle Vehikel zur Verschleierung von Schulden wurden genauer unter die Lupe genommen, und die Abhängigkeit der Unternehmen von kurzfristigen Finanzierungen wurde kritischer beurteilt. Es kam zu einer Reihe hektischer Ratingveränderungen, die manchen Schuldner in schwere Turbulenzen stürzte. Das Rating-ABC blieb zwar das gleiche, die Sprünge zwischen den einzelnen Bonitätsnoten sind seither aber größer und auch häufiger.

Daß derzeit die Herabstufungen von Schuldnern die Heraufstufungen weit in den Schatten stellen, liegt jedoch nur in zweiter Linie an der forscheren Herangehensweise der Ratingagenturen. Entscheidend ist vielmehr das schlechte konjunkturelle Umfeld – gerade in Deutschland, wo ein Insolvenzrekord auf den anderen folgt. Selbst die Bestnote des Schuldners Bundesrepublik Deutschland, das sogenannte Triple-A, könnte aufgrund der fiskalischen Disziplinlosigkeit bald in Frage gestellt werden, wie die Ratingagenturen unlängst angedeutet haben. Auch deshalb ist Vorsicht geboten, wenn jetzt Politiker eine Regulierung der Ratingagenturen fordern. Bundesfinanzminister Hans Eichel trägt sich mit dem Gedanken, das Thema Ratingagenturen auf die Tagesordnung des nächsten Gipfeltreffens der führenden Industriestaaten (G 7) zu setzen – vielleicht auch, weil man in Berlin glaubt, zumindest in dieser Angelegenheit auf einer Welle mit Washington zu schwimmen. In den Vereinigten Staaten läuft die Diskussion über die Marktmacht und eine eventuelle Regulierung der Ratingagenturen schon länger. Die amerikanische Börsenaufsicht SEC wird wahrscheinlich noch in diesem Monat Vorschläge präsentieren, wie der Wettbewerb im Ratinggeschäft und vielleicht auch der Ratingprozeß selbst verbessert werden könnten. Das dürfte darauf hinauslaufen, daß die SEC mehr Kreditbewertern den Status einer national anerkannten Ratingagentur zubilligt. Bis vor wenigen Wochen hatten nur die drei führenden Agenturen diese herausgehobene Stellung, womit das Oligopol im Ratinggeschäft quasistaatlich sanktioniert war. Die unlängst erfolgte Zulassung der kanadischen Dominion Bond signalisiert, daß die SEC dieses Oligopol aufbrechen will.

Mehr Wettbewerb in diesem Geschäft wäre aus Sicht der Gläubiger, also der Investoren, sicher zu begrüßen. Wer aber auch den Ratingprozeß selbst regulieren will, begibt sich auf Glatteis. Regulieren kann man nur solche Vorgänge, denen eine klare, einheitliche Methode zugrunde liegt. Genau das ist aber beim Rating nicht der Fall. Die Beurteilung der Bonität eines Schuldners ist letztendlich nichts anderes als eine Meinungsäußerung, bei der Kreditbewerter verschiedene Faktoren wie Liquidität, Cash-flow und Verschuldungsgrad unterschiedlich gewichten. Man mag den Agenturen vorhalten, daß sie diesen subjektiv gestalteten Prozeß nicht transparent genug machen. Es liegt jedoch im ureigenen Interesse der Kreditbewerter, möglichst viel Licht auf die Parameter zu werfen, die sie bei ihren Entscheidungen heranziehen. Andernfalls stoßen sie, wie zuletzt im Fall Thyssen-Krupp, auf Unverständnis bei Gläubigern und Schuldnern gleichermaßen, was ihrer Glaubwürdigkeit schadet.

Die Qualität des Ratingprozesses fällt somit als Angriffsfläche für regulierungswütige Politiker aus. Bleibt die Frage nach potentiellen Interessenkonflikten: Es ist ein Kuriosum dieser Branche, daß die Ratings für die Gläubiger erstellt, aber von den Schuldnern bezahlt werden. Doch die Gefahr, daß Gefälligkeitsnoten vergeben werden, ist angesichts der Kundenstruktur denkbar gering. Eine Agentur wie Standard & Poor's beurteilt mehr als 37 000 Schuldner. Die Abhängigkeit von einzelnen Kunden ist somit minimal. Noch wichtiger jedoch ist, daß eine Ratingagentur mit Gefälligkeitsnoten Gefahr liefe, sich selbst aus dem Markt zu drängen, weil die Investoren das Vertrauen in ihre Bonitätsurteile verlören.

Kurzum: Wer nach einer staatlichen Regulierung der Ratingagenturen ruft, muß sich fragen lassen, was er eigentlich regulieren will – den Ratingprozeß oder unliebsame Ratingurteile?

Frankfurter Allgemeine Zeitung   **02. März 2004**

Standpunkte

Keine Macht ohne Kontrolle

Ein Ordnungsrahmen für Rating-Agenturen

Jochen Sanio

Die Rating-Agenturen sind ins Gerede gekommen, vor allem, weil sie den Niedergang weltbekannter Unternehmen nicht rechtzeitig erkannten. Eines der spektakulärsten Beispiele ist der amerikanische Energiegigant Enron. Noch kurz vor seinem Zusammenbruch gaben ihm die großen amerikanischen Rating-Agenturen Standard & Poor's und Moody's ein „investment grade"-Rating. Seitdem ist die Diskussion um die Qualität der Rating-Verfahren nicht mehr verstummt.

Hierzulande spitzte sich die Debatte um die Rating-Agenturen zu, nachdem Standard & Poor's und Fitch im vergangenen Jahr das Rating mehrerer großer deutscher Emittenten herabgestuft hatten. Für Aufregung sorgte vor allem, daß die Herabstufungen zum Teil völlig überraschend kamen und das Vorgehen der Agenturen oft nicht nachvollziehbar war. Nach den Ereignissen des vergangenen Jahres kann es keinen Zweifel mehr geben: Zwei bis drei ausländische Rating-Agenturen bestimmen über das Wohl und Wehe aller deutschen Emittenten, die ein Rating benötigen. Eine Anleihe, die kein Rating von Standard & Poor's, Moody's oder zumindest Fitch hat, wird international, aber auch national nicht mehr wahrgenommen. Institutionelle und private Anleger richten sich bei ihren Anlageentscheidungen nach Rating-Urteilen; die Finanzlage eines Emittenten hängt daher entscheidend von den Bewertungen der Agenturen ab.

Dagegen läßt sich im Prinzip nichts einwenden – im Gegenteil. Rating-Agenturen erfüllen eine wichtige Aufgabe. Als unabhängige Informationsvermittler können sie mit hohem Sachverstand die Komplexität von Unternehmensdaten reduzieren. Damit erhöhen sie die Effizienz der Finanzmärkte. Dennoch dürfen die Rating-Agenturen nicht sich selbst überlassen bleiben. Auch wenn die Rating-Agenturen sich mit der Qualität ihrer Urteile generell große Anerkennung erarbeitet haben, heißt das nicht, daß wir ihnen unbegrenzte Freiheiten zugestehen können. Die öffentliche Bedeutung und die wirtschaftliche Macht der führenden Rating-Agenturen verlangen nach einem Ordnungsrahmen, der qualitativ hochwertige, unabhängige und transparente Verfahren garantiert. Wir brauchen daher einen detaillierten „code of conduct", also ausgefeilte Verhaltensregeln, die die Verfahren der Rating-Agenturen überprüfbar machen. Diese Regeln könnten gleichzeitig als Zulassungsbedingungen für neue Wettbewerber auf dem Markt der Rating-Agenturen dienen.

Ein solcher „code of conduct" könnte uns auch bei der Umsetzung von Basel II helfen. Nach dem zukünftigen Baseler Eigenkapitalakkord können Kreditinstitute für die Berechnung der aufsichtlichen Eigenkapitalanforderungen auch Ratings von Rating-Agenturen nutzen. Voraussetzung ist, daß die nationale Aufsicht diese Rating-Agenturen anerkennt. Basel II gibt für das Anerkennungsverfahren nur einen groben Rahmen vor. Der „code of conduct" könnte ihn mit Leben füllen. Ähnliches gilt für das EU-Projekt „Solvency II", das eine neue Eigenmittelnorm für Versicherungsunternehmen einführen wird.

Wer sich für einen „code of conduct" ausspricht, muß Farbe bekennen: Wer soll die Verhaltensregeln erlassen und wer ihre Einhaltung wirksam kontrollieren? Schon bei der Frage, ob eine nationale Instanz dafür zuständig sein sollte, macht sich Ratlosigkeit breit. Standard & Poor's, Moody's und Fitch operieren global, haben ihren Sitz in den Vereinigten Staaten und unterhalten lediglich Zweigstellen in Deutschland. Sie wären einer rein deutschen Überwachung nur schwer zu unterwerfen, denn ihre Analysten könnten ebensogut aus dem Ausland tätig werden. Zudem würden international agierende Rating-Agenturen in ihrer Vermittlerfunktion beeinträchtigt, wenn sie nach national unterschiedlichen Regeln beaufsichtigt würden. Nur eine international oder zumindest EU-weit koordinierte Regulierung kann den internationalen Kapitalmärkten gerecht werden. Ein nationaler Alleingang wäre nur als Ersatzlösung denkbar – nämlich dann, wenn man sich international nicht auf gemeinsame Standards einigen kann. Zur Zeit stehen jedoch die Ampeln auf Grün. Die internationale Organisation der Wertpapieraufsichtsbehörden (Iosco) hat bereits im vergangenen Jahr Grundsätze zur Integrität, Unabhängigkeit und Transparenz von Kreditrating-Agenturen entwickelt. Sie sind allerdings sehr allgemein gehalten. Nun gilt es, die Grundsätze der Iosco zu konkretisieren und den Rating-Agenturen klare Pflichten aufzuerlegen. Dabei ist es unverzichtbar, daß staatliche Stellen und erst recht die betroffenen Emittenten die Beachtung dieser Regeln einfordern können. Unter der Leitung von Roel Campos, Commissioner der amerikanischen Wertpapieraufsichtsbehörde SEC (Securities and Exchange Commission), soll eine hochrangige Iosco-Arbeitsgruppe noch in diesem Jahr den geplanten detaillierten „code of conduct" für Rating-Agenturen entwickeln.

Sobald dieser Verhaltenskodex verabschiedet ist, muß geklärt werden, welche Instanz bei behaupteten oder vermuteten Regelverstößen angerufen werden kann. Vor kurzem erst hat das EU-Parlament eine Entschließung zur Tätigkeit von Rating-Agenturen verabschiedet. Danach sollen die Rating-Agenturen ein selbstverwaltetes Schiedsverfahren einrichten – für Emittenten oder Anleger, die sich durch ein Rating-Verfahren benachteiligt sehen. Nach den jüngsten Erfahrungen deutscher Unternehmen halte ich es für fraglich, ob ein solcher Schritt ausreicht. Zumindest müßte der faire Verlauf eines Schiedsverfahrens durch staatliche Stellen gewährleistet werden. Dies könnte auf nationaler Ebene geschehen oder durch kompetente internationale Gremien wie die IOSCO. Solchen Gremien fiele es leichter, sich gegenüber den zwei marktbeherrschenden amerikanischen Rating-Agenturen durchzusetzen. In der augenblicklichen Situation muß sich der deutsche Gesetzgeber seine nationalen Rechte vorbehalten und abwarten, ob die internationalen Bemühungen von Erfolg gekrönt sind. Der jetzige Zustand ist jedenfalls auf Dauer nicht akzeptabel.

Der Autor ist Präsident der Bundesanstalt für Finanzdienstleistungsaufsicht (Bafin)
Foto Wolfgang Eilmes

GASTBEITRAG Börsen-Zeitung, 05.04.03

Ratings der Ratingagenturen: Nur eine Meinung mehr

Von Hans-Ulrich Templin*)

Börsen-Zeitung, 28.3.2003

Die jüngste Ankündigung der Ratingagentur Standard & Poor's (S & P), zehn europäische Unternehmen auf die Watchlist zu setzen, da möglicherweise massive Unterdeckungen der Pensionsverpflichtungen bestünden, hat wieder einmal zu einer intensiven Diskussion um die Ansätze und die Rolle der Ratingagenturen geführt.

Festzustellen ist zunächst, dass die Bedeutung der Ratingagenturen in Europa in den vergangenen Jahren deutlich zugenommen hat. Die Emittenten nutzen immer stärker den Kapitalmarkt zur Refinanzierung und beauftragen zunehmend Ratingagenturen, ein Urteil über die Kreditqualität in Form eines Ratings abzugeben.

Ein Rating fasst in knapper, aussagefähiger Symbolik die Bonitätseinschätzung zusammen, also die Meinung bezüglich der Fähigkeit und rechtlichen Bindung eines Emittenten, die mit einem bestimmten Schuldtitel verbundenen Zins- und Tilgungsverpflichtungen vollständig und rechtzeitig zu erfüllen. Der Markt wird weitgehend von den Agenturen Moody's, S & P und Fitch bestimmt.

Die Beurteilung eines Schuldners wirkt sich direkt auf seine Finanzierungskosten aus, mit sinkender Bonität steigt die Verzinsung signifikant. Eine internationale Platzierung ist derzeit ohne ein Rating einer Agentur kaum möglich.

Hohe Erwartungen

Es bestehen sehr hohe Erwartungen sowohl auf Seiten der Emittenten als auch auf Seiten der Investoren, ein „korrektes" Urteil zu erhalten. Dabei ist die Rolle der Agenturen nicht unkritisch zu sehen:

– Am Markt der Ratingagenturen spielen nur wenige Anbieter eine wesentliche Rolle. Das macht den Einfluss dieser Agenturen auf das Wirtschaftsgeschehen sehr groß.

– Die eher künstliche Trennung in den Investment-Grade- und den High-Yield-Bereich, die sich in den Ratingskalen der Ratingagenturen herausgebildet hat, ist ein sehr stark beeinträchtigender Faktor. Viele Investoren dürfen aufgrund eigener oder Kundenrestriktionen nur Anleihen aus dem Investment-Gade-Bereich erwerben und halten. Das führt zu einem starken Verkaufsdruck im Fall einer Herabstufung in den High-Yield-Bereich. Letztlich ist jedoch der Übergang aus dem Investment-Grade- in den High-Yield-Bereich möglicherweise nur die Verschlechterung um eine Teilnote („BBB–" auf „BB +"), mit vor diesem Hintergrund unangemessen starken Auswirkungen.

Einfluss noch gewachsen

– Zunehmend wurden in letzter Zeit die Finanzierungskosten einer Anleihe über die Laufzeit hinweg an ein Urteil der Ratingagenturen selbst gekoppelt, und zwar durch die Vereinbarung so genannter Step-up-Kupons. Nach einer Ratingaktion verändert sich der zu zahlende Kupon. Damit wird der Einfluss der Ratingagenturen noch größer, gleichzeitig kann sich der negative Effekt einer Ratingherabstufung noch verstärken.

– Ähnliches gilt für die Vereinbarung von Rating-Triggers, bei denen beispielsweise eine Anleihe sofort fällig gestellt werden kann, sofern die Bonitätseinstufung unter ei-

nen vereinbarten Mindestwert fällt. Das kann wiederum zu einer Kettenreaktion führen, die weitere Bonitätsverschlechterungen nach sich zieht, denn eine unvermittelt zu tilgende Anleihe kann ein Unternehmen in ernste Liquiditätsschwierigkeiten bringen.

– Gerade im europäischen Raum stellen sich viele Marktteilnehmer die Frage, ob der Erfahrungsschatz aus dem US-amerikanischen Markt zu den europäischen Emittenten passt. Eine Frage, die nur auf Dauer beantwortet werden kann.

Mangelnde Transparenz

– Die Analysten einer Ratingagentur dürften zwar in der Regel einen recht tiefen Einblick in ein Unternehmen haben und zudem als Branchenspezialisten einen Überblick über Wettbewerber in die Analyse einbringen. Es sollten jedoch sowohl die Erwartungen als auch die Anforderungen ein realistisches Maß nicht überschreiten, denn wie in jedem Beruf gibt es auch hier gute und weniger gute Mitarbeiter und Analysten mit mehr oder weniger Erfahrung. Schließlich betonen die Agenturen selbst, dass es sich lediglich um eine Meinung über die Bonität eines Emittenten handele.

– Marktteilnehmer kritisieren seit einiger Zeit die mangelnde Transparenz der Vorgehensweise der Ratingagenturen.

Bei all diesen Punkten wirkt es doch erstaunlich, dass die Kapitalmarktteilnehmer insgesamt ein so hohes Gewicht auf die Urteile der Ratingagenturen legen. Das gilt umso mehr, als der Aktienmarkt ohne solche dritten Instanzen auskommt. Es ist beispielsweise davon auszugehen, dass viele Investoren wie Fondsmanager die Anleihen von ThyssenKrupp nach der Herabstufung in den High-Yield-Bereich verkaufen mussten, während die Kollegen aus dem Aktienmanagement

den Wert möglicherweise in keiner Weise in Frage stellten. Am Aktienmarkt ergibt sich die Einschätzung der Analysten- und Investorenmeinungen. Und bekanntermaßen ist am Aktienmarkt das Geld nicht unbedingt sicherer angelegt als am Markt für Unternehmensanleihen.

Rolle zurechtschneiden

Die Rolle der Ratingagenturen sollte auf ein angemessenes Maß zurückgeführt werden. Das können die Investoren nur durch eine veränderte Wahrnehmung und Verwendung der Ratingurteile erreichen. Jeder Investor, sei er nun Eigentümer oder Gläubiger, muss sich eine eigene Meinung über die mit seiner Investition verbundene Ertragschancen und das damit verbundene Risiko bilden. Letztlich ist das für die meisten Investoren am Corporate-Bond-Markt schon jetzt der Fall. Unterschiede bestehen in der Ausgestaltung der einzelnen Ansätze, mit Schwerpunkten auf quantitativen oder qualitativen Aspekten der Bonitätsanalyse.

Dass im Anleihebereich noch zusätzlich externe Ratings vorliegen, sollte man als Zusatzinformation nutzen. Sie ersetzt aber nicht die Verantwortung, eine eigene Analyse durchzuführen. Daher sollten wir die Ratings der Ratingagenturen als das nehmen, was sie sind: eine Meinung mehr.

*) Dr. Hans-Ulrich Templin ist Geschäftsführer Helaba Northern Trust.

Börsen-Zeitung

GASTBEITRAG

Ärger mit dem Rating

VON JENS LEKER UND FRITZ H. RAU *)

Börsen-Zeitung, 15.8.2003
Die hohe Zahl an Rating-Herabstufungen von Unternehmen in den letzten Monaten versetzt die deutsche Wirtschaft in Unbehagen. Jochen Sanio, Präsident der Bundesanstalt für Finanzdienstleistungsaufsicht (BaFin), spricht gar von Ratingagenturen als „größter unkontrollierter Machtstruktur im Weltfinanzsystem". Die Diskussion um den Sinn und Unsinn von Ratings wird somit von allen Seiten angetrieben.

Ruf nach Schlichtungsstelle

So auch jetzt vom Bundesverband der Deutschen Industrie (BDI), der in einer Stellungnahme an das Bundesfinanzministerium eine neutrale Einspruchsinstanz für Streitfälle zwischen Unternehmen und Ratingagenturen gefordert hat (vgl. BZ vom 12. August). Diese Stelle soll im Zweifel prüfen, ob die Ratingagenturen eine konsistente Analyse- und Prozessqualität vorweisen können. Der Ratingprozess soll nach Meinung des BDI transparenter und nachvollziehbarer werden.

Ist eine solche Einrichtung der richtige Ansatz, oder gibt es nicht geeignetere Wege, die Ratingmethoden samt ihrer Ergebnisse transparenter zu machen? Reduziert man die aktuellen Vorstöße auf ihren Kern, wird deutlich, dass es weniger der Sinn bzw. die Funktion des Ratings ist, die in Frage gestellt wird, sondern vielmehr das Unbehagen gegenüber der noch immer als mangelhaft angesehenen Informationsbereitschaft der Ratingagenturen.

Gremium existiert bereits

Die zunehmende Bedeutung von Ratings und das Aufkommen neuer Marktakteure hat die Deutsche Vereinigung für Finanzanalyse und Asset Management (DVFA) bereits im Jahre 2000 bewogen, eine unabhängige Kommission zur Erarbeitung von „Rating Standards" ins Leben zu rufen.

Dieses mit hochkarätigen Experten aus Wissenschaft und Praxis besetzte Gremium hat zunächst im Jahr 2001 eine erste Fassung der DVFA-Rating-Standards veröffent-licht. Bei der Entwicklung der Standards stand die jetzt diskutierte Forderung nach mehr Transparenz im Vordergrund. Nicht die Kontrolle oder gar Bewer-

tung von Ratingverfahren und Ratingagenturen werden angestrebt, sondern vielmehr sollen Transparenzstandards formuliert werden, die es den Marktakteuren erleichtern, sich selbst ein eigenständiges Urteil über die Qualität eines Ratings oder Ratingprozesses zu bilden.

Transparenz im Rating

Die Standards stellen einen Katalog von Informationen zusammen, der es Unternehmen und Finanzmarktteilnehmern erlaubt, Methode und Aussage der Ratingverfahren einzuschätzen und nachzuvollziehen. Ratingagenturen sollen entscheidungsrelevante Informationen offen legen, um die Ratingergebnisse vergleichbar zu machen. Die Standards bilden hier die inhaltlichen Forderungen des BDI bereits ab.
Welche Fragen müssen sich Ratingagenturen hiernach gefallen lassen? Einige Beispiele aus dem ausführlichen Katalog der DVFA-Standards verdeutlichen die Anforderungen: Aus welchen Quellen stammen die Informationen, die Grundlage für das Ratingsystem sind? In welchem Maße sind Ratingunternehmen und beurteiltes Unternehmen am Ratingprozess beteiligt? Welche Ausfallraten sind mit den einzelnen Ratingklassen der verwendeten Skala in der Vergangenheit verbunden gewesen? Veröffentlicht das Ratingunternehmen regelmäßig Angaben zur Güte seiner Ratingergebnisse?

Markt statt Zwang

Schon diese kurze Aufstellung macht deutlich, dass es nicht Ziel sein kann, Ratingagenturen zu regulieren oder gar Rating-Ideologie und -systeme zu standardisieren. Vielmehr soll ein komplexes Produkt klarer kommuniziert werden, das sich an eine zunehmende Zahl von Marktakteuren richtet. Damit wird nicht der Marktmechanismus außer Kraft gesetzt, wie vielfach gefordert. Ganz im Gegenteil gestaltet sich dadurch der Markt transparenter und funktionsfähiger.
Denn eines ist klar: Letztlich kann nur ein funktionierender Markt die Qualität des Produkts Rating gewährleisten. Daran ändert auch nichts, dass einige Marktakteure die Oligopolstruktur des Marktes und die hohen Eintrittsbarrieren für neue

Ratingagenturen kritisieren und deshalb staatliche oder selbstregulierende Interventionen fordern. Marktfeindliche Regulierung oder Kontrolle sollten stets nur letztes Mittel der Wahl sein. Die Auswirkungen bringen in der Regel mehr Schaden als Nutzen.
Die Ratingagenturen sind deshalb gut beraten, wenn sie sich auf die gestiegenen Informationsansprüche der Marktakteure und hier insbesondere auf die Bedürfnisse ihrer Kunden rechtzeitig einstellen. Wer stattdessen auf Mystifizierung setzt, wird sich auch in Zukunft mit kritischen Fragen auseinander setzen müssen. Letztlich ist es dieses auf Unkenntnis beruhende Unbehagen, das den möglichen Konflikt- bzw. Streitfall denkbar werden lässt. Eine angepasste Informationspolitik erstickt hingegen solche Befürchtungen bereits im Keim.

Gemeinsame Leitlinien

Einer möglichen „Schiedsstelle" käme dann vorrangig die Aufgabe zu, eine Kommunikationsplattform bereitzustellen und Leitlinien für die Transparenz des Ratingprozesses und für die Informationsanforderungen festzulegen. Die Ratingagenturen sollten sich dann auf diese Grundsätze selbst verpflichten. Das Gremium müsste ausgewogen und mit Experten aller beteiligten Gruppen besetzt sein, um eine gewisse Neutralität und Akzeptanz im Markt zu erreichen.
Ein solches Gremium hat genau genommen seine Arbeit schon im Jahre 2000 aufgenommen, und zwar in Form der DVFA-Kommission „Rating Standards". Mit den DVFA-Rating-Standards hat die Kommission die inhaltliche Grundlage gelegt, den Ratingprozess und dessen Ergebnisse transparenter, vergleichbarer und für die Beteiligten nachvollziehbarer zu machen.

*) Prof. Dr. Jens Leker ist Direktor des Instituts für betriebswirtschaftliches Management im Fachbereich 12 an der Westfälischen Wilhelms-Universität Münster und Vorsitzender der DVFA-Kommission „Rating Standards". Fritz H. Rau ist Vorsitzender und Sprecher des Vorstands der Deutschen Vereinigung für Finanzanalyse und Asset Management (DVFA) sowie Vorsitzender des europäischen Analystenverbands EFFAS.

Standard & Poor's kann das Zündeln nicht lassen

Börsen-Zeitung, 22.11.2003

Für die einen sind es die El Kaida des Finanzmarktes, für andere nur die „größte unkontrollierte Machtstruktur im Weltfinanzsystem" (BaFin-Präsident Jochen Sanio). Die Rede ist von den Ratingagenturen, im Folgenden von Standard & Poor's. Mit ihrem so genannten fiktiven Rating für die deutschen Landesbanken ab dem Jahr 2005 hat Standard & Poor's gezündelt und die Lunte einer Bombe angesteckt, vor deren Explosion Landespolitiker zittern. Zwar wurde in gemeinsamer Anstrengung die Lunte noch rechtzeitig ausgetreten. Doch der Sprengsatz ist natürlich noch nicht entschärft. Allein das Wissen um die potenzielle Sprengkraft hat die Betroffenen in jene helle Aufregung versetzt, die naturgemäß jeden Aufkunft fällt, der einen Blick in die eigene Zukunft werfen darf. Im Falle der Landesbanken sind das die Ratings, die ihnen nach 2005 und dem Wegfall der staatlichen Haftungsgarantien blühen.

Zur Unzeit

Sicherlich hat S & P das nötige Fingerspitzengefühl in der Kommunikation ihres Vorhabens gefehlt. Schließlich sind auch die Landesbanken ihre Kunden. Am Markt jedenfalls war kein spürbarer Druck festzustellen, der nach solchen Parallelratings schon zum jetzigen Zeitpunkt verlangt hätte. Zwar hatte S & P die Absicht, mit Beurteilungen für die Zeit nach Wegfall der Staatsgarantien bereits 2003 an den Markt zu kommen, schon im vorigen Jahr angekündigt. Doch noch wäre Zeit gewesen, bis sich die Zukunft der ein oder anderen Landesbank klarer konturiert. Spätestens im Herbst nächsten Jahres hätten die Agenturen die neuen Ratings für ungarantierte Verbindlichkeiten veröffentlichen müssen, um dem Markt die nötige Orientierung zu liefern. Also auch ohne das Vorpreschen von S & P ist der Druck für die Landesbanken groß, zukunftsfähige Geschäftsmodelle zu entwickeln.

Der „BBB"-Schock

Manche Aufregung ist aber auch gekünstelt. Denn es ist ja nicht so, dass die anderen Ratingagenturen nicht auch schon fiktive Ratings vorgenommen und deren Ergebnisse den Betroffenen auf den kleinen Dienstweg zur Kenntnis gebracht hätten. Die meisten Landesbanken wissen seit gut einem Jahr, wie es um die Beurteilung ihrer (künftig) ungarantierten Verbindlichkeiten steht. Allerdings ist bisher in den Beurteilungen wohl unterstellt worden, dass im Ernstfall auch nach dem Ende der Staatsgarantie die Länder hinter ihren Landesbanken stehen. Davon ist angesichts der politischen Verhältnisse in diesem Land auch für die Zukunft auszugehen, und zwar unabhängig von der Frage, welche Beteiligungsmodelle bei den einzelnen Instituten noch entwickelt und umgesetzt werden. Dass Institute vom Kaliber einer Landesbank im Ernstfall ohne Netz dastehen, wäre ein Phänomen, das bisher bestenfalls in Emerging Markets zu beobachten war.

Während sich die Landesbanken also bisher in der Sicherheit wiegen konnten, auch mit ihren ungarantierten Verbindlichkeiten irgendwo zwischen „A+" und „A-" zu landen, haben die vorab durchgesickerten S & P-Einstufungen manche Häuser aufgeschreckt. Denn danach wären die Landesbank Baden-Württemberg (LBBW), die Landesbank Hessen-Thüringen (Helaba) und die HSH Nordbank im Bereich eines „A"-Ratings geblieben. Die Aussicht auf ein „BBB-" dürfte für manche Landesbank insofern ein Schock gewesen sein, als sich damit ernsthaft die Frage nach dem Geschäftsmodell und der Überlebensfähigkeit stellt. Kann sich eine Bank, die wie manche Landesbank über keine eigenen Kundeneinlagen verfügt, mit einem schlechteren Rating als „A" noch refinanzieren? Auf der Käuferseite sind eine wichtige Gruppe die Banken selbst; doch die Europäische Zentralbank verlangt für die Annahme solcher Verbindlichkeiten mindestens von einer Agentur ein A-Rating.

Kein Geheimnis ist, dass S & P schon immer einen etwas kritischeren Blick auf die Bankenlandschaft im Allgemeinen und auf die Landesbanken im Speziellen hatte als Moody's oder Fitch. In der Branche wie auch bei den Banken selbst genießen die S & P-Analysten gleichwohl bisher einen sehr guten Ruf. Der ist jetzt durch den Kommunikations-Fauxpas in Mitleidenschaft gezogen. Mit dem jüngsten Vorstoß hat S & P ihren Ruf als Oberlehrer der Finanzgemeinde gefestigt. Die Agentur hat in diesem Jahr kaum Gelegenheiten ausgelassen, mit forschem Auftritt Kunden zu verärgern. Erinnert sei an die kontroverse Diskussion von Pensionsrückstellungen, insbesondere im Fall ThyssenKrupp, oder an die Herabstufung von Münchener Rück und die letztlich damit erzwungene Kapitalerhöhung. Ist es Profilierungssucht, nachdem zuvor Moody's mit Herabstufungen von Deutscher Telekom, Eon und auf „negativ" gedrehten Ausblicken bei Siemens und Allianz dem Wettbewerber die Schau gestohlen hatte?

Grundsätzlich lassen sich die Ratingagenturen nicht von Effekthascherein leiten. Solche Publizität haben sie nicht nötig. Denn Konkurrenz im klassischen Sinne gibt es unter den großen Ratingagenturen S & P, Moody's und Fitch eher nicht. Große Emittenten legen vielmehr Wert darauf, von wenigstens zwei der drei genannten Agenturen ein Rating zu bekommen.

Außerdem stehen die Agenturen zunehmend unter kritischer Beobachtung, auch seitens der Marktaufsichtsbehörden und Gesetzgeber. Und es häufen sich die Stimmen, die nach einer „europäischen" Ratingagentur rufen. Den angelsächsisch dominierten Häusern wird nicht zugetraut, dass sie kontinentaleuropäische Besonderheiten – sei es in Marktstrukturen, Gesetzgebung oder Bilanzierung – ausreichend berücksichtigen. Diese Rufe freilich kommen reichlich spät. Die Chance zu einer europäischen Ratingagentur gab es schon mehrmals, ergriffen wurde sie nie. So zerschlug sich ein von namhaften Adressen der deutschen Kreditwirtschaft und der Industrie unterstütztes Projekt zur Gründung einer europäischen Ratingagentur Anfang der neunziger Jahre, als sich mit dem Bertelsmann-Konzern der potenzielle Träger des Vorhabens zurückzog und niemand anders bereits war, das finanzielle Risiko zu tragen. Mitte der neunziger Jahre versäumten es die interessierten Emittenten, das aus verschiedenen lokalen und einer amerikanischen Agentur entstandene Fitch Ratings als „europäische" Alternative zu den beiden amerikanischen Marktführern zu positionieren. Noch heute tut sich der kleinere dritte Anbieter auch bei jenen deutschen Adressen schwer, die so gerne über die Dominanz von S & P und Moody's vom Leder ziehen.

Markt reguliert am besten

Was liegt näher, als bei fehlendem Wettbewerb staatliche Aufsicht zu fordern? Doch damit würde das Corporate-Governance-Problem der Ratingagenturen nicht gelöst. Zum einen beurteilen die Agenturen ja auch Länder, was bei staatlicher Aufsicht über die Agenturen den Interessenkonflikt programmiert. Zum anderen sind Ratingagenturen Wirtschaftsunternehmen, die sich im Markt bewähren müssen. Der Markt muss ihre Dienstleistung akzeptieren. Selbst im Monopolfall würden deshalb qualitativ zweifelhafte Ratings ihre Wirkung verfehlen, die Agenturen ihr Geschäft verlieren. Der Markt, verbunden mit der nötigen Transparenz der Beurteilungskriterien und Entscheidungsprozesse, ist deshalb die beste Regulierung.

▶ doering@boersen-zeitung.com

Unterm Strich

von Claus Döring

Anhang 4

ZINS- und WÄHRUNGSSWAP

Funktionsweise

Bezug II.3.2.3:   Commercial Paper, Medium Term Notes

Bezug II.3.3:   Marktfensteranleihen und Bankpolitik

Ausgangslage

A nimmt EUR 100 variabel auf für Investitionen, die kurzfristige/variable Erträge generieren (z.B. Konsumgütermarkt) aus denen A seinen EUR 100 Kredit bedient.

B nimmt EUR 100 fix auf für Investitionen, die langfristige/stabile Erträge generieren (z.B. Investitionsgütermarkt), aus denen B seinen EUR 100 Kredit bedient.

1. Der Normalfall (trivial)

A und B haben beide exzellentes Standing in allen Fälligkeitsbereichen der Kreditmärkte, d.h. keiner hat ggü. dem anderen einen relativen Vorteil.

==> kein Zinstauschgeschäft

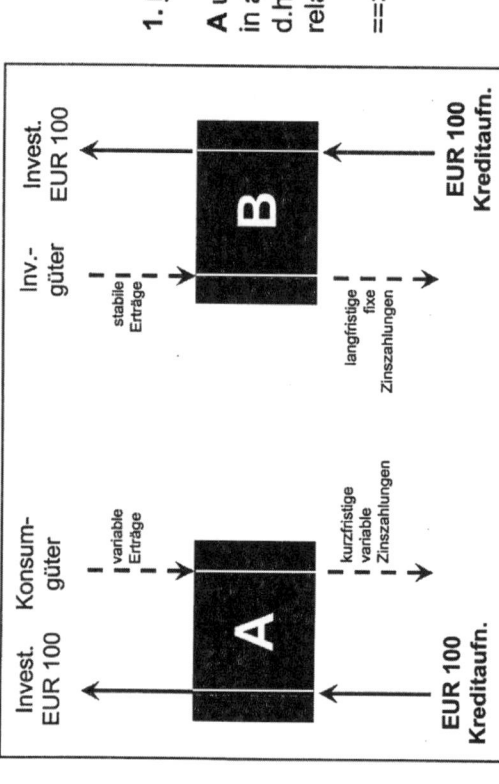

Zinsswap

2. Der einfache Zinstausch (EUR/EUR)

A hat exzellentes Standing im langfristigen Kreditmarkt, **B** im kurzfristigen.

Folge: **A** möchte die relativ günstigeren langfristigen Mittel aufnehmen, hat aber variable Erträge und **B** möchte die relativ günstigeren kurzfristigen Mittel aufnehmen, hat aber langfristige stabile Erträge

Folge: **A** und **B** tauschen ihre jeweiligen relativen Vorteile aus, anstatt jeweils ungünstigere Zinssätze an die Kreditmärkte zu zahlen.

A und **B** tauschen ihre EUR 100-Kreditaufnahmen aus und bedienen diese wechselseitig ==> „Zinstausch". Kostenvorteil für beide und Eliminierung des Zinsänderungsrisikos fix/variabel

Da **A** und **B** aber beide EUR 100 aufgenommen haben, ist der Austausch der Kreditbeträge selbst überflüssig, stattdessen bedient **A** einfach die Zinszahlungen von **B** und umgekehrt **B** die von **A**.

Hinweis: zusätzlicher Vorteil besteht in der Verminderung des Kreditrisikos, da **A** bzw. **B** bei Austausch der Nominalbeträge jeweils das volle Kreditrisiko für EUR 100 des Partners übernehmen würde, so aber nur das Ausfallrisiko der Zinszahlungen tragen muß, und das nur in Höhe des Saldos der Zinszahlungsbeträge

Invest.

Invest.

Ertrag
fix

Ertrag
variabel

Zinszahlung
variabel

Zinszahlung
fix

B

A

**EUR 100
Kredit-
aufnahme**
(variabel,
kurzfr.)

**EUR 100
Kredit-
aufnahme**
(fix,
langfr.)

Der Zins-/Währungstausch (EUR/FX)

3. Der Zins-/Währungstausch (EUR/FX)

A hat exzellentes Standing im langfristigen USD-Kredit-bereich, aber Investitionen in EUR zu tätigen; **B** hat exzellentes Standing im kurzfristigen EUR-Kredit-bereich, aber Investitionen im USD: Kreditbedarf von **A** = USD 100 - entsprechend **B** = EUR 110. *)

Hinweis: Hier Austausch der Kreditnominal-beträge erforderlich! Somit höheres Kreditrisiko. Austausch erfolgt zu Stichtagskurs, am Laufzeitende gibt **A** EUR 110 an **B** und **B** USD 100 an **A** zurück. FX-Kurs hat daher nur buchhalterische Funktion, Währungs- und Zinsänderungsrisiko per Swaps also beide ausgeschaltet.

*) Erläuterung: diesen Sachverhalt kann man auch so formulieren: „**A** nimmt für **B** USD 100 auf und **B** für **A** EUR 110".

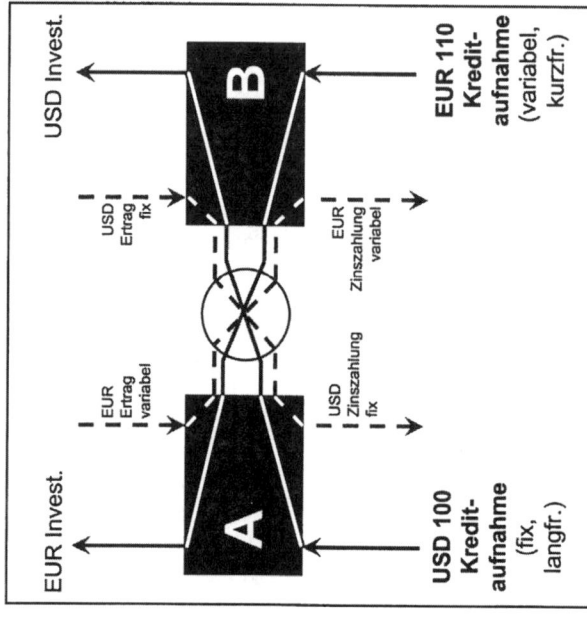

Anmerkung:

Zwischen **A** und **B** steht eine Bank, d.h. für **A** und/oder **B** ist die **Bank** der Swap-Partner, ohne dass **A** und **B** einander kennen. Die **Bank** muss keinen Partner auf der anderen Seite (z.B. **B**) haben, sie kann den **Swap** mit **A** in die eigene Position nehmen, d.h. sie „macht den Markt", sie führt ein Swap-Buch. (siehe S. A–36 und A–37)

Im o.a. Diagramm ist die **Bank** im Kreis zwischen **A** und **B** angesiedelt. Sie kann viele „A's" und „B's" auf beiden Seiten haben, bzw. viele der obigen Kreise (andere Banken) um sich haben und mit ihnen handeln, sodass ein echter Markt vorliegt. Sie kann auch Optionen auf Swaps schreiben, bzw. andere Varianten konstruieren und anbieten (z.B. fix/fix, variabel/variabel, etc.).

Historisch:

Die Zinsswaps gehen auf die frühen 70er Jahre zurück. Sie leiten sich ursprünglich von dem „Comparative Trade Advantage" aus dem Internationalen Handel ab, wo zwei Länder jene Güter austauschen, für deren Herstellung sie jeweils einen relativen Vorteil haben (Beispiel: Agrarproduktion und –ausfuhr gegen Einfuhr von Automobilen – und umgekehrt – ist für beide günstiger, als wenn jeder für sich Agrar- und Automobilproduktion betreiben würde).

Die Swapmärkte haben heute die Devisenterminmärkte bzgl. Volumen weit überflügelt.

Zins- und Kapitalswap

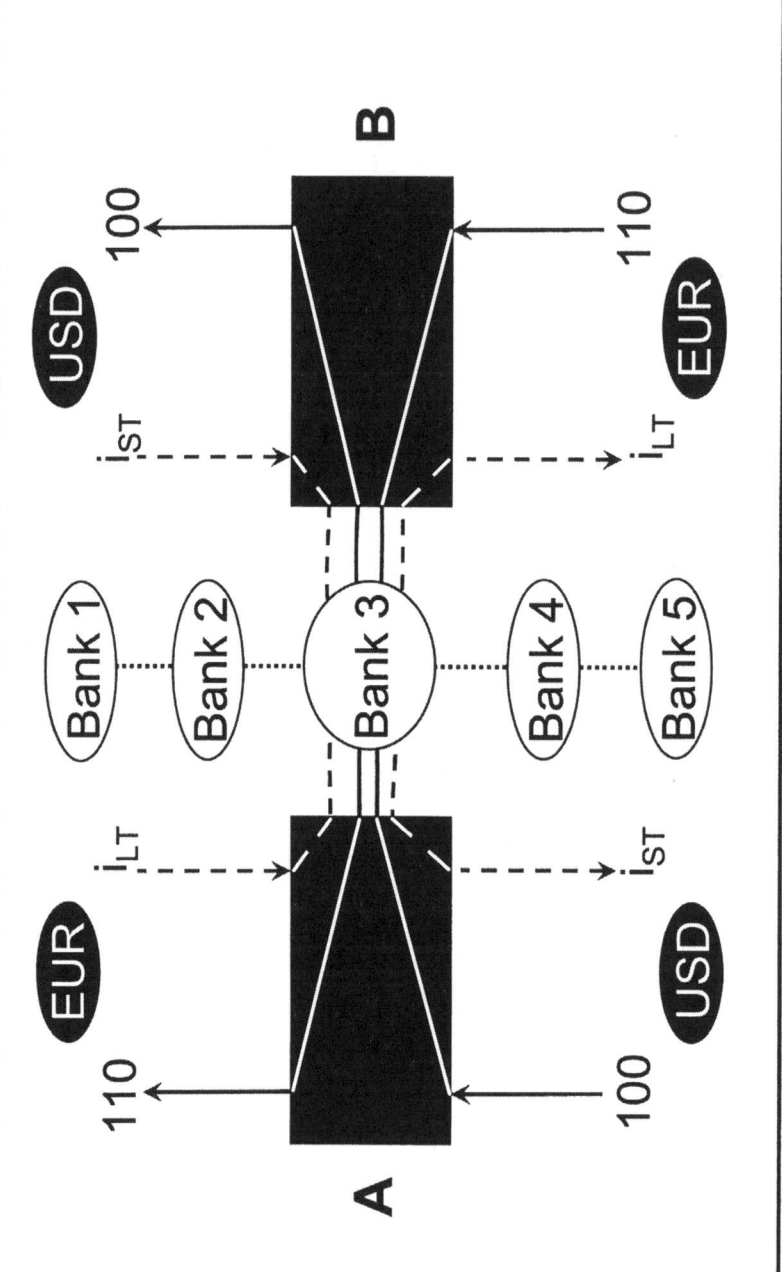

Zins- und Kapitalswap

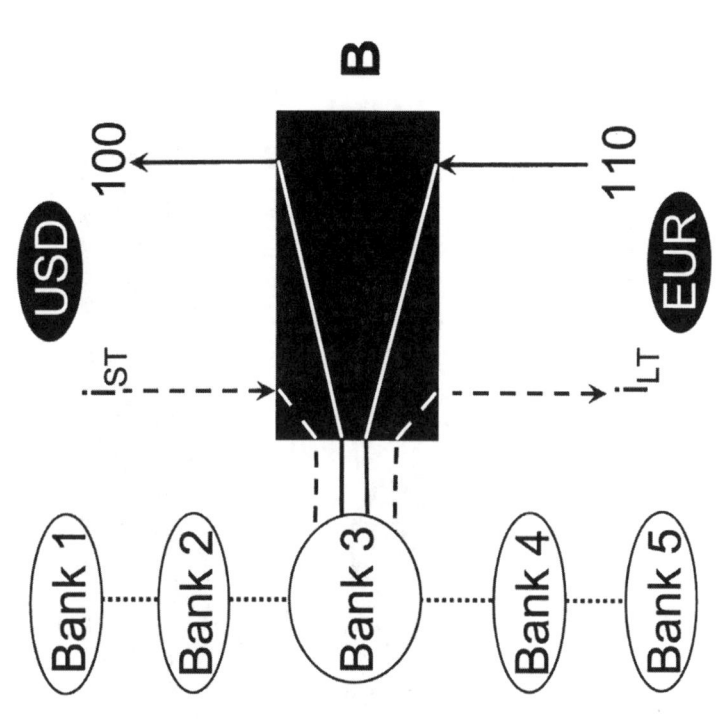

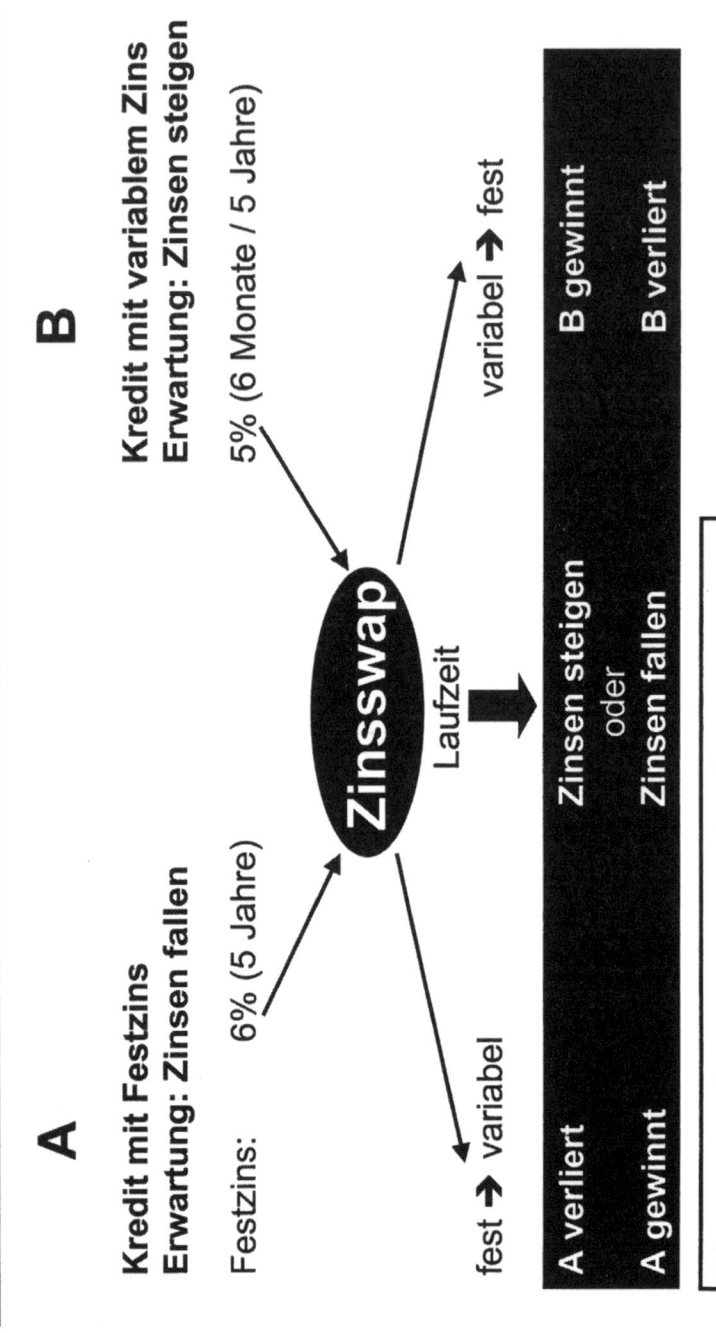

A-38

Zinsswap

A

Kredit mit Festzins
Erwartung: Zinsen fallen

Festzins: 6% (5 Jahre)

B

Kredit mit variablem Zins
Erwartung: Zinsen steigen

5% (6 Monate / 5 Jahre)

Zinsswap

Laufzeit

fest ➜ variabel

variabel ➜ fest

Zinsen steigen
oder
Zinsen fallen

A verliert

A gewinnt

B gewinnt

B verliert

Memo: Kredit keine notwendige Voraussetzung

Zins- Währungsswap (EUR-USD)

A

B

€-Kredit mit €-Festzins
6% (5 Jahre)

$-Kredit mit variablem $-Zins
5% (6 Monate / 5 Jahre)

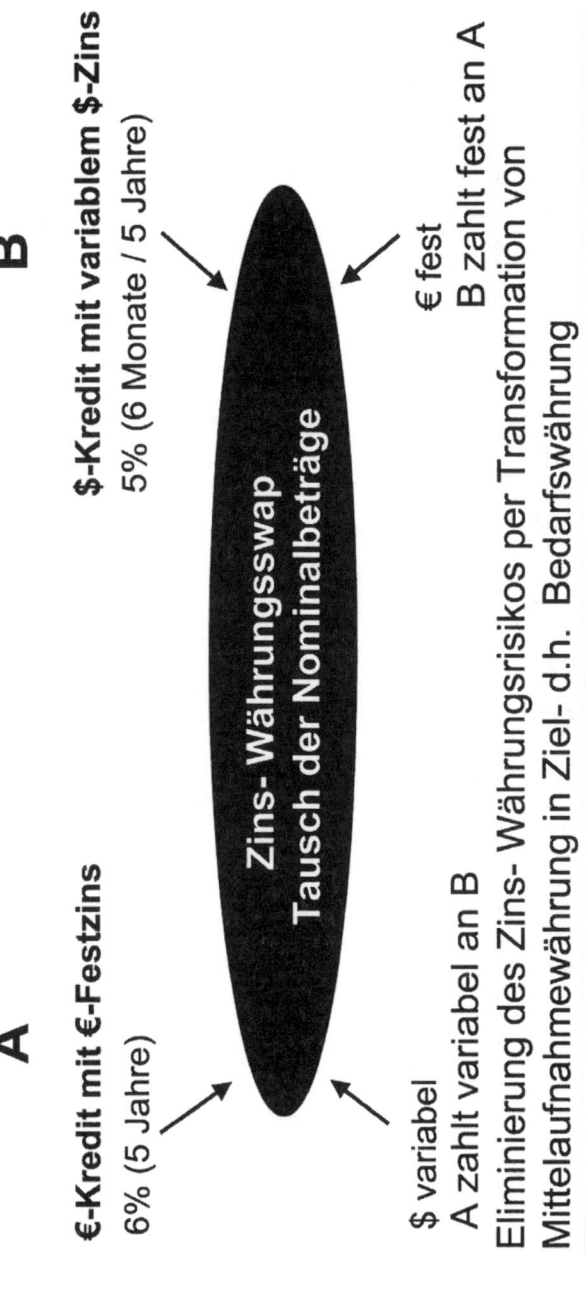

Zins- Währungsswap
Tausch der Nominalbeträge

$ variabel
A zahlt variabel an B

€ fest
B zahlt fest an A

Eliminierung des Zins- Währungsrisikos per Transformation von
Mittelaufnahmewährung in Ziel- d.h. Bedarfswährung

Memo: Austausch der Nominalbeträge erfolgt zu Beginn und am Ende
„initial and final exchange". Zinszahlungen erfolgen wechselseitig
während der Laufzeit.

Anhang 5

MUSTERKALKULATION
GEWERBESTEUERBELASTUNG
BEI DAUERSCHULDVERHÄLTNIS

Bezug II.3.5:   Asset-Backed Securities (ABS)

Bezug VII.4.1:   Finanzierungsgesellschaften (VII. Steuer)

Auswirkung von gewerbesteuerlichen Dauerschulden

2004

	Grundfall ohne Darlehen	Finanzierung ohne Dauerschuld	Finanzierung mit Dauerschuld	Steuernachteil absolut	Steuernachteil in % der Zinsen
Unternehmensergebnis vor Zinsen/Steuern	100,00	100,00	100,00		
Zinsaufwand	0,00	5,00	5,00		
Unternehmensergebnis vor Steuern	**100,00**	**95,00**	**95,00**		
Hinzurechnung Dauerschuldzinsen 50%	0,00	0,00	2,50		
Gewerbeertrag	100,00	95,00	97,50		
Gewerbesteuer 16,3%	**-16,30**	**-15,49**	**-15,89**		
zu versteuerndes Einkommen	83,70	79,52	79,11		
KSt/SolZ 26.375%	**-22,08**	**-20,97**	**-20,86**		
Steueraufwand absolut	38,38	36,46	36,76	0,30	
Steueraufwand in %	38,38%	38,38%	38,69%		
Unternehmensergebnis nach Steuern	61,62	58,54	58,24		6,0%

Anhang 6

PRESSEBERICHT

Bezug II.3.5: Asset-Backed Securities

Börsen-Zeitung: 03.02.96

Wiedergabe mit freundlicher Genehmigung der Börsen-Zeitung

Börsen-Zeitung   3. Februar 1996

Sieben Jahre Vorbereitung für VW-Anleihe

Juristisches Dickicht verzögerte ersten durch Leasingforderungen unterlegten DM-Bond

Börsen-Zeitung, 3.2.1996 gm Frankfurt (Eig. Ber.) – Die Volkswagen AG hat in enger Zusammenarbeit mit der Deutsche-Bank-Gruppe und CS First Boston Effectenbank mit einem neuartigen Instrument zur Finanzierung ihrer Finanzdienstleistungsaktivitäten ein neues Kapitel in der Geschichte des DM-Kapitalmarktes aufgeschlagen: Erstmals ist über die Volkswagen Car Lease No. 1 Ltd. eine sogenannte DM-Asset-backed-Anleihe aufgelegt worden (vgl. BZ vom 2. Februar), der Leasing-Forderungen zugrunde liegen. Volkswagen habe gemeinsam mit den beiden federführenden Instituten ganze sieben Jahre an der Verwirklichung des Projektes gearbeitet, sagte Dr. Rutbert Reisch, Generalbevollmächtigter und Chief Financial Officer der Volkswagen AG, in einer Videopressekonferenz in Frankfurt.

Die lange Entwicklungszeit dieses Instruments, so Reisch, habe sich vor allem wegen sich ständig ändernder gesetzlicher und steuerlicher Rahmenbedingungen ergeben. Darüber hinaus habe das Marktumfeld in der Phase der inversen Zinsstruktur eine Zeitlang nicht mitgespielt. Der Erfolg dieses ersten Schritts des Volkswagens-Konzerns würde darüber entscheiden, ob das neuartige Instrument zur Unternehmensfinanzierung in Zukunft weiter genutzt wird. Denkbar sei es auch, andere Assets des Konzerns in gleicher Weise zu verbriefen.

Bankforderungen als nächstes verbriefen

Beispielsweise würden sich die „Retail-Forderungen der Volkswagen-Bank für eine Asset-backed-Anleihe eignen", sagte Reisch. Angesichts der enormen und langwierigen Abstimmungsbedarfs mit den Finanzministerien des Bundes und des Landes, den Rating-Agenturen, den Banken, Versicherern etc. habe man nicht noch zusätzlich einen Abstimmungsvorgang mit der Bankenaufsichtsbehörde eingehen wollen. Dies wäre bei einer Verbriefung von Bankforderungen notwendig gewesen, und man habe seinerzeit gewußt, daß die Bankenaufsichtsbehörde damals eine solche Verbriefung der Forderungen nicht toleriert hätte. Reisch zeigte sich zuversichtlich, daß Bankenforderungen die nächsten Aktiva sein könnten, die verbrieft werden.

Auch seitens der Deutschen Bank wurde die Hoffnung geäußert, daß sich die Bankenaufsicht in Zukunft stärker mit der Verbriefung von Bankforderungen befassen werde, sagte Hans-Jürgen Fritz, der seitens der Deutschen Bank überwiegend mit der Realisierung der neuartigen Anleihe befaßt war. Letztlich wäre die Etablierung eines Marktsegments für DM-Asset-backed-Anleihen eine Bereicherung für den Finanzplatz Deutschland. Es wäre wünschenswert, so Fritz, wenn die deutsche Bankenaufsicht ähnlich wie die Aufsichtsbehörden anderer hochentwickelter Kapitalmärkte insoweit geeignete Rahmenbedingungen schaffen würde, die nicht zuletzt Chancengleichheit in der Auswahl der Finanzierungsinstrumente mit ausländischen Wettbewerbern gewährleisten könnten.

Portfolio aus 32 000 Leasingverträgen

Der Anleihe mit einem Volumen von 500 Mill. DM liegen Leasingforderungen aus dem VW-Konzern zugrunde. Als Forderungsverkäufer tritt die Volkswagen Leasing GmbH auf. Die Leasingforderungen werden von einer speziell für diesen Zweck gegründeten und konzernfremden Gesellschaft angekauft, nämlich der Volkswagen Car Lease No. 1 Ltd., die auf Jersey, einer der Kanalinseln, domiziliert. Der Ankauf der Forderungen wird durch die Emission von Leasing-Inkasso-Schuldverschreibungen (der Asset-back-Anleihe) refinanziert. Die Investoren erhalten ihre Kapitalrückzahlung über amortisierende, monatliche Rückzahlung des Nominalbetrages einschließlich vorzeitiger Tilgungen wegen Auflösung der zugrundeliegenden Leasingverträge („passtrough") sowie eine variable Verzinsung des jeweils investierten Betrages auf Basis des 1-Monats-DM-Libor zuzüglich 10 Basispunkte. Bevor die Tilgungs- und Zinszahlungen an die Investoren fließen, durchläuft der Zinsanteil einen Swap zwischen der Emittentin, die einen festen Zinsanteil zahlt, und der Deutschen Bank AG, die an die Emittentin variabel zurückzahlt.

Die Anleihe ist zum Ausgabekurs von 100 % gekommen und wird am 19. Februar valutiert. Die Laufzeit beträgt maximal 35 Monate, da die Leasingverträge eine Restlaufzeit von 35 Monaten haben. Der Pool an Leasingforderungen besteht aus knapp 32 000 Verträgen (von insgesamt 460 000 bestehenden Verträgen bei der VW Leasing) mit insgesamt 25 808 gewerblichen Leasingnehmern, die ihren Geschäftssitz in den alten Bundesländern haben. Die Verträge sind zum Zeitpunkt der Abtretung der Leasing-Forderungen an die Emittentin mindestens sechs Monate alt und bis dato immer von dem jeweiligen Leasingnehmer pünktlich und ordnungsgemäß erfüllt worden. Die Verträge für die Übertragung auf die Emittentin seien in Zusammenarbeit mit den Ratingagenturen Standard & Poor's und Moody's Investors Service ausgesucht worden mit dem Ziel, der Anleihe ein Triple-A-Rating zukommen lassen zu können. Zusätzlich seien in die Emission drei weitere Sicherungselemente

(Sicherungsabtretung der Fahrzeuge, Selbstbeteiligungskonto und Ausfallversicherung der Zürich-Versicherungsgesellschaft) eingebaut worden. Die Agenturen haben bereits ein Triple-A-Rating avisiert. Der Investor nehme sich mit der Car-Lease-Emission kein Risiko des (niedriger bewerteten) Volkswagenkonzerns ins Portefeuille, betonte Reisch.

Anleihe von „strategischer Bedeutung"

Für den Volkswagen-Konzern sei die Emission von „strategischer Bedeutung", hob der Chief Financial Officer hervor. Das Bilanzwachstum des Konzerns werde zukünftig aus dem Bereich der Finanzdienstleistungen kommen. Die Zeiten der großen Akquisitionen bei VW seien vorbei, so daß sich aus dem Automobilbereich kein bzw. kaum Bedarf für langfristige Refinanzierungen ergäbe. Jedoch wolle der Konzern den Finanzmarkt in innovativer Weise wie bisher zur Finanzierung der Finanzleistungen über ein möglichst breites Spektrum der Refinanzierung nutzen. So werde Volkswagen schon in den nächsten zwei bis vier Wochen am US-Kapitalmarkt 400 Mill. Dollar im Asset-backed-Stil aufnehmen. Dies werde der dritte Asset-backed-Securities-Deal von Volkswagen in den USA sein. Der Vorteil der Anleihe als Instrument der Unternehmensfinanzierung liegt darin, daß die Forderungen aus der Bilanz herausgetrennt werden und sie damit verkürzen. Das erhöht die Eigenkapitalquote und damit den Spielraum für weitere Fremdfinanzierungen.

Investor streut Risiken breit

Der Charme der neuartigen DM-Asset-backed-Anleihe sei ihr Fälligkeitsbereich von 1 bis 4 Jahren, der Reisch zufolge bei den Investoren in eine Lücke gestoßen ist. Unter Einbeziehung aller Kosten sei die Refinanzierung über diese Anleihe deutlich günstiger unter vergleichbaren Bankkrediten. Für die Anleger sei die Asset-backed-Anleihe insbesondere wegen der großen Risikostreuung von Vorteil, sagte Dr. Bernd von Maltzan, Leiter Investmentbanking Deutschland bei der Deutschen Bank. So betrage das Einzelrisiko in bezug auf einen Leasingnehmer maximal 2 Mill. DM. Im Markt sei das Papier hervorragend aufgenommen worden. Insbesondere hätten Geldmarktfonds und Versicherungsgesellschaften die Anleihe stark nachgefragt. Am gestrigen Freitag wurde die Anleihe mit knapp über pari innerhalb der Bank gehandelt. Dem Bankenkonsortium gehören neben Deutsche Morgan Grenfell und CS First Boston als Joint-Lead Manager die Co-Manager J. P. Morgan, Morgan Stanley, Paribas und UBS an.

Anhang 7

KOMPENDIUM
Technische Aspekte von Wandelanleihen

Bezug II.3.6:   Wandelanleihen

Wiedergabe mit freundlicher Genehmigung von Dresdner Kleinwort

Kompendium

**Eine Einführung in die technischen Aspekte
von Wandel- und Umtauschanleihen**

Frankfurt, den 08. November 2002

 Dresdner Kleinwort Wasserstein

A-46

Inhalt

△ Dresdner Kleinwort Wasserstein

1 Einführung

Wandel- und Umtauschanleihen - auch aktiengebundene oder „equity-linked" Anleihen genannt - haben die (nach unserer Meinung völlig ungerechtfertigte) Reputation, überaus komplizierte Finanzinstrumente zu sein. In ihrer Standardausprägung stellen sie jedoch lediglich Anleihen dar, die den Investoren neben den Rechten aus der Anleihe (z.B. Zins) das zusätzliche Recht einräumen, sie gegen eine festgelegte Anzahl von Aktien des Emittenten (Wandelanleihe oder „Convertible Bond") oder einer anderen Aktiengesellschaft (Umtauschanleihe oder „Exchangeable Bond") zu tauschen. Bei Fälligkeit werden Wandel- und Umtauschanleihen entweder wie gewöhnliche Anleihen zurückgezahlt, oder in Aktien gewandelt bzw. umgetauscht. Wandel- und Umtauschanleihen stellen damit praktisch eine Kombination aus einer „normalen" Anleihe und einer Kaufoption (Call-Option) dar.

Prinzip einer Wandel- bzw. Umtauschanleihe

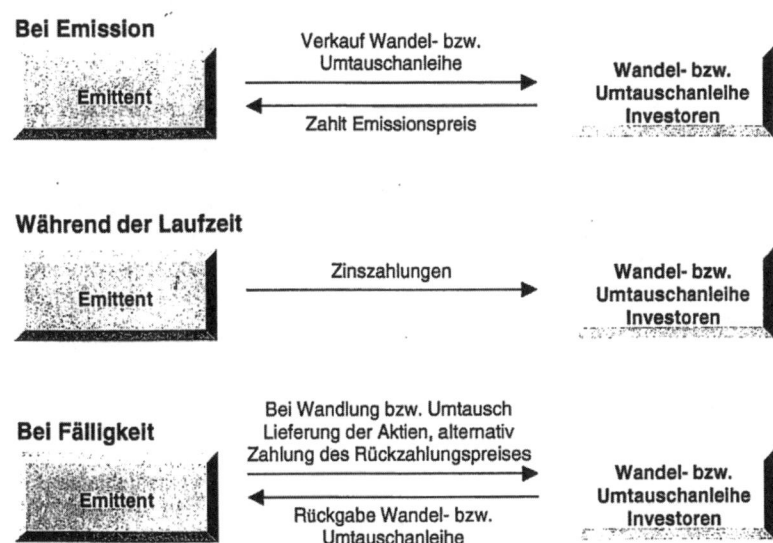

Die folgende Übersicht stellt einige der wichtigsten technischen Aspekte von Wandel- und Umtauschanleihen dar - erhebt allerdings keinen Anspruch auf Vollständigkeit.

2 Definitionen & Terminologie

2.1 Definition einer Wandelanleihe („Convertible Bond")

Eine Wandelanleihe ist ein aktiengebundenes („equity-linked") Wertpapier, dessen Inhaber Anspruch besitzt auf:

▶ sämtliche Zinszahlungen bis zur Wandlung oder Rückzahlung, sowie

▶ Wandlung der Anleihe in eine festgelegte Anzahl von Aktien des Emittenten oder

▶ Rückzahlung des vorab vereinbarten Rückzahlungspreises bei Nicht-Wandlung.

2.2 Charakteristika von Wandelanleihen

▶ Der zahlbare Zinssatz („Coupon") liegt im Allgemeinen aufgrund des zusätzlichen Werts der Wandelbarkeit, den der Investor erhält, unter demjenigen einer vergleichbaren nicht wandelbaren Anleihe.

▶ Der Wandelkurs, der bei Festlegung der Anzahl der Aktien - in die eine Wandelanleihe getauscht werden kann - zugrundegelegt wird, liegt üblicherweise 15 bis 40% über dem Aktienkurs zum Zeitpunkt der Emission der Anleihe. Emittenten ist es so möglich, Eigenkapital über dem aktuellen Marktpreis zu platzieren, wohingegen bei Platzierungen von Aktien häufig ein Abschlag gegenüber dem aktuellen Marktpreis notwendig ist. Wandelanleihe-Investoren spekulieren auf einen Kursanstieg der Aktie über den Wandelpreis hinaus.

▶ Häufig werden spezielle Kündigungsregelungen sowohl für Anleihe Schuldner (Call) als auch Anleihe Gläubiger (Put) in die Anleihebedingungen („Terms & Conditions") aufgenommen, um unter bestimmten Bedingungen, eine vorzeitige Wandlung bzw. Rückzahlung zu forcieren.

▶ Wandelanleihen sind im Allgemeinen wandelbar in Aktien („Basiswert" oder „Underlying") des Emittenten, wobei die Aktien entweder aus einer Kapitalerhöhung stammen oder zurückgekaufte Aktien dafür verwendet werden.

2.3 Definition einer Umtauschanleihe („Exchangeable Bond")

Eine Umtauschanleihe ist ein aktiengebundenes Wertpapier, dessen Inhaber Anspruch besitzt auf:

▶ sämtliche Zinszahlungen bis zum Umtausch oder Rückzahlung, sowie

▶ Umtausch der Anleihe in eine festgelegte Anzahl von Aktien eines Basiswerts (d.h. Aktien eines Unternehmens ungleich dem Emittenten) oder

▶ Rückzahlung des vorab vereinbarten Rückzahlungspreises bei Nicht-Umtausch.

2.4 Charakteristika von Umtauschanleihen

▶ Eine Umtauschanleihe weißt grundsätzlich die selben Charakteristiken wie eine Wandelanleihe auf. (niedriger Kupon, Prämie auf den aktuellen Aktienkurs, Kündigungsregelungen)

▶ Der Emittent einer Umtauschanleihe hält zum Zeitpunkt der Emission üblicherweise Aktien an einem anderen Unternehmen.

▶ Typische Laufzeiten von Umtauschanleihen betragen drei bis sechs Jahre.

▶ Umtauschanleihen sind im Allgemeinen umtauschbar in Aktien („Basiswert" oder „Underlying"), auf welche die Anleiheinvestoren einen pro rata Anspruch besitzen (entsprechend ihres Anleihebesitzes). Die Anleihebedingungen gestatten dem Emittenten üblicherweise aber auch die Möglichkeit des Barausgleichs.

2.5 Terminologie

▶ **Nominalwert/Nennwert („Par Value" oder „Face Value"):** Wandel- und Umtauschanleihen besitzen meist einen „runden" Nominalwert (z.B. EUR1.000 oder EUR10.000).

▶ **Zinssatz/Kupon („Coupon" oder „Interest"):** Der Zinssatz ist in der Regel für die gesamte Laufzeit einer Wandel- bzw. Umtauschanleihe fix. So bedeutet z.B. ein Zinssatz von 4% p.a. auf eine Anleihe mit einem Nominalwert von EUR1.000, dass ein Anleiheinvestor am jährlichen Zinszahlungstermin eine Zahlung von EUR40 pro Anleihe erhält.

▶ **Emissionspreis („Issue Price"):** Preis, zu dem die Wandel- bzw. Umtauschanleihe emittiert wird. Der Emissionspreis wird üblicherweise als Prozentsatz des Nominalwerts angegeben, meist 100%, in seltenen Fällen aber auch in Form von Währungseinheiten.

▶ **Rückzahlungspreis („Redemption Price"):** Preis zu dem eine Wandel-bzw. Umtauschanleihe bei Nicht-Wandlung bzw. -Umtausch zurückgezahlt wird.

▶ **Dividendenrendite („Dividend Yield"):** Jährliche Aktienrendite, definiert als jährliche Dividende geteilt durch Aktienkurs.

▶ **Laufende Rendite („Current Yield")**: Jährliche Zinszahlung aus der Wandel- bzw. Umtauschanleihe bezogen auf ihren aktuellen Kurs.

▶ **Wandel- bzw. Umtauschverhältnis („Conversion/Exchange Ratio")**: Bei Emission festgelegte Anzahl von Aktien, in die eine Anleihe wandel- bzw. umtauschbar ist.

$$\text{Wandelverhältnis} = \frac{\text{Nominalwert}}{\text{Wandelpreis}}$$

▶ **Parität („Conversion/Exchange Value" oder „Parity")**: Parität wird definiert als Wandel- bzw. Umtauschverhältnis multipliziert mit dem aktuellen Aktienkurs (i.d.R. auch in % ausgedrückt). Entspricht dem aktuellen Marktwert der Aktien, in die die Anleihe gewandelt/getauscht werden kann.

▶ **Wandel- bzw. Umtauschprämie („Conversion/Exchange Premium")**: Preisdifferenz zwischen Wandelpreis und Parität, üblicherweise ausgedrückt in Prozent (für Umtauschanleihe analog). Die Prämie drückt aus, wie viel mehr ein Investor zu zahlen hat um die selbe Anzahl von Aktien durch Kauf und Wandlung/Umtausch der Anleihe im Vergleich zu einem direkten Kauf der Aktien am Markt zu zahlen hat.

$$\text{Wandelprämie} = \frac{(\text{Wandelpreis - Parität})}{\text{Parität}}$$

▶ **Renditedifferenz („Yield Differential")**: bezeichnet die Differenz zwischen der laufenden Rendite (der Anleihe) und der Dividendenrendite (der Aktie).

$$\text{Renditedifferenz} = \frac{\text{Zinssatz}}{\text{Wandelanleihepreis}} - \frac{\text{Dividende}}{\text{Aktienkurs}}$$

▶ **Anleihewert („Bond Floor")**: Der Anleihewert entspricht dem Kurs, bei dem eine nicht wandel- bzw. umtauschbare Anleihe („Straight Bond") mit gleicher Laufzeit, Zinssatz und Kreditrisiko notieren würde. Der Anleihewert stellt eine gewisse Untergrenze für den Preis der Wandel- bzw. Umtauschanleihe dar. Er entspricht dem Verlust jeglichen Aktien(options)wertes.

▶ **Anleihewert Prämie („Investment Value Premium")**: Prämie des Wandel- bzw. Umtauschanleihekurses über dem Anleihewert, ausgedrückt als Prozentsatz.

▶ **Amortisationszeit („Payback Period")**: Zeitdauer, um die bezahlte Prämie (ohne Zeitwertbetrachtung) durch den Zinsvorteil aus der Wandelanleihe gegenüber der Dividendenrendite auszugleichen (für Umtauschanleihe analog).

$$\text{Amortisationszeit} = \frac{(\text{Wandelanleihepreis} - \text{Parität})}{(\text{Laufende Rendite} - \text{Dividendenrendite}) \times \text{Wandelanleihepreis}}$$

3 Vor- und Nachteile von Wandel- und Umtauschanleihen

3.1 Vorteile von Wandel- und Umtauschanleihen

▶ **Günstige Finanzierung:** Wandel- und Umtauschanleihen erlauben dem Emittenten eine günstige Mittelaufnahme. Investoren erhalten als Ausgleich für den vergleichsweise geringen Zinssatz die Möglichkeit, an einer potentiellen Aufwärtsentwicklung der zugrundeliegenden Aktie zu partizipieren, da in diesem Falle der Gegenwert der infolge Wandlung bzw. Umtausch vom Emittenten zu liefernden Aktien den Rückzahlungspreis der Anleihe übersteigt.

▶ **Vereinfachter Emissionsprozess im Vergleich zu Aktienemission:** Investoren in Wandelanleihen sind bis zum Zeitpunkt einer eventuellen Wandlung der Anleihe in Aktien Fremdkapitalgeber und erhalten, außer im Falle der Insolvenz, ihren ursprünglich eingesetzten Anlagebetrag bei Fälligkeit zurück. Aufgrund des geringeren Risikos im Vergleich zu Aktien gestatten die Wertpapiergesetze in Europa und den U.S.A. im Allgemeinen einen weniger komplexen Emissionsprozess im Rahmen einer Privatplatzierung und stellen geringere Anforderungen an die Dokumentationsunterlagen als bei Aktienemissionen.

▶ **Veräußerung zu einer Prämie gegenüber aktuellem Marktpreis:** Bei einer Wandelanleihe werden bei Wandlung üblicherweise neue Aktien zu einer Prämie gegenüber dem Aktienkurs bei Emission begeben. Die Struktur einer Umtauschanleihe erlaubt dem Emittenten die Veräußerung eines nicht strategischen Aktienpakets in der Zukunft zu einer Prämie gegenüber dem aktuellen Marktpreis der zugrundeliegenden Aktie - ungleich (Aktien) Blockverkäufen, bei denen üblicherweise ein Abschlag erforderlich ist. Der Emittent einer Umtauschanleihe behält weiterhin alle Dividendenansprüche und Stimmrechte bis zur Ausübung der Umtauschrechte seitens der Investoren.

▶ **Anleihewert begrenzt Verlustrisiko:** Unter der Voraussetzung einer ausreichenden Kreditwürdigkeit des Emittenten, die Wandel- bzw. Umtauschanleihe bei Fälligkeit zu ihrem Nominalwert tilgen zu können, besitzen diese einen Anleihewert. Investoren erhalten unabhängig vom zugrundeliegenden Aktienkurs zumindest die Zinszahlungen auf die Wandel- bzw. Umtauschanleihe während der Laufzeit sowie den Nominalwert bei

7

Fälligkeit und profitieren im Falle eines entsprechenden Aktienkursanstiegs von Wandlung bzw. Umtausch.

▶ **Breitere institutionelle Investorenbasis:** Wandel- und Umtauschanleihe-Investoren stellen eine zusätzliche Finanzierungsquelle für Unternehmen dar, da eine breite Investorenbasis angesprochen wird:

- ▶ **Fixed Income Investoren**
- ▶ **Aktienorientierte Investoren**
- ▶ **Spezialisierte Convertible-Investoren**

3.2 Nachteile Wandel- und Umtauschanleihen

▶ **Ausbleibende Wandlung bzw. Umtausch:** Sollte der Rückzahlungspreis der Wandel- bzw. Umtauschanleihe über dem Wert der Wertpapiere liegen, in die diese wandel- bzw. umtauschbar ist, so werden die Investoren nicht von ihrem Wandel- bzw. Umtauschrecht Gebrauch machen, sondern Barrückzahlung verlangen. Dies könnte, am Ende der Laufzeit die Refinanzierung der Anleihe erforderlich machen. Bei einer Umtauschanleihe bedeutet dies den Verbleib der Aktienposition beim Emittenten, für die erneut nach Wegen einer Veräußerung gesucht werden muss. Angesichts dieses Risikos sollte ein Emittent, der Gewissheit bzgl. der Veräußerung wünscht, alternative Veräußerungsstrategien gegenüber Umtauschanleihen bevorzugen.

▶ **Leerverkäufe von Investoren:** Die Preisfestlegung („Pricing") einer Wandel- bzw. Umtauschanleihe basiert auf der Arbitragebeziehung zwischen den Preisen der zugrundeliegenden Aktie und einer nicht wandel- bzw. umtauschbaren Anleihe („Straight Bond") des gleichen Emittenten. Investoren könnten versuchen, etwaige Preisdiskrepanzen zwischen dem Wert der eingeschlossenen Aktienoption („Embedded Equity Option") der Wandel- bzw. Umtauschanleihe und ihrem vermuteten „wahren" Wert („Fair Value") auszunutzen, indem sie die Wandel- bzw. Umtauschanleihe zeichnen und gleichzeitig (geliehene) Aktien Leerverkaufen. Dieser Mechanismus kann dazu beitragen, dass ein kurzfristiger Kursdruck auf die zugrundeliegende Aktie zum Zeitpunkt der Emission entsteht.

▶ **Begrenztes Privatanlegerinteresse:** Obwohl es prinzipiell möglich ist, Wandel- und Umtauschanleihen auch an Privatanleger zu vermarkten, sprechen diese Instrumente aufgrund der Komplexität ihrer Bewertungstechniken und ihres relativ großen Nominalwertes eher institutionelle Investoren an. Darüber hinaus erscheint aufgrund der hohen Durchführungs-geschwindigkeit der meisten Wandel- und Umtauschanleiheemissionen eine Vermarktung an Privatanleger ungeeignet.

▶ **Verwässerung („Dilution"):** Wird eine Wandelanleihe gewandelt, erleiden die bestehenden Aktionäre eine Verwässerung ihres Kapitalanteils am

Emittenten (Dies gilt nicht für Umtauschanleihen, da sich hier die Anzahl der emittierten Aktien nicht erhöht). Dieser Verwässerung steht jedoch durch die Erhöhung des Eigenkapitals eine Reduzierung des Verschuldungsgrades („Gearing") des Emittenten gegenüber.

3.3 Typen von Wandel- und Umtauschanleihen

Wandel- und Umtauschanleihen sind äußerst flexible Finanzierungsinstrumente, deren Struktur individuell auf die Anforderungen und Bedürfnissen einer Vielzahl von Parteien insbesondere des Emittenten, Ratingagenturen, Aufsichts- und Steuerbehörden sowie Investoren angepasst werden kann. Banken haben mittlerweile eine Vielzahl von Strukturen kreiert, die unterschiedlichste Anforderungen erfüllen. Einige Strukturen wurden darauf abgestimmt, eher eigenkapitalähnliche Funktionen zu haben, wohingegen andere wiederum in ihrer Funktionsweise eher Fremdkapitalcharakter aufweisen. Weitere strukturelle Variationen können dazu genutzt werden, Kapitalfluss- sowie Bewertungsanforderungen zu erfüllen. Es folgt eine Zusammenfassung der allgemeinen Typen von Wandel- und Umtauschanleihen:

► **Traditionelle Struktur („Traditional Type"):** Die meisten Wandel- und Umtauschanleiheemissionen insbesondere in den europäischen Märkten sind Standardstrukturen („Plain Vanilla Structures"). Diese sind gekennzeichnet sind durch die gleichen Basismerkmale wie festverzinsliche Wertpapiere, d.h. festgelegte Zinszahlungen und Fälligkeit, Vor- bzw. Nachrangigkeit, sowie vorzeitige Kündigungsrechte des Emittenten. Darüber hinaus besitzen sie häufig Regelungen für den Fall der Übernahme des Unternehmens und bestimmte Kündigungsrechte der Investoren. Traditionelle Strukturen besitzen meist eine Laufzeit von drei bis sieben Jahren, wobei fünf Jahre die häufigste Ausgestaltung in Europa darstellt.

► **Nachrangige Struktur („Subordinated Type"):** Nachrangige Wandel- oder Umtauschanleihen rangieren „näher" am Eigenkapital in der Rangfolge der Anspruchsberechtigten und haben häufig lange Laufzeiten von 10 Jahren oder mehr (teilweise sogar endlos). Bei Fälligkeit oder Kündigung hat der Investor einen Anspruch auf das jeweils höhere: entweder den fälligen Nominalbetrag oder die Lieferung der zugrundeliegenden Aktie bzw. den entsprechenden Gegenwert als Barausgleich. Obwohl nachrangige Wandel- und Umtauschanleihen sehr viel eigenkapitalähnlicher erscheinen als Traditionelle Strukturen, so teilen sie doch viele Kapitalfluss- und Bewertungsmerkmale miteinander.

► **Struktur mit Abschlag („Original Issue Discount (OID)"):** OID Wandel- bzw. Umtauschanleihen besitzen unter dem marktüblichen Niveau liegende Zinssätze und werden mit einem (hohen) Abschlag zu ihrem Nominalwert emittiert. Die extremste Ausgestaltung eines OID ist eine Nullkuponanleihe („Zero Coupon"). Der Gegenwert einer OID Wandel- bzw. Umtauschanleihe wächst gemäß der anfänglichen Rendite über ihre Laufzeit. So steigt die

9

effektive Wandel- bzw. Umtauschprämie, d.h. die Schwelle der notwendigen Aktienkursentwicklung, bei der die Parität den Rückzahlungspreis erreicht, über die Laufzeit der Anleihe an. Zwischen den Extremen Nullkupon und „voller Verzinsung" („Full Coupon"), sind nahezu alle Kombinationsmöglichkeiten von Zinssatz und Abschlag vorstellbar.

Die Rendite (ohne Erträge aus Kurssteigerungen) einer OID Wandel- bzw. Umtauschanleihe resultiert teils aus der Verzinsung und teils aus der (Wert-)Aufholung („Accretion") des Abschlags. Bei Wandlung bzw. Umtausch, wird letztere nicht bezahlt, so dass die Realisierung dieses Anteils der Gesamtrendite eine „entweder/oder" Entscheidung wird: Entweder die Aktie gewinnt schneller an Wert als das Wachstum in „accreted value" oder die „Accretion" wird bei Fälligkeit oder vorzeitiger Kündigung gezahlt. Je größer der anfängliche Abschlag, desto mehr gewinnt der „Accretionfaktor" an Bedeutung.

▶ **Über-Pari Tilgung („Premium Redemption"):** Diese Struktur ähnelt den OID Anleihen, allerdings werden sie zu par emittiert und am Laufzeitende deutlich über dém Emissionspreis zurückgezahlt. Bei „Premium Redemption" Wandel- bzw. Umtauschanleihen liegt der laufende Zinssatz unter der Rendite bis Laufzeitende („Yield to Maturity") und - ähnlich den OID - steigt die effektive Wandel- bzw. Umtauschprämie über die Laufzeit an. Diese Struktur besitzt – wie die OID Struktur - für den Emittenten den Vorteil einer Minimierung der bar zu zahlenden Zinskosten. Außerdem maximiert sie die effektive Wandel- bzw. Umtauschprämie und erhöht den Anleihewert, ohne die laufende Zinszahlungsbelastungen zu beeinflussen. Nachteil: bei Nichtwandlung hat der Emittent eine höhere Rückzahlung zu leisten.

▶ **Obligatorische Wandlung bzw. Umtausch („Mandatory Convertible/ Exchangeable"):** Diese Anleihe ist zu beliebigen Zeitpunkten in den Basiswert wandel- bzw. umtauschbar - am Ende der Laufzeit besteht jedoch die Pflicht des Investors zur Wandelung bzw. zum Umtausch. Der Anleiheinvestor besitzt keine Put Option, da er keine Rückzahlung in Bar verlangen kann. Üblich sind Laufzeiten von drei bis vier Jahren sowie der Verzicht auf ein vorzeitiges Kündigungsrecht des Emittenten. Diese Strukturen bietet dem Investor meist einen signifikanten Renditevorteil gegenüber der Dividendenrendite der unterliegenden Aktie und darüber hinaus häufig einen gewissen Grad von Schutz vor einem begrenzten Kursverfall in Form von zusätzlichen Aktien, die im Falle der obligatorischen Wandlung bzw. Umtausch (zusätzlich) geliefert werden. Da Wandel- bzw. Umtauschanleihen mit obligatorischer Wandlung bzw. Umtausch insgesamt aber wenig Schutz vor einem Kursverfall bieten, ist Ihre Kursentwicklung eng an die Performance der zugrundeliegenden Aktie gebunden.

► **Wahl- Pflichtwandel-/umtauschanleihe („Soft Mandatory Convertible/ Exchangeable"):** Die sogenannte „Soft Mandatory" Wandel- bzw. Umtauschanleihe verpflichtet den Emittent zwar, den vollen Rückzahlungspreis zu zahlen, er kann jedoch seiner Zahlungsverpflichtung – sollte der Aktienkurs bei Fälligkeit unter dem Wandelpreis liegen und die Investoren deshalb nicht wandeln bzw. umtauschen wollen - nachkommen indem er die Aktien gemäß Wandel- bzw. Umtauschverhältnis zahlt und die Differenz zum Rückzahlungspreis durch zusätzlichen Aktien und/oder Cash begleicht.

Ausstehende europäische Wandelanleihen nach Struktur

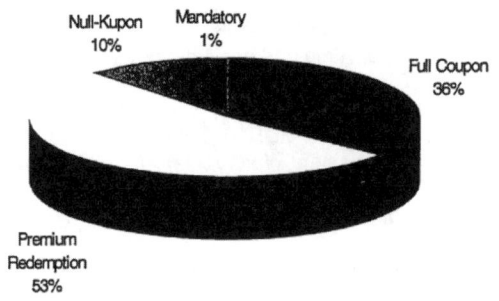

Null-Kupon 10% Mandatory 1% Full Coupon 36% Premium Redemption 53%

4 Überlegungen zur Strukturierung

4.1 Preisfestlegung

Der Preis einer Wandel- bzw. Umtauschanleihe besteht aus der Summe ihres Anleihewerts und dem Wert des Wandlungs- bzw. Umtauschrechts (Wert der Call-Option). Je geringer der Zinssatz, den die Investoren auf die Anleihe erhalten, desto geringer ist die Prämie auf den Aktienkurs, den sie bei Emission zu zahlen bereit sind. Im umgekehrten Falle, d.h. je näher der Zinssatz dem Satz bei nicht wandel- bzw. umtauschbaren Anleihen des gleichen Emittenten liegt, desto eher werden Investoren bereit sein, eine höhere Prämie zu zahlen, d.h. eine geringere Aktienanzahl bei Wandlung bzw. Umtausch zu akzeptieren. Zinszahlungen erfolgen meist jährlich oder halbjährlich.

Methoden zur Bewertung von Wandel- und Umtauschanleihen stützen sich auf Anleihe- und Optionsbewertungsmethoden. Zu den Parametern zählen z.B. Zinsstrukturkurven, Laufzeit, Bonität des Emittenten, Struktur der Zahlungsströme, Kurs, Dividende and Volatilität der Aktie, Wandel- bzw. Umtauschprämie und ggf. enthaltene Sonderrechte wie vorzeitige Kündigungsrechte.

4.2 Investorenschutz („Investor Protection")

Bei Wandel- und Umtauschanleihen ist der Preis, zu dem gewandelt bzw. umgetauscht wird, genau spezifiziert. Dieser Preis wiederum legt die Anzahl von Aktien fest, die ein Anleiheinvestor im Falle der Wandlung bzw. Umtausch erhalten wird (Nominalwert der Anleihe geteilt durch den Wandel- bzw. Umtauschpreis).

Um den Wert des Wandel- bzw. Umtauschrechts des Anleihebesitzers zu schützen, besteht unter bestimmten Umständen, die Notwendigkeit, den Wandel- bzw. Umtauschpreis anzupassen. Diesbezügliche Regelungen, die sogenannten „Adjustment Event Provisions" sind im Emissionsprospekt enthalten. Beträgt z.B. der Wandelpreis EUR 24 per Aktie und der Aktienkurs zum Zeitpunkt des Eintritts des Ereignisses EUR30, so besitzt das Wandelrecht einen Wert. Wenn der Emittent nun jedoch einen Aktiensplitt im Verhältnis drei zu eins durchführt, würde der Preis pro Aktie auf EUR10 fallen und das Wandelrecht ohne entsprechende Anpassung seinen Wert verlieren. In diesem Beispiel würden diese Regelungen i.d.R. eine pro rata Anpassung des Wandelpreises vorsehen, d.h. also eine Senkung auf EUR8.

Die Anpassung des Wandel- bzw. Umtauschpreises wird ab dem Tag effektiv, an dem das Ereignis eintritt, das diese Anpassung erforderlich macht (besitzt jedoch dieses Ereignis einen Stichtag, so sollte auch die Anpassung erst zu diesem erfolgen und nicht am Datum des Ereignisses selbst).
Unter manchen Umständen geschieht eine Anpassung vorbehaltlich der Zustimmung der Hauptversammlung oder des Vorstands, oder der entsprechende Ausgleich wird erst nach dem relevanten Stichtag festgelegt. In diesen Fällen kann die Berechnung erst nach der Beschlussfassung erfolgen oder sobald der entsprechende Ausgleich festgelegt wurde.

Ereignisse, die eine solche Anpassung erforderlich machen, sind i.d.R. in den Anleihebedingungen konkret aufgeführt und beinhalten üblicherweise folgende Fälle:

- ► Bezugsrechtsemissionen des Emittenten
- ► Kapitalerhöhungen des Emittenten aus Gesellschaftsmitteln, Distribution von Berichtigungsaktien, Aktiensplitts oder Zusammenlegungen von Aktien
- ► Ausschüttung von Rücklagen in bar

▶ Firmenübernahmen, Fusionen oder Abspaltungen des Emittenten oder öffentliche Angebote hinsichtlich ihrer Aktien

▶ Bonusemissionen des Emittenten an die Aktionäre und Übertragung anderer Wertpapiere

▶ Zahlung von Sonderdividenden (d.h. Zahlungen in bar oder Aktien über eine gewisse Größenordnung hinaus)

Darüber hinaus können abhängig von den spezifischen Umständen der Emission einige zusätzliche Regelungen in die Anleihebedingungen aufgenommen werden, um Investoren von Wandel- und Umtauschanleihen zu schützen:

▶ **Garantieerklärung („Guarantee clause"):** Wenn eine Wandel- oder Umtauschanleihe über eine Finanzierungstochter der Muttergesellschaft begeben wird, ist es üblich, dass letztere für die Verpflichtungen der Tochter aus der Anleihe garantiert.

▶ **Negativerklärung („Negative pledge"):** Eine Negativerklärung beschränkt die Verwendung von bestimmten Vermögenswerten des Emittenten als Sicherheiten für Verbindlichkeiten und ist eine der wichtigsten Schutzvorkehrungen für Anleiheinvestoren. Negativerklärungen enthalten üblicherweise eine Anzahl von Ausnahmen – abhängig von den Umständen des Emittenten. So könnte z.B. ein Versorgerunternehmen eine Ausnahmenregelung hinsichtlich der Verschuldung aus Projektfinanzierungsgeschäften anstreben. Negativerklärungen bei Wandel- und Umtauschanleihen sind im allgemeinen „schwächer" als bei Straight Bonds.

▶ **Rückzahlung bei Veräußerung von Vermögenswerten:** Es könnte u.U. als „Ausfallereignis" („Event of Default") gewertet werden, sollte der Emittent seine wichtigsten Vermögenswerte oder Geschäftsaktivitäten veräußern. Bei bestimmten Emissionen können Investoren daher die Rückzahlung der Anleihe verlangen, wenn ein wesentlicher Teil der Vermögenswerte oder ein bedeutendes Tochterunternehmen des Emittenten veräußert bzw. Geschäftsaktivitäten eingestellt werden sollte.

▶ **Sicherheitshinterlegung:** Im Allgemeinen werden Wandel- und Umtauschanleihen unbesichert begeben. Emittenten sind in der Regel nicht bereit, Vermögenswerte als Sicherheiten zu binden. Theoretisch könnten Wandel- bzw. Umtauschanleihen durch Ansprüche auf Vermögenswerte des Emittenten besichert werden. Obwohl nicht allgemeine Marktpraxis, gibt es doch zahlreiche Umtauschanleihen, bei denen die unterliegenden Aktien und manchmal auch Barmittel für die Bedienung der Zinszahlungen auf einem Treuhandkonto hinterlegt werden. In einigen Ländern wie z.B. Frankreich verpflichten die Zulassungskriterien zum Handel den Emittenten zur Hinterlegung der Aktien auf ein Treuhandkonto.

▶ **Kontrollwechsel („Change of Control"):** Ein Kontrollwechsel beim Emittenten einer Wandel- bzw. Umtauschanleihe hat in erster Linie unmittelbare Auswirkungen auf eine Wandelanleihe und weniger auf eine Umtauschanleihe. Bei der letzteren ist vielmehr ein Kontrollwechsel bei dem Unternehmen von Bedeutung, dessen Aktien der Umtauschanleihe unterliegen:

Wandelanleihen: Im Falle eines Übernahmeangebots für die Aktien eines Unternehmens mit ausstehender Wandelanleihe muss ein "angemessenes" Angebot ebenfalls an die Investoren dieser Wandelanleihe gemacht werden, um dem Gleichbehandlungsgrundsatz der Aktionäre zu genügen. Diese Schutzvorschrift wird in den Anleihebedingungen näher spezifiziert.

Eine mögliche Regelung erlaubt Anleiheinvestoren die Wandlung ihrer Anleihe zu einem angepassten Wandelpreis, um so einen Ausgleich für die erzwungene vorzeitige Wandlung im Falle eines Bar-Übernahmenangebots zu bieten. Sollte das Übernahmeangebot aus Aktien bestehen, sehen die Anleihebedingungen den Ersatz der Wandelrechte in Aktien des Emittenten durch Wandelrechte in Aktien des Erwerbers vor. Darüber hinaus definiert diese Vorschrift ebenfalls eine Formel für den Fall eines kombinierten Übernahmeangebots von Cash und Aktien oder alternativen Vergütungen.

Eine sogenannte Kontrollwechsel-Verkaufsoption („Change of Control Put") schützt Wandelanleihe-Investoren vor übermäßig fremdfinanzierten Übernahmeangeboten, die zu einer unakzeptablen Verschlechterung der Kreditqualität der Anleihen führen würden.

Umtauschanleihen: Im Falle eines Übernahmeangebots für ein Unternehmen, dessen Aktien einer Umtauschanleihe unterliegen, gelten für diese im Allgemeinen ähnliche Schutzvorschriften. Darüber hinaus können dem Emittenten einer Umtauschanleihe in der Anleihedokumentation Beschränkungen auferlegt werden, unter denen er (überhaupt) ein Übernahmeangebot (auf die der Umtauschanleihe unterliegenden Aktien) annehmen darf. In diesen Fällen wird im Allgemeinen der Basiswert der Umtauschanleihe durch die in Verbindung mit einem solchen Angebot erhaltene Kompensation ersetzt.

► **Witwen und Waisen Regelung („Widows and orphans"):** Im Falle der (vorzeitigen) Kündigung von Wandel- oder Umtauschanleihen seitens des Emittenten, besitzen Investoren das Recht, innerhalb einer begrenzten Zeit vor der Rückzahlung, ihr Wandel- bzw. Umtauschrecht auszuüben. Wenn eine Wandel- bzw. Umtauschanleihe im Geld („in the money") ist, d.h. der aktuelle Aktienkurs über dem Wandel- bzw. Umtauschpreis liegt, aber Investoren es nichtsdestotrotz unterlassen, ihre Wandel- bzw. Umtauschrechte auszuüben (z.B. aufgrund ihrer Unerfahrenheit), ist es dem Anleihe-Treuhänder gestattet, stellvertretend die Ausübung vorzunehmen.

5 Vorzeitige Rückzahlung

5.1 Kündigungsrechte des Emittenten

Kündigungsrechte des Emittenten finden sich in den Anleihebedingungen nahezu aller Emissionen. Normalerweise beinhalten sie sowohl sogenannte „weiche" („Soft Call") als auch „harte" („Hard Call") Kündigungstermine:

▶ **Weiche Kündigung:** Diese Form des Kündigungsrechts gestattet einem Emittenten nur dann die Kündigung, wenn bestimmte Kriterien erfüllt wurden. Im Rahmen eines Soft Call darf der Emittent nur dann kündigen, und damit Wandlung bzw. Umtausch forcieren, wenn der Aktienkurs einen vorher spezifizierten Wert über dem Wandel- bzw. Umtauschpreis für mindestens einen gewissen Zeitraum erreicht hat, so muss z.B. der Aktienkurs über einen Zeitraum von 20 fortlaufenden Handelstagen 140% über dem Wandel- bzw. Umtauschpreis liegen.
Die Kündigungsperiode beträgt in der Regel 30 bis 60 Tage. Während dieser Zeit trägt der Emittent das Risiko eines unerwarteten Kursverfalls der Aktie unter den Wandel- bzw. Umtauschpreis, infolge dessen Investoren die Rückzahlung einer Wandlung bzw. einem Umtausch vorziehen würden. Emittenten versuchen im Allgemeinen dieses Risiko zu minimieren, in dem sie die Anleihen erst kündigen, wenn ein ausreichendes „Polster" zwischen aktuellem Aktienkurs und Wandel- bzw. Umtauschpreis besteht. Emittenten sollten vor der Kündigung sicherstellen, dass ausreichende Barmittel zur Verfügung stehen um gegebenenfalls die Anleihe in Bar zurückzahlen zu können.
Anleiheinvestoren dürfen während der Kündigungsperiode weiterhin wandeln bzw. umtauschen, was sie auch tun dürften, wenn die Kündigung zu par erfolgt und der Aktienkurs über dem Wandel- bzw. Umtauschpreis liegt. Der Vorteil eines Soft Call ist, dass er die Anleiheinvestoren zwingen kann, Aktionäre zu werden.

▶ **Harte Kündigung:** Im Anschluss an eine Soft Call Phase möglich, erfordern harte Kündigungen die Erfüllung von keinerlei Kriterien hinsichtlich des Aktienkurses. Aus rationaler Sicht impliziert die Ausübung von Hard Calls durch den Emittenten entweder Wandlung bzw. Umtausch (sollte der Aktienkurs über Wandel- bzw. Umtauschpreis liegen) oder die Fähigkeit des Emittenten zur Refinanzierung zu niedrigeren Zinssätzen als denen der Wandel- bzw. Umtauschanleihe. Die Möglichkeit einer harten Kündigung stellt einen Wert für den Emittenten dar, für den dieser in Form von schlechteren (teureren) Emissionskonditionen einen höheren Preis „bezahlt".

5.2 „Sweep-Up" Regelung

Dem Emittenten ist es gestattet, den noch ausstehenden Teil der Anleihe (nicht aber teilweise) zu 100% ihres Nominalwerts plus aufgelaufene, aber noch nicht gezahlte Zinszahlungen zurückzuzahlen, wenn nur noch weniger als i.d.R. 10 bis 15% des ursprünglichen Volumens aussteht.

5.3 Rückkäufe des Emittenten im Markt

Käufe des Emittenten an der Börse sind grundsätzlich gestattet. Solche Transaktionen müssen allerdings den Anleihebedingungen und relevanten Börsenzulassungsregeln entsprechen – auch könnte in einigen Ländern die Offenlegung solcher Transaktionen erforderlich sein. Während sich ein Kauf ausschließlich auf einen Teil der Anleihen beziehen kann, bezieht sich eine vorzeitige Kündigung und Rückzahlung im allgemeinen auf die gesamte ausstehende Anleihe. Dabei ist der Rückkauf einer Anleihe, die im Geld notiert, wirtschaftlich gleichbedeutend mit einem Aktienrückkauf, könnte aber eine günstigere steuerliche Behandlung oder weniger aufwendige Offenlegungsverpflichtungen mit sich bringen als ein Aktienrückkauf.
Der Rückkauf einer Anleihe, die „Out of the Money" notiert, d.h. der aktuelle Aktienkurs liegt unter dem Wandel- bzw. Umtauschpreis, könnte durch den Wunsch des Emittenten motiviert sein, einen außergewöhnlich günstigen Preis der Wandel- bzw. Umtauschanleihe im Sekundärmarkt ausnutzen zu wollen.

5.4 Kündigungsrechte der Investoren („Investor Put Options")

Vorzeitige Kündigungsrechte der Investoren zielen darauf ab, die effektive Laufzeit und damit das Kreditrisiko des Investors gegenüber dem Emittenten zu verringern. Investoren erhalten die Möglichkeit, die Rückzahlung vor der eigentlichen Fälligkeit ihrer Anleihe zu verlangen, manchmal zu einer Prämie gegenüber dem Emissionspreis. Technisch betrachtet erhöht ein solches Investorenkündigungsrecht den Anleihewert.

Anhang 8

ZINSTERMINKONTRAKTE (FRA's)

Funktionsweise

Bezug III.2:   Aktiv/Passiv (Asset/Liability) Management

Forward Rate Agreements (FRA's)
- Wirkungsweise -

Kontraktabschluß bei t_0 für € 100 Mio., Mittelaufnahme in 3 Monaten, bei t_1, zu 5% für die Laufzeit von 6 Monaten.

Zinskosten von 5% bei t_1 damit bereits bei t_0 gesichert.

Szenario A: 6-Monate Zinssatz steigt bei t_1 auf 6%

Marktzinssatz bei t_1

erhalte Ausgleichszahlung
+1% = 6%-5%

FRA-Abschluß bei t_0

Kreditkosten effektiv 5%

+

6%
5%

Die Zinseinschätzung war richtig, der FRA-Abschluß hat die Zinskosten auf 5% begrenzt.

t_0 Vorlauf 3 Mon. t_1 Laufzeit 6 Mon.

Szenario B: 6-Monate Zinssatz fällt bei t_1 auf 4%

FRA-Abschluß bei t_0 leiste Ausgleichszahlung
./.1% = 4%-5%

Kreditkosten effektiv 5%

Marktzinssatz bei t_1

./.

5%
4%

Die Zinseinschätzung war falsch, der FRA-Abschluß wäre besser unterblieben

t_0 Vorlauf 3 Mon. t_1 Laufzeit 6 Mon.

Anhang 9

PROZESSABLAUF FACTORING CCB

Bezug VII.4.1: Finanzierungsgesellschaften

Factoring - Geldströme

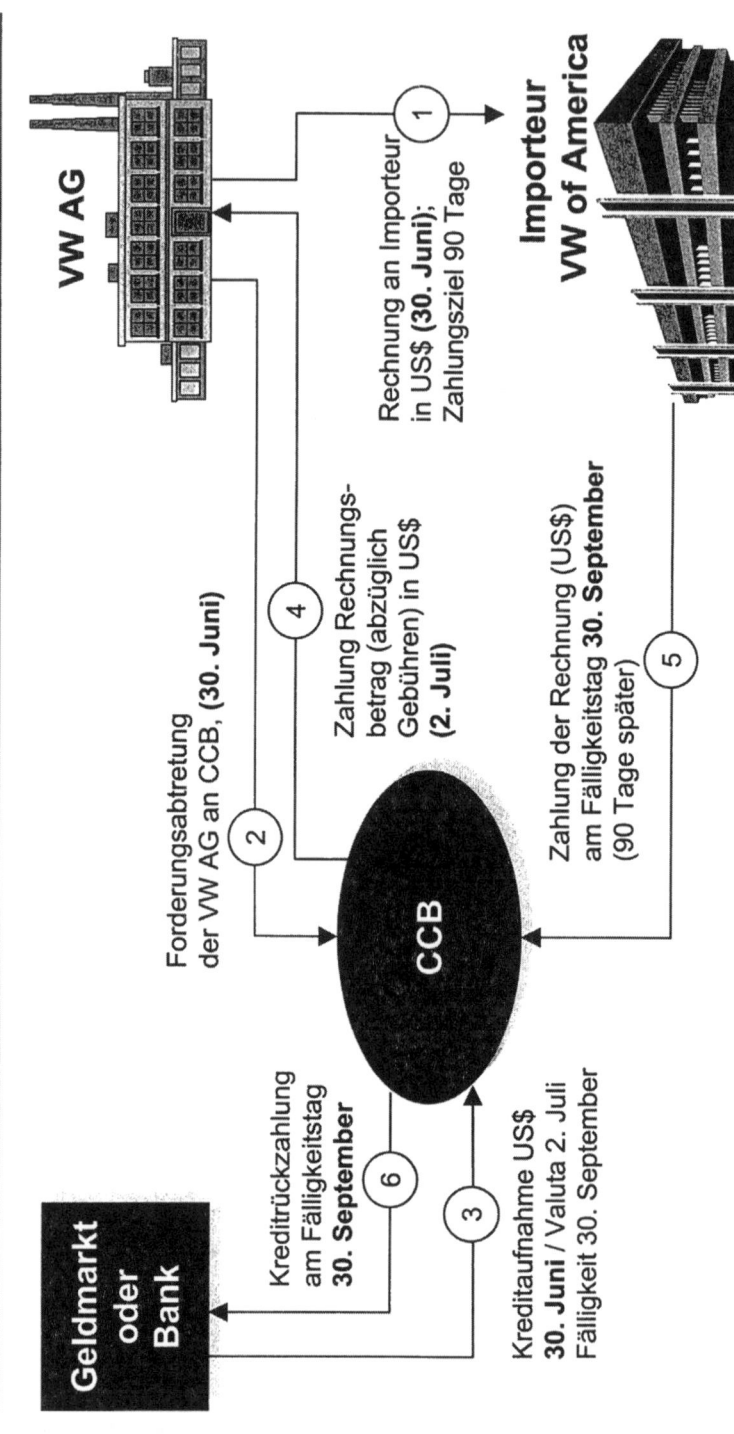

Kein Währungs- und Zinsänderungsrisiko

Die einzelnen Schritte

① Die Volkswagen AG liefert an ihre Vertriebsgesellschaft Volkswagen of America (VWoA) am 30.06. mit 90 Tagen Zahlungsziel. Die Rechnung wird in $ ausgestellt.

② Das CCB kauft diese $-Forderung zur selben Zeit von der VW AG bzw. die VW AG tritt sie an das CCB ab (regresslos).

③ Das CCB finanziert diesen Forderungsankauf mittels einer Kreditaufnahme oder CP-Emission in $ mit einer Laufzeit von 90 Tagen.

④ Das CCB überweist den $-Rechnungsbetrag diskontiert mit einem 3-Monate-Zinssatz an die VW AG. Die VW AG konvertiert den $-Betrag zum Tageskurs in €.

⑤ Nach 90 Tagen erfolgt die Zahlung des $-Betrages durch die VWoA an das CCB.

⑥ Das CCB zahlt damit seine $-Fremdmittelaufnahme zurück.

Dazu drei Anmerkungen:

- In dem ganzen Prozess entsteht kein Währungs- und kein Zinsänderungsrisiko. Die Forderung an VWoA und die Fremdmittelaufnahme sind währungs- und laufzeitkongruent. Die Konvertierung von $ in € bei der VW AG erfolgt am selben Tag wie der $-Eingang vom CCB.

- Das $-Währungsrisiko des Konzerns ist bereits vor dem ganzen Prozess entstanden, und wurde gemäß der Wechselkurseinschätzung zum Zeitpunkt der Planung gesichert bzw. nicht oder nur teilweise gesichert (→ IV. „Devisenmanagement"). Der Tageskurs bei Erhalt der Zahlung vom CCB ist dann gegen diesen Sicherungskurs zu bewerten, wie in IV. beschrieben, bzw. geht bei Nichtsicherung unmittelbar in die Bücher der VW AG ein.

- Wenn die Lieferung in ein Land erfolgt, für dessen Währung die Fremdmittelaufnahme für das CCB nicht praktikabel ist - z.B. weil es in dieser Währung keinen CP-Markt gibt - so kann die Fremdmittelaufnahme in einer der gängigen Währungen erfolgen und das Währungsrisiko durch eine entsprechende Sicherungsmaßnahme ausgeschaltet werden. Prinzipiell könnte man auch währungsinkongruent finanzieren, was aber nicht zu empfehlen ist; die Währungsstrategie sollte aus Gründen der Risikokontrolle in der Konzernzentrale verankert bleiben.

Anhang 10

ABWEHRMAßNAHMEN

Bezug IX.2: Feindliche Übernahmen / Fusionen –
Marktdynamik und gesetzliche Regelungen

Die folgenden Unterlagen beruhen auf Informationen, die dem Autor freundlicherweise von einer führenden Investmentbank zur Verfügung gestellt worden sind, unter der Bedingung, als Quelle nicht genannt zu werden. Eine wie immer geartete Haftung ist ausgeschlossen.

Hinweis

Sollte der Leser einmal in einer Übernahmeschlacht engagiert sein – sei es als Angreifer oder als Verteidiger – so ist die Beratung einer führenden Investmentbank und darauf spezialisierter Rechtsanwaltsfirmen unerlässlich. Zum Einstieg sind die wesentlichen Verteidigungsmaßnahmen in diesem Anhang in größerem Detail aufgeführt, doch kann es sich dabei zwangsläufig nur um einen Überblick handeln, ohne Garantie auf Vollständigkeit. Die Zusammenstellung erfolgte vor gut 2 Jahren und ist als stichtagsbezogen zu betrachten. Es ist nicht auszuschliessen, dass einzelne Gesetze zwischenzeitlich geändert wurden. Doch entwickeln sich rechtliche Rahmenbedingungen allgemein nur mit der dem Gesetzgebungsprozess eigenen Gemächlichkeit. Der Überblick in diesem Anhang vermittelt daher nach wie vor einen hinreichenden Eindruck von der Komplexität des Themas – und davon, wie weit die EU von einer Harmonisierung noch entfernt ist.

Ergänzung / Aktualisierung (Auswahl)

1. Die EU hat in einigen Fällen die „Goldenen Aktien" wiederholt bei europäischen Unternehmen jedenfalls dann untersagt, wenn sie staatliche Stellen begünstigten.

2. Die erste Meldeschwelle bei Anteilserwerb ist in Deutschland von 5% auf 3% abgesenkt worden, zusätzliche Meldeschwellen sind eingeführt worden (→ IX.2.3).

3. Die Stimmrechtsbeschränkung bei der Volkswagen AG wurde per EuGH-Urteil abgeschafft (→ Text IX.2.3 und IX.2.4).

ABWEHRSTRATEGIEN

Die angelsächsische Rechtsprechung ist viel kasuistischer als z.B. die deutsche. Das gilt sowohl für England, wo Regeln oft auf der Basis „Gentlemen's Agreement" oder auf einem freiwilligen „Code of Conduct" beruhen, als auch für die USA, wo die 50 Bundesstaaten vielfach eigene, voneinander deutlich abweichende Gesetzesregelungen aufweisen. In der Praxis bedeutet dies, dass die angelsächsischen Systeme wesentlich flexibler in der Anwendung sind und mehr Manövriermöglichkeiten bieten, um ggfs. nationale Interessen zu berücksichtigen.

Im Gegensatz dazu erhebt sich z.B. in den romanischen Ländern die Frage, wie weit gesetzliche Vorschriften bei Bedarf den eigenen nationalen Interessen entsprechend flexibel ausgelegt werden (→ Text IX.2.4, letzter Absatz).

Thema Waffengleichheit - „level playing field"

USA:

2.400 Firmen haben unterschiedliche Aktiengattungen

Mehrheitsstimmrechte, etc. Bsp. FORD

Trend von „business judgement rule" zu „just say no"

UK:

80% der Aktien engl. Firmen bei institutionellen Anlegern (Pension Fonds)

60% der Aktien engl. Firmen bei 10 größten Anlegern

Brit. Regierung hält bzw. hielt „golden shares" in 25 Firmen

Frankreich: Beibehaltung der Höchststimmrechte (in Deutschland abgeschafft gem. KonTraG).

Schweden: „A" und „B"-Aktien

Eigenkapitalmaßnahmen:

UK: 30% Emissionspotential generell vorgehalten (in UK keine BZR-Regelung)

Neuemissionen unbegrenzt mit HV-Zustimmung (Vodafone)

Deutschland: max 50% des Grundkapitals // mehr: HV-Zustimmung --> Anfechtungsrisiko

Hinweis: in USA und UK System der Pensionsfonds, aber nicht in Deutschland

--> HV --> wer bestimmt Industriepolitik ? --> Sammelklagen (!?)

Gesetz zur Regelung von öffentlichen Angeboten in Deutschland zum Erwerb von Wertpapieren und von Unternehmensübernahmen (in Kraft seit 01.01.02)

 Stillhaltepflicht ist weiterhin enthalten, jedoch können Verteidigungsmaßnahmen durch den AR genehmigt werden

Sonderregelungen für Banken, Versicherungen und Börsen

1) Pflichtangebot:
   - nicht notwendig, wenn die über 30% hinausgehenden Aktien an Zielgesellschaft im Handelsbestand (ohne Stimmrecht auszuüben) verbleiben
   - verwaltetes Fondsvermögen wird den Banken nicht zugerechnet; damit kein Pflichtangebot, selbst wenn insgesamt mehr als 30% der Stimmrechte

2) Stillhaltepflicht gilt auch für Banken und Versicherungen
   - aber ausdrückliche Berechtigung, eigene Aktien als Handelsbestand zu erwerben ("Handelsbestand" ist quantitativ nicht gesetzlich definiert)
   - verwaltetes Fondsvermögen wird nicht zugerechnet; damit Möglichkeit frei handelbare eigene Aktien unbegrenzt zu erwerben, Aktien bleiben jedoch stimmberechtigt bei der HV
   ➜ **Abwehr einfach durch Nicht-Annahme eines Übernahmeangebotes**

3) Behördengenehmigungen
   - für Banken, Versicherungen und Börsen als Zielgesellschaft benötigt der Bieter die Zustimmung der zuständigen Bundesaufsichtsbehörde (besondere Relevanz bei Bietern aus dem Ausland)

Abwehrstrategien

A. Präventiv: Überblick - Zulässigkeit Abwehrmaßnahmen

	1. Giftpillen	2. Goldene Aktien	3. Change of Control Klauseln	4. Wechselseitige Beteiligungen	5. Stimmrechts- beschränkungen	6. Mehrfach- stimmrechte
USA	ja	ja	ja	ja	ja	ja
Deutschland	nein	nein	ja	ja	nein	nein
England	ja	ja	ja	ja	ja	ja
Frankreich	ja	ja	ja	ja	ja	ja
Niederlande	ja	ja	ja	ja	ja	ja
Schweden	ja	ja	ja	ja	ja	ja
Spanien	ja	ja	ja	ja	ja	nein
Portugal	ja	ja	ja	ja	ja	nein
Italien	nein	ja	ja	ja	ja	nein

ABWEHRSTRATEGIEN

A. Präventiv:

Verteidigungsmaßnahmen VOR Angriff

1. Giftpillen („Poison Pills")
2. Goldene Aktien („Golden Shares")
3. „Change of Control" Klauseln
4. Wechselseitige Beteiligungen
5. Stimmrechtsbeschränkungen
6. Mehrfachstimmrechte
7. Identifikation Aktienzukäufer
8. Weitere Maßnahmen

ABWEHRSTRATEGIEN

1. Giftpillen („Poison Pills")

__Beschreibung:__ Giftpillen sind Maßnahmen, die darauf abzielen, die Übernahme für den Angreifer unattraktiv zu machen durch Verteuerung, Verzögerung, etc.

	Zulässigkeit	Bedingung / Anmerkungen
USA	ja	i.d.R. treuhänderische Pflichten, weites unternehmerisches Ermessen (Business Judgement Rule)
Deutschland	nein	
England	ja	Zustimmung der Aktionäre erforderlich
Frankreich	ja*	im Interesse des Unternehmens
Niederlande	ja	mit Stiftungskonstruktion
Schweden	ja	selten, Ausnahmefälle
Spanien	ja	Zustimmung der Aktionäre erforderlich
Portugal	ja	Zustimmung der Aktionäre erforderlich
Italien	nein	--

* wird von der franz. Börsenaufsicht kritisch bis ablehnend gesehen

Verteidigungsmaßnahmen vor Angebotsabgabe
Giftpillen nach US Vorbild („Poison Pills")

USA
- Zulässig
- Diese Verteidigungsmaßnahme muss im Einklang mit den treuhänderischen Pflichten der Verwaltung sein

Deutschland
- Auf Grund des Gleichbehandlungsgrundsatzes nicht zulässig (§53a AktG)

England
- Zulässig, aber nur schwer implementierbar
- Zustimmung der Aktionäre ist erforderlich
- Diese Verteidigungsmaßnahme muss im Einklang mit den treuhänderischen Pflichten der Verwaltung sein
- Seltene Verteidigungsmaßnahme; Kritik von institutionellen Anlegern

Frankreich
- Zulässig, jedoch schwierig durchzuführen (s. Renault/ Nissan)
- Im Regelfall ist eine Zustimmung der Aktionäre nicht erforderlich
- Diese Verteidigungsmaßnahme muss im Interesse des Unternehmens sein
- Die franz. Börsenkomm. (COB) sieht Maßnahmen, die ein erfolgr. Übern.-angebot verhindern können, sehr kritisch

Niederlande
- Mit Hilfe von Stiftungskonstruktionen zulässig
- Falls keine Zustimmung der Aktionäre eingeholt wird, sind Giftpillen vor Gericht anfechtbar
- Die Amsterdamer Börse verlangt die Veröffentlichung der Verteidigungsmaßnahme und kann die Neueinführung untersagen

Spanien
- Zulässig
- Eine Zustimmung der Aktionäre ist erforderlich
- Kann über Ausgabe von Wandelschuldverschreibungen und/oder umtauschbaren Wertpapieren, im Falle eines erfolgreichen Übernahmeangebotes, erfolgen

Portugal
- Zulässig
- Zustimmung der Aktionäre erforderlich, es sei denn die Implementierung fällt explizit in Zuständigkeitsbereich der Verwaltung
- Diese Verteidigungsmaßnahme muss im Einklang mit den treuhänderischen Pflichten der Verwaltung sein
- 30 Tage Frist für Einberufung der HV

Schweden
- In Ausnahmefällen zulässig
- Eine Zustimmung der Aktionäre ist erforderlich, falls die Satzung geändert werden muss
- Sehr seltene Verteidigungsmaßnahme

Italien
- Nicht zulässig
- Widerspricht dem generellen Grundsatz der Gleichbehandlung der Aktionäre

ABWEHRSTRATEGIEN

2. Goldene Aktien („Golden Shares")

Beschreibung: Goldene Aktien sind mit besonderen Vollmachten
bzw. Stimmrechten (Vetorechten) ausgestattet. Sie
ermöglichen es Regierungen oder anderen Personen,
Übernahmen zu verhindern.

	Zulässigkeit	Bedingung / Anmerkungen
USA	ja	
Deutschland	nein	
England	ja	Die EU Kommission will ihre Abschaffung, bzw.
Frankreich	ja	ihre Ausübung stark limitieren.
Niederlande	ja	Die EU-Kommission prüft zur Zeit
Schweden	ja	alle europ. "Golden Shares" zugunsten
Spanien	ja	staatlicher Stellen.
Portugal	ja	
Italien	ja	

Verteidigungsmaßnahmen vor Angebotsabgabe
Goldene Aktien („Golden Shares")

USA

- Zulässig

Deutschland

- Nicht zulässig

England

- Zulässig, die Ausübung bei ehemals verstaatlichten Unternehmen ist jedoch vom europäischen Gerichtshof stark limitiert

Frankreich

- Zulässig, die Ausübung bei ehemals verstaatlichten Unternehmen ist jedoch vom europäischen Gerichtshof stark limitiert

Niederlande

- Zulässig, die Ausübung bei ehemals verstaatlichten Unternehmen ist jedoch vom europäischen Gerichtshof stark limitiert
- Goldene Aktien mit umfassenden Veto- und/oder exklusiven Vorschlagsrechten für Satzungsänderungen werden zumeist über Stiftungen, die vom Vorstand kontrolliert werden, ausgeübt

Spanien

- Zulässig, die Ausübung bei ehemals verstaatlichten Unternehmen ist jedoch vom europäischen Gerichtshof stark limitiert

Portugal

- Zulässig, die Ausübung bei ehemals verstaatlichten Unternehmen ist jedoch vom europäischen Gerichtshof stark limitiert

Schweden

- Zulässig, die Ausübung bei ehemals verstaatlichten Unternehmen ist jedoch vom europäischen Gerichtshof stark limitiert

Italien

- Bei ehemals verstaatlichten Unternehmen zulässig, die Ausübung ist jedoch vom europäischen Gerichtshof stark limitiert

Goldene Aktien

✓ Goldene Aktien wurden in den 80er Jahren infolge der Privatisierung von Staatsbetrieben in Großbritannien erstmalig eingeführt

✓ Dabei handelt es sich um eine oder mehrere Aktien, die der Staat an einem privatisierten Unternehmen behält und die mit besonderen Rechten verknüpft sind, z.B.:

  • Ernennung eines oder mehrerer Mitglieder des Aufsichtsrats

  • Vetorecht in Fragen, die die Zukunft des Unternehmens maßgeblich beeinflussen; z.B. Fusionen, Auflösungen oder wichtige Beteiligungen

Goldene Aktien

Sichtweise der europäischen Kommission und europ. Regierungen

✓ Die europäische Kommission hält goldene Aktien für eine nicht mehr zeitgemäße Abschottung gegenüber zunehmenden Konsolidierungen verschiedener Industrien in Europa

✓ Demgegenüber vertreten die europäischen Regierungen die Auffassung, dass goldene Aktien zumindest solange notwendig sind, wie sich Mitgliedsländer in verschiedenen Phasen der Privatisierung befinden

✓ Der Standpunkt der europäischen Kommission ist, dass goldene Aktien nur in wenigen Ausnahmefällen ausgeübt werden dürfen. Dabei darf es sich nicht um ein rein wirtschaftliches Interesse handeln, sondern es muss ein übergeordnetes nationales Interesse vorliegen

✓ Der europäische Wettbewerbskommissar Mario Monti, der dafür aber nicht zuständig ist, vertritt vehement die Meinung, dass goldene Aktien nicht mit den Grundsätzen der europäischen Union vereinbar sind. Seiner Auffassung nach verstoßen diese Regelungen gegen das Niederlassungsrecht und die Bestimmungen für den freien Kapitalverkehr

✓ In Deutschland sind goldene Aktien nicht zulässig, jedoch kann ein Entsendungsrecht von einem oder mehreren Mitgliedern des Aufsichtsrates bestimmten Aktionären oder Inhabern bestimmter vinkulierter Namensaktien per Satzungsbeschluss zugestanden werden (§ 101 (2) AktG)

Goldene Aktien

Fallbeispiele

✓ Der Europäische Gerichtshof ("EuGH") urteilte, dass die Sondervollmachten der italienischen Regierung bei der Privatisierung der ENI (Versorger) und Telecom Italia die EU-Regeln verletzen.

✓ Der EuGH entschied gegen Großbritannien im Fall BAA.

✓ Der EuGH untersuchte zudem weitere Klagen der EU-Kommission gegen die Mitgliedsstaaten Belgien (Société Nationale de Transport par Canalisations und Distrigaz), Frankreich (Total Fina Elf), Spanien (Telefonica, Repsol und Endesa), Portugal (Cimpor).

ABWEHRSTRATEGIEN

3. „Change of Control" Klauseln

Veröffentlichung im Jahresbericht für alle europ. Gesellschaften vorgeschrieben

Beschreibung: Solche Klauseln in wichtigen Verträgen heben selbige (automatisch) auf, wenn sich die Eigentümerstruktur verändert.

	Zulässigkeit	Bedingung / Anmerkungen
USA	ja	Abschreckungsmittel
Deutschland	ja	- " -
England	ja	Abschreckungsmittel und u.U. Zustimmung der Aktionäre
Frankreich	ja	Abschreckungsmittel
Niederlande	ja	- -
Schweden	ja	Abschreckungsmittel
Spanien	ja	- -
Portugal	ja	Abschreckungsmittel
Italien	ja	nach Einbringung des operativen Geschäfts in ein Joint Venture

Verteidigungsmaßnahmen vor Angebotsabgabe
„Change of Control" Klauseln in bedeutenden Verträgen

USA

- Zulässig
- Dient als Abschreckungsmittel, eine Übernahme kann jedoch hiermit kaum verhindert werden
- Wichtige Informationen möglicherweise zum Zeitpunkt der Angebotsabgabe noch nicht öffentlich verfügbar

Deutschland

- Zulässig
- Dient als Abschreckungsmittel, eine Übernahme kann jedoch hiermit kaum verhindert werden

England

- Zulässig
- Zustimmungserfordernis der Aktionäre abhängig von Signifikanz des Vertrages
- Der gesamte Vertrag muss im Interesse des Unternehmens sein
- Dient als Abschreckungsmittel, eine Übernahme kann jedoch hiermit kaum verhindert werden

Frankreich

- Zulässig
- Der gesamte Vertrag muss im Interesse des Unternehmens sein
- Dient als Abschreckungsmittel, eine Übernahme kann jedoch hiermit kaum verhindert werden

Niederlande

- Zulässig

Spanien

- Zulässig

Portugal

- Zulässig
- Der gesamte Vertrag muss im Interesse des Unternehmens sein
- Dient als Abschreckungsmittel, eine Übernahme kann jedoch hiermit kaum verhindert werden

Schweden

- Zulässig
- Der gesamte Vertrag muss im Interesse des Unternehmens sein
- Dient als Abschreckungsmittel, eine Übernahme kann jedoch hiermit kaum verhindert werden

Italien

- Zulässig
- Möglich, das gesamte operative Geschäft in ein Joint Venture (JV) einzubringen, wobei dem JV-Partner eine weitreichende Change of Control Klausel zugestanden werden kann
- Einbringung des gesamten operativen Geschäftes in ein JV bedarf der Zustimmung der Aktionäre

ABWEHRSTRATEGIEN

4. Wechselseitige Beteiligungen

Beschreibung: Überkreuzbeteiligung zweier Unternehmen dient dem gegenseitigen Schutz vor Übernahmen.

	Zulässigkeit	Bedingung / Anmerkungen
USA	ja	u.U. Zustimmung der Aktionäre erforderlich
Deutschland	ja	nur bis 25% wirksam
England	ja	u.U. Zustimmung der Aktionäre erforderlich
Frankreich	ja	aber nur in Ausnahmefällen
Niederlande	ja	- -
Schweden	ja	- -
Spanien	ja	- -
Portugal	ja	- -
Italien	ja	mit Einschränkungen (2%)

Verteidigungsmaßnahmen vor Angebotsabgabe
Wechselseitige Beteiligungen

USA

- Zulässig
- Eine Zustimmung der Aktionäre ist erforderlich, wenn der von dem NYSE/ NASD festgelegte Prozentsatz überschritten wird
- In gewissen Sektoren kann es notwendig sein, die Genehmigung von Aufsichtsbehörden einzuholen, um einen gewissen festgelegten Prozentsatz überschreiten zu dürfen (z.B. 10 % bei Versicherungen und Banken)

Frankreich

- Nur in Ausnahmefällen zulässig
- Aktionärszustimmung nicht erforderlich, falls keine neuen Aktien ausgegeben werden oder genehmigtes Kapital mit Bezugsrechtsausschluss vorhanden ist
- Einem franz. Unternehmen A ist es untersagt Aktien an einem franz. Unternehmen B zu erwerben, falls B mehr als 10 % der Aktien des Unternehmens A besitzt. Diese Vorschrift gilt i.d.R. nicht, falls B ein ausländisches Unternehmen ist

Portugal

- Zulässig
- Nicht weit verbreitet

Deutschland

- Zulässig
- Einschränkungen limitieren Effektivität der Maßnahme. Stimmrechtsausübung bei wechselseitiger Beteiligung von über 25% mit inl. Kapitalgesellschaft nur für die Seite möglich, die zuerst 25%ige Beteiligung erworben hat
- Aktionärszustimmung nicht erforderlich, falls keine neuen Aktien ausgegeben werden oder genehmigtes Kapital mit Bezugsrechtsausschluss vorhanden ist
- Im Falle eines Aktientausches muss dieser zu Marktwerten stattfinden

Niederlande

- Zulässig
- Das Erfordernis einer Zustimmung der Aktionäre hängt von der Satzung und der Handlungsbefugnis der Verwaltung bezüglich Aktienkapitalerhöhungen ab
- Bei Aktienkauf von Dritten ist keine Zustimmung der Aktionäre erforderlich
- Erforderte Erstellung eines Emissionsprospektes bei Ausgabe von Aktien, die mindestens 10% des Aktienkapitals repräsentieren
- Aktionäre können Vorkaufsrechte besitzen

Schweden

- Zulässig
- Aktionärszustimmung nicht erforderlich
- Geläufige Verteidigungsmaßnahme in der Vergangenheit, derzeit stark diskutiert

England

- Zulässig
- Zustimmungserfordernis der Aktionäre abhängig von der Anzahl an ausgegebenen / erworbenen Aktien
- Diese Verteidigungsmaßnahme muss im Einklang mit den treuhänderischen Pflichten der Verwaltung sein
- Sehr seltene Verteidigungsmaßnahme

Spanien

- Zulässig
- Eine Zustimmung der Aktionäre ist nicht erforderlich

Italien

- Zulässig
- Einschränkungen limitieren jedoch die Effektivität dieser Maßnahme. Insbes. ist eine Stimmrechtsausübung bei wechselseitiger Beteiligung von über 2 % mit einer inländischen Kapitalgesellschaft nur für die Seite möglich, die zuerst eine 2 %ige Beteiligung erworben hat
- Eine Zustimmung der Aktionäre ist nur erforderlich, falls neue Aktien unter Bezugsrechtsausschluss für die wechselseitige Beteiligung ausgegeben werden

ABWEHRSTRATEGIEN

5. Stimmrechtsbeschränkungen

<u>Beschreibung:</u> Limitiert das Stimmrecht auf einen max. Anteil am Aktienbestand.

	Zulässigkeit	Bedingung / Anmerkungen
USA	ja	--
Deutschland	nein *	--
England	ja	Zustimmung der Aktionäre
Frankreich	ja	- " -
Niederlande	ja	- " -
Schweden	ja	- " -
Spanien	ja	- " -
Portugal	ja	- " -
Italien	ja	- " -

*gesetzlich abgeschafft

Verteidigungsmaßnahmen vor Angebotsabgabe
Stimmrechtsbeschränkung nach Satzung

USA

- Zulässig, jedoch nicht weit verbreitet
- Eine Zustimmung der Aktionäre ist erforderlich, falls sie nachträglich eingeführt wurde

Frankreich

- Zulässig
- Eine Zustimmung der Aktionäre ist erforderlich
- Die französische Börsenkommission (COB) versucht diese Einschränkung bei einer Übernahme von mehr als 2/3 des Aktienkapitals außer Kraft zu setzen

Portugal

- Zulässig
- Eine Zustimmung der Aktionäre ist erforderlich, da die Satzung im Rahmen dieser Verteidigungsmaßnahme geändert werden muss
- Satzungsänderungen erfordern eine qualifizierte Stimmenmehrheit

Deutschland

- Nicht zulässig
- Stimmrechtsbeschränkungen wurden 1998 abgeschafft (für VW später)

Niederlande

- Zulässig
- Eine Zustimmung der Aktionäre ist erforderlich

Schweden

- Zulässig
- Eine Zustimmung der Aktionäre ist erforderlich

England

- Zulässig
- Aktonärszustimmung erforderlich, da die Satzung im Rahmen dieser Verteidigungsmaßnahme geändert werden muss
- Maßnahme muss im Einklang mit den Treuhandpflichten der Verwaltung sein
- Börsenzulassungsbestimmungen können die Verfügbarkeit limitieren

Spanien

- Zulässig
- Eine Zustimmung der Aktionäre ist erforderlich

Italien

- Zulässig
- Die Zustimmung der Aktionäre ist für die erstmalige Einführung erforderlich

Stimmrechtsbeschränkungen

Stimmrechtsbeschränkungen begrenzen das Stimmrecht der Aktionäre auf eine in der Unternehmenssatzung festgeschriebene Obergrenze unabhängig von der effektiv gehaltenen Aktienzahl. Zumeist sind derartige Stimmrechtsbeschränkungen auch auf gemeinschaftlich handelnde Aktionäre ausgeweitet.

✓ Bis zum Jahre 1998 verbreitet unter deutschen Unternehmen; danach aufgehoben für börsennotierte Gesellschaften

✓ Entsprechende gesellschaftsrechtliche Ausgestaltung der Unternehmensverfassung in folgenden EU-Ländern zulässig: Österreich, Spanien, Portugal, Frankreich, Belgien, Dänemark und Niederlande

✓ In Italien sind derartige Restriktionen insbesondere bei ehemaligen Staatsunternehmen verbreitet

✓ Die französische Wertpapierbehörde erklärt Satzungsklauseln börsennotierter Gesellschaften für unwirksam, die eine Stimmrechtsbeschränkung bei Anteilserwerben von mehr als 2/3 der Stimmrechte vorsehen

ABWEHRSTRATEGIEN

6. Mehrfachstimmrechte

Beschreibung: Bestimmte Aktiengattungen haben höhere Stimmrechte als andere Aktien ein und desselben Unternehmens.

	Zulässigkeit	Bedingung / Anmerkungen
USA	ja	bekanntestes Bsp.: FORD
Deutschland	nein	Ausnahme: stimmrechtslose Vorzugsaktien
England	ja	Zustimmung der Aktionäre erforderlich
Frankreich	ja	max. zweifach, Zustimmung der Aktionäre erforderlich
Niederlande	ja	Zustimmung der Aktionäre erforderlich
Schweden	ja	weit verbreitet, Zustimmung der Aktionäre erforderlich
Spanien	nein	- -
Portugal	nein	- -
Italien	nein	- -

Verteidigungsmaßnahmen vor Angebotsabgabe

Mehrfachstimmrechte

USA

- Zulässig. Wird im allgemeinen in der Satzung vorgesehen
- Eine Zustimmung der Aktionäre ist erforderlich, falls sie nachträglich eingeführt wurde

Deutschland

- Nicht zulässig
- Mehrfachstimmrechte wurden im Jahre 1998 abgeschafft

England

- Zulässig
- Aktionärszustimmung erforderlich
- Maßnahme muss im Einklang mit den Treuhandpflichten der Verwaltung sein
- Existenz in manchen Unternehmen seit Gründung. Spätere Einführ. w/ Widerstand institut. Investoren sehr unwahrscheinlich
- Seltene Verteidigungsmaßnahme

Frankreich

- Zulässig: Stimmrechte können sich nach Haltefrist auf das maximal Zweifache erhöhen
- Zur Einführung ist eine Zustimmung der Aktionäre erforderlich

Niederlande

- Zulässig
- Eine Zustimmung der Aktionäre ist erforderlich

Spanien

- Nicht zulässig

Portugal

- Nicht zulässig
- Einer bestimmten Aktienkategorie können gewisse Sonderrechte eingeräumt werden

Schweden

- Zulässig
- Eine Zustimmung der Aktionäre ist erforderlich, falls die Satzung geändert werden muss
- Weit verbreitete Verteidigungsmaßnahme

Italien

- Nicht zulässig

Mehrfachstimmrechte

Aktien können mit speziellen Stimmrechten ausgestattet sein, z.B. Aktien erhalten ein doppeltes Stimmrecht wenn sie eine gewisse Zeit gehalten werden oder Aktien verfügen über Mehrfachstimmrechte für die Gründerfamilie/Direktoren

✓ Diese Art von Aktien kommt besonders in folgenden Ländern vor

⇨ Dänemark (im Rahmen eines 10-fachen Limits an Stimmrechten einer Aktiengattung gegenüber einer anderen Gattung)

⇨ Finnland und Schweden (im Rahmen eines 20-fachen Limits an Stimmrechten einer Aktiengattung gegenüber einer anderen Gattung). Die schwedische Wallenberg Familie sichert sich z.B. auf diese Weise ihren Einfluss bei den Firmen Ericsson, ABB und Electrolux

✓ In Frankreich sind doppelte Stimmrechte ein häufig praktiziertes Mittel um eine "stabile" Aktionärsstruktur zu schaffen. Dafür kann die Satzung der Unternehmen vorsehen, dass Aktionäre, die ihre Aktien mindestens zwei Jahre halten, ein doppeltes Stimmrecht erhalten. Aktionäre verlieren ihr doppeltes Stimmrecht falls sie ihre Aktien weiterveräußern oder die Aktien in Inhaberaktien umgewandelt werden

✓ In Deutschland, Österreich, Spanien und Italien sind Mehrfachstimmrechte verboten

✓ In den USA und der Schweiz haben viele von Familien kontrollierte Unternehmen mehrere Aktienklassen, die es z.B. der Ford-Familie ermöglichen mit nur 4% des Aktienkapitals 40% der Stimmen auszuüben

ABWEHRSTRATEGIEN

7. Identifikation Aktienzukäufer

Beschreibung: Der Zukäufer muss sich identifizieren.

	Zulässigkeit	Bedingung / Anmerkungen
USA	zwingend	aber evtl. verdeckt
Deutschland	"	ab 3% Akkumulierung (zuvor 5%)
England	"	--
Frankreich	"	--
Niederlande	"	ab 5% Akkumulierung
Schweden	"	--
Spanien	"	ab 5% Akkumulierung
Portugal	"	--
Italien	"	ab 2% Akkumulierung

Verteidigungsmaßnahmen vor Angebotsabgabe

Identifikation von Aktienzukäufen

USA

- Zwingend

Deutschland

- Zwingend
- Bei Namensaktien ist die Registrierung der Aktionäre im Aktienbuch nötig (kann durch indirekten Aktienbesitz umgangen werden)
- Veröffentlichungspflichten bei Akkumulierung von 3 % des Aktienkapitals, früher: 5%

England

- Zwingend

Frankreich

- Zwingend
- Falls die Satzung die gesetzlichen Regelungen verstärkt, ist eine Zustimmung der Aktionäre erforderlich

Niederlande

- Zwingend, falls mindestens 5 % des Aktienkapitals erworben werden

Spanien

- Zwingend, falls mindestens 5 % des Aktienkapitals erworben werden

Portugal

- Zwingend

Schweden

- Zwingend

Italien

- Zwingend, falls mindestens 2 % des Aktienkapitals erworben werden

Verteidigungsmaßnahmen vor Angebotsabgabe
Weitere zulässige Verteidigungsmaßnahmen

USA

- Satzungsänderungen im Rahmen von Verteidigungsmaßnahmen mit Aktionärsbeschluss
- Effektive Satzungsänderung wäre die Einschränkung, den Vorstand nur auf Jahreshauptversammlungen ersetzen zu können und Übernahmen nur mit qualifizierter Mehrheit zu beschließen

Deutschland

- Zweistufige Verwaltung
- Abwahl d. AR mit mind. 75% der Stimmen
- Hoher Prozentsatz an Mitarbeiteraktionären
- Verwaltung mit gestaffelten Amtszeiten; in Kombination mit einer zweistufigen Verwaltg.
- Höhere qualifizierte Mehrheitserfordernisse für besondere Entscheidungen (in der Satzung festgehalten, Aktionärszustimmung erfordlerl.)
- Vinkulierte Namensaktien, bei denen bei Kauf zur Ausübung von Stimmrechten die Genehmigung des Unternehmens einzuholen ist. Zustimmung aller betroffenen Aktionäre erforderlich
- Emission von stimmrechtslosen Vorzugsaktien

England

- Keine weiteren zulässigen Verteidigungsmaßnahmen bekannt

Frankreich

- Zweistufige Verwaltung
- Emission von nicht stimmberechtigten Aktien oder Aktien, die nur einen indirekten Zugang zum Aktienkapital ermöglichen (Hinterlegungsscheine)

Niederlande

- Zweistufige Verwaltung
- Stimmrechtslose Hinterlegungsscheine

Spanien

- Gründung von Tochtergesellschaften
- Erwerb von Lizenzen, die erlauben, Kerngeschäfte nur im Rahmen vorgegebener Aktienstrukturen zu betreiben

Portugal

- Zweistufige Verwaltung (nicht weit verbreitet)

Schweden

- Keine weiteren zulässigen Verteidigungsmaßnahmen bekannt

Italien

- Bildung spezieller Komitees, die Teile von Managementaufgaben übernehmen, aber auch als Aufsichtsorgane (ähnlich einem AR) agieren können (Satzungsänderung erforderlich)
- Höhere qualifizierte Mehrheitserfordernisse für besondere Entscheidungen (in Satzung festgehalten, Aktionärszustimmung erforderlich)
- Emission von stimmrechtslosen Vorzugsaktien
- Emission von Warrants, die im Falle einer Übernahme die Ausgabe von neuen Aktien an die Altaktionäre erlauben

Abwehrstrategien

B. Ad hoc: <u>Überblick - Zulässigkeit Abwehrmaßnahmen</u>

	Pac Man	Rückkauf eigener Aktien	Strategische Akquisition	Crown Jewel Option	White Knight	Freundlicher Großaktionär
USA	ja	ja	ja	ja	ja	ja
Deutschland	nein	ja	ja	ja	ja	ja
England	ja	ja	ja	ja	ja	ja
Frankreich	ja	ja	ja	ja	ja	ja
Niederlande	ja	ja	ja	ja	ja	ja
Schweden	ja	ja	ja	ja	ja	ja
Spanien	nein	nein	nein	nein	ja	ja
Portugal	ja	ja	ja	ja	ja	ja
Italien	ja	nein	ja	ja	ja	ja

ABWEHRSTRATEGIEN

B. Ad hoc:

Verteidigungsmaßnahmen NACH Angriff

1. „Pac Man"
2. Rückkauf eigener Aktien
3. Strategische Akquisitionen
4. „Crown Jewel Option"
5. „White Knight"
6. „White Squire" (Freundlicher Großaktionär)
7. **Andere:**
   Flip-in Poison Pill
   Veränderung Unternehmensstruktur
   Sonderdividende
   Verschuldung erhöhen
   Kapitalerhöhungen (genehmigte u. bedingte)
   Ausgliederung Pensionsfonds
   „Golden Parachute"

ABWEHRSTRATEGIEN

1. „Pac Man"

Beschreibung: Die Zielgesellschaft macht ihrerseits ein Angebot den Angreifer zu kaufen, bzw. kauft die Aktien des Angreifers am Markt.

	Zulässigkeit	Bedingung / Anmerkungen
USA	ja	Zustimmung der Aktionäre bei Überschreiten bestimmter Grenzwerte
Deutschland	nein	theoretisch ja, aber juristisch de facto nein
England	ja	u.U. Zustimmung der Aktionäre erforderlich
Frankreich	ja	durch CMF* zu genehmigen
Niederlande	ja	u.U. Zustimmung der Aktionäre erforderlich
Schweden	ja	- -
Spanien	nein	- -
Portugal	ja	nur mit Zustimmung der Aktionäre; HV Einberufung binnen 30 Tg.
Italien	ja	- -

* franz. Finanzmarktaufsicht

Verteidigungsmaßnahmen nach Angebotsabgabe
Kauf des Bieters („PAC-MAN Defense")

USA
- Zulässig
- Eine Zustimmung der Aktionäre kann dann erforderlich sein, wenn im Falle eines Gegenangebots, das die Emission einer bestimmten Anzahl an Aktien voraussetzt, die NYSE / NASD Regeln es vorsehen

Deutschland
- Zulässig, allerdings auf Grund rechtlicher Einschränkungen schwer durchführbar

England
- Zulässig
- Das Erfordernis einer Zustimmung der Aktionäre hängt von der Zielgesellschaft ab
- Diese Verteidigungsmaßnahme muss mit den treuhänderischen Pflichten der Verwaltung übereinstimmen

Frankreich
- Zulässig
- Gegenangebote müssen der CMF zur Genehmigung vorgelegt werden
- Feindliche Übernahmeversuche und Gegenangebote können parallel zu einander laufen, wie dies der Fall bei Total Fina / Elf in 2000 war

Niederlande
- Zulässig
- Eine Zustimmung der Aktionäre ist, abhängig von der Vorgehensweise (Bar oder Aktien) und / oder Größe, erforderlich
- Handlungsspielraum durch Fusionsvorschriften eingegrenzt

Spanien
- Nicht zulässig

Portugal
- Zulässig
- Eine Zustimmung der Aktionäre ist erforderlich
- 30 Tage Frist für Einberufung der Hauptversammlung

Schweden
- Zulässig
- Diese Verteidigungsmaßnahme muss mit den treuhänderischen Pflichten der Verwaltung übereinstimmen

Italien
- Zulässig

ABWEHRSTRATEGIEN

2. Rückkauf eigener Aktien

Beschreibung: Die Zielgesellschaft kauft ihre eigenen Aktien im Markt zurück, um sie so dem Zugriff des Angreifers zu entziehen.

	Zulässigkeit	Bedingung / Anmerkungen
USA	ja	- -
Deutschland	ja	gem. HV-Ermächtigung, 10% max.
England	ja	nach Angebot HV-Beschluß erforderlich
Frankreich	ja	Zustimmung Aktionäre, 10% max.
Niederlande	ja	Handlungsbefugnis max. 1,5 Jahre, 10% max.
Schweden	ja	Zustimmung der Aktionäre erforderlich
Spanien	nein	- -
Portugal	ja	Zustimmung der Aktionäre erforderlich, 10% max.
Italien	nein	max. 10%, generelle HV-Genehmigung, nicht zur Verteidigung

Verteidigungsmaßnahmen nach Angebotsabgabe

Aktienrückkauf

USA
- Zulässig

Deutschland
- Zulässig
- Eine Zustimmung der Aktionäre ist nur für die generelle Ermächtigung erforderlich
- Aktienrückkauf auf maximal 10 % beschränkt

England
- Zulässig
- Ein nach Angebotsabgabe gefasster Hauptversammlungsbeschluss ist erforderlich

Frankreich
- Zulässig
- Zustimmung der Aktionäre ist erforderlich, falls der Verwaltung keine generelle Ermächtigung gegeben wurde
- Aktienrückkauf auf maximal 10 % beschränkt

Niederlande
- Zulässig
- Der Verwaltung kann für einen maximalen Zeitraum von 1,5 Jahren Handlungsbefugnis zugeteilt werden
- Aktienrückkauf auf maximal 10 % beschränkt

Spanien
- Nicht zulässig

Portugal
- Zulässig
- Eine Zustimmung der Aktionäre ist erforderlich
- Aktienrückkauf auf maximal 10 % beschränkt

Schweden
- Zulässig
- Eine Zustimmung der Aktionäre ist erforderlich

Italien
- Nicht zulässig, falls der Erfolg des Angebots gefährdet werden könnte
- Eine Zustimmung der Aktionäre ist nur für die generelle Ermächtigung erforderlich
- Aktienrückkauf auf maximal 10 % beschränkt

ABWEHRSTRATEGIEN

3. Strategische Akquisition (Großakquisition)

Beschreibung: Die Zielgesellschaft erwirbt während des Angriffs eine andere Gesellschaft (mit dem Ziel damit für den Angreifer unattraktiv zu werden).

	Zulässigkeit	Bedingung / Anmerkungen
USA	ja	evtl. Zustimmung der Aktionäre erforderlich
Deutschland	ja	Zustimmung der Aktionäre zumeist nicht erforderlich, aber Haftungsrisiko der Verwaltung wenn ohne HV-Beschluß
England	ja	Zustimmung der Aktionäre erforderlich
Frankreich	ja	Interessen der Zielgesellschaft sind zu wahren
Niederlande	ja	Zustimmung der Aktionäre hängt von Größe d. Zielgesellschaft ab
Schweden	ja	Zustimmung der Aktionäre erforderlich, Profitmaximierung muß Ziel bleiben
Spanien	nein	- -
Portugal	ja	Zustimmung der Aktionäre erforderlich, 30 Tage Frist für HV
Italien	ja	Zustimmung der Aktionäre falls Gefährdung des Angebots

Verteidigungsmaßnahmen nach Angebotsabgabe
Großakquisitionen

USA
- Zulässig
- Eine Zustimmung der Aktionäre ist eventuell erforderlich, wenn NYSE /NASD Wahlgrundsätze oder die Satzung (wenn es sich um stimmberechtigte Aktien handelt) es verlangen

Frankreich
- Zulässig
- Zustimmung der Aktionäre nicht erforderlich
- Die Interessen des Zielunternehmens müssen gewahrt werden

Portugal
- Zulässig
- Zustimmung der Aktionäre erforderlich, es sei denn der Entschluss, eine Großakquisition durchzuführen, wurde schon vor dem Angebot gefasst. In dem Fall muss diese Verteidigungsmaß-nahme mit den treuhänderischen Pflichten der Verwaltg. übereinstimmen
- 30 Tage Frist für Einberufung der Hauptversammlung

Deutschland
- Zulässig
- Eine Zustimmung der Aktionäre ist nicht erforderlich
- Falls kein Hauptversammlungsbeschluss eingeholt wird, trägt die Verwaltung Haftungsrisiken

Niederlande
- Zulässig
- Zustimmungserfordernis der Aktionäre ist von der Größe der Akquisition abhängig

Schweden
- Zulässig
- Zustimmung der Aktionäre erforderlich
- Diese Verteidigungsmaßnahme muss mit dem Aktiengesetz konsistent sein; sie muss sowohl das Prinzip der Gleichberechtigung aller Aktionäre als auch das der Profitmaximierung als Unternehmenszielsetzung verfolgen

England
- Zulässig
- Eine Zustimmung der Aktionäre ist erforderlich
- Diese Verteidigungsmaßnahme muss im Einklang mit den treuhänderischen Pflichten der Verwaltung sein

Spanien
- Nicht zulässig

Italien
- Zulässig
- Eine Zustimmung der Aktionäre ist erforderlich, falls mit der Akquisition der Erfolg des Angebots gefährdet werden könnte

ABWEHRSTRATEGIEN

4. Crown Jewel Option

Beschreibung: Veräußerung von Kerngeschäftsbereichen

	Zulässigkeit	Bedingung / Anmerkungen
USA	ja	mit gewissen Einschränkungen
Deutschland	ja	zumeist nur mit HV-Beschluß, andernfalls Haftung der Verwaltung
England	ja	Zustimmung der Aktionäre erforderlich
Frankreich	ja	theoretisch, Bedingungen strittig
Niederlande	ja	Zustimmung der Aktionäre von der Größe der Veräußerung abhängig, ohne Zustimmung gerichtlich anfechtbar
Schweden	ja	Zustimmung der Aktionäre erforderlich
Spanien	nein	- -
Portugal	ja	Zustimmung der Aktionäre erforderlich, 30 Tage Frist für HV-Einberufung
Italien	ja	HV-Beschluß

Verteidigungsmaßnahmen nach Angebotsabgabe

Veräußerung von Kerngeschäftsbereichen („Crown Jewel Defense")

USA
- Eingeschränkt zulässig
- Aktionärszustimmung nur erforderlich, falls das gesamte Vermögen veräußert wird
- In einigen Staaten muss Verhältnismäßigkeit zur Bedrohung durch das Übernahmeangebot dargestellt werden
- Verteidigungsmaßnahme kann ungünstige Steuerimplikationen mit sich bringen

Frankreich
- Theoretisch möglich
- Zustimmungserfordernis der Aktionäre ist strittig
- Die Interessen des Zielunternehmens müssen gewahrt werden
- Aktionäre des Zielunternehmens müssen gleich behandelt werden

Portugal
- Zulässig
- Zustimmung der Aktionäre erforderlich, es sei denn der Entschluss, Kerngeschäftsbereiche zu veräußern, wurde schon vor dem Angebot gefasst. In dem Fall muss diese Verteidigungsmaßnahme mit den treuhänderischen Pflichten der Verwaltung übereinstimmen
- 30 Tage Frist für Einberufung der Hauptversammlung

Deutschland
- Zulässig, jedoch nur nach Hauptversammlungsbeschluss ("Holzmüller"-Beschluss), falls kein Vorratsbeschluss existiert
- Falls kein Hauptversammlungsbeschluss eingeholt wird, trägt die Verwaltung Haftungsrisiken

Niederlande
- Falls keine Zustimmung der Aktionäre eingeholt wird, ist diese Verteidigungsmaßnahme vor Gericht anfechtbar
- Zustimmungserfordernis der Aktionäre ist von der Größe der Veräußerung abhängig

Schweden
- Zulässig
- Eine Zustimmung der Aktionäre ist erforderlich
- Diese Verteidigungsmaßnahme muss mit dem Aktiengesetz konsistent sein; sie muss sowohl das Prinzip der Gleichberechtigung aller Aktionäre, als auch das der Profitmaximierung als Unternehmenszielsetzung, verfolgen

England
- Zulässig
- Eine Zustimmung der Aktionäre ist erforderlich
- Diese Verteidigungsmaßnahme muss im Einklang mit den treuhänderischen Pflichten der Verwaltung sein

Spanien
- Nicht zulässig

Italien
- Zulässig, jedoch nur nach Hauptversammlungsbeschluss

ABWEHRSTRATEGIEN

5. „White Knight"

Beschreibung: Suche eines freundlichen Bieters, der die Zielgesellschaft übernimmt und sie damit einem feindlichen Angreifer entzieht.

	Zulässigkeit	Bedingung / Anmerkungen
USA	ja	Zustimmung der Aktionäre nicht erforderlich, aber sie entscheiden über die Angebote
Deutschland	ja	- " -
England	ja	- " -
Frankreich	ja	- " -
Niederlande	ja	- " -
Schweden	ja	- " -
Spanien	ja	- -
Portugal	ja	Zustimmung der Aktionäre erforderlich, konkurrierendes Angebot muß mind. 5% höher sein
Italien	ja	Aktionäre entscheiden über das Angebot

Verteidigungsmaßnahmen nach Angebotsabgabe
Suche freundlicher Bieter („White Knights")

USA
- Zulässig
- Eine Zustimmung der Aktionäre ist nicht erforderlich, jedoch sind die Aktionäre diejenigen, die letztendlich zwischen den einzelnen Angeboten entscheiden werden

Deutschland
- Zulässig
- Eine Zustimmung der Aktionäre ist nicht erforderlich, jedoch sind die Aktionäre diejenigen, die letztendlich zwischen den einzelnen Angeboten entscheiden werden

England
- Zulässig
- Eine Zustimmung der Aktionäre ist nicht erforderlich, jedoch sind die Aktionäre diejenigen, die letztendlich zwischen den einzelnen Angeboten entscheiden werden
- Diese Verteidigungsmaßnahme muss mit den treuhänderischen Pflichten der Verwaltung übereinstimmen (vor allem muss sie im Interesse der Zielgesellschaft sein)

Frankreich
- Zulässig
- Eine Zustimmung der Aktionäre ist nicht erforderlich, jedoch sind die Aktionäre diejenigen, die letztendlich zwischen den einzelnen Angeboten entscheiden werden

Niederlande
- Zulässig
- Eine Zustimmung der Aktionäre ist nicht erforderlich, jedoch sind die Aktionäre diejenigen, die letztendlich zwischen den einzelnen Angeboten entscheiden werden

Spanien
- Zulässig

Portugal
- Zulässig
- Eine Zustimmung der Aktionäre ist nicht erforderlich, jedoch sind die Aktionäre diejenigen, die letztendlich zwischen den einzelnen Angeboten entscheiden werden
- Das konkurrierende Angebot muss mindestens 5 % höher sein

Schweden
- Zulässig
- Eine Zustimmung der Aktionäre ist nicht erforderlich, jedoch sind die Aktionäre diejenigen, die letztendlich zwischen den einzelnen Angeboten entscheiden werden
- Diese Verteidigungsmaßnahme muss mit den treuhänderischen Pflichten der Verwaltung übereinstimmen

Italien
- Zulässig
- Eine Zustimmung der Aktionäre ist nicht erforderlich, jedoch sind die Aktionäre diejenigen, die letztendlich zwischen den einzelnen Angeboten entscheiden werden

ABWEHRSTRATEGIEN

6. „White Squire" (Freundlicher Großaktionär)

Beschreibung: Ein freundlicher Aktionär erwirbt ein Aktienpaket der Zielgesellschaft - am Markt oder durch die Ausgabe neuer Aktien durch die Zielgesellschaft.

	Zulässigkeit	Bedingung / Anmerkungen
USA	ja	Zustimmung der Aktionäre nicht erforderlich, wenn Aktienkapital um weniger als 20% erhöht wird.
Deutschland	ja	Genehmigtes Kapital mit Bezugsrechts-ausschluß, i.d.R. max 10%
England	ja	Unterschiedliche Regelungen,
Frankreich	ja	unterschiedliche Aktionärsrechte,
Niederlande	ja	aber in den Auswirkungen keine grundsätzliche
Schweden	ja	Benachteiligung eines einzelnen Landes
Spanien	ja	
Portugal	ja	
Italien	ja	

Verteidigungsmaßnahmen nach Angebotsabgabe
Freundliche Grossaktionäre („White Squires")

USA
- Zulässig
- Eine Zustimmung der Aktionäre ist nicht erforderlich, es sei denn das Aktienkapital wird um mehr als 20% erhöht

Frankreich
- Zulässig
- Im Falle einer Aktienausgabe muss die Hauptversammlung innerhalb der letzten 12 Monaten zugestimmt haben
- Neue Aktien müssen allen existierenden Aktionären, inklusive des Bieters, offeriert werden

Portugal
- Zulässig
- Zur Ausgabe neuer Aktien ist Zustimmung der Aktionäre erforderlich
- Entscheidung der Aktionäre, das Kapital zu erhöhen, ist für ein Jahr gültig. Verwaltung ist es nicht erlaubt, dies zu entscheiden, selbst wenn es in der Satzung des Unternehmens so festgelegt worden ist. Grund ist ihre beschränkte Handlungsfreiheit während eines Angebotes

Deutschland
- Zulässig
- Zustimmung der Aktionäre erforderlich, falls kein genehmigtes Kapital mit Bezugs-rechtsausschluss vorhanden
- Falls HV-Beschluss zur Aktienausgabe besteht (Vorratsbeschluss), ist eine Zustimmung des Aufsichtsrates erforderlich

Niederlande
- Zulässig
- Zustimmungserfordernis der Aktionäre in Abhängigkeit von der Satzung
- Eventuell Emissionsprospekt erforderlich
- Aktionäre können Vorkaufsrechte besitzen

Schweden
- Zulässig
- Bezüglich der Ausgabe neuer Aktien ist eine Zustimmung der Aktionäre erforderlich
- Diese Verteidigungsmaßnahme muss mit den treuhänderischen Pflichten der Verwaltung übereinstimmen
- Keine speziellen Regelungen falls ein "White Squire" den Anteil über Aktenkäufe erwirbt

England
- Zulässig
- Bei Emission und Zuteilung neuer Aktien ist eine Zustimmung der Aktionäre erforderlich
- Diese Verteidigungsmaßnahme muss mit den treuhänderischen Pflichten der Verwaltung übereinstimmen
- Keine speziellen Regelungen falls ein "White Squire" den Anteil über Aktienkäufe erwirbt
- Eine Zustimmung der Aktionäre ist nicht erforderlich, wenn 1) Implementierung vor Angebotsabgabe und 2) Verfügbarkeit geeigneter, nicht ausgegebener Aktien

Spanien
- Zulässig

Italien
- Zulässig
- Zustimmung der Aktionäre erforderlich, falls neue Aktien unter Bezugsrechtsausschluss ausgegeben werden müssen

Verteidigungsmaßnahmen nach Angebotsabgabe

Bekanntmachung und effektive Ausschüttung erhöhter Dividenden

USA

- Zulässig
- Die staatliche Gesetzgebung erlegt Beschränkungen auf

Deutschland

- Zulässig im Rahmen der gesetzlichen Regelungen und Satzung
- Eine Zustimmung der Aktionäre ist erforderlich

England

- Zulässig
- Eine Zustimmung der Aktionäre ist erforderlich
- Diese Verteidigungsmaßnahme muss im Einklang mit den treuhänderischen Pflichten der Verwaltung sein
- Das Unternehmen ist verpflichtet, sich mit der Übernahmekommission zu beraten

Frankreich

- Zulässig
- Eine Zustimmung der Aktionäre ist erforderlich, mit Ausnahme von Interimdividenden
- Diese Verteidigungsmaßnahme darf keine negativen Effekte auf das Unternehmen haben

Niederlande

- Zulässig
- Zustimmungserfordernis der Aktionäre in Abhängigkeit von der Satzung

Spanien

- Nicht zulässig

Portugal

- Zulässig
- Eine Zustimmung der Aktionäre ist erforderlich (qualifizierte Mehrheit)
- 30 Tage Frist für Einberufung der Hauptversammlung

Schweden

- Zulässig
- Eine Zustimmung der Aktionäre ist erforderlich
- Diese Verteidigungsmaßnahme muss den Regeln des Aktienrechts zu Dividendenzahlungen entsprechen

Italien

- Zulässig, falls der Erfolg des Angebots nicht gefährdet wird
- Eine Zustimmung der Aktionäre ist erforderlich

Verteidigungsmaßnahmen nach Angebotsabgabe
Ablehnende Stellungnahme der Verwaltung

USA
- Zulässig

Deutschland
- Zulässig

England
- Zulässig
- Erfordernis einer deutlich zum Ausdruck gebrachten Absicht; Befugnis der Übernahmekommission, direkte und sofortige Bestätigung zu erfordern

Frankreich
- Zulässig
- Genehmigung der COB ist erforderlich

Niederlande
- Zulässig

Spanien
- Zulässig

Portugal
- Zulässig
- Eine CMVM Genehmigung ist erforderlich

Schweden
- Zulässig

Italien
- Zulässig

Verteidigungsmaßnahmen nach Angebotsabgabe

PR-Maßnahmen zur Angebotsablehnung

USA
- Zulässig
- "Proxy-Regelungen" können detaillierte Handlungsanweisungen vorgeben und den Spielraum einengen

Deutschland
- Zulässig
- Eine Zustimmung der Aktionäre ist nicht erforderlich
- Die Verwaltung ist verpflichtet im Interesse des Zielunternehmens zu handeln (und nicht ausdrücklich im Interesse der Aktionäre)

England
- Zulässig
- Die Verwaltung ist verpflichtet nur präzise, faire und vollständige Informationen zu veröffentlichen

Frankreich
- Zulässig
- Die PR-Maßnahmen müssen mit der Stellungnahme des Vorstandes übereinstimmen

Niederlande
- Zulässig

Spanien
- Zulässig
- Nur Vorstandsbeschluss erforderlich

Portugal
- Zulässig
- Eine CMVM Genehmigung ist erforderlich

Schweden
- Zulässig

Italien
- Zulässig
- Die PR-Maßnahmen müssen mit der Stellungnahme des Vorstandes übereinstimmen

Verteidigungsmaßnahmen nach Angebotsabgabe
Taktische Veröffentlichung neuer, relevanter Informationen

USA
- Zulässig
- "Proxy-Regelungen" können detaillierte Handlungsanweisungen vorgeben und den Spielraum einengen

Deutschland
- Zulässig
- Diese Verteidigungsmaßnahme muss mit den treuhänderischen Pflichten der Verwaltung übereinstimmen. Informationsvorbehalte unterliegen dem Gleichbehandlungsgrundsatz.

England
- Zulässig
- Nach dem 39sten Tag keine weitere Bekanntgabe neuer Information möglich; Gewinnprognosen und Anlagenbewertungen müssen den Regeln des "City Codes" entsprechen

Frankreich
- Zulässig
- Alle Veröffentlichungen müssen vorerst der COB zur Genehmigung vorgelegt werden

Niederlande
- Zulässig

Spanien
- Zulässig

Portugal
- Zulässig
- Eine CMVM Genehmigung ist erforderlich

Schweden
- Zulässig
- Diese Verteidigungsmaßnahme muss mit den treuhänderischen Pflichten der Verwaltung übereinstimmen

Italien
- Zulässig
- Dem Zielunternehmen ist es erlaubt, die Informationen, die es dem Bieter liefert, einzuschränken

Verteidigungsmaßnahmen nach Angebotsabgabe
Kontaktieren von Wettbewerbsbehörden

USA
• Zulässig

Deutschland
• Zulässig

England
• Zulässig

Frankreich
• Zulässig

Niederlande
• Zulässig

Spanien
• Zulässig

Portugal
• Zulässig

Schweden
• Zulässig

Italien
• Zulässig

Verteidigungsmaßnahmen nach Angebotsabgabe
Rechtsstreit

USA
- Zulässig
- Sehr seltene Verteidigungsmaßnahme auf Grund der langen Zeitspanne, die die Gerichte beanspruchen, um eine Entscheidung zu treffen

Frankreich
- Zulässig

Portugal
- Zulässig

Deutschland
- Zulässig

Niederlande
- Zulässig

Schweden
- Zulässig

England
- Zulässig
- Sehr seltene Verteidigungsmethode, es sei denn, das Unternehmen beabsichtigt die Verwendung vertraulicher Informationen zu unterbinden oder es beruft sich auf regulatorische Probleme
- Zustimmung der Aktionäre ist erforderlich, falls die Maßnahme zur Verhinderung des Übernahmeangebots gedacht ist
- Diese Verteidigungsmaßnahme muss mit den treuhänderischen Pflichten der Verwaltung übereinstimmen; hohe Wahrscheinlichkeit eines Verbotes von Seiten der Übernahmekommission

Spanien
- Zulässig

Italien
- Zulässig
- Die Vollständigkeit der Angebotsunterlage kann eingeklagt werden

Verteidigungsmaßnahmen nach Angebotsabgabe

Weitere zulässige Verteidigungsmaßnahmen

USA

- Satzungsänderungen um Verteidigungsmaßnahme zu ermöglichen. Diese Änderungen begrenzen üblicherweise das Recht der Aktionäre, außerordentliche Hauptversammlungen einzuberufen oder über besondere Themen zu entscheiden

Deutschland

- Keine weiteren Verteidigungsmaßnahmen bekannt

England

- Joint Ventures
- Leerverkäufe von Aktien des Bieters (muss allerdings veröffentlicht werden)

Frankreich

- Keine weiteren Verteidigungsmaßnahmen bekannt

Niederlande

- Ausgabe von Goldenen Aktien mit weitreichenden Veto und / oder Vorschlagsrechten für Satzungsänderungen

Spanien

- Keine weiteren Verteidigungsmaßnahmen bekannt

Portugal

- Keine weiteren Verteidigungsmaßnahmen bekannt

Schweden

- Keine weiteren Verteidigungsmaßnahmen bekannt

Italien

- Keine weiteren Verteidigungsmaßnahmen bekannt

Abwehrmaßnahmen - Niederlande

Niederlande: Holländische Firmen dürfen 2 Verteidigungsmaßnahmen vornehmen

● Vorzugsaktien: Ausgabe besonderer Aktien mit Stimmrechten
an ein „Trust Office" (Einzweck-Stiftung)

⇧ Schutzfunktion

● Vorrangaktien: Veto Recht gegen Satzungsänderungen

● White Squire: Board kann Aktien mit Stimmrecht an
freundlichen Aktionär ausgeben ohne HV.

● Stimmrechtsbeschränkungen

Holländische Verteidigungsmechanismen

I. Vorzugsaktien mit Schutzfunktion:

1 Vorzugsaktien mit Stimmrechten werden an eine
unabhängige Einzweck-Stiftung emittiert
⇨ per Put-Option durch die Zielgesellschaft, oder
⇨ per Call-Option durch die Stiftung

2 Diese Aktienemission erfolgt typischerweise wenn Übernahme droht
Initiative beim Management-Board

Hinweis: Die Stiftung kann so bis zu 100% des ausstehenden Aktienkapitals zu beträchtlichen Preisabschlägen erwerben und dann dagegen Hinterlegungsscheine (depositary receipts) emittieren, die nur einen wirtschaftlichen Anspruch aber kein Stimmrecht (!) haben. Die Stimmrechte bleiben bei der Stiftung; die Umwandlung in stimmbe- rechtigte Aktien kann stark eingeschränkt werden, z.B. auf 1% des Aktienkapitals.

Bedingungen: über 50%: Mehrheit der Stiftungs-Board Mitglieder
muß unabhängig von der Zielgesellschaft sein.

bei 100%: Alle Mitglieder des Stiftungs-Boards außer
einem müssen unabhängig von der
Zielgesellschaft sein.

Holländische Verteidigungsmechanismen

II. Vorrang-Aktien:

● Aktien mit Sonderstimmrechten

- für Emission neuer Aktien
- Gewinnverwendung für Rücklagen

→ Kann von Ein-Zweck Gesellschaften gehalten werden oder von Vorstands- oder AR Mitgliedern, muß aber unabhängig (!) stimmen

→ Können auf 1 Stück limitiert werden

III. weitere Maßnahmen:

Depository Shares

Stimmrechtsbeschränkungen

White Squire Defense

Joint Ownership Konstruktion

Sonderregeln

Fokus: Management soll Verteidigungsmaßnahmen im *Interesse der Firma*, nicht der Aktionäre, ergreifen!

Alle großen holländischen Firmen
haben solche Abwehrmechanismen

Firma	Abwehrmaßnahme
Ahold	Vorzugsaktien mit Schutzfunktion
Akzo Nobel	Vorrang-Aktie
Buhrmann NV	Vorzugsaktien mit Schutzfunktion
Fortis	Board muß Übertragung von Vorzugsaktien zustimmen
ING Group	Vorzugsaktien mit Schutzfunktion
Philips Electronics NV	Vorzugsaktien mit Schutzfunktion
Royal Dutch Petroleum	Vorrang-Aktie
Unilever	Vorrang-Aktie

Royal Dutch / Shell Group

1. Vorstand und Aufsichtsrat können Tagesordnungspunkte für die HV verweigern wenn es ihrer Beurteilung nach gegen die Interessen der Firma verstößt.

2. Vorrang-Aktien: 1.500 Stück
   Jedes Vorstands- und AR Mitglied hält 6 Stück, der Rest liegt bei der „Royal Dutch Priority Shares Foundation" (d.h. bei der Shell Einzweck Stiftung), deren Board sich aus den VS- und AR-Mitgliedern der Gesellschaft zusammensetzt.

Möglichkeiten zur Abwehr von feindlichen Übernahmen in den Niederlanden

Beschränkungen bei börsennotierten Gesellschaften gem. Börsengesetz (Blatt 1)

Die Amsterdamer Börse führte 1989 als Anhang zum Börsengesetz (sog. „Anhang X") Regeln ein, die Abwehrmaßnahmen gegen feindliche Übernahmen regeln und seitdem mehrfach abgeändert wurden.

Anhang X" des holländischen Börsengesetzes limitiert die Anzahl potentieller Abwehrmaßnahmen auf ein Maximum von zwei, wobei folgende Unterscheidung erfolgt:

Alternative A: nicht mehr als zwei der folgenden

- Schützende Vorzugsaktien (Poison Pills) mit 50 %-Limitierung
- Umwandlung der Aktien in Hinterlegungsscheine mit eingeschränkter Umwandlungsfähigkeit
- Stimmrechtsbeschränkungen
- Grossaktionäre oder staatlicher Anteilsbesitz
- Goldene Aktien

Alternative B: ein oder zwei der folgenden

- Schützende Vorzugsaktien (Poison Pills) mit 100 %-Limitierung
- Goldene Aktien

Fortsetzung

Möglichkeiten zur Abwehr von feindlichen Übernahmen in den Niederlanden

Beschränkungen bei börsennotierten Gesellschaften gem. Börsengesetz (Blatt 2)

Zusätzlich zu der Vielzahl gesetzlich erlaubter Abwehrmaßnahmen besitzen niederländische Unternehmen weitere versteckte Waffen zur Abschreckung feindlicher Angreifer:

Publizitätsanforderungen

- Das holländische Gesetz erfordert die Veröffentlichung des Anteilsbesitzes bei der Überschreitung gewisser Schwellen: 5, 10, 25, 50 und 66,7% der ausstehenden Aktien oder Stimmrechte, die an der Amsterdamer Börse zum Handel zugelassen sind
- „Schleichende" Übernahmen sind somit nicht möglich

Gesetzliche Regelungen für „große" Gesellschaften

- Nicht speziell als Abwehrmaßnahme eingeführt
- Die Regel gibt der Arbeitnehmerschaft bei Managemententscheidungen Mitspracherechte
- Ein feindlicher Käufer könnte somit u.U. nicht in der Lage sein, Vorstands- und/oder Aufsichtsratmitglieder zu nominieren oder zu entlassen
  - Vorstandsmitglieder werden vom Aufsichtsrat ernannt
  - Der Vorstand hat i.d.R. sowohl das Recht, über die Ausgabe von Aktien zu entscheiden, als auch die Befugnis, das Bezugsrecht der Altaktionäre bei Neuemissionen auszuschließen

Niederländische Mitarbeiter

- Aufrechterhaltung von Beschäftigungsverhältnissen und guten Beziehungen zur Belegschaft sind wichtig für das Gelingen eines feindlichen Übernahmeangebotes bzw. der späteren Integration
- Gewerkschaft muss schriftlich von der Zielgesellschaft über die Gründe einer Verschmelzung informiert werden
- Mehrere Gewerkschaftsmitglieder können Mitglieder des Betriebsrats sein
- Der Betriebsrat kann eine gemeinsame Position mit dem Vorstand zur Abwehr eines feindlichen Übernahmeangebotes entwickeln

Möglichkeiten zur Abwehr von feindlichen Übernahmen in den Niederlanden

Übersicht der Abwehrmaßnahmen (Blatt 1)

Das niederländische Recht erlaubt die Implementierung effektiver Abwehrmaßnahmen wie schützende Vorzugsaktien ("Poison Pills"), goldene Aktien und verschiedene Stimmrechtsbeschränkungen

Schützende Vorzugsaktien ("Poison Pills")

- Vorzugsaktien mit Sonderstimmrechten werden an zweckgebundene, vom Unternehmen rechtlich unabhängige Stiftungen ausgegeben; die Vorzugsaktien verbriefen Optionen zur Zeichnung von neuen Aktien

- Die Optionen zur Zeichnung von neuen Aktien können vom Unternehmen (Put) und / oder von der Stiftung (Call) gehalten werden und verwässern im Falle ihrer Ausübung alle Altaktionäre um bis zu 50 %

- Die Optionen werden im Falle einer drohenden Übernahme ausgeübt; die Befugnis zur Ausübung obliegt letztendlich dem Vorstand der Stiftung

- Wenn die Anzahl der durch die Ausübung der Option auszugebenden Aktien
  - 50 % des vor der Emission ausstehenden Aktienkapitals übersteigt, muss die Mehrheit der Stiftungsvorstände mit Stimmrecht unabhängig von der Gesellschaft sein
  - 100 % des vor der Emission ausstehenden Aktienkapitals beträgt, müssen alle Stiftungsvorstände mit Stimmrecht bis auf einen unabhängig von der Gesellschaft sein

- Bei Ausübung der Option muss nur 25 % des Nennwertes der neuen Aktien von der Stiftung eingezahlt werden, die Aktien besitzen aber volles Stimmrecht

Goldene Aktien – Aktien mit besonderen Rechten

- Spezielle, in der Satzung festgelegte Rechte der goldenen Aktien beinhalten i.d.R. die Möglichkeit:
  - Satzungsänderungen vorzuschlagen bzw. zu verhindern
  - Aktienemissionen zu ermöglichen
  - bindende Nominierungen zur Wahl der Vorstände und Aufsichtsratsmitglieder abzugeben
  - über die Gewinnverteilung zu entscheiden

- Die Anzahl der goldenen Aktien kann auf eine Aktie limitiert werden

- Die goldenen Aktien können von einer zweckgebundenen Stiftung und/oder von Vorständen und/oder Aufsichtsratsmitgliedern gehalten werden

- Der Besitzer der goldenen Aktien muss unabhängig abstimmen

Fortsetzung

Möglichkeiten zur Abwehr von feindlichen Übernahmen in den Niederlanden

Übersicht der Abwehrmaßnahmen (Blatt 2)

Nach weit verbreiteter Auffassung in den Niederlanden hat das Management die Pflicht zur Ausübung von Abwehrmaßnahmen, wenn die Abwehr im Interesse der Gesellschaft ist. Die Interessen der Aktionäre sind dem Gesellschaftsinteresse unterzuordnen

Hinterlegungsscheine

- Stimmrechtslose Hinterlegungsscheine werden von einer zweckgebundenen Stiftung ausgegeben, welche die zugrundeliegenden stimmberechtigten Aktien hält

- Nur für die Hinterlegungsscheine wird eine Börsenzulassung beantragt, die zugrundeliegenden Aktien mit Stimmrechten befinden sich im Besitz der Stiftung

- Die Satzung des Unternehmens erlaubt es i.d.R. keinem anderen Rechtsträger als der Stiftung, Stimmrechtsaktien zu besitzen. Falls die Umwandlung der Bezugsrechte in die zugrundeliegenden Aktien erzwungen wird, ist es keiner Einzelperson gestattet, mehr als 1-2% des ausstehenden Aktienkapitals zu halten

- Diese Abwehrmaßnahme ist nicht in einer Situation implementierbar, in der sich die Gesellschaft bereits zum Zeitpunkt der Emission der Hinterlegungsscheine in einem „Belagerungszustand" befindet

Stimmrechtsbeschränkung

- Grundsätzlich sind die Stimmrechte der Aktien proportional zu ihrem Nennwert

- Gemäß den Gesetzesvorgaben kann jedoch die Satzung eines Unternehmens eine Stimmrechtsobergrenze für Aktionäre vorsehen bzw. das Stimmrecht je Aktie bei einem höheren Anteilsbesitz reduzieren, wodurch der Einfluss großer Anteilseigner beschränkt wird

„White Knight / White Squire"

- Der Vorstand der Gesellschaft kann Stimmrechtsaktien an freundlich gesonnene Anteilseigner ohne Einberufung einer außerordentlichen Hauptversammlung ausgeben, so dass eine Mehrheit (White Knight) bzw. Sperrminorität (White Squire) in freundlichen Händen verbleibt

Gemeinschaftlicher oder staatlicher Anteilsbesitz

- Die Mehrheit des ausstehenden Aktienkapitals der Gesellschaft wird von einem dem Unternehmen freundlich gesonnenen Aktionär gehalten, während lediglich ein Minderheitenanteil an der Börse gehandelt wird

Möglichkeiten zur Abwehr von feindlichen Übernahmen in den Niederlanden

<u>Übersicht der Stimmrechtsbeschränkungen</u>

Niederländische Hinterlegungsscheinprogramme geben dem Management ein effektives Mittel zur Stimmrechtsbeschränkung

➤ Nahezu allen führenden niederländischen Unternehmen stehen Instrumente zur Verfügung, mit denen faktisch jede feindliche Übernahme verhindert werden kann

➤ Häufig obliegt die Entscheidung zur Implementierung von Verteidigungsmaßnamen Stiftungen, die

- Hinterlegungsscheinprogramme (depositary receipt programs) verwalten und / oder
- das Recht besitzen, Aktien im Umfang von bis zu 100 % des ausstehenden Aktienkapitals zu einem beträchtlichen Preisabschlag zu erwerben (Verwässerung des gezeichneten Aktienkapitals um bis zu 50 %) und / oder
- exklusiv das Recht besitzen, die Satzung des Unternehmens zu ändern sowie Vorstands- und / oder Aufsichtsratsmitglieder zu ernennen bzw. zur Wahl zu nominieren

➤ Hinterlegungsscheinprogramme beschränken die Stimmrechte durch eine oder mehrere der folgenden Restriktionen:

- stimmrechtslose Hinterlegungsscheine verbriefen einen wirtschaftlichen Anspruch, aber kein Stimmrecht. Dieses wird von der Stiftung kontrolliert, welche die Hinterlegungsscheine emittiert. Das Stimmrecht der Inhaber der Hinterlegungsscheine ist somit faktisch mit 0 % limitiert
- die Umwandlung von Hinterlegungsscheinen in die zugrundeliegenden stimmberechtigten Aktien ist stark eingeschränkt und / oder auf einen sehr kleinen Prozentsatz des Aktienkapitals limitiert (z.B. 1 %)
- die Stimmrechte der zugrundeliegenden Aktien sind auf einen kleinen Prozentsatz des Aktienkapitals beschränkt (z.B. 1 %)

➤ Folgende Unternehmen limitieren die Umwandlung stimmrechtsloser Hinterlegungsscheine in stimmrechtsfähige Aktien: ABN Amro, Buhrmann, Getronics, Hagemeyer

➤ Unter den Unternehmen, welche die Umwandlung stimmrechtsloser Hinterlegungsscheine in stimmrechtsfähige Aktien einschränken bzw. die Stimmrechte ausstehender Stammaktien limitieren, befindet sich die ING Group

UNTERNEHMEN OHNE HINTERLEGUNGSSCHEINE HABEN KEINE STIMMRECHTSBESCHRÄNKUNGEN.

Verteidigungsmaßnahmen

Verteidigungsprofil - Royal Dutch / Shell

Die Royal Dutch / Shell Gruppe wird gemeinsam von der in den Niederlanden börsengelisteten Royal Dutch Petroleum Company ("Royal Dutch") und der in Großbritannien börsengelisteten The Shell Transport and Trading Company ("Shell Transport") gehalten; einziger Geschäftszweck der Royal Dutch sowie der Shell Transport ist das Halten eines 60 % bzw. 40 % Anteils an der Royal Dutch / Shell Gruppe

Royal Dutch ist durch eine Vielzahl von Abwehrmechanismen gegen feindliche Übernahmen geschützt, wovon goldene Aktien die effektivste Maßnahme darstellen.

ROYAL DUTCH VERFÜGT ÜBER DIE FOLGENDEN ABWEHRMASSNAHMEN GEGEN FEINDLICHE ÜBERNAHMEN

Gestaffelte Wahl der Aufsichtsräte: Der Aufsichtsrat besteht aus mindestens fünf Mitgliedern; im Rotationsverfahren scheidet jedes Jahr ein Mitglied aus seinem Amt aus, kann sich aber für eine Wiederwahl zur Verfügung stellen

Tagesordnung der Hauptversammlung: Vorstand und Aufsichtsrat können die Aufnahme bestimmter Punkte auf die Tagesordnung ablehnen, wenn sie der Überzeugung sind, dass diese den Interessen der Gesellschaft oder einem ihrer Tochterunternehmen schwerwiegend widerspricht

Goldene Aktien: Royal Dutch hat 1.500 goldene Aktien ausstehend; jedes Mitglied des Vorstands und des Aufsichtsrates hält jeweils 6 goldene Aktien; die restlichen goldenen Aktien werden von der Royal Dutch Stiftung gehalten; im Vorstand dieser Stiftung sitzen sämtliche Mitglieder des Vorstandes sowie des Aufsichtsrates von Royal Dutch

Die folgenden Rechte können durch die Inhaber der goldenen Aktien wahrgenommen werden, wobei die Beschlüsse im Rahmen einer gesonderten Gesellschafterversammlung gefasst werden müssen, bei der jede goldene Aktie eine Stimme verleiht, kein Mitglied aber mehr als insgesamt 6 Stimmen abgeben kann:

- Festlegung der Anzahl der Vorstands- bzw. Aufsichtsratsmitglieder
- Bindende Nominierungen von jeweils 2 Kandidaten für jede zur Wahl stehende Position im Vorstand bzw. Aufsichtsrat
- Zustimmung zu Satzungsänderungen bzw. zur Auflösung der Gesellschaft

Fazit: die goldenen Aktien geben dem Vorstand bzw. dem Aufsichtsrat ein Vetorecht in Bezug auf Satzungsänderungen und ein Recht zur Nominierung neuer Vorstands- bzw. Aufsichtsratmitglieder.

Abwehrmaßnahmen - USA

Abwehrstrategien

1. "Pac Man"
Gegenangebot, Kauf der Aktien des Gegners — USA ja / EU nein

2. Rückkauf eigener Aktien — USA unbegrenzt / EU begrenzt

3. „Flip-in poison pill" — USA ja / EU nein

4. Akquisition (strategisch) — USA ja / EU nein

5. Veränderung Unternehmensstruktur
z.B. Ausgliederung wertvoller Unternehmensteile — USA ja / EU nein

6. Verschuldung erhöhen — USA ja / EU nein

7. „Crown Jewel Option" — USA ja / EU nein

8. „Golden Parachute" — USA ja / EU nein

„EU nein": nicht einheitlich, unterschiedlich nach Ländern

Ausgewählte Verteidigungsmöglichkeiten in den USA (Regelungen auf Bundesstaatsebene)

„Freeze-out" bei zweistufiger Übernahme bei nennenswerter Beteiligung

⇨ Weitere Aufstockung erst nach bestimmter Frist, es sei denn, die übrigen Aktionäre stimmen zu, oder

⇨ zweiter Übernahmeschritt erfolgt zu höherem Preis

Erwerb Kontrollpakete:

Ein Bieter mit bestimmter Anzahl von Aktien (i.d.R. 20%) ist nur dann stimmberechtigt, wenn Board of Directors und die übrigen Aktionäre der Stimmrechtsausübung zustimmen (Regelung in Bundesstaat Ohio)

Treuepflichten des Board of Directors:

Zahlreiche Bundesstaaten erlauben dem Vorstand die Interessen der Mitarbeiter und Gemeinden bei der Bewertung eines Übernahme-angebots in Betracht zu ziehen

⇨ Schutz gegenüber anderen klagenden Aktionären

Ausgewählte Verteidigungsmöglichkeiten in den USA (Regelungen auf Bundesstaatsebene)

Aktienbezugsrechte:

Ausgabe von Aktien mit beträchtlichem Preisabschlag (i.d.R. 50%) an die existierenden Aktionäre (Bundesstaat Delaware).

Strukturelle Verteidigungsmaßnahmen durch besondere Aktiengattungen in den USA: (Satzungsebene)

⇨ praktisch keine rechtlichen Einschränkungen bzgl. Aktiengattungen

Gebräuchliche Strukturen:

Kategorie A mit 10 Stimmrechten, Kategorie B mit einer,
Kategorie A mit je 10 Stimmen bei Board Mitgliederwahl,
je 1 Stimme ansonsten

Ausgewählte Verteidigungsmöglichkeiten in den USA (Regelungen auf Bundesstaatsebene)

● Vorzugsrechte per Vorabermächtigung:

Zielgesellschaft kann Vorzugsaktien mit besonderen Stimmen, Dividenden und Wandlungsrechten ausgeben.
Falls über 20% ist erneut Zustimmung einzuholen.
⇨ Solche Vorzugsaktien können Vetorecht bzgl. Fusionen enthalten, und die Verpflichtung z.G. des Boards abzustimmen

● Aktiengattungen mit Sonderrechten für bestimmte Aktionäre
● Stimmrechtsbeschränkungen auf max. Beteiligungshöhe
● Stimmrechtsstrukturen in Abhängigkeit von der Besitzdauer (i.d.R. 4 Jahre)

Hinweis: ca. 90% aller börsennotierten US-Unternehmen besitzen Vorzugsaktien mit Blockaderecht (!!!) (erfolgt i.d.R. bei Börseneinführung, Anforderungen unterschiedlich je nach Bundesstaat)

Ausgewählte Verteidigungsmöglichkeiten in den USA (Regelungen auf Bundesstaatsebene)

Die Ausgabeermächtigung kann dem Board, einem freundlichen Investor oder einem Mitarbeiterbeteiligungsplan (!) eingeräumt werden.   ⇨   **Ziel**: ausreichend Stimmrechte um Übernahmeversuche abzuwehren

Mehrheitserfordernisse der ausstehenden Aktien zur Einführung obiger Rechte nach Börseneinführung sind je nach Bundesstaat unterschiedlich.

Verteidigungsmaßnahmen in den USA

Mit wirtschaftlicher Wirkung

 Aktienbezugsrechte zu Sonderkonditionen ("Poison Pills")

▸ Aktionären und/oder Board-Mitgliedern wird das Recht eingeräumt, Aktien ihres Unternehmens mit einem beträchtlichen Preisabschlag zum gegenwärtigen Marktpreis (üblicherweise 50%) zu kaufen, falls ein feindlicher Bieter eine bestimmte Anzahl der ausstehenden Aktien erwirbt

▸ Dies führt dazu, dass das Zielunternehmen finanziell uninteressant und/ oder das Stimmrecht des potenziellen Erwerbers verwässert wird

 "Blankoermächtigung" zur Ausgabe von Vorzugsaktien

▸ Durch Blankoermächtigung der Aktionäre der Zielgesellschaft wird dem Vorstand die Möglichkeit eingeräumt neue Vorzugsaktien, ausgestattet mit besonderen Stimm-, Dividenden- und Wandlungsrechten sowie sonstigen Rechten, auszugeben

Verteidigungsmaßnahmen in den USA

Mit rechtlicher Wirkung

✓ Aktiengattungen mit ungleich verteilten Stimmrechten

▸ Bestimmten Klassen oder Typen von Aktionären werden Sonderstimmrechte eingeräumt

▸ Besitzzeitabhängige Stimmrechtsstrukturen räumen den Aktionären ein höheres Stimmrecht ein, falls die Aktien für eine festgelegte Mindestdauer gehalten wurden (üblicherweise 4 Jahre)

▸ Stimmrechtsbeschränkungen für Grossaktionäre reduzieren bzw. limitieren das Stimmrecht, sobald eine bestimmte Beteiligungsschwelle erreicht wird (üblicherweise zwischen 10 und 20%)

✓ Beschränkung der schriftlichen Stimmabgabe

▸ Satzungsbestimmung, die das Recht der Aktionäre einschränkt, durch schriftliche Stimmabgabe anstatt im Rahmen einer ausserordentlichen Hauptversammlung Beschlüsse zu fassen

✓ Gestaffelte Amtszeiten / begrenzte Anzahl von Board-Mitgliedern

▸ Ein Board mit gestaffelten Amtszeiten verhindert, dass der gesamte Board einer Zielgesellschaft zum selben Zeitpunkt ausgetauscht und durch einen dem Erwerber freundlich gesinnten Board ersetzt werden kann

Verteidigungsmaßnahmen in den USA

Corporate governance defenses

 Austausch von Board-Mitgliedern nur bei Vorliegen eines sachlichen Grundes

- Board-Mitglieder können während laufender Amtszeit nur dann entlassen werden, wenn ein sachlicher Grund vorliegt
- Sachliche Gründe üblicherweise auf "Fehlverhalten oder grobe Fahrlässigkeit" beschränkt

 Einschränkung der Möglichkeit zur Einberufung einer ausserordentlichen Hauptversammlung

- Satzungsbestimmungen, die die Möglichkeit für Aktionäre beschränken, eine ausserordentliche Hauptversammlung einzuberufen oder diese an bestimmte Einberufungsfristen binden

 Vorankündigungsbedingungen

- Die Satzung oder andere Bestimmungen erfordern, dass Aktionäre ihre Absicht, bestimmte Tagesordnungspunkte einer Hauptversammlung vorzulegen, unter Beachtung einer festgelegten Frist vorzeitig ankündigen müssen
- Solche Bedingungen werden häufig bei Wahlvorschlägen für Board-Mitglieder angewandt

Übernahmeverteidigung

bei börsennotierten US-Unternehmen (Blatt 1)

GRUNDLEGENDES ZIEL DES BEI DER ÜBERNAHME US-AMERIKANISCHER UNTERNEHMEN ANWENDBAREN GESETZLICHEN UND RECHTLICHEN RAHMENWERKS IST DIE MAXIMIERUNG DES SHAREHOLDER VALUE DURCH DIE OFFENLEGUNG RELEVANTER INFORMATIONEN UND DIE ÜBERWACHUNG DES BOARD OF DIRECTORS UND MANAGEMENTS

Das US-amerikanische System besteht aus folgenden drei Überwachungs- und Regulierungsebenen:

Bundesaufsicht

- Die US-Bundesregierung versucht durch die Wertpapieraufsichtsbehörde SEC (Securities and Exchange Commission) und die Durchsetzung diverser Regeln, Verordnungen und Verfahren eine vollständige und exakte Offenlegung aller Ereignisse bzw. Informationen zu gewährleisten, die Auswirkung auf den Shareholder Value haben können

  - Der William Act, ein Bundesgesetz, verpflichtet beispielsweise Aktionäre, die Beteiligungen von 5% oder mehr halten, gewisse Informationen über Aktionär, Beteiligungshöhe etc. bekanntzugeben, bevor sie weitere Anteile erwerben

Regelungen auf Bundesstaatsebene

- Jeder der 50 US-Bundesstaaten hat Regeln und Verordnungen zum Schutz der Aktionärsrechte im Zusammenhang mit feindlichen bzw. ausgehandelten Übernahmen erlassen, die auf die proaktive Beeinflussung der Entscheidungen von Board of Directors und Management der Zielgesellschaft zur Gewährleistung der Rechte der Aktionäre abzielen. Während die Rechte einzelner Bundesstaaten im allgemeinen dem Recht des Staates Delaware folgen, enthalten sie darüber hinaus häufig staatsspezifische Regelungen und Schutzmechanismen wie z.B.:

Übernahmeverteidigung

bei börsennotierten US-Unternehmen (Blatt 2)

√ Moratorium oder „Freeze-out" Regelungen

Ein Aktionär mit einer nennenswerten Beteiligung an der Zielgesellschaft, der versucht eine zweistufige Übernahme durchzuführen, ist verpflichtet

a) eine vorgeschriebene Frist einzuhalten bevor er seine Beteiligung weiter aufstocken darf, es sei denn die übrigen Aktionäre befürworten die Übernahme; oder

b) den im zweiten Übernahmeschritt gebotenen Preis im Vergleich zum Preis, den er für die bereits erworbenen Aktien bezahlt hat, zu erhöhen.

√ Regelungen betreffend den Erwerb von Kontrollpaketen

Ein Erwerber, der die Kontrolle über mehr als eine bestimmte Anzahl an Aktien (üblicherweise 20%) erlangt, ist mit seinen Aktien nur dann stimmberechtigt, wenn Board of Directors und die übrigen Aktionäre der Stimmrechtsausübung zustimmen (so die Regelung im US-Bundesstaat Ohio).

√ Regelungen zur Konkretisierung der Treupflichten des Board of Directors

Zahlreiche Bundesstaaten erlauben dem Vorstand die Interessen der Mitarbeiter und Gemeinden bei der Bewertung eines Übernahmeangebots in Betracht zu ziehen und erschweren es Aktionären damit, den Board of Directors wegen Vernachlässigung seiner Treupflichten zu verklagen (z.B. im US-Bundesstaat Pennsylvania).

√ Regelungen betreffend Aktienbezugsrechte bzw. „Poison Pills"

Ermöglichen die Ausgabe von Aktien mit einem beträchtlichen Preisabschlag zum gegenwärtigen Marktpreis (üblicherweise 50%) an die existierenden Aktionäre, wodurch das Zielunternehmen für den Erwerber finanziell uninteressant und damit der Kontrollwechsel erschwert wird (z.B. im US-Bundesstaat Delaware).

√ Satzungsregelungen (siehe folgende Seite)

Übernahmeverteidigung
bei börsennotierten US-Unternehmen (Blatt 3)

√ Satzungsregelungen

ZAHLREICHE STRUKTURELLE VERTEIDIGUNGSMASSNAHMEN ZUM SCHUTZ VOR
FEINDLICHEN ÜBERNAHMEN LASSEN SICH AUF SATZUNGSEBENE IMPLEMENTIEREN

➤ Verschiedene Aktiengattungen

- Praktisch keine rechtlichen Schranken für die Einführung von verschiedenen Aktiengattungen
- Gebräuchliche Strukturen schliessen ein:
    - Aktien der Kategorie A mit jeweils 10 Stimmrechten, während Aktien der Kategorie B mit einfachem Stimmrecht ausgestattet sind
    - Aktien der Kategorie A haben 10 Stimmrechte bei der Wahl von Board-Mitgliedern und einfaches Stimmrecht bei allen anderen Angelegenheiten, während Aktien der Kategorie B bei allen Angelegenheiten mit einfachem Stimmrecht ausgestattet sind

➤ Vorabermächtigung zur Ausgabe von Vorzugsaktien

- Auf der Basis einer Vorabermächtigung der Aktionäre der Zielgesellschaft wird dem Board of Directors die Möglichkeit eingeräumt, über die Schaffung von neuen Vorzugsaktien, ausgestattet mit besonderen Stimm-, Dividenden- und Wandlungsrechten sowie weiteren Rechten, zu entscheiden
    - Falls jedoch die ausgegebenen Vorzugsaktien mehr als 20% der gesamten Stimmrechte auf sich vereinen, muss der Vorstand erneut die Genehmigung der Aktionäre einholen
- Übliche Typen von Vorzugsaktien sind:
    - Vorzugsaktien mit Vetorecht betreffend Fusionen
    - Vorzugsaktien, die verpflichten zu Gunsten des jeweils amtierenden Board of Directors abzustimmen

➤ Aktiengattungen mit ungleich verteilten Stimmrechten

- Stimmrechte bestimmter Typen von Aktionären sind eingeschränkt oder bestimmten Klassen von Aktionären werden Sonderrechte eingeräumt
    - **Stimmrechtsbeschränkungen:** Beschränkung der Stimmrechte oder der maximalen Beteiligungshöhe jedes einzelnen Aktionärs; Struktur wird zumeist zu steuerlichen Zwecken und in stark regulierten Branchen angewandt (z.B. Immobilienfonds und Luftfahrtindustrie)
    - **Von der Besitzzeit abhängige Stimmrechtsstrukturen:** Stimmrecht wächst in Korrelation zur Länge des Aktienbesitzes (üblicherweise 4 Jahre)

Delaware Gesetzgebung

Die Delaware Gesetzgebung ist eine der am weitesten entwickelten und wird von vielen großen Industrieunternehmen in den Vereinigten Staaten benutzt.

✔ Bei feindlichen Übernahmen stehen dem Vorstand im Rahmen der "Business Judgement Rule" eine Reihe von Verteidigungsinstrumenten zur Verfügung

✔ Die Beweislast für die Verletzung der "Business Judgement Rule" vor einem feindlichen Übernahmeangebot liegt beim Kläger und erlaubt somit die Implementierung weitreichender Verteidigungsmassnahmen vor Bekanntgabe eines allfälligen feindlichen Übernahmeangebotes

✔ Nach Bekanntgabe eines Übernahmeangebotes liegt die Beweislast für die Verletzung der "Business Judgement Rule" beim Vorstand

Stimmrechtsbeschränkende Instrumente
unter der Delaware Gesetzgebung

Shareholder Rights Plan ("Poison Pill")

√ Shareholder Rights Plan ermächtigt den Vorstand der Zielgesellschaft eine signifikante Anzahl neuer Aktien zu emittieren, nachdem ein potenzieller Erwerber eine in der Satzung des Unternehmens vorgesehene Beteiligungshöhe am Zielunternehmen erreicht hat

√ Zuteilung der neuen Aktien erfolgt zumeist mit einem signifikanten Abschlag zum gegenwärtigen Aktienpreis

√ Ausgeschlossen von der Zuteilung ist der potenzielle Erwerber, dessen Beteiligungshöhe und –wert durch die erhöhte Anzahl ausstehender Aktien infolge der Emission neuer Aktien verringert wird

√ Zahlreiche US-Unternehmen besitzen entsprechende Bestimmungen in ihren Satzungen, u.a. American Home Products, Pfizer, ChevronTexaco und Dell Computers

√ Bisher hat kein US-Unternehmen einen Shareholder Rights Plan effektiv umgesetzt

Stimmrechtsbeschränkende Instrumente unter der Delaware Gesetzgebung

Supermajority Voting Requirements

✓ Satzung sieht höhere Zustimmungsquote für eine außerordentliche Hauptversammlung vor, bei der gegen den Willen des Vorstands einer Zielgesellschaft Anträge eines potenziellen Erwerbers verabschiedet werden müssen

✓ Je nach Ausgestaltung liegt dabei die Zustimmungsquote signifikant über der erforderlichen Mindestschwelle einer einfachen Mehrheit

✓ Zusätzlich sind in einigen Fällen die stimmberechtigten Aktien eines potenziellen Erwerbers von der Teilnahme an der Hauptversammlung ausgeschlossen

✓ Zahlreiche US-Unternehmen besitzen entsprechende Bestimmungen in ihren Satzungen, u.a. Viacom, Comcast und Kraft

Stimmrechtsbeschränkende Instrumente unter der Delaware Gesetzgebung

"White Squire" Arrangement

✓ Im Anschluss an die Ankündigung einer feindlichen Übernahme kann der Vorstand der Zielgesellschaft eine neue Aktiengattung an einen dem Zielunternehmen nahestehenden Partner ("White Squire") emittieren, wobei hierfür ein entsprechender Satzungsbeschluss erforderlich ist.

✓ Die geschaffene Aktiengattung kann die gleiche Anzahl an Stimmrechten wie die börsennotierten Stammaktien besitzen oder mit eventuell mehreren Stimmrechten ausgestattet sein; Einschränkende Bedingung: NYSE-Listing verbietet Mehrfach-stimmrechte.

✓ Stimmacht eines potenziellen Erwerbers wird infolge der Emission neuer Aktien verringert.

✓ Je nach Ausgestaltung kann die entsprechende Aktiengattung als separat stimmberechtigte Aktiengattung bestimmte Unternehmensvorhaben beschließen (Bsp. Fusion, Verkauf eines signifikanten Anteils des Unternehmensvermögens, etc.)

✓ Beispielhafte US-Unternehmen mit einer "White Squire" Satzungsklausel sind Coca-Cola, Gillette und USAir Group.

Stimmrechtsbeschränkende Instrumente unter der Delaware Gesetzgebung

Dual Classes of Stock   (High Vote / Low Vote Stock)

✓ Eine weitere Aktiengattung wird geschaffen, bei der der eine Aktiengattung mit einem Vielfachen an zusätzlichen Stimmrechten gegenüber der anderen Gattung ausgestattet ist

✓ Duale Aktiengattungen werden in der Regel vor dem Börsengang eines Unternehmens aufgelegt, indem die mit Mehrfachstimmrechten ausgestatteten Aktien an bestimmte Aktionäre oder Aktionärsgruppen (wie bspw. die Gründerfamilie) emittiert werden

✓ Beispielhafte US-Unternehmen mit dualen Aktiengattungen sind Ford, Comcast, Kraft und UPS

PRESSEBERICHTE

Wall Street Journal
Europe
27.02.2002 und 18.06.2002

Wiedergabe mit freundlicher Genehmigung von
Wall Street Journal / Dow Jones

Wall Street Journal Europe
27.02.2002

Germany's Defense of VW May Hinder Takeover Law

EU Officials Hope to Avoid Repetition of Last Year's Failure to Craft New Rules

Schroeder Warns European Commission to Keep Its Hands Off Auto Maker

Efforts to make it easier to take over companies in Europe have again crashed head-on with Germany's desire to protect Volkswagen AG.

A few years ago, Germany did away with draconian defenses for takeovers,

By WILLIAM BOSTON in Berlin and PAUL HOFHEINZ in Brussels.

except in the case of VW. The car maker is still protected by its own law, known in Germany as "Lex VW." Germany last year blocked an agreement to liberalize takeover rules, partly because it was worried about the effect on VW. Now, it is coming to VW's defense again.

The European Commission is preparing new takeover rules that would apply across the EU. But commissioners clearly hope to avoid a repetition of last year's fiasco, when Germany single-handedly killed a takeover reform proposal.

On Tuesday, German Chancellor Gerhard Schroeder told a crowd of cheering auto workers at a VW plant in Kassel, in central Germany, that the European Commission should keep its hands off the state's largest employer and Germany's biggest car maker.

"Any efforts by the commission in Brussels to smash the VW culture will meet the resistance of the federal government as long as we are in power," Mr. Schroeder said, while on the campaign trail.

Mr. Schroeder, who once served on VW's supervisory board when he was governor of Lower Saxony, was taking up the VW issue one day after officials from his government met in Berlin with Frits Bolkestein, the EU official drafting the takeover law.

During the meetings Monday, one of Mr. Schroeder's top aides told Mr. Bolkestein that Germany was prepared to accept a more liberal takeover code as long as it doesn't apply to VW. A government spokesman said that any EU takeover code must ensure that German companies have "the same flexibility in defending against takeover attempts that exist in other countries."

Germany's defense of VW's special status is rooted in the role the car maker plays in guaranteeing jobs in the domestic economy and the links between government and VW management. Mr. Schroeder is close to VW Chairman Ferdinand Piech. Volkswagen employs tens of thousands of people and symbolizes the postwar resurgence of the German economy.

The state of Lower Saxony owns 20% of the company, its biggest shareholder. The VW law gives the state special voting rights that allow it to block any takeover attempt.

Germany's exemption of VW is also symbolic of Europe's dilemma that after more than a decade of discussion, Brussels has been unable to win backing for a shareholder-focused acquisition regime because member states are reluctant to take away the protections that could leave their biggest companies vulnerable to foreign takeovers.

The closest the commission came to getting the EU's 15 members to approve a new takeover code was last year. But on the eve of passage, Germany blocked the bill. Germany's main argument is that the discussion is one-sided. Germany has no golden shares protecting its companies from foreign acquisition and several years ago it abolished voting rights restrictions, with the exception of VW. A corporate governance code presented Tuesday by the Justice Ministry calls for "one share, one vote" and requires management to remain neutral in the event of a takeover bid.

"How does it work in Sweden or Britain? What about the golden share in Spain and Italy? When we talk about equal opportunities, then we cannot just talk about Germany, we can't just talk about VW," Mr. Schroeder said.

To avoid last year's problems, Mr. Bolkestein created a special panel late last year. He asked the group to examine German complaints that some countries had ways of blocking takeovers, including the use of golden shares, which allow small stakeholders in companies to block board decisions even though they hold few shares in the company.

In January, the group, headed by Jaap Winter, a Dutch corporate-law expert, came forward with a blunt—and contro-

versial—proposal. It said that all special voting rights should be suspended in the event of a takeover bid, to ensure a level playing field. If there was a need for a vote on a bid, shareholders would only have one vote per share, even if company provisions gave some shareholders multiple voting rights in all other circumstances.

Mr. Bolkestein called the panel's ideas "interesting" but he stopped short of putting the commission's full weight behind them. He said he will make concrete legislative proposals on the issue in April or May.

The report has met stiff opposition. Sweden, for one, has formally asked the commission to abandon any plans it might have to restrict special shareholder voting rights in the event of a takeover. In a formal memo given to the commission last week, the Swedish government said any decision to suspend special shareholder voting rights "would constitute a form of confiscation of private property that could violate fundamental rules and principles of private property."

In Sweden, companies commonly use a dual share structure, which gives some shares more voting rights than others. Denmark and Finland have tentatively supported Sweden in the EU's closed-door deliberations, according to people familiar with the discussions. Those people say the French government has also shown some sympathy with Sweden's views, but stopped short of vowing to oppose the commission, if it accepts Mr. Winter's report recommendations.

Klaus-Heiner Lehne, the conservative member of the European Parliament who led Germany's fatal assault on the code last year, says he will support the commission, if it makes proposals along the lines set out in Mr. Winter's report.

THE WALL STREET JOURNAL.

DOWJONES
Newswires

WSJ.com

EUROPE

DOWJONES
A NEWS CORPORATION COMPANY

VOL. XX N. 94   TUESDAY, JUNE 18, 2002   EDITED AND PUBLISHED IN BRUSSELS

COLUMN ONE

Backer to Blocker: Germany's U-Turn On Takeover Law

How Opponents Persuaded Schröder to Join Their Side

Volkswagen In the Driver's Seat

By Paul Hofheinz
And William Boston

BERLIN—During a campaign swing in February, German Chancellor Gerhard Schröder assured Volkswagen auto workers that so long as he was in office, they had nothing to fear from a European Union proposal to ease corporate takeovers.

"Whoever tries to destroy this Volkswagen culture can count on the resistance of this government," he told cheering workers in a cavernous VW factory hall in Kassel, Germany.

Only a year earlier, Mr. Schröder had taken a very different line. His government led the cheers for the EU plan to encourage corporate takeovers in the 15-nation bloc. Mr. Schröder's senior ministers had crisscrossed Europe to prevent backsliding by other EU countries that were backing the pro-takeover measure, and the chancellor's office wrote letters asking key members of the European Parliament for their votes.

Next month, Mr. Schröder's government will be confronted with yet another decision on takeovers when the European Commission, the EU's executive arm, releases its latest proposal to eliminate barriers to hostile bids.

The EU's highest court ended one kind of takeover protection earlier this month when it rejected the special arrangements called "golden shares" used by Spain, Italy and France—but not Germany—to block bids for companies formerly owned by the state. But plenty of other obstacles remain for the new EU measure to dismantle.

Although the German government applauded the golden shares decision because it eliminated a protection used by Germany's competitors, Mr. Schröder is loath to endorse any change to the status quo in his country. He is locked in a tight re-election battle with conservative Edmund Stoiber, and is working hard to portray himself as a friend of workers and protector of German industry.

A close look at the Schröder government's flip-flop on takeovers demonstrates how power is wielded in the EU. Despite talk of a "single market" and a "new Europe," EU members still make decisions of pan-European importance based solely on domestic political considerations, including appeals by influential domestic lobbies. But even a country as powerful as Germany must work through a host of little-understood institutions in Brussels, the EU's capital, to get the policy it wants at home.

"Lobbyists can have their maximum effect by going to Brussels—much more so than [if they stick to] the national capitals," says Jonathan Story, a

Please Turn to Page A4, Column 1

How Foes Persuaded Schröder to Join Their Side

Continued From Page A1

professor at Insead business school in Fontainebleau, France.

When Mr. Schröder took office in October 1998, he quickly tried to show that a German Social Democratic leader could be business-friendly, in the mold of British Prime Minister Tony Blair and U.S. President Bill Clinton. Liberalizing takeover rules throughout Europe rose to the top of his agenda.

Germany's banking industry in Frankfurt, which dreams of overtaking London as Europe's banking center, was pushing for the changes, as were German industrialists. Just five months before, German car maker Daimler-Benz AG had purchased Chrysler Corp., a U.S. industrial icon. The message was clear to Mr. Schröder, and in January 1999 he seized an opportunity. That month Germany assumed the rotating "presidency" of the EU—a six-month position from which it could set EU priorities.

Mr. Schröder endorsed a commission proposal to write a single set of rules for takeovers in the EU. In particular, the measure would have forced corporate managers to get shareholders' permission to block a hostile bid; in Germany, it was expected that would force managers to focus more on keeping shareholders happy. Traditionally, German companies are managed through cozy arrangements among managers, trade unions and banks, with shareholder interests well down the list.

For decades, European policy makers have tried to create a transnational economy capable of challenging the U.S. Hostile takeover bids could help reorder the economy, as they did in the U.S. in the 1980s and 1990s, by forcing management to cut costs, shed unprofitable operations and consolidate. But labor unions fearful of losing jobs and regions fearful of losing whole businesses have driven European governments to erect obstacle after obstacle to takeovers. In the 1990s, nearly twice as many U.S. companies, 829 in all, made hostile bids for rivals as did European firms, says Thomson Financial Securities Data.

Law of the Jungle

With German businesses confidently predicting they could outmaneuver European rivals if they were free to make hostile bids, Mr. Schröder lined up support for removing the obstacles. In June 1999, after 10 years of meandering debate, a German economics official brokered a preliminary deal with his EU counterparts to support changes in the takeover code.

By the end of the year, though, Mr. Schröder's government began to have second thoughts. The country was jolted when German mobile-phone company Mannesmann AG was acquired by the British telecommunications company Vodafone Group PLC in February of 2000. Suddenly, German managers began to fear that they would be the prey in a global merger binge, not the predator. "It was a galvanizing experience," recalls Rutbert Reisch, a 61-year-old adviser on capital markets to Volkswagen's management.

Before joining VW, Mr. Reisch worked in the U.S. for 17 years, including seven at the New York Federal Reserve Bank, but the experience didn't convince him that companies grew more productive simply by being exposed to the possibility of a hostile takeover whenever their stock price was depressed. Companies should be able to focus on long-term growth, even when their shares fall, he says, because "market capitalization is not necessarily the best way to judge the value of a company."

At a special meeting of the Volkswagen board's finance committee at the end of 2000, the tall, bespectacled Mr. Reisch warned that "German industry would be served up to U.S. companies on a silver platter" under the takeover plan being promoted by Berlin.

He clicked to a Power Point screen ti-

tled "Defensive Strategies" with bullet point headings like "Pac Man," "Crown Jewel" and "Poison Pill." These were defensive strategies U.S. companies could use to fend off would-be acquirers, but that would be outlawed for European companies under the EU rule. "There is no level playing field," Mr. Reisch told the board, discounting EU arguments that European companies were abusing the tactics to protect incumbent management.

Weighing particularly on the minds of VW managers were rumors that Ford Motor Co. was considering a bid for Volkswagen. VW was hardly defenseless. A German law, known as the Volkswagen law, limits any single shareholder to 20% of a company's total voting rights, regardless of how many shares the investor owns. That effectively gives a veto 'to Volkswagen's largest shareholder, the state of Lower Saxony, which holds an 18.6% stake.

But VW management was convinced the EU takeover plan was a first step to dismantling its defenses, and authorized an antitakeover lobbying campaign. The first step: to persuade Chancellor Schröder and other influential German politicians to change course.

Volkswagen could call on a special relationship with Mr. Schröder, a VW board member for eight years when he was governor of Lower Saxony. Mr. Schröder forged a warm relationship with Ferdinand Piech, then the company's chief executive, whom he accompanied to plant openings as far away as China. Volkswagen also could count on Lower Saxony's current governor, Sigmar Gabriel, to lobby his mentor, Mr. Schröder. Chemical giant BASF AG, which feared it too could become a takeover target, coordinated its lobbying with Volkswagen.

Labor-Management

Realizing how much Mr. Schröder's party depended on labor, Mr. Reisch forged an alliance with VW union leader Klaus Volkert, who is influential with German trade unions. The Federation of German Trade Unions spent about 8 million marks (€4 million) on advertising to promote Mr. Schröder's party during the 1998 race, making the federation the largest single contributor to the party's election effort. Another labor leader, Chemical Workers Union President Hubertus Schmoldt, gave Mr. Schröder's party 22,000 marks, and personally lobbied the chancellor on the takeover bill.

The coalition of VW managers, state politicians and trade union leaders got together periodically to coordinate the effort, focusing on changing Mr. Schröder's mind. In early April 2001, the chancellor met with a delegation consisting of Mr. Piech, Gov. Gabriel, VW labor chief Mr. Volkert and the deputy chairman of the IG Metall trade union, Jürgen Peters. The chancellor also met with them separately with or numerous occasions.

As they urged him to switch course, Mr. Schröder was under pressure from Germany's banking industry to stick to his original pro-takeover position. But the bankers couldn't compete politically and were often seen as anti-Schröder. Deutsche Bank AG, for instance, contributed 1.23 million marks in 1999 and 2000 to the Christian Democratic Union—and nothing to Mr. Schröder's Social Democrats.

By the middle of April 2001, Mr. Schröder was working to kill the proposal he had supported for more than two years. Hans-Martin Bury, a Schröder aide, says the U-turn wasn't due to campaign contributions or VW lobbying. He says the Schröder government originally thought it would be able to negotiate changes on the provisions regarding the use of poison pills without prior shareholder approval, and reversed its position only when the European Commission, author of the original measure, wouldn't compromise.

"The commission left us no maneuvering room," says Mr. Bury.

Germany is the most populous country in the EU and the most powerful economically, but it can't stop EU proposals alone. On the Council of Ministers, one of two bodies that must approve legislation, it needed to rally just 34% of the vote to its side—a two-thirds majority was required to approve the takeover code. But because Germany itself has just 11.5% of the votes on the council, which represents the 15 EU governments, it needed support from one large EU country and two smaller ones to get its way.

Mr. Schröder went into action. He took responsibility for the takeover code away from his finance minister, Hans Eichel, a staunch supporter of economic reform, and handed it to Mr. Bury, his political aide, whom he trusted to carry out his new instructions. He lobbied other European leaders to adopt his newfound position. Over dinner in March 2001 at the elegant Parisian restaurant Fangeron, he urged French President Jacques Chirac and Lionel Jospin, then the prime minister, to back him, but they agreed only think it over.

One Week's Notice

One week before the council was set to vote, Mr. Schröder dispatched Peter Witt, Germany's EU ambassador, to inform the Swedish government, which then held the rotating presidency of the council, that Berlin had changed its mind. "You can't do that," Swedish Ambassador Lars Olof Lindgren protested. "The German government has taken the decision," Mr. Witt answered.

Moving quickly to head off further defections, Mr. Lindgren telephoned the EU ambassador from Britain, whose financial powerhouses could benefit from a surge in takeovers. Britain still supported the measure, as did the Netherlands, another country with large financial institutions. In the first week of May, the council voted: 14 hands rose in support; only Mr. Witt broke rank. The Germans had failed to get any support at all, and the measure was still alive.

But there was still the European Parliament to get through. That is what Germany's antitakeover coalition, lead by Volkswagen's Mr. Reisch, had been working toward for months, meeting with parliamentarians in Brussels and Strasbourg, where the European legislature has offices. At a dinner in July 2000, Mr. Reisch and a contingent of corporate and labor leaders had told eight prominent members that the bill would unfairly favor U.S. firms. That made a special impression on Klaus-Heiner Lehne, a lawyer from takeover victim Mannesmann's hometown of Düsseldorf.

An economic conservative from the Christian Democratic party, Mr. Lehne says he favors takeovers in principle, but worried that Germany was getting a bad deal. He persuaded colleagues to name him the bill's "rapporteur," which gave him responsibility for overseeing amendments.

Germany has a stronger position in the 626-member Parliament than in the Council of Ministers. With 99 representatives, it forms Parliament's largest voting block. Still, even with nearly unanimous opposition to the takeover bill among Germans, Mr. Lehne needed about 200 votes from other countries. The measure required only a simple majority of those present.

By promising to propose amendments that would give workers more power to block takeovers they didn't like, Mr. Lehne gained the backing of Spanish socialists. He had an easier time picking up votes from Italians, who had recently acquired a distaste for takeovers when a French state-owned utility, Electricite de France, made a hostile bid for Montedison, a largely privatized Italian power-generator.

Lobbyists for British banks and other financial institutions counterattacked, sending delegations to Brussels and Strasbourg to argue that smoothing the way for takeovers would give the sluggish European economy a boost.

In the end, they battled to a complete standoff. When Parliament voted in July 2001, the vote was 273 in favor and 273 opposed. The outcome baffled Parliament's president, who first pronounced the bill had passed. An adviser from the legal department corrected her: A bill needed an outright majority to pass. The Germans, who had once pushed the takeover bill, had succeeded in killing it.

Although Mr. Schröder didn't personally deliver the deathblow, he is taking credit for it as he campaigns for re-election, never missing an opportunity to rail against EU intervention in German industrial policy. In February there was his speech at Volkswagen, pledging to protect German industry. In March, he boasted in a nationally televised speech that he had succeeded in getting Brussels to understand Germany's concerns. In April, he dined in Brussels with European Commission members and issued a statement afterward that declared, "The commission must take sensitive industrial production structures into consideration, not only in Germany."

Now the commission is preparing to propose a new version of the takeover code next month. Having changed his position once, Mr. Schröder vows to continue to fight any new measure that would involve striking the Volkswagen law or hurting his favorite auto maker. But Mr. Lehne, whose Christian Democratic Union is trying to unseat Mr. Schröder in the elections on Sept 22, may not be a ready ally.

The golden shares court decision was a boon for Germany, Mr. Lehne argues, because it eliminated a takeover protection available to Germany's rivals. And he's ready to see the law protecting Volkswagen from predators go too, as part of a larger pan-European settlement. If Mr. Schröder's Social Democrats "like Volkswagen so much," he says, "they should buy more shares."

Risiko – ist das überhaupt objektiv?

Thomas Wolke
Risikomanagement

2. vollständig überarbeitete und
erweiterte Auflage 2008
308 S. | gebunden
€ 29,80 | ISBN 978-3-486-58714-2

Mittelständische Unternehmen und Großkonzerne
sind heute gleichermaßen vielfältigen betriebswirt-
schaftlichen Risiken ausgesetzt. Wollen sie nicht in
eine Krise geraten, müssen sie ein effektives Risikomanagement betreiben. Waren früher die Verfahren
der Risikomessung eher qualitativ und intuitiv, gewinnen heute mehr denn je objektiv nachvollziehbare
Verfahren an Bedeutung – unabhängig von der sub-
jektiven Risikoeinschätzung des Managers.

Und wie konkret ist Risiko eigentlich?
In diesem Buch stellt Thomas Wolke das Thema syste-
matisch dar und geht sowohl detailliert als auch
konkret auf die Problemfelder des Risikomanagements
ein. Genauer beleuchtet werden beispielsweise neue
Verfahren der Risikomessung und -analyse sowie die
Risikosteuerung. Daneben wird auf die vielfältigen
finanz- und leistungswirtschaftlichen Risiken eingegangen, denen Unternehmen heute ausgesetzt sind.

Abschließend stellt der Autor auch das Risikocontrolling
genauer dar und führt die gewonnen Erkenntnisse in
einer praxisnahen Fallstudie zusammen.

**Das Buch richtet sich an Bachelor- und Masterstuden-
ten mit Schwerpunkt Finance & Accounting wie auch
an Anwender, die mit dem Risikomanagement in
irgendeiner Form in Berührung kommen.**

Oldenbourg

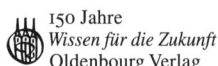
150 Jahre
Wissen für die Zukunft
Oldenbourg Verlag

Bestellen Sie in Ihrer Fachbuchhandlung oder
direkt bei uns: Tel: 089/45051-248, Fax: 089/45051-333
verkauf@oldenbourg.de

Important Tools in Today's Financial World

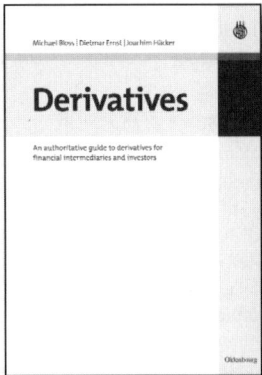

Michael Bloss, Dietmar Ernst, Joachim Häcker
Derivatives
An authoritative guide to derivatives for financial intermediaries and investors

2008 | 283 Seiten | gebunden
€ 39,80 | ISBN 978-3-486-58632-9

Options and futures are among the most important tools in today's financial world. While the book focuses on the contracts traded on derivatives exchange – options and futures – we will also scrutinize the OTC-markets and exotic deals. Due to its didactic overall set-up, this book serves as both a manual for practitioners and a classical textbook for students.

The book is written in co-operation with Eurex by academic orientated investment banking professionals. It is applicable to either the finance student or the business person.

Oldenbourg

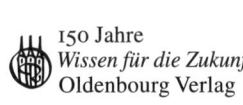

150 Jahre
Wissen für die Zukunft
Oldenbourg Verlag

Bestellen Sie in Ihrer Fachbuchhandlung oder direkt bei uns: Tel: 089/45051-248, Fax: 089/45051-333
verkauf@oldenbourg.de

Für eine erfolgreiche
CRA-Ausbildung

Oliver Everling (Hrsg.)
Certified Rating Analyst
2008 | 529 S. | gebunden
€ 49,80 | ISBN 978-3-486-58287-1

Dies ist für Ratinganalysten das erste Lehr- und Lern-
buch in deutscher Sprache. Auch international dürfte
es kaum einen vergleichbaren Titel geben. Die Aufgaben
des »Ratinganalysten« haben zwar in den Finanz-
systemen in Amerika, Asien, Europa und auch in Afrika
ihren festen Platz, spiegeln sich aber kaum in der
Literatur.

Auf über 500 Seiten gibt dieses Rating-Buch eine
kompakte Übersicht mit Lernzielen, Merksätzen, Zu-
sammenfassungen und Übungsfragen. Mit 35 Autoren
folgt es nicht einer einzelnen Lehrmeinung, sondern
bildet die Pluralität ab, die auch für CRA-Ausbildungs-
gänge kennzeichnend ist.

**Das Buch richtet sich – gleich den Rating-Analysten-
ausbildungen – an Personen mit wirtschaftlichem
bzw. unternehmensanalytischem Hintergrund, wie
Vorstände und Geschäftsführer mittelständischer
Unternehmen, kaufmännische Leiter, Controller und
Leiter des Rechnungswesens, Wirtschaftsprüfer und
vereidigte Buchprüfer, Steuerberater und Rechtsan-
wälte, Angestellte von Kreditinstituten, Nachwuchs-
kräfte in Ratingagenturen, Unternehmensberater
und Rating Advisors, wissenschaftliche Mitarbeiter
von Forschungsinstituten, Lehrkräfte privater und
öffentlicher Bildungsträger, Mitarbeiter von Berufs-
und Wirtschaftsverbänden.**

Über den Herausgeber: Als Geschäftsinhaber der
1998 gegründeten Everling Advisory Services berät,
publiziert und veranstaltet Dr. Oliver Everling zu
Ratingfragen.

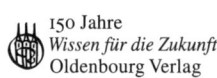

150 Jahre
Wissen für die Zukunft
Oldenbourg Verlag

Bestellen Sie in Ihrer Fachbuchhandlung oder
direkt bei uns: Tel: 089/45051-248, Fax: 089/45051-333
verkauf@oldenbourg.de

Oldenbourg

Impulsgeber für die Wirtschaft

Bernd O. Weitz
Bedeutende Ökonomen
2008. VIII, 205 S., gb.
€ 19,80
ISBN 978-3-486-58222-2

Das Werk porträtiert herausragende Ökonomen vom
17. Jahrhundert bis heute. Die Autoren wollen neben
dem wissenschaftlichen Vermächtnis der ausgewählten Wirtschaftswissenschaftler Eindrücke von deren
historisch-sozialem Umfeld vermitteln, Querverbin-
dungen zu anderen Ökonomen aufzeigen und verdeutlichen, welche Impulse für die weitere
wirtschaftswissenschaftliche und gesellschaftliche
Entwicklung erfolgten. Der Leser wird auf eine ökono-
miehistorische Entdeckungsreise geschickt. In diesem
Buch werden auch Werkauszüge, weitergehende Lite-
raturanregungen sowie Hinweise auf vertiefende
Quellen im Internet gegeben.

Behandelte Ökonomen: Adam Smith, Francois Ques-
nay, Johann Peter Becher, Jean-Babtiste Say, Johann
Heinrich von Thünen, Thomas Robert Malthus, David
Ricardo, Karl Marx, Leon Walras, Vilfredo Pareto, Max
Weber, Joseph Alois Schumpeter, Walter Eucken, John
Maynard Keynes, Friedrich von Hayek, Wassily Leontief,
John Kenneth Galbraith, Ronald H. Coase, Milton Fried-
man, Ludwig Erhard, Alfred Müller-Armack.

Prof. Dr. Bernd O. Weitz lehrt
an der Universität zu Köln
Wirtschaftswissenschaft und
ihre Didaktik.

Oldenbourg